Mitteldeutsche Orientliteratur des 12. und 13. Jahrhunderts.
'Graf Rudolf' und 'Herzog Ernst'

KULTUR, WISSENSCHAFT, LITERATUR

BEITRÄGE ZUR MITTELALTERFORSCHUNG

Herausgegeben von Thomas Bein

BAND 28

PETER LANG EDITION

Yücel Sivri

Mitteldeutsche Orientliteratur des 12. und 13. Jahrhunderts. 'Graf Rudolf' und 'Herzog Ernst'

Ein Beitrag zu interkulturellen Auseinandersetzungen im Hochmittelalter

PETER LANG
EDITION

Bibliografische Information der Deutschen Nationalbibliothek
Die Deutsche Nationalbibliothek verzeichnet diese Publikation in der Deutschen Nationalbibliografie; detaillierte bibliografische Daten sind im Internet über http://dnb.d-nb.de abrufbar.

Zugl.: Berlin, Techn. Univ., Diss., 2015

Mit Unterstützung der Stiftung Mitteldeutscher Kulturrat, Bonn.

Abbildung auf dem Umschlag:
Notker Balbulus als Schreiber.
‚Mindener' Tropar. Um 1025. Berlin theol. lat. quart. 11.
Abdruck mit freundlicher Genehmigung von:
Bibl. Jagiellońska, Krakau.

D 83
ISSN 1615-665X
ISBN 978-3-631-66977-8 (Print)
E-ISBN 978-3-653-06111-6 (E-Book)
DOI 10.3726/978-3-653-06111-6

Peter Lang Edition ist ein Imprint der Peter Lang GmbH.

Peter Lang – Frankfurt am Main · Bern · Bruxelles · New York · Oxford · Warszawa · Wien

Diese Publikation wurde begutachtet.

www.peterlang.com

Inhaltsverzeichnis

Meiner lieben Frau
Nurcan Şentürk-Sivri

Vorwort

Die Beziehungen zwischen den Ländern Europas und des Vorderen Orients und deren Literaturen werden zwar schon seit längerer Zeit untersucht, gewannen aber in den letzten Jahren zunehmend an Aktualität. Die Rede vom ehemaligen Bundespräsidenten Christian Wulff und in jüngster Zeit der Aufsatz von Michael Borgolte sowie die Publikation, die die Ausstellung „Kaiser und Kalifen" begleitete, sind einige Beispiele dafür.[1] Die vorliegende Arbeit, die sich als germanistische Untersuchung versteht, entstand in den Jahren 2008 bis 2014 und verfolgt das Ziel, gegenwärtig vorrangig wichtigen Fragen des kulturellen Austausches zwischen west- und mitteleuropäischen und orientalischen Literaturen nachzugehen und einen Beitrag zur Beantwortung vordergründig aus germanistischem Blickwinkel her zu leisten. Das soll am Beispiel der mitteldeutschen anonymen Versepen – 'Graf Rudolf' (GR) und 'Herzog Ernst' (HE) – geschehen.

Dem Promotionsantrag wurde im Wintersemester 2008/09 von der Geisteswissenschaftlichen Fakultät der Technischen Universität Berlin stattgegeben. Das Manuskript wurde im Mai 2014 abgeschlossen. Fachliteratur konnte bis zu diesem Zeitpunkt berücksichtigt werden; später veröffentlichte Werke sind nur punktuell nachgetragen.

Mein Dank gilt all jenen, die mich bei der Arbeit an dieser Dissertation unterstützt haben, sei es unmittelbar durch Anregungen, Ratschläge und Kritik, sei es mittelbar durch die notwendige Ablenkung von der Arbeit.

Dank gebührt in erster Linie meinem Doktorvater Herrn Prof. Dr. Rudolf Bentzinger (Technische Universität Berlin), von dessen unendlichem Wissen, Güte und Geduld ich profitieren durfte. Er gab mir die Anregung zu diesem Thema und förderte die Fertigstellung der Arbeit in vielfältiger Weise. Durch die richtige Balance aus Interesse an meiner Arbeit und gleichzeitig gewahrter Zurückhaltung

---

1 Wulff, Christian: *Vielfalt schätzen – Zusammenhalt fördern*. Rede beim Festakt zum 20. Jahrestag der Deutschen Einheit am 3. Oktober 2010 in Bremen, hg. v. Bundespräsidialamt. Berlin 2010; Stiftung Deutsches Historisches Museum (Hg.): *„Kaiser und Kalifen. Karl der Große und die Mächte am Mittelmeer um 800"*, Mainz 2014. Borgolte, Michael: *Weshalb der Islam seit dem Mittelalter zu Europa gehört*, in: Viator – Medieval and Renaissance Studies, vol. 43. Multilingual 2012, S. 363–377, zit. aus der Kurzversion des Aufsatzes *„Der Islam gehört schon lange zu Europa"*, in: Berliner Zeitung Nr. 92 v. 19./20./21. April 2014. Vgl. auch Schmidt, Erich [u.a.]: *Die orientalischen Literaturen*, in: Die orientalischen Literaturen (= Die Kultur der Gegenwart. Ihre Entwicklung und ihre Ziele), Teil I, Abt. VII. Hg. v. Paul Hinneberg, Leipzig / Berlin 1906.

in Bezug auf jegliche Art von Vorgaben, aus Einbeziehung in interessante Projekte und gleichzeitig gewährtem Freiraum hat Herr Bentzinger mir ein perfektes Umfeld für die Dissertation zur Verfügung gestellt. In diesem Zusammenhang möchte ich auch Herrn Prof. Dr. Jürgen Wolf (jetzt Philipps-Universität Marburg) für die wertvollen Hinweise und rasche Erstellung des Zweitgutachtens danken. Zu Dank verpflichtet bin ich zudem Frau Prof. Dr. Sigrid Weigel (Technische Universität Berlin), die sich sofort bereit erklärte, die Leitung des Promotionsvorhabens zu übernehmen. Frau Prof. Dr. Ingeborg Baldauf (Humboldt-Universität zu Berlin), Frau Prof. Dr. Susanne Enderwitz (Ruprecht-Karls-Universität Heidelberg) und Herrn Prof. Dr. Rolf Wirsing (Hochschule Zittau-Görlitz) sei für wichtige Ratschläge gedankt. Für wertvolle Hinweise danke ich ebenso Frau Prof. Dr. Antje Wittstock (jetzt Universität Siegen), Herrn Prof. em. Dr. Thomas Cramer (Technische Universität Berlin), ferner Herrn Prof. Dr. Reinhard Hahn (Friedrich-Schiller-Universität Jena) und Herrn Dr. Ronny Schulz (Berlin/Kiel). Danken möchte ich ferner meinem langjährigen Freund Dr. Hürkan Çelebi (Hacettepe Universität Ankara) für wertvolle Anregungen und intensive Auseinandersetzung mit meiner Arbeit. Für die Aufnahme in die Reihe „Kultur, Wissenschaft, Literatur. Beiträge zur Mittelalterforschung“ danke ich dem Herausgeber Herrn Prof. Dr. Thomas Bein (RWTH Aachen). Ein großes Dankeschön geht ebenfalls an Herrn Michael Rücker, den Leitenden Lektor des Peter Lang Verlags, und sein ganzes Team. Für das Korrekturlesen danke ich den Damen Dr. Judith Lange und Christina Scholtyssek. Für die Auswahl französischer Literatur bin ich meiner lieben Nachbarin Martine Geffroy ebenfalls zu Dank verpflichtet.

Besonderer Dank gebührt natürlich auch meiner Familie, vor allem meiner lieben Frau, Weggefährtin und Inspirationsquelle Nurcan, der ich diese Arbeit widme. Ihre Entbehrungen, finanzielle Unterstützungen und stets liebevollen Ermunterungen haben die Anfertigung der vorliegenden Arbeit erst ermöglicht. Auch meiner Mutter Frau Nuriye Sivri, meinem Sohn Ladin Mikail Sivri und meiner Tochter Jül Feradis Sivri gilt mein Dank vor allem für die unendliche Geduld während der langwierigen Arbeiten.

Berlin, Januar 2015 Yücel Sivri

„Mit nichts ist die jugendliche Phantasie und das sinnige Gemüth des Weltunkundigen leichter zu fesseln, als mit den Wundern der Ferne, die der Gewanderte erzählt."[2]

1. Einleitung: Zur wachsenden Auseinandersetzung mit dem Orient in der deutschen Literatur des 12. und frühen 13. Jahrhunderts. Die Aufnahme von Motiven aus antiken und orientalischen Werken

In dem Jahrhundert zwischen 1070 und 1170 ging in der deutschen Literatur des Mittelalters ein epochaler Wandel vor sich. Profane Themen und Inhalte traten neben der religiösen Literatur[3] in den Vordergrund. Haiko Wandhoff spricht in diesem Zusammenhang von der „*Verschriftlichung des Erzählens*" oder vom „*recht plötzlichen Auftauchen*" der „*neuartigen schriftlichen Epen*".[4] Nach Wandhoff han-

2 Gervinius, Georg Gottfried: *Handbuch der Geschichte der poetischen Nationalliteratur der Deutschen*. Leipzig 1842, S. 29.

3 Neben der deutschen mittelalterlichen Kreuzzugsdichtung entwickelte sich im 11. und 12. Jahrhundert auch eine religiöse Dichtung (Christologien, Sakramentologien, Eschatologien, Mariologien, Ecclesiologien etc.), die sich gegen die islamischen Dogmen richtet. Zu solchen Werken zählen ‚Ezzolied' (Straßburger Fass. um 1060 u. Vorauer Fass. um 1120) sowie ‚Summa Theologiae' um 1120, vgl. Wisniewski, Roswitha: *Christliche Antworten auf den Islam in frühmittelalterlicher Deutscher Dichtung*, in: Orientalische Kultur und europäisches Mittelalter (Miscellanea mediaevalia, Bd. 17), hg. v. Albert Zimmermann u. Ingrid Cremer-Ruegenberg, Berlin / New York 1985, S. 103–111, hier S. 103.

4 Wandhoff, Haiko: *Der epische Blick. Eine mediengeschichtliche Studie zur höfischen Literatur*, PhStQ 141, Berlin 1996 (Diss. 1995), S. 109. In diesem Kontext spricht Wolf, Jürgen: *Buch und Text. Literatur- und kulturhistorische Untersuchungen zur volkssprachigen Schriftlichkeit im 12. und 13. Jahrhundert*, Tübingen 2008, S. 33, von einer aufkommenden „*Qualität volkssprachiger Schriftlichkeit*", die nunmehr dazu beiträgt, dass zumindest „*inhaltlich, thematisch und darstellungstechnisch die weltlich-laikale Seite der mittelalterlichen Gesellschaft*", quasi „*die Ritterkultur und die Höfe*" in den Vordergrund rücken, vgl. ders, *ebd.*, S. 33 m. Anm. 123.

delt es sich um „*volkssprachliche Texte (…), die formal wie von den Inhalten her innovativ sind*“.[5] Themen aus der Karolinger- oder der Salierzeit (z.B. das 'Rolandslied') rückten an den Adelshöfen in den literarischen Mittelpunkt. Im Rahmen eines aristokratischen, aber dennoch vulgärsprachlichen Literaturbetriebs, dessen Anfänge Wandhoff ebenso wie J. Bumke „*etwa auf die Zeit um 1070*“ datiert, ging man dazu über, „*an einigen großen Fürstenhöfen (…) volkssprachliche Texte im schriftlichen Medium anzufertigen und sie in Buchform zu speichern und zu verbreiten*“.[6]

Das über den Kölner Erzbischof Anno verfasste 'Annolied'[7] (ca. 1080) ist das erste biographische Werk der deutschen Sprache, welches mit einem Abriss der *historia humana* beginnt und bis hin zum *Sacrum Imperium Romanum* bzw. bis hin zum Jüngsten Gericht reicht. Im Zuge des erstarkenden Rittertums entstanden weltliche Epen: Lamprechts Übersetzung des Alexanderlieds von Alberich von Besançon und das Rolandslied[8] des Pfaffen Konrad sind erste höfische Epen.[9] Das „*Alexanderlied*“ des Pfaffen Lamprecht entstand um 1150 und ist damit ein sehr frühzeitiges Werk in der deutschen Literaturgeschichte. Wie bereits erwähnt, geht es nicht auf ein lateinisches, sondern auf ein volkssprachliches (afrz.) Werk zurück: die Alexanderdichtung des Alberich von Besançon.[10] Die 'Kaiserchronik'[11] (KC, ca. 1150/55) hingegen behandelt die Geschichte vom Römischen Kaiserreich bis zur damaligen Gegenwart. Sie erzählt in etwa 18000 Versen die Lebensläufe der römischen und deutschen Kaiser. Wohl auf Veranlassung Heinrichs des Löwen schrieb der Pfaffe Konrad um 1170[12] das etwa 9100 Verse umfassende 'Rolands-

5 H. Wandhoff, *ebd.*, S. 109.

6 H. Wandhoff, *ebd.*, S. 109 mit Anm. 1, wobei er sich datierungsmäßig mit Bumke, Joachim: *Geschichte der mittelalterlichen Literatur als Aufgabe*, in: RWAkW, geisteswiss. Reihe 309 (Opladen 1991), S. 30 ff., konform verhält.

7 Roediger, Max (Hg.): *Annolied*, MGH Dt. Chron. I, 2. Hannover 1895, S. 63–132 u. S. 139–145, siehe auch Nellmann, Eberhard: Art. *Annolied*, ^{2}VL Bd. 1 (1978), Berlin / New York, Sp. 366–371, und ^{2}VL Bd. 11 (2004), Sp.108.

8 Zitiert wird nach der Ausgabe: [Pfaffe Konrad] *Das Rolandslied des Pfaffen Konrad*, hg. v. Dieter Kartschoke, Stuttgart 1993.

9 Suolahti (Palander), Victor Hugo: *Der französische Einfluss auf die deutsche Sprache im 12. Jahrhundert*, in: MSNH, III. Helsingfors 1902, S. 77–204, hier S. 87.

10 Flechtner, Hermann: *Die Sprache des Alexander-Fragments des Alberich von Besançon*, (Diss., Strassburg). Breslau 1882.

11 Textausgabe: Kaiserchronik (MGH Deutsche Chroniken I, 1), hg. v. Edward Schröder, Hannover 1892.

12 Zur Entstehung und Datierung des RL vgl. Hensler, Ines: *Ritter und Sarrazin. Zur Beziehung von Fremd und Eigen in der hochmittelalterlichen Tradition der „Chanson*

lied' (RL) in Regensburg, dessen Quelle – die afrz. 'Chanson de Roland',[13] in deren Mittelpunkt Karl der Große steht – ebenfalls aus dem frz. Sprachraum[14] stammt. Im Unterschied zu seiner Vorlage, der 'Chanson de Roland', verfolgt der Pfaffe Konrad im RL nicht nur nationale Fragestellungen zur *dulce France*. Es geht um das Reich und wohl auch um eine Kreuzzugsidee. In RL 106 sagt Karl zu seinen Kriegern ***iuweren willen west ih gerne***, obwohl aus den Versen (RL 80–82) bereits hervorgeht, dass diese kampfmotivert sind: ***sine gerten nihtes mêre / wane thurh got ersterbn / um thaz himelrîche ther martire erwerben***. Spätestens dann, wenn es kurz danach (RL 88 f.) heißt, ***nu scule wîr gote thienen / mit lûterlîchen muote***, wissen wir, dass es sich um ***militia dei*** handelt und nicht um ***militia saecularis***.[15] Der Krieg gegen die Heiden,[16] dessen Rechtmäßigkeit nirgendwo im Werk in

---

de geste", in: BAKG 62, hg. v. Helmut Neuhaus, Köln [u.a.] 2006, S. 23 ff. u. 31 f.; Buschinger, Danielle: *Das ,Rolandslied' des Pfaffen Konrad*, in: Historische und religiöse Erzählungen (= GLMF IV), hg. v. Geert H. M. Claassens [u.a.], Berlin [u.a.] 2014, S. 189–220.

13 Klein, Hans Wilhelm: *La Chanson de Roland*, in: KTRMA, 3. München 1963. Zur Herkunft des Rolandslied vgl. Spiewok, Wolfgang: *Karl und Roland – Funktionswandel bei Adaptation und Rezeption*, in: Das „Rolandslied" des Konrad. Gesammelte Aufsätze von Danielle Buschinger und Wolfgang Spiewok, Greifswald 1996, S. 24–40, hier S. 30–32.

14 Langlois, Ernest (ed.): *Le Couronnement de Louis. Chanson de geste du XIIe siècle*, in: CFMA, vol. 22, Paris 1920. Überhaupt war Frankreich im 12. Jahrhundert ein kulturelles Zentrum im christlichen Europa. Von Frankreich her verbreiteten sich beispielsweise das Ritterturnier oder der Baustil der Gotik. Der Bau der Kathedrale von Saint-Denis (1137) wurde etwa europaweit als ein wichtiges Erkennungszeichen gesehen. Ab dem 14. Jahrhundert standen die frz. Universitäten europaweit hoch im Kurs, sodass die Studenten, aber auch Dozenten aus Schweden, Dänemark, Norwegen, Deutschland, Ungarn, Böhmen, Polen, Schottland, England und Irland an Frankreichs Bildungssystem interessiert waren, vgl. Groche, Bernhard: *Beiträge zur Geschichte einer Renaissancebewegung bei deutschen Schriftstellern im XII. Jahrhundert*, Diss., Halle a. S. 1909, S. 17 f.

15 Vgl. Bumke, Joachim: *Höfische Kultur. Literatur und Gesellschaft im hohen Mittelalter*. München [11]2005, S. 399 ff.

16 Der Terminus „***Heide*** *wurde zu einem Sammelwort für alle Erscheinungen, die außerhalb des Rahmens der Christenheit in räumlicher und zeitlicher Hinsicht sich befinden, so wurden alle Erinnerungen und Denkmäler aus vorchristlicher Zeit heidnisch, desgleichen wurde es die Kultur der Antike, desgleichen die des Islams, ihre hervorragenden Vertreter, die Sarazenen der Kreuzzugszeit und die späteren Türken werden mit Vorliebe Heiden genannt.*" Vgl. HDA, III, Sp. 1635. Der Terminus entspricht dem Sprachgebrauch der Zeit. Zu den grundlegenden älteren Arbeiten zum abendländischen Islambild vgl. D'Alverny, Marie Thérèse: *La connaissance de L'Islam en Occident du IXe au milieu*

Frage gestellt wird, ist zu einem gottgewollten Akt stilisiert. Man könnte sagen, die 'Chanson de Roland' galt dem Pfaffen Konrad als *„Symbol des Kampfes der ‚civitas Dei' gegen die ‚civitas diaboli'"* und diente ihm als Vorlage.[17]

Sowohl in den Epen 'König Rother' (KR) und 'Herzog Ernst' (HE) als auch im antiken Alexanderroman spielen antike Motive eine Rolle.[18] Bei dem um 1150 verfassten KR (mit dem zentralen Motiv der Brautwerbung um die Tochter des Königs von Konstantinopel) und dem in der zweiten Hälfte des 12. Jahrhunderts verfassten HE oder dem um 1170 entstandenen 'Straßburger Alexander' (*Str.A.*), der *„den Roman Lamprechts [...] ergänzt"*,[19] geht es dagegen um fabelhafte Ex-

---

du XIIe siècle, in: L'occidente e l'Islam nell'Alto Medioevo, 2 vols, (Settimane di studio del centro italiano sull'altomedioevo, 12), Spoleto 1965, II, S. 577–602; Daniel, Norman: *Islam and the West. The Making of an Image.* Edinburgh 1962; Southern, Richard W.: *Western Views of Islam in the Middle Ages*, Cambridge Mass. 1962; Watt, William Montgomery: *The Influence of Islam on Medieval Europe*, in: Islamic Surveys 9. Edinburgh 1972. Und zu den neueren Studien zählen u.a.: Sénac, Philippe: *L'Occident médiéval face à l'Islam. L'image de l'autre.* Paris 1983; Kedar, Benjamin Z.: *Crusade and Mission. European Approaches toward the Muslims.* Princeton 1984; Tolan, John V. (ed.): *Medieval Christian Perceptions of Islam.* New York / London 1996. Die theologisch präzise Formulierung des Terminus lautet dagegen wie folgt: *„Heiden sind jene in Volkstümern geschichtlich verfassten Menschen, die in ihrer völkischen und geschichtlich-kulturellen Verfasstheit (als „Völker") faktisch noch nicht vom Anspruch des Christentums geschichtlich erreicht sind oder sich ihm noch im Namen ihrer eigenen geschichtlichen Überlieferung verschließen."* Vgl. A. Vogel: Art. *Heide* LThK, Bd. V (1996), Sp. 67 ff., hier Sp. 74.

17 Über die Islamwahrnehmung im Rolandslied vgl. Buschinger, Danielle: *L'Image du Musulman dans le ‚Rolandslied'*, in: Das „Rolandslied" des Konrad. Gesammelte Aufsätze von Danielle Buschinger und Wolfgang Spiewok, Greifswald 1996, S. 88–102, und Bancourt, Paul: *Les Musulmans dans les chansons de geste du cycle du Roi*, 2 vols., Aix en Provence 1982. Schimmel, Annemarie: *Orientalische Einflüsse auf die deutsche Literatur*, in: Neues Handbuch der Literaturwissenschaft Bd. 5. Orientalisches Mittelalter (Hg.: Heinrichs, Wolfhart), Wiesbaden 1990, S. 546–562. Zum christlich-islamischen Dualismus im RL vgl. Hensler, Ines: *Ritter und Sarrazin. Zur Beziehung von Fremd und Eigen in der hochmittelalterlichen Tradition der „Chanson de geste"*, in: BAKG 62, hg. v. Helmut Neuhaus, Köln [u.a.] 2006, S. 33 m. Anm. 15.

18 Zu diesen Werken gehören vor allem Theben-, Alexander-, Troja- und Eneasromane, die allesamt zwischen etwa 1150 und etwa 1190 entstanden. Vgl. auch Jäger, Siegfried: *Studien zur Komposition der Crescentia der Kaiserchronik, des Vorauer und Straßburger Alexander und Herzog Ernst B*, Bonn 1967.

19 Haupt, Barbara: *Alexanders Orientfahrt (Straßburger Alexander). Das Fremde als Spielraum für ein neues Kulturmuster*, in: Begegnung mit dem ‚Fremden', Grenzen – Traditionen – Vergleiche, München 1991, S. 285–295, hier S. 286.

kursionen in orientalische Gefilde aus dem Umkreis der Kreuzzüge.[20] Neben den französisch-deutschen Heldensagen und Überarbeitungen griechisch-römischer antiker Stoffe oder den Schilderungen helden- und fabelhafter Taten pilgernder Kämpfer finden sich auch Minne- und Legendenerzählungen im weiten Spektrum der Themen- und Stoffpalette der höfischen Epik, sodass man von einer *„überraschenden Vielseitigkeit"* sprechen kann.[21]

Die frühhöfische und höfische Literatur fällt in die Regierungszeit der Staufer (1138–1254). Das seit der späten Merowingerzeit bestehende Bildungsmonopol der Kirche wurde durch das Erstarken einer säkularen Feudalmacht, auch auf Grund der Kreuzzüge (seit 1096), mehr und mehr geschwächt. Mit einer wachsenden Säkularliteratur, die ihre Impulse zunächst von Bischofs- und Fürstenhöfen, später auch aus den Städten erhielt, erweiterte sich der Gebrauch der deutschen Sprache gegenüber dem Latein.[22] Die neue Emanzipation und die Denkkraft der Nobilitas nährten sich allerdings auch aus den durch die Kreuzzüge ermöglichten intellektuell-kulturellen Begegnungen mit der Kultur des Orients.[23] An vielen europäischen Höfen verbreitete sich eine Konkurrenz zwischen klerikalen Eliten und profanen 'Spielleuten', wobei dieser letzte Terminus umstritten ist. Zu dieser

20 Zu den Kreuzzügen allgemein vgl. Sporschil, Johann Chrysostomus: *Geschichte der Kreuzzüge*. Leipzig 1843; Runciman, Steven: *A History of the Crusades*, 3 vols, Cambridge 1951–1954, vol. 1. *The First Crusade and the Foundation of the Kingdom of Jerusalem*. Cambridge 1951; Gabrieli, Francesco: *Storici arabi delle crociate*, Torino 1963 (III. edizione); Sivan, Emmanuel: *L'Islam et la croisade. Idéologie et propagande dans les réactions musulmanes aux croisades*. Librairie d'Amerique et d'Orient, Paris 1968; Aurell, Martin: *Des Chrétiens contre les croisades (XIIe-XIIIe siècle)*, Paris 2013; Cobb, Paul M.: *Der Kampf ums Paradies. Eine islamische Geschichte der Kreuzzüge*, übers. v. Michael Sailer, Darmstadt 2015; sowie Sivri, Yücel: Rez. *Der Kampf ums Paradies. Eine islamische Geschichte der Kreuzzüge* von Paul M. Cobb., übers. v. Michael Sailer, Darmstadt 2015, in: ZfdA 144 (2015), S. 521–526.

21 Bumke, Joachim: *Geschichte der mittelalterlichen Literatur als Aufgabe*, in: RWAkW, geisteswiss. Reihe 309 (Opladen 1991), S. 60.

22 Jaeger, C. Stephan: *Die Entstehung höfischer Kultur. Vom höfischen Bischof zum höfischen Ritter*, PhStQ 167 (übers. v. Sabine Hellwig-Wagnitz). Berlin 2001 (erstmals 1985).

23 Über die interkonfessionellen Grenzgebiete und Seewege hinaus kam es zu Begegnungen zwischen den einzelnen Völkern. Kriegerische Konfrontationen führten auch zu wirtschaftlichen und sprachlichen Austauschmöglichkeiten, welche dafür sorgten, dass zwischen Europa und Vorderasien zahlreiche kulturelle Güter ihren Weg zu neuen Absatzmärkten fanden, wobei die Muslime lediglich im Gebiet der Militärtechnik dazulernen konnten. Bei der Herstellung von Metall-, Textil-, Leder- und Kosmetikwaren konnten die Europäer viel von den arabischen Handwerkern übernehmen.

Gattung werden die anonymen Werke wie 'König Rother', 'Salman und Morolf', 'Oswald', 'Herzog Ernst' und 'Orendel' gezählt.[24] Es werden stilistische Charakteristika wie „*Freude am Stofflichen, Sinn für das Bunte und Grelle, im Humor für das Burleske, Sorglosigkeit des Aufbaus, geringe Ansprüche an die Form, überwuchernde Formelhaftigkeit*" formuliert.[25] In diesen sog. Spielmannsepen[26] wurden orientalische Motive übernommen oder die Handlung gern in den Orient versetzt. Während die Heilsgeschichte in Chroniken und in religiöser Literatur weiterhin eine große Rolle spielt, dienen diese Werke vorrangig der Unterhaltung und der Belehrung. Nur im 'Münchner Oswald' geht es dezidiert um Heilsgeschichte.

Es wurde begonnen, Fragen und Probleme der Zeit zu thematisieren. Zum einen war die Rezeption der romanischen Tradition gefragt, andererseits stärkte die exorbitante Bedeutung der Kreuzzüge die soziale Wertschätzung des Rittertums. Bei den neu entstandenen Werken beobachten wir oft den Anfangsprozess der Profanliteratur. Dabei spielte schon ab dem 1. Kreuzzug (1096–1099) der Orient als Motiv eine wichtige Rolle. Die Faszination des Orients drang in die volkssprachlichen Literaturen Europas ein. Okzitanisch-altfranzösische

---

24 Einige Literaturwissenschaftler des 19. Jahrhunderts haben dazu beigetragen, dass diese Werke auch später noch unter der Bezeichnung ‚Spielmannsepik' geführt wurden. Zu ihnen gehören Wackernagel, Wilhelm: *Geschichte der deutschen Litteratur.* Basel 1848, S. 39. Bei ihm heißt diese Art Dichtung noch „Epik der Fahrenden", vgl. Bahr, Joachim: *Der „Spielmann" in der Literaturwissenschaft des 19. Jahrhunderts*, in: Spielmannsepik (Wege der Forschung 385), hg. v. Walter Johannes Schröder, Darmstadt 1977, S. 289–322, hier 320. Doch den Begriff „Spielmannsepik" prägt erst 1876 Vogt, Friedrich: *Leben und Dichten der deutschen Spielleute im Mittelalter*, in: Spielmannsepik, WdF 385, hg. v. Walter Schröder. Darmstadt 1977, S. 18–48, vgl. J. Bahr, *ebd.*, S. 289–322, hier 316.

25 Zur Begriffserklärung vgl. de Boor, Helmut: *Die höfische Literatur. Vorbereitung, Blüte, Ausklang*, in: Geschichte der deutschen Literatur von den Anfängen bis zur Gegenwart, hg. v. Helmut de Boor u. Richard Newald, Bd. 2, München [11]1991, S. 236–242, hier S. 236.

26 Der Bezeichnung ***spil(e)man*** begegnen wir erstmals bei den Gebrüdern Grimm. Sie wollten damit an den germanischen Sänger, den Unterhaltungskünstler per se, anknüpfen, vgl. Schröder, Walter Johannes: *Spielmannsepik*. Stuttgart 1962, S. 2, sowie Behr, Hans-Joachim: Art. *Spielmannsepik*, in: RLW III, 474–476, hier 474. Ob der Begriff vor den Grimms noch von Uhland benutzt worden ist, muss offen bleiben, vgl. Bahr, Joachim: *Der „Spielmann" in der Literaturwissenschaft des 19. Jahrhunderts*, in: Spielmannsepik (Wege der Forschung 385), hg. v. Walter Schröder. Darmstadt 1977, S. 289–322, hier 319. [= auch in: ZfdPh 73 (1954), 174–196]. Zur Klärung des Terminus vgl. Wareman, Piet: *Spielmannsdichtung. Versuch einer Begriffsbestimmung*. Diss. Amsterdam 1951.

Autoren waren die ersten, die den Orient behandelten. Spätestens im 12. und 13. Jahrhundert wandte sich der Roman immer mehr orientalischen Konstellationen zu. Hintergründe lieferten neben den Kreuzzügen auch teilweise exotisch-fabulös erdachte Gefilde, teilweise „*geglaubte Wirklichkeit*“[27], die auf den damals modernsten TO-Karten belegt war. Als Beispiele hierfür wäre das um 1225 entstandenes Werk ‚Aucassin et Nicolette', das erste Prosimetrum überhaupt, zu erwähnen. Diese in einer einzigen Handschrift erhalten gebliebene Mischung aus Prosa und Versen favorisiert eine humanistische und tolerante Alternative gegenüber einem autoritären und drakonischen System. Auch im mittelhochdeutschen Sprachraum bildete sich ein gewisses Interesse für den Orient und die Sarazenen heraus.[28]

Die Kreuzzüge verliehen den Rittern ein Ansehen, mit dem sie sich gegenüber dem gesellschaftlich höhergestellten Adel wappneten. So entstand eine eigene Literatur, die geneigt war, das Thema Orient zu behandeln. Teils konnte sie mehr oder weniger deutlich den Kreuzzug propagieren,[29] teils nutzte sie den Orient als Rahmen

---

27 Haupt, Barbara: *Ein Herzog in Fernost. Zu Herzog Ernst A/B*, in: Akten des XI. Internationalen Germanistenkongresses. Paris 2005, Bd. 7, Bern 2008, S. 157–168, hier S. 161 f.

28 Die Entstehungsgeschichte des Wortes Sarrazene/Sarazene im Sinne von „Heide“ entwickelt sich aus dem klassischen Arabisch, und zwar aus dem Wort ***širkat***, was „Konföderation“ bedeutet, vgl. Okken, Lambertus: *Kommentar zum Tristan-Roman Gottfrieds von Straßburg*, Amsterdam ^{2}1996 (Bd. 1.), S. 168 f. Schon in der um 660 fertiggestellten Fredegarischen Chronik (Fred. *chron. cont.* IV, 66, ed. Krusch) wird die Bezeichnung ***Saracini*** zum Ethnonym ***Agarrini*** synonymisch verwendet: ***Agarrini, qui et Saracini, […] gens cirqumcisa ad latere montes Caucasi super mare Cypium terram Ercoliae coinomento iam olem consedentes…*** Die Adjektivform ***sarrazênesch*** findet sich im *Tristan* (2964), vgl. *ebd.*, S. 165. Das Adjektiv „sarazenisch“ verwendete man im MA, um gleichermaßen alles Fremde, Exotische in Zeit und Raum zum Ausdruck zu bringen, vgl. Pochat, Götz: *Das Fremde im Mittelalter. Darstellung in Kunst und Literatur*, Würzburg 1997, S. 65. Zur grundlegenden Lit. vgl. Rotter, Ekkehart: *Abendland und Sarazenen. Das okzidentale Araberbild und seine Entstehung im Frühmittelalter*, in: StGKiO, N.F. 11, Berlin / New York 1986; Tolan, John V.: *Saracens. Islam in the Medieval European Imagination*. New York 2002; Goetz, Hans-Werner: *Sarazenen als „Fremde“? Anmerkungen zum Islambild in der abendländischen Geschichtsschreibung des frühen Mittelalters*, in: Fremde, Feinde und Kurioses: Innen- und Außenansichten unseres muslimischen Nachbarn, StGKiO, N.F. 24, hg. v. Benjamin Jokisch, Berlin / New York 2009, S. 39–66.

29 Dazu gehören beispielsweise die aus 9582 epischen Versen bestehende „*Chanson d'Antioche*“ von Richard der Pilger, das „*Rolandslied*“ des Pfaffen Konrad, die „*Kreuzfahrt Ludwigs des Frommen*“, das Willehalmepos des Wolfram von Eschenbach und das Heldengedicht der Belagerung von Akkon aus dem ausgehenden 12. Jahrhundert.

für die Handlung.[30] In manchen mittelhochdeutschen Dichtungen[31] finden wir tapfere und edle Heiden, die mit allen ritterlichen Insignien, Kleinodien und positiven Charakteristika des Rittertums ausgestattet werden, da die Verfasser dieser Werke dem Ritterlichen wohl globalistische und überreligiöse Bedeutung beimessen. Laut Christian Kiening haben die ritterlichen Heiden bzw. heidnischen Ritter *„in ihrer ‚hövescheit' Anteil an der ritterlichen Kultur“*[32]. In diesem Zusammenhang spricht er von einem *„ausführlich entwickelten höfischen Erziehungsprogramm“*[33], das wie ein *„Integrationsmodell für beide Seiten“*[34] funktioniert.

Nach dem ansehnlichen Landgewinn durch den ersten Kreuzzug dauerte die Blüte des abendländischen Rittertums im Orient bis zum 13. Jahrhundert. Diese Zeit gilt allgemein als die Glanzzeit der Kreuzritter im gelobten Land. Die Muslime[35] ver-

---

Text zu Rolandslied: *La Chanson d'Antioche*, Composée au commencement du XIIe siècle par le Pélérin Richard, ed. Alexis Paulin Paris, Vol. 1–2, Paris 1832/1848.

30 Zu diesem Bereich gehören Werke wie „Orendel“ oder „König Rother“. Auch die Lyrik hatte bisweilen die Auseinandersetzung mit den Kreuzzügen zum Thema. Sie ist von Hoffnung und Gram geprägt. Während der Davonziehende auf Vergebung seiner Sünden hofft, bangt er zugleich um die Daheimgebliebenen. Insofern zählen die Motive Aufruf zum Kreuzzug, Klage über das Leid, göttlicher Lohn (Ablass), Trennung, Tod, Verlust und Entbehrungen zu den Kennzeichen der Kreuzzugslyrik innerhalb des Minnesangs. Die Kreuzleiche von Friedrich von Hausen, Heinrich von Rugge, Albrecht von Johansdorf, Walther von der Vogelweide, Reinmar der Alte oder Hartmann von Aue sind Bekenntnisse zum Kreuzzug und haben diese Themen zum Gegenstand.

31 Zu diesen Werken gehören das erste Buch des Parzival von Wolfram und der ‚Jüngere Titurel' von Albrecht. Zum Thema ausführlich Naumann, Hans: *Der wilde und der edle Heide. Versuch über die höfische Toleranz*, Berlin/Leipzig 1925. S. 80–101; Fromm, Hans: *Der ‚Jüngere Titurel'. Das Werk und sein Dichter*, in: Wolfram-Studien 8 (1984), S. 11–33. Als weiterführende Literatur bieten sich an Haacke, Diether: *Weltfeindliche Strömungen und die Heidenfrage in der deutschen Literatur von 1170–1230*, Diss. masch., Berlin 1951; Brummack, Jürgen: *Die Darstellung des Orients in den deutschen Alexandergeschichten des Mittelalters*, in: PhStQ 29, Berlin 1966; Stein, Siegfried: *Die Ungläubigen in der mittelhochdeutschen Literatur von 1050–1250*, Diss. Heidelberg 1933 sowie Kray, Anne-Marie: *Der Glaubenskrieg und seine Darstellung in den Kreuzzugsepen des Mittelalters*, Diss. Freiburg i. Br. 1950. Zur positiven Darstellung der Sarazenen vgl. Hensler, Ines: *Ritter und Sarrazin. Zur Beziehung von Fremd und Eigen in der hochmittelalterlichen Tradition der „Chanson de geste“*, in: BAKG 62, hg. v. Helmut Neuhaus, Köln [u.a.] 2006, S. 315 ff.

32 Kiening, Christian: *Graf Rudolf*, in: Killy Literaturlexikon, hg. v. Walther Killy. 12 Bde., Bd. 4, Berlin und New York 2009, S. 361–363, hier S. 362.

33 Chr. Kiening, *ebd.*, S. 362.

34 Chr. Kiening, *ebd.*, S. 362.

35 Arnold von Harff, der alle drei *peregrinationes maiores* besuchte, unterteilt die Muslime in drei Gruppen: Türken, Berber und Ägypter, ders.: *Die Pilgerfahrt des Ritters Arnold*

suchten zwar immer wieder, das an die Christen verlorene Land zurückzuerobern, aber die militärische Macht der Kreuzritter war zu stark. Dies änderte sich erst mit dem dritten Kreuzzug. In Folge dessen ging es auch in der Literatur zunehmend um militärische Niederlagen und das Leiden der Kreuzritter. Als gottesfürchtiger, aber zugleich kriechender und verblutender Krieger wird Graf Rudolf im Dorngestrüpp in einem erbärmlichen Zustand dargestellt (*H* 6–51). Auf dem Rückweg vom Heiligen Land wird der englische König Richard Löwenherz von seinem Erzfeind Herzog Leopold in Österreich festgenommen und bis zu seiner Auslieferung an den deutschen Kaiser Heinrich IV. auf Burg Dürnstein (Dezember 1192 – März 1193) gefangen gehalten. Er wird erst gegen Zahlung eines Lösegeldes von 150.000 Mark Silber freigelassen. Diese und viele andere Ereignisse trugen dazu bei, dass dem Ansehen der Ritter schwer geschadet wurde. Berühmte Ritterpoeten wie Guiot de Provins, Bertran de Born, Folquet de Marseille verließen die Bühne und gingen einer nach dem anderen ins Kloster.[36] Dazu kam das innereuropäische Problem mit den Katharern und anderen Häretikern, deren theologische Standpunkte von der katholischen Kirche als absurd, wenn nicht gar als dämonisch betrachtet wurden. In diesem Kontext spricht Karl Bertau von dem „*Unbehagen*" und dem „*Signal des Ungenügens an den alten Formen*".[37]

Diese Prozesse ließen bald den Orient[38] zu einem Faszinosum werden. Aus diesem Grund seien hier einige Gedanken zum Orient-Okzident-Verhältnis im

von Harff von Cöln durch Italien, Syrien, Aegypten, Arabien, Aethiopien, Nubien, Palästina, die Türkei, Frankreich und Spanien – wie er sie 1496 bis 1499 vollendet, beschrieben und durch Zeichnungen erläutert hat. Nach den ältesten Hss. und mit deren 47 Bildern, hg. v. Eberhard von Groote, Köln 1860, S. 133.

36 Guiot de Provins und Bertran de Born zogen es 1194 vor, Mönche in Cluny zu werden. Ihnen folgte im drauffolgenden Jahr Folquet de Marseille; er wurde Zisterzienser, vgl. Bertau, Karl: *Schrift – Macht – Heiligkeit in den Literaturen des jüdisch-christlich-muslimischen Mittelalters*, hg. v. Sonja Glauch, Berlin 2005, S. 362 f.

37 K. Bertau, *ebd.*, S. 362 f.

38 Benfey, Theodor: *Orient und Occident, insbesondere in ihren gegenseitigen Beziehungen*, 3 Bde., Wien 1860–66; Berman, Nina: *Orientalismus, Kolonialismus und Moderne. Zum Bild des Orients in der deutschsprachigen Kultur um 1900*, Stuttgart [u.a.] 1996; Hannick, Christian: Art. *Orient*, LThK, Bd. VII (1998), Sp. 1123–1125; Adam, Bernd: *Saids Orientalismus und die Historiographie der Moderne. Der "ewige Orient" als Konstrukt westlicher Geschichtsschreibung*, Hamburg 2013. Über *les merveilles de l'Orient* hielt *der französische Mediävist* Jean Barthélémy Richard folgendes fest: "*Ce quiretient le plus l'attention, ce sont les "merveilles". (...) Ces merveilles peuvent appartenir à l'ordre naturel (...). Les hommes les intéressent autant que la nature. [...] La curiosité pour les moeurs des peuples lointains est très grande. Les hommes les intéressent autant que la nature.*"

Mittelalter eingefügt. Grundsätzlich galt die Vorstellung, dass das irdische Paradies[39] *„im äußersten Osten [...] liegt [...], wo die Geschichte mit der Schöpfung des Menschen ihren Anfang genommen hat“*.[40] Das Paradies galt als das Orientalischste, das *oriens* per se. Wie die Aussage Isidors, *etym.* XIV 3,2, *„paradisus est locus in orientis partibus constitutus“* belegt, platziert das mittelalterliche Weltbild das Paradies geographisch zwar in Asien, eurozentrisch gesehen aber im entferntesten Osten.[41] So stand der Orient des christlichen Westens kultursemantisch dem *Mashreq* (مشرق Osten) der Araber, den „islamischsten“ Völkern, gegenüber. Wenn wir also in dieser Arbeit vom *Orient* sprechen, so meinen wir den kulturhistorisch geprägten „Osten“ im weitesten Sinne, d.h. den zentral gelegenen Vorderen Orient mit der arabischen Halbinsel als islamisch-arabisches Kernland, das sich jedoch geokulturell von den äußersten, südöstlich gelegenen Randgebieten Asiens über das maghrebinische Nordafrika bis zu den Herkulessäulen am Ende der Welt bzw. am südwestlichen Ende Europas erstreckt.[42] Lässt man den Bedeutungswandel von den lateinischen Termini *oriens*, *plagae mundi* und *Aurora*[43] bzw. dem griechischen Ἀνατολή (*Anatole*) zu dem altfranzösischen *outremer* bzw. mittelitalieni-

Vgl. ders.: *Les Récits de voyages et de pèlerinages. Typologie des sources du Moyen Age occidental*, fasc. 38, A-I, 7, Turnhout 1981, p. 66. Darüber hinaus bestätigt er, dass das Interesse des Westens an den orientalischen Gepflogenheiten nach wie vor groß ist: “*La curiosité pour les moeurs des peuples lointains est très grande.* Ders., *ebd.* S. 66.

39 Zur Geographie des irdischen Paradieses vgl. Arentzen, Jörg-Geerd: *Imago mundi cartographica. Studien zur Bildlichkeit mittelalterlicher Welt- und Ökumenekarten unter besonderer Berücksichtigung des Zusammenwirkens von Bild und Text* (Münstersche Mittelalter-Schriften, 53), München 1984, S. 206 ff.; Goetz, Hans-Werner: *Gott und die Welt: Religiöse Vorstellungen des frühen und hohen Mittelalters. Tl. 1, Bd. 2: II. Die materielle Schöpfung: Kosmos und Welt. III. Die Welt als Heilsgeschehen* (Orbis mediaevalis. Vorstellungswelten des Mittelalters), Berlin 2012, S. 89–110.

40 Simek, Rudolf: Art. *Weltbild*, in: LMA, Bd. VIII, München 1997, Sp. 2159–2165, hier Sp. 2163.

41 Die ahd. Richtungsbezeichnung *ôstan* ist mit der griechischen *Ἠώς* und lateinisch *Aurora* (Morgenröte) wurzelverwandt, vgl. M. Philippa / F. Debrabandere / A. Quak / T. Schoonheim / N. van der Sijs (eds.): *Etymologisch woordenboek van het Nederlands*, Amsterdam 2003–2009 (http://www.etymologiebank.nl/werken).

42 Zu den Randgebieten der Ökumene vgl. von den Brincken, Anna-Dorothee: *Fines Terrae. Die Enden der Erde und der vierte Kontinent auf mittelalterlichen Weltkarten*, in: MGH Schriften XXXVI. Hannover 1992.

43 Verg. *Aen.* VII, 26; Verg. *georg.* I, 446; Ov. *met.* II, 112; III, 184 u. IV, 81; Ps. Ov. *cons. Liv.* 281 f. (Hunc Aurora diem spectacula tanta ferentem / Quamprimum croceis roscida portet equis!).

schen Wort *levante* außer Acht, so fassen wir den Begriff *Orient* als langlebigsten und gängigsten aller Ost-Bezeichnungen auf.

Aus der christlichen Perspektive wird der Osten mit der heiligen Stätte Jerusalem oder der einstigen Wiederkehr des auferstandenen Christus assoziiert. Insofern scheint das Christentum sich mit dem lateinischen Aphorismus ***ex oriente lux*** arrangiert zu haben.[44] Obwohl bereits der Kirchenvater Hieronymus Jerusalem für den "Nabel der Welt"[45] hielt, rückte die Stadt kartographisch erst durch die erfolgreichen Kreuzzüge um 1100 in das Zentrum der Welt. Zu diesen Karten gehören die Ebstorfer Weltkarte, die Psalterkarte von London[46] (ca. 1262) und die Karte von Oxford.[47] Die pagane Antike kannte Delphi und Rom als solche

---

44 Vgl. Bibelstellen wie Joh 8,12; Matth 5,14; Is 9,2; Lk 1,78 etc.

45 In seinem Kommentar "In Hiezechielem" nimmt Hieronymus kritisch Stellung zur Vulgata (Ez 5,5): ***Haec dicit Dominus Deus: Ista est Hierusalem, in medio gentium posui eam, et in circuiti eius terras*** ~ *Dies sagt der Herr, mein Gott: Dies ist Jerusalem. Ich habe es in die Mitte der Völker gesetzt und in seine Umgebung Länder.* Zum geographischen Verständnis bei den Kirchenvätern vgl. Marinelli, Giovanni: *Die Erdkunde bei den Kirchenvätern*, übers. v. L. Neumann, Leipzig 1884, S. 63 ff.; Miller, Konrad: *Die ältesten Weltkarten*, Bd. II. u. III., Stuttgart 1895. Vgl. auch Goetz, Hans-Werner: *Gott und die Welt: Religiöse Vorstellungen des frühen und hohen Mittelalters. Tl. 1, Bd. 2: II. Die materielle Schöpfung: Kosmos und Welt. III. Die Welt als Heilsgeschehen* (Orbis mediaevalis. Vorstellungswelten des Mittelalters), Berlin 2012, S. 164 ff. Zur zentralen Stellung Jerusalems vgl. Müller, Werner: *Die heilige Stadt. Roma quadrata, himmlisches Jerusalem und die Mythe vom Weltnabel.* Stuttgart 1961; Niehoff, Franz: *Umbilicus mundi - Der Nabel der Welt. Jerusalem und das Heilige Grab im Spiegel von Pilgerberichten und -karten, Kreuzzügen und Reliquiaren*, in: Ornamenta Ecclesiae. Kunst und Künstler der Romanik, hg. v. Anton Legner, 3 Bde. (hier Bd. 3), Köln 1985, S. 53–72; Wolf, Beat: *Jerusalem und Rom: Mitte, Nabel - Zentrum, Haupt.* Bern 2010.

46 London, British Library, Ms. Add. 28681, fol. 9r; Miller, Konrad: *Die ältesten Weltkarten*, Bd. III. / Tab. III, Stuttgart 1895.

47 Vgl. von den Brincken, Anna-Dorothee: Art. *Center of the Earth: Arin*, in: TTEMA, 103 f. Zu den hierosolymitanisch zentrierten Karten vgl. Kugler, Hartmut, u.a (Hg.): *Die Ebstorfer Weltkarte.* Kommentierte Neuausgabe in zwei Bänden, Bd. 1: Atlas, Bd. 2: Untersuchungen u. Kommentar, Berlin 2007. Jerusalem liegt hier im Zentrum der gerundeten, vom Meer rundum umgürteten Ökumene. Vgl. auch von den Brincken, Anna-Dorothee: *Die Ebstorfer Weltkarte im Verhältnis zur spanischen und angelsächsischen Weltkartentradition*, S. 139; Baumgärtner, Ingrid: *Die Wahrnehmung Jerusalems auf mittelalterlichen Weltkarten*, in: Jerusalem im Hoch- und Spätmittelalter, hg. v. Dieter Bauer, Klaus Herbers, Nikolas Jaspert. Frankfurt a.M. 2001, S. 271–334; Hengevoss-Dürkop, Kerstin: *Jerusalem - Das Zentrum der Ebstorf-Karte*, in: Ein Weltbild vor Columbus: Die Ebstorfer Weltkarte, Symposion im Kloster Ebstorf 1988, hg. v. Hartmut Kugler, in Zusammenarbeit mit Eckhard Michael, Acta

Zentren.[48] Sophokles spricht von den aus der Mitte der Erde stammenden Prophezeiungen: *τὰ μεσόμφαλα γᾶς [...] μαντεῖα.*[49] Pindar zitierend schreibt Strabon, Delphi stelle den Mittelpunkt der Erde (*της γης ομφαλός*) dar.[50] Der Begriff Omphalos (*ὀμφαλός*) tauchte bereits bei Homer als geographischer Terminus auf, als er damit die Insel der Kalypso als Nabel des Meeres bezeichnete.[51] *Umbilicus urbis*

---

humanoria, Weinheim 1991, S. 205–222; Becht, Lukas / Hirschfeld, Alexander / Neubauer, Sebastian (Hrsg.): *Mythos Mitte. Wirkmächtigkeit, Potenzial und Grenzen der Unterscheidung ‚Zentrum/Peripherie'*, Wiesbaden 2011, und Goetz, Hans-Werner: *Gott und die Welt: Religiöse Vorstellungen des frühen und hohen Mittelalters. Tl. 1, Bd. 2: II. Die materielle Schöpfung: Kosmos und Welt. III. Die Welt als Heilsgeschehen* (Orbis mediaevalis. Vorstellungswelten des Mittelalters), Berlin 2012, S. 133–167.

48 Zu diesen zählen die Mappamundi des anonymen Geographen von Ravenna (um 670), die Mappamundi von Albi (um 730), die Weltkarte des spanischen Mönches Beatus (776), die Weltkarte zu Isidors Etymologiae (um780), die Prisciankarte (um 1000) etc. Dazu vgl. Miller, Konrad: *Mappae mundi. Die ältesten Weltkarten*, Stuttgart 1895; ders.: *Mappaemundi: Die ältesten Weltkarten*, II, Taf. 10 u. III, 29–37; Arentzen, Jörg-Geerd: *Imago mundi cartographica. Studien zur Bildlichkeit mittelalterlicher Welt- und Ökumenekarten unter besonderer Berücksichtigung des Zusammenwirkens von Bild und Text* (Münstersche Mittelalter-Schriften, 53), München 1984, S. 37 ff.; Kliege, Herma: *Weltbild und Darstellungspraxis hochmittelalterlicher Weltkarten*, Münster 1996, S. 55, sowie Leithäuser, Joachim G.: *Mappae mundi. Die geistige Eroberung der Welt*, Berlin 1958, S. 56 ff. Zur Rolle Delphis als Weltzentrum vgl. Parke, Herbert William / Wormell, Donald Ernest Wilson: *The Delphic Oracle*, Oxford 1956, vol. 1, pp. 265 ff., und Meier, Christian: *Die Entstehung einer autonomen Intelligenz bei den Griechen, in: Kulturen der Achsenzeit*, hg. v. Shmuel N. Eisenstadt, Frankfurt a.M. 1987, S. 89–127. Zum Bedeutungsverlust des Delphischen Orakels vgl. Wolf, Beat: *Jerusalem und Rom: Mitte, Nabel – Zentrum, Haupt*. Bern 2010, S. 101 ff. Zum Rom-Bild vgl. Goetz, Hans-Werner: *Gott und die Welt: Religiöse Vorstellungen des frühen und hohen Mittelalters. Tl. 1, Bd. 2: II. Die materielle Schöpfung: Kosmos und Welt. III. Die Welt als Heilsgeschehen* (Orbis mediaevalis. Vorstellungswelten des Mittelalters), Berlin 2012, S. 159 ff.

49 Soph. *Oed. tyr.* 480 (ed. Papageorg 185, 23).

50 Strab. *geogr.* IX 3,6: *τῆς γὰρ Ἑλλάδος ἐν μέσῳ πώς ἐστι τῆς συμπάσης, τῆς τε ἐντὸς Ἰσθμοῦ καὶ τῆς ἐκτός, ἐνομίσθη δὲ καὶ τῆς οἰκουμένης, καὶ ἐκάλεσαν τῆς γῆς ὀμφαλόν, προσπλάσαντες καὶ μῦθον ὅν φησι Πίνδαρος, ὅτι συμπέσοιεν ἐνταῦθα οἱ ἀετοὶ οἱ ἀφεθέντες ὑπὸ τοῦ Διός, ὁ μὲν ἀπὸ τῆς δύσεως ὁ δ' ἀπὸ τῆς ἀνατολῆς: οἱ δὲ κόρακάς φασι*, Pind. *frgm.* 260 (ed. Bowra). Darüber hinaus Pind. *pyth.* IV, 74; 131; VIII, 59; 84; XI 9 f.; Hes. *Op.* 11; Agathem. 2; Eur. *Ion.* 5s.; 223s; Eur. *Med.* 668; Schol. Eur. *Or.* 331 (ed. Schwartz, I 132, 2); Paus. *Hell.* X 16, 3; Plat. *pol.* 427c.; Schol. Hom. (rec. Erbse, P6: 1b u. 1g).

51 Hom. *Od.* I, 50.

der Lateiner markierte nicht nur das Zentrum von Rom,[52] sondern des ganzen Imperiums und somit der ganzen antiken Welt.

In der Verlegung des Weltzentrums von Delphi bzw. Rom nach Palästina, d.h. in den Osten, durch das Christentum registrieren wir die Verschiebung, die Replatzierung des *maximae centri terrae*. Dadurch löste man sich demonstrativ von der paganen Weltauffassung. Gleichzeitig war es in mehrerer Hinsicht möglich, nicht nur genealogisch-kosmologisch, sondern auch geographisch der hebräischen Tradition zu folgen.

In den Werken einiger arabischer Gelehrter wie Abu Mahumed Mustaphi Ben Alshid Has[a]n, Abu Walid Mahumed Ben Elshecina oder Achmed Ben Magad finden wir die Insel Serendib [d.i. Taprobane] in der Mitte der Erde platziert.[53] Auf den Karten arabischer Kartographen steht meistens das Mediterraneum mit levantinisch-maghrebinischen Ufern im Zentrum, während auf den lateinischen Karten die Nordküsten desselbigen zentrale Bedeutung übernehmen. Wenn im Sinne 1 Mose 11,1, Babylonien *„die ganze Menschheit, eine Sprache und einerlei Worte"* verkörpert, so kann es als Mittelpunkt des himmlischen Landes verstanden werden. Ebenso wie Babylon scheint auch Ninive eine Zeitlang als Mittelpunkt der Erde gegolten zu haben.[54] Aithikos, der fiktive Verfasser der antiken Reisebeschreibung 'Kosmographie', misst Assyrien mit der Hauptstadt Ninive (Ninnivê)[55] eine geozentrale Bedeutung bei.[56] Die Verlegung des Schwerpunktes auf die mesopotamisch-palästinische Region bestätigen auch die runden Welt-

---

52 Plut. *Romul.* XI, 1 f.

53 Selden, John: *Opera omnia*, vol I (De anno civili veteris ecclesiae, seu reipublicae dissertatio), Lib. III (Juxta disciplinam Ebraeorum), col. 336 f. Zum Omphalosgedanken vgl. Roscher, Wilhelm Heinrich: *Der Omphalosgedanke bei verschiedenen Völkern, besonders den semitischen. Ein Beitrag zur vergleichenden Religionswissenschaft, Volkskunde und Archäologie*, in: Abh. Leipzig, Bd. 70/2, Leipzig 1918; S. 25–48. Thema ausführlich behandelt in Faller, Stefan: *Taprobane im Wandel der Zeit. Das Sri-Lanka-Bild in griechischen und lateinischen Quellen zwischen Alexanderzug und Spätantike*, Stuttgart 2000.

54 Vgl. Lelewel, Joachim: *Géographie du Moyen Âge*, vol. II (4 vols., Bruxelles 1854–1857), p. 9, m. Anm. 21.

55 Belegstellen in *Parz.* 14,102 et passim.

56 Aeth. *cosm.* c. 107 (p. 80): ***Ninive Assyria etenim nobilissima, purpora quidem procerior, ornata opibus omnium bonorum. Umbelicum ac medullam Niniven, quam philosophus inter alias urbes moenianam Archochyram vocitavit, primam t[h]yrannidem bellicosissimam, sua enim arte eruditissimam. Post primam Indiam ultra omnes ista celebrior vicina, crescens et adfluens atque multiplicans***.

karten, auf denen die vornehmlich bewohnbaren Zentren Jerusalem, Mekka und Bagdad (Baldac)[57] dicht beieinander hervorstechen.[58]

Schon während der ersten Expansionsbestrebungen der Araber unter Prophet Mohammed 622 wurde der Orient zur islamischen Bühne. Mit anderen Worten: Die arabische Halbinsel wurde zum Sinnbild und zur Heimat für den Islam, der von dort aus fast das ganze Mittelalter mitprägte. Dieser geographische Bezug kann ebenso für das Christentum der Spätantike behauptet werden. Dem Islam *„zwischen den dicht besiedelten Blöcken von Europa im weitesten Sinne, Schwarzafrika und dem Hinteren Orient"* weist F. Braudel die Rolle des *„Mittlers"* zu.[59] Erst durch den erfolgreichen Kolonialismus und Imperialismus der europäischen Mächte in Asien zwischen 1520–1760 verlor der Orient die interkulturelle Mittlerposition. Spätestens seit dem 19. Jahrhundert mit dem immer schwächer werdenden Osmanischen Reich begann er, sein faszinierendes exotisches Image einzubüßen.

Doch manchen Europäern galt und gilt der Orient eher faszinierend als fremd. Er ist das verzerrte Bild des Okzidents, eine gemalte Welt (*Orbis sensualium pictus*), ein *„Konstrukt westlicher Imagination"*.[60] Mehr noch: Er wird *„als eine Welt des wollüstigen Harems, als ein Ort der Vormoderne"*[61] verstanden und als Quelle der Phantasie und Inspiration benutzt. Wenn man die Vorliebe oder

---

57 Für mhd. Stellenbelege vgl. *Parz.* 13,16 u. 29; 105,29; *W.Tit.* 73,81; *Wh.* 73,23; 96,9; 413,3 et passim.

58 Vgl. Lelewel, Joachim: *Géographie du Moyen Âge*, vol. II (4 vols., Bruxelles 1854–1857), p. 70: "*Dans ces images rondes, on distingue une habitable dont le centre est ou Jérusalem ou les environs de Mekka, de Bagdad.*" Vgl. auch. Delumeau, Jean: *Une Histoire du Paradis: Le Jardin des Délices*, Paris 2000.

59 Braudel, Fernand: *Das Mittelmeer und die mediterrane Welt in der Epoche Philipps II.*, Frankfurt a.M. 2001, Bd. I, S. 268; Goetz, Hans-Werner: *Gott und die Welt: Religiöse Vorstellungen des frühen und hohen Mittelalters. Tl. 1, Bd. 2: II. Die materielle Schöpfung: Kosmos und Welt. III. Die Welt als Heilsgeschehen* (Orbis mediaevalis. Vorstellungswelten des Mittelalters), Berlin 2012, S. 133 ff. Der ***orbis islamicus*** des Mittelalters war ein trikontinentales Gebilde (Asien, Afrika und Europa/Südeuropa), in dessen Zentrum sich das Mittelmeer d.i. *Mare Mediterraneum* erstreckte. Zur Aufzählung islamischer Völker und Länder des Mittelalters (***paienie***, ***Saraceni***, ***pagani*** bzw. ***heiden***) vgl. Hensler, Ines: *Ritter und Sarrazin. Zur Beziehung von Fremd und Eigen in der hochmittelalterlichen Tradition der „Chanson de geste"*, in: BAKG 62, hg. v. Helmut Neuhaus, Köln [u.a.] 2006, S. 64 ff.

60 Adam, Bernd: *Saids Orientalismus und die Historiographie der Moderne. Der "ewige Orient" als Konstrukt westlicher Geschichtsschreibung*, Hamburg 2013, S. 49.

61 Nikodem, Claudia: *Kopfzerbrechen um das Kopftuch oder die Frage, wie mit Differenz umgegangen wird*, in: Migration in der metropolitanen Gesellschaft. Zwischen Eth-

zumindest das Interesse für den Orient mit Edward Said als eine Orientalismus-*„Konstruktion“*[62] interpretiert, so kann diese das Ausmaß einer “*Schizophrenie*” annehmen, denn der “*Orient dient und diente dem Westen als Projektionsfläche seiner selbst, ohne sich in Frage stellen zu müssen.*”[63] Für Nina Berman hingegen diente diese Konstruktion den orientalisierten Europäern und Angelsachsen, d.i. *orientalised orientals*,[64] als eine Art Kultur- und Kontrollinstrument[65] und nicht nur als Gegenbild des Westens,[66] das nach individuellem, institutionellem oder gar staatlichem Gutdünken verzerrt und manipuliert werden konnte. Die *orientalised orientals* sind für Nevzat Soğuk zwar *„non-Western subjects“*, aber deren Erfahrungswerte und Erwartungen sind von der westlichen Zivilisation geprägt, weshalb sie den Westen immer noch besser begreifen und verinnerlichen als den Osten.[67] Mary B. Campbell befreit den ontologischen Terminus Orient aus der

nisierung und globaler Neuorientierung, (FS f. Wolf-Dietrich Bukow), hg. v. Markus Ottersbach / Erol Yıldız, Münster 2004, S 141–152, hier S. 143.

62 Vgl. Said, Edward: *Orientalism*, New York 1978, p. 1 f.; p. 322. Vgl. zudem Sardar, Ziauddin: *Der fremde Orient. Geschichte eines Vorurteils*, übers. v. Matthias Strobel, Berlin 2002, S. 82 f. (Orig.: *Orientalism*, Buckingham 1999); Hahn, Alois: *Die soziale Konstruktion des Fremden*, in: Die Objektivität der Ordnungen und ihre kommunikative Konstruktion, (FS f. Thomas Luckmann), hg. v. Walter Sprondel, Frankfurt a.M. 1994, S. 140–163.

63 Gerhard, Michael: *Orient und Okzident. Plädoyer für eine Komparative Philosophie*, in: Dimensionen Praktischer Philosophie. Texte zur philosophischen Ethik und Anthropologie, hg. v. Joachim Heil, London 2004, S. 317–355, hier S. 323. Sonst vgl. Krusche, Dietrich: *Die Macht der Projektion. Aus Anlaß von Edward W. Said ‘Orientalismus’*, in: Literatur und Fremde, hg. v. ders., München 1978, S. 209–213.

64 Z. Sardar, *ebd.*; so ein Mensch ist jemand, der zwar *“physisch im ‘Orient’ zu Hause ist – manchmal auch im Westen – sich aber spirituell vom Westen nährt.”* Vgl. Soğuk, Nevzat: *Reflections on the ‘Orientalised Orientals’*, in: Alternatives, 18 (1993), pp 361–384, [übers./zit. bei M. Gerhard, *ebd.* S. 325 m. Anm. 13].

65 Berman, Nina: *Orientalismus, Kolonialismus und Moderne. Zum Bild des Orients in der deutschsprachigen Kultur um 1900*, Stuttgart [u.a.] 1996.

66 Said, Edward: *Orientalism*, New York 1978, p. 5 f.

67 N. Soğuk, *ebd.*, p. 363. Nach Feststellung von Said, Edward: *Orientalism*, New York 1978, verwandelte sich der Orient erst im Zuge des Kolonialismus zu einer Projektionsfläche, auf der die westlichen Imperialmächte kulturelle Identitätsbildung entfalten konnten. Zudem vgl. Adam, Bernd: *Saids Orientalismus und die Historiographie der Moderne. Der “ewige Orient” als Konstrukt westlicher Geschichtsschreibung*, Hamburg 2013. Zum Thema vgl. auch Ders.: *Cultur und Imperialism*, New York 1993. Clifford, James: Rez. *Orientalism* von Edward Said, in: History and Theory, 19,2 (1980), pp. 204–223; Faber, Roland: *Der Transreligiöse Dialog. Zu einer Theologie Transformativer Prozesse*, Wien 2003.

diffusen unpräzisen Definition und deskribiert ihn mit "Anderswo".[68] In diesem Konnex spricht Andrea Polaschegg von dem "*'Anderen' des Westens*".[69] All die hier aufgeführten Ansichten machen diese Orientvorstellung – das gilt ebenso für den Okzident – zu *manmade*-Produkten.[70] Mag sein, dass der Terminus Orient in der Antike richtungsbezeichnend Verwendung fand. Nach Entdeckungen der Kontinente und in den darauffolgenden Epochen der imperialen Kolonisation und des neuzeitlichen Kolonialismus verwandelte sich der Orient jedoch immer mehr zu einer westlichen Imagination.[71] Auch die phantastischen Erzählungen aus 'Tausendundeiner Nacht'[72] haben im Bezug auf den Orient die Vorstellungen und Wahrnehmungen der Europäer im beginnenden Industriezeitalter vorbereitet, ja sogar mitgeprägt.[73]

Wie diese Arbeit darlegen wird, hat die Mystifizierung des Orients, die ihn als liebenswerte, aber doch zum Konstrukt verzerrte Welt erscheinen ließ, im Abendland durchaus Tradition, die in der Antike verwurzelt und noch in der gegenwärtigen Literatur, Sprache und Kultur lebendig ist. Dies stellte jedoch für die komplementären Begleiterscheinungen wie negative Stereotype und Entzauberungen kein Hindernis dar. Je kleiner und politisch unbedeutender die ehemaligen westlichen Kolonialmächte wurden, und je mehr sie sich in die zermürbenden

68 Campbell, Mary B.: *The Witness and the Other World: Exotic European Travel Writing 400–1600*, New York 1988, p. 48. In diesem Konnex spricht Polaschegg, Andrea: *Der andere Orientalismus. Regeln deutsch-morgenländischer Imagination im 19. Jahrhundert*, Berlin 2005, S. 27 ff., von dem "*'Anderen' des Westens*".

69 Polaschegg, Andrea: *Der andere Orientalismus. Regeln deutsch-morgenländischer Imagination im 19. Jahrhundert*, Berlin 2005, S. 27 ff.

70 Said, Edward: *Orientalism*, New York 1978, p. 4 f.

71 In dieser Konstellation spricht der Kunsthistoriker Mitchell, Timothy: *Orientalism and the Exhibitionary Order*, in: Colonialism and Culture, ed. Nicholas B. Dirks, Ann Arbor [8]2000, pp. 289–318, von dem imperialistischen Blick.

72 Horovitz, Josef: *Die Entstehung von Tausendundeine Nacht*, in: The Review of Nations, 4 (1927), pp. 85–111. Vgl. auch de Goeje, Michael Jan: *Die arabische Literatur*, in: Die orientalischen Literaturen (= Die Kultur der Gegenwart. Ihre Entwicklung und ihre Ziele), Teil I, Abt. VII. Hg. v. Paul Hinneberg, Leipzig / Berlin 1906, S. 132–159, hier S. 143 f. Darüber hinaus Sezgin, Fuat: *Geschichte des arabischen Schrifttums*, Leiden 1967 ff. [bisher 15 Bde.].

73 Stamm, Ulrike: *Der Orient der Frauen. Reiseberichte deutschsprachiger Autorinnen im frühen 19. Jahrhundert*, Köln [u.a.] 2010, S. 191. Die durch die Reisenden, Händler oder Kreuzritter nach Europa gelangenden Orient-Erzählungen sind *„ein fester Bestandteil des Kulturgutes des Mittelalters"*, vgl. Nyholm, Kurt: *Der Orient als moralisches Vorbild im ‚Jüngeren Titurel'*, in: Begegnung mit dem ‚Fremden', Grenzen – Traditionen – Vergleiche, München 1991, S. 275–284, hier S. 275.

Weltkriege verwickelten, desto mehr wuchs in ihnen die Xenophobie. Es begann ein immer konkreter werdender Prozess der Alterisierung. Die Analogisierung des geographisch näher gerückten Ostens war die Folge. Diese non-explorative, pauschale Haltung, besser gesagt die Stereotypisierung des Orients fußt auf der Grundlage einer soziokulturellen Stigmatisierung (Othering), die seit der Jahrtausendwende einen qualitativ hochwertigen Nährboden findet. Ein einst prosperierender und inspirierender Orient verblühte in den Vorstellungen der Menschen, erst recht nach der realen Begegnung, und verkrümmte schließlich zu einem "*orientalischen Entsetzen*".[74]

Solche vielschichtigen Probleme, die uns Heutige bewegen, aber auch schon für die Menschen des Mittelalters eine zentrale Rolle in ihrem Leben spielten, fanden ihren literarischen Niederschlag bereits im Zeitabschnitt zwischen 1170 und 1230. Dies soll im Folgenden exemplarisch an den beiden Epen 'Graf Rudolf' und 'Herzog Ernst' behandelt werden. Sie trugen in der frühen mittelhochdeutschen Literatur dazu bei, das damalige Bild des Orients zu prägen.

74 Mitchell, Timothy: *Orientalism and the Exhibitionary Order*, in: Colonialism and Culture, ed. Nicholas B. Dirks, Ann Arbor [8]2000, pp. 289–318.

2. 'Graf Rudolf'

2.1. 'Graf Rudolf' als innovatives höfisches Versepos

2.1.1. Handschriftliche Überlieferung

Vierzehn Fragmente, die zu einer Handschrift gehören, wurden 1823 in Celle und 1842 in Braunschweig (Stadtbiblioth., Fragm. 36) entdeckt.[75] Diese sind auf einem Doppelblatt und auf der oberen Hälfte eines Doppelblattes aus Pergament niedergeschrieben und stammen von zwei Schreibern.[76] Wilhelm Grimm publizierte die zehn Blätter (A-I) zum ersten Mal 1828 unter dem Titel ‚Grave Rudolf'.[77] 1844 gab dieser eine um 4 Blätter (α-δ) erweiterte zweite Ausgabe heraus.[78] Dabei konstatierte er, dass an den vorliegenden Teilen der Fragmente zwei Schreiber beteiligt gewesen sein müssen: Der erste schrieb α-δ und A-F, der andere G-K.[79] Aufbewahrt werden die Fragmente A-K in Göttingen

---

75 Vgl. Grimm, Wilhelm: *Graf Rudolf*, Göttingen ^{2}1844, S. 1; Ganz, Peter Felix: *Graf Rudolf*, PhStQ 19 (1964), S. 10.

76 Fragmentbeschreibung nach ‚Marburger Repertorium deutschsprachiger Handschriften des 13. und 14. Jahrhunderts'. Vgl. auch Schneider, Karin: *Gotische Schriften in deutscher Sprache, I. Vom späten 12. Jahrhundert bis um 1300* (Text- und Tafelband), Wiesbaden 1987, Textband S. 116–118; P. Ganz, *ebd.*, S. 10 f.

77 Grimm, Wilhelm: *Graf Rudolf*, Göttingen ^{2}1844.

78 Diese 14 Blätter einer Handschrift liefern uns aus dem späten 12. Jahrhundert rund 1300 Verszeilen. Der Dichter hat in seinem Werk wichtige Elemente der vorhöfischen Epik eingeflochten: „*Die ernst genommene Kreuzzugsbegeisterung, der Orient und Sarazenenkämpfe, endlich die Erwerbung einer heidnischen Prinzessin, die getauft wird.*" Vgl. de Boor, Helmut: *Die höfische Literatur. Vorbereitung, Blüte, Ausklang*, in: Geschichte der deutschen Literatur von den Anfängen bis zur Gegenwart, hg. v. Helmut de Boor u. Richard Newald, Bd. 2, München ^{11}1991, S. 236–242, hier S. 236.

79 Grimm, Wilhelm: *Graf Rudolf*, Göttingen ^{2}1844, S. 3. Zur Anordnung der Blätter nach Grimm (γ - d - C - D) vgl. Singer, Samuel: *Graf Rudolf*, ZfdA 30 (1886), S. 379–389, hier S. 382., Holz, Georg: *Zum Grafen Rudolf*, in: PBB 18 (1893), S. 562–569, hier S. 565, Bethmann, Johannes: *Untersuchungen über die mhd. Dichtung vom Grafen Rudolf*, in: Palaestra 30, Berlin 1904, S. 379 f., Ganz, Peter Felix: *Graf Rudolf*, PhStQ 19 (1964), S. 10, sowie Klein, Thomas: *Untersuchungen zu den mitteldeutschen Literatursprachen des 12. und 13. Jahrhunderts*. Habil.-Schr. masch. Bonn 1982, S. 190. Holz ordnet die Blätter in der Reihenfolge d – C – D – γ. Für Bethmann *ebd.*, ist die Stellung von A und B schemenhaft, C und D gehören „zweifellos" zusammen, und E-F weist er einem zweiten oder gar einem dritten Schreiber zu.

(Göttingen, Staats- und Universitätsbibl., 4° Cod. Ms. philol. 184:VII) und die Fragmente α-δ in Braunschweig (Braunschweig, Stadtbibl., Fragm. 36). Bei dem epischen Werk, das *„schon wegen der gelehrten und geistlichen Erklärungen seines ersten Herausgebers für die Mittelhochdeutsche Literatur nicht ohne Werth sein darf"*,[80] handelt es sich um insgesamt 14 Fragmente, *„deren Trefflichkeit in Ausführung und Darstellung nach seinem Vorgange ebenso anerkannt wurde als ihr Zusammenhang"*,[81] jedoch *„die Motive und der Abschluss des Inhalts völlig rätselhaft blieb."*[82] Wie oben erwähnt, wurden diese Fragmente von Grimm von A bis K bezeichnet und angeordnet. Darüber schreibt Georg Holz: *„Sie bilden sieben Doppelblätter, denn es hängen Bl. a und o, A und B, C und D, E und F, G und E, H und I äußerlich zusammen; von dem Doppelblatte aß ist übrigens nur die obere, von AB nur die untere Hälfte erhalten."*[83]

2.1.2. 'Graf Rudolf' in der Bewertung der Forschungsgeschichte

'Graf Rudolf' (GR) ist der Titel eines etwa 1400 Verszeilen umfassenden frühmittelhochdeutschen höfischen Versepos, in dem die abenteuerlichen Kreuzfahrer- und Liebeserlebnisse eines flandrischen Kreuzritters, des Grafen Rudolf von Arras, geschildert werden. Angaben über seinen Verfasser fehlen. Wir besitzen keine Rahmentexte, die zur Datierung und Lokalisierung des Textes beitragen könnten. Auch über Erkenntnisse zu dem Gönner und zu den Quellen des Dichters verfügen wir nicht. Eventuelle Einblicke über die Quellen, die im Ausgang des Werks gestanden haben mögen, sind nicht auf uns gekommen. Darum steht jeder Versuch einer chronologischen oder lokalen Einordnung auf unsicherer Grundlage.

Ob *„teilweise"*[84] oder vollständig, das fragmentarisch überlieferte Werk scheint auf einer verlorenen afrz. ‚Chanson de geste' zu basieren, die *„die sagenhaft umgestaltete Geschichte eines Grafen Hugo von Puiset behandelte."*[85] Nachdem die deutsche Adelsschicht *„die neuen Lebens- und Denkformen höfischen*

80 Jahn, M. Johann Christian (Hg.): Grave Ruodolf herausgegeben von W. Grimm, Leipzig 1830, S. 447–449.

81 von Sybel, Heinrich: *Über die geschichtliche Grundlage des Grafen Rudolf*, ZfdA 2 (1842), S. 235–248, daraus S. 235.

82 H. Sybel, *ebd.*, S. 235

83 Holz, Georg: *Zum Grafen Rudolf*, in: PBB 18 (1893), S. 562–569.

84 Vogt, Friedrich: *Literaturgeschichte. Mittelhochdeutsche Literatur*, in: Grundriss der germanischen Philologie II, 1, hg. v. Hermann Paul. Strassburg 1893, S. 402.

85 F. Vogt, *ebd.*, S. 402. Zur afrz. Vorlage vgl. auch Bumke, Joachim: *Geschichte der deutschen Literatur im hohen Mittelalter.* München 1990, S. 69. Zur allgemeinen

Wesens“ Zug um Zug importierte, fand auch die ritterliche Standessprache *à la française* einen günstigen Nährboden in Deutschland, denn „*das Rittertum hatte sich in Nordfrankreich um mehr als ein Menschenalter früher entwickelt als in Deutschland.*“[86] Hinweise für einen Ursprung im Französischen geben unter anderem die Namen der Beteiligten (Bonifait, Beatrise, Gilot, usw.) und frz. Fachbegriffe wie ***suckenie*** und ***kursit***. Sie kommen somit nicht erst in hochhöfischen Epen wie etwa dem ‚Parzival' vor, sondern sind schon im 'Graf Rudolf' belegt (ab Vers 29).[87] Hinsichtlich der allgemein geltenden Meinung, dass GR seinen Ursprung in einer frz. Vorlage hat, führte P. Ganz vor Augen, dass wir

---

Quellenfrage vgl. Schröder, Edward: "*Zur Quellenfrage des 'Grafen Rudolf'*", in: ZfdA 67 (1930), S. 79–80.

86 Wiessner, Edmund u. Burger, Harald: *Die höfische Blütezeit*, in: Deutsche Wortgeschichte, hg. v. Friedrich Maurer u. Heinz Rupp, Bd. I, Berlin, New York 1974 S. 188–253, hier 207. Suolahti (Palander), Victor Hugo: *Der französische Einfluss auf die deutsche Sprache im 12. Jahrhundert*, in: MSNH, III. Helsingfors 1902, S. 77–204, sowie ders.: *Der französische Einfluss auf die deutsche Sprache im 13. Jahrhundert*, 2. Bde., Bd. I, in: MSNH, VIII. Helsingfors 1929, S. 3–310, klärt über die sprachliche Entwicklung in deutscher Dichtung des 12. u. 13. Jahrhunderts sehr langatmig auf. Suolahti belehrt uns, dass die Anzahl der Fremdwortbelege im 12. Jh. von etwa 250 auf 950 im 13. Jh. gestiegen ist. Im 14. Jh. kommen noch einmal 350 Neubelege dazu, vgl. Rosenqvist, Arvid: *Der französische Einfluss auf die mittelhochdeutsche Sprache in der ersten Hälfte des XIV. Jahrhunderts*, in: MSNH, IX. Helsingfors 1932, S. 1–277. Auch Katara, Pekka: *Das französische Lehngut in den mittelniederdeutschen Denkmälern des 13. Jahrhunderts*, in: AASF = Annales Academiae Scientarium Fennicae Ser B. 50, 8. Helsinki 1942, S. 528–591, bringt anregendes Material zum Thema Französismen im Mittelhochdeutschen. Vgl. Bumke, Joachim: *Geschichte der mittelalterlichen Literatur als Aufgabe*, in: RWAkW, geisteswiss. Reihe 309 (Opladen 1991), S. 117 ff.

87 Allgemein über das Thema vgl. Winter, Max: *Kleidung und Putz der Frau nach den altfranzösischen Chansons de geste* (Ausgaben und Abhandlungen aus dem Gebiete der romanischen Philologie, Bd. 45), Marburg 1886. Vgl. auch Bumke, Joachim: *Geschichte der mittelalterlichen Literatur als Aufgabe*, in: RWAkW, geisteswiss. Reihe 309 (Opladen 1991), S. 177. Nach der Schlussfolgerung von Bumke, *ebd.* S. 120 f., hat sich der frz. Einfluss von Westen nach Osten ausgedehnt, sodass er am frühsten und intensivsten in der rheinischen Region zu spüren war. Nach Wolf, Jürgen: *hövesch – Verwirrenden Beobachtungen zur Genese der deutschen Hofkultur*, in: Mittelhochdeutsch. Beiträge zur Überlieferung, Sprache und Literatur (FS Kurt Gärtner), hg. v. Ralf Plate und Martin Schubert, Berlin / New York 2011, S. 356–374, hier 356 f., ging es nicht nur um die Adaptation französischer Stoffe und die Annahme eines neuen literarischen Stils, sondern um die „*Vorstellung von Rittertum und Hofkultur schlechthin.*“ Darüber hinaus vgl. Ganz, Peter: *curialis/hövesch*, in: Höfische Literatur, Hofgesellschaft, Höfische Lebensformen um 1200. Kolloquium am Zentrum für Interdisziplinäre Forschung der

keinen Beweis für eine solche These haben: *„Eine französische Chanson de geste, die als direkte Quelle in Frage käme, ist nicht auf uns gekommen.“*[88] Obwohl Hartmut Beckers meint, dass dem Werk *„aller Wahrscheinlichkeit nach eine (verlorene) altfranzösische Vorlage“*[89] zugrunde liegt, schließt er sich Ganz an. Beckers unterstreicht aber zugleich: *„Trotz des gemeinsamen Generalthemas hat die deutsche 'Graf Rudolf'-Dichtung nur wenige Gemeinsamkeiten mit dem altfranzösischen Kreuzzugszyklus und dessen mittelniederländischen Abkömmlingen.“*[90] Thordis Hennings bezeichnet die *„Verankerung“* der GR-Fragmente in der frz. Gattunglandschaft als eine *„Spekulation“*.[91]

Das Versepos spielt überwiegend im Orient zur Zeit der Kreuzzüge. Wir können den inhaltlichen Ablauf wie folgt zusammenfassen: Beunruhigt über die Bedrängnis der Christen im Heiligen Land sendet der Papst Boten aus, die zum Kreuzzug aufrufen sollen. Der Aufruf des Pontifex erreicht auch den jungen Grafen Rudolf. Enthusiastisch beteiligt er sich am Kreuzzug. Ehrenvoll nimmt er an den Kämpfen um die Küstenstadt Askalon (Ascalûn)[92] teil, gerät jedoch im weiteren Verlauf mit dem übermütigen König Gilot von Jerusalem in Streit und kündigt ihm die Gefolgschaft auf. Nun agiert er im Dienst des Sarazenenkönigs Halap, in dessen Tochter er sich verliebt. Auch sie erwidert seine Liebe. Der Christenkönig fordert die Auslieferung des Renegaten. Der edelmütige Halap verweigert dies und bietet ihm Schutz an. Rudolf erhält von Halap nicht nur Asyl, sondern auch einen gefährlichen Auftrag, der ihn zu einer von Christen belagerten Küstenstadt führt. Dann sehen wir ihn auf der Seite der Heiden gegen seine christlichen Brüder kämpfen. Der weitere Verlauf des Epos ist allerdings unübersichtlich. Nach einer größeren Lücke finden wir die Verliebten weit voneinander getrennt. Während Rudolf im Kerker gefangen gehalten wird, muss sich die inzwischen zum Christentum konvertierte Sultanstochter[93] in Konstantinopel

---

Universität Bielefeld 3.-5. November 1983 (Studia humaniora 6), hg. v. Gert Kaiser [u.a.], Düsseldorf 1986, S. 39–56.

88 Ganz, Peter Felix: *Graf Rudolf*, PhStQ 19 (1964), S. 11, zudem Brackert, Hellmut: *Besprechung über ‚Graf Rudolf'* (hg. v. Peter Ganz), in: Euphorion 60 (1966), S. 139–154.

89 Beckers, Hartmut: *Wandel vor sine missetat. Schuldverstrickung und Schulderkenntnis im „Graf Rudolf“-Roman*, in: Von wyßheit würt der mensch geert…, hg. v. Ingrid Kühn u. Gotthard Lerchner, Frankfurt a.M. [u.a.] 1993, S. 17–37, hier S. 17.

90 H. Beckers, *ebd.*, S. 17.

91 Vgl. Hennings, Thordis: *Französische Heldenepik im deutschen Sprachraum*. Heidelberg 2008, S. 171.

92 Stellenbeleg *Parz.* 67,13 f.; 82,10.

93 Für das Motiv der sich religiös verwandelnden Heidin vgl. Palmer, Nigel F.: Art. *‚Die Sultanstochter im Blumengarten'*, in: ²VL 9 (1995), Sp. 497–502 + ²VL 11 (2004), Sp.

gegen Heiratsangebote eines ungenannten Königs wehren. Im Folgenden schafft es Rudolf, aus seiner Gefangenschaft zu entfliehen und bis nach Konstantinopel zu gelangen. Die Verliebten wollen gemeinsam mit Bonifait und Beatrise nach Flandern fliehen. Unterwegs werden sie aber von Wegelagerern überfallen. Aufgrund des fehlenden Schlusses endet das Epos mit dem Überfall, indem Bonifait sein Leben verliert und dessen Tod beklagt wird.

Der GR, in dem der Kampf gegen die Heiden besungen wird, gehört in den Kreis derjenigen Werke, die sich an romantische Fahrten und *aventiure* (Zufall, Geschick) mit historischen Namen und Orte anlehnen. Dem Werk mangelt es nicht an stark typisierten Szenen und Mustern, die literarisch tradiert sind: Krieg *in nomine Dei*, Befreiung christlicher Brüder, fast aussichtlose permanente Kämpfe gegen zahlenmäßig überlegene Heidenheere, Eroberung des Heiligen Landes usw.. Die Kreuzfahrer sehen sich als Werkzeuge Gottes und betrachten deshalb ihren erbarmungslosen Vernichtungsfeldzug als gottgewollt.[94] Graf Rudolf dagegen bleibt entweder pragmatisch, oder er ist unentrinnbar in die Sultanstochter verliebt, sodass es für ihn kein Problem darstellt, gegen seine Glaubensbrüder zu kämpfen.

Wenn man dieses Versepos mit anderen deutschen Dichtungen, die die Schicksale und Taten von Kreuzrittern behandeln, vergleicht, hat es etwas *„Merkwürdig-Singuläres“*, wie Hartmut Beckers hervorhebt.[95] Er bemerkt, *„dass dieser Text die einzige uns bekannte deutsche Erzähldichtung aus der Zeit der Kreuzzüge ist, deren Thema die Schicksale eines als Kreuzfahrer ins Heilige Land gezogenen Ritters sind.“*[96] Nach Beckers handelt es sich um *„für einen Kreuzfahrer sehr untypische Schicksale“*, nämlich, dass er bald *„zur gegnerisch-sarazenischen Seite tritt und sogar als Vorkämpfer eines sarazenischen Heeres das Schwert gegen seine Glaubensbrüder erhebt“*,[97] auch wenn er auf sie ***mit vlacheme sverte*** (*Fb* 53) einschlägt. Während Beckers bei seiner Interpretation eher nüchtern bleibt, betont Mohr *„den Realismus des Alltäglichen“*, den der unbekannte Verfasser mit diesem Werk

1468, hier Bd. 9, Sp. 498 f. (2.) und Bd. 11, Sp. 1468; Bolte, Johannes: *Die Sultanstochter im Blumengarten*, ZfdA 36 (1892), S. 95 f. [Nachtrag zu: ZfdA 34 (1890) 18–31], sowie Eichenberger, Nicole: *Geistliches Erzählen. Zur deutschsprachigen religiösen Kleinepik des Mittelalters*, in: Hermaea, N.F. 136, Berlin [u.a.] 2015, S. 370 ff.

94 „Bewaffnete Wallfahrt und Heidenkampf“ wird von Ridder, Klaus: *Mittelhochdeutsche Minne- und Aventiureromane*, Berlin 1998, S. 85 ff., ausführlich thematisiert

95 Beckers, Hartmut (1993), S. 17–37, hier S. 17.

96 H. Beckers, *ebd.*, S. 17.

97 H. Beckers, *ebd.*, S. 18.

„zum ersten Mal in der mittelalterlichen deutschen Literatur“ zur Schau stellt.[98] Der Dichter stattet seinen Hauptprotagonisten mit einer grenzüberschreitenden Fähigkeit aus, mit Hilfe derer er sich zwischen den Fronten bewegen kann.[99] Wie Kurt Ruh konstatiert, vereint GR heroische, kreuzfahrerische, höfische, abenteuerliche und didaktische Elemente.[100] Aber auch Stoffe, die das Leben im mittelalterlichen Orient und ebenso im Heiligen Römischen Reich betrafen, finden sich darin.

Stellt die religiöse Fremdheit für den Dichter nur geringfügig eine Bewertungskategorie dar, weil er nur bedingt auf das vereinfachte Schema zurückgreift, das die Gruppen als Christen oder Nicht-Christen[101] differenziert? Nach Hans Naumann agiert Rudolf mit den Heiden, weil er in ihnen das Edle erblickt, sodass ihm dieses Ereignis *„keineswegs verwerflich“* vorkommt.[102] Seine moderne Haltung, *„politischer Pragmatismus, der unverstellte Blick auf Menschen und Dinge“*[103] dürfen uns zu der Annahme verleiten, *„der religiöse Gegensatz spiele keine Rolle mehr.“*[104] Was die Epik betrifft, so waren die heidnischen Akteure bis zur Entstehung von GR ausnahmslos Negativbeispiele oder Vorausdeutungen christlichen

---

98 Mohr, Wolfgang: *Zum frühhöfischen Menschenbild in ‚Graf Rudolf'*. ZfdA 96 (1967), S. 97–109, hier S. 103.

99 Zur literarischen und kulturellen Grenzüberschreitung vgl. Krah, Hans: *Räume, Grenzen, Grenzüberschreitungen. Einführende Überlegungen*, in: Ders. (Hg.), Räume, Grenzen, Grenzüberschreitungen. Bedeutungs-Welten in Literatur, Film und Fernsehen. Tübingen 1999, S. 3–12; Simonis, Annette: *Grenzüberschreitungen in der phantastischen Literatur. Einführung in die Theorie und Geschichte eines narrativen Genres*, Heidelberg 2005; Laude, Corinna: *Sye kann ir sprache nyt verstan ‚Grenzsprachen' und ‚Sprachgrenzen' im Mittelalter*, in: Grenze und Grenzüberschreitung im Mittelalter, hg. v. Ulrich Knefelkamp und Kristian Bosselmann-Cyran, Frankfurt a.M. 2007, S. 331–344; Friedrich, Udo: *Menschentier und Tiermensch: Diskurse der Grenzziehung und Grenzüberschreitung im Mittelalter*, Göttingen 2009.

100 Ruh, Kurt: *Höfische Epik des deutschen Mittelalters*, Bd. 1: Von den Anfängen bis zu Hartmann von Aue, Berlin 1977, S. 69.

101 Zur „Wir“-Anderen-Konzeption vgl. Hensler, Ines: *Ritter und Sarrazin. Zur Beziehung von Fremd und Eigen in der hochmittelalterlichen Tradition der „Chanson de geste“*, in: BAKG 62, hg. v. Helmut Neuhaus, Köln [u.a.] 2006, S. 72.ff., bes. S. 74, Anm. 58.

102 Naumann, Hans: *Der wilde und der edle Heide. Versuch über die höfische Toleranz*, Berlin/Leipzig 1925. S. 80–101, hier S. 89. Zur Relationalität des Fremdheitsbegriffs vgl. Animi, Karim: *Fremdverstehen und Toleranz. Interdisziplinäre und interkulturelle Perspektiven*. Diss. Bayreuth 2013, S. 36–45.

103 van Dam, J.: VL II (1936), Sp. 79.

104 Haacke, Diether: *Weltfeindliche Strömungen und die Heidenfrage in der deutschen Literatur von 1170–1230*, Diss., Berlin 1951, S. 120.

Heldentums. Dem GR-Dichter könnte es auch nur darum gegangen sein, die schöne und geheimnisvolle Tochter des heidnischen Königs Halap und den tüchtigen Kreuzfahrer unter einem Dach zusammenzubringen. Welcher romantische Ort im Orient böte sich verlockender an als das Serail des Sultans? Und welches Motiv wäre menschlicher als das der Liebe, die fast alle Schwächen des Menschen übertönen kann? Auf der Aventiurefahrt des jungen Grafen ins Morgenland spielt das Liebesabenteuer jedenfalls eine bedeutende Rolle. Bei der Beschreibung des Liebesabenteuers „*kommt die einfache Anmut der Erzählung am vorteilhaftesten zur Geltung.*“[105]

Wir können also folgendes Fazit ziehen: 'Graf Rudolf' ist ein fragmentarisch erhaltenes mitteldeutsches Orient-Versepos über einen zunächst politisch korrekt handelnden, doch im Laufe seiner Orientreise glaubens-, leid- und liebesgeprüften,[106] im Vergleich zu anderen Adligen toleranteren, bemerkenswert flexiblen und pragmatisch agierenden jungen europäischen Adligen. Wegen dieser letztgenannten Eigenschaft wirkt er auch hermesartig.[107] Der Held, der in der Lage ist, zwischen den transreligiösen Räumen zu agieren, ist interkulturell, ökumenisch, weltoffen und interkommunikativ veranlagt.[108] Da er dem Kaiser gegenüber loyal ist, versetzt ihn diese Fähigkeit in die Lage, eine Führungsrolle zu übernehmen. Obwohl sich die Handlung im Orient abspielt, geht das spielmännische (Trennung der Liebenden, gefahrvolle Brautwerbung mit Heimführung) und ritterliche (Orientabenteuer bzw. Kreuzfahrerheroik) Merkmale aufweisende Werk, abweichend vom Zeitgeist des ausgehenden 12. Jhs., nicht weiter auf geographische, ethnologische oder anthropologische Einzelheiten des Orients ein.

---

105 Vogt, Friedrich: *Literaturgeschichte. Mittelhochdeutsche Literatur*, in: Grundriss der germanischen Philologie II, 1 (hg. v. Hermann Paul), Strassburg 1893, S. 402.

106 Laut Scherer, Wilhelm: *Geschichte der Deutschen Literatur*, Berlin 1883, S. 98, kehrte der Graf „*durch mannigfaltige Erlebnisse geprüft und geläutert [...] in die Reihen seiniger zurück.*“

107 Zu den kulturellen Grenzüberschreitungen vgl. Fludernik, Monika / Gehrke, Hans-Joachim (Hg.): *Grenzgänger zwischen Kulturen*, in: Identitäten und Alteritäten 1, Würzburg 1999.

108 Mit diesen Eigenschaften ist die GR-Erzählung mit der *Gahmuret*-Geschichte zu vergleichen, in der Gahmuret genau so wie Graf Rudolf im Orient im Kalifendienst nach persönlichem Ruhm und Gewinn strebt, vgl. Kunitzsch, Paul: *Der Orient bei Wolfram von Eschenbach – Phantasie und Wirklichkeit*, in: Orientalische Kultur und europäisches Mittelalter (Miscellanea mediaevalia 17), hg. v. Albert Zimmermann u. Ingrid Cremer-Ruegenberg, Berlin / New York 1985, S. 112–122, hier S. 114.

2.2. Diskussionen zur Entstehungszeit in der Forschungsgeschichte

Literaturwissenschaftler datieren die Handschrift im Allgemeinen auf das Ende des 12. Jahrhunderts.[109] Das Werk selbst hat W. Grimm aufgrund einer zeitgenössischen Anspielung (*Db* 36–39) auf das Reichsschenkenamt[110] in der Hand eines Königs in den Zeitraum 1170–1173 datiert.[111] Seine Überlegungen zur genauen Bestimmung der Datierung gehen dahin, dass die letzten drei Jahre der Regierungszeit von Vladislav II. (reg. 1158–1173) als böhmischer König aus dem Geschlecht der Přemysliden und der 1170 gehaltene Reichstag des Kaisers Barbarossa als Überschneidungen in die engere Wahl zu nehmen seien. Einen 1170 gehaltenen Reichstag gibt es jedoch nicht, wohl aber mehrere Hoftage.[112] Zeitlich

---

109 Fromm, Hans: *Der Graf Rudolf*, in: PBB 119 (1997), S. 214, oder Hellgardt, Ernst: *Die deutschsprachigen Handschriften im 11. und 12. Jahrhundert.* Tübingen 1988, S. 35–81, hier S. 66 (Nr. 163).

110 An der entscheidenden Stelle ist von einem König die Rede, welcher vom Kaiser die Krone empfangen haben soll (*Db* 37: ***so schenke ime*** [dem Kaiser] ***ein riche kunic (...)*** *Db* 39 ***[der tra]ge von ime die crone***). Das Amt des Reichsschenken lag seit 1127 beim Herzog von Böhmen. Zur Geschichte des Reichschenkenamts vgl. Weiland, Ludwig: *Über die deutschen Königswahlen im 12. und 13. Jahrhundert*, Forschungen zur deutschen Geschichte XX (1880) 316 f., aufgeführt von Ganz, Peter: *Graf Rudolf*, PhStQ 19 (1964), S. 13. Anm. 12.

111 Grimm, Wilhelm: *Graf Rudolf*, Göttingen ^{2}1844, S. 44. Es gibt einige Forscher, die sich auf denselben Zeitraum konzentrieren. So gibt Friedrich Vogt als Entstehungszeit des Graf Rudolf 1172 an, ders.: *Literaturgeschichte. Mittelhochdeutsche Literatur*, in: Grundriss der germanischen Philologie II, 1 (hg. v. Hermann Paul), Strassburg 1893, S. 402. Auch Minis, Cola: *Zur Vergegenwärtigung vergangener philologischer Nächte*, Amsterdam 1981, S. 92, bewegt sich in dieser Zeitspanne. Den Zeitraum 1170–1173 für die Entstehung des GR bezeichnet Ganz, Peter: *Graf Rudolf*, PhStQ 19 (1964), S. 13, als „*traditionellen Ansatz des Grafen Rudolf*".

112 Der wesentliche Unterschied zwischen Hoftag und Reichstag besteht darin, dass letzterer einen religiös-feierlichen Charakter aufweist und ihm Kurfürsten und darüberhinaus weitere Fürsten, Herren und Städte beiwohnen, während beim ersteren Formalisierung und Institutionalisierung fehlen. Bei Hoftagen geht es nach Moraw lediglich um eine Steigerung des täglichen Hofes, vgl. Moraw, Peter, *Versuch über die Entstehung des Reichstages.* Wiesbaden 1980, S. 1–36, hier S. 16 f. Sonst vgl. Annas, Gabriele: *Hoftag – Gemeiner Tag – Reichstag* (2 Bde. davon Bd. 1), in: Schriftenreihe der Historischen Kommission bei der Bayerischen Akademie der Wissenschaften, Bd. 68. S. 107 f. Einen konkreten Umriss bietet dazu die Mainzer Liste von 1489. Im Jahr 1170 gab es zwar keinen Reichstag, aber mehrere Hoftage. Am 24. Juni gab es einen allgemeinen Hoftag ***generalis conventus***, der in Erfurt stattfand. Bei diesem

würde die ein Jahr zuvor im Sommer 1169 in Bamberg gehaltene Fürstenversammlung, auf der Heinrich als Zweitgeborener zum König gewählt wurde,[113] am

Hoftag wurden die langwierigen Streitigkeiten zwischen den sächsischen Fürsten und Herzog Heinrich dem Löwen beigelegt und ein Fürstenspruch zugunsten der Lehnsleute des St. Georgenklosters zu Naumburg bestätigt. Vgl. *Ann. Palid.* zu 1169 MGH SS XVI, ed. Bloch, S. 48–96, hier S. 94; *Ann. Reich.* MGH SS XVII, ed Wattenbach, S. 439–523, hier S. 443 ff.; *Ann. Pegav.* MGH SS XVI, 232–270. Die Quelle verwechselt jedoch diesen Hoftag mit dem Bamberger Hoftag von 1169, auf dem übrigens Heinrich VI. zum König erhoben wurde. Weitere Quellen dazu sind: *Cron. Petri*, MGH SSrG XLII, ed. Holder-Egger, S. 185; *Cron. Reinh.* MGH SS XXX/1, ed. Holder-Egger, S. 538 f. Der Kaiser hielt im selben Jahr zwei weitere Hoftage: am 24. Mai zu Pfingsten in Regensburg (*Ann. Admunt. cont.* MGH SS IX, 584) und zwei Wochen danach einen weiteren in Fulda (***in curia imperiali***), bei dem Bischof Eberhard von Bamberg von seinen erfolglosen Verhandlungen zur Beendigung des Schismas berichtete. Daraufhin legte der Kaiser fest, Alexander III. niemals als Papst anzuerkennen, *Chron. reg. Col.* MGH SSrG XVIII, ed. Waitz, S. 120. Im Juli 1170 hielt Barbarossa in Goslar einen weiteren Hoftag, vgl. *Ann. Stad.* MGH SS XVI, ed. Lappenberg, S. 347. Zum Thema vgl. Kölzer, Theo: *Der Hof Kaiser Barbarossas und die Reichsfürsten*, in: Deutscher Königshof, Hoftag und Reichstag im späteren Mittelalter (Vorträge und Forschungen, Bd. 48), hg. v. Peter Moraw, Stuttgart 2002, S. 3–47.

113 Die 1169 stattgefundene Fürstenversammlung ist insofern von hoher Bedeutung, als dass der Kaiser bei ihr seinen Zweitgeborenen, den 3½-jährigen Heinrich, zum König wählen ließ und nicht den 1½ Jahre zuvor geborenen Friedrich, den späteren Herzog von Schwaben. Als Grund nennt man im Allgemeinen *„angeborene körperliche Schwäche"*; unter diesen Forschern wäre zu nennen: Schmidt, Ulrich: *Königswahl und Thronfolge im 12. Jahrhundert.* Köln/Wien 1987, S. 172 ff. Ansonsten seien hier einige zeitgenössische Quellen aufgeführt: *Ioan. Saresb. ep.* Nr. 293 = PL 199, 337: ***Fredericus Teutonicus tirannus, Deo propitante, pacem cum ecclesia facturus creditur, petens, ut filium suum natu secundum, quem in regem eligi fecit, in imperaterem dominus papa.*** Der normannische Chronist Robert von Torigni notierte in seinen Chroniken: ***Fredericus imperator Romanorum fecit ordinari unum filiourum suorum, non primogenitum, sed secundum, in regem Germanie*** (Rob. de Monte *Cron.* MGH SS VI, 534 [zu 1184]), vgl. *Chronique de Robert de Torigni, abbé du Mont-Saint-Michel*, ed. Léopold Delisle, Rouen 1872–73. Einige andere Quellen vertreten die Meinung, 1189, im Todesjahr des Kaisers, sei der Erstgeborene von fünf Söhnen Heinrich gewesen, so der Bischof Sichard von Cremona, *Sicardi ep. Cremon. Cron.* MGH SS XXXI, ed. Holder-Egger, S. 169: ***Eodem anno felicissimus Imperator quinque habens filios, Henricum inter ceteros primogenitum, quem fecerat Cesarem, Fridericum Suevorum ducem, Ottonem Comitem, Conradum et Philippum Ducem.*** In einem Zeugnis des dänischen Geistlichen Saxo Gram. *gesta Dan.* XV 5,1,3 (S. 531, 20): ***Siquidem binas eius***

filias totidem filiis suis, quorum alterum successioni imperii destinarat, alterum Sueviae satrapam constitueret, per legatos in matrimonium postulabat, non quod sanuini suo bonae fidei nuptias quareret sed ut hostem amicis abundantem auxiliis spoliaret. Heinrich VI. und Herzog Friedrich von Schwaben sollten nach der Vorstellung des Kaisers als älteste Söhne zwei Töchter des dänischen Königs Waldemar ehelichen, um die militärische Kollaboration zu verbessern. Die Annalen von Sankt Georgen im Schwarzwald, welche in dem Zeitraum 1140–1308 entstanden ist, geben in Bezug auf den Mainzer Festtag von 1184 Heinrich als ältesten Sohn an, *Annales S. Georgii in Silva nigra*, ed. A. Hofmeister, ZGOR 33 (1918) 47 f. *kritische Edition* = Repertorium Fontium 2, 329: ***Imperator curiam celeberrimam Moguntie habuit ubi omnibus nominatis primatibus a Rhodano usque ad Albiam adunatis filii Cesaris gladio accinguntur*** [Schwertleite], ***Heinricus vero eorum etate maior assensu principum tam spiritualium quam secularium coranutur***, was übrigens von den Engelberger Annalen zu anno 1181 bestätigt wird, Annales Engelbergensis, MGH SS XVII, 279: ***Hac tempestate Fridericus imperator filium suum Heinricum natu maiorem*** [der Erstgeborene] ***electione principum coronari fecit regemque constituit.*** In den Annales Stadenses (1240–1256) berichtet der Chronist Albert von Stade, *Ann. Stad.* MGH SS XVI, 329: [...] ***astronomice inventam de nativitate domni sui Friderici, filii domni Friderici Romanorum imperatoris, quem domna Beatrix augusta enixa est a.D. 1164 die Iulii, 5. feria, hora 3. in civitate Papia*** (S.a. Reg. Imp. 4/2, No.1381), dass der älteste Sohn während des dritten Italienzuges Friedrichs am 16. Juli 1164 in Pavia geboren wurde. Und wie es in den Annalen für die Jahre 1–1196 aus dem Kanonikerstift St. Marien in Aachen (Annales ecclesiae regalis Aquensis) überliefert wird, erblickte Heinrich, der zweitgeborene Kaisersohn, erst im November 1165 in der Pfalz Nijmwegen das Licht der Welt, vgl. Ann. Aquens. zu 1165, MGH SS XXIV, 38: ***Natus est puer Heinricus apud Numagen, filius imperatoris Friderici.*** Analogien zu Chron. reg. Col. zu 1165, MGH SSrG XVIII, 116: ***Natus est imperatori filius nomine Heinricus apud Noviomagum.*** S.a. Reg. Imp. 4/2, No.1519; Contin. brevis chron. Ekkehardi zu 1165: ***natus est puer Heinricus, filius imperatoris Friderici***, vgl. Ekkeh. *chron.*, MGH SSrG Mon. Erphesfurt., ed. Holder-Egger, S. 71. Über die Krönung vom Erzbischof Philipp in Köln, Maria Himmelfahrt (15. August 1169), vgl. Toeche-Mittler, Theodor: *Kaiser Heinrich VI.* JDG 33, Leipzig 1867, S. 27 ff., insbes. S. 27, Anm. 1. Nach *Annales Palidenses auctore Theodoro monacho ab O. c. -1182 et 1390* (1859), zu 1169 (MGH SS XVI, 94) wurde Heinrich am 24. Juni in Erfurt als 3½-jähriger gekrönt. Eine Aufzählung der Kaisersöhne lieferte in den 80er Jahren des 12. Jahrhunderts der Zisterziensermönch Gunther von Pairis. In seinem in Hexametern verfassten Epos *Ligurinus* listet er die damals noch lebenden fünf Söhne in der Reihenfolge auf. Diese sind: Heinrich VI. – Friedrich – Otto – Konrad – Philipp, vgl. MGH SSrG LXVIII, 155–158, lib. I, 56–99. Im Jahre 1190, während des 3. Kreuzzugs, starb Barbarossa im Fluss Saleph (antiker Flurname: *Kalykadnos*, Griech.: *Καλύκαδνος*) im kleinasiatischen Kilikien. Herzog Friedrich

nächsten kommen. Dieser Versammlung wohnten auch „*vorgebliche Kardinäle des Gegenpapstes*“[114] bei. Sonst bietet sich die 1173 in Goslar gehaltene Reichsversammlung an. Folglich müsste sich die Zeitspanne, in die die Entstehung des ‘Grafen Rudolf’ anzusetzen ist, von 1169 bis 1173 erstrecken. G. Ehrismann und H. de Boor bewegen sich mit den Eckdaten 1070–1073 ebenfalls in diesem zeitlichen Rahmen.[115]

P. Ganz datiert das Werk hingegen vorsichtiger „*mit einer Fehlergrenze von etwa 15 Jahren (...) zwischen 1170 und 1185*“.[116] Mit diesem Vorschlag geht auch

---

von Schwaben übernahm fortan das Kommando über die Streitmacht und führte seine Truppen über Seleukia nach Tarsus und von dort nach Antiochia. Doch ein Großteil seines Heeres verweigerte ihm die weitere Gefolgschaft und trat die Heimreise an. Im Allgemeinen wird die Ursache darauf zurückgeführt, dass das Heer völlig demoralisiert und entkräftet war. Außerdem fehlte dem Herzog die nötige Erfahrung, um seine Soldaten zusammenzuhalten. Saladins Biograph Bahaaddin ibn Shaddad gibt als Grund der Gefolgschaftsverweigerung an, dass die Soldaten dem älteren Sohn Heinrich zuneigten, dem der Kaiser die Herrschergewalt in der Heimat übertrug, und nicht dem jüngeren Spross Friedrich. Dennoch belagerte er mit dem verbliebenen Kreuzritterheer Akkon. Eine Malariaseuche raffte ihn und weitere Kämpfer dahin, sodass sich das Heer auflöste. Vgl. Otto v. St. Blasien, *Chron.*, c. 35, MGH SSrG XLVII, 52. Zur hier genannten islamischen Quelle vgl. Cahen, Claude: *La Syrie du Nord a l'epoque des croisades et la principaute franque d'Antioche.* Paris 1940, pp. 52 und Gibb, Hamilton A. R.: *The Arabic Sources for the Life of Saladin*, Speculum XXV (1950), S. 58–72.

114 Sinnacher, Franz Anton: *Beyträge zur Geschichte der bischöflichen Kirchen Säben und Brixen in Tyrol*, Brixen (1821–1835) vols 1–9. vol. 3, [3]Brixen 1824, S. 547. Aus den *Gesta Fred.*, ed. Waitz, S. 350, ist bekannt, dass am 20. September 1168 in Rom Paschalis III. (Gegenpapst zu Alexander III.) starb, und ihm wenige Tage danach Calixt III. nachfolgte. Daher müssen die am Bamberger Reichstag anwesenden Kardinäle den Gegenpapst Callixt III. vertreten haben. Die Datierung auf anno 1169 wird bei Barre, P. Joseph: *Allgemeine Geschichte von Deutschland. Vor und nach Errichtung bis auf itzige Zeiten* (8 Bde. 1749–1752), Bd. 3.: Von dem 1075 Jahre nach Christi Geburt bis auf das 1218 Jahr. Originaltitel: *Histoire Générale d'Allemagne* (11 vol.), aus dem franz. übers. (etc.), Leipzig 1750, S. 657, ebenfalls bestätigt.

115 Ehrismann, Gustav: *Geschichte der deutschen Literatur des Mittelalters*, Bd. II,1,1,58, und de Boor, Helmut: *Die höfische Literatur. Vorbereitung, Blüte, Ausklang*, in: Geschichte der deutschen Literatur von den Anfängen bis zur Gegenwart, Bd. 2, München [11]1991, 35 f., Ganz, Peter Felix: *Graf Rudolf*, PhStQ 19 (1964), S. 15. P. Ganz, *ebd.*, zweifelt aber, „*ob eine so genaue Fixierung theoretisch überhaupt möglich ist*“.

116 P. Ganz, *ebd.*, S. 15. Ganz klagt aber zugleich über mangelnde „*absolute Evidenz*“, sodass man bezüglich der Datierung keine sicheren Ergebnisse erzielen könne, ders.: *ebd.*, S. 13.

N. Berman konform.[117] Dass bei Ganz der Entstehungszeitraum weiter auseinanderklafft, rührt daher, dass er die Überlegung von Wentzlaff-Eggebrecht in Betracht zieht, wonach der päpstliche Aufruf (*ß 24–25*) *„daz ir wollet ledegen daz grap / da got selbe inne lach“* den Fall des Heiligen Landes voraussetzen müsste,[118] was letzteren dazu veranlasst hatte, 1199 als das Entstehungsjahr festzuhalten[119]. Dazu bemerkt Ganz: *„Er* [Wentzlaff-Eggebrecht] *sieht in dieser Stelle eine Anspielung auf die Kreuzzugsaufrufe Innozenz III. und bringt den feierlichen Einzug Rudolfs in Jerusalem mit den Pilgerfahrten zusammen, die Saladin den Christen nach dem Kompromissfrieden von 1192 gestattete.“*[120] Die Bemühungen seines Vorgängers Gregor VIII. um das Zustandekommen des dritten Kreuzzuges nach der Eroberung Jerusalems am 2. Oktober 1187 setzte Clemens III., der zwischen 1187 und 1191 das Amt bekleidete, fort.

---

117 Berman, Nina: *German Literature on the Middle East: Discourses and Practices, 1000–1989 (Social History, Popular Culture, & Politics in Germany).* Ann Arbor 2011, p. 48.

118 Wentzlaff-Eggebert, Friedrich-Wilhelm: *Kreuzzugsdichtung des Mittelalters.* Berlin 1960, S. 123 ff.

119 F.-W. Wentzlaff-Eggebert, *ebd.*, S. 124.

120 Ganz, Peter: Art. *Graf Rudolf*, in: Die Deutsche Literatur des Mittelalters, hg. v. Kurt Ruh, Bd. 3 (1978), Sp. 212–216. Nach Schupp,Volker: *Zur Datierung des ‚Grafen Rudolf‘*, ZfdA 97 (1968), S. 39, führe diese Aussage zur Verunklärung der Tatsache und bringe den Kreuzzug um sein Motiv. Für das Reichsschenkenamt vgl. Martin von Troppau: *Chronicon pontific um et imperatoruni*, MGH SS XXII, ed. Weiland, S. 377–475, hier S. 466: ***Et licet isti tres Ottones per successionem generis regnaverint, post tarnen institutum fuit, ut per officiales imperii imperator eligeretur. Qui sunt 7, videlicet 3 cancellarii, scilicet Maguntinus cancellarius Germanie, Treverensis Gallie et Coloniensis Ytalie; marchio Brandeburgensis camerarius, Palatinus dapifer, dux Saxonie ensem portans, pincerna rex Boemie. Vnde versus: Maguntinensis, Treverensis, Coloniensis, Quilibet imperii fit cancellarius horum. El palatinus dapifer, dux portitor ensis, Marchio prepositus carnere, pincerna Boemus: Hii statuunt dominum cunctis per secuta summum.*** Martin schreibt anlässlich des Todes Ottos III. im Jahre 1002, die drei Ottonen hätten in Erbfolge das Reich innegehabt. In der neuen Reichsverfassung von 1002, bei der die Herrschaft von Otto III. auf Heinrich II. überging, wurde nunmehr vorgesehen, dass der Kaiser vom siebenköpfigen Kollegium ***officiales imperii*** zu wählen sei. Die Mitglieder des Kollegiums waren die drei Erzbischöfe von Mainz, Trier und Köln als Erzkanzler für Deutschland, Burgund und Italien (kurfürstliche Erzämter) sowie vier Inhaber der Hofämter, der Markgraf von Brandenburg als Kämmerer, der Pfalzgrafen bei Rhein als Truchsess, der Herzog von Sachsen als Schwertträger und der König von Böhmen als Mundschenk (niederadeliges Erbamt).

Bei S. Erlei findet sich die zeitliche Eingrenzung *„zwischen 1170 und 1190"*.[121] In Bezug auf die Grimm'sche Datierung auf 1170–1173 notiert Ganz, dass *„nur die böhmischen Reichsschenke in Betracht kommen"*,[122] und schließt die Zeit nach 1173

121 Erlei, Stefan: *„Höfisch" im Mittelhochdeutchen: die Verwendung eines Programmworts der höfischen Kultur in den deutschsprachigen Texten bis 1300* [= Kultur, Wissenschaft, Literatur. Beiträge zur Mittelalterforschung Bd. 22]. Frankfurt a.M. 2010, S. 71.

122 Im Heiligen Römischen Reich Deutscher Nation war der König von Böhmen der Erzmundschenk des römisch-deutschen Kaisers. Der älteste schriftliche Beleg für das böhmische Schenkenamt stammt aus der Zeit des Herzogs Vladislav I. Auf den Denaren seines Vorgängers Swatopluk (1107–1109) befindet sich eine bildliche Darstellung, vgl. Hlaváček, Ivan: *Geistlich und weltlich am Hofe der letzten Premysliden und der Luxemburger*, in: Erziehung und Bildung bei Hofe. 7. Symposion der Residenzen-Kommision der Akademie der Wissenschaften in Göttingen, hg. v. Werner Paravicini / Jörg Wettlaufer, Stuttgart 2002, S. 157–166. In dem auf den 26. September 1290 datierten Reichsspruch, der eine erweiterte Wiederholung der Urkunde vom 4. März 1289 ist, wird das Schenkenamt den böhmischen Königen wieder zuerkannt: ***Quo facto principum, baronum, nobilium et procerum imperii necnon veteranorum communi assercione et concordi testimonio comperuimus assonante, ipsum regem Bohemie imperii debere pincernam existere et ius ac officium pincernatus apud eum necnon eius heredes iure hereditario residere. Extitit eciam dilucide declaratum, predictum regem Bohemie et suos heredes in electione regis Romanorum futuri imperatoris cum ceteris electoribus habere debere ad similitudinem aliorum electorum eligendi plenariam ius et vocem. Hec vero iura pincernatus et electionis nedum dicto regi et suis heredibus didicimus competere, sed -eciam suis progenitoribus, abavis, attavis, proavis, et avis iure plenissimo competebant. Volentes itaque dicti regis et heredum suorum dispendiis precavere, ius et officium pincernatus in imperio sibi et heredibus eius et non alii competere et in electione regis Romanorum futuri imperatoris habere ius et vocem, clare recognoscimus, approbamus -et presencium testimonio profitemur***, vgl. *Quellensammlung zur Geschichte der deutschen Reichsverfassung in Mittelalter und Neuzeit*, ed. Karl Zeumer. (2 Bände). Teil 1: Von Otto II. bis Friedrich III. – Teil 2: Von Maximilian I. bis 1806; Anhang. (= Quellensammlungen zum Staats-, Verwaltungs- und Völkerrecht, Band 2). 2., vermehrte Auflage (Teil 1), Neudruck der 2., vermehrte Auflage Tübingen 1913 (Teil 2). Ein weiteres Dokument vom 17. November 1298 unterstreicht noch einmal die Sonderstellung Böhmens mit einem gekrönten und gesalbten König und hebt die böhmische Königswürde über die der anderen sechs Kurfürsten hinaus. Da aber ein Hofamt unter der Krone ihnen [den Mundschenken] nicht zuzumuten war, mussten die böhmischen Könige den Dienst als Mundschenk nicht bekrönt verrichten: ***Eapropter scire vos facimus et tenore presencium protestamur, quod, licet illustres reges Boemie, dum rogati per reges vel imperatores Romanorum eos ad sollempnem eorum curiam venire contingit, predictis rege vel imperatore coronam regalem gestantibus, cum eisdem***

aus, „*da es nun zwischen 1173 und 1198 keinen König, sondern nur einen Herzog von Böhmen gab, so müsste mit dem* ***richen kunic*** *Vladislav II gemeint sein, der von 1158 bis 1173 regierte.*“[123] Wie diese historischen Fakten uns gezeigt haben, kann dieses Epos kaum nach 1173 verfasst worden sein.[124] Ganz leitet zwar seine Gedanken von Grimm her, unterstreicht aber zugleich, dass mit Sicherheit nicht davon ausgegangen werden könne, „*dass der deutsche Dichter hier direkt den Hof des Staufenkaisers beschreiben wollte*“. Er bezieht sich vielmehr auf chronologische und etymologische Argumente von E. Tertsch[125] und Ph. A. Becker,[126] mit deren

---

et eis presentibus Corona regia uti possint, non tarnen in Corona regia debent predicti reges Boemie predictis regi vel imperatori ministrare in officio pincernatus. Quod autem magnificus Wencezlaus rex Boemie, princeps et frater noster carissimus, nobis apud Nurenberh in sollempni nostra curia proximo die dominico post festum beati Martini sedentibus in Corona coronatus ad preces nostras ministravit in officio pincernatus etc. Vgl. Reliquiae manuscriptorum omnis aevi, diplomatum ac monumentorum, ineditorum ADHVC, ed. Johann Peter Ludewig, 12 Tomus 1720–1741, Tomo XI (1737), lib. II. Chronicon, Halae Salicae S. 335. Vgl. auch die Miniatur aus dem „*Bildercyclus des Codex Balduini Trevirensis*“ sowie [Jacobus Balduienus]: *Die Romfahrt Kaiser Heinrich's VII. Im Bildercyclus des Codex Balduini Trevirensis*, hg. von der Direktion der K. Preußischen Staatsarchive. Erl. Text bearb. (unter Benutzung des literarischen Nachlasses von L. v. Eltester) von Georg Irmer. Berlin 1881. Auf dieser Miniatur sind „Sieben Kurfürsten“ zu sehen, die Heinrich VII. zum König wählen. Die Kurfürsten sind durch die Wappen über ihren Köpfen kenntlich gemacht: die Erzbischöfe von Köln, Mainz und Trier, der Pfalzgraf bei Rhein, der Herzog von Sachsen, der Markgraf von Brandenburg und der König von Böhmen. Die aus 37 kolorierten Pergamentblättern bestehende Bilderhandschrift, die im Auftrag Balduins von Luxemburg, des Erzbischofs von Trier und jüngeren Bruders Heinrichs, vermutlich 1341 angefertigt wurde, wird im Landeshauptarchiv Koblenz unter der Signatur 1 C 1 aufbewahrt (http://www.landeshauptarchiv.de/index.php?id=69).

123 Ganz, Peter: *Graf Rudolf*, PhStQ 19 (1964), S. 13, bezieht sich auf Weiland, Ludwig: *Über die deutschen Königswahlen im 12. und 13. Jahrhundert*, in: FDG 20 (1880), S. 316 f.

124 Allen voran Wilhelm Grimm: Graf Rudolf, Göttingen ²1844, S. 44: „*Ich glaube dieser Wladislaw II ist in unserm gedicht gemeint: ... irre ich nicht in der voraussetzung selbst, so muß das gedicht in den fünfzehn jahren, in welchen Wladislaw die krone trug, abgefaßt sein; im jahr 1173 trat er die regierung an seinen sohn ab, der sich wieder* ***Boemorum dux*** *nannte.*“

125 Tertsch, Ekkehard H. J.: *Studien zur Quellengeschichte des mittelhochdeutschen Gedichts vom Grafen Rudolf*, (Diss.) Wien 1928, S. 44.

126 Becker, Philipp August: *Zur Jagd im Odenwalde*, in: Beiträge zur Geschichte der deutschen Sprache und Literatur, Bd. 70 (1948), S. 420–431.

Hilfe er bis dahin geltende Standpunkte in Bezug auf Datierungsversuche als eher anachronistisch einordnet.

Dem Historiker Heinrich von Sybel fielen Überlappungen verschiedener Elemente zwischen dem GR-Epos und der wahren Geschichte des Grafen Hugo von Puiset auf. Ausdrücklich betont er, zwischen dem *„jungen Grafen Hugo, dem schönsten Manne des Reiches“*, und *„unserm kindischen Helden, unserm Rudolf“*, gäbe es Korrespondenzen.[127] Aber in der zweiten Herausgabe des GR lehnt W. Grimm von Sybels Überlegungen ab. Er räumt zwar ein, dass zwischen „Hugos Leben“ und „Rudolfs Schicksal“ Ähnlichkeiten zu verzeichnen seien, weist aber auf große Antagonismen zwischen den Geschicken beider Figuren hin.[128]

„Den geschichtlichen Aufenthalt des Grafen Rudolf“ ordnet von Sybel in die 30er Jahre des 12. Jahrhunderts ein.[129] Des Weiteren vertritt er die Auffassung, dass Halap mit der historischen Person Imad ad-Din Atabeg Zengi (1085–1146), dem Gründer der Zengi-Dynastie, gleichzusetzen sei. Gilot hingegen sei in der Person von Fulco V. von Anjou (1092–1143), dem König von Jerusalem, zu finden.[130]

Während R. Heinzel auf eine bestimmte frz. Vorlage, nämlich den „Beuve de Hanstone“ hinwies,[131] verglich S. Singer den Beuve-Stoff mit ‘Graf Rudolf’ und eruierte eine Reihe von Kongruenzen.[132] M. Deutschbein unterstreicht, dass der anglo-normannische Beuve nach 1200 entstanden sei und der engl. Beves seinen

---

127 von Sybel, Heinrich: *Über die geschichtliche grundlage des grafen Rudolf*, ZfdA 2 (1842), S. 235–248, hier S. 244. Graf Hugo von Puiset kam um 1127 ins Heilige Land. Im Königreich Jerusalem, wo sein Vater die Grafschaft Joppe als Erblehen erhielt, geriet er bald mit dem König Fulco in Streit. Daraufhin wurde er des Hochverrats angeklagt und ging zu den Sarazenen, um mit ihnen gegen die Christen zu kämpfen.

128 Grimm, Wilhelm (Hg.): *Graf Rudolf*, Göttingen 1844, S. 41 f. So variieren seine Meinungen in beiden Auflagen auch über die Quelle des Werks. Während ihm in der 1. Auflage eine frz. Vorlage unfraglich erscheint (S. 28), geht er in der 2. Auflage von der Vermutung aus, dass wir es mit *„einem ursprünglich deutschen Gedicht“* zu tun haben und darüberhinaus *„keine Übertragung oder Bearbeitung vor uns haben“* (S. 44).

129 von Sybel, Heinrich: *ebd.*, S. 241.

130 von Sybel, Heinrich: *ebd.*, 239 ff. Vgl. auch Kaplowitt, Stephen J.: *The Non-Literary Sources of Graf Rudolf: A Re-evoluation*, in: Studies in Philology, 66 (1969), p. 584–608.

131 Heinzel, Richard: AfdA 11 (1885), S. 128–132, hier 129. Die Problematik dieser Einordnung anhand der Anspielungen im Text besteht weiterhin, denn die frz. Quelle und damit auch einfache Übernahmen aus dem frz. Text bleiben unbekannt.

132 Singer, Samuel: *Graf Rudolf*, ZfdA 30 (1886), S. 379–389, hier S. 379. Vgl auch Bethmann, Johannes: *Untersuchungen über die mhd. Dichtung vom Grafen Rudolf*, Palaestra 30, Berlin 1904, S. 99.

letzten Schliff erst hundert Jahre später erhalten habe.[133] Er erblickt *„eine Reihe von Szenen“*, die bei dem bereits zuvor entstandenen 'Graf Rudolf' in Erscheinung treten: Graf Rudolfs Aufenthalt beim Heidenkönig; Graf Rudolf befindet sich in der Gefangenschaft und auf der Flucht; Graf Rudolfs Geliebte hält sich am Hofe des byzantinischen Kaisers auf; die Liebenden vereinen sich und flüchten gemeinsam.[134] Daraus folgert er, dass die Sage per se *„wesentlich älter“* sein müsse.[135] Zur Stärkung seiner These greift Deutschbein auf Heinzel zurück, der zwischen einzelnen Abenteuern des Beuve und einem legendären flandrischen Grafen Rudolf Analogien erkannte.[136] Zu einer ähnlichen Schlussfolgerung kommt auch Cola Minis. Er bekennt sich zwar ebenfalls zu den Übereinstimmungen mit der afrz. Heldendichtung, bemerkt aber zugleich, dass sie vor 1170 in Deutschland bekannt gewesen sein muss, insbesondere *„in Thüringen, wo ein Jahrzehnt später Veldeke seine Eneide nach dem anglonormannischen ‚Eneas' vollenden sollte“*.[137] Laut Minis ist GR *„um 1170 bis 1173“* entstanden.[138] W. Wackernagel, der das Werk unter der Klassifikation *„byzantinisch-palästinische Dichtung“* behandelt, *„fällt die Abfassung zwischen 1158 und 1173.“*[139] Bei K. Schneider dehnt sich die Entstehungszeit der Handschriften sogar bis in das beginnende 13. Jahrhundert aus.[140]

---

133 Deutschbein, Max: *Studien zur Sagengeschichte Englands*, Cöthen 1906 (Ndr. Paderborn 2011), S. 191.

134 Deutschbein, *ebd.*, 191 ff. Graf Rudolf bezeichnet er als den *„ältesten Verwandten der Boevesage“*, *ebd.*, S. 205.

135 Deutschbein, *ebd.*, 191.

136 Deutschbein, *ebd.*, 192 m. Anm. 1. Hier Hinweis auf Heinzel, Richard: AfdA, XI (1885), S. 128–132, 129.

137 Minis, Cola: *Zur Vergegenwärtigung vergangener philologischer Nächte*, Amsterdam 1981, S. 92. Nach neuerer Forschung wird die Arbeit Heinrichs von Veldeke bis in die zweite Hälfte der 1180er Jahre datiert. Vgl. auch Wolff, Ludwig / Schröder, Werner: *Heinrich von Veldeke*, in: ^{2}VL 3 (1981), Sp. 899–918 + ^{2}VL 11 (2004), Sp. 638; Textausgabe: Heinrich von Veldeke: *Eneide*, (Dichtungen des deutschen Mittelalters 8), hg. v. Ludwig Ettmüller, Leipzig 1852; sowie Beckers, Hartmut: *Wandel vor sine missetat. Schuldverstrickung und Schulderkenntnis im „Graf Rudolf“-Roman*, in: Von wyßheit würt der mensch geert…, hg. v. Ingrid Kühn u. Gotthard Lerchner, Frankfurt a.M. [u.a.] 1993, S. 17–37, hier S. 32.

138 C. Minis, *ebd.*, S. 92.

139 Wackernagel, Wilhelm: *Geschichte der deutschen Literatur*, 1. Bd., Basel 1879, S. 235 f.

140 Schneider, Karin: *Gotische Schriften in deutscher Sprache*, Bd. I: Vom späten 12. Jahrhundert bis um 1300. Wiesbaden 1987, S. 116–118, daraus S. 117: 1189–1208. Als Entstehungszeit der Handschriften setzt Kiening ebenfalls das beginnende 13. Jahrhundert an, vgl. ders.: Art. *Graf Rudolf*, in: Killy Literaturlexikon. Hg. Walther Killy u.a. (12 Bde.), Bd. 4, ^{2}Berlin 2009, S. 362. Auch Beckers, Hartmut: *Wandel vor sine*

Ob es sich allerdings um *„eine zeitdifferente Abschrift“* handelt, bleibt nach H. Fromm *„offen“*.[141]

Bekanntlich nahm Friedrich Barbarossa im März 1188 das Kreuz und brach im Mai 1189 *„mit einem auf hundert- bis hundertfünfzigtausend Mann geschätzten Heer“*[142] von Ratisbona (Regensburg) aus nach Palästina auf. Genau da knüpft auch Volker Schupp an, der sich auf ***hogezite*** (Db 31) bezieht. Laut Schupp handelt es sich um den Mainzer Hoftag Kaiser Barbarossas[143] aus dem

---

missetat. Schuldverstrickung und Schulderkenntnis im „Graf Rudolf“-Roman, in: Von wyßheit würt der mensch geert…, hg. v. Ingrid Kühn u. Gotthard Lerchner, Frankfurt a.M. [u.a.] 1993, S. 17–37, hier S. 34, ist *„einer Hinaufrückung der Entstehungszeit der Dichtung in die Jahre nach 1185“* nicht abgeneigt.

141 Fromm, Hans: *Der Graf Rudolf*, in: PBB 119 (1997), S. 214.

142 Norwich, John Julius: *Byzanz. Verfall und Untergang*. 1071–1453. München 1993. Bd. III, S. 190. Dass dieser Kreuzzug nicht mit Rom abgesprochen war, verärgerte den Papst sehr. 3000 Ritter befanden sich im Heer des Kaisers; sie dienten nicht der Kirche, sondern ausschließlich und *„in stetigem Aufblick“* ihrem Kaiser, vgl. Hunke, Sigrid: *Kamele auf dem Kaisermantel. Deutsch-arabische Begegnungen seit Karl dem Grossen*. Stuttgart 1976, S. 58. Vgl. dazu folgende Quellen: *Gesta Trev.* MGH SS VIII, 109; *Ann. Ratisp.*, MGH SS XVII, ed. Wattenbach, S. 589. Der Kaiser verließ am 31. Mai den deutschen Boden, vgl. Anon. *Bar. chron.*, ed. Muratori, S. 147–156, sodass er das Pfingstfest in Ungarn beging, vgl. Ansb. *hist. Frid.*, MGH SSrG V. Zu Friedrich Barbarossa grundlegend Opll, Ferdinand: *Friedrich Barbarossa*, Darmstadt [4]1990; ders.: *Das Itinerar Friedrich Barbarossas (1152–1190)*, Wien [u.a.] 1978; Laudage, Johannes: *Friedrich Barbarossa (1152–1190). Eine Biografie*, hg. v. Lars Hageneier u. Matthias Schrör, Regensburg 2009; Görich, Knut: *Friedrich Barbarossa: Eine Biographie*. München 2011; Cardini, Franco: *Friedrich I. Barbarossa. Kaiser des Abendlandes*. Graz [u.a.] 1990. Nur Heinrich der Löwe weigerte sich, Heeresfolge zu leisten, vgl. Bened. Petrob. 329. Sonst Ehlers, Joachim: *Heinrich der Löwe. Eine Biographie*, München 2008.

143 Schupp, Volker: *Zur Datierung des ‚Grafen Rudolf‘*, ZfdA 97 (1968), S. 37–56, hier 41 f. Über den Mainzer Hoftag von 1184 gibt es sowohl historiographische Quellen (wie die großen Kölnischen Jahrbücher oder das Chronicon Hanoniense des Gislebert von Mons) als auch literarische Quellen (etwa den Minneroman Eneide des Heinrich von Veldeke). Nach Gislebert *Chron. Hanon.*, MGH SS 21, S. 539, wurde der Hoftag am Pfingstsonntag, den 20. Mai 1184 eröffnet. Vgl. dazu folgende Quellen: Otto v. St.Blasien, *Chron.*, ed. Hofmeister, MGH SSrG. XLVII, 37 f.; Arn. *chron. Slav.* l. III 9 und 10, MGH SS XXI, ed. Lappenberg, S. 151–154; Ann. Marbac., ed. Bloch, MGH SSrG V; Ann. Welfici Weingart., ed. König, in: Schwäb. Chroniken d. Stauferzeit 1, Sigmaringen [2]1978, S. 86–94, hier S. 92; Burch. Ursb. *chron.*, eds. O. Holder-Egger u. B. Simson, MGH SSrG XVI (zu 1181); Ann. Sti. Georgii, MGH SS XVII, ed. Hofmeister, S. 297 = Hofmeister, Annalen von

Jahr 1184 und nicht um den Reichstag von Nürnberg 1170, wie Wilhelm Grimm annahm.[144] Diese Datierung deckt sich zwar mit der von G. Ehrismann,[145] Ganz hingegen äußert erhebliche Bedenken. Er führt als „*terminus post quem non*" das Jahr 1187 an, „*weil die Kreuzfahrer des Gedichts bei ihrer Ankunft im Heiligen Land sofort nach Jerusalem ziehen und dort feierlich empfangen werden*".[146] Dort wurden sie nämlich empfangen mit „***michelen eren***" und „***grozeme gelute / heilictum unde cruce*** (B 24, 27 f.). Obwohl er den Fall Jerusalems bei seiner Datierung mitberücksichtigt, lässt sich Kiening von den „*Berührungen mit Heinrich von Veldeke*" verlocken und nennt die „*frühen 1190er Jahre*" als mögliche Entstehungszeit des 'Graf Rudolf'.[147] Seine allgemeine Datierung auf das „*letzte Viertel des 12. Jahrhunderts*"[148] scheint zwar nachvollziehbarer, muss aber auf Grund des im Text unerwähnt bleibenden Falles Jerusalems zweifelhaft bleiben. Da in den verfügbaren Fragmenten keine klagenden Worte über den Verlust der Stadt zu lesen sind, ist davon auszugehen, dass sie vor dem 2. Oktober 1187 verfasst worden sind. Ein solch wichtiges Ereignis dürfte in so einem eminenten Werk nicht unerwähnt geblieben sein. Die Schlacht bei Hattin (4. Juli 1187), in der die Kreuzfahrer vernichtend geschlagen wurden, bleibt in GR ebenfalls unerwähnt. Aber auch über ein weiteres Ereignis, das unter den Christen eines der größten Traumata des 12. Jahrhunderts ausgelöst haben dürfte, kann nicht geschwiegen worden sein, nämlich über den Tod durch Ertrinken des römischen Kaisers Friedrich I. im kilikischen Fluss Saleph am 10. Juni 1190. Folglich wird hier das o.e. Mundschenk-Argument als historischer Fakt gewertet, und die besagten historischen Ereignisse (Fall Jerusalems, Schlacht bei Hattin und Barbarossas Tod) werden als historische Argumente betrachtet, denn die Geschichte hat eine belehrende Funktion. Deshalb erscheint es berechtigt, der Grimm'schen Datierung (1170–1173) zuzustimmen.

St. Georgen, ZGOR N.F. 33 (1918) 47; Chron. Mon. Ser., MGH SS XXIII, ed. Ehrenfeuchter, S. 159 u.a.

144 Grimm, Wilhelm (Hg.): *Graf Rudolf*, Göttingen 1844, S. 44. Weitere Überlegungen dazu fasst Schupp, Volker zusammen: *Zur Datierung des ‚Grafen Rudolf'*, ZfdA 97 (1968), S. 37–56, hier S. 42 m. Anm. 1.

145 Ehrismann, Gustav: *Geschichte der deutschen Literatur des Mittelalters*, Bd. II 2,1, S. 297.

146 Ganz, Peter: Art. *Graf Rudolf*, in: Die Deutsche Literatur des Mittelalters, hg. v. Kurt Ruh, Bd. 3 (1978), Sp. 212–216.

147 Kiening, Christian: *Graf Rudolf*, in: Killy Literaturlexikon, hg. v. Walther Killy. 12 Bde., Bd. 4, Berlin und New York 2009, S. 361–363, hier S. 362.

148 Ch. Kiening, *ebd.*, S 361.

Für die ***hogezite*** im Vers *Db* 31 im Sinne einer Vermählung gibt es im übrigen ebenfalls Anlässe: Als Richard I. Löwenherz im Heiligen Land den 3. Kreuzzug befehligte, wurde er zweimal mit einer Heirat konfrontiert. Er selber heiratete am 12. Mai 1191 in Limassol auf Zypern Berengaria von Navarra. Ein Jahr später sollte sich laut seinem diplomatischen Plan Saladins Bruder Malik al-Adil mit seiner Schwester, der verwitweten Königin Johanna von Sizilien, vermählen.[149]

---

149 Bahaaddin ibn Shaddad: *al-Nawadir al-Sultaniyya wa'l-Mahasin al-Yusufiyya* (*The Rare and Excellent History of Saladin*), ed. D. S. Richards, Aldershot 2001, S. 187 ff.; vgl. auch Wilken, Friedrich: *Geschichte der Kreuzzüge nach morgenländischen und abendländischen Berichten.* (Leipzig 1807–32, 7 Bde.), hier Bd. 4, S. 442 ff. Einige arabische Quellen berichten vom friedlichen und respektvollen Umgang zwischen al-Adil und Richard. Die Bereitschaft zum Kennenlernen der jeweils anderen Kulturen war so groß, dass der englische König bei einer Zusammenkunft den Wunsch nach einer musikalischen Darbietung geäußert haben soll, was ihm der arabische Fürst gern erfüllte, vgl. Ibn al-Atir nach Goergens, E. P.: *Arabische Quellenbeiträge zur Geschichte der Kreuzzüge* (Bd. I.: Zur Geschichte Salah ad-din's), Berlin 1879, S. 257. Der königliche Plan sah vor, dass das Paar harmonisch über Palästina herrschte, sodass auf diese Weise Angehörige beider Religionen zum Heiligen Land Zugang fanden, ohne ihr Leben zu riskieren. Diese interreligiöse Praxis scheiterte bereits im Keim, weil bei ihrer Verwirklichung die Gebote beider Religionen missachtet worden wären. Dennoch berichten manche westliche Chroniken von gewollten oder ungewollten bikulturellen Ehen auf höchster Ebene, bei denen wir beobachten, dass die Frau einen christlichen Hintergrund hat und der Mann muslimisch ist: So soll Imad ad-Din Atabeg Zengi der Sohn der österreichischen Markgräfin Ida gewesen sein, die übrigens auch die Mutter von Leopold III. von Österreich war. Sie soll während des Kreuzzugs von 1101 in der Nähe von Herakleia entführt und „wegen ihrer Anmut" in den Harem eines Statthalters des Kalifen gebracht worden sein, vgl. Oeser, Christian: *Weltgeschichte für Töchterschulen und zum Privatunterricht: Mit besonderer Beziehung auf das weibliche Geschlecht.* 3 Tle., Leipzig 1841 ff., [Ndr. ^{7}1875], S. 193. Wegen ihres fortgeschrittenen Alters bezweifelt Sporschil diese Darstellung. Nach seiner Berechnung müsste sie zurzeit ihrer Verschleppung 47 Jahre alt gewesen sein, vgl. Sporschil, Johann Chrysostomus: *Geschichte der Kreuzzüge.* Leipzig 1843, S. 159, m. Anm. 1. Nach Eulog. III, 78 soll Malik al-Adil Sohn einer Christin und eines Muslimen sein, vgl. hierfür u. für weitere Beispiele Goergens, Ernst P.: *Arabische Quellenbeiträge zur Geschichte der Kreuzzüge* (Bd. I.: Zur Geschichte Salah ad-din's), Berlin 1879, S. 284, Anm. 1. Außerdem war Saladins Misstrauen seinem Gegner gegenüber so groß, dass er seine Zustimmung verweigerte. Vielleicht erinnerte er sich auch an den deutschen Kaiser, dem ein ähnliches Angebot bereits 1173 von Richard unterbreitet wurde. Auch sein Notplan, dass al-Adil konvertieren sollte, war nicht im Rahmen des Machbaren. Da eine militärische Entscheidung von beiden Seiten nicht erzwungen werden konnte, wurde ein Waffenstillstand über fünf

2.3. Zum Entstehungsraum

Etliche Forscher haben Gedanken über den Entstehungsraum des Werkes formuliert, sodass ihr Umfang beinahe einer Inflation von Vorschlägen gleichkommt. Nach Klein gibt es kaum einen mhd. Text, welcher es im Bezug auf die „*Spannweite der Lokalisierungsvorschläge*" mit 'Graf Rudolf' aufnehmen könnte.[150] In Betracht gezogen wurden u.a. Thüringen,[151]

Jahre geschlossen. Bis auf Askalon blieben die Küstenstädte christlich, Jerusalem war jedoch weiterhin der wichtigste Bestandteil der *terra musulmana*. Doch den Pilgern wurde der freie Zugang zu den heiligen Stätten garantiert, vgl. al-Maqrizi: *Kitab as-Suluk* I, 1, 104 f., in: A history of the Ayyūbid Sultans of Egypt, p. 93. Dazu Köhler, Michael A.: *Allianzen und Verträge zwischen fränkischen und islamischen Herrschern im Vorderen Orient. Eine Studie über das zwischenstaatliche Zusammenleben vom 12. bis ins 13. Jahrhundert*, in: StGKiO, N.F. 12, Berlin / New York 1991. Ohne sein Ziel, Jerusalem den Muslimen zu entreißen, erreicht zu haben, musste Richard im *Oktober 1192* die Heimreise antreten. Er musste sich damit begnügen, dass wenigstens ein Küstenstreifen wieder in christlicher Hand war.

150 Klein, Thomas: *Untersuchungen zu den mitteldeutschen Literatursprachen des 12. und 13. Jahrhunderts*. Habil.-Schr. masch. Bonn 1982, S. 180 m. Anm 377.

151 Bartsch, Karl (Hg.): *Berthold von Holle*, Nürnberg 1858, S. XXXV–XXXVIII, bestimmt die Sprache des Dichters als thüringisch und meint, dass sich gegen die „*thüringische Heimat*" des Dichters wohl nichts einwenden lasse. Siehe dazu Vogt, Friedrich: *Literaturgeschichte. Mittelhochdeutsche Literatur*, in: Grundriss der germanischen Philologie II, 1 (hg. v. Hermann Paul), Strassburg 1893; Ehrismann, Gustav: *Geschichte der deutschen Literatur des Mittelalters*, Bd. II,2,1, S. 58. Der Artusroman wird als Ablöser des Antikenromans im oberdeutschen Raum seit dem Ende des 12. Jahrhunderts bewertet. Falls die mitteldeutsche Mundart des GR aber doch nach Thüringen weist, wie Bartsch glaubt, und das Werk stofflich artusepische Merkmale aufweist, beispielsweise wie im Leitthema „*edle Liebe und rechter Kampf*" (Mertens, Volker: *Der deutsche Artusroman*, Stuttgart 1998, S. 11) oder in der detailreichen Darstellung des höfischen Festes bzw. in einer *âventiure*-Umgebung als kontrastiver Schauplatz, so ist festzuhalten, dass „*die Artusepik in Thüringen nicht unbekannt blieb.*" Vgl. Hahn, Reinhard: *Geschichte der mittelalterlichen deutschen Literatur Thüringens*, in: Veröffentlichungen der Historischen Kommission für Thüringen, Bd. 34, Köln [u.a.] 2012, S. 106. Hahn liefert auch ein nichtliterarisches Zeugnis, das diese Behauptung untermauert, vgl. ders. *ebd.* S. 106 ff. Zur thüringischen Literatur vgl. Schröder, Edward: *Der Anteil Thüringens an der Literatur des deutschen Mittelalters*, in: Zs. d. Vereins f. thüring. Gesch. u. Altertumskunde 31 (1935), S. 1–19, sowie Bartels, Adolf: *Geschichte der thüringischen Literatur*, 2. Bde. (Bd. 1: Von den Anfängen bis zum Tode Goethes / 2. Bd. Vom Tode Goethes bis zur Gegenwart), Jena 1938/42. Daran, dass in den thüringischen Literaturgeschichten im Zusammenhang der „frühmittelhochdeutschen Literatur"

der hessische,[152] östlich-rheinfränkische,[153] Kölner[154] oder der osthessische Raum.[155] W. Wackernagel meint, der Dichter stamme aus dem niederrheinischen Raum.[156] Daher arbeite er mit einem Stoff, von dem er durch mündliche Überlieferung aus Flandern erfahren habe.[157] Nach der Ansicht von H. Beckers stammt der Verfasser aus dem *„nordthüringisch-niederdeutschen Grenzgebiet"*.[158] H. de Boor hingegen meint, dass die md. Sprache des Dichters ihn als Hessen oder Thüringer bestimmen ließe.[159] Er meint aber zugleich, seine literarische Heimat ließe sich nicht allein daraus ableiten.[160] Allerdings empfiehlt de Boor, diese Dichtung nicht nur sprachlich und zeitlich, sondern auch räumlich von der *„Gruppe Floyris-Tristrant-Veldeke"* abzurücken, denn 'Graf Rudolf' stehe

---

auch GR genannt wird, erinnert uns Haustein, Jens: *Literaturgeschichte der Region. Das Beispiel Thüringen*, in: Überlieferungsgeschichte - Textgeschichte - Literaturgeschichte (JIG, 34/2), hg. v. Thomas Bein, Bern [u.a.] 2002, S. 167–180, hier 177.

152 Bethmann, Johannes: *Untersuchungen über die mittelhochdeutsche Dichtung vom Grafen Rudolf*, in: Palaestra 30. Berlin 1904, S. 25; 37–48.

153 Kiening, Christian: *Graf Rudolf*, in: Killy Literaturlexikon. Hg. Walther Killy u.a. (12 Bde.), Bd. 4, ²Berlin 2009, S. 362.

154 Sanders, Willy: *Zur Heimatbestimmung des 'Graf Rudolf'*, ZfdA 95 (1966) S. 122–149, 145 f.

155 Schröder, Edward: *[Zu „Graf Rudolf"] Cod. Ms. E. Schröder 1511: Reime; Sammlung von Zetteln*, o.O., o.J. - 314 Bl. [6,5 x 5 cm], in: Nachlass Edward Schröder: Aufzeichnungen und Manuskripte. HANS (= Handschriften, Autographen, Nachlässe, Sonderbestände. Niedersächsische Staats- und Universitätsbibliothek, Göttingen), Edward Schröder [1858–1942]. Den entscheidenden Wink auf den Lokalisierungsvorschlag von Schröder, dessen schriflicher Nachlass mir nicht zugänglich war, erhielt ich von Herrn Prof. Reinhard Hahn, der mir am 29.04.13 schrieb. Er stellt in seiner Email fest, *„dass die Germanisten dieses Werk, wie andere auch, gern da lokalisiert haben, wo sie selbst wirkten"*.

156 Wackernagel, Wilhelm: *Geschichte der deutschen Litteratur*, 1. Bd., Basel 1879, S. 235. Auch Sanders, Willy: *Zur Heimatbestimmung des 'Graf Rudolf'*, ZfdA 95 (1966) S. 122–149, vertritt dieselbe Meinung.

157 W. Wackernagel, *ebd.*, S. 235.

158 Beckers, Hartmut: *Wandel vor sine missetat. Schuldverstrickung und Schulderkenntnis im „Graf Rudolf"-Roman*, in: Von wyßheit würt der mensch geert..., hg. v. Ingrid Kühn u. Gotthard Lerchner, Frankfurt a.M. [u.a.] 1993, S. 17–37, S. 17 u. 37 (Anm. 40).

159 de Boor, Helmut: *Die höfische Literatur. Vorbereitung, Blüte, Ausklang*, in: Geschichte der deutschen Literatur von den Anfängen bis zur Gegenwart, hg. v. Helmut de Boor u. Richard Newald, Bd. 2, München ¹¹1991, S. 35.

160 H. de Boor, *ebd.*, S. 235.

„*in seinem Wesen sehr für sich*".[161] Folgendes sondere ihn von den vorhin genannten Werken ab: „*Er [Graf Rudolf] knüpft weit unmittelbarer an vorhöfische Vorbilder an, und seine Modernität ist eine andere als die jener modernen Minnedichtungen.*"[162] Somit rücken wir mit de Boor in die Nähe des Erstherausgebers Wilhelm Grimm, der dem GR-Dichter „*unbefangenheit*"[163] oder „*künstlerisches bewußtsein*"[164] bescheinigte und dessen Werk als „*eins der trefflichsten und merkwürdigsten [Gedichte] des deutschen alterthums*" beschrieb.[165] Dem Grimm'schen Zeugnis schließt sich W. Beck an und spricht in diesem Zusammenhang von der „*singulären Stellung*", welche nach ihm „*aus dem nahezu vollständigen Fehlen jeglicher literarhistorischen Bindungen*" resultiert.[166] Auch Cola Minis weist als Entstehungsraum des GR auf Thüringen.[167]

In den Fragmenten *H* und *Hb* beobachten wir ein Merkmal der md.-nd. Literatursprache, auf das bereits Hartmut Beckers hinwies.[168] Es geht um ***imber*** bzw. ***umber*** für normalmhd. ***iemer***. Die <mb>-Schreibung bei ***umber*** (*H* 14 u. *Hb* 22) erörtert Beckers zwar als Hyperkorrektur der Form ***iemer***, unterstreicht aber zugleich, dass die hier genannten GR-Stellen hierfür als „*der älteste nachgewiesene Beleg*" gelten.[169] Wie schon Bartsch haben auch Th. Klein und J. Bumke in den letzten Jahren verstärkt auf den hessisch-thüringischen und den niederdeutsch-mitteldeutschen Übergangsraum (Nordthüringen?) hingewiesen.[170] Thomas Klein filtert aus unterschiedlichen Meinungen zwei „*literatursprachliche Großräume im Mitteldeutschen des 12. und 13. Jahrhunderts*"[171] heraus: den mfrk. im Westen und den im übrigen Mitteldeutschland geläufigen

---

161 H. de Boor, *ebd.*, S. 235.

162 H. de Boor, *ebd.*, S. 235.

163 Grimm, Wilhelm (Hg.): *Graf Rudolf*, Göttingen 1844, S. 53.

164 W. Grimm, *ebd.*, S. 54.

165 W. Grimm, *ebd.*, S. 54.

166 Beck, Wolfgang: *in Dürengen lant – Die Überlieferung deutscher Literatur des Mittelalters in Thüringen*, Habil.-Schr., Jena 2010, S. 226.

167 Minis, Cola: *Zur Vergegenwärtigung vergangener philologischer Nächte*, Amsterdam 1981, S. 92.

168 Beckers, Hartmut: *Sprachliche Beobachtungen zu einigen ‚Parzival'-Bruchstücken niederdeutscher Schreiber*, WSt XII (Berlin 1992), S. 67–92, hier S. 71.

169 H. Beckers, *ebd.*, S. 71.

170 So Prof. Reinhard Hahn in seiner Email vom 29.04.13. Er betont darin, dass die „*Thüringen/thüringisch*"-These zwar „*eine These unter mehreren*" sei, welche ihm aber s. E. „*viel plausibler als die Rheinland-These*" erscheint.

171 Klein, Thomas: *Untersuchungen zu den mitteldeutschen Literatursprachen des 12. und 13. Jahrhunderts*. Habil.-Schr. masch., Bonn 1982, S. 180.

thüringisch-hessischen. Aus diesen beiden literatursprachlichen Großräumen und der eher hessischen[172] bzw. rheinfränkisch-hessischen[173] Herkunft des Verfassers lässt sich die Frage des Herkunftsproblems weitgehend lösen. Zumindest schließt er die rheinisch-mittelfränkische Variante aus, rückt das Werk in die Nähe der thüringisch-hessischen Gruppe und meint, eine gesunde Lokalisierung ließe sich nur anhand der Reime bewerkstelligen. Reimsprachliche Merkmale wie „*Bindungen von finalem -b und -g*", Handhabung der dentalen Reimungen d und t nach thüringsch-hessischer Manier, bairisch-ostfränkische und thüringisch-hessische Analogien bei den beliebten Reimen -an und -ân, Gegenüberstellungen verschiedener Auslaute sowie einige andere Faktoren lassen Klein den Graf-Rudolf-Dichter in den „rheinfränkisch-hessischen" Sprachraum beheimaten.[174]

Eine endgültige Klarheit über die literatursprachliche Zuordnung und Herkunft des 'Graf Rudolf' könne man jedoch „*aus den an Dialektizismen armen Reimen der Fragmente*" nicht herbeizwingen.[175] Auch für Kästner/Schirok ist GR in den hessisch-thüringischen Sprachraum zu lokalisieren.[176] Peter Ganz kann sich auf eine bestimmte Lokalisierung nicht festlegen. Beck konstatiert im Hinblick auf Feststellungen von Ganz, dass beim GR „*eine Zuweisung an das Thüringische keinesfalls sicher*" sei.[177] Da Anfang und Ende dieses Werks fehlen, „*wo der Dichter sich genannt und auf seine Quelle berufen haben könnte*",[178] gibt es keine konkreten Ansatzpunkte für Datierung[179] und Lokalisierung.

172 Th. Klein, *ebd.*, S. 180.
173 Th. Klein, *ebd.*, S. 190.
174 Th. Klein, *ebd.*, S. 180–191.
175 Th. Klein, *ebd.*, S. 190.
176 Kästner, Hannes J. / Schirok, Bernd: *Die Textsorten des Mittelhochdeutschen*, in: Sprachgeschichte. Ein Handbuch zur Geschichte der deutschen Sprache und ihrer Erforschung, 3 vols (Handbücher zur Sprach- und Kommunikationswissenschaft / 2, 1), hg. v. Werner Besch [u.a.], Berlin 1998, S. 1365–1384, hier S. 1314.
177 Beck, Wolfgang: *Grenzen und Möglichkeiten einer Corpuserstellung deutscher Literatur des Mittelalters in Thüringen*, in: Ostmitteldeutsche Schreibsprachen im Spätmittelalter, hg. v. Luise Czajkowski, Corinna Hoffmann u. Hans Ulrich Schmid. Berlin 2007, S. 157–167, hier S. 161.
178 Ganz, Peter Felix: Art. '*Graf Rudolf*', ²VL 3, Berlin / New York 1981, Sp. 212–216.
179 Zur Datierung vgl. Schupp, Volker: *Zur Datierung des ,Grafen Rudolf'*, ZfdA 97 (1968), S. 37–56, und Mohr, Wolfgang: *Zum frühhöfischen Menschenbild, in ,Graf Rudolf'*, ZfdA 96 (1967), S. 97–109.

2.4. Gliederung der fragmentarischen Überlieferung

Die Gliederung der Fragmente erfolgt auf der Grundlage der Edition von Peter Ganz aus dem Jahr 1964. Die Handlung der 14 Bruchstücke lässt sich in 5 inhaltlichen Blöcken festhalten:

Block 1 (ß-ßb-α-αß): Graf Rudolf folgt dem päpstlichen Aufruf und nimmt, unnachgiebig gegen den Willen seiner Eltern, am Kreuzzug teil; er zieht von Flandern nach Palästina. Auf der Reise leiden die Kreuzfahrer unter Kriminalität und Hunger. Unter der Führung des flandrischen Grafen Rudolf ziehen die christlichen Helden in die Heilige Stadt, wo sie unter dem Geläute der Glocken empfangen werden. Der junge Graf wird in Jerusalem zum engsten Gefährten des christlichen Königs Gilot.

Block 2 (B-Bb-δ-δb-C-Cb-D-Db-γ-γb-A-Ab): Am fünften Tag nach dem feierlichen Einzug ziehen die Helden gegen die Küstenstadt Askalon, da sie an diesem Tag erfahren, dass sich der Heidenkönig in Askalon befindet. Während Gilot das Umland verwüstet, übernimmt Rudolf die Blockade der Stadt. Den Heiden gelingt es jedoch durch eine List, einen Waffenstillstand zu erwirken, indem sie ihre Frauen in Männerkleidung auf die Burgzinnen stellen. Dadurch demonstrieren sie ihre vermeintlich ungebrochene Stärke und täuschen ihre Kampfbereitschaft vor. Rudolf fällt auf diesen Trick herein und nimmt den Friedensvorschlag seines Widersachers Girabobe fassungslos an.

Rudolf wird erneut auf das feierlichste in Jerusalem empfangen. Er wird von Gilot in eine Unterredung über die Pracht und Glorie des Römischen Kaisers verwickelt. Gilot betraut Rudolf diesmal mit einer heiklen Aufgabe: Er will in Jerusalem interkulturelle Feste nach kaiserlichem Gepräge veranstalten. Ein adeliger Heide vertraut Rudolf seinen Sohn Apollinart an, um ihn in höfischer Tradition bilden zu lassen.[180] Demzufolge laufen die Beziehungen zwischen Christen und Moslems noch reibungslos. Mit der aufwändig betriebenen Beschreibung des Zaumzeugs vom Ross ***farîs***, das dem Grafen gehorcht, endet dieser Block.

Block 3 (E-Eb-F-Fb): Rudolf steht inzwischen im Dienst der Heiden. Er liebt die heidnische Prinzessin und kämpft tapfer für ihren Vater gegen die Christen unter Gilot. Da er aber nicht zum Islam konvertiert ist, schont er seine christlichen

180 Beckers, Hartmut: *Wandel vor sine missetat. Schuldverstrickung und Schulderkenntnis im „Graf Rudolf"-Roman*, in: Von wyßheit würt der mensch geert…, hg. v. Ingrid Kühn u. Gotthard Lerchner, Frankfurt a.M. [u.a.] 1993, S. 17–37, dort S. 23. Haacke, Diether: *Weltfeindliche Strömungen und die Heidenfrage in der deutschen Literatur von 1170–1230*, Diss., Berlin 1951, S. 111 ff.

Brüder bei Gefechten. Er tötet seine Feinde nicht, sondern kämpft nur mit der flachen Seite des Schwerts.

Block 4 (G-Gb-H-Hb): Rudolf befindet sich in Gefangenschaft, aus der er schwer verletzt fliehen kann. Er muss sich jedoch verborgen halten und überlebt nur durch die Hilfe vorbeiziehender Pilger. Indessen konvertiert die Prinzessin zum Christentum und lässt sich auf den Namen Irmengart taufen. Sie weist das Heiratsangebot eines Königs zurück. In der Versorgung der Armen findet sie Trost.

Block 5 (I–Ib-K-Kb): Rudolf und Irmengart wollen zusammen nach Flandern reisen. Sie nehmen auch die Kammerzofe Beatris und Rudolfs Vetter Bonifait mit. Während der Nacht werden sie von Räubern überfallen. Im Getümmel stirbt Bonifait, weil er Rudolf nicht aufweckt. Die Fragmente enden mit der Klage um Bonifait.

2.5. Inhaltsangabe des Gesamtwerkes

Fragment *ß*:

In dem Bruchstück *ß* wird von der Abfertigung eines Boten berichtet. Der Bote führt einen von den bedrängten Christen im Morgenland verfassten und an den Papst adressierten Brief bei sich. Bis auf einen Teil des letzten Satzes fehlt der Wortlaut des Briefes. Mit der Satzpartikel, in welcher die Schlussworte des Briefes stehen, fängt die erste Zeile des Bruchstücks an. Darin lassen die Christen aus dem Morgenland den Papst wissen, dass sie willens sind, für das Heil ihrer Seele in den Kampf zu ziehen (*ß* 2–3). Der Bote kommt in Rom an und überreicht den Brief an den Papst. Nachdem der Papst den Inhalt des Briefes sorgfältig durchgelesen hat, sendet er eine Botschaft ***after deme lande, / zu d[en armen] unde den richen / allen gelichen*** (*ß* 13–15), um das Volk zu einer Versammlung zu rufen. Alle Christen mögen nach Rom eilen, damit sie ***sine wort virnemen*** (*ß* 17). Er informiert sie auch über den Inhalt seiner Zeilen. Sie sollen sich unter freiem Himmel (***an der sunnen***, *ß* 22) treffen, um seine Worte zu vernehmen. Es gilt nach wie vor, ***daz grap / da got sel[be inne lach]*** (*ß* 24–25) zu befreien. Das ist die heilige Aufgabe eines jeden kampftauglichen Christen, ***alle] geliche / arme und riche*** (*ß* 28–29). So ordnet er einen Kreuzzug an.

Fragment *ßb*:

In dieser nicht mehr erhaltenen Lücke wird die Ankunft des Boten mit einem päpstlichen Brief Gegenstand sein. Zeitgleich, d.h. wieder in dieser Lücke, wird der junge Graf Rudolf von Arras mit dem Papst in Korrespondenz gestanden haben. Der Papstbote, der möglicherweise schon dem Papst eine Botschaft brachte, wird in einer öffentlichen Versammlung gebührend empfangen. Graf Rudolf wird vom alten Grafen gemeinsam mit ***manic jungelinc*** (*ßb* 3) empfangen. Zwei Zeilen später (*ßb* 5) taucht der Hauptprotagonist zum ersten Mal namentlich auf. Nachdem der aufgeregte Graf den Boten in aller Form willkommen heißt, schenkt er ihm ***ros*** *oder* ***[gewant]*** *oder* ***phenninge*** (*ßb* 12–13). Der Graf sorgt sich um die Unterkunft und das leibliche Wohl des Papstboten (*ßb* 8–20). Der Bote bekundet die Huld des Heiligen Vaters und überreicht dessen Antwortbrief. Gottesfürchtig erhebt sich der junge Graf von Arras und nimmt ihn entgegen. Nun erhält er für die langersehnte Kreuzfahrt die päpstliche Billigung.

Fragment *α*:

Da der junge Graf sich nicht auf Aussagen eines etwa zufällig vorbeiziehenden Pilgers oder Kaufmanns verlassen kann, schickt er einen Boten nach Syrien. Bevor die Reise beginnt, möchte er sich von der Lage im Orient selbst ein Bild verschaffen. Der Auftrag des Boten lautet, über den Zustand der Glaubensbrüder, die im Orient gegen die Heiden streiten, Erkundigungen einzuziehen. Das Bruchstück α beginnt mit dem Dialog, der zwischen Rudolf und dem Boten geführt wird. Frisch heimgekehrt, schildert der Bote die Lage der Christen im Heiligen Land (*α* 5–10):

> ***„ich liez da manigen unfro***
> ***do ich nehest schit dannen.***
> ***der cristenen was gevangen***
> ***also unmaze vil ir slagen***
> ***daz u nieman ne kan gesagen***
> ***umme die not die man in tud.“***

Wegen der vielen gefangenen und getöteten Christen und der daraus resultierenden Not herrschen dort Leid und Gram. Als Rudolf diese Nachricht vernimmt, trifft ihn der Kummer (*α* 11–12):

> ***„do wart deme juncheren gut***
> ***viel leide an sinem mute.“***

Er fleht Gott an, dass er ihm helfe, seinen Vater von seinem Vorhaben zu überzeugen. Aus Liebe zu Maria möge er doch nicht tolerieren, dass der Teufel die Christen verspottet (*α* 17–20):

> ***„durch diner muter liebe,***
> ***here himelische got,***
> ***nu verhenge nicht daz sinen spot***
> ***der tuvel mit den sinen habe.“***

Die muslimischen Kontrahenten erscheinen hier zunächst als Diener und Werkzeuge des Teufels, durch deren Hand den Christen Leid zugefügt wird. Nun möchte der junge Graf ***der himelischen kuniginnen*** (*α* 22) klagen, dass sie gnädig mit ihnen sei. In Tränen aufgelöst, spricht er diese Worte aus; niemand bemerkt diesen Schwächeanfall.

Fragment *αb*:

In dem fehlenden Bruchstück wird der Graf die Erlaubnis seines Vaters erhalten haben, denn wir sehen ihn im Zimmer der Gräfin, wo schöne Jungfrauen damit beschäftigt sind, entsprechende Kleidungsstücke anzufertigen. Auffallend ist der Aufwand, der bei der Schilderung dieses Zimmers betrieben wird (*αb* 3–10):

> ***„ein bette stunt da bevangen***
> ***mit wizen lachen vil breit.***
> ***ein deckelachen was da bereit***
> ***daz da obene uffe lach;***
> ***daz schein des nachtes alsez were tach***
> ***von dem edelin gesteine***
> ***groz unde cleine***
> ***daz dar allenthalben ane stunt.“***

Über dem Bett hängt also eine Decke, die mit wertvollen Edelsteinen verziert ist. Diese mag nachts leuchten, als verwandele sie die Nacht zum Tag. Vor dem Bett liegen Teppiche, auf denen nun Frauen sitzen und mit kostbaren Stoffen schneidern. W. Mohr bezeichnet das ganze Fragment als *„die üppige Descriptio eines Kemenateninterieurs“*.[181]

Fragment *B*:

In dem unvollständigen Fragment sehen wir Rudolf erstmals außerhalb seines Hofes agieren. Er befindet sich im Heiligen Land und reitet mit seinem Gefolge hinter einem Dieb her. Das fehlende Stück mag von der Verfolgungsjagd berichtet haben. Die zurückkehrenden Sieger berichten von ihrem Erfolg (*B* 2–5):

> ***„'...wir vingen einen gefertin.***
> ***der vurte an siner hant***
> ***ein schone ros. sin hat daz lant***
> ***ere da iz inne stat.'***
> ***‚habe danc menlicher dat.***
> ***machter genesen?'...“***

---

181 W. Mohr, *ebd.*, S. 97.

Sie berichten also von der Gefangennahme eines Verwundeten mit einem edlen Ross. Da dieses Ross ein besonders schönes und wertvolles Tier ist, kann es sich bei dem Gefangenen entweder um einen heidnischen Adligen oder einen Pferdedieb handeln. Ganz in der Nähe (***enbore verre bi***, *B* 9) halten sie ihn fest. Damit er nicht entfliehen kann, muss er in das Landessinnere gebracht werden (*B* 10):

> ***„beware daz iz nicht zu nahe si.“***

Die erschöpften Helden richten ihr Nachtlager ein. Sie sind dermaßen ermattet, dass sie schon während des Essens einschlafen (*B* 14–16):

> ***„do sie solden ezen daz brot,***
> ***do sliefen sie in den stunden***
> ***unde haten ez in dem munde.“***

Wie Graf Rudolf verfügt, brechen sie nach drei Tagen auf, um nach Jerusalem zu gelangen. Arm oder reich, dort werden sie alle mit großen Ehren empfangen.

Fragment *Bb*:

Die Lücke mag weitere Zeremonien in Jerusalem behandelt haben. Am fünften Tag ihrer Ankuft erreicht die Kreuzfahrer die Kunde, dass der Sarazenenkönig sich in Askalon aufhält. Der Bote, der dies meldet, sagt, er sei bis in die Nähe der Burg gekommen. Daraufhin spricht der Graf zum König, er möge ihm doch gestatten, gegen die Heiden ins Feld zu ziehen (*Bb* 13–19):

> ***„herre, mir retet min sin,***
> ***iedoch ich aller tumbest bin,***
> ***dar zu trostet mich min mut,***
> ***ob iz uch alle dunket gut,***
> ***daz wir schafen unse schare;***
> ***wir suln dare vroliche vare***
> ***unde in besizzen in der stat.“***

Obwohl er der Unerfahrenste von allen sei, beabsichtige er, Truppen aufzurüsten, furchtlos gegen den Feind zu ziehen und blitzartig die Stadt zu belagern. Seine Überlegungen untermauert er mit religiösen Beteuerungen (*Bb* 20–24):

> ***„got durch sin heilige grap***
> ***helfe uns daz wir in gelezzen***
> ***unde wir in ir gezzen***
> ***daz er uns leides hat getan.***
> ***er muz uns me der gisele lan.“***

Um des Heiligen Grabes Willen werde Gott ihnen schon Hilfestellung leisten, sodass sie gewiss in der Lage sein würden, ihm zugefügtes Leid zu vergelten. Der Sultan müsse ihnen doch noch mehr Geiseln geben. Mit dem letzten Satz könnte sich Rudolf tatsächlich auf den neulich gefangenen verletzten Heiden beziehen. Daraufhin bedankt sich der König beim Jüngling, rühmt seine Kühnheit und erklärt sich bereit, seinen Plan zu verwirklichen.

Fragment δ:

Bei diesem Fragment handelt es sich um drei Blätter. Zu Beginn des Fragments wird ein Tag vereinbart, an dem sich alt und jung treffen sollen. Nach fünf Wochen kommen christliche Kombattanten zusammen, um die Burg von Askalon zu stürmen. Der Graf aber eilt mit seinem Gefolge voraus und leitet somit die Vorhut des christlichen Heeres (δ 9–10):

> ***„(D)er greve mit den sinen***
> ***be gonde vur yle"***

Er lässt seine Corps in der Nähe von Askalon (***der selben burch also na***, δ 13) im Wald absteigen und ein Lager aufschlagen (***die legeten sich nider in daz holz***, δ 12), während der König gewaltige Raubzüge in die Tiefe des Landes organisiert. Die Unternehmung entwickelt sich zu einem alles zermürbenden Vernichtungskrieg. Selbst Frauen und Kinder, von denen keine Gefahr ausgeht, werden nicht verschont. Sie werden wie Vieh abgeschlachtet (δ 25–26):

> ***„beide wip unde kinder***
> ***die sluc man alse rinder."***

Bald berichtet ein Bote dem Heidenkönig von den Gräueltaten der Christen. Spätestens nachdem er von der Burg aus selbst Rauch erblickt, wird er zornig und lässt nach Girabobe rufen, einem jungen Mann edlen Gemüts und voller Weisheit. Der König legt auf seine Meinung großen Wert, da seine Erwägungen sich oft bewährt haben (δ 40–41):

> ***„er ne wolde nuwet ane gan,***
> ***er ne hetes sinen rat"***

Dann folgt eine Passage, in der der Ton des Erzählers rauer wird. Darin ärgert er sich über denjenigen, der verderblichen Rat gibt. Er verachtet solche Menschen, weil sie gegen den Willen Gottes schändliche und abscheuliche Situationen herbeiführen können.

Fragment *δb*:

In dieser Passage ereifert sich der Dichter weiterhin gegen den heidnischen Kämpfer Girabobe, ohne jedoch seinen Namen zu nennen. Vielleicht steht er hier mit seiner Person stellvertretend für alle feindlichen Krieger. Dann folgt ab Zeile 10 die Rede Girabobes. Übrigens ist der Dichter Girabobe gegenüber nicht unbedingt abgeneigt, er hat sogar eine gewisse Achtung vor ihm. Denn er hatte bereits oben eingeräumt, dass Girabobe ein ***edeler man*** (*δ* 38) und ***wise junger man*** (*δ* 39) sei. Jetzt gibt er ihm auch das Attribut ***helet*** (*δb* 9) bzw. ***helt*** (*δb* 21).

Er sagt dem König, ihrer aller Schicksal sei noch nicht besiegelt (***diz ne geschah uns nie me,*** *δb* 10). Man solle doch nicht tatenlos zusehen, sondern in alle Ecken des Landes Boten senden (***nu soldir boten senden / in allen den enden***, *δb* 13–14). Kurz danach (*δb* 20) heißt es: ***wir muzen doch mit in striten***. Was hätte man sonst für eine Wahl, außer die Attacken des Feindes zu erwidern? Als der Held zum König spricht, rückt das große Heer auf Befehl des Grafen Rudolf mit der Fahne heran (*δb* 24–29):

> ***„do quam daz michele here***
> ***mit grozer craft vur die stat***
> ***sie waren alle wol gare;***
> ***zu hant huben sie sich dare***
> ***mit sineme vanen vur daz tore.“***

Bis an die Zähne bewaffnet und im vollen Prunk bezieht das Christenheer vor dem Tor der Burg Stellung. An dieser Stelle kommen die drei engsten Mitstreiter Girabobes ins Spiel: Gaiol Gruwin, Agarrain und Agar. Auch diesen dreien wird Heldentum bescheinigt (*δb* 36–37):

> ***„man wurdis dicke wol gewar***
> ***daz sie gute helede waren“***

Im Folgenden fängt der Kampf an. Die Christen greifen die Burg an, während sich die Insassen zur Wehr setzen. Im Tumult verlieren auf beiden Seiten zahlreiche Kombattanten ihr Leben, viele werden verletzt. Der Graf verliert schon am ersten Tag 300 seiner tapferen Flandern. Insgesamt dauert der Belagerungszstand ein halbes Jahr, ohne dass eine Seite der anderen die Stirn bieten könnte. Eines Tages unternehmen die Heiden eine Nacht-und-Nebel-Aktion. Bei diesem Überfall überrumpeln sie ihre Angreifer und fügen ihnen empfindliche Verluste (***michelen schaden***, *δb* 55) zu. Viele Flandern fallen diesem Angriff zum Opfer, und nur sehr wenige von ihnen bleiben am Leben. Wir sehen den unermüdlichen Grafen bei jedem unerbittlichen Gefecht an vorderster Front kämpfen (*δb* 58–59).

„alzu vurderst er was
harte dicke ander not"

Mit diesen Versen endet dieser Abschnitt.

Fragment *C*:

Nun folgt Teil *C*. Hier scheint keine Textlücke vorhanden zu sein. Bevor Rudolf unverrichteter Dinge das Feld räumt, gelingt es ihm, einen von Girabobes Kameraden, den Gaiol Gruwin, zu töten. Auch die beiden anderen Krieger, Agarrain und Agar, werden gefangen genommen und anschliessend in Sichtweite der Burg hingerichtet. Während der Errichtung der Galgen versuchen die Muslime, von den Burgmauern herab ihre tapferen Helden freizukaufen (*C* 7–9):

„mit silber unde mit golde
wolde man ime die herren wegen
durch daz er sie lieze leben."

Der Graf geht auf dieses verlockende Angebot nicht ein, da seine Glaubwürdigkeit und Makellosigkeit darunter leide. Außerdem braucht er keine materiellen Dinge. Er argumentiert, er habe aus Flandern ein Vermögen mitgebracht, sodass er auf das Lösegeld nicht angewiesen sei. Die beiden haben den Christen ***grozen schaden getan*** (*C* 14). Dennoch ist der Graf dazu bereit, unter einer Bedingung seine beiden Gefangenen auf freien Fuß zu setzen: Der König und Girabobe müssten bereit sein, die Burg zu räumen und unter freiem Geleit abzuziehen. Doch der stolze Girabobe opfert seine Kameraden, ohne einen Augenblick zu zögern:

„daz newirdet nimmer getan!
aldie wile daz ich daz leben han
unde sich ein svert mac geregen"

Solange er lebe und ein Schwert schwinge, könne das nicht geschehen, erwidert er dem Grafen von der Burgzinne herab und unterstreicht seine Kampfesentschlossenheit mit der Äußerung, dass der Krieg für ihn erst jetzt begonnen habe (***so sul wir aber ein nuwiz eben***, *C* 23). Er werde schon dafür Sorge tragen, dass die Christen fänden, wonach sie auch suchten (***so vindit ir daz ir suchit***, *C* 25). Graf Rudolf entgegnet ihm mit genauso hochfahrender Stimme:

„Nu lat u nicht sin so gach.
wir han u virgolden nach
svaz so ir uns ze borge hat getan."

Er möge doch nicht so voreilig sein, denn schließlich hätten sie das Geborgte reichlich wieder zurückgezahlt. Er werde noch viele Ascaloner in Trauer versetzen, bevor der Tod ihn selbst trifft oder er das Feld räumt. Währenddessen gehen den Ascalonern die Männer aus. Da schneiden sie den Frauen die langen Haare ab und stellen sie in Männertrachten auf die Zinnen.

Fragment *Cb*:

Nachdem die Ascaloner ihre Frauen als Männer verkleidet in Position gestellt haben, ruft der listige Girabobe dreist dem Grafen zu (*Cb* 1–3):

> ***„her greve, nu sehet wie wir unse were***
> ***von prise wol haben bewart.***
> ***nune wirt hie niman me gespart.“***

Er möge sich selbst davon überzeugen, wie souverän sie ihre Burg verteidigen. Diese tapferen Krieger warteten nur darauf, mit ihren scharfen Schwertern gegen die Christen zu kämpfen. Großes Getöse um nichts, meint der Graf daraufhin und fügt folgendes hinzu (*Cb* 17–19):

> ***„ich wene nu ist Anticrist***[182]
> ***den heiden kumen zu helfe,***
> ***sie varen so mit gelfe.“***

---

182 Wie wir den Johanneischen Episteln entnehmen (1 Joh 2,18: ***filioli novissima hora est et sicut audistis, quia antichristus venit nunc antichristi multi facti sunt, unde scimus, quoniam novissima hora est***) war der Antichrist in den Zeiten der Verfolgung für die ***signa*** (Matth 24 parr.), die sogenannten Endzeitzeichen, verantwortlich, mit denen er die jungen Christengemeinden peinigte. Die Figur des als Irrlehrer verstandenen Antichrist taucht zum ersten Mal in den Johannis-Briefen auf, so auch in 1 Joh 2,22; 1 Joh 4,3 und 2 Joh 1,7. Zum mittelalterlichen Antichristverständnis vgl. Bousset, Wilhelm: *Der Antichrist in der Überlieferung des Judentums, des neuen Testaments und der alten Kirche*, Göttingen 1895; Emmerson, Richard Kenneth: *Antichrist in the Middle Ages*, Manchester 1981; Emmerson, Richard Kenneth: *Antichrist in the Middle Ages. A Study of Medieval Apocalypticism, Art and Literature*, Manchester 1981; Burr, David: *Antichrist and Islam in Medieval Franciscan Exegesis*, in: Medieval Christian Perceptions of Islam. A Book of Essays, ed. John V. Tolan, New York 1996, pp. 131–152; Brall-Tucher, Helmut J. F.: *Die Heerscharen des Antichrist. Gog und Magog in der Literatur des Mittelalters*, in: Endzeitvorstellungen (Studia humanoria 33), hg. v. Barbara Haupt, Düsseldorf 2000 sowie Strickland, Debra Higgs: *Saracens, demons and Jews: making monsters in Medieval art*. Princeton 2003, p. 52–57. Eine breite Übersicht vor dem 13. Jahrhundert findet sich in Rauh, Horst Dieter: *Das Bild des Antichrist im Mittelalter. Von Tyconius zum deutschen Symbolismus*, in: Beiträge zur Geschichte der Philosophie und Theologie des Mittelalters, N.F. 9, Münster 1973. Zum Belang eschato-

Der junge Graf versucht zwar, sich gegenüber seinen Feinden nichts anmerken zu lassen, lässt sich aber von dieser List täuschen. Er glaubt, dass diese jungen Männer deshalb auf der Zinne stehen, weil sie heimlich in die Stadt gedrungen sind. Aus diesem Grund lässt er die Bewacher der Stadttore auf der Stelle aufhängen. Erbost will sich der Graf gerade zurückziehen, da ruft ***Girabobe der gute*** (*Cb* 36) ***mit grozen listen*** (*Cb* 38) folgende Sätze (*Cb* 39–44):

> ***„her greve, wie liden ungemach.***
> ***ir hat uns grozen schaden getan,***
> ***daz selbe ne hat uch nicht vor gan.***
> ***nu neme wir des einen vride.***
> ***waz danne, al se ich geniden***
> ***dar umme von der starken diet?"***

Er bietet dem Grafen also Frieden an, da beide Seiten im Laufe der Konfrontation starke Verluste erlitten haben. Der Graf findet diesen Vorschlag zwar akzeptabel, will aber über das weitere Vorgehen mit dem König beraten (*Cb* 55–56):

> ***„ich ne weiz ob ich ez geschaffen mach.***
> ***dise rede sagich deme kunige."***

Diese beiden Verse bilden das Finale dieses Abschnitts.

Fragment *D*:

Dies ist das längste erhaltene Bruchstück des Werkes. Graf Rudolf berichtet dem König vom Friedensvorschlag Girabobes. Dieser bekundet jedoch seinen Zweifel. Auf Drängen des jungen Ritters trifft er die Entscheidung, den Kriegsrat dennoch zusammenzurufen. Er berät mit diesem, woraufhin alle Mitglieder am Abschluss des Friedens Gefallen finden (*D* 20–24):

> ***„Do sante er nach sinen holden***
> ***die ime da raten sold[en.***
> ***do] si zusamene quamen***
> ***unde des greven wort vor namen***
> ***[do wur]den sie innechliche vro."***

Nachdem der Kriegsrat getagt hat, erklärt der König, ***daz [er den] vride neme*** (*D* 29), dass er also den Friedensvorschlag der Heiden annimmt. Danach kehrt er mit seinem Hofstaat und dem Heer nach Jerusalem zurück. Sein Einzug in die

---

logischer Aspekte für das Mittelalter vgl. den Sammelband „*Ende und Vollendung. Eschatologische Perspektiven im Mittelalter*", in: Miscellanea mediaevalia 29, hg. v. Jan A. Aertsen und Martin Pickavé, Berlin / New York 2002.

Stadt wird gebührend gefeiert. Er wird von allen Stadtbewohnern, den Kardinälen und dem Patriarchen von Bethlehem prunkvoll empfangen. Das Volk singt und schwingt Fahnen. Zu Ehren des triumphalen Einzugs des Königs bringt die Ritterschaft ***deme himel[i]sche[n gote]*** (*D* 56) ein Opfer.

Dass der junge Graf nicht mit nach Jerusalem geritten ist, geht aus den Versen ***da quam des kuniges bote / zu deme greven do san*** (*D* 57–58) hervor. Der Bote bringt die königliche Anordnung, dass er sich unverzüglich nach Jerusalem begeben möge. Rudolf entgegnet ihm, ***du must biten*** (*D* 60), er soll sich also gedulden. Er ***wil dare riten*** (*D* 61), da der Weg dorthin lang ist. Dann lässt sich der Held sein prächtiges ***ravit*** (*D* 62), d.h. arabisches Streitross bringen und reitet nach Jerusalem.

Fragment *Db*:

Das Fragment *Db* beginnt mit der Ankunft des Grafen in Jerusalem. Da die Geschichte narrativ kontinuierlich klingt, scheint hier keine Textlücke vorhanden zu sein. Dieser Abschnitt ist in zwei Teile zu gliedern: Rudolfs Empfang in Jerusalem (*Db* 1–26) und das königliche Festessen (*Db* 27–61).

Im ersten Teil von Fragment *Db* wird der Held aus Flandern in der Heiligen Stadt ***mit michelen eren*** (*Db* 2) empfangen. Wir sehen hier (*Db* 40–42) die Dienstgestik als Repräsentationsgebaren bereits eingebürgert. Man führt ihn zum Königssaal, wo der Regent mit seinen Landesherren Rat hält. Sein schönes Aussehen, seine Tugendhaftigkeit und heldenhafte Begeisterung werden gepriesen. König Gilot erweist ihm eine große Ehre und lässt ihn neben sich Platz nehmen. Er bescheinigt dem jungen Helden Besonnenheit und einen scharfen Sinn für das Kriegsgeschäft. Obwohl er in Jerusalem ein Fremder sei, meint der König, habe er längst die Herzen aller Stadtbewohner (... ***arme und riche / alle geliche***, *Db* 25–26) erobert.

Dann folgt der zweite Teil des Fragments *Db*. Bei dem Repräsentationfestmahl kommen aristokratische Gäste (***edele vursten***, *Db* 35) zusammen, um standesgemäß ***hogezite*** (*Db* 31) zu feiern. Sogar die Krone des römischen Potentats dient dabei als Attribut für das Fest (*Db* 30–31):

> ***„swenne er trage die crone***
> ***so hat er hogezite.“***

Im zeremoniellen Rahmen findet während der ***hogezite*** auch ein Ritual statt, bei dem das Schwert vor dem die Krone tragenden Kaiser von Fürsten vorangetragen wird (*Db* 34–35):

> ***„die ime daz [svert] vur tragen***
> ***daz sin edele vursten.“***

Die Privilegierten sind die hohen Fürsten, die diesen ehrenvollen Dienst als Akt der Huldigung vor dem Kaiser verrichten dürfen. Inszeniert werden bei den ***hogeziten*** diverse Szenen, die die Omnipotenz des Kaisers anschaulich untermauern. Das Richten des pompösen ***gesidel*** (*Db* 32), honette Zuweisung der Sitzplätze sowie tadellose Bewirtung lassen absolut keinen Grund zur Bemängelung zu. Während der zeremonielle Charakter des königlichen Festmahls nach strengen Bräuchen, Ehrendiensten und Repräsentationsritualen zur Schau gestellt wird, wird das Essen an sich zu einer Staffage. Um diesen Schaucharakter des Festmahls aufrecht zu erhalten, werden reichgedeckte Tafeln und perfektes Arrangement dargeboten, sodass das prunkvolle Bankett auf einen akkuraten Gastgeber schließen lässt.

Gilot, der hochmütige König von Jerusalem, stellt mit folgender Frage die Loyalität des jungen Grafen auf die Probe (*Db* 28–33):

> ***„Rudolf, dir ist wole kunt***
> ***umme den keiser [vo]n Rome?***
> ***svenne er trage crone***
> ***so hat er hogezite.***
> ***sin [gesidel]e daz ist wite***
> ***an dem velde uf geslagen."***

Der Kaiser pflegt also die Gewohnheit, immer ein Fest zu feiern, wenn er die Krone trägt. „*So empfand der Dichter des 'Grafen Rudolf' das staufische Kaisertum nicht nur als den Ausdruck einer Weltmacht, sondern auch eines festlich erhöhten Lebensgefühls.*"[183] Gilot möchte von dem Grafen wissen, ob er über die pompöse Hofhaltung des Römischen Kaisers Bescheid weiß.[184] Um das Ausmaß seiner Autorität zu betonen, habe doch der Kaiser die Fürsten zu seinen Dienern und einen König zu seinem Mundschenk (ahd. ***scenko***; m.lat. ***pincerna, buticularius***) gemacht (*Db* 36–38):

> ***„man saget ioch svene [in dur]ste***
> ***so schenke ime ein riche kunic***
> ***der is kreftic unde vrumic"***

---

183 de Boor, Helmut: *Die höfische Literatur. Vorbereitung, Blüte, Ausklang,* in: Geschichte der deutschen Literatur von den Anfängen bis zur Gegenwart, hg. v. Helmut de Boor u. Richard Newald, Bd. 2, München [11]1991, S. 2.

184 Schupp, Volker: *Zur Datierung des ‚Grafen Rudolf'*, ZfdA 97 (1968), S. 37-56, hier S. 41 f., bemerkt, dass es sich bei diesen Zeilen um eine Verallgemeinerung handelt, und weist darauf hin, dass sie „in der Einleitungsfunktion begründet liegen könnte".

Bereits in den Versen *Db* 34–35 (***die ime daz [svetz] vur tragen / daz sin edele vursten***) lässt der Dichter den König bemerken, dass Fürsten das kaiserliche Schwert zu tragen hätten.[185] Der selbstherrliche Gilot geht aber einen Schritt weiter und vertraut dem jungen Grafen voller Neid an, er möchte doch in Jerusalem eine Hofhaltung einführen, die der des römischen Kaisers gleichkommt. Der König von Jerusalem sieht sich also selbst in einer ebenbürtigen Herrscherposition. Deshalb fragt er Rudolf nach seiner Bereitschaft zu ebensolchem Dienst bei ihm. Da beginnt der ***jungelinc*** (*Db* 52) herzhaft zu lachen. Doch dann mahnt er den König (*Db* 54–60):

> ***„…under windes tu is dich,***
> ***daz ge[ruwe]t dich harte sere,***
> ***edele kunic here,***
> ***unde were din schade [harte] groz,***
> ***wande keisers genoz***
> ***ne wart noch nie nechein [gebor]n.***
> ***din lant were allez virlorn."***

Ein Prätendent des Kaisers lebe nicht auf Erden, darum soll er sein Reich nicht riskieren.

Der zweite Teil dieses Abschnitts bildet die Erzählachse des Versepos, da sich die Geschichte hier wendet. Der Held aus Flandern kehrt seinen Glaubensgenossen sukzessive den Rücken und entdeckt die Heiden als Freunde. Dieses Bruchstück endet mit der Ankündigung eines ***guten rats*** (*Db* 61) des Grafen Rudolf.

Fragment *γ*:

Die Anfangsverse des Fragments *γ* beinhalten die Ratschläge des Grafen, sodass zwischen den Fragmenten von einem lückenlosen Übergang auszugehen ist. Auf einmal duzt der Jüngling den König von Jerusalem. Da wundert sich der König über den Ton des jungen Grafen, da der Höhere den Geringeren mit ***ir*** anredet, aber mit ***du*** geantwortet bekommt.[186]

Der ehrgeizige König, der den Grafen eigentlich als seinen Vasallen sehen möchte, unterdrückt seine Empörung über Rudolfs Verhalten. Außerdem möchte

---

185 Die Schlussfolgerung von Schupp, Volker: *Zur Datierung des ‚Grafen Rudolf'*, ZfdA 97 (1968), S. 37–56, lautet, dass Gilot nicht etwa auf den Reichstag von Nürnberg, sondern auf *„den Reichstag oder die Festkrönung als Institution"* anspielt.

186 Vgl. Ehrismann, Gustav: *Duzen und Ihrzen im Mittelalter*, in: Zeitschrift für deutsche Wortforschung, 5 (1903/04), S. 127–220, ferner Götzinger, Ernst: *Reallexikon der Deutschen Altertümer. Ein Hand- und Nachschlagebuch für Studierende und Laien*. Leipzig ^{2}1885, S. 132–134.

er seine Anwesenheit im Heiligen Land ausnützen, um sich im Schaugepränge mit dem Kaiser zu messen. Momentan ist er also auf seine aus Europa mitgebrachten zeitgemäßen Kenntnisse über kaiserliche Sitten angewiesen. Gilot braucht neuen Glanz für seine Glorie. Genau diesen soll ihm der junge Graf verleihen. So bleibt die Kühnheit des Grafen von Flandern vorerst ohne Folgen. Obendrein ist der König bereit, für diesen Dienst ***sinen pris*** (γ 24) zu zahlen.

Da „*die Arbeit der âventiure die Vorbedingung des Festes*" ist und „*der König eine âventiure erlebt*" hat,[187] spricht nichts gegen ein Festmahl. Rudolf entscheidet sich, dem König seinen Wunsch zu erfüllen. Er weist die Vögte und Schulzen an, seine Anweisungen präzise auszuführen. Diese gehorchen dem Ankömmling, ohne zu zögern, ***wande sie in alle vorchten*** (γ 38), und ein noch nie da gewesenes Festessen wird vorbereitet: Alle wirken mit. Selbst an üppig mit Gold und Silber ausgestatteten Sitzmöbeln spart man nicht (*γ* 46–47: ***da nicht ne wart gespart / [weder daz] silber noch daz golt rot***). Schließlich werden in alle Nachbarländer Boten geschickt, sodass sich ein jeder von der beispiellosen Gastfreundschaft des Königs selbst überzeuge. Indessen scheint der König auch seinen Gram über Rudolf vergessen zu haben.

An der Stelle erscheint ein reicher und mächtiger Heide, der sich jedoch ärmlich verkleidet hat (*γ* 51–53). Er gibt an, auf der Suche nach seinem verschollenen Sohn zu sein (*γ* 54–56: ***vur lorn heter sinen s[un, / umbe] den was er uz comen. / den ne mochter nirgen vi[nden.]***). Vielleicht ist er in Wahrheit ein Verbannter. Hier endet das Fragment.

Fragment *γb*:

Die Ereignisse in dieser Passage geschehen in der Friedensphase. Christen und Muslime mischen sich wieder getrost untereinander. Als der alte Heide die Vorbereitungen für das Festessen sieht, lässt er sich die Gelegenheit, das festliche Ereignis zu erleben, nicht entgehen (*γb* 1–5), um später daheim von diesem großen Ereignis berichten zu können:

> ***„[do ne wo]lder nicht irwinden***
> ***er ne besehe daz gesidele;***
> ***[swenne e]r widere***
> ***queme daz er mochte gesagen***
> ***die [hogezit] was ir haben."***

---

187 Ehrismann, Otfrid: *Ehre und Mut, Âventiure und Minne. Eine höfische Wortgeschichte aus dem Mittelalter*, München 1995, S. 23.

In der 8. Zeile des Fragments erwähnt der Verfasser einen ***jungelinc***, an dem der König Gefallen findet. Dem Leser wird suggeriert, dieser Knabe könnte der vom alten Mann gesuchte Sohn sein. Dieses ***schone kint*** (*yb* 9) übergibt Gilot dem jungen Grafen, damit er ihn in ritterlichen Künsten nach ***der hovischeit*** (*yb* 28) erziehe.[188] Rudolf wiederum vertraut ihn seinem Vetter Bonifait an, der im Sinne des höfischen Tugendkanons einen tapferen Ritter aus ihm machen soll. Der Junge solle sich aber nicht nur zu einem wackeren Kämpfer entfalten, sondern sich auch feine Umgangsformen Frauen gegenüber aneignen. Da ***daz kint spilete unde [was fro*** (*yb* 24), mag es wohlbehütet sein und sich noch im Knabenalter befinden. In dieser Passage wird dem Leser eine Art höfisch-ritterlicher Erziehungskurs dargeboten. Im letzten Teil des Bruchstücks wird erneut erwähnt, dass Boten in das Heidenland geschickt wurden, damit die Leute, ***von wibe[n] unde von mannen*** (*yb* 55), zum königlichen Fest nach Jerusalem kommen.[189]

Fragment *A*:

In der bestehenden Textlücke muss das Fest bereits begonnen haben. Den Ehrensitz, ***daz gegen sidele*** (*A* 7), gewährt der König dem Grafen ***von Flandirn, der was der edele man*** (*A* 9). Grimms Annahme, dass es sich hierbei um den Vater des Grafen Rudolf handeln könnte, ist nicht gesichert. Dass er überhaupt die weite, beschwerliche Reise ins Heilige Land auf sich nahm, ist durch keine Verszeile begründet, zumal er – wie bereits im Bruchstück *ß* geschildert - mit dem Zug seines Sohnes nicht einverstanden war.

Rudolf, der sich anscheinend in der Inszenierung europäischer Feierlichkeiten auskennt, arrangiert hier für den König von Jerusalem ein tadelloses Fest. Er wird seiner Würde entsprechend, ***mit gevuge*** (*A* 23)[190] bewirtet. Nichts wird vergessen. Alles gibt es in Hülle und Fülle, jedem Wunsch wird Folge geleistet. Die beim

188 Der Hof steht als Zentrum der kaiserlichen Macht, der man mit vorbildlicher, erstrebenswerter Lebensweise zu dienen hat.

189 Zur festen Koppelung von ***man*** und ***wîp*** im Sinne von „alle Menschen" vgl. Eßer, Josef: *Die Schöpfungsgeschichte in der „Altdeutschen Genesis" (Wiener Genesis V. 1–231). Kommentar und Interpretation*, in: GAG 455 (1987), S. 431. Eßer, *ebd.*, weist auf die Belegstellen in WiG V. 305 und 461 hin. Belege für die Formel ***„man und wîp"*** stellt von Kraus, Carl (Hg.): *Deutsche Gedichte des zwölften Jahrhunderts.* Halle 1894, S. 245, zusammen.

190 Zur Heranziehung der Stellenbelege vgl. Mackert, Christoph: *Die Alexandergeschichte in der Version des ‚Pfaffen' Lambrecht. Die frühmittelhochdeutsche Bearbeitung der Alexanderdichtung des Alberich von Bisinzo und die Anfänge weltlicher Schriftepik in deutscher Sprache*, München 1999, S. 86 ff.

Festessen anwesenden Heiden kommen mit Ehrengeschenken, was auf das Ende des Kriegszustands hindeutet.

Fragment *Ab*:

Hier sehen wir noch einmal den heidnischen Herrn, den wir bereits aus dem Fragment *γ* kennen. Der edle Fremde, der sich jedoch als Armer verkleidet hat, wird sich unter den Teilnehmern des Festessens befunden haben. Wie Grimm annimmt, beginnt dieses Bruchstück mit dem Zuruf des Bonifait an den Heiden, dass dieser „*seinem Vetter Rudolf das Ross am Zügel halte*".[191] Doch der alte Heide ignoriert die Forderung, wahrscheinlich aufgrund der Tatsache, dass solch eine Verhaltensweise seinem Stand nicht entspricht, so vermutet jedenfalls Grimm.[192] Stattdessen zieht er sich vom Fest zurück und eilt mit seinem Pferd zu den Herbergen, wobei er von Apollinart, dem Knappen des jungen Grafen, beobachtet wird. Im zweiten und dritten Drittel des Fragments *Ab* (V. 10–29) werden das Pferd mit dem arabischen Namen ***farîs***[193] und dessen prunkvolles Zaumzeug genau beschrieben.

---

191 Grimm, Wilhelm (Hg.): *Graf Rudolf*, Göttingen 1844, S. 30. Der Annahme Singers, dass der Herr aus Flandern eventuell ein Vasall sei, der Graf Rudolf nach Jerusalem begleitet, begegnet Bethmann mit Skepsis, da der Herr von Flandern weiter gar nicht erwähnt wird und der König einem Vasallen des Grafen sonst den Ehrenplatz zugewiesen hätte; vgl. Bethmann, Johannes: *Untersuchungen über die mhd. Dichtung vom Grafen Rudolf*, in: Palaestra 30. Berlin 1904, S. 81, vgl. Singer, Samuel: *Graf Rudolf*, ZfdA 30 (1886), S. 379–389.

192 W. Grimm, *ebd.*, S. 30.

193 Suolahti (Palander), Victor Hugo: *Der französische Einfluss auf die deutsche Sprache im 12. Jahrhundert*, in: MSNH, III. Helsingfors 1902, S. 77–204, hier S. 130. Suolahti, *ebd.* S. 87, hat ermitttelt, dass Arabismen mittels frz. Lehnwörter schon in der ersten Hälfte des 12. Jahrhunderts Zugang in die mittelhochdeutschen höfischen Epen gefunden haben. In GR stellt Prutz, Hans: *Kulturgeschichte der Kreuzzüge*, Berlin 1883, S. 444, einen „*halborientalischen Ursprung*" fest. Wenn er neben den deutschen und französischen Personennamen auf das griechische Apollinaris und das arabische Wort für das Pferd, ***farîs***, hinweist, so betont er die Internationalismen in der Wortwahl des GR-Dichters, vgl. *ebd.* Zum Thema Arabismen, die über das Afrz. ins Mhd. gelangten, vgl. Tazi, Raja: *Arabismen im Deutschen: Lexikalische Transferenzen vom Arabischen ins Deutsche*, Berlin / New York 1998 (Diss. Heidelberg 1994). Vgl. auch Telling, Rudolf: *Französisches im deutschen Wortschatz. Lehn- und Fremdwörter aus acht Jahrhunderten.* Berlin 1987, sowie Rey, Alain: *Le voyage des mots: de l'Orient arabe et persan vers la langue française*, Paris 2013. Zu dem Namen Appollinart vgl. *Lexikon der antiken Gestalten in den deutschen Texten des Mittelalters*, hg. v. Manfred Kern, Alfred Ebenbauer u. Silvia Krämer-Seifert, Berlin 2003, S. 99.

Fragment *E*:

Zwischen den Bruchstücken *Ab* und *E* registrieren wir eine größere Lücke, die wir nur mittels Vermutungen kompensieren können. In dieser „*bedeutenden Lücke*" glaubt Grimm einen „*Zwist Rudolfs mit dem Könige von Jerusalem*" eingliedern zu können,[194] was auch glaubhaft erscheint. Freilich finden wir den Grafen von hier an im Konflikt mit dem König Gilot. Nach der Auffassung Grimms „*mag ein besonderes Ereignis den völligen Bruch herbeigeführt haben.*"[195] Tatsache ist, dass Rudolf sich mit dem König von Jerusalem entzweit hat und in den Dienst des heidnischen Königs Halap trat. Aus einem hier erwähnten Brief des Christenkönigs an Halap folgern wir, dass Rudolf jenem untreu geworden war und sich auf die Seite des letzteren geschlagen hatte. Gilot ist heftig erzürnt über den Seitenwechsel des Grafen. Grimm betrachtet diesen Frontenwechsel nicht als Überlaufen zum Feind, er weist vielmehr auf ein weiterhin bestehendes „*friedliches Verhältnis zwischen beiden Königen*" hin.[196]

Zu Beginn des Bruchstücks *E* befindet sich Rudolf im Gespräch mit einer zunächst unbekannten Frau. Wie wir später erfahren, handelt es sich um Halaps Tochter, in die sich der junge Graf verliebt hat. Beim Gespräch, das auf ihre Veranlassung arrangiert worden zu sein scheint, versucht sie, den jungen Grafen dazu zu bewegen, dass er ihr sein Herz ausschüttet. Der tollkühne Held zeigt sich jedoch vor der Dame seines Herzens nicht so wacker wie auf dem Schlachtfeld und geniert sich. Er errötet sogar in ihrer Gegenwart, ***er wart so rot*** (*E* 13). Auf ihr Drängen fasst er dann endlich Mut und lässt seinen Gefühlen freien Lauf (*E* 14–20):

„vrowe, harte groze not
l[idich umme] uwere minne.
alle mine sinne
han ich an u[ch gelazen.]
ich minne uch ane maze
daz ich dar abe wa[s na tot.]
uwer minne tut mir groze not."

Aus Liebe zu ihr dulde er große Qualen und denke nur an sie. Durch seine unerbittliche Liebe befände er sich sogar dem Tode nahe. Daraufhin erwidert die Sultanstochter seine Liebe (*E* 23–27):

194 W. Grimm, *ebd.*, S. 34.
195 W. Grimm, *ebd.*, S. 34.
196 W. Grimm, *ebd.*, S. 34.

„Rudolf, du b[ist mir] harte liep.
daz ne mach ich verhelen nic[ht.
ouch] tvinget mich die minne.
ich ne wolde dich [in innen]
der liebe nicht bringen."

„Auch ich liebe dich zutiefst", sagt sie dem jungen Ritter und setzt ihre lieblichen Worte fort: *„Auch ich litt unter meiner Liebe zu dir, aber du solltest nichts merken."* Hoch erfreut über die Erwiderung seiner Liebe sagt der Graf ***„wol muze uns gelin[gen"*** (*E* 28), d.h. möge das Glück auf unserer Seite stehen. Sodann bittet er das Kammermädchen Beatrise, nach seinem Vetter Bonifait zu senden. Beatrise, die das Paar beim Küssen erblickt, stellt sich vor die Tür und hält Wache, sodass die Liebenden ungestört Zärtlichkeiten austauschen können. Der Ort des Geschehens ist das Serail des Sultans.

Fragment *Eb*:

Wir befinden uns noch im Hof des heidnischen Königs. Rudolf und seine Minnedame umschmeicheln sich weiterhin gegenseitig mit Liebkosungen und wechseln die Verlobungsringe (*Eb* 3–6).

Vor der Stadtmauer erscheint eines Tages ein aus Jerusalem geschickter Bote, der im Namen seines Herren Gilot die Auslieferung des Grafen verlangt. In dem Brief, den Gilot dem Sarazenenkönig schickt, befinden sich die üblichen Formeln der Freundschaft: ***[vruntsch]aft unde alle liebe, / minne unde rechte steticheit*** (*Eb* 29–30). Nachdem der Christenkönig dem Sultan darin ***minnechliche***[197] ***/ dienest [unde min]ne*** (*Eb* 15–16) entbietet, verlangt er schimpflicherweise nach der Übergabe des Grafen, und zwar ***mit gebunden henden*** (*Eb* 19). Diese Forderung unterstreicht Gilots Verlangen nach der Entehrung des jungen Grafen. Sein Zorn richtet sich deutlich gegen ***Rudolfes untruwe*** (*Eb* 32). Empört spricht er auch von der Entführung des Herzogs und seines Sohnes (Eb 34–35) durch Rudolf:

197 Das Adjektiv ***mineclîch*** ist *„bereits im Althochdeutschen belegt"*, Eßer, Josef: *Die Schöpfungsgeschichte in der „Altdeutschen Genesis" (Wiener Genesis V. 1–231). Kommentar und Interpretation*, GAG 455 (1987), S. 93. Für Stellennachweise verweist Eßer auf Graff, Eberhard Gottlieb: *Althochdeutscher Sprachschatz, oder Wörterbuch der althochdeutschen Sprache*, Bd. II, Sp. 775 f. Hier liefert Graff die Lesarten ***minnalîh, minnaglîh, minnaglîho, minnag, minnig***. Die Formel ***minne unde dienest*** taucht in der frühhöfischen Literatur oft auf, vgl. Straßburger Alexander 6525 ff.; Eneas 3876 f.; König Rother 894 ff. usw.

„den herzogen [unde minen] sůn
die er mir beide hat benumen."

Doch der edelmütige Halap kommt diesem Ersuchen nicht nach, denn er findet es verwerflich. Da spricht er „***vrumechliche***" (unerschrocken) zum Boten: „***mir ist din [bete vil un]liep***" (*Eb* 38). Darum werde er den Grafen nicht ohne weiteres übergeben (*Eb* 39). Wenn er dem Wunsch nachkäme, den Grafen gebunden wie einen Hund hinzusenden, wäre er es doch selbst wert, an einem Baum aufgehängt zu werden und dort jämmerlich zu enden (Eb 48–53). Er ordnet daher an, dass die Sache vor Gericht verhandelt wird. Der Graf von Arras hätte auch hier Gelegenheit, sich gegen die Anschuldigungen zu verteidigen, dafür bürge er (*Eb* 47).

Woher die Zwietracht zwischen den beiden rührt, ist nicht bekannt. Grimm hält es aber für möglich, dass *„der könig von Jerusalem den grafen, den er als seinen diener betrachtete, auf eine übermütige weise behandelt hatte, und dieser, entrüstet darüber, an den hof des heidnischen königs gezogen war."*[198] Dabei hält er nochmal die Anrede des Grafen an Gilot fest, wo Rudolf ihn nach der Belagerung von Askalon deutlich mit „*du*" ansprach. Damit weist Rudolf auf seine unabhängige Grafschaft hin und unterstreicht zugleich die Tatsache, dass er ihm nicht zum Dienst verpflichtet sei. Im Umgang von Rudolf und Halap dagegen sieht es anders aus. Wie Grimm schon pointierte, spricht Halap den Grafen mit „*du*" an (F 5–6), während umgekehrt Halap von Rudolf geihrzt wird (F 10, 12). Daraus schließt Grimm, dass der junge Adlige im Dienst des Sultans stehe.

Fragment *F*:

Die Weigerung Halaps, den des Verrats beschuldigten Angeklagten auszuliefern, wird zwischenzeitlich erneut den Kriegszustand ausgelöst haben. Wie bereits Grimm betonte, fehlt zwischen den Fragmenten *Eb* und *F* *„ein größeres Stück"*.[199] Das Fragment fängt mit dem zwischen Rudolf und Halap geführten Dialog an. Rudolf verabschiedet sich hier vom Sultan, dem die ersten Worte des Fragments gehören. Der Sultan gelobt, das ihm zugefügte Leid reichlich zu vergüten, wenn er durch Gottes Hand heil wieder zurückkehre (*F* 5–7):

„gesent dich got widere
mit gůte ich dich irgezze
der angestlichen lezze."

198 Grimm, Wilhelm (Hg.): *Graf Rudolf*, Göttingen 1844, S. 34.
199 W. Grimm, *ebd.*, S. 34.

Der Grund seiner Abreise wird hier zwar nicht explizit genannt, aber Rudolf scheint vom Sultan mit einem gefährlichen Auftrag betraut worden zu sein. Er soll eine Botschaft in eine von Christen belagerte Stadt bringen. Dabei scheint er für längere Zeit aufgebrochen zu sein. „***Der ellender degen***“ (*F* 8) bricht mit einer riskanten Mission auf, denn er empfiehlt dem heidnischen König seinen Vetter Bonifait an (*F* 9–10).[200] Die Zeilen 9–18 beinhalten die Worte des jungen Grafen, die an den König gerichtet sind: In der 12. Zeile des Fragments *F* erwähnt auch er die ihm vom König zugefügte Unbill (***svaz ir an mir hat getan***). Halap möge, quasi zur Wiedergutmachung für ihm angetanes Leid, Bonifait während seiner Abwesenheit unter seine königlichen Fittiche nehmen (*F* 13–14). In den Zeilen 15–18 bittet der junge Graf den König auch um ein Heimkehrrecht für seinen Vetter:

> ***„ob ime zu lande sin můt***
> ***her na be ginne stan,***
> ***so suldir in geniezen lan***
> ***ob ich u ie dienest getete.***“

Aus der letzten Zeile der obigen Passage – die übersetzt etwa „*Wenn ich Euch jemals gedient haben sollte*“ lautet – schließt Grimm, dass der Graf von Arras „*schon längere Zeit von dem heidnischen König abhängig gewesen*“ sein müsse.[201] Halap lässt Milde walten und ernennt Bonifait zum geheimen Kämmerer seiner Tochter. Bevor er aufbricht, nimmt der Graf guten Mutes auch von der Dienerschaft Abschied.

Die von den Christen belagerte Küstenstadt kann er nur dann erreichen, wenn er feindliches Gebiet unauffällig passiert. Um nicht in die Hände seiner zahlreichen Feinde zu gelangen, tarnt er sich mit Laubwerk. Nachdem er unter Einsatz seines Lebens die feindliche Linie unbemerkt überquert und kurz vor dem Meer seine Tarnung fallen lässt, springt er in das Wasser. Da nun seine heidnische Rüstung und Abzeichen bei Tage deutlich zu erkennen sind, eilt ihm von der belagerten Stadt ein Schiff zu Hilfe und nimmt ihn auf. Dieses Ereignis wird in der höchsten Not der Belagerten als ein kleiner Erfolg gewertet und bejubelt. Währenddessen mobilisiert der Sarazenenkönig alle seine Untertanen, um die Stadt ein für allemal von den feindlichen Truppen zu befreien.

---

200 Hier beobachten wir die Aneignung einer islamischen Sitte, nämlich dass der Krieger, bevor er in die Schlacht zieht, seine Hinterbliebenen zunächst in die Hände Gottes gibt. Für deren irdisches Schicksal ist aber der Kalif, der Nachfolger des Gesandten Mohammeds, als der oberste Potentat verantwortlich, vgl. Qur'an 6, 165; 27, 62; 43, 60; 7, 169. Die Beschützerfunktion hat hier jedoch der Sultan zu erfüllen.

201 W. Grimm, *ebd.*, S. 34.

Fragment *Fb*:

Halap plant, dem Christenkönig den Heimweg abzuschneiden. Dazu bietet er ihm ***uf einer grunen heide*** (*Fb* 9) die Stirn. Es kommt zu einer Schlacht, in der auch Rudolf, ***der ie warp nach den eren*** (*Fb* 16), an der Seite der Heiden gegen die Christen streitet. Da erspäht Gilot ihn (***den greven irsach verne*** *Fb* 22), wie er mit einem kleinen, aber gewappneten Korps (***luzilen schare*** *Fb* 22) herangaloppiert. Rudolfs Kampfweise wird mit der Jagdmethode des Falken verglichen (*Fb* 25–32, 46–47).[202]

Die ornithomimische Darstellung seines Agierens dient dazu, Rudolfs Wendigkeit und taktische Überlegenheit gegenüber Gilot zu unterstreichen. Rudolf, ***der edele herre*** (*Fb* 40) und ***helt*** (*Fb* 44), attackiert und bedrängt zwar seine Glaubensgenossen ungestüm, haut aber ***mit vlacheme sverte*** (*Fb* 53) auf sie ein. Die missliche Lage, in der sie sich befinden, verursacht ihm großes Leid (*Fb* 55). Beim Gefecht ist ihm sein Ross ***farîs*** eine große Hilfe; durch seine tatkräftige Unterstützung erntet Rudolf die Lorbeeren (*Fb* 48–50). Die Überlegenheit der Heiden zwingt Gilot zur Aufgabe (*Fb* 56–57), und er reitet vor den Truppen Girabobes davon (*Fb* 59).

Fragment *G*:

Genau an dieser Stelle bricht die Überlieferung ab. Aufgrund einer beträchtlichen Textlücke zwischen den Fragmenten *Fb* und *G*, über die wir keine Kenntnisse haben, erfahren wir nichts Näheres, auch nicht, wie die Liebenden an unterschiedliche Orte gelangt sind. Es scheint lediglich so, dass das Liebespaar zwischenzeitlich aus dem Sarazenenland geflohen ist. Der junge Graf hat jedoch seinen Glauben zu keiner Zeit aufgegeben, obwohl er die Front gewechselt hatte. Selbst als er auf der

---

202 Genauso wie dieser Jagdvogel pickt er seine Beute aus dem Schwarm (*Fb* 46–47: ***er vur under sie als ein valke, / er begonde sie also walke***). Vgl. auch Friedrich, Udo: *Menschentier und Tiermensch: Diskurse der Grenzziehung und Grenzüberschreitung im Mittelalter*, Göttingen 2009, S. 198, m. Anm. 28. Einschlägige Hinweise zum Thema Falknerei finden sich bei Wielandt, Friedrich: *Der Falke auf deutschen Mittelaltermünzen*, in: Jb. DFO (1952/53), S. 15–19; Dementiev, Georg P.: *Über die Beizjagd bei den Turkmenen*, in: Jb. DFO (1955), S. 16–18; Brüll, Heinz: *Bemerkenswerte Beobachtungen auf der Beizjagd mit dem Habicht*. 1957/58: 13–14; Kumerloeve, Hans: *Über Beizvogelgeschenke des Deutschen Ritterordens an weltliche und geistliche Fürsten im Dienste der Ordenspolitik (14./16. Jahrhundert)*, in: Jb. DFO (1959), S. 27–32; Ritter von Dombrowski, Ernst: *Geschichte der Beizjagd; auf Grund der Originalquellen geschildert*, Wien 1886. Und einen opulenten Überblick über die Falknereiliteratur liefert Kumerloeve, Hans: *Bibliographie der Falknereiliteratur*, in: Jb, DFO (1967), S. 70–72.

Seite des Sarazenenkönigs gegen seine christlichen Brüder das Schwert erhebt, bleibt er seiner Konfession treu.

Fragment *Gb*:

Im Fragment Gb finden wir die Minnedame auf einmal in Konstantinopel (*Gb* 12). Inzwischen ist sie jedoch eine Christin, denn auf ihre Bitte lässt sie der griechische Kaiser prachtvoll taufen. In ihrer Ratlosigkeit fleht sie Gott an, ***„daz der arme greve lebete“*** (*Gb* 18) und ***„daz her ire den wider sente“*** (*Gb* 19). In diesem neuen Schauplatz wirbt jedoch ein namentlich nicht genannter König um ihre Hand. Auch Rudolf weiß keinen Rat, denn er fristet sein Leben in einem Kerker. Wo er gefangen gehalten wird, innerhalb oder außerhalb der griechischen Metropole, erfahren wir nicht. Verletzt, entkräftet, aber jedenfalls reingewaschen vom Makel seines Frevels, gelingt es dem für tot gehaltenen Grafen, seinen christlichen Peinigern zu entweichen.

In dieser Passage finden wir übrigens den ersten schriftlichen Beleg für *âventiure* (***aventure er genas**, Gb 34)* in der deutschen Literatur, wo mit dem Begriff ein *„wunderbares Ereignis“*[203] *„im Sinn von ‚Zufall, Geschick‘“*[204] beschrieben wird.

Neben der Liebe ist der Glaube ein weiterer Faktor, der das Paar verbindet und später zusammenführt. Dem frommen Grafen ist klar, dass er seine Freiheit Gott verdankt (*Gb* 48–49).[205]

> ***„gote von himele her dicke gehiez***
> ***groz wandel vor sine missetat.„***

Fragment *H*:

Nach einer Textlücke finden wir Rudolf am Ende seiner Kräfte. Erschöpft, verletzt und fast unkenntlich liegt Graf Rudolf unter dem Dickicht an einem Straßenrand. Er ähnelt in diesem Zustand einer Kreatur des wilden Orients. Als der Abend naht, erscheint ein Abt, den ein junger Herr begleitet. Der Abt entdeckt seinen leblos erscheinenden Körper und hält ihn zunächst für tot. Bald

---

203 Ehrismann, Otfrid: *Ehre und Mut, Âventiure und Minne. Höfische Wortgeschichten aus dem Mittelalter*, München 1995, S. 22. Vgl. auch Brunner, Horst: *Geschichte der deutschen Literatur des Mittelalters im Überblick.* Stuttgart 1997, S. 141.

204 Weimar, Klaus / Fricke, Harald (Hg.): *Reallexikon der deutschen Literaturwissenschaft*, Berlin / New York ³1997, S. 187.

205 Beckers, Hartmut: *Wandel vor sine missetat. Schuldverstrickung und Schulderkenntnis im „Graf Rudolf“-Roman*, in: Von wyßheit würt der mensch geert…, hg. v. Ingrid Kühn u. Gotthard Lerchner, Frankfurt a.M. [u.a.] 1993, S. 17–37, dort S. 21 f.

erkennt er aber an den Kleidungsfetzen den vornehmen Herrn. Berührt von seinem Zustand, wirft der Abt seinen Stab und beklagt ihn laut. Er ruft Gott um Beistand an und flößt dem Verletzten etwas von dem mitgeführten Wein in den Mund. Da er aber gleich merkt, dass er ihn nicht aufrichten kann, überlässt er ihn schweren Herzens seinem Schicksal und zieht weiter. Durch dieses Erlebnis, womit die christliche Barmherzigkeit und Nächstenliebe noch einmal unterstrichen werden soll, erwachen in Rudolf die Lebensgeister. Er fasst wieder Hoffnung. Fast wie reinkarniert schleppt er sich in einen Dornbusch. Und wie seine Geliebte in Konstantinopel betet auch er Gott an, dass er ihn aus dieser misslichen Lage retten möge (*H* 8–9):

> ***„vil dicke her unsen herren ane rief,***
> ***daz her ime den lip generte."***

Das Szenario mit dem Geistlichen und dem vornehmen Herrn deutet darauf hin, dass Rudolf sich auf christlichem Terrain, ja höchstwahrscheinlich sogar bereits in Konstantinopel aufhält.[206] Der Edelmann wirft ein für ihn ungenießbares Brot weg, das den Grafen zu überleben hilft. Nur in der Dunkelheit wagt er sich auf den Weg. Dem tödlichen Durst trotzt er durch das Schlürfen von Tau, der sich auf dem Gras bildet. Zieht sich die Nacht zurück, so schleppt er sich in das nächste Gestrüpp. Dabei treten seine besonders anmutigen und weißen Hände in Erscheinung. Was er dringend braucht, ist göttliche Milde: ***gnadin were ime not*** (*H* 29). Diese wird ihm bald zuteil.

Den Begriff ***gelucke*** (*Hb* 56) erklärt W. Sanders mit der „*christlichen Schicksalsmacht*" und sieht in seinem Walten die „*christliche Providenzvorstellung*".[207] Nach so vielen Schicksalsschlägen hat der junge Graf sein Leben nicht nur Gott zu verdanken, sondern auch dem ***gelucke*** sowie ***aventure*** (*Gb* 34) und ***gůt vrůme*** (*Gb* 44).[208]

206 Hier ist davon auszugehen, dass sich Rudolf bereits im Konstantinopel befindet, da er sein erbärmliches Dasein –wenn er nicht gerade im Gebüsch ist – auf der relativ sicheren Straße fristet, welche nach Lilie in Konstantinopel „*eine Art von öffentlichem Raum*" darstellt, vgl. Lilie, Ralph-Johannes: *Straßen und Verkehrswesen in Byzanz*, in: Die Welt der europäischen Strassen: von der Antike bis in die Frühe Neuzeit (hg. v. Thomas Szabó), Köln 2009, S. 19–32, hier 29 f. Bei der Straße handelt sich also um eine Örtlichkeit, die allen Menschen zugänglich ist.

207 Sanders, Willy: *Glück. Zur Herkunft und Bedeutungsentwicklung eines mittelalterlichen Schicksalsbegriffs*, in: Niederdeutsche Studien 13, hg. v. William Foerste. Köln/Graz 1965, S. 96 ff.

208 Sanders, *ebd.*, S. 97.

Fragment *Hb*:

Die uns heute vorliegende Textgestalt geht zwar primär auf den Autor zurück, aber auch der Schreiber spielt dabei eine nicht zu unterschätzende Rolle. Der Erzähler schildert die Ereignisse und teilt sein Wissen möglichst detailreich mit, der Schreiber zeichnet sie mehr oder weniger authentisch auf. Solch ein Diktat führt zwangsläufig zu einer schwierigen Zusammenarbeit, da sie viele Verständigungsprobleme mit sich bringt.[209] Diese Vorgehensweise ist insofern anfällig dafür, Fehler oder Missverständnisse hervorzurufen. Dass die Kommunikation aber auch gelingen kann, sehen wir im Fragment *Hb* 17–22:

> ***[D]er gute wellere***
> ***von deme ich hute diese mere***
> ***sagete, der hatte mit ime getragen***
> ***win, als ich hore sagen,***
> ***unde ein nephelin da her uz dranc.***
> ***ich will es ime umber sagen danc!***

Wie bei Poeten des Mittelalters üblich, flicht auch der Graf-Rudolf-Dichter verschiedene Körperteile in einzelnen Handlungen ein.[210] So erwähnt er allein im Fragment Hb ***hant*** (Z. 6), ***houbet*** (Z. 15), ***munt*** (Z. 24), ***vuze unde hende*** (Z. 56) des ***ellenden degen*** (*Hb* 40). Bethmann spricht vom „*Pleonasmus der Deutlichkeit*“ und meint, dass ein Verschweigen der Körperteile die Deutlichkeit nicht gemindert hätte.[211] Aber in vielen Fällen dienen sie zur plastischen Darstellung des Geschehens oder zur Inkarnation einer künstlerischen Perfektion, mit denen der Dichter bestrebt ist, die Tragik des Geschehens zu untermauern. Insofern hat ihre explizite Erwähnung durchaus eine Funktion.

Fragment *I*:

In den letzten beiden Fragmenten sehen wir Rudolf in Konstantinopel agieren. Ab diesem Bruchstück verschwindet die Kreuzzugsthematik gänzlich, und die Geschichte verwandelt sich in eine Liebesromanze. Am Ende seines Leidenswegs angelangt, bittet er seinen Vetter Bonifait um ein Pferd. Sein treuer Gefährte fragt,

---

209 Hofmann, Dietrich: *Vers und Prosa in der mündlich gepflegten mittelalterlichen Erzählkunst der germanischen Länder*, in: Frühmittelalterliche Studien 5 (1971) S. 135–175.

210 Vgl. Bethmann, Johannes: *Untersuchungen über die mhd. Dichtung vom Grafen Rudolf*, Palaestra 30, Berlin 1904, S. 149.

211 J. Bethmann, *ebd.*, S. 149.

welches Ross er reiten möchte. Rudolf antwortet darauf, er solle ihm den ***Bonthard***[212] bringen, denn um sein Lieblingsross ***farîs*** zu reiten, fühle er sich körperlich noch nicht imstande (*I* 1–8):

> ***„mochtes tu mir gewinnen***
> ***Bontharden, den woldich riten.***
> ***ich ne mach noch nicht gestriten***
> ***deme guten farise.“***

Aus diesen Versen schlussfolgert Grimm, dass der Graf nicht bei einem ritterlichen Kampf unterlag, da er immer noch Herr seiner Rosse ist. Der Graf schickte Bonifait nach seiner Geliebten, die mittlerweile den Titel einer ***kuniginnen*** (*I* 25) trägt. Als Irmengart die Kunde von der Ankunft ihres geliebten Grafen vernimmt, ***begonde*** [sie] ***vor liebe weinen*** (*I* 26). Daraufhin rät Bonifait der Königin, sie möge ihre Freude verbergen, damit niemand aus dem Kaiserpalast von der Ankunft des Grafen Verdacht schöpft.

Fragment *Ib*:

In einer Nachtaktion werden die beiden Liebenden von ihren Vertrauten wieder zusammengeführt. Hoch erfreut über das Wiedersehen drückt Irmengart den Grafen an ihre Brust, küsst ihn und sagt tröstende Worte zu ihm. Die beiden Liebenden verbringen dort die Nacht zusammen. Bei Tagesanbruch sollte Bonifait den Grafen wecken. Auf die Bitte von Beatris sieht er jedoch davon ab und reitet in die Stadt, um sich um entsprechende Vorkehrungen für die baldige Flucht zu kümmern.

Es wird zwar nicht ausdrücklich erwähnt, aber das Ziel ihres gemeinsamen Begehrens scheint Rudolfs Heimat zu sein. Sie wollen die Kammerzofe Beatris und Rudolfs Vetter Bonifait mitnehmen.

Fragment *K*:

Bonifait besorgt die Lastpferde. Zu viert machen sie sich auf den Weg. Beatris nimmt eine beachtliche Menge an Edelsteinen und Gold mit, die ihnen bei ihrem Fluchtvorhaben ***macht*** (*K* 6) und ***craft*** (*K* 7) verleihen soll. So machen sie sich davon. Um nicht aufzufallen, reitet Bonifait voran, ihm folgt die Zofe, zuletzt der Graf mit seiner Minnedame, den wertvollen Schatz auf dem Rücken eines Saumtiers (***soumere***, *K* 26), das Bonifait führt. Sie reiten Nacht und Tag um ihr

---

212 Zur Etymologie des Namens vgl. Sanders, Willy: *Zur Heimatbestimmung des 'Graf Rudolf'*, ZfdA 95 (1966) S. 122–149, hier S. 134 f.

Leben, ohne jegliche Rast. Irmengart hält dem allerdings nicht mehr länger stand und verlangt nach Ruhe. Vom Ritt erschöpft übernachten sie im Wald an einem idyllischen Ort auf einem Blumenlager.[213]

Fragment *Kb*:

Bonifait übernimmt die Nachtwache, entzündet für die Nacht ein Feuer und bindet die Rosse fest. Plötzlich werden sie von zwölf Räubern überfallen, die das Feuer angezogen zu haben scheint. Der treue Bonifait begeht hier einen tödlichen Fehler: Er weckt Rudolf nicht auf und misst sich allein mit ihnen. Es gelingt ihm, fünf von ihnen zu erlegen, stirbt aber im Getümmel durch die Hand der restlichen Sieben. Der inzwischen von dem Getöse wach gewordene Rudolf drängt in rasender Wut auf die restlichen Sieben ein und erschlägt sie alle. Nachdem er seinen Vetter, den treuen Wegbegleiter, gerächt hat, nimmt er seine Leiche in den Arm. Tief im Gram versunken ruft er Gott an und klagt über sein grausames Schicksal (*Kb* 41 ff.). Dass aber die Klage des Grafen, in die schlimme Zeit hineingeboren zu sein, gleich „*von der Kreuzzugsidee wegführt*",[214] scheint weit hergeholt zu sein. Rudolf ist untröstlich traurig. Seine Klage übertönt seinen Kummer, da er in dem unfassbaren Sterben seines getreuen Bonifait keinen göttlichen Sinn[215] erkennen kann. Statt den Tod in seiner Unberechenbarkeit als göttliche Fügung hinzunehmen, grenzt sein frevelhaftes Verhalten an ***superbia***.

2.6. Zur Problematisierung des ambivalenten und feindlichen Verhältnisses zwischen Christen und Moslems in dem Werk

In den Werken Alexanderlied, Rolandslied, König Rother, Oswald, Orendel, Salman und Morolf sehen H. Kästner und B. Schirok „*eine neue Synthese christlicher Ethik und feudaladeliger Wertvorstellung*", die nach seiner Auffassung im GR ebenso in Erscheinung tritt.[216] Becker dagegen stellt eine „*entfernte Verwandtschaft*" zwischen karolingischen Sagen und den beiden Versromanen 'Herzog

213 Trotz der Gefahren, die ihnen lauern, könnte die romantische Umgebung als Ort der Defloration interpretiert werden.

214 Kiening, Christian: *Graf Rudolf*, in: Killy Literaturlexikon, hg. v. Walther Killy 12 Bde., Bd. 4, Berlin und New York 2009, S. 361–363, hier S. 362.

215 Die Stelle rührt nicht aus christlicher Tradition, sondern steht auch in Beziehung zur antiken Vorstellung der der Tyche (*τύχη*), die sogar den Wechsel der Geschichte launenhaft herbeiführen kann.

216 Kästner, Hannes J. / Schirok, Bernd: *Die Textsorten des Mittelhochdeutschen*, in: Sprachgeschichte. Ein Handbuch zur Geschichte der deutschen Sprache und ihrer

Ernst' und 'Graf Rudolf' fest.[217] Die beiden letztgenannten Werke haben einen anderweitigen Berührungspunkt, da sie Stoff für die Beuvesage geliefert haben. Die romanzenartigen Fragmente des 'Graf Rudolf' (*E-K*) liefern der Beuvesage Anregungen. 'Herzog Ernst' hingegen formt die Einleitung.[218]

Der GR weist sowohl Züge der Chanson de geste[219] als auch solche, die bisweilen der ‚Spielmannsepik'[220] zugeordnet werden, auf. Aber auch Charakteristika eines ‚Kreuzzugsepos'[221] oder artusepische Merkmale[222] finden sich darin. Insofern ist es beinahe unmöglich, das Werk in die Nähe eines bestimmten literarischen Gefüges einzuordnen. Demzufolge ist GR einzigartig in seinen Charakteristika.[223] Auf jeden Fall wird das Werk als einer der „*Wegbereiter der mhd. Klassik*"[224] und als „*Vorläufer der bedeutendsten Auseinandersetzung mit der Kriegsproblematik*"[225] angesehen.

Erforschung, 3 vols (Handbücher zur Sprach- und Kommunikationswissenschaft / 2, 1), hg. v. Werner Besch [u.a.], Berlin 2000, S. 1365–1384, hier S. 1370 f.

217 Becker, Philipp A.: *Grundriss der altfranzösischen Literatur* (= Sammlung romanischer Elementar- und Handbücher, Bd. 1), Heidelberg 1907, S. 134.

218 Deutschbein, Max: *Studien zur Sagengeschichte Englands*, Cöthen 1906 (Ndr. Paderborn 2011), S. 205, Anm. 1. Der Autor betont, dass ein orientalischer Stoff „*sehr leicht (...) nach Flandern verpflanzt werden*" konnte, insbesondere dann, wenn man die „*namhafte(n) Beteiligung der flandrischen Grafen und Herzöge an den Kreuzzügen*" in Erwägung zöge, vgl. auch S. 254.

219 So besteht das Werk aus unterschiedlich langen Laissen, in denen bestimmte Handlungssequenzen oder Episoden dargestellt werden, vgl. Hennings, Thordis: *Französische Heldenepik im deutschen Sprachraum.* Heidelberg 2008, S. 170; Fromm, Hans: *Der Graf Rudolf*, in: PBB 119 (1997), S. 214–234.

220 Weder Gefangenschaft, Flucht noch die Erzählung von dem Brautraub oder das Thema „sich verlieren und wiederfinden zweier Liebender" fehlen.

221 Fromm, Hans: *Der Graf Rudolf*, in: Beiträge zur Geschichte der deutschen Sprache und Literatur (PBB). Band 119, H. 2 (1997), S. 214–234, hier S. 216.

222 Der Artusstoff war im 12./13. Jahrhundert nicht nur neu, sondern von herkömmlichen Traditionen noch unberührt. Er diente vor allem dazu, das Ideal der höfischen Kultur „edle Liebe und rechter Kampf" in die Geschichten zu installieren und auszubreiten. Mertens, Volker: *Der deutsche Artusroman*, Stuttgart 1998, S. 11.

223 Ruh, Kurt: *Höfische Epik des deutschen Mittelalters.* Bd. 1: Von den Anfängen bis zu Hartmann von Aue, Berlin 1977, S. 64, spricht von der „*Erzählform sui generis*".

224 Sanders, Willy: *Glück.Zur Herkunft und Bedeutungsentwicklung eines mittelalterlichen Schicksalsbegriffs*, in: Niederdeutsche Studien 13, hg. v. William Foerste. Köln/Graz 1965, S. 8.

225 Brunner, Horst: *Annäherungen: Studien zur deutschen Literatur desMittelalters und der Frühen Neuzeit*, in: PhStQ 210, Berlin 2008, S. 71.

In den Fragmenten *G* und *H* findet ein thematischer Wandel statt. Der Kreuzzug, der anfängliche Gegenstand des Epos, verwandelt sich in diesen beiden Abschnitten langsam in eine Liebesromanze. Diese Abschnitte sind theologisch geprägt und bilden die Achse der Geschichte. Der thematische Übergang, der in den Fragmenten *G-H* erfolgt, wird über das Motiv Glaube realisiert. Denn der Glaube ist motivisch sowohl mit dem Kreuzzug als auch mit der Liebe verbunden. Sie bleibt auch ein zentrales Motiv der abschließenden Fragmente *I-K*. Geduld und Frömmigkeit sind Tugenden, die zum Erfolg führen, und zwar in beiden hier behandelten Bereichen: Rittertum und Minne. Konzeptionell umklammern sie die in der Mitte des Werkes zur Geltung kommende Gottesfürchtigkeit. Mehr als zur Hälfte, etwa zu 60 Prozent, handelt der Text von den Kreuzzügen, und zu jeweils 20 Prozent geht es um Glaube und Liebe.

Wegen des Aufrufs des *summus pontifex* zum „Heiligen Krieg" steht der Kreuzzugsgedanke[226] als ritterliches Hochziel im Mittelpunkt. Die in Europa allgemein herrschende Ergriffenheit führt jedoch beim Verfasser nicht zwangsläufig zu Prahlerei oder Überhöhung der christlich-ritterlichen Werte. Trotz politischer Zuspitzungen und verhärteter Fronten liefert der Dichter ein ehrliches und respektvolles Bild von den Heiden. Es finden sich auch kaum kritische Bemerkungen gegen Muslime.[227] Genau darin liegt die Besonderheit des GR, nämlich in seiner

226 Das christliche Kreuzzugskonzept ist auf die militärische Zweckbestimmung und deren profane Erfordernisse ausgerichtet. Die aggressorisch-martialische Vorgehensweise des islamischen Dschihadkonzepts hingegen ist zwar ebenfalls den militärisch-expansiven Politiken zuzurechnen, darüber hinaus zielt sie aber auf eine geistige Ausdehnung ab. Somit ist der Dschihad auch eine transzendente und immaterielle Massenbewegung. Obwohl beide *modi procedendi* grundsätzlich religiös motiviert sind, brachten sie destruktive und inhumane Folgen mit sich. Dennoch wurden sie seit ihrer Erfindung von den Künstlern und Literaten christlicher und islamischer Länder ästhetisiert, verherrlicht und besungen. So fand der Kreuzzugsgedanke in der mittelhochdeutschen Epik früher Verwendung als in der Lyrik. Hierfür können Kaiserchronik, Graf Rudolf, Herzog Ernst oder König Rother als Beispiele dienen. Vgl. Erdmann, Carl: *Die Entstehung des Kreuzzugsgedankens*, in: FKG, Bd. 6. Stuttgart 1935. Darüber hinaus Beumann, Helmut: *Kreuzzugsgedanke und Ostpolitik im hohen Mittelalter*, in: Heidenmission und Kreuzzugsgedanke in der Ostpolitik des Mittelaters, hg. ders. (Wege der Forschung 7), Darmstadt ^{2}1973, S. 177–274; Roscher, Helmut: *Papst Innocenz III und die Kreuzzüge*, Göttingen 1969, S. 41–44, 270–272.

227 Zu den wenigen muslimfeindlichen Handlungen gehört der Aufruf des Grafen Rudolf an die Christen in Jerusalem zum Kampf, besser gesagt, zum Rachefeldzug gegen die sarazenische Besatzung Askalons (*Bb* 13–24).

nüchternen, weitgehend realistischen Darstellung der Kreuzzüge. Der Dichter bezweckt nichts weiter, als die sachliche Wirklichkeit wiederzugeben.[228] Sein Orientbild ist nicht durch fremdartige Völker und Abenteuer der Wunderwelt geprägt,[229] wie es etwa bei HE der Fall ist, sondern dient dem Leser lediglich als Mittel zur Wirklichkeitsdarstellung. An die Stelle religiös motivierter Formeln tritt die Erzählung über einen anfänglich enthusiastischen Kreuzfahrer, der im Laufe seines Aufenthalts im Heiligen Land seine Motive überdenkt.

In diesem Sinne spricht Kiening von einem „*Integrationsmodell für beide Seiten*".[230] Da dieses Programm auch die Indoktrinierung der Heiden einschließt, diene es gleichzeitig zur interkulturellen Verständigung. Letztlich stellt Kiening fest: „*Nivelliert wird die christliche Überlegenheit auch dadurch, dass der König* [sic Gilot], *als eitel und machtbesessen geschildert, seine Vorbildfunktion fast völlig einbüßt. Umgekehrt deutet sich in der Figur des auf beiden Seiten kämpfenden Rudolf eine Erfahrungsbildung an.*"[231] Dennoch mangelt es nicht an religiösen Motiven. Nur durch seinen unerschütterlichen Gottesglauben gelingt es dem Grafen, den tödlichen Gefahren zu trotzen. Er weiß auch, dass er seine Freiheit Gott verdankt (*Gb* 48–49). Während er seine Taten realistisch hinterfragt, bleibt er seinen höfischen Idealen weiterhin verpflichtet. Die Tugendhaftigkeit und die höfischen Sitten hindern ihn nicht, zu den Heiden – vornehmlich zu Halap und der Prinzessin – eine Verbindung aufzubauen. Er hegt für sie Sympathie, obwohl sie verschiedenen Kulturkreisen und Religionen angehören.[232]

Im Rahmen des Kreuzzugsgedankens werden also Eroberung des Heiligen Landes und des Heiligen Grabes, Sieg gegen eine heidnische Übermacht durch Gottes Hilfe sowie christliche Vernichtungsstrategien thematisiert. In GR sind die Erlebnisse des Grafen mit einer Liebesromanze ausgeschmückt, die sich in den Fragmenten *I-K* verdichtet. Die in diesem Werk zentrale Handlung ist nicht „*die*

---

228 Zur Historisierung der Ereignisse vgl. Haas, Alois Maria: *Geistliches Mittelalter*, Freiburg i. Üe. 1984, S. 198 f., m. Anm. 39.

229 Brummack, Jürgen: *Die Darstellung des Orients in den deutschen Alexandergeschichten des Mittelalters*, Berlin 1966; Gibb, Paul Allen: *Wonders of the East: A Critical Edition*. Ph.D. diss., 1977.

230 Kiening, Christian: *Graf Rudolf*, in: Killy Literaturlexikon, hg. v. Walther Killy 12 Bde., Bd. 4, Berlin und New York 2009, S. 361–363, hier S. 362. Zum Thema vgl. noch: *Integration und Desintegration der Kulturen im europäischen Mittelalter* (Europa im Mittelalter, Bd. 18), hg. v. Michael Borgolte [u.a.], Berlin 2011.

231 Ch. Kiening, *ebd.*, S. 362.

232 Zur Toleranz in der Literatur des Mittelalters vgl. Sabel, Barbara: *Toleranzdenken in mittelhochdeutscher Literatur*, in: Imagines Medii Aevi. Interdisziplinäre Beiträge zur Mittelalterforschung 14. Wiesbaden 2003.

starre dualistische Scheide zwischen Christenwelt und Heidenwelt, Gottesvolk und Satansvolk",[233] sondern der aussichtslos erscheinende Kampf. Dieser wird auf der einen Seite als Produkt der Polarität von Christen und Heiden wahrgenommen und entsprechend als Gegensatz von Heil und Abgrund gefasst. Auf der anderen Seite wird die kriegerische Auseinandersetzung als mit genereller Gewissheit der Erlösung zu führen begriffen, und das bei beiden Kriegsparteien.[234]

Viele bis dato gängige Erzählschemata sind in diesem Werk aufgegeben: Brautwerbungsmotivik, die Figuren argloser Christenkönig und sein boshafter Kontrahent, der Heidenkönig. Der heidnische Vater ist nicht der Antipode[235] des christlichen Werbers, sondern sein edelmütiger Mitstreiter. Der christliche König wird nicht blindlings als anständiger, gottesfürchtiger Kombattant Gottes inszeniert, sondern tritt hier als diffuse, vermessene und bisweilen sogar grausame Figur auf. Diese negativen Eigenschaften wären sonst von dem heidnischen König zu erwarten gewesen. Dieser tritt hingegen ganz im Gegenteil als mildtätiger, ehrlicher und toleranter Weltmensch auf.[236] Einerseits rückt der Erzähler Girabobe

---

233 de Boor, Helmut: *Die höfische Literatur. Vorbereitung, Blüte, Ausklang*, in: Geschichte der deutschen Literatur von den Anfängen bis zur Gegenwart, hg. v. Helmut de Boor u. Richard Newald, Bd. 2, München [11]1991, S. 36.

234 Vgl. Wentzlaff-Eggebert, Friedrich-Wilhelm: *Kreuzzugsdichtung des Mittelalters. Studien zu ihrer geschichtlichen und dichterischen Wirklichkeit.* Berlin 1960, S. 123 ff., sowie Ridder, Klaus: *Mittelhochdeutsche Minne- und Aventiureromane. Fiktion, Geschichte und literarische Tradition im späthöfischen Roman: ‚Reinfried von Braunschweig', ‚Wilhelm von Österreich', ‚Friedrich von Schwaben'* (Quellen und Forschungen zur Literatur- und Kulturgeschichte 12), Berlin / New York 1998, S. 85 ff. Zu den muslimisch-christlichen Konfrontationen im RL vgl. Buschinger, Danielle: *L'Image du Musulman dans le ‚Rolandslied'*, in: Das „Rolandslied" des Konrad. Gesammelte Aufsätze von Danielle Buschinger und Wolfgang Spiewok, Greifswald 1996, S. 88–102, hier S. 97 ff.

235 Zu dem von Platon geprägten Begriff vgl. Art. *Antipodes*, in: LdaG, S. 89 f. Vgl. auch von den Brincken, Anna-Dorothee: Art. *Antipodes*, TTEMA, 27–29. Siehe auch *Virgilium a Zacharia Papa et Bonifacio ob assertos antipodas haereseos etc.*, ed. Gottlob Samuel Bauer, Lipsiae 1752, bzw. *Le pape Zacharie et les Antipodes*, ed. Philippe Gilbert, in: RQS XII (1882), pp. 478–503. Zur mittelalterlichen Gegenfüßlerkonzeption vgl. Flint, Valerie I. J.: *Monsters and the antipodes in the early Middle Ages and Enlightment*, in: Viator, XV (1984), pp. 65–80; Wittkower, Rudolf: *Die Wunder des Ostens: Ein Beitrag zur Geschichte der Ungeheuer*, in: Ders. (Hg.): Allegorie und der Wandel der Symbole in Antike und Renaissance. Köln 2002, S. 87–150, hier S. 119 f.; Boffitto, Giuseppe: *La leggenda degli antipodi*, in: Miscellanea di studi critici in onore di Arturo Graf, Bergamo 1903, pp. 583-601.

236 Dies sind Eigenschaften, die an Wolframs von Eschenbach *Willehalm* erinnern. Der Dichter schuf eine der ersten Dichtungen, in denen vom Feind als einem äquivalenten

und seine Gefährten Gaiol Gruwin, Agarrain und Agar als tüchtige Kämpfer in ein helles Licht (*δβ* 30–35) und bezeichnet den erstgenannten als klugen Ratgeber, andererseits verachtet er ihn, weil er mit List und Tücke kämpft (*Cb* 39–51). Diese Aufbauelemente machen dieses Epos zu einem der tolerantesten, modernsten Werke seiner Zeit. Der Dichter webt dennoch einige altbewährte Motive in seine Dichtung ein. Diese betreffen insbesondere die Minne: Trennung der Liebenden, ihre Prüfung in Sachen Liebe, ihre Vereinigung, nachdem sie Not erdulden müssen. Aber auch das beliebte Erzählmuster, die Bekehrung der heidnischen Geliebten, ist hier anzutreffen. Ihre Annahme des christlichen Glaubens ist *„nicht Ziel der Minnehandlung"*.[237] Nachdem das Liebespaar in Konstantinopel zusammenfindet, bleibt es nicht lange dort. Denn die griechische Metropole ist für Rudolf ein gefährliches Terrain. Bald sind sie beide auf der Flucht. Hier handelt es sich nicht um das Motiv der gewaltsamen Entführung, sondern der einvernehmlichen Entführung einer Frau, was in der mittelalterlichen Literatur sehr beliebt ist.[238]

Der junge Graf Rudolf von Arras kämpft im Orient als flandrischer Kreuzritter zunächst auf der Seite des brutalen und überheblichen Christenkönigs Gilot, dann wechselt er die Fronten und stellt sich in den Dienst des Sultans Halap von Aleppo. Auf die politisch-mentale Instabilität des jungen Grafen geht der Dichter nicht ein. Als er auf der heidnischen Seite gegen seine Glaubens-

---

Gegner die Rede ist. Zur Feindbildkonstruktion bei Wolfram vgl. Abou-El-Ela, Nadia: *ôwê nu des mordes, der dâ geschach zu bêder sît. Die Feindbildkonzeption in Wolframs 'Willehalm' und Usamas 'Kitab al-itibar'*, Bibliotheca Academica, 7. Würzburg 2001. Doch obwohl Wolframs *Willehalm* gegenüber den theologischen und gesellschaftlichen Werten von kritischer Haltung überhäuft ist und der Protagonist Willehalm fast gegen alle möglichen kodifizierten Gesetzmäßigkeiten verstößt, bleibt die Kreuzzugsideologie mit ihren Aversionen gegen Heiden kontinuierlich lebendig. Wir haben also keine Veranlassung gleich anzunehmen, die interkonfessionelle Verständigung hätte zu jener Zeit schon reibungslos funktioniert. Die Werbung für die militärische Befreiung des Grabes Christi und die Verteufelung der Heiden standen motivisch stets im Vordergrund. Über Wolframs Willehalm vgl. auch Hensler, Ines: *Ritter und Sarrazin. Zur Beziehung von Fremd und Eigen in der hochmittelalterlichen Tradition der „Chanson de geste"*, in: BAKG 62, hg. v. Helmut Neuhaus, Köln [u.a.] 2006, S. 49–55.

237 H. de Boor, *ebd.*, S. 36

238 Vgl. Müller, Ulrich: *Kriminelles Mittelalter. Kriminalfälle in und zur (deutschen) Literatur des Mittelalters.* 4. interdisziplinäre Ringvorlesung der Interdisziplinären Zentrums für Mittelalterstudien an der Universität Salzburg, Salzburg (Wintersemester 2004/05), Vorlesungstext, S. 14. Ein anderes berühmtestes Beispiel im Mittelhochdeutschen liefert "König Rother", vgl. Szklenar, Hans: *„König Rother"*, in: ^{2}VL 5 (1985), Berlin / New York, Sp. 82–94.

brüder kämpft, verliebt er sich in die Tochter des Heidenkönigs. Sie erwidert seine Liebe mit gleicher Leidenschaft. Das Paar trifft sich in Konstantinopel und setzt sich von dort in den europäischen Westen ab. Da hier ein fragmentarisch überlieferter Text vorliegt, ist eine zusammenhängende, geschweige denn exakte Rekonstruktion der Handlung nicht möglich.

Die Meinungen über die Intention des GR-Dichters schwanken zwischen religiöser Romantik, fatalistischer Auffassung und Rückkehr zum *„rechten Weg"*.[239] Theorien wie *„eine neue Synthese christlicher Ethik und feudaladeliger Wertvorstellung"*[240] oder *„poetische Verklärtheit"*[241] ist mit Vorsicht zu begegnen. Bereits H. Beckers warnte vor einer Überinterpretation des Ausdrucks eines *„Christen und Heiden übergreifenden Ideals höfisch-ritterlicher Gesittung"*.[242] Das gleiche gilt wohl auch für Prädestinations-[243] und Wiederbesinnungsthesen.[244] Rudolfs Beweggrund zum mehrfachen Frontenwechsel war weder religiös oder moralisch motiviert, noch militärisch oder um der Ehre willen notwendig. Der Graf von Flandern wird aus mehreren Anlässen heraus seine interkonfessionellen Wandlungen getätigt haben. Dazu gehören die gegenseitigen Spannungen zwischen ihm und dem Christenkönig Gilot, seine Liebe zur Sultanstochter und seine Achtung vor Halap, der toleranter und akkurater als Gilot war.

Nach einem fehlenden Abschnitt finden wir die Sultanstochter, die mittlerweile eine Christin geworden ist und den Namen Irmengart[245] angenommen hat, in

---

239 Nach Grimms Auffassung wollte der Dichter die doppelte Kehrtwendung eines frommen und tapferen Ritters charakterisieren, dessen Natur aber nach etlichen Strapazen doch noch „auf den rechten Weg zurückkehrt", vgl. Grimm, Wilhelm (Hg.): *Graf Rudolf*, Göttingen 1844, S. 54.

240 Kästner, Hannes J. / Schirok, Bernd: *Die Textsorten des Mittelhochdeutschen*, in: Sprachgeschichte: ein Handbuch zur Geschichte der deutschen Sprache und ihrer Erforschung, hg. v. Werner Besch [u.a.], 2.1, Berlin 1998, S. 1365–1384, hier S. 1371 f.

241 Naumann, Hans: *Der wilde und der edle Heide. Versuch über die höfische Toleranz*, S. 89. Vgl. auch Sabel, Barbara: *Toleranzdenken in mittelhochdeutscher Literatur*, in: Imagines Medii Aevi. Interdisziplinäre Beiträge zur Mittelalterforschung 14, Wiesbaden 2003.

242 Beckers, Hartmut: *Wandel vor sine missetat. Schuldverstrickung und Schulderkenntnis im „Graf Rudolf"-Roman*, in: Von wyßheit würt der mensch geert…, hg. v. Ingrid Kühn u. Gotthard Lerchner, Frankfurt a.M. [u.a.] 1993, S. 17–37, hier S. 18.

243 Mohr, Wolfgang: *Zum frühhöfischen Menschenbild in ‚Graf Rudolf'*. ZfdA 96 (1967), S. 97–109, hier S. 103. W. Grimm, *ebd.*, S. 54, bezeichnet die Erlebnisse des Grafen von Flandern von der Sorte, *„was jeden jederzeit treffen kann"*.

244 W. Grimm, *ebd.*, S. 54.

245 Wie in vielen mittelhochdeutschen Werken bleibt auch in GR der heidnische Name der Konvertitin unerwähnt, so z.B. in dem religiösen Volksbuch ‘Legenda Aurea’

Konstantinopel. Graf Rudolf, dessen Leben in einem Kerker zu enden droht, befreit sich und findet die Frau seines Herzens in der byzantinischen Metropole. Hier sei angemerkt, dass das Motiv der gefahrvollen Brautwerbung schon wichtig für die früher anzusetzende Verserzählung 'König Rother' ist, nur geht es da um die Tochter des byzantinischen – also christlichen – Königs Konstantin.[246] Wir sehen den Grafen also erneut die Front wechseln, was der Dichter nicht weiter thematisiert. Die Beweggründe für den mehrmaligen Frontenwechsel des jungen Grafen werden nicht durch die oben genannten Synthese-, Verklärtheits-, Gesittungs-, Prädestinations- oder Wiederbesinnungshypothesen aufgeklärt oder erhellt. Vielmehr sind die aus Kränkung resultierende Antipathie gegenüber dem König von Jerusalem und der Minnedienst, der auch jeden Ritter zur selbstlosen Liebe (***amicitia***) verpflichtet und nicht zur egozentrischen Liebe (***concupiscentia***),[247] als profane Intentionen in den Vordergrund zu stellen.

(‚Goldene Legende') des Dominikaners Jacobus de Voragine (1230–1298). Für die griechichen und lateinischen Fassungen vgl. AA.SS, vol. XIII: Septembris tomus sextus etc., ed. Jean Baptiste Carnandet, Parisiis et Romae 1867, pp. 123–135.

246 Szklenar, Hans: *'König Rother'*, in: ^{2}VL 5 (1985), Berlin / New York, Sp. 82–94, hier S. 84 f.

247 Vgl. Schnell, Rüdiger: *Causa Amoris. Liebeskonzeption und Liebesdarstellung in der mittelalterlichen Literatur*, S. 55.

3. 'Herzog Ernst'

Selten behielt ein mittelalterliches Werk seine Popularität so lange wie 'Herzog Ernst'.[248] In einem Lied Reinmars von Zweter wurde bereits im 13. Jahrhundert die abenteuerliche Geschichte des jungen Herzogs besungen.[249] Viele Reisende oder Pilger ließen sich beim Verfassen ihrer Itinerarien von der 'Navigatio Brandini'[250] und eben dem 'Herzog Ernst' inspirieren. So schöpften beispielsweise John Mandeville, Arnold von Harff oder Johann Witte de Hese[251] (oder Helt) aus diesen Werken.[252]

---

248 Zur HE-Forschung vgl. die von Judith Klinger zusammengestellte 11-seitige Bibliographie, dies.: *Einführung in Literatur und Sprache des Mittelalters*, Potsdam 2013 (http://www.uni-potsdam.de/u/germanistik/mediaevistik/Bibliographie-Herzog Ernst_2013.pdf)

249 Reinmar von Zweter, *Lied Nr. 162*, in: Die Gedichte Reinmars von Zweter, hg. v. Gustav Roethe. Leipzig 1887, S. 492.

250 Zur Überlieferung vgl. Haug, Walter: Art. *Brandans Meerfahrt*, in: VL^2 I (1978), Sp. 985–991. Über das Gebiet der *navigatio* als Teil der Artesliteratur vgl. Baufeld, Christa: *Spätmittelalterliche Artesliteratur zu Seefahrt, Erdkunde und Handel*, in: Wodan – Recherches en littérature médiévale, vol. 4, eds. Danielle Buschinger et Wolfgang Spiewok (= Tagungsbände und Sammelschriften, ser. 3, vol. 3), Greifswald 1991, S. 5–27.

251 Hantzsch, Viktor: Art. *Hese, Johann*, in: Allgemeine Deutsche Biographie 50 (1905), S. 271–272. De Hese war der Verfasser von ‚*Itinerarium ad Jerusalem per diversas mundi partes*', einer fabelhaften, aber im Zeitalter der Reformation viel gelesenen Expedition in das Morgenland. Während seiner sonderbaren Reise berichten ihm Leute von dem Magnetberg und dem Lebermeer, den pygmäischen oder einäugigen Völkern. Alle Topoi begegnen uns auch in der Reisebeschreibung des Hl. Brandanus oder dem Volksbuch Herzog Ernst. Das Werk des Niederländers ist zwar als ein Pilgerbericht einzustufen, gehört aber in das ‚fiktionale' Genre.

252 Ebenso nutzen diese Autoren aber auch andere spätantike und mittelalterliche Schriftwerke als Inspirationsquellen; so etwa die ‚*Epistola Presbyteri Joannis*', den ‚*Liber de infantia Mariae*', den ‚*Tractatus de decem nationibus Christianorum*', den Bericht ‚*De adventu Patriarchae Indorum ad Urbem sub Calixto Papa secundo*' und die ‚*Historia Apollonii regis Tyri*'. Mit einigen Änderungen entstand im deutschen Sprachraum beispielsweise die Abschrift des letztgenannten Werkes. Um 1300 knüpfte Heinrich von Neustadt an die Orientberichte an und schuf die Reisen des „*Apollonius von Tyrland*". Vgl. Ochsenbein, Peter: *Heinrich von Neustadt*, in: ^{2}VL 3 (1981), Sp. 838–845 + ^{2}VL 11 (2004), Sp. 633 f. Ausgabe:

Werke zum Trojanischen Krieg, die Berichte Herodots und Ktesias' und die Alexanderdichtungen weckten die Wissbegierde der Menschen in Bezug auf fremde Länder. Auch HE befriedigte dieses Interesse. Das ist auch in der interessanten Mischung von Reichsgeschichte und orientalischer „Märchenwelt" begründet. Sein Bekanntheitsgrad stieg von Tag zu Tag durch einige Werke der Neuzeit. Höchstwahrscheinlich im Wintersemester 1513/14 hielt der St. Gallener Humanist und Reformator Joachim von Watt (1484–1551)

Heinrichs von Neustadt ‚Apollonius von Tyrland' nach der Gothaer Handschrift, ‚Gottes Zukunft' und ‚Visio Philiberti' nach der Heidelberger Handschrift, hg. v. Samuel Singer, Berlin 1906, S. 331–452, sowie Bockhoff, Albrecht / Singer, Samuel: *Heinrichs von Neustadt Apollonius von Tyrland und seine Quellen*, in: Sprache und Dichtung, Bd. 6., hg. v. Harry Maync u. Samuel Singer. Tübingen 1911. Textausgabe: Ahlgrimm, Friedrich F. A.: *Untersuchung über die Gothaer Handschrift des „Herzog Ernst"*, Diss. Kiel 1890. Dann gibt es ein Lied mit dem Titel „Vom ungenähten Rock", in dem ein wandernder Bote Tragemund vorkommt: ***da kam ein armer wallender Man, / der wolt zu dem heilige Grabe gan, / er war genant Tragemund / im*** **[ihm, Anm. YS]** ***waren LXII künigreich kunt***. Die Strophe ist der Sammlung „*Die Volkslieder der Deutschen*" (hg. v. Friedrich Karl Freiherr von Erlach) Bd. 1, Mannheim 1834, S. 124, entnommen. Eine Sammlung alter Waidsprüche findet man bei Wilhelm Grimm. Darin treffen wir den seltsamen Tragemund im Refrain wieder: ***Nun sage mir Meister Tragemund / Zwei und siebenzig Land die sind dir kund***, vgl. Grimm, Wilhelm: *Altdeutsche Wälder*, Bd. 2 (hg. v. Jacob u. Wilhelm Grimm), Kassel 1815, S. 8–30. Mit 72 Ländern sind ***linguae mundi*** (alle Weltsprachen) und ***orbis terrarum*** (ganze Welt) gemeint, die der Waller Tragemund durchwandert haben soll. Die Figur gibt es auch im Orendel (V. 103–146); dort heißt es (V. 109 f.): ***Er was geheizen Tragemund, / im wârent zwei und sibenzig künigrîche kund***. Übrigens: Die Zahl 72 resultiert aus *Gn.* 10, wo die Vorstellung von der Kompaktheit der 72 Völker und Sprachen der Welt (***populis et linguis omnium rerum***) formuliert wird. Dass dies mit den 72 Ältesten Israels (*Ex* 24,1,9) in Verbindung zu bringen ist, soll hier jedoch nicht behauptet werden. Die 72 Bücher der Bibel oder auch 72 Jünger des Lukasevangeliums (*Lk* 1, 10) wären aber in diesem Kontext durchaus in Erwägung zu ziehen, so wie übrigens Pasch. Rad. *exp. math.* VIII, CCCM 56A, S. 837, 1306–09, und Vener. *in Luc. Evang*, I 3 (CCSL 120), S. 92, 2883–91, dies bereits taten. Auch im Wiener Oswald agiert ein Tragemund als Wanderer und Pilger (V. 47 ff.): ***Her sprach ich heyse tragemud / Alle lant synt mir wol kunt / Czwe und sebeczig czungen / Das wunderte den iungen***, vgl. Pfeiffer, Franz: *Sanct Oswalds Leben*, ZfdA 2 (1842), S. 92–130, hier S. 93.

an der Wiener Universität *„seine literaturwissenschaftliche Vorlesung“* [253], in der es auch um HE ging, den er vielleicht aus späteren Drucken kannte[254]. Die HE-Geschichte ist bis heute geschätzt, weil sie nicht - wie sonst üblich - nach einem apodiktischen Codex-Muster vorgeht und einen reizvollen fremden Orientteil beinhaltet.

3.1. Einführung in die Fragestellung. Überlieferung

Das Epos ist in sechs deutschen und drei lateinischen Fassungen überliefert.

Deutsche Fassungen:
- Fassung A, mhd. Versdichtung, 12. Jh.
- Fassung B, mhd. Versdichtung, 13. Jh.
- Fassung Kl, mhd. Versdichtung, 14. Jh. (?)
- Fassung D, mhd. Versdichtung, 13. Jh.[255]
- Fassung F, frnhd. Prosa, 15. Jh.
- Fassung G, frnhd. Liedfassung, 14. Jh.

Lateinische Fassungen:
- Fassung C, lat. Prosa, 13. Jh.[256]

---

253 Bentzinger, Rudolf: *‚Frühformen der Universitätsgermanistik‘. Erste Folge. Einführung in das Rahmenthema*, in: Jahrbuch für Internationale Germanistik XLIV (2012) H. 1, S. 9–24, hier S. 10. Bentzinger unterstreicht, dass diese Vorlesung als Beginn der Universitätsgermanistik zu betrachten sei, vgl. *ebd*, S. 9. Peter Wiesinger behandelt das Thema ausführlich in seinem Aufsatz *„Joachim von Watts Wiener literaturwissenschaftliche Vorlesung im Wintersemester 1513/14“*, in: *ebd.*, S. 25–49.

254 Wiesinger, Peter: *Joachim von Watts Wiener literaturwissenschaftliche Vorlesung im Wintersemester 1513/14*, in: Jahrbuch für Internationale Germanistik XLIV (2012) H. 1, S. 25–49, hier bes. S. 44, 46.

255 Textausgabe: *Herzog Ernst D* (wahrscheinlich von Ulrich von Etzenbach), hg. v. Hans-Friedrich Rosenfeld, Altdeutsche Textbibliothek 104, Tübingen 1991. Vgl. auch Ahlgrimm, Friedrich F. A.: *Untersuchung über die Gothaer Handschrift des „Herzog Ernst“*, Kiel 1890.

256 Textausgabe: *Hystoria ducis Bauarie Ernesti (C)*: Hg. v. Thomas Ehlen. Krit. Ed. des Herzog Ernst C u. Untersuchungen zu Struktur u. Darstellung des Stoffes in den volkssprachl. u. lat. Fassungen. Tübingen 1996. Für die darin vorkommenden Germanismen vgl. Schmidt, Paul Gerhard: *Germanismen im Herzog Ernst C*, in: Latein und Volkssprache im deutschen Mittelalter, Tübingen 1992, S. 158–163.

Fassung E, lat. Hexameterdichtung, 13. Jh.[257]
Fassung Erf., lat. Prosa, 13. Jh.[258]

Bei der Textanalyse[259] wird das Augenmerk auf die Fassung B gerichtet, denn sie überliefert die Orientreise, die im Mittelpunkt der hiesigen Untersuchung steht, komplett (Fassung A ist nur bis zur Greifenepisode überliefert). Die Text-

---

257 Textausgaben: *Carmen de Ernesto duce (E)* [Odo von Magdeburg]: Hg. v. Thomas A.-P. Klein, in: Spolia Berolinensia 18. Hildesheim 2000, und *Der „Ernestus" des Odo von Magdeburg. Kritische Edition eines lateinischen Epos aus dem 13. Jahrhundert*, hg. v. Birgit Gansweidt. Münchener Beiträge zur Mediävistik und Renaissance-Forschung, 39, München 1989, pp. 27–183. Die am Hof des Magdeburger Erzbischofs Albrecht von Käfernburg entstandene Fassung wurde von einem sonst unbekannten Klerikus Odo Magdeburgensis verfasst (http://www.geschichtsquellen.de/repPers_118589369.html). 1206 ist nach Rosenfeld, Hans-Friedrich: Art. *Herzog Ernst*, VL 5, Sp. 386–406, hier Sp. 400, das Entstehungsjahr der Fassung E. Hans-Joachim Behr hingegen setzt die Datierung zwischen 1212 und 1218, vgl. Ders: *Der Herzog Ernst E, Odos von Magdeburg*, in: Stauferzeit, Stuttgart 1978, S. 105–114, hier S. 109. Als weiterführende Literatur eignen sich Zarncke, Friedrich: *Zu den Gedichten vom Herzog Ernst*, in: Beiträge zur Geschichte der deutschen Sprache und Literatur, vol. 2 (Halle 1875–76), pp. 574–585, und Fuckel, Arthur: *Der Ernestus des Odo von Magdeburg und sein Verhältnis zu den übrigen älteren Bearbeitungen der Sage vom Herzog Ernst*, Diss. Marburg 1895, sowie Gärtner, Thomas: *Neue Vorschläge zum Text des „Ernestus" Odos von Magdeburg*, ZfdA 126, (1996), S. 279-300. Zu der antikisierenden Beschreibung des Schildes im Odischen Epos (HE E I, 411–434) nach homerisch-vergilischem Vorbild vgl. die Ekphraseis Hom. *Il.* XVIII, 477–609; Verg. *Aen.* VIII, 625–730. Eine ähnliche Ekphrase widmet Veldeke *En.* 5671–5799 der vom Gott Volcanus geschmiedeten Rüstung, die Eneas von seiner Mutter erhält. Siehe auch Knapp, Fritz Peter: *Bemerkungen zu Herzog Ernsts Schild bei Odo von Magdeburg*, in: Beiträge zur Geschichte der deutschen Sprache und Literatur, 94 (1972), pp. 335–347. Nikolaus Henkel setzt sich mit der Schildbeschreibung im HE E auseinander, vgl. ders.: *‚Fortschritt' in der Poetik des höfischen Romans*, in: ZfdPh 124 (2005), S. 96–116, hier S. 101, m. Anm. 18. Eine Motivparallele gibt es in Orendel 1209–1216.

258 Szklenar, Hans / Behr, Hans-Joachim: *'Herzog Ernst'*, in: ²VL 3 (1981), Sp. 1170–1191, hier Sp. 1178 f., und ²VL 11 (2004), Sp. 653. Textausgabe: *Gesta Ernesti ducis (Erf)*: H. v. Peter Christian Jacobsen u. Peter Orth, in: Die Erfurter Prosa-Fassung der Sage von den Kämpfen und Abenteuern des Herzogs Ernst (= Erlanger Forschungen A 82) Erlangen 1997.

259 Verwendete Ausgaben: *Herzog Ernst. Ein mittelalterliches Abenteuerbuch*. In der mittelhochdeutschen Fassung B nach der Ausgabe von Karl Bartsch mit den Bruchstücken der Fassung A, herausgegeben, übersetzt, mit Anmerkungen und einem Nachwort versehen von Bernhard Sowinski, Stuttgart 2006; Cornelia Weber: Untersuchung und überlieferungskritische Edition des Herzog Ernst B mit einem

zeugnisse für den Orient als Ort der Bewährung und Heilsgeschichte, sowie die politische und soziale Etablierung des jungen Herzogs nach seiner Rückkehr fehlen in der Fassung A. Die einzelnen Stationen sind in den Fassungen A und B topografisch präzise benannt. Darüber hinaus werden sie eingehend charakterisiert und auf ihren Bezug zu Ernsts Entwicklung untersucht. Da aber das Hauptziel dieser Arbeit ist, die Orientwahrnehmung mitteldeutscher Dichter des 12. und 13. Jahrhunderts zu beleuchten, geht es hier um die Fassung B, in der neben dem reichsgeschichtlichen Teil auch die Themenkreise ‚Orient' und ‚Rückkehr' behandelt werden.

Der Fokus richtet sich besonders auf die „Grippia"-, „Magnetberg"- und „Arimaspi"-Stationen, da sie den Großteil der Orientreise ausmachen. Der Untersuchung wird eine Darstellung der Herkunft, der Überlieferung, des Standes der Handschriften, der Datierung und der Lokalisierung vorangestellt.

Die Geschichte des HE ist verbreitet: Sechs deutsche Fassungen (A, B, Kl, D, F, G) und drei mittellateinische Versionen (C, E, Erf.), die auf einem identischen lateinischen Hyparchetyp fußen,[260] liegen uns vor. Ludwig Wachler behauptete in seinen Vorlesungen über die „Geschichte der deutschen Nationalliteratur",

---

Abdruck der Fragmente von Fassung A. Göppingen 1994 (= GAG Nr. 611). Im Folgenden sind alle Zitate aus dem Herzog Ernst diesen beiden Ausgaben entnommen und als *HE* zitiert.

260 Bei der Textkritik werden alle erhaltenen codices descripti bzw. Textzeugen (Hss. oder frühe Druckausgaben) dokumentiert (Heuristik) und miteinander verglichen, um eventuelle Lesarten feststellen zu können (Kollation). Diese werden anschließend in ihrem Entstehungskontext analysiert (Recensio), sodass ein Stemma, d.h. ein Stammbaum, konstruiert werden kann, der auch nichterhaltene Zwischenstufen (Hyparchetypen) verzeichnet. Vgl. Uhland, Ludwig: *Über die Sage von Herzog Ernst*. Inaguralrede, gehalten am 22. November 1822, in: Uhlands Schriften zur Geschichte der Dichtung und Sage, Bd. 5, hg. v. Adalbert von Keller, Stuttgart 1870, S. 323–343; Haupt, Moriz: „*Herzog Ernst*" ZfdA 7 (1849), S. 193–303; Dümmler, Ernst: *Herzog Ernst*, ZfdA, 14 (1869), S. 265–271, 559 f., und Bartsch, Karl (Hg.): *Herzog Ernst*, Wien 1869. Vgl. zudem als Auswahl Behr, Hans-Joachim: *Herzog Ernst. Eine Übersicht über die verschiedenen Textfassungen und deren Überlieferung*, in: Litterae 62, Göppingen 1979, S. 41–55; Engelhardt, Otto: *Huon de Bordeaux und Herzog Ernst*. Diss. Tübingen 1903; Fuckel, Arthur: *Der Ernestus des Otto von Magdeburg und sein Verhältnis zu den übrigen älteren Bearbeitungen der Sage vom Herzog Ernst*, Diss., Marburg 1895, und Weber, Cornelia: *Untersuchung und überlieferungskritische Edition des Herzog Ernst B mit einem Abdruck der Fragmente der Fassung A*, Göppingen 1994., S. 5, 186–191, 221–226, 247–251, 260–264, 270–275, 347–352 (mit Abdruck).

Heinrich von Beldeck habe „*die nachher zum Volksbuche gewordene Geschichte nach einer lateinischen Urschrift*" bearbeitet.[261]

Als Moriz Haupt 1849, ein Jahr nach den politischen Aufständen in Europa, zum ersten Mal 'Herzog Ernst' C nach den beiden Münchener Handschriften herausgab,[262] deutete er das Werk als „*ein rhetorisches prachtstück gelehrter Geschmacklosigkeit*".[263] Zu diesem Urteil gelangte er allerdings, wie Th. Ehlen unterstreicht, „*nach den ihm angemessen erscheinenden ästhetischen und nationalliterarischen Gesichtspunkten*".[264] Die gegenständlichen Fundamente des Orientabenteuers hat man kaum ermitteln können. Zumindest wissen wir, dass die „*orientalische[...] Abenteuerkette von Sindbad dem Seefahrer*"[265] und die

---

261 Zit. bei Mezger, Georg Kaspar: *Augsburgs älteste Druckdenkmale und Formschneiderarbeiten, welche in der vereinigten königl. Kreis- und Stadtbibliothek daselbst aufbewahrt werden: nebst einer kurzen Geschichte des Bücherdruckes und Buchhandels in Augsburg*, Augsburg 1840, S. 48. Vgl. das hier zitierte Werk von Wachler, Ludwig: *Geschichte der deutschen Nationalliteratur*, Bd. I, S. 54. Zur Frage der Vorgeschichte und Quellen des HE vgl. Bartsch, Karl (Hg.): *Herzog Ernst*, S. LXXXV ff.; Jordan, Leo: *Quellen und Komposition vom Herzog Ernst*, Archiv für das Studium der neueren Sprachen und Literaturen 112 (1904), pp. 328–343; Wetter, Max: *Quellen und Werk des Ernstdichters. 1. Teil: Deutsche Geschichte und westfränkische Ächtermäre*, in: Bonner Beitr. z. Dt. Phil. 12, Bonn 1941; Boensel, Gertrud: *Studien zur Vorgeschichte der Dichtung von Herzog Ernst*, Diss (masch.), Tübingen 1944; Schwenn, Walter: *Stilistische Untersuchungen zum Volksbuch vom Herzog Ernst*, Diss. masch., Greifswald 1924, Stickelberger, Heinrich: *Zum Lied und zum Volksbuch von Herzog Ernst*, ZfdA 46 (1902), S. 101–112, sowie Neumann, Hans: *Die deutsche Kernfabel des Herzog-Ernst-Epos*, in: Euphorion 45 (1950), S. 140–164. Vgl. Kreutzer, Hans Joachim: *Der Mythos vom Volksbuch*, Stuttgart 1977. Die wichtigsten der Romane sind jedoch abgedruckt in *Deutsche Volksbücher in drei Bänden*, hg. v. Peter Suchsland, in: Bibliothek deutscher Klassiker, Bd. 1. Berlin / Weimar 1968. Und zum Volksbuch vgl. Jaehrling, Jürgen: *Die Vorlage von Peter Hacks: 'Das Volksbuch vom Herzog Ernst', in: Röllwagenbüchlein, FS f. Walter Röll zum 65. Geburtstag*, hg. v. ders. / Uwe Mewes / Erika Timm, Tübingen 2002, S. 277–290.

262 Haupt, Moriz: *Herzog Ernst*, ZfdA 7 (1849), S. 193–303.

263 M. Haupt, *ebd.*, S. 290. Vgl. auch Sonneborn, Karl: *Die Gestaltung der Sage vom Herzog Ernst in der altdeutschen Literatur*, Diss. Göttingen 1914, S. 26 ff.

264 Ehlen, Thomas: *Hystoria ducis Bauarie Ernesti*. Kritische Edition des „Herzog Ernst" C und Untersuchungen zu Struktur und Darstellung des Stoffes in den volkssprachlichen und lateinischen Fassungen, in: Script Oralia A, 23, Tübingen 1996, S. 11.

265 de Boor, Helmut: *Von Karl dem Großen bis zum Beginn der höfischen Dichtung 770–1170*, in: Geschichte der deutschen Literatur von den Anfängen bis zur Gegenwart, hg. v. Helmut de Boor u. Richard Newald, Bd. I, München [9]1979, S. 244. Das ursprünglich indische Buch Sindbad (pers. Sindibad-nameh, syr. Sindban, herbr.

exotischen Völker aus der teratologischen Literatur der Antike herrühren (Plinius, Gellius, Solinus, Isidor, Alexanderroman u. a.).[266] Auf die Motivverwandtschaften zwischen den Sindbad-Erzählungen und HE hatte bereits Anfang des 19. Jahrhunderts Friedrich H. von der Hagen hingewiesen.[267] Ebenso schließt die teratologische Literatur andere motivische Elemente der „orientalischen Abenteuerkette" (d.h. der orientalischen Fabel) wie Lebermeer, Magnetstein, Menschenraub der Greife und Kranichvolk ein. Ehlen konstatiert jedoch, dass die Arimaspen oder Kyklopen *„nicht ausschließlich aus Isidors ‚Etymologiae' entnommen sein"* können, da diese Kryptiden bei ihm unbenannt bleiben.[268] Zudem können wir festhalten, dass die Exotentradition im Laufe des 12. Jahrhunderts auch in die mittelhochdeutsche Literatur Einzug erhalten hat, sicher vor allem durch die Kreuzzüge und die dadurch in Europa wachgerüttelte Neugierde über den Orient.

Die schier unstillbare Wissbegierde der Menschen hinsichtlich des Orients und die damit zusammenhängende Genese der *ethnoi* und *topoi,* samt ihrer heiteren oder bizarren Reflexionen, rückte die fast vergessen geglaubte teratologische Tradition der Antike in den Mittelpunkt der beliebten historischen und literarischen Motive.[269] Auch über die Teratogenese, Ethnogenese, Fauna und Flora aber

---

Mishle Sendabar, griech. Syntipas) war eines der am weitesten verbreiteten Werke der Weltliteratur im Mittelalter.

266 Simek, Rudolf: *Altnordische Kosmographie: Studien und Quellen zu Weltbild und Weltbeschreibung in Norwegen und Island vom 12. bis zum 14. Jahrhundert* (RGA-E, Bd. 4), Berlin / New York 1990, S. 234 ff.

267 Friedrich Heinrich von der Hagen (Hg.): *Deutsche Gedichte des Mittelalters* I, Berlin 1808, S. V, spricht von der *„orientlische[n] Beziehung"*. Darüber hinaus vgl. Szklenar, Hans: *Studien zum Bild des Orients in vorhöfischen deutschen Epen*, Palaestra 243, Göttingen 1966, S. 165 ff. Vgl. auch Blamires, David Malcolm: *Herzog Ernst and the otherworld voyage. A comparative study*. Manchester 1979, passim.

268 Ehlen, Thomas: *Hystoria ducis Bauarie Ernesti*, Tübingen 1996, S. 58, m. Anm. 218 f. Zu dem Ethnonym *Arimaspi* bzw. deren Herkunftsverwechslung vgl. Steinicke, Marion Michaela: Apokalyptische Heerscharen und Gottesknе*chte. Wundervölker des Ostens vom Untergang der Antike bis zur Entdeckung Amerikas,* Diss., Berlin 2005, S. 21. Zu den Kyklopen vgl. *Lexikon der antiken Gestalten in den deutschen Texten des Mittelalters*, hg. v. Manfred Kern, Alfred Ebenbauer u. Silvia Krämer-Seifert, Berlin 2003, S. 192 f.

269 Zur Teratologie gibt es eine reichhaltige wissenschaftsgeschichtliche Literatur. Beispielsweise im medizinischen Bereich unternahm man in der Zeit vor der Aufklärung, jedoch erst ab dem 16. Jahrhundert, Versuche, die Andersartigkeit der bis dahin als „Monster" geltenden Missgeburten zu erforschen und die Ursachen der Deformationen nicht mehr so hinzunehmen. Die Mediziner waren nunmehr bemüht, unter dem Aspekt der Äthiopathogenese zu erklären, was nicht normal ist.

auch die schier unermesslichen Reichtümer des unerforschten Orients halten sich hartnäckige Gerüchte. Die monsterhaften Riesenechsen, an die homerische Skylla (*Od.* XII, 95) erinnernde, alles verschlingende Seeungeheuer oder menschenähnliche Affen schmückten die mittelalterlichen Dichtungen, Märchen, Reiseberichte u.a.[270]

Zu diesen Autoren gehörten der Schweizer Chirurg deutscher Abstammung Jacob Ruf (1505–1558), „*Von den Empfengknussen und Geburten der Menschen*", 1543; der deutsche Arzt Martin Weindrich, „*De Ortu Monstrorum Commentarius*", 1595; der italienische Arzt und Naturforscher Ulysses Aldrovandi (1522–1605), „*Monstrorum historia cum Paralipomenis historiae omnium animalium*", 1602; der deutsche Mediziner Johann Georg Schenck von Grafenberg (1560–1620) „*Monstrorum historia memorabilis*", 1609; der Schweizer Anatom Caspar Bauhin (1560–1624), „*De hermaphroditorum monstrosorumque partuum natura*", 1614; der italienische Medizinprofessor Fortunius Licetus (1577–1657), „*De monstrorum causis, natura et differentiis*", 1616; Matthias Tilingius (1634–1685), „*De Tuba Uteri ... cui duorum Monstrorum, unius Berolini ...*", 1670, sowie der dänische Anatom Thomas Bartholin (1616–1680), „*Historiarum anatomicarum rariorum centuria I et II*", (1641) u.a. Aber auch Forscher aus nichtmedizinischen Bereichen interessierten sich für das „Monströse", ohne die teratologische Ätiologie zu hinterfragen: Pierre Boaistuau (1520–1566) „*Histoires prodigieuses les plus mémorables...*", 1560, oder Ambroise Paré (1510–1590), „*Deux livres de chirurgie.*", 1573. Der Humanist und Enzyklopädist Conrad Lycosthenes (eigentl. Conrad Wolffhart) berichtet zum Jahr 1282 von einem „zotächtig kind", das „*mit hend vnd füessen wie ein bär*" aussah, ders.: *Prodigiorum ac ostentorum chronicon*, Basel 1557. Als Ursache gab er an, „*das die frau in der entpfencknus jro dis thier so gar ingebildet*" hätte, vgl. *ebd.* Allgemein zum Thema der „*wunderbarlichen geburten*" vgl. Ewinkel, Irene: *De monstris. Deutung und Funktion von Wundergeburten auf Flugblättern Deutschlands des 16. Jahrhunderts*, in: Frühe Neuzeit, Bd. 23, Tübingen 1995. Zum Themenfeld vgl. Ruf, Jacob: *Ein schön lustig Trostbüchle von den empfengknussen und geburten der menschen, und iren vilfaltigen zufälen und verhindernussen etc.*, Zürich 1543.

270 Heute noch leben die Legenden von Yeti oder Nessie beharrlich fort, die Wissenschaftler kryptozoologisch ergründen möchten. Die lateinisch schreibenden Schriftsteller der teratologischen Tradition haben viel aus helladischem Gedankengut geschöpft, welches sich wiederum von den vorderasiatischen Kulturkreisen speiste. Einen Forschungsüberblick zu den wichtigsten früheren Einzelbeiträgen liefern Burkert, Walter: *Near Eastern Influence on Greek Culture in the Early Archaic Age*, Cambridge Mass. 1992: Gruppe, Otto: *Die griechischen Kulte und Mythen in ihren Beziehungen zu den orientalischen Religionen*, Leipzig 1887; Berard, Victor: *Les Phéniciens et l'Odyssée.* Vols. I–II, Paris 1901/02; Jensen, Peter: *Das Gilgamesch-Epos und Homer*, in: Zeitschrift für Assyriologie und verwandte Gesellschaft Bd. 16, Berlin 1902, S. 125–134; Ebeling, Erich: *Quellen zur Kenntnis der babylonischen Religion*

Für die lateinische Fassung, die von mönchischer Hand herrührte, hatte Haupt nicht viel übrig.[271] Sein Interesse galt dem volkssprachlichen Versepos, das übrigens auch nicht ganz ohne mönchische Einschübe überlebt zu haben scheint. Seine Kritik an der *„mönchischen“* Gelehrsamkeit, die sich in der Bezeichnung *„rhetorisches Prachtstück gelehrter Geschmacklosigkeit“*[272] niederschlägt, entwickelte sich zu einer Formel, die nach ihm noch lange die Meinung einiger 'Herzog Ernst'-Forscher prägte.[273] Behandeln wir aber zunächst Fassung A des 'Herzog Ernst'-Stoffes.

3.2. 'Herzog Ernst' (Fass. A). Zeitliche und räumliche Einordnung

Überlieferung:

Marburger Fragmente: Diese 68 Verse umfassenden Fragmente aus dem 12. Jahrhundert sind die spärlichsten erhaltenen Überlieferungszeugen des 'Herzog Ernst'. Die Mundart der Bruchstücke ist der rheinfränkisch-hessische Dialekt.

I/II, in: MVG 23, Vols. I–II, Leipzig 1918/19; Dornseiff, Franz: *Hesiods Werke und Tage und das alte Morgenland*, in: Philologus 89 (1934), 397–415; Momigliano, Arnaldo D.: *Su una bataglia tra Assiri e Greci*, in: Athenaeum 12 (1934), 412–416; Lesky, Albin: *Hethitische Texte und griechischer Mythos*, AÖAW (1950), 137–160; *ebd.*: *Zum hethitischen und griechischen Mythos*, in: Eranos 52 (1952), 8–17; ders.: *Griechischer Mythos und Vorderer Orient*, in: Saeculum 6 (1955) 35–52; Alfred Heubeck, *Mythologische Vorstellungen des Alten Orients im archaischen Griechentum*, in: Gymnasium 62 (1955), 508–525; Webster, Thomas Bertram Lonsdale: *Homer and Eastern Poetry*, in: Minos: Revista de filología egea. Issue 4 (1956) 104–116; Erbse, Hartmut: *Orientalisches und Griechisches in Hesiods Theogonie*, in: Philologus 108 (1964) 2–28; Stella, L. A.: *Tradizione Micenea e poesia dell'Iliade*, in: Filologia e Critica 29, Rome 1978; Gresseth, G. K.: *The Gilgamesh Epic and Homer*, CJ 70, 4 (1975) 1–18; Burkert, Walter: *Oriental Myth and Literature in the Iliad*, in: The Greek Renaissance of the Eighth Century B.C.: Tradition and Innovation, ed. Robin Hägg, Stockholm 1983, pp. 51–56; Ders.: *Homerstudien und Orient*, in: Zweihundert Jahre Homerforschung, Rückblick und Ausblick, hg. v. Joachim Latacz, in: Colloquium Rauricum Nr. 2, Stuttgart 1991, 151–181; Wilson, John R.: *The Gilgamesh Epic and the Iliad*, in: EMC 30 (1986), 25–41; Bottéro, Jean / Kramer, Samuel Noah: *Lorsque les dieux faisaient l'homme. Mythologie Mesopotamienne*, Paris 1989.

271 Haupt, Moriz: *„Herzog Ernst“* [= Herzog Ernst C], ZfdA 7 (1849), 193–303, vgl. zudem Ehlen, Thomas: *Hystoria ducis Bauarie Ernesti*, Tübingen 1996, S. 11.

272 M. Haupt, *ebd.*, S. 290, vgl. auch *ebd.* S. 278.

273 Zu ihnen gehören Bartsch, Karl (Hg.): *Herzog Ernst*, Wien 1869, S. XLVI-LIV. Zum Thema allgemein vgl. Rosenfeld, Hans-Friedrich: *Der Kreuzfahrerdichter und Ulrichs von Eschenbach Anhang zum „Alexander“*, in: ZfdPh 56 (1931), S. 395–410.

Prager Bruchstücke I–II: Es handelt sich um 127 Verse aus dem Anfang des 13. Jahrhunderts. Der Dialekt ist die moselfränkische Mundart.

Prager Bruchstücke III–V: Die Prager Bruchstücke III–V umfassen 194, ebenfalls moselfränkische Verse aus dem beginnenden 13. Jahrhundert.

Saganer Bruchstücke: Hierbei handelt es sich um 114 Verse in der rheinfränkischen oder ostfränkischen Mundart, welche in das letzte Quartal des 13. Jahrhunderts datiert werden.[274]

Die Fass. A des 'Herzog Ernst' ist fragmentarisch bis zur Greifenepisode überliefert. Diese Station verbindet die Kernerzählung mit den fabulösen Magnetberg- und Grippiaepisoden, welche den größten Teil der Orienterlebnisse ausmachen. Die Textzeugnisse hinsichtlich des Kreuzzugsorients und der Heimkehr fehlen.[275] Die Fassung A ist in einer schmucklosen Sprache gedichtet. Obwohl das Epos in heroischer Manier verfasst ist, enthält das Wortgut kaum fremdsprachliche Termini aus der ritterlichen Kultur.[276] Die Reime sind relativ ungeregelt. Die Fragmente sind nach bisherigen Bewertungen in den 60er oder 70er Jahren des 12. Jahrhunderts, nach einem großzügigeren Bemessen zwischen 1147 und 1189 entstanden. Aufgrund des desaströs endenden kriegerischen Unternehmens und seiner dazu im Paradox stehenden „ausschmückenden" Fasson neigt Vollmann-Profe zu der Annahme, dass die Dichtung eher nach dem 2. Kreuzzug entstanden sei[277] Sie richtet

---

274 Szklenar, Hans / Behr, Hans-Joachim: *'Herzog Ernst'*, in: ^{2}VL 3 (1981), Sp. 1170–1191, hier 1178 f. + ^{2}VL 11 (2004), Sp. 653. Zu den Saganer Fragmenten vgl. außerdem Rosenfeld, Hans-Friedrich: *Der Saganer Herzog Ernst*, in: FS Suolahti, Helsinki 1934, S. 577–585.

275 Rühl, Jasmin Schahram: *„Welfisch? Staufisch? Babenbergisch? Zur Datierung, Lokalisierung und Interpretation der mittelalterlichen Herzog Ernst Fassungen seit Konrad III auf der Grundlage der Wortgeschichte von ‚Burg' und ‚Stadt'*, Wien 2002, S. 70. Zur synkritischen Beschreibung der Fassungen A und B siehe Reitzenstein, Richard: *Studien zu den Fassungen A und B des Herzog Ernst*, Diss. Göttingen 1922, sowie Ringhandt, Esther: *Das Herzog-Ernst-Epos. Vergleich der deutschen Fassungen A, B, D, F*, Diss., Berlin 1955.

276 Klein, Thomas: *Ermittlung, Darstellung und Deutung von Verbreitungstypen in der Handschriftenüberlieferung mittelhochdeutscher Epik*, in: Deutsche Handschriften 1100–1400. Oxforder Kolloquium 1985 (hg. v. Volker Honemann u. Nigel F. Palmer), Tübingen 1988, S. 110–167. S.a. Hainer, Carl: *Das epische Element bei den Geschichtsschreibern des frühen Mittelalters*, Diss., Gießen 1914.

277 Vollmann-Profe, Gisela: *Wiederbeginn volkssprachlicher Schriftlichkeit im hohen Mittelalter (1150/60 bis 1160/70)*, in: Geschichte der deutschen Literatur von den Anfängen bis zum Beginn der Neuzeit, Bd. I/2, hg. v. Joachim Heinzle. Tübingen 1994, S. 230.

ihr Augenmerk auf die 60er Jahre desselben Jahrhunderts als den frühesten Entstehungszeitraum.[278] Hans Szklenar und Hans-Joachim Behr datieren die Fassung A *„aufgrund des positiven Orientbildes“* auf „1160–1170“.[279] In den Mittelfränkischen Annalen des Historischen Vereins p. a. 1837 wird das *„Heldenlied [...] um das Jahr 1170“* datiert.[280] Uwe Meves datiert die Fassung A *„um 1170 bis 1180“*, also in die 70er Jahre des 12. Jahrhunderts.[281] Jasmin Schahram Rühl hält mit der Aussage *„nach allgemeiner Einschätzung ist die Fassung A zwischen 1160 und 1180 entstanden“* eine 20-jährige Zeitspanne als Entstehungszeit des Gedichts fest,[282] und mit dem 2. Kreuzzug (1147–1149) setzt sie die oberste Datierungsgrenze.[283] Karl Bartsch datiert *„die älteste Darstellung der Sage“* auf frühstens *„um 1180“*[284] und argumentiert mit einem an den Abt Ruprecht von Tegernsee († 1186) adressierten Brief des Berthold von Andechs (Pez, Cod. II 13), in dem der Schreiber einen Herzog Ernst erwähnt: ***sicut bene confido de te, annuere digneris petitioni meae et concedas mihi libellum teutonicum de herzogen Ernesten, donec velocius scribatur mihi etc.***[285] Aus dem Sterbedatum des Abtes, 22. Mai 1186, leitet Bartsch ab, dass der Brief vor diesem Datum und *„das Gedicht demnach wenigstens um 1180“* entstanden sein müssen. Dahingehend ist auch die Meinung von Wentzlaff-Eggebert.[286] Th. Klein

278 Vollmann-Profe, *ebd.*, S. 230.

279 Szklenar, Hans / Behr, Hans Joachim: Art. ‚*Herzog Ernst*‘, in: ^{2}VL 3 (hg. v. Kurt Ruh u. a.), Berlin/New York 1981, Sp. 1170–1191, hier Sp. 1177, und ^{2}VL 11 (2004), Sp. 653, hier Bd. 3, Sp. 1181. Vgl. Blamires, David Malcolm: *Herzog Ernst and the otherworld voyage. A comparative study*, Manchester 1979, passim.

280 *Jahresbericht des Historischen Vereins für Mittelfranken*, hg. v. Historischen Verein für Mittelfranken. Bd. VIII, Ansbach 1837, p. 24–33, hier S. 25.

281 Meves, Uwe: *Studien zu König Rother, Herzog Ernst und Grauer Rock (Orendel)*, (1976), S. 139.

282 Rühl, Jasmin Schahram: *„Welfisch? Staufisch? Babenbergisch? Zur Datierung, Lokalisierung und Interpretation der mittelalterlichen Herzog Ernst Fassungen seit Konrad III auf der Grundlage der Wortgeschichte von ‚Burg‘ und ‚Stadt‘*, Wien 2002, S. 82.

283 J. S. Rühl, *ebd.*, S. 71.

284 Bartsch, Karl (Hg.): *Herzog Ernst*, Wien 1869, S. I. Zur Kompilation der HE-Legende vgl. Scholte, Jan Hendrik: *Die Sage von Herzog Ernst*, Neophilologus 27 (1942), S. 133–134.

285 Newald, Richard: *Die deutsche Literatur vom Späthumanismus zur Empfindsamkeit 1570–1750*, in: Geschichte der deutschen Literatur von den Anfängen bis zur Gegenwart, hg. v. Helmut de Boor u. Richard Newald, Bd. V, S. 260, sowie Ehrismann, Gustav: *Geschichte der deutschen Literatur des Mittelalters*, Bd. II,1, 39–58.

286 Wentzlaff-Eggebert, Friedrich-Wilhelm: *Kreuzzugsdichtung des Mittelalters: Studien zu ihrer geschichtlichen und dichterischen Wirklichkeit*. Berlin 1960, S. 381. In der Mutmaßung von de Boor, Helmut: *Von Karl dem Großen bis zum Beginn der höfi-*

schlägt als Entstehungszeit *„1180 oder noch kurz danach“* vor.[287] Als Begründung weist er auf die Häufung der Reimbrechungen hin.

Karl Bartsch ordnet die Fassung A des ‘Herzog Ernst’ in den niederrheinischen Sprachraum ein.[288] Szklenar und Wentzlaff-Eggebert hingegen erkennen in dem Werk mfrk. Züge.[289] Thomas Klein findet keine thüringischen, oberdeutschen oder fuldischen Parallelen, sodass er sich für einen *„rheinfränkisch-hessischen Schreiber“* ausspricht.[290] Über die Textzeugnisse und ihre Anordnung hat Cornelia Weber eine minuziöse Darstellung in ihrer kritischen Edition geliefert.[291]

3.3. ‘Herzog Ernst’ (Fass. B). Überlieferung und Entstehungszeit

Überlieferung:

Nürnberg, Germanisches Nationalmuseum, Hs. 998 (olim Hs. 998 + 5383 + 2285), 267^{r} -297^{v}, geschrieben 1441, md. mit rheinfränkischen und vereinzelt nd. Kennzeichen.

Wels, Stadtarchiv, Akten, Sch. Nr. 1227, ein Blatt, 83 Verse, bair., Mitte 14. Jahrhundert.

Wien, Österr. Nationalbibl., Cod. 3028; 5836 Verse, bair., 2. Hälfte 15. Jahrhundert.[292]

---

schen Dichtung 770–1170, in: Geschichte der deutschen Literatur von den Anfängen bis zur Gegenwart, hg. v. Helmut de Boor u. Richard Newald, Bd. I, München ^{9}1979, S. 245, die historischen Ereignisse mit dem *„Zusammenstoß zwischen Friedrich Barbarossa und Heinrich dem Löwen“* zu identifizieren, und somit die Dichtung in den Zeitraum 1170–1176 einzubeziehen, findet Wentzlaff-Eggebert *„entscheidende und sehr glaubwürdige“* Anhaltspunkte, vgl. ders. *ebd.* S. 112.

287 Klein, Thomas: *„Vers und Syntax in frühmittelhochdeutscher Dichtung. Wege zur Datengewinnung und -auswertung“*, (1998), S. 537–568, hier S. 549 Anm. 9. Vgl. auch Haustein, Jens: *‚Herzog Ernst’ zwischen Synchronie und Diachronie*, in: ZfdPh 116 (1997), S. 115–130.

288 Bartsch, Karl (Hg.): *Herzog Ernst,* Wien 1869, S. IV.

289 Szklenar, Hans / Behr, Hans Joachim: Art. *Herzog Ernst,* in: ^{2}VL 3 (1981), Berlin / New York. Sp. 1170–1191, 1077; F.-W. Wentzlaff-Eggebert, *ebd.*, S. 381.

290 Klein, Thomas: *Untersuchungen zu den mitteldeutschen Literatursprachen des 12. und 13. Jahrhunderts*, Habil.-Schr. masch., Bonn 1982, S. 133 f.

291 Weber, Cornelia: *Untersuchung und überlieferungskritische Edition des Herzog Ernst B mit einem Abdruck der Fragmente der Fassung A*, Göppingen 1994, S. 5.

292 Vgl. Handschriftencensus. Eine Bestandsaufnahme der handschriftlichen Überlieferung deutschsprachiger Texte des Mittelalters. Gesamtverzeichnis. Autoren/Werke

Das Versepos 'Herzog Ernst' wird in zahlreichen Literaturgeschichten zu einer bestimmten Gruppe von insgesamt fünf Texten des 12. Jahrhunderts gezählt. Gemeinsam mit 'König Rother', 'Orendel', 'Salman und Morolf' sowie 'Oswald' wird HE der Gruppe der Spielmannsepen zugerechnet, wobei das erstgenannte Werk *„nach Art und Heimat“* dem HE am nächsten steht.[293] HE darf eigentlich nicht in die Nähe der Gruppe der sog. Spielmannsepen gerückt werden, da das entscheidende Gattungsmerkmal, nämlich die Brautwerbung durch den Helden, nicht thematisiert wird.[294]

Der 'Herzog Ernst' wird im Allgemeinen auf das ausgehende 12. bzw. angehende 13. Jahrhundert datiert. Im engeren Sinne wird die Entstehung des Versepos um 1200 datiert. Szklenars Hinweis, dass bei der Grippia-Beschreibung Anleihen aus dem 'Lanzelet' Ulrichs von Zatzikhoven bestehen, weist nach Meves auf eine Entstehung nach 1200 hin;[295] der Lanzelet-Roman entstammt dem hochalemannischen Sprachraum um 1200 oder früher.[296]

Szklenar selbst spricht vom *„frühen 13. Jahrhundert“* als möglichem Zeitraum der Abfassung.[297] Für eine spätere Datierung plädiert Classen, er geht von einer

---

'Herzog Ernst' B; Szklenar, Hans / Behr, Hans-Joachim: Art. *Herzog Ernst*, in: ²VL 3 (1981), Sp. 1170–1191, hier 1178 f., und ²VL 11 (2004), Sp. 653.

293 Newald, Richard: *Die deutsche Literatur vom Späthumanismus zur Empfindsamkeit 1570–1750,* in: Geschichte der deutschen Literatur von den Anfängen bis zur Gegenwart, hg. v. Helmut de Boor u. Richard Newald, Bd. V, S. 243. S.a. Hildebrand, Erich: *Über die Stellung des Liedes vom Herzog Ernst in der mittelalterlichen Literaturgeschichte und Volkskunde*, Halle/S. 1937.

294 Vgl. hierzu Haug, Walter: *Brautwerbung im Zerrspiegel*, in: FS Spiewok, Stuttgart o. J. [1989], S. 179–188, hier 179. Zu den weiteren beliebten Motiven können wir Entführung und Verkleidung anführen. Auch in vermischter Form auftretende historische, heroische, sagenhafte, flegelhafte und höfische Züge können unter den gattungsprägenden Motiven aufgezählt werden.

295 Szklenar, Hans: *Studien zum Bild des Orients in vorhöfischen deutschen Epen*, Palaestra 243. Göttingen 1966, S. 155–157. Dabei ist jedoch Meves Überlegung in Betracht zu ziehen, *„ob Ulrichs Vorlage nicht auf ähnlichen Quellen für orientalische Stadtbeschreibungen beruhen könnte“*, wie es bei HE auch der Fall ist. Ders.: *Studien zu König Rother, Herzog Ernst und Grauer Rock (Orendel)*, (1976), S. 144.

296 In den meisten Arbeiten wird die Meinung vertreten, der Lanzelet des Ulrich von Zatzikhoven sei um oder bald nach 1194 entstanden, allen voran Ehrismann, Gustav: *Geschichte der deutschen Literatur bis zum Ausgang des Mittelalters*, Bd. II,2,2, S. 4 ff. Vgl. Ulrich von Zatzikhoven, *Lanzelet*, hg. v. Florian Kragl, 2 Bde., Berlin / New York 2006.

297 Szklenar, Hans: *Studien zum Bild des Orients in vorhöfischen deutschen Epen*, Palaestra 243, Göttingen 1966, S. 151.

Entstehungszeit um 1230 aus.[298] Hans-Friedrich Rosenfeld datiert das Werk vor 1165.[299] Hans-Joachim Behr setzt die Fassung A zwischen 1176 und 1181,[300] Fassung B hingegen zwischen 1198 und 1208.[301] Rosenfeld und Behr folgend, hält Sonja Zöller die *„zweite Hälfte des 12. Jahrhunderts“* als Entstehungszeit für wahrscheinlich.[302] Für Newald u.a. liegt es auf der Hand, dass die historische Tradierung *„nicht aus lateinischer Chronistik, sondern aus einem deutschen historischen Lied“* kommt.[303] Wenn man jedoch die beiden Fassungen miteinander vergleicht, stellt man kaum inhaltliche Abweichungen fest. Die Überlegungen von Meves und Szklenar hinsichtlich der Datierung des HE erscheinen plausibel, sodass hier an der Datierung auf das beginnende 13. Jahrhundert festgehalten wird.

3.4. Zum Entstehungsraum

Als Verfasser von HE könnte ein „Rheinfranke“, „Moselfranke“ oder ein Bamberger Geistlicher in Frage kommen, der *„in oder für Bayern mit ausgesprochen welfischer Blickrichtung gedichtet“* hat.[304] Bei der Typisierung der hochmittelhochdeutschen Literatur rücken H. Kästner und B. Schirok HE *„in die Nähe der welfischen Hofdichtung in Regensburg“*,[305] wobei sie das Werk zu den wichtigen Exemplaren der Textsorte des *„frühen heroisch-antiken/christlichen/politischen*

---

298 Classen, Albrecht: *Herzog Ernst im Licht der hochhöfischen Dichtung des 13. Jahrhunderts*, in: Euphorion 85 (1991), S. 292–314, hier S. 314.

299 Rosenfeld, Hans-Friedrich: Art. *Herzog Ernst*, VL 5, Sp. 386–406.

300 Behr, Hans-Joachim: *Herzog Ernst. Eine Übersicht über die verschiedenen Textfassungen und deren Überlieferung*, in: Litterae 62, Göppingen 1979, S. 9, vgl. Haustein, Jens: *‚Herzog Ernst' zwischen Synchronie und Diachronie*, in: ZfdPh 116 (1997), S. 115–130, hier S. 126.

301 H.-J. Behr, *ebd.*, S. 12 f., vgl. Haustein, Jens: *‚Herzog Ernst' zwischen Synchronie und Diachronie*, in: ZfdPh 116 (1997), S. 115–130, hier S. 126.

302 Zöller, Sonja: *Kaiser, Kaufmann und die Macht des Geldes: Gerhard Unmaze von Köln als Finanzier der Reichspolitik und der ‚Gute Gerhard' des Rudolf von Ems*, München 1993, S. 224 f. m. Anm. 102.

303 Newald, Richard: *Die deutsche Literatur vom Späthumanismus zur Empfindsamkeit 1570–1750,* in: Geschichte der deutschen Literatur von den Anfängen bis zur Gegenwart, hg. v. Helmut de Boor u. Richard Newald, Bd. V, S. 244.

304 R. Newald, *ebd.*, Bd. V, S. 236–242, hier S. 243.

305 Kästner, Hannes J. / Schirok, Bernd: *Die Textsorten des Mittelhochdeutschen*, in: Sprachgeschichte. Ein Handbuch zur Geschichte der deutschen Sprache und ihrer Erforschung, 3 vols (Handbücher zur Sprach- und Kommunikationswissenschaft / 2, 1), hg. v. Werner Besch [u.a.], Berlin 1998, S. 1365–1384, hier S. 1370.

Romans" zählen.[306] Ein Vergleich des Sprachstandes des HE mit den ,Hessischen Reimpredigten' zeigt deutliche Gemeinsamkeiten im Hinblick auf dialektgeographische Merkmale. Die Sprachlokalisierung der ,Hessischen Reimpredigten' ergibt sich nach Barbara Lenz-Kemper „*aus der Kombination aller reimsprachlichen Merkmale*".[307] Sie ermittelt westmitteldeutsch-hessische Tendenzen gegenüber oberdeutsch-ostmitteldeutsch-mittelfränkischen, sodass sie in ihrer reimsprachlichen Bilanz den „*westlichen zentralhessischen Raum*" als möglichen Entstehungsraum in den Vordergrund stellt.[308]

3.5. Zur Komposition. Funktion von reichsgeschichtlichem Teil und Orientteil

Der HE besteht aus einem reichsgeschichtlichen und einem orientalischen Teil.[309] Der in der Mitte des Werkes als Handlungsschauplatz fungierende Orient gilt im Allgemeinen als der Ort der Bewährung und Buße.[310] Obwohl Ernst gegen

---

306 Zur selben Textsorte zählen Kästner und Schirok außerdem das Alexanderlied, das Rolandslied und den König Rother; Salman und Morolf werden als Spielmannsepik klassifiziert und die Texte ,Oswald' und ,Orendel' der Gattung der Legendenromane zugeordnet, vgl. Kästner, Hannes J. / Schirok, Bernd, *ebd.*, S. 1365–1384. Nach Max Wehrli hingegen zählen KR, HE und GR zu den „*Legendenromanen*", vgl. ders.: *Geschichte der deutschen Literatur vom frühen Mittelalter bis zum Ende des 16. Jahrhunderts*, Stuttgart 1980, S. 221 ff.

307 Lenz-Kemper, Barbara (Hg.): *Die Hessischen Reimpredigten*, Bd. 1: Untersuchungen zu Überlieferung, Sprache und Herkunft, Berlin 2009. S. 175.

308 B. Lenz-Kemper, Barbara (Hg.): *ebd.*, I, 175–178.

309 Zur Konstruktionsfrage siehe Sonneborn, Karl: *Die Gestaltung der Sage vom Herzog Ernst in der altdeutschen Literatur*, Göttingen 1914. Vgl. auch de Boor, Helmut: *Von Karl dem Großen bis zum Beginn der höfischen Dichtung 770–1170*, in: Geschichte der deutschen Literatur von den Anfängen bis zur Gegenwart, hg. v. Helmut de Boor u. Richard Newald, Bd. I, München [9]1979, S. 244.

310 Während Blamires, David: *Herzog Ernst and the otherworld voyage. A comparative study*, Manchester 1979, S. 54, den Orient als Ort einer provisorischen Lösung betrachtet, in dem Ernst sich zu einem erfolgreichen Kriegerfürsten entwickelt, blickt Simon-Pelanda, Hans: *Schein, Realitaet und Utopie. Untersuchungen zur Einheit eines Staatsromans (Herzog Ernst B)*, Frankfurt am Main u.a. 1984, S. 148, darin einen Ort der Ertüchtigung, wo Ernst sich mental und körperlich auf seine spätere Regentenrolle vorbereitet. Zum Orient als Ort der Bewährung vgl. Richard, Jean: *L'Extrême-Orient légendaire au Moyen Âge: Roi David et Prêtre Jean*, in: Annales d'Ethiopie, vol. 2 (1957), pp. 225–244; Pelliot Paul: *Chrétiens d'Asie Centrale et d'Extrême-Orient*, in: T'oung Pao, vol. XV (1914) pp. 623–644.

den Kaiser rebelliert, sogar nach dessen Leben trachtet, ist er sich keiner Schuld bewusst. Aufgrund der bloßen Schuldzuweisung, die übrigens in Fass. A fehlt,[311] muss er in die Verbannung gehen und für eine Sünde büßen, die er nicht begangen hat. Der junge Adlige ist das Reise gewöhnt. Schon als ein kleines Kind lernt er fremde Länder kennen (B 79–81): ***Sus vertreip der jungelinc gemeit / diu jâr sîner kintheit, / daz er versuochte fremdiu lant***. Hier in der heidnischen Ferne, welche einen Kontrast zur christlichen Heimat darstellt, findet die Reifeprüfung und Rehabilitation des scheinbar reumütigen Ritters statt.[312] Der eigentliche Hauptgrund für seine Reise ist allerding weder Reue noch Frömmigkeit, sondern seine Mittel- und Ratlosigkeit.[313] Solange er die kriegerische Auseinandersetzung mit dem Kaiser finanzieren konnte, hatte er Hoffnung auf Erfolg.[314] Was wäre passiert, wenn er über den Kaiser triumphiert hätte? An dieser Stelle stellt man folgende Frage: Zielte Ernst auf Autonomie oder auf den Sturz des Kaisers? Mit Sicherheit hätte er in diesem Fall Machtansprüche gestellt, und die Verse ***nach im stuont mins herzen gir / der mir sus enpharn is*** (B 1295 f.) unterstützen diese These. Sie lassen sich als Ernsts Wunsch interpretieren, dem Kaiser nach dem Leben zu trachten.[315] Niemand widerstrebt dem Kaiser, der nicht die Macht an sich reißen möchte.

Ernst und seine Ritterscharen kämpften ***sô lange unz daz der hêre / durch das urliuges herte / vergap und ouch verzerte / allez daz er mohte hân*** (B 1734–37). Erst als alle Finanzmittel aufgebraucht sind und er ***verurliuget harte sêre*** (B 1767), gibt er sich geschlagen und will ***sich vertrîben lân*** (B 1738). Damit katapultiert

311 Neudeck, Otto: *Ehre und Demut. Konkurrierende Verhaltenskonzepte im ‚Herzog Ernst B'*, ZfdA 121 (1992), S. 177–209, hier 186–189.

312 Schul, Susanne: *Das Eigene in der Fremde (er)finden: Ein fantastisches Wieder-und Weitererzählen im mittelhochdeutschen Herzog Ernst und in Lutz Dammbecks Animationsfilm*, in: Übergänge und Entgrenzungen in der Fantastik, hg. v. Christine Lötscher [u.a.], Berlin / Wien 2014, S. 499–512.

313 Für Wentzlaff-Eggebert, Friedrich-Wilhelm: *Kreuzzugsdichtung des Mittelalters*. Berlin 1960, S. 113, ist die Kreuzfahrt des Herzogs Ernst *„ein persönliches und ritterliches Anliegen"* und *„weniger eine Bußfahrt"*.

314 Zöller, Sonja: *Kaiser, Kaufmann und die Macht des Geldes: Gerhard Unmaze von Köln als Finanzier der Reichspolitik und der ‚Gute Gerhard' des Rudolf von Ems*, München 1993, S. 224 ff.

315 Zur Schuldzuweisung vgl. Holzhauer, Antje: *Rache und Fehde in der mittelhochdeutschen Literatur des 12. und 13. Jahrhunderts*, in: GAG 639, Göppingen 1997, S. 199, vgl. desweiteren Möbius, Thomas: *Studien zum Rachegedanken in der deutschen Literatur des Mittelalters*, Frankfurt a.M. [u.a.] 1993; Gephart, Irmgard: *Der Zorn der Nibelungen: Rivalität und Rache im „Nibelungenlied"*, Köln [u.a.] 2005.

sich der Held samt seiner Gefolgschaft in den Zustand der Liminalität.[316] Denn so ist es den Rebellen auch möglich, sich dem Zorn und der Rache des Kaisers zu entziehen (B 1808: ***dem keiser entwîchen***). Szklenar bringt in seiner Studie zum Bild des Orients eine Auffassung von Hauselhaus. Bei ihm dient der Orient als der Ort der Schuldkompensation, da Herzog Ernst unter schmählichen Umständen das Land verließ.[317]

Dieser Meinung kann man sich wohl nur dann anschließen, wenn man die *âventiure*-Handlung aus einem artusepischen *misericordia*-Konzept heraus liest. In den Artusepen ist Artus nie selbst der Handlungstragende, vielmehr sind es die Helden, die sich im *discordia*-Zustand bewähren müssen und nach bestandener *âventiure* an den Hof des Königs, den Garanten der Ordnung der ritterlichen Gesellschaft, zurückkehren. Der Hof als weltliches Symbol der Allmacht des christlichen Königs und Ort der Huldigung ist im Kreis der Bewährung unumgänglich, da er als Ausgangs- oder Endpunkt einer *âventiure* das Pendant zu dem heidnischen Orient bildet.

Raumsemantisch gesehen[318] bewegt sich der handlungstragende Held zwischen dem semantischen Feld (Orient als erzählte Welt) und dem Meer als Grenze zum *outremer*, sodass er dadurch selbst zum dritten und letzten Element des Sujets wird. Das Meer ist keine Semiosphäre,[319] aber dafür durchaus ein permeables Element. Weil es Grenzüberschreitungen zulässt, haben wir es hier mit einem sujethaften Text zu tun. Überprüfen wir die Teilräume des semantischen Feldes

---

316 Vgl. dazu Lazda-Cazers, Rasma: *Hybridity and Liminality in Herzog Ernst B*, Daphnis 33 (2004), S. 79–96. Zum Begriff „Liminalität" vgl. Turner, Victor W.: *Liminalität und Communitas,* in: Ritualtheorien. Ein einführendes Handbuch, eds. Andréa Belliger, David J. Krieger, Opladen [u.a.] 1998, S. 251–262.

317 Szklenar, Hans: *Studien zum Bild des Orients in vorhöfischen deutschen Epen*, in: Palaestra 243, Göttingen 1966. Zum zit. Werk vgl. Heselhaus, Clemens: *Die Herzog-Ernst-Dichtung. Zur Begriffsbestimmung von Märe und History,* in: DVjs. 20, 1942, S. 170–199, hier 173 ff. Als Grund für seine nicht ungefährliche Reise ins fremde Land gibt Schweier, Thomas: *Feudalismus in den Artusepopöen Hartmanns von Aue? Kritik der Schriften Otto Brunners im Rahmen sozialgeschichtlicher Interpretationen*, Würzburg 2004, S. 167 f. u. 254, das Fehlen der materiellen Existenzgrundlage für ihn selbst und für sein Gefolge an. Vgl. auch B 1803.

318 Nach Lotman, Jurij M.: *Die Struktur literarischer Texte*, München 1972; ders.: *Vorlesungen zu einer strukturalen Poetik*, München 1972; ders.: *Die Analyse des poetischen Textes*, Kronberg (Taunus) 1975.

319 Diesen Terminus schuf Lotman, Jurij M.: *Über die Semiosphäre*, in: Zeitschrift für Semiotik 12 (1990), S. 287–305. Er stellt sich die Semiosphäre als einen abgeschlossenen Raum vor, in dem kommunikative Prozesse stattfinden.

nach den Kriterien der Lotmanschen Raumtheorie,[320] so stellen wir auf topologischen, semantischen und topographischen Ebenen unmittelbare Kontraste fest. Topologisch dominiert der Dualismus Innen/Außen, der sich mit vielen Antonymen (in wenigen Fällen partiellen Synonymen) verknüpfen lässt: ***dâ heime*** 9 / ***fremde rîche*** 23; ***selde*** 1997 / ***veste*** 2249; ***hof*** 573 / ***palas*** 2563; ***mîn lant*** 1758 / ***fremde lande*** 1575. Topographische und fabelhafte Signifikanten wie ***mer*** 2114 / ***lebermer*** 3935; ***berc*** 4399 / ***Magnes*** 3897; ***burc*** 1665 / ***walt*** 4351 korrelieren semiotisch mit den Antonymen ***cristenheit*** 5513 / ***heidenschaft*** 5509; ***diutsche*** 312, ***tiutsche*** 1437 / ***fremde*** 3979. Damit sind die räumlichen und kulturellen Grenzen zwischen Ost und West abgesteckt. Konkretisiert wird also die topologische Ordnung, die mittels topographischer Kontraste semantisch aufgeladen ist. Die korrelierenden Bezeichnungen dienen dazu, die Grenzen der Handlungsräume zu bestimmen, in denen der Held seine Persönlichkeitsentwicklung und Identitätsfindung realisieren kann.

Da frühere Arbeiten, allen voran die von Max Wetter, ihren Gegenstand nur auf den reichsgeschichtlichen Teil des Werkes fokussierten,[321] blieb der zweite, sog. Orientteil, nahezu unberücksichtigt. Erst mit Kühnel geriet der Orientteil in den Fokus der Forschung.[322] Dabei ist dieser ein wichtiger Bestandteil von HE, da sich fast 3700 von 6020 Versen mit dem Orientteil beschäftigen.[323] Der reichsgeschicht-

---

320 Vgl. Krah, Hans: *Räume, Grenzen, Grenzüberschreitungen. Einführende Überlegungen*, in: Ders. (Hg.), Räume, Grenzen, Grenzüberschreitungen. Bedeutungs-Welten in Literatur, Film und Fernsehen. Tübingen 1999, S. 3–12. Haß, Jonathan: *Entwicklung durch Grenzüberschreitung im „Parzival" Wolframs von Eschenbach. Eine Textanalyse auf Basis der Lotmanschen Raumtheorie*, Hamburg 2013.

321 Dazu zählt z.B. Wetter, Max: *Quellen und Werk des Ernstdichters. 1. Teil: Deutsche Geschichte und westfränkische Ächtermäre*, Bonn 1941, der den Orientteil-Anfang nicht beachtet. Neudeck, Otto: *Ehre und Demut. Konkurrierende Verhaltenskonzepte im ‚Herzog Ernst B'*, ZfdA 121 (1992) S. 177–209, hier 179, vertritt dagegen die Meinung, dass *„das Interesse [des Interpreten] ausschließlich auf den Orientteil"* gerichtet sein sollte. Vgl. auch Wehrli, Max: *Herzog Ernst*, in: Die Reichsidee in der deutsche Dichtung des Mittelalters, hg. v. Rüdiger Schnell, Darmstadt 1983, S. 239–246.

322 Kühnel, Jürgen: *Zur Struktur des Herzog Ernst*, in: Euphorion 73 (1979), S. 248–271. Vgl. auch Washburn, Sigrid Paul: *Die formulaische Komposition im Herzog-Ernst-Epos und -Lied (Fassungen B und G). Eine vergleichende Studie*, Diss., LA, Calif. 1974 sowie Wehrli, Max: *Herzog Ernst*, in: Formen mittelalterlicher Erzählung. Aufsätze, hg. v. ders., Zürich / Freiburg i. Br. 1969, S. 141–153.

323 Das bedeutet 61,46 Prozent des Epos behandeln den Orient- bzw. Kreuzzugsteil und in den restlichen 38,54 Prozent geht es um die Reichsgeschichte. Wenn wir 'Graf Rudolf' und 'Herzog Ernst' miteinander vergleichen, so ersehen wir, dass die

liche Teil befähigt den jungen Ritter zur Reise in den Orient. Strukturell ist seine Orientreise zwischen zwei Reichsteile (Vorgeschichte und Schluss) eingebettet.[324] Die aufreibende, aber zugleich erzieherische Reise resultiert aus dem Machtkonflikt, der in der Vorgeschichte entwickelt wird. Die auf die Orientreise folgende Geschichte, welche den Schlussteil ausmacht, ist die Rückkehr des Herzogs und die Wiederherstellung der durch den Konflikt gestörten Eintracht. Dazwischen liegt also die Bewährungsreise[325] des Herzogs, die ihn über gefährliche Stationen bis nach Jerusalem führt. Ehlen definiert das Erzählmuster der „*früheren volkssprachlichen Fassungen*“ als eine „*vertikal orientierte Struktur*“, die jedoch in Fassung C nicht anzutreffen sei.[326]

Wie der Spruchdichter Reinmar von Zweter beschrieb, soll die kuriose Reise des kühnen Herzogs eine *imitatio Alexandri* darstellen:

„Uns ist von maeren worden kunt,
wie Alexander vuor durch wunder an des meren grunt
unt wie von Abacuc der imbîz wart ze Babylône brâht,
waz Herzog Ernest nôt erleit,
waz er unt grâve Wetzel der gesnabelen diet verseit
wie si die grîfen vuorten
dâ ir ze spîse ir kinden was gedâht“[327]

---

motivische Fülle eine prozentuelle Parallele zeigt. Beim fragmentarisch überlieferten GR ermittelten wir ebenfalls ein motivisches Verhältnis von 60–40 Prozent (s.o.), nur dass im letzteren der kleinere Prozentanteil zur Hälfte mit ***minne*** vermengt ist, was im HE nur ganz kurz vorkommt (B. 3096–3576). Dafür ist HE aber politisch und multikulturell brisanter. Den reichsgeschichtlichen Teil beschreibt Meves, Uwe: *Studien zu König Rother, Herzog Ernst und Grauer Rock (Orendel)*, (1976), S. 148, Anm. 13, mit „*nahezu zwei Drittel des Umfanges*“.

324 Zum Reichsteil vgl. Dümmler, Ernst: *Herzog Ernst*, ZfdA 14 (1869), S. 559 f. Zur strukturellen Untersuchung vgl. Kühnel, Jürgen: *Struktur des Herzog Ernst*, in: Euphorion 73 (1979), S. 248–271. Auf die motivische Gemeinsamkeit mit dem 'Straßburger Alexander' verweist Stock, Markus: *Kombinationssinn. Narrative Strukturexperimente im 'Straßburger Alexander', im ‚Herzog Ernst B' und im ‚König Rother'*, Tübingen 2002, S. 300 ff. Vgl. auch Jäger, Siegfried: *Studien zur Komposition der Crescentia der Kaiserchronik, des Vorauer und Straßburger Alexander und Herzog Ernst B*, Bonn 1967.

325 Bei J. Kühnel, *ebd.*, S. 248 ff., handelt es sich um die Bewährung des sich eines Vergehens schuldig gemacht habenden Helden.

326 Ehlen, Thomas: *Hystoria ducis Bauarie Ernesti*, Tübingen 1996, S. 208. Ehlen, *ebd.* S. 208 f., präzisiert diese Struktur als den „*Weg in die Krise und wieder zurück in den Idealzustand*“.

327 Reinmar von Zweter, *Lied Nr. 162*, hg. v. Gustav Roethe, Leipzig 1887, S. 492.

Erst 25 Jahre nach Max Wetter widmete sich Hans Szklenar wieder dem Orient-Stoff.[328] Seitdem ist der Orientteil bevorzugt interpretiert worden. In erster Linie gilt es jedoch, aus beiden Teilen eine Synthese herauszuarbeiten. Der anonyme Verfasser versucht hier, grenzenüberschreitend sein Publikum in fremde Welten zu führen und dabei eine ausgeklügelte Erzählregie walten zu lassen.

Das Epos bewegt sich vor dem historischen Hintergrund der Machtkämpfe zwischen Staufern und Welfen und umfasst insofern folgende Themenbereiche: die Reichsgeschichte, den vorbildlich-ritterlichen Helden und den Orientbereich samt seiner seltsamen Wesen und seiner *âventiure*-Elemente. Gervinus sprach zu Recht von dem „*Reisewunder der alten Welt*", ohne das wir eine kaum reizvolle „*verwirrte (...) magere Sage*" hätten.[329] Auf der einen Seite wird die Disharmonie zwischen Partikular- und Zentralgewalt, auf der anderen der Krieg gegen die orientalischen Heiden unter dem Zeichen des Kreuzes dargestellt. Aus dieser Diskrepanz resultiert die Reise des Herzogs nach Jerusalem.

Der 'Herzog Ernst' B, mit dessen „Orientteil" wir uns hier vorrangig auseinandersetzen, gilt im Allgemeinen als „*Spielmannsepos*",[330] „*Staatsroman*", [331] „*heroisch-politischer Roman*",[332] „*Aventiureroman*" oder wird auch als deutsche Reichsgeschichte verstanden, die von der Hand eines literaturkundigen Klerikers herrühren soll. Luff behandelt HE „*im Spannungsfeld der drei Gattungen Spielmannsepik, Heldenepik und Geistlichendichtung*".[333] Röcke ordnet HE samt 'König Rother' unter die „*heroisch-politischen Romane*" ein.[334] Nach Simon-Pelanda kann es sich jedenfalls nicht um eine „*Kreuzzugsdichtung*" handeln,

328 Szklenar, Hans: *Studien zum Bild des Orients in vorhöfischen deutschen Epen*, in: Palaestra 243, Göttingen 1966.

329 Gervinus, Georg Gottfried: *Handbuch der Geschichte der poetischen Nationalliteratur der Deutschen*, Leipzig 1842, S. 29.

330 Vgl. etwa Bertau, Karl: *Deutsche Literatur im Mittelalter*, Bd. I, München 1972, S. 470–478. Unter der Spielmannsdichtung aufgeführt ist das Werk bei Schmid-Cadalbert, Christian: *Der Ortnit AW als Brautwerbungsdichtung. Ein Beitrag zum Verständnis mittelhochdeutscher Schemaliteratur*, Bern 1985, S. 18.

331 Simon-Pelanda, Hans: *Schein, Realität und Utopie. Untersuchungen zur Einheit eines Staatsromans (Herzog Ernst B)*, Bern/Frankfurt a.M. 1984, S. 128–140.

332 Röcke, Werner: *Höfische und unhöfische Minne- und Abenteuerromane*, in: Volker Mertens, Ulrich Müller (Hg.): Epische Stoffe des Mittelalters, Stuttgart 1984, S. 401 ff.

333 Luff, Robert: *Wissen als Macht im ‚Herzog Ernst B'*, in: Höfische Wissensordnungen, Göttingen 2012, S. 85–102, hier S. 85 f., Anm. 3.

334 Röcke, Werner: *Höfische und unhöfische Minne- und Abenteuerromane*, in: Epische Stoffe des Mittelalters, Stuttgart 1984, S. 395–423. Die Gattungen "heroisch-politische Romane", "Legendenromane", "abenteuerliche und erbauliche Minneromane" und

da die entsprechenden „*Oberflächenphänomene*" fehlen.[335] Demzufolge liefert dieser eine sozialwissenschaftliche Analyse des Textes, in der er Ernsts Bewährungsweg in eine einheitliche Komposition bündelt. Nach Simon-Pelanda, der das ritterliche Treiben des Herzogs im Dienst des expandierenden feudalen Staatswesens betrachtet, bleibt dieser auch außerhalb des Reiches ein Reichsherrscher.

Resümierend können wir festhalten, dass 'Herzog Ernst' B ein wohl vollständig erhaltenes, in Versen verfasstes mitteldeutsches geographisch-ethnologisch-anthropologisches Orientepos ist, das – dem Zeitgeist des ausgehenden 12. Jhs. entsprechend – von der Remetamorphose eines politisch-pragmatisch veranlagten und seiner Führungsrolle gerecht werdenden jungen europäischen Adligen im Orient erzählt.

3.6. Inhaltsangabe des Gesamtwerkes

Der 'Herzog Ernst' B handelt von riskanten Abenteuern und Grenzüberschreitungen des Herzogs und seines treuen Gefährten Wetzel (Wernher von Kyburg).[336] Es geht um heldenhafte und wundersame Taten des Herzogs, die er allesamt im Orient vollbringt. Er begibt sich auf die Fahrt ins Heilige Land, verirrt sich auf dem Weg dahin und erlebt zahlreiche Abenteuer mit seltsamen Völkern, die er mit seinem klugen Freund Wetzel und einer Gruppe Getreuer meistert. Zudem behandelt das Epos die als problematisch dargestellte „*Machtbalance zwischen kaiserlicher Zentralgewalt auf der einen und dem Anspruch der Reichsfürsten nach Mitsprache und Eigenständigkeit auf der anderen Seite*".[337] Solche hegemonialen Fehden waren keineswegs marginal, sondern „*prägten die politischen Auseinandersetzungen im Sacrum Imperium das ganze Mittelalter hindurch*".[338]

"empfindsamer Minneroman" bilden bei ihm Untergruppen der Oberkategorien "höfische und unhöfische Minne- und Abenteuerromane".

335 Simon-Pelanda, Hans: *Schein, Realität und Utopie. Untersuchungen zur Einheit eines Staatsromans (Herzog Ernst B)*, Bern/Frankfurt a.M. 1984, S. 157.

336 Vgl. dazu den Aufstand des Herzogs Liudolf von Schwaben gegen seinen Vater Otto I., den deutschen Kaiser. Vgl. dazu Zöller, Sonja: *Kaiser, Kaufmann und die Macht des Geldes: Gerhard Unmaze von Köln als Finanzier der Reichspolitik und der ‚Gute Gerhard' des Rudolf von Ems*, München 1993, S. 224–228.

337 Vgl. Wegner, Wolfgang: *Ein Mensch sein, ganz ohne Rüstung. Zu Komposition und Intention einer filmischen Rezeption des ‚Herzog Ernst'-Stoffes* (1999), http://www.rz.uni-karlsruhe.de/~rf16/Uber_mich/_Herzog_Ernst_/_herzog_ernst_.html

338 W. Wegner, *ebd.*

HE beginnt mit der formelhaften Anrede ***nu vernemet*** (B 1), was Wilkerson damit erklärt, dass sie auf das *attentum parare* des Zuhörers gerichtet sei.[339] Laut Eßer appelliert der Autor mit der Anrede ***nu*** *„an das rezeptive Vermögen der Zuhörer“*,[340] womit zugleich auf das *docilem parare* gezielt wird, d.h. es gilt die Neugier des Zuhörers zu wecken. Die Häufigkeit der Anfangspartikel ist in der *„Verskonkordanz zum Herzog Ernst”* mit 80, also sehr häufig, angegeben.[341] Doch die ***nu***-Partikel steht in drei von vier Fällen nicht am Anfang des Satzes bzw. des Verses. Sie wird auch nicht immer als Anrede verwendet, sondern taucht hin und wieder im Sinne von ‚jetzt' auf, um den Augenblick zu betonen, z.B. in den Versen 2096, 2412, 2426, 3742 oder 4407.[342]

---

339 Das ***attentum parare*** dient zur Beseitigung des Desinteresses (***nullam commodo***), was beispielsweise in der 'Eneide' Heinrichs von Veldeke (Dichtungen des deutschen Mittelalters 8), hg. v. Ludwig Ettmüller, Leipzig 1852, deutlicher wird: (38,1: ***vernemet selsâniu dink***), oder die Richtigkeit des Vorgetragenen zu beteuern (60,24: ***daz vernemet vor wâr ungelogen***). Damit bereitet der Dichter sein Publikum "*auf etwas Außerordentliches*" vor, vgl. Fisher, Rodney W.: *Das Fremde im frühhöfischen Roman: einige Beobachtungen zu Veldeke und Hartmann*, in: Akten des VIII. Internationalen Germanisten-Kongresses Tokyo 1990, Tl. 7, hg. v. Eijirō Iwasaki, München 1991, S. 256–262, hier S. 259. Vgl. zusätzlich Wilkerson, William Byron: *Form and Function of the Prologue in Early Middle High German Religious Poetry*, Diss., Pennsylvania 1974. zit. bei Eßer, Josef: *Die Schöpfungsgeschichte in der „Altdeutschen Genesis“ (Wiener Genesis V. 1–231). Kommentar und Interpretation*, in: GAG 455 (1987), S. 52. Zu weiteren ähnlichen Appellationen vgl. Eßer, *ebd.* S. 53, u. Ritter, Richard: *Die Einleitungen der altdeutschen Epen*, Bonn 1908, S. 41 ff. Außerdem führt Eßer zu ihrer literarischen Tradition zwei ältere Dissertationen auf: Matz, Elsa Lina: *Formelhafte Ausdrücke in Wolframs Parzival*, Diss., Kiel 1907, sowie Dahms, Friedrich: *Die Grundlagen für den Stil Wolframs von Eschenbach*, Diss., Greifswald 1911.

340 J. Eßer, *ebd.*, S. 53. An dieser Stelle sollen zwei weitere ebenfalls von Eßer genannte Arbeiten mit Bezug auf mittelhochdeutsche Appellationen aufgeführt werden: Nellmann, Eberhard: *Wolframs Erzähltechnik. Untersuchungen zur Funktion des Erzählers*, Wiesbaden 1973, und de Boor, Helmut: *Frühmittelhochdeutscher Sprachstil*, in: Kleine Schriften, hg. v. R. Wisniewski u. H. Kolb, Bd. 1. Berlin 1964, S. 21–96. Letzterer meint, die Anfangspartikel ***nu*** diene zur Herstellung der Beziehung zwischen Redenden und Hörenden, vgl. de Boor, *ebd.*, S. 36, zit. bei J. Eßer, *ebd.*, S. 53. Zum Prolog des HE vgl. Luff, Robert: *Nu vernemet alle besunder: ich sage iu michel wunder*. Dichter, Publikum und Konturen der Vortragssituation im ‚Herzog Ernst B', in: Euphorion 95 (2001), S. 305–340. Tatsächlich hat Spuler, Richard: *The Orientreise of Herzog Ernst*, in: Neophilologus 67 (1983), pp. 410–418, hier p. 411, 56 Belege für ***wunder*** gezählt.

341 Putmans, Jean L. C.: *Verskonkordanz zum Herzog Ernst (B, A und Kl)*. 2 Bde, in: GAG 277, Göppingen 1980, hier Bd. 2, S. 458 f.

342 J.L.C. Putmans, *ebd.*, Bd. II, S. 458 f.

Die historische Schablone der in HE geschilderten Auseinandersetzung wird in zwei Fürstenaufständen gegen den Kaiser gesehen: Zum einen in demjenigen jenes aufrührerischen Herzogs Ludolf von Schwaben (930/31–957) gegen seinen Vater Otto I. in den Jahren 951–954, zum anderen in der Empörung Ernsts II. von Schwaben gegen seinen Stiefvater Konrad II. in dem Zeitraum 1026–1030. Georg G. Gervinus erwägt die Verschmelzung zweier Ernst-Figuren, nämlich des Helden selbst, des Stiefsohnes Konrads, und eines älteren Ernsts, des Schwiegersohnes Ludwigs des Frommen (778–840).[343] Kaiser Otto I., *rex iustus et pacificus* eines blühenden Imperium Romanum, hält nach dem Tod seiner Frau Ottegebe (Edgitha von England) nach einer neuen Herrscherin Ausschau. Von diesem Wunsch beseelt, vermählt er sich mit Adelheit (B 467), der verwitweten Mutter des Herzogs Ernst von Bayern.

Adelheit weist den Antrag des Kaisers zunächst ab, weil sie vorhat, „***in kiusche und in reinikeit***“ (B 173) zu sterben. Dann revidiert sie ihren Standpunkt und heiratet doch den verwitweten Kaiser. Die Bemühungen der Mutter Ernsts, die stets für standesgemäße Erziehung und gesellschaftliche Anerkennung ihres Sohnes gesorgt hat,[344] tragen Früchte. Ernst wird von Otto wie ein eigener Sohn aufgenommen. Dass er sich am kaiserlichen Hof so schnell etabliert und sogar zu den Vertrauten des Kaisers gehört (B 616–645), ärgert Heinrich den Pfalzgrafen bei Rhein (B 646–672). Der Pfalzgraf, ein Verwandter des Kaisers, will dem jungen Herzog sein Erbland abgewinnen. Vom Neid zerfressen, bezichtigt er Ernst des Umsturzversuchs. Zum Leidwesen des jungen Herzogs gelingt es ihm, den Kaiser davon zu überzeugen (B 797–812).

Die intakte Beziehung zwischen Otto I. und seinem Stiefsohn, der in seiner Person die zukünftige *gemma patriae* verkörpert, wird gründlich zerrüttet. Der vom Kaiser geschaffene „***aller beste[n] friede***“ (B 192) ist nun bedroht. Der durch die Intrige des Pfalzgrafen ausgelöste Eklat gipfelt in einer bewaffneten Auseinandersetzung. Der Kaiser hetzt seine mächtigen Truppen auf Ernst und verfolgt ihn mit unerbittlicher Feindschaft (***mit roube und mit brande / widersagete er sînem stiefsun*** B 860 f.), da er sich von seinem Stiefsohn hintergangen glaubt. Die Adligen bitten den Kaiser, dem jungen Herzog gnädig zu sein (B 1104–1157), was dieser jedoch rigoros zurückweist (B 1160–1176). Obwohl Ernst tapfer Widerstand leistet, ist er der kaiserlichen Übermacht letztlich elend ausgeliefert.

343 Vgl. Gervinus, Georg Gottfried: *Handbuch der Geschichte der poetischen Nationalliteratur der Deutschen*, Leipzig 1842, S. 29.

344 Der Erzähler kommentiert ihr Verhalten mit der lakonischen Bemerkung, sie hätte sich als Frau normenkonform verhalten (B 164 f.): ***dô êrte sie den wîgant / und zôch sich wîplîche***.

Der junge Graf rächt sich am verleumderischen Pfalzgrafen (B 1290–1293),[345] anschließend (B 1294–1299) folgt die Begründung dafür:

der keiser habe undanc
daz er ie gevolgte dir.
nâch im stuont mîns herzen gir,
der mir sus enpharn is:
er hæte von mir gewis
enphangen den grimmen tôt.[346]

Da der provozierte junge Adlige entsprechend der Begierde seines Herzens reagiert und die eventuellen Folgen nicht berücksichtigt, wird er gesellschaftlich und staatlich geächtet (B 1396–1427). Die Krise ist eigentlich nur dadurch entstanden, dass ein Fürst, der nur wenige reale Machtmittel besitzt, mit dem Kaiser ranggleich sein will. Dies bedroht die vom Kaiser geschaffene vorbildliche Ausgewogenheit (B 192–196):

„***er schuof den aller besten fride***
beide vür unde wider
der ê oder sider
oder immer mê werde
ûf der Sahsen erde.“

Die vom Kaiser hergestellte Concordia, welche sowohl nach innen als auch nach außen und für alle Zukunft auf sächsischer Erde gelten soll, ist auf einmal durch Ernst bedroht. Der Geächtete muss seine Schuld begleichen und wieder in die Gunst des Kaisers gelangen. Nach dieser Freveltat muss er sich ins Exil begeben. Die erzählende Figur billigt die Untat des jungen Herzogs nicht und ist eindeutig mit seiner Verbannung einverstanden (B 1425): „***er hât verdienet wol die nôt***“. Ernst weiß, dass er der kaiserlichen Übermacht auf Dauer nichts entgegenzusetzen hat, und geht zunächst in die Verbannung. Doch erst aus dem Exil zurückkommend, entschließt er sich, mit seinem Gefährten Wetzel und den treuesten Kämpfern ins Heilige Land zu ziehen.[347]

---

345 Beck, Heinrich: Art. *Rache*, in: RGA 24. Berlin / New York, 2003, S. 45–47.

346 *Herzog Ernst. Ein mittelalterliches Abenteuerbuch*. In der mittelhochdeutschen Fassung B nach der Ausgabe von Karl Bartsch mit den Bruchstücken der Fassung A herausgegeben, übersetzt, mit Anmerkungen und einem Nachwort versehen von Bernhard Sowinski, Stuttgart 1989.

347 Ernst spricht zum ersten Mal vom „***kriuze nemen***“ (B 1814; D. 1654, 1670, 4629) und davon, dass er „***ze dienste dem heiligen grabe***“ (B 1815) zu ziehen wünscht. Von „***füeren über mer***“ (B 1810), „***durch got varn über mer***“ (B 1845), „***fuoren under des kriuzes pflege***“ (D 1710) bzw. „***geleite bis ze Jêrusalêm in die stat***“ (D 1719)

Als Grund für seine Entscheidung gibt er an, dass er und seine treuen Ritter ihre Besitztümer aufgebraucht hätten (B 1760–61; 1767) und allesamt verarmt seien (B 1800; 1881–85), sein Land gebrandgeschatzt und vernichtet sei (B 1758 f.), er dem mächtigen Kaiser keinen Widerstand mehr leisten könne (B 1741, 1773) und über keine Heeresmacht mehr verfüge (B 1804) und demzufolge keine Beute mehr zu machen sei (B 1803).[348] Der Herzog ist sehr glücklich darüber, „***daz er sô manigen werden man / ze sîner reise gewan***" (B 1863–64.; D 1803–06), denn es sind immerhin „***tûsent ritter an sîner schar***" (B 1966).

Mit seiner Abreise beginnt der sogenannte Orientteil. Hierfür wählt er den klassischen Kreuzfahrerweg[349] über ***Ungerlant*** (B 2011), ***durch der Bulagære walt*** (B 2033) und ***Constantînopel*** (B 2039). Die gefährliche Reise nimmt der Held auf sich, um sich zum „*Garant von Frieden und Recht*" zu entwickeln.[350] Die Helden können auf diese Weise nicht nur würdevoll den Rückzug antreten (B 1816), sondern bekommen die Gelegenheit, Huld gegenüber dem Herrscher zu beweisen (B 1821). Dies geht nur über einen beschwerlichen Bußweg (B 1820). Ernst will zwar wieder die Gunst des Kaisers zurückgewinnen, wählt aber diese beschwerliche Reise nach Osten, weil er dadurch zugleich eine gewisse Sicherheit vor königlicher Gewalt hat.

Nicht außer Acht gelassen werden darf, dass dieses Epos einerseits die Kontroverse zwischen Partikularismus und Zentralismus thematisiert, andererseits auch die Grundlage für die Fahrt nach Jerusalem liefert, womit es auch als ein „Staatsroman" betrachtet werden könnte.[351] Für die Durchführung der gefährlichen Orientreise gibt es aber noch einen weiteren Grund: Ernst hat durch seine Maßlosigkeit seinen Stiefvater in seiner Eigenschaft als Kaiser des Heili-

---

verspricht er sich die Wiedererlangung der ritterlichen Würde und reiche Beute für sich und seine ebenfalls verarmten und verfemten Gefolgsleute.

348 Vgl. Schweier, Thomas: *Feudalismus in den Artusepopöen Hartmanns von Aue? Kritik der Schriften Otto Brunners im Rahmen sozialgeschichtlicher Interpretationen*, Würzburg 2004, S. 167 f. Schweier betont hier, dass „*Raub ein Teil der Produktionsweise*" ist.

349 Über seine Reiseroute vgl. Lecouteux, Claude: *Kleine Beiträge zum ‚Herzog Ernst'*, ZfdA 110 (1981), S. 210–221, hier S. 218 ff.; Boensel, G.: *Studien zur Vorgeschichte der Dichtung von Herzog Ernst*, Diss. masch., Tübingen 1944, und Szklenar, Hans: *Studien zum Bild des Orients in vorhöfischen deutschen Epen*, Palaestra 243, Göttingen 1966, S. 155.

350 Behr, Hans-Joachim: *Herzog Ernst*, in: Interpretationen. Mittelhochdeutsche Romane und Heldenepen, hg. v. Horst Brunner, Stuttgart 2004, S. 59–74, hier S. 67.

351 Simon-Pelanda, Hans: *Schein, Realität und Utopie. Untersuchungen zur Einheit eines Staatsromans (Herzog Ernst B)*, S. 128–140.

gen Römischen Reiches gekränkt und damit „***wider gote***“[352] gehandelt und den Zorn Gottes auf sich gezogen. Deshalb muss er Buße tun. Damit ist auch eine theologische Grundlage für die Orientreise gegeben. Jetzt gilt es, dem Kaiser auszuweichen: ***nu muoz ich im entwîchen / durch vorhte und durch gehôrsam*** (B 1780 f.), und ***nu suln wir wîslîchen / dem keiser entwîchen*** (B 1807 f.).

Der mittlerweile mittellose Herzog weiß, dass er dringend Beute machen muss (***als wir ê gewinnes phlâgen*** B 1803), wenn er seine Schar noch beisammenhalten und seine Ehre aufrechterhalten will. Sonst droht ihm die unwiderrufliche Verbannung (***ê wir uns sus vertrîben lân*** B 1817). Zugleich bereut der fromme Herzog seine rebellischen Taten gegenüber dem Kaiser und will – wie oben schon erwähnt – auch Buße tun (B 1818–1821):

„***wir haben wider gote getân***
daz wir imbillîch müezen
ûf sîn hulde büezen,
daz er uns die schulde ruoche vergeben“

Zum Erreichen dieser Ziele eignet sich die Teilnahme am Kreuzzug.[353] Diese Lösung sieht er entweder tatsächlich als seine Bestimmung oder argumentiert religiös-fatalistisch, um seine Kombattanten für seine Pläne zu gewinnen. In jedem Falle stimuliert er die Beutelust seiner Ritter (B 1832–1835):

„***ouch will ichz immer mêre***
gegen iuwern hulden

---

352 Vers 1818. Hier ist jegliche Art Frevel gegen Gott gemeint, vgl. z. B. Eike von Repgows „*Sachsenspiegel – Landrecht, 1221–1224/45*“ III 42 § 5, S. 228: ***Latet den keiser sines bildes geweldich, unde Goddes bilde gevet Godde*** [vgl. Matth 22,19–21]. ***Dar bi is uns kundich van Goddes worden, dat de mensche, Goddes bilde, Goddes wesen scal, unde swe ene anderes iemanne to seget den Godde, dat he weder Godde dut.***“ [Vgl. *Gn* 1,26: *Et ait: Faciamus hominem ad imaginem et similitudinem*; *Gn* 1,27: *Et creavit Deus hominem ad imaginem suam…*; 5,1: *In die, qua creavit Deus hominem, ad similitudinem Dei fecit illum*; *Gn* 9,1: *crescite et multiplicamini et implete terram*; *Gn* 9,6: *ad imaginem quippe Die factus est homo*; *Iac* 3,9: *in ipsa [sic. lingua] benedicimus Dominum et Patrem, et in ipsa maledicimus homines qui ad similitudinem Dei facti sunt*; vgl. auch *Sap* 2,23: *Lv* 25,42 u. 55, vgl. auch Laude, Corinna: *Sye kan ir sprache nyt verstan ‚Grenzsprachen' und ‚Sprachgrenzen' im Mittelalter*, in: Grenze und Grenzüberschreitung im Mittelalter (hg. v. Ulrich Knefelkamp und Kristian Bosselmann-Cyran), 11. Symposium des Mediävistenverbandes vom 14. bis 17. März 2005 in Frankfurt an der Oder, Frankfurt a.M. 2007, S. 331–344, hier S. 335 m. Anm. 20.

353 Der Kreuzzug hat die frappante Eigenschaft, dass er ***adelt***, vgl. Wentzlaff-Eggebert, Friedrich-Wilhelm: *Kreuzzugsdichtung des Mittelalters*, Berlin 1960, S. 112–114, hier 114.

mit guote verschulden
und mit dienste widerwegen"

Schon bevor er in den Orient gelangt, beginnen sein ritterlicher Glanz und seine herrschaftliche Glorie wieder zur Geltung zu kommen (B 1882–1905). Souverän übernimmt er die Rolle des Schutzherrn, um dessen Gunst die fremden Ritter bitten. Sein ehemals negatives Bild scheint sich somit wieder ins Positive zu kehren.[354] Über Ungarn, wo er vom König ***vil wol*** (B 2019) aufgenommen wird, gelangt Ernst nach Konstantinopel. Auf dem Balkan wird er die *via diagonalis*, welche von Sirmium über Naissus, Sofia und Adrianopel bis nach Konstantinopel führte, benutzt haben.[355] Ernst, dem der Ruf als heldenhafter rebellischer Kämpfer vorauseilt, wird auch vom byzantinischen Kaiser ***mit grôzem flîze*** (B 2048) empfangen und bewirtet. Hier verbringt der Held ungefähr ***drî wochen oder mêre*** (B 2066), bevor er mit seiner Gefolgschaft in See stechen kann. Als der pilgernde Herzog mit seiner Schar die Seereise antritt, bekommt er unerwartet Begleitung von freiwilligen Sympathisanten und Bewunderern (B 2114–2119):

"***dô schifte mit im über mer***
durch liebe und durch friuntschaft
der Kriechen ein michel kraft
mit fünfzic schiffen unde mê,
die mit im fuoren über sê
und wâren im gehôrsam."

Von Konstantinopel aus segeln die tüchtigen Helden zunächst nach Syrien. Am fünften Tag ihrer Fahrt werden sie von einem heftigen Sturm überrascht, ***daz einz bîm andern niht beleip*** (B 2138). Zwölf griechische Schiffe, die die Kreuzfahrer eskortieren, versinken, und ihre Besatzungen finden den Tod. Der Rest der Flotte muss große Not erdulden. So bekümmert der Herzog auch über den Tod der griechischen Gefährten ist, freut er sich doch darüber, dass er die europäischen Ritter bei sich auf einem Schiff behalten hat.

Nach drei ermattenden Monaten (B 2179) auf hoher See, ohne ***daz die recken vil hêre / nie kâmen ze lande*** (B 2180–81), ***dô wart gestillet diu nôt*** (B 2193). Gerade als aller Proviant aufgezehrt ist und ein unvermeidliches Ende durch Ver-

---

354 F.-W. Wentzlaff-Eggebert, *ebd.*, S. 113 f. Und mit dem relativ schnell einsetzenden Prozess der Renobilitation des jungen Herzogs steigt auch das Renommee seines in Verruf geratenen Heeres (B. 2000–2009), vgl. ders., *ebd.* S. 114.

355 Lilie, Ralph-Johannes: *Straßen und Verkehrswesen in Byzanz*, in: Die Welt der europäischen Strassen: von der Antike bis in die Frühe Neuzeit (hg. v. Thomas Szabó), Köln 2009, S. 19–32 hier S. 21.

hungern naht, erspähen die Helden Land, auf das sie zusteuern. Das ***vil hêrzlîch land*** (B 2205), an dem die Fremdlinge an die Küste gehen, ist eigentlich eine Insel. Diese ist entzückend und heißt Grippia.[356]

3.6.1. Grippia-Episode (B 2210–3882)

Grippia ist eine „*exotische Insel*"[357], wo „*das Volk der Kranichmenschen*"[358] lebt. Die Besonderheit dieser Station liegt darin, dass sie zweimal durchstreift wird und sie sich als echter Bußabschnitt offenbart. Diese beiden Besuche sind durch unterschiedliche Aspekte – Kreuzzug und *âventiure* – gekennzeichnet. Bereits im Prolog ist vom „***guoten knehte***"[359] (B 3, 21) und „***hôhe[n] muot***" (B 6) sowie von „***fremden rîchen***" (B 23) die Rede. Außerdem gilt es, edle und ritterliche Gesinnung zu verstehen und nachzuempfinden. Dies können wiederum nur diejenigen, die sich selbst solch einer Herausforderung stellen, nämlich *ad venturam*.

Um eine detaillierte Analyse der Episode zu liefern, ist sie in fünf Sinnabschnitte zu unterteilen:

1. Ankunft in Grippia (B 2210–2352)
2. Der erste Besuch der Stadt (B 2353–2473)
3. Der zweite Besuch der Stadt (B 2531–3605)
4. Kampf mit den heidnischen Reitern (B 3605–3838)
5. Aufbruch von Grippia (B 3839–3882)

---

356 Vgl. Szklenar, Hans: *Studien zum Bild des Orients in vorhöfischen deutschen Epen*, Palaestra 243, Göttingen 1966, S. 153 ff., insb. Anm. 2, S 153; Bichler, Reinhold: *Von der Beglaubigung phantastischer Reiseabenteuer. Althistorische Assoziationen zum Herzog Ernst*, in: Historiographie – Ethnographie – Utopie. Gesammelte Schriften, Teil 2, Studien zur Utopie und der Imagination fremder Welten, hg. v. Robert Rollinger, Wiesbaden 2008, S. 163–172, hier S. 164, Anm. 3. Wenn Mandeville seine Leser "*von menger wunderlichen ynsel*" unterrichten will, so geht er doch u.a. von einer insularen Berichterstattung aus. Vgl. Sir John Mandevilles Reisebeschreibung, in deutscher Übersetzung von Michel Velser nach der Stuttgarter Papierhandschrift Cod. HB V 86, hg. von Eric John Morrall, in: DTM 66, Berlin 1974, S. 93.

357 Steinicke, Marion Michaela: *Apokalyptische Heerscharen und Gottesknechte*, Berlin 2005, S. 22.

358 M. M. Steinicke, *ebd.*, S. 22.

359 Der unbekannte Verfasser schildert Ernst durchweg positiv, soweit er sich fern der Heimat bewegt; in der Heimat dagegen wird er gelegentlich getadelt. Abgesehen davon, dass der Herzog laut des mittelalterlichen Codex Gott selbst untersteht, beschreitet er im Zeichen des Kreuzes den beschwerlichen Weg im Orient und trotzt allen möglichen Gefahren, sodass er als ***miles Christianus*** betrachtet werden kann.

3.6.1.1. Ankunft in Grippia (B 2210–2352)

Ein Seesturm[360] bringt die Reisenden vom Kurs ab. Infolge des Seesturms, der als "*Medium des Übergangs ins Land phantastischer Inselabenteuer*"[361] zu verstehen ist, gelangt der Herzog mit seinen getreuen Gefolgsleuten jedenfalls nicht nach Palästina, sondern unbeabsichtigt an die Küste unbekannter Gefilde, in den kuriosen Orient. So verwandeln sich die wallfahrenden Kreuzritter in herumirrende Seefahrer. Sie befinden sich nun in der Wunderwelt des Orients, zunächst auf einer Insel namens Grippia. Dieser Ort widerspiegelt das Faszinosum des Orients mit all seinem prächtigen Inventar, Mobiliar[362] und kostbaren Luxus, einem Zeugnis von dem hohen Stand der Kultur und Zivilisation. Mondäne Tischmanieren, lukullische Üppigkeit, gepflegte Badetradition, höfisches Zeremoniell sowie munizipiale Dienste wie die Stadtreinigung faszinieren die Europäer.[363] Auch die hochkultivierte Urbanität und Wehrarchitektur visualisieren noch einmal die Genialität der Grippianer. Die Burg[364] ist von einer gut befestigten, aufwändig verzierten,

---

360 Zum Motiv des Seesturms vgl. Kugler, Hartmut: *Zur literarischen Geographie des fernen Ostens im ‚Parzival' und im ‚Jüngeren Titurel'*, in: Ja muoz ich sunder riuwe sin. FS Karl Stackmann, Göttingen 1990, S. 107–147; Szklenar, Hans: *Studien zum Bild des Orients in vorhöfischen deutschen Epen*, Palaestra 243, Göttingen 1966, S. 154. Vgl. auch Spagnol Mario, Dossena Giampaolo (eds.): *Avventure e viaggi di mare*, Milano 1959.

361 Bichler, Reinhold: *Von der Beglaubigung phantastischer Reiseabenteuer. Althistorische Assoziationen zum Herzog Ernst*, in: Historiographie - Ethnographie - Utopie. Gesammelte Schriften, Teil 2, Studien zur Utopie und der Imagination fremder Welten, hg. v. Robert Rollinger, Wiesbaden 2008, S. 163–172, S. 167.

362 Vgl. z.B. die Bett- (B 2577–2597) oder die Hamambeschreibung (B 2662–2672).

363 Zu den Beziehungen zwischen Muslimen und Christen zur Zeit der Kreuzzüge vgl. Köhler, Michael A.: *Allianzen und Verträge zwischen fränkischen und islamischen Herrschern im Vorderen Orient*, in: StGKiO, N.F. 12, Berlin / New York 1991.

364 Wie wir in SW, 373 (S. 248) beobachten, werden die Begriffe ***stat*** und ***burc*** getrennt. Der HE-Verfasser hingegen verwendet in seiner detailreichen Burgekphrasis (B 2212–2250; B 2531–2556) die Begriffe ***burc*** (B 2213, 2232, 2530, 2552 et passim) und ***veste*** (Festung, B 2249) synonymisiert, was im Bezug auf die Wehrhaftigkeit solcher Siedlungen sinnvoller ist. Egal, ob ***stat***, ***burc*** oder ***veste***, sie "*sind durch die Phantasie der Autoren konzipiert und kontaminiert*", vgl. Müller, Ulrich: *Die Burg*, in: Mittelaltermythen: Burgen, Länder, Orte, Bd. 5, hg. v. ders. u. Werner Wunderlich, Konstanz 2007, S. 143–160 (http://www.uni-salzburg.at/fileadmin/oracle_file_imports/565570.PDF). Nach der Auffassung von Müller, *ebd.*, konnten die "*'literarischen Burg-Darstellungen' als wirkliches Abbild der damaligen Realität*" verwendet werden. Er fügt hinzu (*ebd.*): "[...] *vieles an grundsätzlich Richtigem mussten sie aber bieten, um beim damaligen Publikum überhaupt glaubhaft zu wirken.*" Die beiden

marmornen Mauer umgeben (B 2215), wie sie auch bei Brandan 1164 ff. vorkommt. Diese beneidenswerte Stadt ist jedoch von abartigen Kranichschnäblern bevölkert.[365] Obschon das Leben in dieser Stadt märchenhaft prosperiert, sind die

---

Bezeichnungen ***stat*** und ***burc*** trennte beispielsweise Gottfried von Straßburg rigoros. So kommt es vor, dass ***stat*** (*Tristan* 2104, 2649, 2689, 3825, 3829, 6303, 8821, 15530 etc.) bzw. ***stete*** (351, 1684, 2279, 3803, 5192, 8045, 18883, 19114 etc.) und ***burc*** (*Tristan* 350, 3149, 3156, 3222, 5481, 5605, 7258, 16104, 18812) bzw. ***burge*** (5481, 5605, 6273 etc.) im selben oder Nachbarvers vorkommen (7620 f.: ***nim war, sich dise burc an / und dise schoene stat hie bî***; 6273: ***beide burge unde stete***), weil sie unterschiedliche Signifikante füllen. Dies wiederholt sich auch bei der begrifflichen Koexistenz zwischen ***stat*** und ***castel*** im selben Vers (*Tristan* 5271), jedoch jeweils in Pluralform: ***der stete und der castêle***. Die Bezeichnung ***hûs*** hingegen kommt insgesamt viermal vor (*Tristan* 2949, 16009, 16862 und 17029), wobei sie im Sinne von Burg einmal auftaucht (16862). Auf der anderen Seite stehen die Ausdrücke ***diu burc*** und ***daz castel*** (*Tristan* 1648, 2156, 3156 f., 3159, 5193, und einmal als Dublette ***kastele*** in Pluralform 5271) miteinander korrespondierend. Und ***diu stat*** und ***diu veste*** werden divergierend (*Tristan* 5487, 6294, 16970–74,18922) verwendet. Der Begrif ***diu veste*** kommt auch allein stehend im Sinne von befestigtem Ort (*Tristan* 383, 887) vor. Der Dichter pflegt die beiden Begriffe auch nebeneinander adjektivisch und substantivisch (*Tristan* 5192) ***veste stete*** anzuwenden. Von dem Tristan-Roman ausgehend halten wir fest, dass ***stat*** und ***hûs*** habitaren Zwecke dienen, ***castel*** und ***veste*** militärischen Bedürfnisse erfüllen, und ***burc*** beiden Anforderungen gerecht werden konnte. Dabei beobachten wir, dass ***stat*** eine kollektive, ***hus*** eine individuelle Systemlösung bietet. Außerdem war ***diu burc daz hûs*** des Adligen. Des Königs ***hûs*** war ***der hof*** (*Tristan* 8315, 12950, 13517, 16405, 16879 etc.), der dem ***lant*** das Gegenteil war (*Tristan* 7454, 14941, 18953). Alle Zitate nach Friedrich Ranke (Hg.): *Gottfried von Strassburg, Tristan und Isold*, Berlin 1930. Zum historischen Überblick vgl. Rauschnick, Gottfried Peter: *Bürgerthum und Städtewesen der Deutschen im Mittelalter*. 3 Bdchn. in 1 Bd. Dresden 1829. Zur onomastischen Erklärung vgl. U. Müller, *ebd.*

365 Nicht nur die Köpfe dieser Kreaturen gleichen denen der Kraniche, sondern auch ihre Körper sind wie die von Kranichen gebaut, B 3016–3018: ***ir helse smal unde lanc, / gelîch den kranichen gevar / von dem houpte unz ûf den lîp gar***. Schon Herod. *hist.* IV 191, 4 berichtete von den Libyern, die hundsköpfige und kopflose Monster kannten, deren Augen sich im Bauchbereich befanden: *καὶ γὰρ οἱ ὄφιες οἱ ὑπερμεγάθεες καὶ οἱ λέοντες κατὰ τούτους εἰσὶ καὶ οἱ ἐλέφαντές τε καὶ ἄρκτοι καὶ ἀσπίδες τε καὶ ὄνοι οἱ τὰ κέρεα ἔχοντες καὶ οἱ κυνοκέφαλοι καὶ οἱ ἀκέφαλοι οἱ ἐν τοῖ σι στήθεσι τοὺς ὀφθαλμοὺς ἔχοντες*. Genauso wie die Kynokephalen sind aber auch die Libii in der schwarzen Liste der apokalyptischen Ethnien registriert, vgl. Sackur, Ernst: *Pseudomethodius*, in: Sibyllinische Texte und Forschungen, Halle a. S. 1898, S. 37. Im HE begegnen wir öfters den althergebrachten Mythen; vgl. dazu Bichler, Reinhold: *Von der Beglaubigung phantastischer Reiseabenteuer. Althistorische Assozi-*

Bewohner dennoch feindliche ***niht cristen*** (B 2276). Hier benutzt der Verfasser bewusst nicht den Begriff „Heiden", weil er auf diese Weise sowohl „*den religiös gefassten Dualismus zwischen Christen und Heiden im Mittelalter zum Ausdruck*" bringt, als auch „*auf das Feindschaftsverhältnis dieser Glaubensgemeinschaften zueinander*" hinweist.[366] Mittels der Negation ***niht cristen*** wird das ‚Fremde' ausgegrenzt und zugleich die eigene christliche Identität in den Vordergrund gestellt.

In seiner Rede an die Gefolgschaft (B 2258–2284) bemüht sich Ernst um eine Wortwahl, mit der er ihre politisch-christliche Mission noch einmal unterstreicht. Er sagt nicht direkt ‚Heiden', sondern betont durch die verneinende Funktion der Nominalgruppe das Wort ***christen*** und „*den religiös gefassten Dualismus*"[367] zwischen beiden Religionen.

Auch wenn die Helden sich dem islamischen Glauben fern fühlen, bezeichnen sie sich trotzdem als ***gast*** (B 4020, 4970) oder in Pluralform als ***geste*** (B 2350, 2992, 3204).[368] Dieser Bezeichnung ist aber eher das Signifikat „Fremdlinge"

---

ationen zum Herzog Ernst, in: Historiographie – Ethnographie – Utopie. Gesammelte Schriften, Teil 2. Studien zur Utopie und der Imagination fremder Welten, hg. v. Robert Rollinger, Wiesbaden 2008, S. 163–172.

366 Nushdina, Natalia: *Die Darstellung des ‚Fremden' und des ‚Eigenen' in der Reiseliteratur des Mittelalters*, S. 65. Zur Gattungsgeschichte bzw. den gattungstypischen Merkmalen vgl. Brenner, Peter J.: *Der Reisebericht in der deutschen Literatur. Ein Forschungsüberblick als Vorstudie zu einer Gattungsgeschichte*, Tübingen 1990. Vgl. dazu Lazda-Cazers, Rasma: *Hybridity and Liminality in Herzog Ernst B*, Daphnis 33 (2004), S. 79–96.

367 Vgl. N. Nushdina, *ebd.*, S. 65. Doch die kontraislamischen Einstellungen nehmen insbesondere in der häufig als „Volksbuch" bezeichneten gekürzten Prosafassung des Herzog Ernst F aus der Mitte der 16. Jahrhunderts deutliche Konturen an (F 255–256; 31–34): „*... und das wir besuochen ob der künig und herre diss landes sei ain cristenmensch oder ob das volck irre in dem unglauben der haidenschaft. und ist das wir erfindent das sie unsers glaubens sind, so sollen und wollen wir durch bete und gelte als pillichen ist unser notige leibsnarunge von in pitten und gütlichen vordern und erkauffen. sint sie aber gotes und der cristenlichen kirchen veinde und ungleubige, so sollen wir mit craft des streites ... unser narunge bezwungenlich von in erholen ...*" Der Text ist zit. bei N. Nushdina, *ebd.*, S. 65.

368 In Wh. 264,4; 411, 6; Rennewart V. 1402; 2966; 8741 etc. finden wir anstelle von ***ellende***, ***fremde***, ***vînde***, ***vraka*** die Dublette ***gast/geste***. Dazu Hensler, Ines: *Ritter und Sarrazin. Zur Beziehung von Fremd und Eigen in der hochmittelalterlichen Tradition der „Chanson de geste"*, in: BAKG 62, hg. v. Helmut Neuhaus, Köln [u.a.] 2006, S. 62 m. Anm. 13. Zum Gebrauch des Wortes ***gast*** vgl. N. Nushdina, *ebd.*, S. 58–68. Die Ursprünge der mittelalterlichen termini christiani ***auslender*** und ***geste***, welche in *Apg* 17, 21, *οἱ ἐπιδημοῦντες ξένοι*, *Matth* 25, 31 ff. [ich bin ein gast (*ξένος*) gewesen,

oder „Ausländer“ beizumessen, mit dessen Hilfe die eigene Ausgrenzung aus der orientalischen Umgebung und die Distanz von allem Befremdlichen markiert werden. Ohne die Institution des Gastrechts wäre Mobilität im Mittelalter nicht vorstell- oder realisierbar. Der Gastgeber garantiert die Sicherheit seines Gastes, übernimmt im Falle eines Konflikts bei der Konsensfindung die mediatorische Rolle, sorgt für Schadensregulierung und erhält dafür das Anrecht auf Gewinnanteile (z. B. bei der Ausübung bestimmter Handwerke) und das Recht auf gleiche Behandlung. So wie im islamischen Raum die Sorge um das Heil des Gastes konfessionenübergreifend ist, gilt das Gastrecht auch im christlichen Raum für die Andersgläubigen.[369]

---

und ir habt mich beherberget] oder in Jer. 14, 8 (ein Fremder im Land … ein Wanderer) erwähnt werden, finden sich bereits in der Homerischen Nomenklatur, wo Zeus als Träger des Beinamens „*Gott der daherziehenden ehrwürdigen Fremdlinge*“ figuriert wird (Hom. *Od.* IX, 266–271): *πολλούς. ἡμεῖς δ‘ αὖτε κιχανόμενοι τὰ σὰ γοῦνα / ἱκόμεθ‘, εἴ τι πόροις ξεινήιον ἠὲ καὶ ἄλλως / δοίης δωτίνην, ἥ τε ξείνων θέμις ἐστίν. / ἀλλ‘ αἰδεῖο, φέριστε, θεούς· ἱκέται δέ τοί εἰμεν. / Ζεὺς δ‘ ἐπιτιμήτωρ ἱκετάων τε ξείνων τε*, vgl. Hom. *Od.* XIV, 283 f.: *ἀλλ‘ ἀπὸ κεῖνος ἔρυκε, Διὸς δ‘ ὠπίζετο μῆνιν / ξεινίου, ὅς τε μάλιστα νεμεσσᾶται κακὰ ἔργα* oder auch XIV. 510 f.: *τῶ οὔτ‘ ἐσθῆτος δευήσεαι οὔτε τευ ἄλλου, ὧν ἐπέοιχ‘ ἱκέτην ταλαπείριον ἀντιάσαντα*. In seiner Iliada lässt Homer den Atriden Menelaos den „*donnernden Zeus*“ als „*Beschirmer des Gastrechts*“ bezeichnen (*Il.* II,13,622–625): *ἄλλης μὲν λώβης τε καὶ αἴσχεος οὐκ ἐπιδευεῖς / ἣν ἐμὲ λωβήσασθε κακαὶ κύνες, οὐδέ τι θυμῷ / Ζηνὸς ἐριβρεμέτεω χαλεπὴν ἐδείσατε μῆνιν / ξεινίου, ὅς τέ ποτ᾽ ὔμμι διαφθέρσει πόλιν αἰπήν.*

369 Die zu Beginn des 12. Jahrhunderts entstandene sog. Kleine Stephanslegende zeichnet ein Bild der interkonfessionellen Toleranz. Demnach habe Ladislaus I., der Heilige König von Ungarn (1077–1095) den Verstoß gegen das Gastrecht gegenüber den heidnischen Petschenegen nicht toleriert und die Verantwortlichen streng bestraft, da diese unter seiner Schirmherrschaft nach Bulgarien zogen, vgl. *Heinr. Chron. Liv.*, c. 10, MGH SSrG XXXI, 187: „***Fuerat eodem tempore mercator christianus in domo Estonis in Saccala, et cum omnes Theuthonici interficiuntur, qui erant in terra, irruit eciam idem Esto super eundem hospitem suum et interfecit eum.***“ Wird aber jemand verbannt, sei es nur ein einzelner Mensch, eine Volksgruppe oder sogar ein ganzes Volk, ist der Herrscherr für das Schicksal des bzw. der Deportierten ethisch nicht haftbar zu machen. So verloren die vom Kaiser Johannes II. Komnenos (1118–1143) nach Mazedonien und Bulgarien verbannten Petschenegen „*schon bald ihre ethnische Identität und assimilierten sich dort an die lokale südslawische Bövölkerung*“, vgl. Haarmann, Harald: *Lexikon der untergegangenen Völker: Von Akkader bis Zimbern*. München ^{2}2012, S. 218. Zum Thema Asimilation einiger Turkvölker in Bulgarien vgl. Jireček, Constantin: *Einige Bemerkungen über die Überreste der Petschenegen und Kumanen, sowie über die Völkerschaften der sogenannten Gagauzi und Surguci im heutigen Bulgarien*, SKBG (1889), S. 1–30.

3.6.1.2. Der erste Besuch der Stadt (B 2353–2473)

Ernst und seine Weggefährten kommen im Land der Agrippiner (Grippianer) in einer menschenleeren Stadt an. Die Helden treffen in der Burg niemanden an, finden aber dort üppig gedeckte Tische vor. Da sie ausgehungert sind, essen sie sich satt. Ernst rechnet damit, dass die Burgbewohner jeder Zeit zurückkommen; darum drängt er seine Getreuen zur Eile. Sie versorgen sich eilends mit Proviant und gelangen unbehelligt auf das Schiff.

3.6.1.3. Der zweite Besuch der Stadt (B 2531–3605)

Nachdem sie reich beladen zu ihrem Schiff zurückkommen, gelüstet es den jungen Herzog noch einmal, in die opulente Burg zurückzukehren, um sie genauer zu inspizieren.[370] Von seinem alten Vertrauten Graf Wetzel begleitet, stattet er Grippia einen zweiten Besuch ab. Dass die Kameraden diesmal nicht dabei sind, unterstreicht die Tatsache, dass es sich diesmal um eine Etappe der *âventiure* handelt. Denn andernfalls würde ihnen die Möglichkeit eines Märtyrertodes genommen werden, was dem ritterlichen Kodex nicht entspräche.

Genüsslich erkunden sie die imposante ***burc*** (D 3677) von ***grozer schœnheite*** (D 3678), in der sich ein Tiergehege[371] und eine prunkvolle Badeanlage befinden. Die ausführliche Schilderung der Stadt (B 2531–2556) und des Brautschlafgemaches (B 2568–2644) spiegeln das Verlangen der mittelalterlichen Europäer nach orientalisch-exotischer Lebensweise wider.[372] Die Burg, welche bei Brandan direkt am Meer liegt (V. 1153: ***an die burch sluc des meres vlut***), befindet sich im HE

370 Zum zweiten Besuch Grippias vgl. Baisch, Martin: *Vorausdeutungen. Neugier und Spannung im höfischen Roman*, in: Historische Narratologie. Mediävistische Perspektiven, hg. v. Harald Haferland u. Matthias Meyer, Berlin / New York, S. 205–230, hier S. 216 ff.

371 Tiere spielen als interessantes Kuriosum oft dort eine schmückende Rolle in den mittelalterlichen Werken, wo die Elemente des Fabelhaften in die höfische Zeremonie integriert werden. So beispielsweise im ‚König Rother', wo ein Löwe bei einem kaiserlichen Festmahl in Konstantinopel in den Saal geführt wird und den anwesenden Rittern das Brot vom Tisch wegfrisst, denn ***ne wolde niemanne vor nicht han*** (V. 1139), vgl. V. 2230 od. 2377. So auch in dem Artusroman des Hartmann von Aue, *Erec* 1902–2112, wo der Dichter genau dann von der Anwesenheit orientalischer Könige aus kuriosen Ländern berichtet, als er Erecs ***hôchzît*** beschreibt. Im *Erec* 5833–35 treten die Tiere noch einmal auf die Bühne, ***wâ nû hungerigiu tier, / beide wolf unde ber, / lewe (..)***, als Enite von den wilden Tieren gefressen werden möchte.

372 Zum Thema Lazda-Cazers, Rasma: *Hybridity and Liminality in Herzog Ernst B*, Daphnis 33 (2004), S. 79–96.

in der Nähe des Meeres (B 2552 f.: ***disiu burc vil wol getân / stuont sô nâhe bî dem mer***). Trotz der Kriegsgefahr gönnen sich die Helden den Luxus des Orients; ***manic palas*** (D 2165) des Kranichkönigs[373] ist großzügig mit Gold verziert (D 2166: ***gemâlet rîche von golde***) und verfügt über exzellentes Mobiliar (D 2173: ***künichlîche stüele***). Für die ausführliche Beschreibung des königlichen Palastes braucht der Verfasser über 100 Verse (B 2531–2644). In voller Bewunderung der Kemenate treten die Helden in einen idyllischen Hof, wo sie ***manigen zêder grône*** (B 2652 f.) erblicken.[374]

Nachdem sie hier in einem prächtigen Hof in aufwändig zugerichteten Betten übernachten, entdecken sie am nächsten Tag die zurückkehrenden Stadtbewohner, deren Anblick auf fremde Europäer sehr ungewohnt wirkt.[375] Es sind die Kranichschnäbler, die kreischend von einem Beutezug aus Indien zurückkehren.[376]

---

373 Zur Gestalt des Kranichkönigs vgl. Brunner, Horst: *Der König der Kranichschnäbler. Literarische Quellen und Parallelen*, in: Die Wandmalereien in der Kaiserpfalz Forchheim, hg. v. Förderkreis Kaiserpfalz e.V., Forchheim 2007, S. 94–112.

374 In Fassung D 2430 f. wird nicht die immergrüne Eigenschaft des Baumes, sondern dessen üppiges Geäst in den Vordergrund gestellt: „***manic zederboum / mit esten loubes rîche***“. Überhaupt scheint der in Kleinasien und im Libanon beheimatete Zedernbaum (Lat.: Cedrus libani) auf die europäischen Dichter einen großen Einfluss ausgeübt zu haben. Hier nun einige Varianten des *nomen arboris* „Zeder“ aus mittelalterlicher Literatur: Parzival IX 444,30 „***zêder***“; Kudrun 26,3 „***zêder***“; Brandan 1206 „***cedar***“; Tristan 17023 „***cêderin***“ adjektivisch, und 17026 „***cêder***“; Lamprecht Alexander V. 794 „***cêdrus***“ (nach der Vorau, Stiftsbibl. cod. 256); V. 1230 „***cêdirboume***“ (nach der Straßburger recension); Konrad von Megenberg, *Das Buch der Natur*, „***ceder***“/“***cedrus***“ 319, 4, und „***cederpaum***“ 317, 22 ff.

375 Während ihre anatomischen Eigenschaften ihnen schäbig erschienen, bewunderten sie ihre kulturelle Fortgeschrittenheit. Eine Parallele findet sich in der Brandan-Sage 1392: ***in welch gegenote ir wart gekart***.

376 Ihre Stimme ist ***starc unde grimme*** (B 2820), und sie ***schrîen nâch der kraniche site*** (B 3155). In Fass. D haben sie ***eine stimme wunderlîche / unsüezer dœne rîche*** (D 2551 f.). Und in Fass. G werden sie ***schnebelen leüte*** (G 74, 3), ***schnebeleter leüt*** (G 57, 13; 68, 10; 69, 9), ***schnebeler*** G 37, 6,9; 39, 12 oder aber ***schnebeleter*** (G 42, 4) genannt. Auch in adjektivischer Form tauchen sie mehrmals auf: ***schnebeleten man*** (G 33, 12); ***menig schnebeleten manne*** (G 39, 8); ***schnebeleter man*** (G 41, 13; 43, 13); ***der schnebelet man*** (G 43, 9). Das Land der Schnabelleute heißt in Fass. G 68, 4 ***schnebler land*** und nicht Grippia. In Fass HE.StG 27, 3 handelt es sich um das Land der ***snebelehten liute***. Wie dem auch sei, die Verwandlung eines Menschen in einen Vogel lieferten bereits viele Autoren der Antike. Beispielsweise Ov. *met.* VI 674: „*nomen epops volucri, facies armata videtur*“ ~ Wiedehopf ist er genannt. Sein Haupt sieht aus wie bewaffnet (Ov. *met.* XI, 783–787): “*dixit* (sic. Aesacus) *et e scopulo, quem rauca subederat unda, / se dedit in pontum. Tethys miserata cadentem /*

Hier geht es um die türkischen Truppen, wenn sie auch in diesem Werk nirgendwo als solche genannt werden.[377] Auf den wunderschönen Körpern der hybriden Lebewesen ragen hässliche[378] Kranichhälse bzw. -köpfe empor (B 2852–2859); ***helse lanc unde smal / sie hâten,als die kraniche snabel*** (D 2570 f.). Dadurch wirken sie nicht nur hässlich und grotesk, sondern auch verletzbar (B 2987 f.: ***in sint die helse alsô smal, / hie wirt ein vil michel val***) und filigran (B 2874: ***wan daz in die helse wâren lanc***). Der körperlichen Hässlichkeit der *mirabilia* steht die fast vollkommene Schönheit ihrer Städte und ihrer Kleider gegenüber (B 2867–2871:

---

molliter excepit nantemque per aequora pennis / texit, et optatae non est data copia mortis. / indignatur amans, invitum vivere cogi", übersetzt in etwa: „*Sprach's* [Aesacus] *und sprang von dem Fels, den unten die heisere Woge / Hatte zernagt, in die See. Weich fing, von Erbarmen bewogen, / Tethys den Fallenden auf und verlieh, wie er schwamm auf der Fläche, / Federn dem Leib, und erfüllt war nicht das Begehren des Todes. / Aber der Lebende zürnt, mit Gewalt zum Leben gezwungen*"; ders., *ebd.*, XIII 605–607: „*densetur* [sic. Aurora] *faciemque capit sumitque calorem / atque animam ex igni (levitas sua praebuit alas) / et primo similis volucri, mox vera volucris*", übersetzt in etwa: „*Wird sie* [Aurora] *geballt und gewinnet Gestalt und eignet vom Feuer / Wärm und Leben sich an. Mit Schwingen begabt sich die leichte. / Ähnlich dem Vogel zuerst, bald aber ein wirklicher Vogel*". Das erste Buch des Pausanias, *Hell. Attika* 41, erzählt von der Verwandlung der Schwestern in Nachtigall bzw. Schwalbe. Konrad von Megenberg, der in seinem Werk „Buch der Natur" auf die Flugformation ziehender Kranichschwärme hinweist (190, 21 f. ***die kranch habent die art, daz si nâch ainer ordnung vliegent***) und sie mit einer Schlachtaufstellung vergleicht (190, 25: ***sam ain gepalierte ritterschaft***), referiert die auf die Antike (*Ilias*) zurückgehende Sage vom Kampf der Kraniche mit den Pygmäen (192, 1: ***klainen läuten***) in Ägypten während ihres Zuges in den Süden (191, 36; 490, 35 ff.). Von dieser Sage weiß auch der *Deutsche Lucidarius* (vgl. *Lucid.* 21,13–15) zu berichten.

377 Wir erkennen sie z.B. an ihren geschnittenen und geschlitzten Hosen (B 3005 f.), welche obendrein mit goldenen Schnüren bestückt sind (B 3007). Neben der kurzen Jacke und dem Turban gehört die „*weite Hose*" zum unverzichtbaren Teil des „*altorientalischen Costüms*", vgl. Hackländer, Friedrich Wilhelm: *Reise in den Orient*, 2 Bde. Stuttgart 1846. I, 189 (Ndr. Hildesheim u.a. 2004), sowie Jisl, Lumir: *Wie sahen die alten Türken aus?* In: UAJb 40 (1968), S. 181–199. Zu den goldbestickten Hosen der persischen Großkönige als Herrscherinsignien vgl. Theoph. Sim. *hist.* IV 3,8, und al-Tabari I, 884 (ed. Th. Nöldeke, S. 136).

378 Wisbey, Roy Albert: *Die Darstellung des Häßlichen im Hoch- und Spätmittelalter*, in: Deutsche Literatur des späten Mittelalters, Berlin 1975, S. 9–34; Gilissen, John: *Le statut des étrangers*, in: L'Étranger, Recueils de la Société Jean Bodin pour l'Histoire Comparative des Institutions, IX, tom. IX, Bruxelles 1958, sowie Seitz, Barbara: *Die Darstellung häßlicher Menschen in mittelhochdeutscher erzählender Literatur von der Wiener Genesis bis zum Ausgang des 13. Jahrhunderts*, Tübingen 1967.

rîche phelle und samît, / sumlîche von timît, / dar nâch als iechlîch wolde, / von sîden und von golde / was gezieret ir gewant, vgl. B 2999–3011). Die Schönheit der Kleidung ist so herrlich, dass die Kranichmenschen in ihr fast leuchten (D 2565 f.: ***ouch lûchte die heide / gar lieht von ir kleide***, vgl. B 3008). Ihr schwanenköpfiger (B 3086 f.) König ist der Entführer der indischen Königstochter.[379] Er sticht durch seine Schönheit (B 3060) hervor und trägt majestätische Kleider, die mit kostbaren Edelsteinen bestückt sind (B 3061–3083). Begleitet wird der Kranichschnäbler von sechs edlen Rittern, von denen vier vor und zwei hinter dem König gehen. Auch seine Begleiter tragen prächtige Gewänder. Und wenn die Kranichmenschen bei ihren zeremoniellen Gelegenheiten ***met unde wîn*** (B 3187; 3214) verzehren, so scheint diese Zeremonie sehr deutlich den nomadisch-nonislamischen Sitten turko-mongolischer Nomaden entlehnt.[380] Felix Fabri spricht zwar geradewegs vom "*verfluchte[n] volck der Sarracene*", das nicht einmal in der Lage ist, "*den gutten wein [zu] trincken der da wuchsse*".[381] Es ist aber nicht so, dass die Türken keinen Wein oder überhaupt nichts Alkolisches tranken. Die aus Asien mitgebrachte gegorene Stutenmilch (Kīmīz) tranken sie auch nach ihrem Übertritt zum Islam. Im 11. bis 14. Jahrhundert, dem Zeitalter der großen Mystiker, ließen die anatolischen Türken keine Gelegenheit verstreichen, um an einem gesellig rituellen Umtrunk im Stammland des Dionysos teilzunehmen. Vielleicht handelte es sich ja auch nicht um alkoholische Getränke, wie der Dichter behauptet (B 3213–3215), sondern nur um eine erfrischende Scherbett (Sorbet), ursprünglich eine Mixtur aus Schnee und Fruchtsirup.[382]

---

379 Zum König der Kranichschnäbler vgl. Brunner, Horst: *Annäherungen: Studien zur deutschen Literatur des Mittelalters und der Frühen Neuzeit*, in: PhStQ 210, Berlin 2008, S. 21 ff.; ders.: *Der König der Kranichschnäbler. Literarische Quellen und Parallelen*, in: Die Wandmalereien in der Kaiserpfalz Forchheim, hg. v. Förderkreis Kaiserpfalz e.V., Forchheim 2007, S. 94–112; Becket, Barbara: *Die gotischen Wandmalereien im Ostflügel der Forchheimer Burg. Bestand und Restaurierungsgeschichte*, Diss., Bamberg 2013.

380 Vgl. Bleichsteiner, Robert: *Zeremonielle Trinksitten und Raumordnung bei den turko-mongolischen Nomaden*, in: Archiv für Völkerkunde 6/7, (1952), S. 181–208. Da das Alevitentum, dessen Mitglieder im Gegensatz zu den Sunniten Alkohol konsumieren dürfen, erst im 13./14. Jahrhundert mit dem Zuzug von turkmenischen Verbänden nach Anatolien entstand, müssen wir diese Alternative wegen der Nichtübereinstimmung des zeitlichen Auftretens ausklammern.

381 Fabri, Felix: *Eigentlich beschreibung der hin vnnd wider farth zu dem Heyligen Landt gen Jerusalem, vnd furter durch die grosse Wüsten zu dem Heiligen Berge Horeb vnd Sinay etc.* (Frankfurt am Main) 1557, fol. 117a.

382 Der berühmte Gastrosoph Eugen von Vaerst schreibt im 7. Kapitels seines Gourmet-Buchs „*Gastrosophie oder die Lehre von den Freuden der Tafel*" (Leipzig 1851) über

In den Versen B 3220–3231 sehen wir die geladenen Gäste vor dem Festessen[383] sich waschen und vor ihrem König, der in seiner Funktion als Staatsoberhaupt auch die des Vorbeters innehat, huldigen. Die Szene könnte man als religiöse Körperwaschung mit anschließendem Gebet deuten. Das heißt aber nicht zwingend, dass die Festgesellschaft türkischen Ursprungs ist. Wohl aber sind es ihre seidenen Bogensehnen.[384]

Zwischen der verschleppten Prinzessin[385] und ihren Peinigern gibt es Kommunikationsprobleme: ***sie vernimt ir sprâche niht: / sie kan ir sprâche niht verstân*** (B 3282 f.).[386] Diese Tatsache ist eine der Hauptgründe dafür, dass die Prinzessin

---

Scherbett folgendes: „*Es ist ein Lieblingsgetränk vieler orientalischer Völker und besteht aus einem mit Zucker vermischten Himbeeren-, Erdbeeren- oder Aprikosensaft, den man in feste Täfelchen bringt und zum Gebrauch in Wasser auflöst; er ist stark mit Moschus gemischt, was ihn sehr angenehm macht. Er gibt in der Sonnenhitze ein desto erquickenderes Getränk, da man ihn mit Schnee schmelzen läßt.*“ Vgl. http://gutenberg.spiegel.de/buch/gastrosophie-oder-die-lehre-von-den-freuden-der-tafel-zweiter-band-6711/7

383 Zur Beschreibung mittelhochdeutscher Festlichkeiten vgl. Bodensohn, Heinz: *Die Festschilderungen in der mittelhochdeutschen Dichtung*, in: Forschungen zur deutschen Sprache und Dichtung, 9 (12. u. 13. Jh.), Münster 1936, sowie Mohr, Wolfgang: *Mittelalterliche Feste und ihre Dichtung*, in: FS. Klaus Ziegler, Tübingen 1968, S. 37–60.

384 Diese sind nämlich so geartet wie diejenigen der Bogenschützen der türkischen Reiterkontingente, vgl. Art. *Die seidene Schnur*, in: Hallisches patriotisches Wochenblatt auf das Jahr 1837, Bd. 2, hg. v. Ernst Förstemann, (37. Stück, 2. Beilage, Donnerstag, den 14. September 1837), Halle 1837, S. 1189. Die Vorzüge der seidenen Sehne beschreibt Allely, Steve: *Die Bibel des traditionellen Bogenbaus*, Bd. 1, Ludwigshafen ^{2}2005, S. 116 ff.

385 Indische Prinzessinnen tauchen in den mittelhochdeutschen Erzählungen oft als bevorzugte Protagonistinnen auf. So ist die Heiratskandidatin des Großvaters von Kudrun eine Prinzessin aus Indien. Die von Greifen aus ihrer Heimat entführte Prinzessin trägt den Namen Hilde, s. Kudrun, 1–4. Aus onomastischer Hinsicht ist es interessant, dass in Fass. G für ***das künigreich von indian*** (G 87, 7) fünf verschiedene Schreibweisen angewandt werden: ***Indian*** (G 27, 4; 56, 9; 66, 12; 84, 4), ***Indione*** (G 27, 8; 56, 6; 59, 3), ***indian*** (G 29, 13; 67, 13; 79, 13; 87, 7), ***india*** (G 36, 13; 77, 5), ***indion*** (G 75, 13). *Das Lied vom Herzog Ernst* (G) ist nach den Drucken des 15. u. 16. Jahrhunderts von Kenneth Charles King kritisch herausgegeben, in: Texte des späten Mittelalters XI (hg. v. Wolfgang Stammler u. Ernst A. Philippson), Berlin 1959. Vgl. auch Washburn, Sigrid Paul: *Die formulaische Komposition im Herzog-Ernst-Epos und -Lied (Fassungen B und G). Eine vergleichende Studie*, Diss., LA, Calif. 1974.

386 Zu den Kommunikationsproblemen vgl. Stein, Alexandra: *Die Wundervölker des Herzog Ernst (B). Zum Problem körpergebundener Authentizität im Medium der*

sich vor ihnen fürchtet. Sie hatte auch niemanden, dem sie von ihrer Notlage hätte erzählen können: ***diu enmohte ir starken nôt / leider nieman dâ gesagen*** (B 3254 f.). Um ***ir weinen und ir klagen*** (B 3256) zu beenden, beschließt Herzog Ernst, ***daz vihe*** (B 3295) niederzumetzeln. Die Prinzessin ist ***daz aller schœnste megetîn*** (B 3096). Deshalb wundern wir uns darüber nicht, dass der ***künic von Grippîa*** (B 3089) sie zu seiner Braut machen will. Doch sie ist über ihre getöteten Eltern traurig und weint maßlos (B 3107: ***ir weinen was unmæzlîch***). Als wäre das nicht unheilvoll genug, muss sie auch noch Pein und ekelerregende Küsse des Königs erdulden, der ihr seinen Schnabel in den Mund stößt (B 3245 ***den snabel stiez er ir in den munt***; G 30, 12–13 ***Einn schnabel groß und ungeheüer / Stieß er*** [sic. der Kranichfürst] ***der zarten in den mund***), woraufhin die ***iunckfraw jämerlichen schreg*** (G 31, 1) und völlig verzweifelt klagt: ***mir thut sein grosser schnabel wee*** (G 31, 9).

Die entsprechende Stelle klingt in der von Bartsch edierten Version des strophigen Gedichtes wie folgt: ***die edele juncfrouwen vîn / vil dicke er sie dô kus-te. / er ructe zuo ir an der stunt, / sîn snabel grôz und ungehiur / stiez er der zarten in den munt,***[387] woraufhin die ***juncvrouwe*** (HE.StG 29, 9) bzw. ***juncfrou jæmerlîchen schrei*** (HE.StG 31, 1) und herzzerreißend über ihr Leid klagt (HE. StG 31 2–10). Ihre Klage rührt nicht nur daher, dass sie ihre Eltern durch ihren Peiniger verloren hat, sondern sie ihn auch noch heiraten muss. Außerdem hat sie in ihrem jammervollen Zustand die ganze Zeit die misogyne Behandlung der Ungläubigen zu ertragen. Angesichts ihres verhängnisvollen Geschicks gibt es kein Klagegeschrei, keine jammervollen Ausrufe, mit der sie die Heftigkeit ihrer Wehklage betont hätte. Nicht einmal eine Geminatio, wie wir sie von Ulrich von Liechtenstein (*Frowen dienst*, VII 4,1: ***Owê, owê, frouwe Minne***) oder bei Hartman

---

Schrift, in: Fremdes wahrnehmen – fremdes Wahrnehmen. Studien zur Geschichte der Wahrnehmung und zur Begegnung von Kulturen in Mittelalter und früher Neuzeit, hg. v. Wolfgang Harms u. C. Stephen Jaeger, Stuttgart 1997, S. 21–48, hier 34–36, sowie Laude, Corinna: *Sye kann ir sprache nyt verstan ‚Grenzsprachen' und ‚Sprachgrenzen' im Mittelalter*, in: Grenze und Grenzüberschreitung im Mittelalter (hg. v. Ulrich Knefelkamp und Kristian Bosselmann-Cyran), 11. Symposium des Mediävistenverbandes vom 14. bis 17. März 2005 in Frankfurt an der Oder, Frankfurt a.M. 2007, S. 331–344.

387 Die 89-strophige längere Version des Herzog Ernst (G) ist auch enthalten in Karl Bartsch (Hg.), Wien 1869, S. 187–225. Eine kürzere Version mit 55 Strophen ist im Dresdner ‚Heldenbuch' erhalten, Friedrich Heinrich von der Hagen / Alois Primisser: *Der Helden Buch in der Ursprache*, in: Deutsche Gedichte des Mittelalters II 2 (hg. v. Kaspar von der Rhön), Berlin 1825, S. 227–233. Ich benütze jedoch bei meiner Arbeit die längere Version des strophigen Gedichtes.

von Aue (***ouwê ouwê!*** Erec, 6083; ***ouwê, lieber herre, ouwê!*** Erec, 6605; ***ouwê immer unde ouwê*** Iwein, 348; ***ouwê, rîter, ouwê*** Iwein, 1156) kennen, taucht hier als rhetorisches Mittel auf. Das Klagewort ***owê*** (HE.StG 30, 5; 51, 8) funktioniert lediglich als Hinweis auf ihren Gemütszustand, den sie zugleich mit Weinen zum Ausdruck bringt. Ein dezentes ***owê*** als Ausdrucksmittel der Klage unterstreicht die Unabänderlichkeit und Ausweglosigkeit.

Die Schnäbel der Kranichkrieger, mit denen sie den geraubten Frauen beim Küssen die Münder verletzen, akzentuieren ihre Barbarei. Es kommt auch vor, dass die Entführten ihren Verletzungen erliegen. So geschieht es auch der graziösen Prinzessin, ***daz aller schœnste megetîn, daz ie wart geborn mê*** (B 3096), die später an den Verletzungen, die von Schnabelküssen herrühren, stirbt. Statt die leidvolle Prinzessin zu retten, erwirken die beiden Helden ihren Tod. Eigentlich fällt die indische Prinzessin dem kühnen Plan des Grafen Wetzel (B 3319–3360) zum Opfer, denn als ein Diener des Königs die kampfbereiten Ritter entdeckt, alarmiert er seine Artgenossen, die sich daraufhin an ihr rächen (B 3426 f.: ***mit den snebelen sie sie stâchen / allenthalben durch den lîp***). In Fass. G wird die Königstochter ***iunckfraw*** (G 29, 9; 30, 7,9; 31, 1; 32, 2, 11; 33, 5,7 etc.) genannt und nicht Prinzessin. Die ***iunckfraw*** und Ernst kommen in ***ainer stat was gůt*** (G 58, 5), von der sie behauptet, ***die ist meins vatters eygen*** (G 58, 8; HE.StG 58, 8). Sie wird aber schon vorher ***die schoͤnen künigin*** (G 37, 12) / ***die schœnen künigîn*** (HE.StG 37, 12) oder ***die iunck künigin*** (G 41, 4) genannt, obwohl sie erst im Kap. 62 ihre Eltern trifft. Die Prinzessin wird Ernst ***fraw*** (G 77, 12), ***die hochzeit wert viertzchen tag*** (G 67, 7), sodass sie im ***frembden lande*** (G 65, 8; 82, 3), womit natürlich Indien gemeint ist, ***zehen iare*** (G 77, 3) / ***zehen jâre*** (HE.StG 77, 3) zusammen verbringen. In dieser Zeit lernt der Herzog die Kunst des Jägers kennen, indem er ***mit habbich und mit hunde*** (G 77, 10) /. ***mit habich und mit hunden*** (HE.StG 77, 10) hinter ***hirß und wild*** (G 77, 9) / **hirz unde wilt** (HE.StG 77, 9) herjagt. Dort vertreibt er seine Zeit, indem er mit seiner Frau ***pret*** (G 77, 13) / ***gâch in dem brete*** (HE.StG 77, 13) spielt.[388] Dann, ab Kap. 80 der Fassung HE.SlG / HE.StG bzw. Kap. 47 der Fassung HE.SkG, sehen wir den Herzog wieder in Europa.

Die samtweiße Haut der Prinzessin (B 3098: ***ir hût was wîzer dan der snê***) und ihre ***schneweiß hende*** (G 30, 3) verraten auf den ersten Blick, dass sie sich nicht viel im Freien aufhielt. Ihre Haare berührten die Erde (B 3100 f.), und sie war mit Gold umhüllt (B 3102 f.). Überhaupt war sie an allem, was sie hatte, üp-

388 Hier stellen wir in den Gebieten Jagd und Brettspiel kulturelle Aneignungen durch Herzog Ernst fest.

pig ausgestattet (B 3104 f.).[389] Dass die unübertreffliche Schönheit der Prinzessin die Begierde des Kranichkönigs erweckte, entspricht dem orientalischen Schönheitsideal. Denn die schneeweiße Haut und die üppigen Rundungen waren bei arabischen Männern sehr begehrt.[390]

Der Beschreibung zufolge könnte die Prinzessin kaum aus dem indischem Raum stammen, wie der Verfasser behauptet. Denn das Schönheitsideal des alten Indien war eine schmale Taille, die von ausladenden Hüften und einer großen Oberweite ergänzt wurde. Die um den Rumpf gewickelten Kleider der indischen

---

389 Die Schönheit einer Frau abwechslungsreich und ausführlich zu beschreiben, gehört nicht zu den Stärken des Verfassers der Fassung B. So verglich Pastyříková, Martina: *Herzog Ernst im Kontext der mittelalterlichen Dichtung*, Brünn 2011, die Fass. B und die tschechische Bearbeitung (T) ‚Vévoda Arnošt' (eds. Marečková / Petrů. Praha 1984). Was die Beschreibungen der indischen Prinzessin und Adelheit betrifft, stellt sie fest, dass der tschechische Autor sich als selbstständiger erwies, insbesondere im höfisch-courtoisen Bereich, wo die Verehrung der Frau und ihre Schönheit thematisiert wird. Laut M. Pastyříková, *ebd.* S. 23 f., erfuhr der Text auch bei Schilderungen der Kampfszenen Erweiterungen. Während der deutsche Verfasser bei der Beschreibung der Schönheit und Vollkommenheit der indischen Prinzessin sich mit zehn Versen begnügt (B 3096–3105), braucht der tschechische Bearbeiter dafür vier Verse mehr (T 3105–3118), vgl. *Vévoda Arnošt*, 110 f. Und während bei der Beschreibung von Adelheit der Verfasser von Fass. B mit vier Versen recht sparsam ist (B 66–69: ***sîn muoter hiez Adelheit / und was ein hôchgebornez wîp./ vol tugende pflac ir junger lîp / und lebte in grôzen êren***), erweist sich der tschechische Autor einfallsreicher mit originellen Vergleichen; er verwendet hierfür 13 Verse (T 67b-80), vgl. *Vévoda Arnošt*, 26 f., was als ein Hinweis für eine spätere Narration verstanden werden kann, vgl. M. Pastyříková, *ebd.* S. 56 ff.

390 Auch die türkischen Männer hatten wohl eine gewisse Schwäche für wohlgerundete Frauen, zumindest nach dem Urteil von Hackländer, Friedrich Wilhelm: *Reise in den Orient*, 2 Bde., Stuttgart 1846, hier Bd. I, S. 71 (Ndr. Hildesheim u.a. 2004): *„Der Muselmann sieht es als eine große Schönheit seiner Frau an, wenn sie sehr stark, ja fett ist, eine Eigenschaft, die sie sich auch durch ihre faule Lebensart beizubringen wissen. Doch theilen wir diesen Geschmack nicht mit ihnen, da für unsere Augen Grazie und Leichtigkeit in der Bewegung des weiblichen Geschlechts schöner ist, als das träge Umherwatscheln der Türkinnen, wozu ihre Fußbekleidung, die weiten Pantoffeln, das ihrige beiträgt."* Da die türkischen Frauen wegen der strikten Geschlechtertrennung in der Öffentlichkeit nicht zu sehen waren, war es den christlichen Reisenden kaum möglich sie zu beschreiben, vgl. Belon, Pierre: *Les Observations de plusieurs singularitez et choses memorables, trouvées en Grece, Asie, Indée, Egypte, Arabie, & autres pays estranges*, II, 109r, 158v; III, 183v, Paris 1578; Thevet, André: *Cosmographie de Levant*, Lyon 1556, S. 185; Nicolay, Nicolas: *Les Navigations peregrinations et voyages faicts en la Turquie*, I, Paris 1567, S. 66.

Frauen, die Saris heißen, wurden derart drapiert, dass fast jede Frau diesem Schönheitsideal entsprechen konnte. Nichts von dem wird in der Beschreibung erwähnt. Ganz im Gegenteil spricht der Dichter von einer üppig ausgestatteten (B 3105) Frau. Sie könnte nicht nur als reich an materiellen Dingen verstanden, sondern auch als korpulent interpretiert werden. Ebensowenig spricht der Dichter von einer blonden oder blauäugigen Frau, die eher von einer europäischen, nordischen oder byzantinischen Schönheit zu erwarten wäre. Da Ernst und Wetzel von ihrer Schönheit geblendet sind (B 3096 f.), entspricht ihr Äußeres durchaus den höfischen Maßstäben. Jedenfalls geht aus dem Text nicht hervor, dass sie eine Christin oder Nichtchristin ist.[391] Sie kann auch die Sprache der Grippianer nicht verstehen, ***dô sie alles um sich sach / und ir nieman zuo sprach / den sie vernemen kunde*** (B 3141 ff.). Sie ist aber durchaus imstande, sich mit Ernst und Wetzel non-verbal zu verständigen.[392]

Wenn sie nicht eine indische, nordische, afrikanische oder europäische Prinzessin ist und ihre prachtvollen langen Haare oder ihre körperliche Blöße nicht verschleiert, könnte es sich durchaus um eine Frau aus dem türkischen Adelsgeschlecht handeln, aber nicht aus patriarchal geprägten arabischen oder iranischen Gegenden, zumal die Verschleierung der Frauen im christlichen Mittelalter nichts Anrüchiges war.[393] Aus den St. Galler Klostergeschichten erfahren wir, dass

---

391 Bei Theophyl. *hist.* V 13, 7: *Ὁ μὲν οὖν σατράπης κατὰ τὸ διατεταγμένον αὐτῷ ἀπέδοτο τὸν σταυρὸν τά τε γράμματα τοῦ βασιλέως* [sic Χοσρόης Β΄ της Περσίας] *τῷ δὲ ἐπιόντι ἐνιαυτῷ ὁ τοῦ Περσικοῦ βασιλεὺς ἀναγορεύει βασίλειαν Σειρέμ, γένους Ῥωμαϊκοῦ, (ἦν δὲ θρησκείας Χριστιανῶν)*, wird eine Römerin barbarischer Herkunft erwähnt, die „*durch den Übertritt zum Christentum rhomaïsiert*" (!) wurde, vgl. Jüthner, Julius: *Hellenen und Barbaren. Aus der Geschichte des Nationalbewusstseins*, Leipzig 1923, S. 105, m. Anm. 277 (S. 150).

392 Rocher, Daniel: *Das Problem der sprachlichen Verständigung bei Auslandsreisen in der deutschen Literatur des Mittelalters*, in: Reisen und Welterfahrung in der deutschen Literatur des Mittelalters. Anglo-German Colloquium in Liverpool 1989 (Würzburger Beiträge zur deutschen Philologie, Bd. 7), hg. v. Dietrich Huschenbett / John Margetts, Würzburg 1991, S. 24–34, hier S. 33, erklärt dieses Paradox mit der nonverbalen Verständigungfähigkeit der distinguierten Menschen und spricht von „*echten Menschen*". Er weist aber zugleich auf die anatomische Beschaffenheit der kranichartigen Geschöpfe hin, deren Schnabelwerk fürs Sprechen nicht geeignet ist.

393 So war es im Farsi nicht unüblich, dass iranische Adlige die türkischen Prinzessinnen heirateten: Siyâwasch, ein legendärer persischer Prinz aus dem Geschlecht der Kayaniden, heiratete Jurariah, die Tochter des turanischen Adligen Piran Wisah. Später heiratete er noch Farangis, die Tochter des turanischen Königs Afrasiab. Auch der Pehlevan (Ritter) Bischen, der Sohn des iranischen Feldherren Giw, wird mit einer turanischen Prinzessin vermählt, vgl. Friedrich Rückert: *Firdosi's Königsbuch*

Wendilgard, die Nichte des Königs Heinrich I.[394] und die Gemahlin des alemannischen Grafen Udalrich V., sich verschleiert in die Einsamkeit zurückzieht, weil sie nach dem angeblichen Tode ihres Gemahls Heiratsanträgen entgehen will.[395] Viele der türkischen Stämme waren zwar ab 960 sukzessiv islamisiert,[396] aber seit

---

(Schahname) Sage XV–XIX. Aus dem Nachlass hg. v. Edmund Alfred Bayer, Berlin 1894 (Ndr. Berlin 2010), S. 202 u. 300 ff.

394 Ekkehard IV, *Casus Sancti Galli*, c. 82 ff.: ***Heinrici regis de filia neptis***. Doch Hlawitschka, Eduard: *Die Ahnen der hochmittelalterlichen deutschen Könige, Kaiser und ihrer Gemahlinnen*, Hannover 2006 (Bd. 1), 2009 (Bd. 2), hält die Satzpartikel *de filia* für einen späteren Einschub, sodass sie nur als Tochter eines Bruders König Heinrichs in Frage kommt. Vgl. Schütz, Alois: *Die Grafen von Dießen und Andechs, Herzöge von Meranien*, in: Königliche Tochterstämme, Königswähler und Kurfürsten, hg. v. Armin Wolf, Frankfurt/M. 2002, S. 225–316, hier S. 313.

395 Grimm, Jacob und Wilhelm: *Deutsche Sagen*, 2. Bde., Berlin 1816, Nr. 531 „Udalrich und Wendilgart und der ungeborne Burkard", Bd. 2, S. 115. Die Finessen zu diesem Thema finden sich beispielsweise bei Winfried Glocker: *Die Verwandten der Ottonen und ihre Bedeutung in der Politik*, Diss., München/Köln/Wien 1989, S. 277 f., oder bei Borgolte, Michael: *Die Grafen Alemanniens in merowingischer und karolingischer Zeit. Eine Prosopographie*, Sigmaringen 1986 u.a. S. 18 ff., 27 ff., 39, 128, 149, 258. In seinem 1. Korintherbrief (1 Kor 11,5–6) schreibt der Apostel Paulus den betenden Frauen das Tragen des Schleiers vor. Die Griechen pflegten eine strenge Kleiderordnung als Zeichen der sozialen Status. Tatsächlich hatten Kopfschmuck und Kopfbedeckung der Frauen darin eine zentrale Bedeutung, vgl. Carson, Anne: *Putting Her in Her Place. Woman, Dirt and Desire*, in: Before Sexuality. The Construction of Erotic Experience in the Ancient Greek World, eds. David M. Halperin, John J. Winkler, Froma I. Zeitlin, Princeton 1990, pp. 135–169. In der griechischen Antike dienten die Haare als Erkennungszeichen für den Sozialstatus, und zwar nicht nur bei den Frauen, sondern auch bei den Männern. Auch Leitao, David D.: *Adolescent hair-growing and hair-cutting rituals in Ancient Greece: a sociological approach*, in: Initiation in Ancient Greek Rituals and Narratives. New Critical Perspectives (eds. David B. Dodd / Christopher A. Faraone). London 2003, pp. 109–129, sowie Cole, Susan Guettel: *The Social Function of Rituals of Maturation: The* ***koureion*** *and the* ***arkteia***, ZPE 55 (1984), pp. 233–244, bieten ausführliche Einzelheiten.

396 Im Allgemeinen glaubten die Türken vor der Annahme des islamischen Glaubens an eine Religion, die aus ihrer eigenen Geschichte entstand, nämlich den Tengrismus. Die hartnäckig durchgeführte Islamisierung der Türken durch viele Eroberungs- und Missionierungszüge seitens der Araber und Perser vollzog sich in den Jahren 670 bis 960 im ursprünglichen Siedlungsgebiet der Turkvölker in Mittelasien. Durch den starken kulturellen Einfluss der islamischen Länder wurden die Turkstämme ab der 2. Hälfte des 10. Jahrhunderts islamisiert. Was das Jahr 960–961 betrifft, berichten der arabische Chronist Ibn al-Athir und der persische Historiker Ibn-Miskawaih vom Übertritt einer großen Menge, *„etwa 200.000 Zelte*

etwa knapp einem Jahrhundert nicht dazu geneigt, sich einige arabische Sitten anzueignen. Dazu gehört die Verschleierung (arab.: تستّر, *tasattur*) einer Frau, die auch nicht im Koran vorgesehen ist.[397] Im türkischen Lebensstil hatte sich die *tasattur* genannte Verschleierung der Frau zunächst nicht durchgesetzt. Der HE-Dichter beschreibt aber die extrem langen Haare der Prinzessin. Nirgends spricht er von einer Kopfbedeckung.[398] Wenn alle Details in Betracht gezogen werden, so

---

der Türken", vgl. Ibn al-Athir, *Al-Kâmil fit-Tarikh*, ed. C. J. Tornberg, *Ibn al-Athiri Chronicon quod perfectissium inscribitur*, vols I–XIV, Leiden 1851–76 (hier Beirut ed.), VII 296. IX 520; Ibn Miskawaih, *Tajārub al-Umam*, ed. H. L. Amedroz, 3 vols., Oxford 1920, vol. II, S. 181, sowie Neşri, *Kitâb-i Cihân-nüma*, eds. F.R. Unat, M. A. Köymen, 2 vols., Ankara 1949–57, hier vol. I, S. 16 f.; Jahn, Karl: *Die Geschichte der Oguzen des Rasid Ad-Din*, Wien 1969. Fortan wurden diese, im Unterschied zu den übrigen Türken, „Turkomanen" (die glaubenden Türken) genannt, weil „Iman" im Arabischen „Glauben" heisst; Mailáth, Johann: *Geschichte der Magyaren*, Bd. 2, Wien 1828, S. 120 (5 Bde., 1828–31). Die ethnische Bezeichnung ‚Türkmen' (Turkoman) stand noch im beginnenden 20. Jahrhundert in Kaukasien für arme und unwissende Schafzüchterstämme, vgl. Barthold, Wilhelm: 12 *Vorlesungen über die Geschichte der Türken Mittelasiens*, Berlin 1935, S. 191. Die erste Erklärung des Ethnonyms „Turkoman" bzw. „Turkman", zusammengezogen aus *Türk* und *iman*, lieferte Neshri in seinem hier genannten Werk. Sie werden bei Plano Carpini als „Turcomani" aufgeführt, vgl. *Libellus historicus Ioannis de Plano Carpini, qui missus est Legatus ad Tartaros anno Domini 1246, ab Innocenti quarto Pontifice maximo*, De terris quas eorum dominio subiugarunt, Cap. VII, in: The principal navigations, voyages and discoveries of the English nation etc. Richard Hakluyt, London 1589. Die Karachaniden sind jedoch die erste tribal türkische Dynastie in der Geschichte der islamischen Länder. Davor gab es auch Türken, die sich zum Schamanismus, Animismus, Totemismus, Manismus, Buddhismus, Christentum, Manichäismus und sogar zum Judentum bekannten. Der erste Muslim aus der Reihe der Karachaniden soll Satuq Buğra Hān gewesen sein. Zum Manichäismus vgl. von Le Coq, Albert: *Ein manichäisches Buch-Fragment aus Chotscho*, in: FS Thomsen, Leipzig 1912, S. 145–154. Mittelhochdeutsche Belegstellen für das Toponym finden sich beispielsweise in *Parz.* 71,742; *Wh.* 36,80 et passim.

397 Der Koran spricht allerdings von der Brust als einem Körperteil, der zu bedecken ist, und nicht vom Kopf. Aber in arabisch geprägten Ländern wurde der „Hijab" als Kopfbedeckung mit zwei Koranversen in Verbindung gebracht und mit der Zeit allen Frauen auferlegt: Sure Nour 24, 30–31: „*sie sollen ihre Blicke senken und ihre Scham bewahren*", und Sure al-Ahzab, 33, 58–59: „*sie sollen etwas von ihrem Überwurf über sich herunterziehen*".

398 Noch im 14. Jahrhundert war es nicht üblich, dass die muslimischen Türkinnen ihre Haare bedeckten. Als Ibn Battuta 1333 im osmanischen Kernland Bithynien verweilte, stattete er Iznik, der Hauptstadt der Osmanen, einen Höflichkeitsbesuch

wird man die Heimat der Prinzessin im anatolisch-seldschukischen Raum suchen müssen. Deshalb kann ich der Annahme von Hans Szklenar, der HE-Verfasser könne sich *„das Leben im Orient nicht anders vorstellen (...) als er es aus seiner Umwelt kennt"*,[399] d.h. die Prinzessin sei europäisch geprägt, nicht folgen.

Kommen wir aber auf die Kranichmenschen zurück: Wie die Kynokephalen[400] haben auch diese rätselhaften Kreaturen eine inhumane Sprache. Die

---

ab. Dort wurde er während der Abwesenheit von Sultan Orhan von dessen Frau Nilüfer (Beylûn) Hatun empfangen. Hier stellte er fest, dass die Frauen unter den Türken eine würdigere Stellung innehaben als die Männer, vgl. Ibn Battuta: *Tuhfet-ün-Nüzzar fi Garaib-il-Emsal* (hg. u. übers. ins Türkisch v. Mehmed Şerif Paşa: *Seyahatname-i İbn Battuta*), İstanbul 1907, S. 283 f. Noch in der Gründungsphase des Osmanischen Reiches gab es einflussreiche Frauen aus dem Adel, die Staatsgeschäfte führten. Ibn Battuta wundert sich über die gesellschaftliche Stellung der Nilüfer Hatun. Am meisten staunt er über die Freizügigkeit der anatolischen Frauen. So trägt die Regentengattin weder eine Kopfbedeckung, noch scheut sie die Anwesenheit eines fremden Mannes. Auch in anderen türkischen Gebieten, im südlichen Rußland, in der Krim, im Kaukasus oder in Khazar will der arabische Reisende keine Frau mit Kopfbedeckung gesehen haben. So erlebt Ibn Battuta die türkischen Frauen ohne Kopfbedeckung im seldschukischen Alaiye im Rauen Kilikien (S. 210), im ilchanischen Caesarea (S. 325), in der kiptschakischen Krim S. 368) und in Alt-Sarai, dem Residenzsitz der mongolisch-türkischen Khanates Goldenen Horde (S. 370). Die beachtliche Stellung der anatolisch-muslimischen Frauen schwankt erst mit dem Übergang des Kalifats auf die Osmanen, als 1517 der osmanische Sultan Selim I. Syrien und Ägypten eroberte und das dortige Sultanat der Mameluken ausmerzte. Es ist daher nicht überraschend, dass die osmanischen Herrscher ab diesem Datum die Abkoppelung von der türkischen Identität als Staatspolitik betreiben, während sie sich kulturell zum Persertum und religiös zum Arabertum hinwenden. Zu den islamisierten Türken Anatoliens vgl. Köprülü, Mehmed Fuad: *Islam in Anatolia After the Turkish Invasion (Prolegomena)*, English trans. Gary Leiser, Salt Lake City 1993.

399 Szklenar, Hans: *Studien zum Bild des Orients in vorhöfischen deutschen Epen*, Palaestra 243, Göttingen 1966, S. 170.

400 Die Kynokephalen kommen beispielsweise auch in der Brandan-Sage (V. 1651) vor. Das hundsköpfige Volk gehört zu den apokalyptischen Völkern, welche Alexander der Große hinter das eiserne Tor sperrte, vgl. Sackur, Ernst: *Pseudomethodius*, in: Sibyllinische Texte und Forschungen, Halle a. S. 1898, S. 37; Anderson, Andrew Runni: *Alexander's Gate, Gog and Magog and the Inclosed Nations*, Cambridge, Mass. 1932. In der syrischen Legende werden die Kynokephalen *dogmen* genannt, vgl. den Metropoliten Salomon von Basra († 1240): *Kitab al-kanz at-tamin fi sinaat sir as-surjan wa-taragim suaraihim al-mashurin (Liber Thesauri de Arte Poetica Syrorum nec non de Eorum Poetarum Vitis et Carminibus)*, ed. Gabriel Cardahi,

schlanken, leicht verletzbaren Hälse der Kranichschnäbler und ihre leichte Bewaffnung tragen dazu bei, dass sie von den europäischen Rittern ohne größere Mühe besiegt werden können. Der HE-Verfasser setzt sie in das Geschehen anstelle von hundsköpfigen Chimären (Kynokephalen), welche von August. *civ. Dei* XVI 8 wegen ihrer Kopfform und ihres Gebells schon mehr zu den Tieren als zu den Menschen gestellt werden.[401] Man kann sagen, dies sei eine der literarischen Leistungen des anonymen Verfassers. So wie die Kynokephalen ihrer hundsköpfigen Natur getreu zu bellen pflegen, haben auch die Kranichmenschen keine menschliche Sprache. Sie ***schrîen nâch der kraniche site*** (B 3155). Ihre Sexualität weist derbe Züge auf (B 3426 ff.). Diese Geschöpfe befinden sich im Dauerkriegszustand mit den Pygmäen, den ***kleinen liutelîn*** (B 4899, 4903 u.a.),[402] ***kleinen leütlein*** (G 53, 4), ***zwerge*** (G 49, 5; 55, 10),

---

Rom 1875, und ergänzend dazu Hoffmann, Georg: *Auszüge aus syrischen Akten persischer Märtyrer*, in: Abhandlungen fur die Kunde des Morgenlandes, VII/3, Leipzig 1880, sowie Tamcke, Martin: Art. *Salomon von Basra*, BBKL (1994), Sp. 1246–1247. Interessant sind noch die Ausführungen von Konrad von Megenberg: Hier referiert er den Kirchenvater Hieronymus, indem er von dem Volk der ***cynocephalos*** berichtet, welche *„hundeshaupt und scharpf krumm negel an den lidern [habent] und rauch an dem leib [sint] und redent niht, si pellent sam die hund*",vgl. ders., *Das Buch der Natur*, 490, 6, und Hier. *adv. Iov*. II, 7 (PL 23, Sp. 309). Die Kynokephalen waren ein derart furchterregendes Volk, dass die Langobarden ihre Feinde mit der Legende von einer Offensive der blutrünstigen Kynokephalen in Schach gehalten haben, vgl. Paul. Diac. *hist. Lang*. I, 11, MGH SSrL LXXV, 59 f. Als ausführliche Sachliteratur bietet sich Lecouteux, Claude: *Les monstres dans la littérature allemande du Moyen Âge*, Göppingen 1982, S. 20 ff., an.

401 Siehe Szklenar, Hans / Behr, Hans Joachim: Art. ‚*Herzog Ernst*' in: in: ²VL 3 (1981), Berlin / New York. Sp. Berlin/New York, Sp. 1170–1191; 1172. Hier verweisen die Autoren auf die 16. Episode der „Tausend und Einen Nacht". Darin wird der Prinz von Karisme von einem europäischen Seeräuber gefangengenommen und an die scheußlichen kannibalischen Samsaren verkauft, die auf ihren Menschenleibern Hundsköpfe tragen. Zu diesen Bewohnern des Orients vgl. Lecouteux, Claude: *Les Cynocéphales: Étude d'une tradition tératologique de l'Antiquité au XII siècle*, in: CCM 24/2 (1981), pp. 117–128, sowie ders.: *Die Kranichschnäbler der Herzog Ernst-Dichtung*, Euphorion 75 (1981), S. 100–102.

402 Diese heißen in Fass. D (4038, 4088) ***picmei*** oder ***kleine man*** (D 4067, 4156), welche ***hæten sunderlîch ein lant*** (D 4037). Der Pygmäenkönig ist dermaßen klein, dass ***der ginge an sîne knie*** (D 4074, 4156). Bereits Blamires, David: *Herzog Ernst and the otherworld voyage. A comparative study*. Manchester 1979, p. 59, wies auf die Analogie mit den Homerischen Ethnien hin, worin Pygmäen und Kraniche im gleichen Kontext auftauchen. Bei Hom. *Il*. III, 3-7, bringen die Kraniche auf ihrem Zug nach Süden, an den Ozean, Tod und Verderben. Vgl. als Forschungs-

zwerglin (G 50, 10; 51, 2) oder, im Genitiv stehend, ***des zwerges leüten*** (G 55, 10) ***von Perkamêren lant*** (B 5324).

Raffiniert kanalisierte Badeeinrichtungen und kunstvoll verzierte Wascheinbauten (z.B. Šadirvan-Moscheebrunnen) der Muslime zwecks ritueller Handwaschungen waren den Europäern wohl bekannt. So wird in HE B von dem König der Grippianer berichtet, dass er vor und nach dem Essen zeremonielle Handwaschungen vornimmt (B 3176: ***wasser nam***). Während der Verfasser der Fassung B recht informiert über den Islam zu sein scheint, sind die Kenntnisse des Verfassers der Fassung D über islamischen Riten und Gepflogenheiten eher dürftig: Er erwähnt heidnische Götternamen „***Tervigand***" (Doublette: ***Terniannden***) und „***Appollînen***" (D 4711 ff.), sowie „***got Machamet***" (D 4687; Dublette: ***Machmet***, D 4694).[403]

---

literatur dazu Hennig, Richard: *Der kulturhistorische Hintergrund der Geschichte vom Kampf zwischen Pygmäen und Kranichen*, im: Rh. Mus. 81 (1932), S. 20–29. Zu den Pygmaei vgl. auch *Lexikon der antiken Gestalten in den deutschen Texten des Mittelalters*, hg. v. Manfred Kern, Alfred Ebenbauer u. Silvia Krämer-Seifert, Berlin 2003, S. 542 f.

403 Vgl. bei Wolfram ***Tervigant*** *Wh.* XI 16; XVII 20; XVIII 28; XX 11; XLIV 25; LXXI 25; CVI 7; CX 29; CCXVI 4; ***Mahmet*** *Wh.* IX 8; XI 16; XVII 21; LXXXVIII 18; CXCIII 3; CCXV 16; ***Mahumet*** *Wh.* CCXVII 19; ***Apolle*** *Wh.* XVII 20; CVI 7 ***Amor*** *Wh.* XXIV 5. Obwohl Wolfram über den Islam ziemlich gut Bescheid zu wissen scheint, misst er der monotheistischen Religion polytheistische Wesenszüge bei, da er in seinem Werk neben Tervigant noch Mahmet, Mahumet, Apolle und Amor als weitere islamische Götter nennt. Es kann aber sein, dass Wolfram diese Fehlinformation vom RL abgeleitet hat, vgl. Stein, Siegfried: *Die Ungläubigen in der mittelhochdeutschen Literatur von 1050–1250*, Diss., Heidelberg 1933, S. 43. In seinem Aufsatz „*Willehalm, Rolandslied und Eneide*", in: PBB 44 (1920), S. 191–241, hat Rudolf Palgen versucht darzustellen, inwieweit Wolfram für seinen ‚Willehalm' Anregungen aus dem RL und aus dem Eneasroman bekam. Er fand schließlich 30 „*bewusste Hinweise*", die darauf deuten, dass der ‚Willehalm' direkt von diesen Werken beeinflusst wurde, vgl. *ebd.*, S. 192. Zum Nachweis der Nachahmung Wolframs vgl. Jänicke, Oskar: *Über die Abfassungszeit der beiden deutschen Gedichte von Herzog Ernst*, ZfdA 15 (1872), S. 151–165. Sodann ist uns bekannt, dass ihm der Straßburger Alexander geläufig war, vgl. Brummack, Jürgen: *Die Darstellung des Orients in den deutschen Alexandergeschichten des Mittelalters*, Berlin 1966, S. 150; Eberhard Nellmann (Stellenkommentar), in: *Wolfram von Eschenbach: Parzival.* Nach d. Ausg. Karl Lachmanns rev. u. komm. v. Eberhard Nellmann, übertr. Dieter Kühn, 2 Bde., Frankfurt a.M. 1994, (= Bibl. d. Mittelalters 8) Bd. 2, S. 443–803, hier S. 695 (*Parz.* 490,26; 812,19–23; *Str.A.* 6079–6115). Desweiteren vgl. das unvollendet gebliebene Alexanderepos des Rudolf von Ems V. 16920.

3.6.1.4. Der Kampf mit den heidnischen Reitern (B 3605–3838)

Wenn wir die Gewaltszenen im Text insgesamt betrachten, können wir festhalten, dass die Kämpfe gegen die Grippianer ausführlicher geschildert werden. Die Verse 3605–3880 beinhalten diese Kampfbeschreibung. Die Kämpfe gegen die Skiapoden[404] (***plathüeven***) und Panoten (***ôren***) hingegen nehmen nur einige Verse in Anspruch.

Während der Dichter der Konfrontation mit den ***plathüeven*** lediglich einige Dutzend Verse widmet (B 4689–4746), spielt sich die kriegerische Auseinandersetzung mit den ***ôren*** in 30 Versen ab (B 4860–90). Hier sehen wir erneut, dass der Verfasser nicht besonders an der Ausformung der mythischen Geschöpfe interessiert ist oder es ihm an fantasiereichem Colorit fehlt, mit dem er sein Werk farben- und formenfroher hätte gestalten können.

Im Großen und Ganzen bleibt es bei sporadischen Körperbeschreibungen. Die unterschiedliche Bewaffnung der Grippianer entspricht weder dem europäischen Ritterkodex noch der kirchlichen Auffassung.[405] Während die die Heiden symboli-

---

404 Zu der etymologischen Ableitung der *mirabilia descripta* vgl. Szklenar, Hans: *Studien zum Bild des Orients in vorhöfischen deutschen Epen*, Palaestra 243, Göttingen 1966, S. 167 ff. Zu den Plathüeven vgl. Salama, Dina: *Das Orientbild im 'Herzog Ernst' zwischen Wirklichkeit und Phantastik*, Diss., Kairo 2003, S. 154 ff.

405 Beim zweiten Laterankonzil, das zwischen dem 4. und 30. April 1139 stattfand, verdammte Papst Innozenz II. (1088–1143) den Einsatz von Bogen- und Armbrustschützen bei den interchristlichen Gefechten, erlaubte ihn jedoch gegen Sarazenen, da auch sie von diesen Waffen Gebrauch machten. Von den 30 Canones, die das Konzil verabschiedete, lautet das 29. Canon wie folgt: ***Artem autem illam mortiferam et Deo odibilem ballistariorum et saggettariorum, adversus christianeos et catholicos exerceri de cetero sub anathemata prohibemus,*** zu Deutsch: *Unter Strafe des Anathems wird hiermit verboten, in Zukunft von der todbringenden und gottverfluchten Geschütz- und Bogenschießkunst gegen Christen und Katholiken Gebrauch zu machen*. Vgl. *Conciliorum Oecumenicorum Decreta*, ed. Giuseppe Alberigo et al, in: Istituto per le scienze religiose XXIV. Bologna ³1973, pp. 195–203, hier 202 f. Vgl auch Hefele, Carl Joseph: *Conciliengeschichte*, Bd 5, Freiburg i. Br. 1863, S. 388 ff. Vgl. auch Thomas von Aquin, *Summa theologica* II–II *questio* 40,3, bei dem der Krieg an sich nicht als Sünde betrachtet wird, solange er nicht mit negativen Absichten geführt wird. Auch der „Hinterhalt" sei im Sinne der kriegstaktischen Verheimlichung ein zulässiges Mittel. Vgl. auch da Legnano, Giovanni: *Tractatus de Bello*, LXII, ed. T. E. Holland, p. 125, wo der Autor sich mit der von Aquinaten gestellten Frage „***An in bellis sit licitum insidiari?***" auseinandersetzt. Dass der Krieg *per se* nicht schlecht sei, führte schon der Kirchenvater Augustinus von Hippo (354–430) in seiner geschichtsphilosophischen Schrift *De civitate Dei* („Gottesstaat") 420 aus. Solch ein Krieg müsse entweder gegen ein begangenes Unrecht gerichtet sein (***causa***

sierenden Grippianer mit Pfeil und Bogen aus der sicheren Entfernung kämpfen,[406] sind Ernst und die Seinen es gewohnt, direkt Mann gegen Mann zu kämpfen.[407] Die Grippianer können ihre Bögen weit spannen und ihre Geschosse tatsächlich sehr weit schießen (B 3787–3789). Darum finden sie den Kampfstil ihrer Gegner alles andere als ruhmreich. In seiner Motivationsrede (B 3735–3776) garantiert Ernst seinen Männern den sicheren Weg zum Himmelreich (B 3744–3747):

---

iusta), nur dem Frieden (***iustus finis***) bzw. einer *„geordneten Eintracht"* (***ordinata concordia***) dienen oder durch die Entscheidung des Regenten durchgeführt sein (legitima auctoritas) und auf Gottes Befehl hin geführt werden, da Gott niemals etwas Böses beordern könne (***quem male aliquid iubere non posse***). In seiner Schrift *Contra Faustum* XXII 75 (CSEL 25, S. 673) Z. 15, unterstreicht der Kirchenvater noch einmal explizit, dass die Christen an der Gerechtigkeit solcher Kriege nicht zu zweifeln haben (***dubitare fas non est***). Schon Arist. *pol.* I, 8 (1256b) benützte den Terminus *„πόλεμος δικαίως"* (gerechter Kampf), vgl. Clavadetscher-Thürlemann, Silvia: *Polemos dikaios und bellum iustum. Versuch einer Ideengeschichte*, Diss., Zürich 1985, auch im Zusammenhang von „Krieg und Gerechtigkeit". Vgl. Kleemeier, Ulrike: *Grundfragen einer philosophischen Theorie des Krieges*, Berlin 2002, S. 27. Auch Weber, Friedrich: *Platons Stellung zu den Barbaren*, München 1904, bietet ausführliches Material zur platonischen Einstellung zu diesem Thema.

406 Zur „feigen Kampfweise" der Sarazenen vgl. Hensler, Ines: *Ritter und Sarrazin. Zur Beziehung von Fremd und Eigen in der hochmittelalterlichen Tradition der „Chanson de geste"*, in: BAKG 62, hg. v. Helmut Neuhaus, Köln u. a. 2006, S. 281 ff.

407 Die Fernkampftechnik der Sarazenen dürfte eigentlich auf die Kreuzritter zu der Zeit nicht befremdend gewirkt haben, denn die gotischen Bogenschützer waren in Europa nicht nur gefürchtete, sondern auch bewunderte Krieger, vgl. Iord. *Get.* XLIII. Lucan. *bell. civ.* III 266, erwähnt ***tinxere sagittas*** und schreibt ***errantes Scythiae populi*** (*bell. civ.* III 267), meint aber die dakischen Geten. Vergleichbare Stellen a.d.g. Werk: V 79 ff.; VI 391 f.; VII 510 ff. usw. Plinius der Ältere, der den Jupitersohn Skythes als Erfinder von Pfeil und Bogen (Plin. *nat. hist.* VII 201) benennt, berichtet von einem Gemisch aus Viperngift und Menschenblut, Plin. *nat. hist.* XI 115: ***Scythae sagittas tingunt viperina sanie et humano sanguine***. Bei Aristoteles, *hist. anim.* I 6 und Ael. *nat. an.* VIII 15, liest man, die Skythen würden die von ihnen erlegten Vipern mit menschlichem Blut mischen, die Masse in einer anaeroben Mikroflora verwesen lassen und mit diesem auf diese Weise gezüchteten Extrakt ihre Wurfgeschosse bestreichen. Bei Ov. *ep.* I, 2 lesen wir eine lyrische Wiedergabe des Stoffes: ***Qui mortis saevo geminent vulnere causas / Omnia vipereo spicula felle linunt***. Abschließend wäre hier der griechische Satiriker Lukian von Samosata zu erwähnen, der sich über das Gift der Skythen auslässt (Luk. *Nigr.* III 37): *„χρίσας τὸ βέλος οὔτε ἰῷ καθάπερ τὰ Σκυθῶν χρίεται"*. Ein anderes Volk, das die giftigen Pfeile kannte, waren die Oriten, Strab. *geogr.* XV 2 p. 239; Curt. Ruf. *De gestis Alexandri* IX 33 (ed. Zumpt, Brunsw. 1849).

*„**hie sul wir daz himelrîche***
koufen mit dem lebene.
ez hât nieman vergebene
***die himelischen êre.**"*

Da die christlichen Krieger gegen heidnische Schnabelkrieger kämpfen (B 3752 f.: ***diz sint ungetoufte liute / unde ahtent niht ûf got***), führen sie einen von Gott gewollten Krieg im Rahmen des *ius in bello* bzw. *iusti belli*.[408] Die Kampfrede (B 3735–2776) des jungen Ritters beinhaltet alle Elemente der Kreuzzugsthematik: erstrebenswerter Märtyrertod (B 3744–47), ***vita aeterna*** (B 3748–3750), heidnisches Feindbild (B 3751–3759), christliche Hingabe (B 3760–3776). Die Rede des Herzogs zielt auf die Rückbesinnung auf die Reisemotivation, ohne die Neugier[409] oder Beutelust seiner Mitkämpfer stimulieren zu wollen.

---

408 Enea Silvio Piccolomini (1405–1464), der spätere Papst Pius II., hielt 1442 in seinem ‚Pentalogus' (Fünfergespräch) fest, wie er Friedrich III. noch einmal daran erinnerte, wie er den Kaiser von einem Italienfeldzug überzeugen wollte, weil nämlich *„all denjenigen, die in einem gerechten Krieg fallen, die Erlösung zuteil wird"* (***omnes, qui iustum gerentes bellum occidunt***). Doch *„wer aber hinscheidet, weil er zu Unrecht zur Waffe greift, wird der Verdammnis anheimfallen"* (***qui vero arma iniuste capessentes occumbunt, dampnatos***), eig. Übers., vgl. ders., *Pentalogus de rebus ecclesiae et imperii*, MGH Sts. VIII, 46–308, hier 276,26). Auch bei Giannantonio Campano finden sich ähnliche Gedankengänge. So sei ein Feldzug ***contra Turcos*** schon allein wegen ***Turco crudelitatis*** durchaus ein ***ius belli***, Campano, *Orat. Ratisp.* § 117–118, vgl. Blusch, Jürgen: *Enea Silvio Piccolomini und Giannantonio Campano. Die unterschiedlichen Darstellungsprinzipien in ihren Türkenreden*, in: Humanistica Lovaniensia, XXVIII (1979), 78–138, hier ab S. 89 ff., hier S. 112. Laut Campano hätten die Türken etliche Freveltaten nach der Eroberung der Stadt verübt. Die türkischen Krieger hätten u.a. Gotteshäuser geschändet und verbrannt, Frauen und Kinder auf schändlichste Weise ermordet, schonungslos die ganze Adelsschicht komplett ausgetilgt und, entgegen den internationalen Bestimmungen, den Gott des Feindes völlig ignoriert. ***Qui inimicus legibus foedera violare, inimicus deo templa incendere, inimicus religioni sacerdotes intra templa concremare, inimicus consuetudini pueros et feminas rapere, inimicus naturae infantes strangulare, inimicus nobilitati principes interficere, trucidare, lacerare non dubitat, qui denique in deum, in homines Turcus est.*** Campano, *Orat. Ratisp.* § 137–139. Vgl. J. Blusch, *ebd.*, S. 112. In Bezug auf die sog. „Türkenreden" im 15. Jahrhundert vgl. auch Döring, Karoline: *Rhetorik und Politik im 15. Jahrhundert. Die "Türkenreden" und ihre Verbreitung im Druck*, in: Rhetorik in Mittelalter und Renaissance (Münchner Beiträge zur Geschichtswissenschaft, Bd. 6), S. 429–454.

409 Herzog Ernst kann hier nicht an die *„freie furchtlose Neugier"* (Wehrli, Max: *Herzog Ernst*, in: Formen mittelalterlicher Erzählung. Aufsätze, hg. v. ders., Zürich / Freiburg i. Br. 1969, S. 141–153, hier S. 149) seiner Leute appellieren, da er sie und sich selbst

3.6.1.5. Aufbruch von Grippia (B 3839–3882)

Auf die Grippia-Episode mit der Bewährung der Helden folgt der Aufbruch in die ***Môrlande***, welche nach Ehlen in der Fassung C mit der ***India ulterior*** kongruent sind.[410] In diesem kleinen Passus spielt der Wind eine große Rolle (B 3843 u. 3852). Im Gegensatz zu den Heiden, die sie verfolgten, war der Wind ihnen freundlich gesinnt. Denn von Gott geschickt,[411] verlieh er den leid- und glaubensgeprüften Helden die erlösende Mobilität auf dem Meer. Der Preis für das Erreichen des Schiffes war jedoch sehr hoch: ***fünf hundert sîner manne*** (B 3823) wurden beim erbitterten Rückzugsgefecht bis hin zum Meer verwundet oder getötet.

3.6.2. Magnetberg-Episode (B 3891–4138)

Nachdem Ernst und sein Gefolge den Grippianern entrinnen konnten, geht es mit der Episode mit dem Magnetberg, dem Lebermeer und den Greifen weiter: Auf der Weiterfahrt zerschellt das Schiff der Orientfahrer am Magnetberg, ***daz ist ûf dem lebermer*** (B 3935), zwischen Indien und dem Südkontinent.[412] In 'Herzog Ernst' Fass. G (46, 5) wird ausdrücklich ein ***grosses wasser werck*** erwähnt, durch

---

aufgrund dieser Eigenschaft selber in Gefahr gebracht hat: zum Thema Neugier im Zusammenhang von HE vgl. auch Baisch, Martin: *Vorausdeutungen. Neugier und Spannung im höfischen Roman*, in: Historische Narratologie. Mediävistische Perspektiven, hg. v. Harald Haferland u. Matthias Meyer, Berlin / New York, S. 205–230; Seel, Martin: *Neugier als Laster und als Tugend*, in: Merkur 62 (2008), S. 824–832, sowie Lieberich, Eva: *Neugier und Staunen im Herzog Ernst und Reinfried von Braunschweig*, Berlin 2007.

410 Ehlen, Thomas: *Hystoria ducis Bauarie Ernesti (C): Krit. Ed. des Herzog Ernst C u. Untersuchungen zu Struktur u. Darstellung des Stoffes in den volkssprachl. u. lat. Fassungen*, Tübingen 1996, S. 25, m. Anm. 43.

411 Das Meer ist der menschenfeindliche Ort, an dem allein Gott über Verbleib oder Verderben entscheidet, wie in Kudrun durch die ***sunderwinde*** (V. 1125,1).

412 Das Hydronym ***lebermer*** geht auf das althochdeutsche Wort ***liberôn*** bzw. das mittelhochdeutsche ***liberen*** (gerinnen) zurück. Die Legende besagt, dass dieser Berg aus magnetischem Gestein oder Erz besteht und eisenhaltige Gegenstände mit großer Kraft anzieht. Siehe Lecouteux, Claude: *Die Sage vom Magnetberg*, in: Fabula 25 (1984), S. 35–65; Voorwinden, Norbert: *Merigarto. Eine philologisch-historische Monographie*, Germanistisch-Anglistische Reihe der Universität Leiden, 11, Leiden 1973, S. 89–96, lokalisiert den Magnetberg im Osten des Mittelmeeres, vgl. Huet, Gédéon: *La légende de la Montagne d'Aimant*, in: Romania 44 (1915–17), S. 427–53. Zur Lokalisation des Magnetbergs vgl. auch Augustin, Anja Ulrike: *Länder und Bewohner der Heidenwelt in deutschen Romanen und Epen des 12. bis 14. Jahrhunderts*, Bd. 1, Diss., Würzburg 2014, S. 264 ff.

das die Helden zu einem ***vinstern perg*** (G 74, 3) gelangen. Am Magnetberg werden die Überlebenden von Greifen davongetragen.[413] Ernst ist stets in der Lage, alle möglichen Gefahren zu meistern, denn er handelt aus christlichen Motiven heraus. Auch als er das Abenteuer am Magnetberg besteht, zeigt er sich gottesfürchtig und ermahnt seine „***nôtgesellen***" (B 3971), Reue zu zeigen, Buße zu tun und sich Gott anzuvertrauen (B 3970–3983). Wie bereits Neudeck explizierte, kann dieser Abschnitt als Wendepunkt interpretiert werden, da von ***êre*** zu ***demuot*** ein unverkennbarer Wandel vollzogen wird: „*Inmitten all der Pracht der Welt kann nur ein Gnadenakt Gottes den sündigen Herzog und seine geschrumpfte Schar retten.*"[414] Stein

413 Bereits Alexander ließ sich von zwei Greifen davontragen (Annolied V 215) ***mit zuein grîfen vuor her cin liuften***, jedoch nicht in einer zusammengenähten Tierhaut, sondern in einem Glasbehälter (Annolied V 216) ***in eimo glase liezer sich in den sê***, vgl. Roediger, Max (Hg.): *Annolied*, MGH Dt. Chron. I, 2, Hannover 1895, S. 120. Nach Isid. *etym.* XII, II, 17 waren die Greifen vierbeinig (***Gripes vocatur, quod sit animal pinnatum et quadrupes***) und fühlten sich im hyperboreischen Gebirge daheim (***Hoc genus ferarum in Hyperboreis nascitur montibus***). Die Greifen sind „eine bösartige und zudringliche Art böser Tiere" und dermaßen auf Gold fixiert, dass sie in jedem Fremden den potenziellen Eindringling sehen (Pomp. Mela *chor.* II, 1): ***deinde est regio ditis admodum soli, inhabitabilis tamen, quia grypi, saevum et pertinax ferarum genus, aurum terra penitus egestum mire amant mireque custodiunt, et sunt infesti attingentibus.*** In der *Bucolica* des römischen Dichters Vergil (VII, 27); vol. III, S. 96, heißt es: ***grypes autem genus ferarum in hyperboreis nascitur montibus***. Der Greif ist also ein wildes Tier, das im hyperboreischen Gebirge zuhause ist, und darüber hinaus handelt es sich um ein Wesen, dessen ganzer Körper dem eines Löwen, mit Flügeln und Gesicht jedoch dem eines Adlers ähnelt: ***omni parte leones sunt, alis et facie aquilis similes, equis vehementer infestae, Apollini consecratae: ideo ‚iungentur iam grypes equis.'*** Dazu ausführlich Rowland, Beryl: *Animals with Human Faces: A Guide to Animal Symbolism*, London 1974. So auch im Vergilkommentar ‚Probus' (ed. Hagen), zu Vergil, ‚Bucolica' (VII, 27); vol. III, S. 347: ***Ferae, quae habent capita, aquilae, cetera memra leonis, cum alis ingentis magnitudines***. Isid. *etym.* XII 2,17, rezipiert im Prinzip das gleiche und fügt hinzu, dass sie, „wenn sie Menschen sehen, sie auch zerreissen" ~ ***nam et homines visos discerpit***. Rabbi Benjamin von Tudela berichtet in seiner 1173 verfassten hebräischen Reisebeschreibung von einem in fernöstlichen Gewässern (genannt „Niqpa"-Meer oder Eismeer) lebenden Greifen, der die Seeleute aus dem Meer holt, Benjamin von Tudela, *Sefär ha-Massa'ot*, 95, Hg. v. Johann Maier, in: Judentum und Umwelt, Bd. 22, Frankfurt am Main 1988, S. 42 f.

414 Neudeck, Otto: *Ehre und Demut. Konkurrierende Verhaltenskonzepte im ‚Herzog Ernst B'*, ZfdA 121 (1992), S. 177–209, hier 199. Zum Greifen vgl. Cramer, Thomas: *Der Umgang mit dem Wunderbaren in der Natur: Portenta, Monstra und Prodigia in der Zoologie des Mittelalters und der frühen Neuzeit – Die Gleichzeitigkeit des Ungleichzeitigen*, in: Knowledge, Science and Literature in Early modern Germany,

spricht gar von dem *„erneuten Aufstieg des Herzogs"*.[415] Doch um diesen Abschnitt nachhaltig zu begreifen, ist es vonnöten, das Geheimnis um die Magnetberg- und Lebermeer-Topoi zu lüften, welches seit der Antike die illustrativen Berichte vieler Autoren umhüllt.

Ernst scheint von der Existenz des Verderben bringenden Magnetbergs gerade erst von einem ***schifman*** (B 3920) erfahren zu haben (B 3939: ***dâ von ir mich ê hôrtet reden***), der den ***tunkeln berc*** (B 3957) als Vorbote eines sicheren Todes erkennt.[416] Daraufhin rät er betrübten Herzens (B 3926: ***dô was im leide und ande***) den Rittern, sich ***hin zuo dem êwigen wesen*** (B 3931) vorzubereiten. Als er die heimtückische Gefahr erkennt, befindet sich das Schiff schon innerhalb einer gewaltigen Zugkraft, die einen Radius bis zu ***drîzic mîlen*** (B 3949) umfasst. In Fassung G fehlt jeglicher Hinweis auf den Magnetberg, stattdessen spricht der Dichter ***von des steines kraft*** (HE.StG 20, 12), womit er den ***edelen stein, geheizen der karfunkel*** (HE.StG 20, 5–6) meint.[417]

In der überragenden Zugkraft des Magnetbergs, welcher in Fass. D (3212) als ***Magnes***[418] erwähnt wird, sah man das Sichtbarwerden des göttlichen Wil-

---

London 1996, S. 151–192, hier S. 160 ff. Vgl. zudem Butkus, Marcel: *Herzog Ernst – Die Entwicklung des Herzog Ernst während seiner Orientreise*, München 2011.

415 Stein, Alexandra: *Die Wundervölker des Herzog Ernst (B)*, Stuttgart 1997, S. 21–48, hier S. 37.

416 Die mahnende Ansprache des Schiffsmanns in Fass. D (3207–17) ist recht nüchtern und beinhaltet keine fatalistischen Züge, während in Fassung B (z.B. 3959–61) das absolute Ausgeliefertsein in seinem Appell im Vordergrund steht. Der Magnetberg wird auch ***einn vinstern perg*** (G 46, 4; 74, 3) bzw. ***finstern berg*** (HE.SlG 74, 3) genannt.

417 In der von Karl Bartsch edierten Fassung von HE umfasst die Magnetberg-Episode die Strophen 20 bis 23 (HE.StG 20–23), vgl. ders: *Herzog Ernst*, Wien 1869, S. 194 f.

418 Aus dem lateinischen *magnet* mit dem Nominativ *magnes* entstanden die Termini Magnet und der Magnetit. Die Wurzeln des Wortes *magnes* ist aber auch im Griechischen zu suchen. Die Bezeichnung „Magnetstein" ist wohl aus der griechischen Bezeichnung *λίθος μάγνης*, d.h. „Stein aus Magnesia" entlehnt. Mit „Magnesia" ist die kleinasiatische Stadt Magnesia ad Meandrum (Ionien) gemeint, die der Legende nach eine Generation vor dem Trojanischen Krieg von den thessalischen Magneten gegründet wurde, und nicht etwa Magnesia ad Sipylum in Lydien. Dennoch ist die Wurzel des Toponyms nicht unbedingt mit dem Ethnonym *μαγνήτοι* zu erklären. Denn im Phrygischen ist das Adjektiv „groß" mit dem phonetisch verwandten Signifikat *meka* gefüllt. Zum Register des phrygischen Wortschatzes, der das Adjektivum beinhaltet, vgl. Sowa, Wojciech: *Studien zum Phrygischen*, Göttingen 2008, S. 146. Das Wort ist epigraphisch bezeugt, *ebd.* S. 83. Thales, der aus dem ionischen Milet stammte, lebte unweit von Magnesia ad Meandrum und fasste die Seele als *κινητικόν τι* auf. Demzufolge hat Magnet eine Seele, weil er das Eisen in Bewegung bringt,

lens.[419] Im Gegensatz zum Schiffsmann, der freilich auf die Allmacht Gottes vertraut (B 3936), rechnet der Herzog nicht mit einem göttlichen Gnadenerweis (B 3965–66; 3976–77). Angesichts des sicheren Todes legen nun die Schiffbrüchigen demütig ihr Schicksal in Gottes Hand (B 3985–4001). Indes folgt das Schiff der vom Schicksal gezeichneten Route zum Magnetberg. Doch wie durch ein ***wunder*** (B 4032–33) zerschellt das Schiff nicht an den ***masboumen in den kielen, / die von andern schiffen vielen*** (B 4025 f.) oder an dem ***steine / daz***

Ψυχή κινητικόν τι Thal. A 22 (10,38). Zum Prinzip der Bewegung bei Arist. *de an.* I 2, 405a19:*Ἔοικε δὲ καὶ Θαλῆς, ἐξ ὧν ἀπομνημονεύουσι, κινητικόν τι τὴν ψυχὴν ὑπολαβεῖν, εἴπερ τὸν λίθον ἔφη ψυχὴν ἔχειν, ὅτι τὸν σίδηρον κινεῖ.* Oder Arist. *de an.* I 5, 411a7 *καὶ ἐν τῷ ὅλῳ δέ τινες αὐτὴν [sc. τὴν ψυχήν] μεμεῖχθαί φασιν, ὅθεν ἴσως καὶ Θαλῆς ᾠήθη πάντα πλήρη θεῶν εἶναι*, und doxographisches Fragment des Parmenides Aët. IV 2,1 (Dox. 386a,10): *Θαλῆς ἀπεφήνατο πρῶτος τὴν ψυχὴν φύσιν ἀεικίνητον ἢ αὐτοκίνητον*. Woanders (Aët. I, 5,5; Dox. 292) behauptet er, die Seele bestehe aus Feuer. Diese Meinung teilt Hippasos mit ihm (*ebd.*). Er und Heraklit messen dem Feuer sogar als Urstoff des Lebens eine zentrale Bedeutung bei Aët. I, 3,11 (Dox. 283). Weitere Fragmente zu doxographischen Dokumenten griechischer Autoren zum Thema seien hier noch kurz aufgeführt: *ἀεὶ κινουμένη* Alkm. A 12 (102, 25); *αυτοκίνητος κατ' ἀίδιον κίνησιν* (102, 31); *κινεῖσθαι συχῶς ὡς τὸν ἥλιον* A 1 (100,26); *ψυχὴν ἰὴν κίνοῦσαν* Anaxag. A 99 (311, 30); *γινώσκειν καὶ κινεῖν τὴν Ψυχήν* (= *ἀέρα*) Diog. A 20 (332, 9); *τὴν ψυχὴν το παρέχον τὴν κίνησι ν* Leuk. Demokr. 54 A 28 (348, 25). So wie der Magnetstein das Eisen anzieht, so übt der Magnetberg auch Einfluss auf vorbeifahrende Schiffe aus, ganz im Sinne der *κινητικόν τι*, der beweglichen Seele. Außerdem korrespondiert die Bezeichnung etymologisch mit dem lateinischen Adjektivum *magnus* (groß). Was im Lateinischen mit *magnus* wiedergegeben wird, erscheint im Griechischen als *μέγας*. Das Adjektiv ist in der türkischen Sprache u.a. mit *ulu* belegt. Es dient bei der Übersetzung des Oronyms Olympos in Bithynien als Präfix: Uludağ (wörtlich: der große Berg) = ulu (groß) + dağ (Berg), nur dass auch im Türkischen die Eigennamen groß geschrieben werden. Daraus können wir folgern, dass der ***Magnetberg*** mit dem türkischen ***Uludağ*** semantisch überlappt. Die Türken pflegten der erdhaften Materie, besonders den Bergen, schon seit jeher eine mythisch-divinische Konnotation zu verleihen.

419 In einem Auszug aus den Predigten des Pseudoeckhart lesen wir, dass der göttliche Wille in Form des „***agesteine***" funktioniert: „***Alse der agestein giuzet sîne kraft an die nâdlen unde ziuhet sî an sich, sô enpfât diu nâdel der kraft als vil, daz si sî für baz giuzet in alle die nâdelen, die under ir sint, unde hebet sie alle ûf unde ziuhet sie zuo dem agesteine. Der die oberste nâdel dan abe züge, sô vielen die andern alle. Alsô geschach Âdâme: dô er mit der obersten kraft gescheiden wart von gote, dô vielen alle sîne krefte.***" Vgl. Pfeiffer, Franz: *Deutsche Mystiker des vierzehnten Jahrhunderts*, Bd. II. (Leipzig 1857), c. XI, 1: Von der übervart der Gotheit, S. 496 f., s.a. *ebd.*, S. 232.

diu schif algemeine / sich an ein ander stiezen (B 4013–15). Dass ***die küenen man / mit dem lîbe vür den stein [...] kâmen*** (B 4040–41), nachdem sie ***lîden ungefüege nôt*** (B 4037), kann auch nur der *militiae Dei* zuteil werden, die im Namen Gottes unterwegs ist (B 4042): ***diu gotes helfe an in dô schein.***

In Anbetracht dessen, dass der Tod so nah ist und er auf ganz unheldenhafte Weise stattfinden würde, bleibt der Erzähler ziemlich stoisch, ja sogar lakonisch, z.B. wenn er schreibt (B 4020): ***sus was enphangen manic gast.*** Diese Art zu schreiben erhöht nicht nur die Spannung, sondern verleiht dem Verfasser auch einen gewissen realistischen Stil, der den bis dahin eher politisch und religiös geprägten Text auflockert und ihn unverblümter klingen lässt.

Der Topos von ***dem tunkeln berge*** (B 3957) steht mit dem schwarzen Berg der orientalischen Tradition im Einklang. In den Tausendundeinenacht-Geschichten erzählt der dritte Kalender, ehemals König Adjib, Sohn des Königs Habib, der Gebieterin von einer seiner „*wunderbaren und befremdenden*" Seereisen, bei der er und seine Untertanen in der 41. Nacht in Seenot gerieten. Da meldete der Späher vom Mastkorb, dass er backbords „*etwas Schwarzes leuchten*" sah. Daraufhin warf der Hauptmann „*seinen Turban vom Kopfe, riß sich den Bart aus, schlug sich ins Gesicht und sagte weinend: ‚O König, wir sind alle verloren, es gibt keinen Schutz und keine Macht, außer beim erhabenen Gott.'*"[420] Denn von den dort Anwesenden wusste er als einziger, dass es sich bei diesem schwarz schimmernden „*etwas*" um einen schwarzen Berg handelte, „*der aus einem Mineral besteht, das Magnet heißt.*"[421] Der Hauptmann erklärte unter Tränen: „*Das Wasser wird uns mit Gewalt an diesen Berg hintreiben, das Schiff wird zerschellen, und jeder Nagel wird sich am Berge befestigen, denn der erhabene Gott hat dem Magnetsteine die Kraft verliehen, das Eisen anzuziehen; am Berg ist viel Eisen, denn mit der Zeit ist der größte Teil desselben durch die vielen Schiffe, die vorüberfuhren, damit bedeckt worden.*"[422]

Auch in der mittelniederländischen Version der Navigatio S. Brandani kommt der Magnetberg als ***die donckere berg*** (Nl. 637)[423] vor, von dem van Campen sagt,

---

420 Lewald, August (Hg.): *Tausend und eine nacht. Arabische Erzählungen* (hier: Siebenundfünfzigste Nacht). Aus dem Arabischen Urtext übers. v. Gustav Weil, Bd. I. Stuttgart 1838, S. 227.

421 A. Lewald, *ebd.*, I, 227.

422 A. Lewald, *ebd.*, I, 227.

423 Zitiert nach Panzer, Friedrich: *Hilde-Gudrun: Eine sagen- und literargeschichtliche Untersuchung*. Halle a.d. Saale 1901, S. 364. Vgl. E. Bonebakker (Hg.): *Van Sente Brandane, naar het Comburgsche en het Hulthemsche Handschrift*, Amsterdam 1894, Niederländische Reisefassungen, auch in: Elisabeth Schmid, Clara Strijbosch (Hg.): *Sankt Brandans Reise*, BiMiLi 4 (2009). Ausführlich über die Brandan-Legende vgl.

dat deze stralende top op den donkeren berg van geen ander graniet dan de berg-zelf is, dass dieser strahlende Gipfel auf dem dunklen Berg aus Granit kein anderer sei als der Berg selbst.[424]

Sindbad schafft es nur durch List und Tücke, am Leben zu bleiben, ganz nach Art des Odysseus. Auf seiner nächsten Fahrt kommt er auf eine Insel, auf der dunkelhäutige kannibalische Menschen leben.[425] Dieses Nicht-Wiederkehren-Motiv ist nach Fränkel mit dem archaischen Begriff des „Die-Heimat-Vergessens" assimiliert, sodass er zwischen der odysseischen Sirenengeschichte (*Od.* XII, 34), in der ebenfalls honigsüße erotische Gesänge den Seefahrer einlullen, und der Lotosesser-Passage eine Analogie sieht.[426] Lotos wirkt hier zwar als einlullend, gilt

---

Dahlberg, Torsten: *Brandaniana. Kritische Bemerkungen zu den Untersuchungen über die deutschen und niederländischen Brandan-Versionen der sog. Reise-Klasse*, Göteborgs Universitets Årsskrift 64, He. 5, Göteborg 1958, S. 38–61.

424 van Campen, Michel Herman: *Over Literatuur: Critisch en didactisch*, Amsterdam 1912 (Ndr. Amsterdam 2011), S. 73.

425 Diese Passage weist Ähnlichkeiten mit den homerischen „Lotophagen" (*Od.* IX, 90 ff.) auf, wobei zu betonen ist, dass Homer dem westlichen Mittelalter so gut wie unbekannt war.

426 Fränkel, Hermann: *Dichtung und Philosophie des frühen Griechentums: Eine Geschichte der griechischen Epik, Lyrik und Prosa bis zur Mitte des fünften Jahrhunderts*, Ndr d. 3. durchges. Aufl., München 1976, S. 55. Übrigens: Die fischgeschwänzte Sirene debütiert in der mittelaterlichen Literatur in der Schrift eines anonymen Verfassers *De monstris et belluis liber* I, 8, S. 25. Zur motivischen Fischgestalt vgl. Nowack, Marie: *Melusinen-Sage, ihr mythischer Hintergrund, ihre Verwandtschaft mit anderen Sagenkreisen und ihre Stellung in der deutschen Litteratur*, Diss., Freiburg i. Br. 1886 S. 62–82, insb. S. 71. Bei dem Tristan-Roman Gottfrieds von Straßburg vermag die Kraft des Magnetbergs nur in Verbindung von fesselnden Sirenengesängen zur Geltung zu kommen. Der antike Bezug beginnt schon mit der Sirenenepisode bei Homer, *Odyssee*, XII 39 ff., und behält seine Faszination bis ins Mittelalter. Zu diesen Mischwesen vgl. Art. *Sirenes*, in: LdaG, S. 582–585. Die beiden Motive werden oft getrennt voneinander umgedeutet und weiterbearbeitet, aber die Sirenen-Magnetberg-Kombination gibt es nur bei Gottfried von Straßburg, *Tristan* 8085–8089 sowie 8105–8110 (zit. nach dem Ranke-Text); vgl. Okken, Lambertus: *Kommentar zum Tristan-Roman Gottfrieds von Straßburg*, 3 Bde., Amsterdam 1984/85/88, in: Amsterdamer Publikationen zur Sprache und Literatur 57/58, daraus Bd. I (1984), S. 365 ff. Nur einmal stoßen wir in der mediterranen Passage auf die Dublette ***agestein*** (8088). Einen faszinierenden Überblick antiker Einflechtungen bei Gottfried von Straßburg liefert Hoffa, Wilhelm: *Antike Elemente bei Gottfried von Straßburg*, ZfdA 52 (1910), S. 339–351. Palaiphatos, ein Schüler des Aristoteles, liefert Hintergrundwissen über die altbekannten griechischen Mythen. Eine von ihm stammende Paraphrase, die bei dem heiligen Kirchenvater Eusebius von Caesarea überliefert ist, besagt: ***Scribit***

aber zugleich auch als süße Pflanze, die dazu dienen soll, die Sehnsucht nach der Heimat auszutreiben, denn *„die honigsüße Blumenspeise war so wohlschmeckend, dass die Gefährten ihr zuliebe ‚die Heimkehr zu vergessen wünschten'"*.[427] Nachdem Sindbad die verderbenbringende Bedrängnis mit den schwarzen Lotosessern meistert, kommt er in das Pfefferland, dessen Einwohner er im Reiten ausbildet. Dafür gebührt ihm die Gunst des Königs.

Auf seiner sechsten Expedition segelt Sindbad an einem Berg vorbei, an dem der Schiffbruch einfach unvermeidlich ist. Nicht nur führt die Strömung des Wassers geradewegs in den Fels, auch die enorme Höhe des Berges lässt keinen zurücktreibenden Wind zu. Obwohl hier von keiner magnetischen Kraft des Berges die Rede ist, erinnert die Passage an die Magnetberg-Legende.[428] Bis

---

Palaefatus in incredibilium libro primo Sirenas quoque fuisse meretrices, quae deciperent navigantes, dass also die Sirenen Dirnen waren, welche die Seeleute betörten, vgl. Hier. *chron.*, *Chronicon – Die Chronik des Hieronymus*, in: Eusebius Werke, Bd. VII, Die Griechischen Christlichen Schriftsteller (GCS) 47, hg. v. Rudolf Helm, Berlin 1984, 62b. Dahingehend sind zwei weitere Auslassungen hier zu nennen: Zum einen die des Herakleitos, der in seinem *De incredibilibus* 14 (Myth. Graeci III, 2) von den Sirenen behauptet, diese seien reizende Häteren *„έταῖροι εὐπρερεῖς"* gewesen, und zum anderen die des Clemens von Alexandria, der dies in seiner Mahnschrift προτρεπτικός XII 118,2 bestätigt, nur mit einem schärferen Ton. Er meint, die Sirenen seien nichts weiter als schöne Prostituierte *„πορνιδίον ὡραῖον"*. Der Unterschied zwischen beiden Begriffen ist, dass die *„έταῖ ροι"* als kenntnisreich galten und einen anerkannten sozialen Status genossen, während die *„πορνιδίον"* als unbeachtete ungebildete Prostituierte in *„πορνέα"* genannten Bordellen ihrem Gewerbe nachkamen, vgl. dazu Aune, David E.: *Romans as Logos Protreptikos*, in: The Romans Debate, ed. Karl P. Donfried, Peabody, Mass. 1991, pp. 278–296.

427 Fränkel, Hermann: *Dichtung und Philosophie des frühen Griechentums: Eine Geschichte der griechischen Epik, Lyrik und Prosa bis zur Mitte des fünften Jahrhunderts*, Ndr. d. 3., durchges. Aufl., München 1976, S. 54. Auch in Ilias XIV, 346 ff. taucht Lotos als Aphrodisiakum auf, als Hera, die sich von Aphrodite den „scharfen" Gürtel ausgeliehen hat, ihren Gemahl Zeus verführen will.

428 Anonymus: *Binbir Gece Masalları*, 16 Bde. (Tausendundeine Nacht, eine Sammlung morgenländischer Erzählungen), aus der von Joseph Charles Mardrus ins Französisch übersetzten Ausg. hg. u. ins Türkisch übers. v. Alim Şerif Onaran, Istanbul 1992, Bd. I, S. 154. Zur Entstehungsgeschichte der Erzählung vgl. Littmann, Enno (Hg.): Anhang: *Zur Entstehung und Geschichte von tausendundeiner Nacht. Seefahrergeschichten*, in: Die Erzählung aus tausendundein Nächten, 6 Bde, Bd. 4. Frankfurt am Main / Wiesbaden 1968, S. 715–716. Darüber hinaus wird hier von einer polymetallischen, bewaffneten Reiterskulptur berichtet, die jedoch in den europäischen Versionen der Legende unerwähnt bleibt, vgl. *ebd.*, S. 154 f. Auf die Sindbad-Ernst-Analogien verwiesen schon die Herausgeber F. H. v. d. Hagen, A. Primisser und J. G.

auf Sindbad sterben alle Insassen an Hunger. Sindbad, der Überlebenskünstler, schafft es wieder einmal, am Leben zu bleiben. Aus den vielen Schiffwracks, die an den aus kostbaren Steinen bestehenden Felsen verteilt sind, baut er sich ein Floß. Er belädt sein Floß mit den Kostbarkeiten, die dort herumliegen. Dann macht sich der tüchtige Seefahrer auf den Weg und lässt sich von der Stömung in die Berghöhle treiben. Nach einer tagelangen, dunklen und gefährlichen Fahrt[429] auf dem Floß schläft er ein. Er erwacht in einem herrlichen üppigen Land. Er befindet sich auf der Insel Serendip (Ceylon).[430] Der dortige König macht ihm großzügige Geschenke und schickt ihn mit einer Botschaft an Harun al Raschid heim.

Büsching: *Herzog Ernst des Heinrich von Veldeck*, in: Deutsche Gedichte des Mittelalters, Band I, Berlin 1808, pp. Einl. III–XX. Zum Ursprung der Sindbadlegende vgl. Perry, Ben Edwin: *The origin of the Book of Sindbad*, Fabula 3 (1960), pp. 1–94, bes. 14 f. u. 21. Anregende Lektüre dazu wäre beispielsweise Hennig, Richard: *Der Hafen Kattigara und der Magnetberg des Ptolemäus*, Klio 23 (1930), S. 256–276.

429 Die unterirdische Floßfahrt (B 4395 ff.) weist Analogien zu den 6. und 7. Reisen Sindbads auf. Vgl. dazu Szklenar, Hans: *Studien zum Bild des Orients in vorhöfischen deutschen Epen*, Palaestra 243, Göttingen 1966, S. 165 f.; Luff, Robert: *Wissen als Macht im ‚Herzog Ernst B'*, in: Höfische Wissensordnungen, Göttingen 2012, S. 85–102, hier S. 87 f., sowie Salama, Dina: *Das Orientbild im 'Herzog Ernst' zwischen Wirklichkeit und Phantastik*, Diss., Kairo 2003, S. 133 ff.

430 Ceylon, das heutige Sri Lanka, führt in der antiken Literatur oft das Choronym „Taprobane", gelegentlich auch „Palaesimundum" oder „Salike", seit der Spätantike taucht die Insel als „Selediba" oder „Serendip" auf. Zur Etymologie des Choronyms vgl. die zusammenfassende, auf Quellen basierende Arbeit von Faller, Stefan: *Taprobane im Wandel der Zeit: Das Sri-Lanka-Bild in griechischen und lateinischen Quellen zwischen Alexanderzug und Spätantike*, Stuttgart 2000 (Geographica Historica 14), hier S. 12 ff. Ihre Bedeutung und Größe wird nicht nur in indischen und arabischen Quellen, sondern auch in vielen westlichen Werken wie in dem anonymen Periplus Maris Erythraei („Küstenfahrt des Roten Meeres") oft übertrieben; vgl. Casson, Lionel: *The Periplus Maris Erythraei*, Text with introduction, translation, and commentary, Princeton 1989, p. 231. Dieses im 1. Jh. n. Chr. entstandene Buch beschreibt die Häfen, Ankerplätze, Handelsbedingungen und Warenströme entlang der Handelsstrecken an den nordostafrikanischen, arabischen und indischen Küsten und ist daher für die Erforschung der Wirtschaftsgeschichte und Geographie Ostafrikas im Altertum wichtigste Quelle. Kosmas *Top. Chr.* XI 13 unterstreicht, dass es sich bei dieser Insel um eine große ozeanische Insel handelt, die im Indischen Meer liegt. Bei den Indern soll sie Sielediba und bei den Griechen Taprobane heißen. Die Insel ist übrigens durch ihre, heilbringenden, Hyazinthe-Steine berühmt. Nach der Beschreibung Kosmas' liegt sie auf der anderen Seite des „Pfeffer-Landes", und um sie herum gibt es zahlreiche kleine Inseln. Diese sind allesamt reich an frischem Wasser und Kokospalmen. Sie sind fast alle mit tiefen Wassern umgeben: *Αὕτη ἐστὶν ἡ νῆσος*

Bevor ich en detail auf das Erzählmotiv eingehe, möchte ich exkursartig auf Homers Odysseus eingehen, der per se für die menschliche Neugier (***curiosita***) steht. Im 26. Gesang des Inferno warf Dante den Odysseus (hier Ulyß) in die Pein der ewigen Verdammnis.[431] Und das nicht nur wegen seines listigen Charakters bzw. des *„trügerischen Gebrauchs der Ratio“*,[432] sondern weil sein Wissensdurst ihn dazu treibt, die Grenzen der Erde auszukundschaften.[433] Dies stimmt mit der Aussage von Richard von Kralik überein, Dante habe *„fast alles, was aus der Mythologie sinnvoll und brauchbar ist, den christlichen Anschauungen organisch assimiliert“*[434]. Dante rezipiert hier die Odyssee, obwohl er Homer nicht kannte, wohl aber *„Vergil und die mittelalterlichen Trojaromane“*.[435] *„Auch wenn er die*

ἡ μεγάλη ἐν τῷ Ὠκεανῷ, ἐν τῷ Ἰνδικῷ πελάγει κειμένη, παρὰ μὲν Ἰνδοῖς καλουμένη Σιελεδίβα, παρὰ δὲ Ἕλλησι Ταπροβάνη, ἐν ᾗ εὑρίσκεται ὁ λίθος ὁ ὑάκινθος· περαιτέρω δὲ κεῖται τῆς χώρας τοῦ πιπέρεως. Πέριξ δὲ αὐτῆς εἰσι νῆσοι μικραὶ πολλαὶ πάνυ, πᾶσαι δὲ γλυκὺ ὕδωρ ἔχουσαι καὶ ἀργέλλια· ἀγχιβαθαὶ δὲ ὡς ἐπὶ τὸ πλεῖστον πᾶσαί εἰσιν, s. Weitzmann, Kurt / Galavaris, George: *The Monastery of Saint Catherine at Mount Sinai. The Illuminated Greek Manuscripts*, Vol 1, From the Ninth to the Twelfth Century (Princeton 1990), plate IX a. Vgl. auch ders.: *Ships and Seamanship in the Ancient World*, Princeton 1971, sowie Tennent, Sir James E.: *Ceylon. An account of the island physical, historical and topographical*, 2 Bde., London 1859, hier Bd. I. p. 6–9.

431 Dante Alighieri: *Die göttliche Komödie*, übers. v. Wilhelm G. Hertz, Ottobrunn b. München 1982.

432 Schneider, Manfred: *Odysseus im Feuer. Die List im Urteil der Literatur und Philosophie*, in: Athäneum 15, Paderborn 2005, S. 9–30; Friedrich, Hugo: *Odysseus in der Hölle (Inferno XXVI)*, in: Romanische Literaturen II, Frankfurt a. M. 1972, S. 71–118.

433 Damit tritt nach Aug. *conf.* X 35, 54, die Begierde der Augenlust (***concupiscentia oculorum***) auf: ***Sed etiam, vide quid sonet; vide quid oleat, vide quid sapiat, vide quam durum sit***. S. auch Aug. *ep.* 147 2,7 (Migne PL 33, 599 u. CSEL 44, 281): **Nam cum sint quinque corporis sensus, cernendi, audiendi, olfaciendi, gustandi, tangendi; visus quidem in eis praecipue oculis attributus est, verum tamen hoc verbo utimur et in caeteris. Non enim tantum dicimus, Vide quid luceat; sed etiam, Vide quid sonet, Vide quid oleat, Vide quid sapiat, Vide quid caleat**. Der Bezug zu *1 Joh* 2,16 unüberhörbar: ***quoniam omne quod est in mundo concupiscentia carnis et concupiscentia oculorum est et superbia vitae quae non est ex Patre sed ex mundo es*** (*Denn alles, was in der Welt ist, des Fleisches Lust und der Augen Lust und hoffärtiges Leben, ist nicht vom Vater, sondern von der Welt*). Analog dazu Röm 7,7 f.

434 von Kralik, Richard: *Homeros. Ein Beitrag zur Geschichte und Theorie des Epos*, Ravensburg 1910, S. 301.

435 Dahlheim, Karl Werner: *Odysseus in Filzpantoffeln? Das Bild des antiken Helden wandelte sich im Lauf der Jahrhunderte.* (Interview von Patricia Pätzold mit Werner Dahlheim zur Höllerer-Vorlesung 2015), in: TU intern (extra) v. 10. Dezember 2015, S. 1.

Odyssee nicht gelesen hatte", er wußte über Odysseus „*eine Menge aus der lateinischen und mittelalterlichen Literatur*".[436]

Homers Odysseus galt den klassischen lateinischen Autoren wie Seneca, Cicero oder Horaz als eifriger Weltenforscher, der unbedingt nachzuahmen war.[437] Unter den römischen Gelehrten gab es aber auch kritische Stimmen, die von seinen menschlichen Eigenschaften nicht viel hielten. So hat Vergil, der den mittelalterlichen Schriftstellern als Quelle zur Verfügung stand, maßgeblich dazu beigetragen, dass bis zum Zeitalter der Aufklärung in Europa ein negatives Odysseusbild herrschte.[438] Odysseus wurde im Mittelalter zum Symbol der unkalkulierbaren Listigkeit und des unstilbaren Hungers nach Maßlosem stilisiert.[439] Der Gipfel vergilischer Abneigung über Odysseus mag mit den Beschimpfungen „Erfinder der Kriminalität" (***scelerumque inventor Ulixes***)[440] oder „Redegaukler" (***fandi fictor***)[441] erreicht worden sein. Ovid mag von Odysseus auch nicht viel gehalten haben, wenn er Aiax den Laërtes-Sohn mit den Worten „*Anstifter zu Freveltaten*" (***hortator scelerum***)[442] beschimpfen oder ihn indirekt mit Hinterlist (***clam*** / heimlich) und Feigheit (***semper inermis*** / stets unbewaffnet)[443] bezichtigen lässt.

436 Streika, Joseph P.: *Dante und die Templergnosis*, Tübingen 2012, S. 128.

437 Seneca (*const. sap*. II, 2) erblickt in Odysseus das Idealbild des Weisen (***exemplar sapientis***), obwohl er woanders (ep. LXXXVIII, 7–8) seine unmäßige Neugier doch noch hinterfragt. Für Horaz (*ep*. I,2,18) war der seefahrende Grieche nachzuahmendes Vorbild (***utile proposuit nobis exemplar***). Cicero (Tusc. II, 49) zählt Odysseus zu den frühesten Weisen der Menschheit.

438 Vergil hat in seinem Epos Aeneis (III, 273) von dem griechischen Seefahrer ein verwerfliches Charakterbild entworfen. So verkörperte er die griechische Perfidie (***et terram altricem saevi exsecramur Ulixi***), weil er ränkevoll (***pellax***; II, 90), unheilvoll (***dirus***; II, 261; 763), grimmig (***saevus***; III, 373), ***unglücklich*** (infelix; III, 613; 691) etc. ist.

439 Zu den metaphorischen Analogien zwischen Jesu und Odysseus vgl. z.B. Rahner, Hugo: *Heiliger Homer, II. Odysseus am Mastbaum*, in: ders., Grichische Mythen in christlicher Deutung, Zürich 1957.

440 Verg. *Aen*. II, 164.

441 Verg. *Aen*. IX, 602. Diese vergilische Bezeichnung gibt dem italienischen Philologen Giorgio Padoan den Antrieb, Dantes Ulisse in die „Wege der Weisheit" (le vie della sapienza) zu lokalisieren, ders.: *Ulisse fandi fictor e le vie della sapienza*, in: Il pio Enea l'empio Ulisse. Tradizione classica e intendimento medievale in Dante, Ravenna 1977 (rist. ivi, 1987), p. 170–204. Zur Thematik vgl. auch Martorana, Michelina: *Ulisse nella letteratura latina*, Palermo / Roma 1926; Perutelli, Alessandro: *Ulisse nella cultura romana*, Firenze 2006.

442 Ovid. *met*. XIII, 45.

443 Ovid. *met*. XIII, 103 f.

Aus der Sicht christlicher Autoren mißachtete der Grieche die vom Gott bestimmten Grenzen der Erde,[444] passierte die warnenden Säulen des Herakles und navigierte sein Schiff gen Süden, „*um am Weltrand auf einen riesigen Berg, das Fegerfeuer*",[445] zu stoßen. Somit beging er die Sünde der ***hybris*** und ***curiositas***. Diese sind Charaktereigenschaften, die von den christlichen Autoren vehement verworfen werden. Nach der augustinischen Auffassung ist die Wahrheit im Inneren des Menschen verankert. Je mehr er sein Glück in der äußeren Welt sucht, desto mehr entfernt er sich unter dem Joch seiner Sinne[446] von der göttlichen Wahrheit, die ihn vor der ewigen Verdammnis bewahrt. Für Augustinus galt es daher, die höchste Konzentration nach innen zu richten, um sich dort selbst zu begegnen, und das Ziel des Lebens sollte nicht sein, „*die Höhen der Berge, die ungeheuren Fluten des Meeres, die breit dahinfließenden Ströme, die Weite des Ozeans und die Bahnen der Gestirne*"[447] zu bestaunen. *Gal* 3, 24 (*Also ist das Gesetz unser Zuchtmeister gewesen auf Christum, daß wir durch den Glauben gerecht würden*) legt Ambros. *exam.* IV 1, 2 als Hinführung der Seele zu Christus bzw. als Inbegriff frommer Erziehung aus. Demzufolge erblickt er in dem Verhalten der Seefahrer, die die Küstenfahrt der Hohen See vorziehen, ihre schwächelnde Seele (Ambros. *in Luc.* 4, 1–3, ed. Schenkl, 139,17–141,1).

So brauchen wir uns nicht zu wundern, wenn Dante – der den vergilischen Ulixes kannte, und nicht den homerischen Odysseus – den Laërtes-Sohn im In-

---

444 Die maritimen Grenzen der Ökumene zu missachten, galt in der Antike und im Mittelalter als blasphemisch, vgl. Blumenberg, Hans: *Schiffbruch mit Zuschauer. Paradigma einer Daseinsmetapher*, Frankfurt a.M. 1997, S. 10.

445 Dahlheim, Werner: *Odysseus in Filzpantoffeln? Das Bild des antiken Helden wandelte sich im Lauf der Jahrhunderte.* (Interview von Patricia Pätzold mit Werner Dahlheim zur Höllerer-Vorlesung 2015), in: TU intern (extra) v. 10. Dezember 2015, S. 1.

446 Die Sinne werden im christlichen Dogma als Fenster der Seele verstanden. Dieses Bild, dessen Ursprung bis Heraklit (*frgm.* A 16, ed. Diels) zurückreicht, wandert über die hellenistische Philosophenschule in die Exegese der christlichen Lehre. Herakl. *frgm.* (eds. Diels u. Kranz). Dieses Bild steht mit einigen Versen der Bibel in Verbindung, beispielsweise mit *Hld* 2,9 (*Mein Freund gleicht einer Gazelle oder einem jungen Hirsch. Siehe, er steht hinter unsrer Wand und sieht durchs Fenster und blickt durchs Gitter*) und *Ier* 9, 21 (*Der Tod ist zu unseren Fenstern eingefallen und in unsere Paläste gekommen, die Kinder zu würgen auf der Gasse und die Jünglinge auf der Straße*).

447 Aug. *conf.* X 8, 15: ***Et eunt homines mirari alta montium et ingentes fluctus maris et latissimos lapsus fluminum et oceani ambitum et gyros siderum, et relinquunt se ipsos***, vgl. auch Aug. *conf.* X 17, 26.

ferno für alle Ewigkeit schmoren lässt.[448] Dennoch, Petrarca, ein Zeitgenosse und Landsmann Dantes, hatte sowohl positive als auch negative Bemerkungen über den vielleicht berühmtesten Sohn Griechenlands übrig. Diese reichen bei ihm von der *„Unglück bringenden"* und *„lästigen Tugend"* bis zur *„außergewöhnlichen Größe, die nicht zu unterdrücken ist"*.[449] Auch Petrarca attestiert dem Odysseus ein großes Verlangen nach Wissen bzw. einen *„grenzenlosen Drang, viele Länder zu erkunden"* (***inexplebile desiderium multa noscendi [...] terrisque***).[450]

Im Bezug auf Erzählmotive schreibt Ehlen: *„Die Parallelität der Motive ist deutlich und macht eine Beziehung des ‚Herzog Ernst' auf diesen Text naheliegend, wenn auch die möglichen Überlieferungswege im Dunkeln bleiben."*[451] Insofern weist Ehlen auf den Vorschlag von Lecouteux hin, wonach *„als motivgeschichtliche Genese die Rezeption des griechischen Alexanderromans durch arabische Autoren, vor allem durch al-Quârizmi im 9. Jahrhundert"*, zu verstehen sei.[452] Der von Lecouteux vorgeschlagene Tradierungsweg führt vom Orient über Byzanz durch jüdische Texte nach Europa.[453]

Wie den einäugigen Arimaspen, für die der Herzog „eine besondere Vorliebe [...] entwickelt"[454], ist dem Magnetberg und dem Lebermeer eine wichtige Rolle in

---

448 Kablitz, Andreas: *Dantes Odysseus, in: Mythenkorrekturen. Zu einer paradoxalen Form der Mythenrezeption*, hg. v. Martin Vöhler u. Bernd Seidensticker (Spectrum Literaturwissenschaft 3), Berlin / New York 2005, S. 93–122.

449 Petr. *fam.* XIII, 4, 10–11. Die benützten Textausgaben: *Familiaria. Bücher der Vertraulichkeiten*, hg. u. übers. v. Berthe Widmer, 2 Bde., Berlin / New York 2005/2009, sowie *Le Familiari*, a.c. di V. Rossi, vol. I, Firenze 1968. Diese Divergenz ist angesichts seines Mont-Ventoux-Erlebnisses (1336) mühelos nachzuvollziehen. Auf dem Gipfel des Berges ertappt er sich dabei, wie er *„das Irdische bewundert"*, und von da an das *„Verbot des Verlangens"* sich für ihn in *„Verheißung"* verwandelt, vgl. Petr. *Mont. Vent.* (Text: *Besteigung des Mont Ventoux*, in: Die Fähre. Lesebuch für höhere Lehranstalten, Bd. 7, hg. v. Walter Ubanek, Bamberg ²1958, S. 227–229).

450 Petr. *fam.* XIII, 4, 10–11.

451 Ehlen, Thomas: *Hystoria ducis Bauarie Ernesti*, Tübingen 1996, S. 56. Ähnliche Feststellungen machte bereits von der Hagen, Friedrich Heinrich: *VI. Beitrag zur Geschichte und Literatur der Deutschen Volksbücher*, in: Museum für altdeutsche Literatur und Kunst, Bd. 1, Teil 1, hg. v. F.H. v. d. Hagen, B.J. Docen und J.G. Büsching (und B. Hundeshagen, 2. Bd.), Berlin 1809–1811, S. 238–311, hier S. 288.

452 Ehlen, Thomas: *Hystoria ducis Bauarie Ernesti*, Tübingen 1996, S. 56.

453 Lecouteux, Claude: *„Herzog Ernst" v. 2164 ff.; Das böhmische Volksbuch von Stillfried und Brunewig und die morgenländischen Alexandersagen*, ZfdA 108 (1979) S. 306–322, daraus 310–315, 322. Sonst ders.: *A propos d'un épisode de Herzog Ernst*, in: Etudes germaniques 33 (1978), 1–15.

454 Steinicke, Marion Michaela: *Apokalyptische Heerscharen und Gottesknechte*, Berlin 2005, S. 22. Steinicke begründet diese Vorliebe mit *„einer stattlichen Anzahl ritterlicher Tugenden"* und ihrer *„edlen höfischen Gesinnung"*, ebd., S. 22.

HE beizumessen. Darum möchte ich diese beiden Termini noch aus dem Aspekt der historisch-motivischen Tradition betrachten. Dass Schiffe am Magnetberg zerschellen oder in einem ***„lebermêr“*** umherirren, ist in der mittelalterlichen Literatur ein oft anzutreffender Topos.[455] Dass die beiden losen Motive miteinander verschmelzen, ist das literarische Verdienst des Anonymus Ducis Bauarie Ernesti.[456] Das ***lebermêr*** ist hier mit dem ***mare Syrticum*** gleichzusetzen und nicht mit dem Roten Meer bzw. dem arabischen Golf, welche zusammen in der Antike und im Mittelalter das ***mare Rubrum*** ausmachten. Das bedeutet wiederum, das verderbliche ***lebermêr*** befindet sich nicht außerhalb der zivilisierten Welt, sondern in durchaus vorstellbarer Distanz.

Die Sage vom ***lebermêr*** war schon den abendländischen Autoren der Antike unter Bezeichnungen wie ***mare concretum*** oder ***oceans caligans*** bekannt (Überlieferungsweg: Pytheas von Massalia, Plinius, Dionysios Perigestes, Solinus, Isidor von Sevilla etc.).[457] Auch Herodot nannte in seinen Historien ein südlich vom Roten Meer gelegenes, nicht schiffbares Meer, das bereits im 19. Jh. v. Chr. dem König Sesostris III. die südliche Grenze seiner Expedition diktierte:

τὸν ἔλεγον οἱ ἱρέες πρῶτον μὲν πλοίοισι μακροῖ σι ὁρμηθέντα ἐκ τοῦ Ἀραβίου κόλπου τοὺς παρὰ τὴν Ἐρυθρὴν θάλασσαν κατοικημένους καταστρέφεσθαι, ἐς ὃ πλέοντά μιν πρόσω ἀπικέσθαι ἐς θάλασσαν οὐκέτι πλωτὴν ὑπὸ βραχέων.[458]

Herodot will von den Priestern in Memphis vernommen haben, dass das Meer wegen der unüberwindlichen Untiefen für Kriegsschiffe des Königs nicht befahrbar gewesen sei. Solche Untiefen werden auch für die Umfahrung Libyens (Herod. IV, 43: *οὐ περιέπλωσε Λιβύην*) suggeriert. Von der widrigen Konsistenz des Meeres berichtet er jedenfalls nichts. Durch die von Herodot überlieferte

455 Zum Motivkomplex Lebermeer-Magnetberg-Greifen siehe Beckers, Hartmut: *Brandan und Herzog Ernst. Eine Untersuchung ihres Verhältnisses anhand der Motivparallelen*, in: Leuvense Bijdragen 59 (1970), S. 41–55.

456 Ehlen, Thomas: *Hystoria ducis Bauarie Ernesti*, Tübingen 1996, S. 51. Vgl. auch Bartsch, Karl (Hg.): *Herzog Ernst*, Wien 1869, S. CXLV; Lecouteux, Claude: *Die Sage vom Magnetberg*, in: Fabula 25 (1984), S. 35–65, hier S. 35.

457 Dion. *per. oik.* 29–57 spricht von vier großen Okenaos-Golfen: “erstarrtes Meer” (totes Meer, Kronischer Pontos), “Hesperisches Meer” (Westlicher Atlantik), “Erythräisches Meer” (Äthiopisches Meer) und “Indisches Meer” (Östliches Meer). Dionysios’ Gewährsmann wird wohl Pytheas von Massalia sein (Pyth. F 8a, ed. S. Bianchetti), der bei Strab. *geogr.* I 4, 2 überliefert ist (*πεπηγυῖα θάλαττα*); sonst vgl. ders. *ebd.*, II 5, 18.

458 Herod. *hist.* II 102,2. Sonst vgl. Westberg, Friedrich: *Zur Topographie des Herodot*, in. Klio 4 (1904), S. 182–192. und Burkert, Walter: *Homerstudien und Orient*, in: Zweihundert Jahre Homerforschung, hg. v. Joachim Latacz, Stuttgart/Leipzig 1991, S. 155–181.

Sesostris-Expedition können wir festhalten, dass das Meer an dieser Stelle die südliche Grenze der ägyptischen Zivilisation bildete.

Auf das Stereotyp des unbefahrbaren Meeres treffen wir bei Platon an zwei Stellen. Platon sagt unmissverständlich, dass Atlantis im Atlantischen Ozean westlich von den Säulen des Herakles (*Tim. πρὸ … Ἡρακλέους στήλας ἔξω κατοικοῦσιν ; Krit. 114b. πρὸς Ἡρακλείων στήλῶν εἰληχότι*) gelegen sei und ihr östliches Ende fast Gades berührt habe (*Krit.* 114b: *ἐπὶ τὸ τῆς Γαδειρικῆς νῦν χώρας*). Das atlantische Volk lebte auf einer riesigen Insel (*Tim.* 24e, 25a, 25d, *Krit.* 113c) und herrschte über mehrere andere Inseln (*Tim.* 25a). Atlantis sei laut Platon (*Tim.* 25d; *Krit.* 108) nach langer Blüte plötzlich durch Erdbeben im Meer versunken. Er beruft sich für seine Atlantiserzählung auf ägyptische Quellen (*Tim.* 21e; *Krit.* 113b). Über die Katastrophe berichtet Plat. *Tim.* 25d, dass „*die Insel Atlantis samt Menschen und der Kriegsmaschinerie* [zwar] *abrupt in der Erde versank und im Meer verschwand*" *(σεισμών έξαισίων και κατακλυσμών γενομένων)*, aber „*das Inferno einen Tag und eine Nacht gedauert*" habe *(μιας ημέρας και νυκτός χαλεπής επελθούσης)*.[459] Und durch das Versinken der Insel, die immerhin „*größer als Libyen und Kleinasien*" (*Tim.* 24e und *Krit.* 108: *ἡ Λιβύης καὶ Ἀσίας μείζων οὖσα νῆσος λέγεται εἶναί ποτε*) gewesen sein soll, „*entstanden die schlammigen Untiefen, sodass man noch heute das Meer nicht befahren kann, geschweige denn erforschen*" *(διὸ καὶ νῦν ἄπορον καὶ ἀδιερεύνητον γέγονεν τοὐκεῖ πέλαγος, πηλοῦ κάρτα βραχέος ἐμποδὼν ὄντος, ὃν ἡ νῆσος ἱζομένη παρέσχετο)*.[460]

Der südarabische Handelsweg auf See war bis zur Umsegelung von Afrika (1497–99) fest in Händen der arabischen Händler. Sie hatten ein großes Interesse daran, die Fremden von diesen Gewässern fernzuhalten, um den lukrativen Handel nicht mit anderen teilen zu müssen.[461] So verwoben sie mit Hilfe von Erzählkunst ein fabelhaftes, aber zugleich furchteinflößendes Geflecht von Märchen, welches

459 Eig. Übers., s.a. Schulten, Adolf: *Atlantis*, in: Rh. Mus. 88 (1939), S. 329 f.

460 Plat. *Tim.* 25d (eig. Übers.). Hier sollen noch einige andere antike Quellen genannt werden, die von schrecklichen Untiefen im westlichen Ozean berichten: Pindar *Nem.* 3, 24 (*τεναγέων ῥοάς*), Avien. *ora mar.* 360 f. (*navigia onusta adire non valent locos / breve ob fluentum et pingue litoris lutum*), Pseudo-Skylax 1 (*πηλός*), Arist. *meteor.* 354a (*τὰ δ᾽ ἔξω Στηλων βρχέα μεν δια τὸν πηλόν*).

461 Asiatische Produkte wie Amber, Moschus, Kampfer, Aloe, Galbanum, Weihrauch, Gewürze, Öle, Früchte, Baumwolle, Wolle, Leder, Fell, Seide oder Farbstoffe gelangten seit der Kreuzzugszeit nach Europa. Zur handelspolitischen Brisanz Südarabiens vgl. Miller, James Innes: *The Spice Trade of the Roman Empire, 29 B.C. to A.D. 641*, Oxford 1969; Das Gupta, Ashin: *Islam and the Trade of Asia: A Colloquium*, ed. Richards, Donald Sidney, Philadelphia 1970, pp. 181–214.

uns unter dem Sammelbegriff „Tausendundeinenacht-Geschichten" erreicht hat. Die Schiffsleute, die an das geschlossene Ozeankonzept nicht glaubten, wurden durch Seemannsgarn vom undurchquerbaren, geronnenen Meer eingeschüchtert.

Der Magnetberg fand erstmals durch HE Zugang in die westeuropäische Literatur. Und seit dem HE ist auch das ***lebermêr***, das schon im 'Summarium Heinrici'[462] vorkommt, in der mittelhochdeutschen Literatur ein *„häufig anzutreffendes Requisit unter den phantastischen Weltgegenden mittelalterlicher Prägung"*, wie Huschenbett einmal unterstrich.[463] Während bei der Reinfried-Sage Magnetberg und Sirene im *„direkten Zusammenhang"* stehen,[464] ist dies bei Ernst nicht so. Wenn es auch nicht direkt bezeichnet wird, könnte man sogar den Ursprung des ***lebermêrs*** in dem biblischen „Schilfmeer"[465] suchen, also dort, wo der Herr zu Moses sprach (2 Mos. 14,2): *„Rede mit den Kindern Israel und sprich, dass sie sich herumlenken und sich lagern bei Pihachiroth, zwischen Migdol und dem Meer, gegen Baal-Zephon, und daselbst gegenüber sich lagern ans Meer."* Um seine Feststellung, dass das ***lebermêr***-Motiv *„aus abendländischer Tradition"* herrührt, zu untermauern, führt Ehlen verschiedene

462 Hildebrandt, Reiner: *Summarium Heinrici*, in: ²VL 9 (1995), Berlin / New York. Sp. 510–519, und ²VL 11 (2004) Sp. 1470; ders. / Ridder, Klaus: *Summarium Heinrici* (Register der deutschen Glossen und ihrer lateinischen Bezugswörter auf der Grundlage der Gesamtüberlieferung), Bd. 1–3, Berlin / New York 1974–1995.

463 Huschenbett, Dietrich: *Hermann von Sachsenheim – Namen und Begriffe: Kommentar zum Verzeichnis aller Namen und ausgewählter Begriffe im Gesamtwerk*, in: Würzburger Beiträge zur deutschen Philologie, Bd. 34., Würzburg 2007, S. 169.

464 Ridder, Klaus: *Mittelhochdeutsche Minne- und Aventiureromane*, Berlin 1998, S. 71; vgl. *ebd.*, m. Anm. 114.

465 Luther erklärt neben der Übersetzung „Schilfmeer" für das hebräische יַם־סוּף auch den griechischen Namen des Meeres, der dem Namen in der Vulgata (*mare rubrum*, 2 Mos. 13,18) entspricht: *Darumb füret er das Volck vmb auff die strasse durch die wüste am Schilffmeer / Die Griechen heissen es das Rotemeer / von dem roten sand vnd boden. Aber die Ebreer heissen es Schilffmeer / von dem schilff.* Hier seien zwei weitere biblische Stellen angeführt: 2 *Mos.* 10, 19: *Da wendet der Herr ein seer starcken Westwind / vnd hub die Heuschrecken auff / vnd warff sie ins Schilffmeer / das nicht eine vberig bleib / an allen örten Egypti*; 2 *Mos.* 15, 4: *Die wagen Pharao vnd seine Macht warff er ins Meer. Seine ausserweleten Heubtleute versuncken im Schilffmeer.* Mathesius, *Sarepta* 104b, erwähnt dagegen nur den materiellen Wert vom *„Egyptischen Schilff"*, der im „Schilfmeer" wächst. Zum onomastisch-etymologischen Kontext zwischen Ozean und Schilf vgl. Grimm, Jacob: *Sâgara*, in: Zeitschrift für vergleichende Sprachforschung auf dem Gebiete des Deutschen, Griechischen und Lateinischen, Jg. 1 (1852), S. 206–209. Zum biblisch-geografischen Kontext vgl. van Hamelsveld, Ijsbrand: *Biblische Geographie*, Hamburg 1796, S. 349–359.

Belege an.[466] Zu diesen Belegen gehört auch das fragmentarisch erhaltene „Merigarto" (ahd. *merikerte, merigarten* ‚vom Meer umgebenes Land') aus dem 11. Jahrhundert.[467] In diesem bayrischen Werk wird zum erstenmal eine geographische Darstellung in ausschließlich deutscher Sprache geliefert.[468] Bereits darin versucht der Verfasser im Abschnitt ***„De Lebirmere"*** (I, 1, 25–37) das „geronnene Meer", welches sich „*im Ozean im Westen*" befindet, für den Leser begreiflich zu machen:

Ein mere ist giliberot,
daz ist in demo uuentilmere vuesterot.
so der starche vuint
givuirffit dei skef inden sint,
nimagin di biderbin uergin
sih des nieht iruuergin,
sini mŏzzin fole uaran
zi des meris parm.
ah ah denne
so chomint si danne,
sini vuelle got loson,
so mŏzzin si da fulon.

---

466 Ehlen, Thomas: *Hystoria ducis Bauarie Ernesti*, Tübingen 1996, S. 53 ff.

467 Vgl. *Merig.* I, 37–48. Bei diesem Werk handelt sich um „*zwei zusammenhängende Pergamentblätter in gr. 8°*", die Hoffmann von Fallersleben im Frühling 1834 in Prag entdeckte, vgl. ders.: *Fundgruben für Geschichte deutscher Sprache und Litteratur*, Breslau 1837, S. 1–8, hier S. 1. Hinsichtlich der Merigarto-Fragmente (Pergament, 1 Doppelbl., 18,5 x 14,5.) im Bezug auf die interkulturellen Verhältnisse von Juden und Christen zwischen 1150–1500 leistet die Untersuchung von Martin Przybilski wertvolle Anhaltspunkte, vgl. ders.: *Kulturtransfer zwischen Juden und Christen in der deutschen Literatur des Mittelalters*, in: Quellen und Forschungen zur Literatur- und Kulturgeschichte 61, Berlin-New York 2010, S. 191–217; Tischler, Matthias M.: *Transfer- Transformationsprozesse im abendländischen Islambild zwischen dem 11. und 13. Jahrhundert*, in: Kulturkontakte und Rezeptionsvorgänge in der Theologie des 12. und 13. Jahrhunderts (Archa Verbi, Beiheft 2), hg. v. Ulrich Köpf / Dieter R. Bauer, Münster 2011, S. 329–379. Sonst vgl. Voorwinden, Norbert: *Merigarto. Eine philologisch-historische Monographie* (Germanistisch-Anglistische Reihe der Universität Leiden 11), Leiden 1973; Eis, Gerhard: *Zum Merigarto*, in: PBB 82 (1960), S. 70–76, und Brunner, Horst: *Geschichte der deutschen Literatur des Mittelalters im Überblick*, Stuttgart 1997, S. 88 f.

468 Endermann, Heinz: *Merigarto – die erste geographische Darstellung in deutscher Sprache*, in: Wissenschaftliche Zeitschrift der Wilhelm-Pieck Universität Rostock, Gesellschafts- und Sprachwissenschaftliche Reihe, 27. Jhg, Rostock 1978, S. 99–104, und Eis, Gerhard: *Zum Merigarto*, in: Beiträge zur Geschichte der deutschen Sprache und Literatur 82, Tübingen 1960, S. 70–76.

Im „Willehalm“ Wolframs befindet sich Palaker, die Insel des Zwergs Sinnel, inmitten des „*geronnenen Meeres*“[469] Lebermeer (III 141, 19–21):

---

469 Zu motivischen Verknüpfungen zwischen Wolfram von Eschenbach und Herzog Ernst vgl. Augustin, Anja Ulrike: *Länder und Bewohner der Heidenwelt in deutschen Romanen und Epen des 12. bis 14. Jahrhunderts*, Bd. 1, Diss., Würzburg 2014, S. 233 ff. Über „***mare concretum***“ im Sinne des „festen Meeres“ gibt es folgende antike Zeugnisse: Herod. *hist.* IV 43; Plato *Tim.* 25; Arist. *meteor.* 354b; Avien. *ora mar.* 387–389; Theophr. *hist. plant.* IV 6, 3; Skyl. *peripl.* 112. Ausführliches Material darüber liefern Müllenhoff, Karl: MAK I, (1890) 410–425 u. MSD (1892) 190 ff., sowie Hennig, Richard: *Liegen der Erzählung vom ‚Geronnenen Meer' geografische Tatsachen zugrunde?*, in: *Geographische Zeitschrift* 32/2 (1926), S. 62–73. Den ersten Beleg über den Ozean im Norden lieferte der große Entdecker der Antike Pytheas von Massilia (ap. Strab. *geogr.* II 63 u. 104; Plin. *nat. hist.* II 77), als er von seiner Fahrt zur Insel Thule berichtete. In seiner Invektive „In Rufinum“ stellt sich Claudian. i*n Ruf.* II, 240, die Thule als an den hyperboräischen Stern gekettet vor. Belege finden sich dafür bei Cassidy, Vincent H. de P.: *The Voyage of an Island*, in: Speculum 38 (1963), S. 595–602. Spekulative aber interessante Anregungen sowie Identifizierungsvorschläge liefern die Autoren Andreas Kleineberg, Christian Marx, Eberhard Knobloch und Dieter Lelgemann in der interdisziplinären Publikation *Germania und die Insel Thule. Die Entschlüsselung von Ptolemaio.. „Atlas der Oikumene“*, Darmstadt 2010. Der Oceanus im Norden galt später vielen römischen Autoren als gefrorene, nicht schiffbare Masse, die eben der Vorstellung eines geronnenen Meeres entsprach, so z.B. bei Plin. *nat. hist.* IV, 16, 30: ***A Tyle unius diei navigatione mare concretum a nonnullis Cronium appellatur;*** bei Varro, *de re. rust.*: ***Taque in oceano in ea parte ne navigari quidem posse dicunt propter mare congelatum***; bei Tacit. *Agric.* 10: ***Dispecta est et Thule, quia hactenus iussum, et hiems adpetebat. Sed mare pigrum et grave remigantibus perhibent ne ventis quidem perinde attolli, credo quod rariores terrae montesque, causa ac materia tempestatum, et profunda moles continui maris tardius impellitur***; und nochmal bei Tacit. *Germ.* 45: ***Trans Suionas aliud mare, pigrum ac prope inmotum, quo cingi cludique terrarum orbem hinc fides, quod extremus cadentis iam solis fulgor in ortus edurat adeo clarus, ut sidera hebetet***. Solin. *de. mir. mun.* XXII, 11 (***ultra Thylen accipimus pigrum et concretum mare***), der Pytheas von Massalia zitiert, und Isid. *etym.* XII 5,1 (***mare pigrum et concretum***; XIV 6,4: ***pigrum et concretum est eius mare***) sprechen vom trägen und geronnenen Meer, vgl. Strab. *geogr.* I, 63. Zum Thema vgl. auch Hergt, Gustav: *Die Nordlandfahrt des Pytheas*, Diss., Halle a.S. 1893, und Augustin, Anja Ulrike: *Länder und Bewohner der Heidenwelt in deutschen Romanen und Epen des 12. bis 14. Jahrhunderts*, Bd. 1, Diss. Würzburg 2014, S. 276 ff. Noch im 11. Jahrhundert verließ sich Adam von Bremen auf den von dem römischen Enzyklopädisten Martianus Capella gelieferten Bericht, wonach das ***mare concretum*** hinter ***Thule*** zu finden sei. Adam, *Gesta Hammaburgensis Ecclesiae Pontificum*, hg. v. B. Schmeidler, MGH SSrG II, 275 f., hielt fest: ***Post qua***

sô wunschte in einer âne wer
ûf den wert inz lebermer,
der Palaker ist genant.

Die onomastische Untersuchung von Conrad Hofmann hat jedoch ergeben, dass der Name dieser Insel, der in der Literatur sonst nirgendwo vorkommt, auf einem Missverständnis beruht. Nach Hofmann handelt es sich lediglich um die falsche Deutung des provençalischen Wortes ***palaker*** oder ***palaigre***, was sich von ***pelagus*** ergibt und „Meer" bedeutet.[470]

In dem im ersten Drittel des 13. Jahrhunderts entstandenen ‚Wigalois' des Wirnt von Grafenberg, welcher in die literarische Reihe der Artusromane einzuordnen ist, besteht das ***rîche*** (V. 9556) aus zwei Königreichen, Jeraphin und Korntin, wobei das erstere am ***lebermer*** liegt (V. 8592–95):

iuwer houbet sol zwô krône tragen:
diu eine hœret ze Korntîn,
diu ander ze Jeraphîn;
daz lant lît an dem lebermer.

---

insulam, ait, terra non invenitur habitabilis in illo occeano sed omnia, quae ultra sunt, glacie intolerabili ac caligine inmensa plena sunt. Cuius rei Martianus ita meminit: Ultra Thilen, inquiens, navigatione unius diei mare concretum est. Zur eindrucksvollen Literaturübersicht s. Schmale, Franz-Joseph: Art. *Adam von Bremen*, LMA 1 (1980), Sp. 107. Darüber hinaus zur Adamischen Kosmographie s. Schlüter, Wolfgang: *Adams von Bremen geographische Vorstellung vom Norden*, in: Hansische Geschichtsblätter 16, 1910, S. 555–570. Martianus präsentierte in seinem Werk *Über die Heirat des Merkur und der Philologia* die sieben freie Künste, welche er in sieben Brautjungfern personifizierte. Er schreibt übrigens an der o.g. Stelle *de nuptiis Philologiae et Mercurii*, VI 666: ***In vicino eius silva Calidonia insulaeque quamplures, inter quas Orcades quadraginta paene iunctae; item Electrides, in quibus electrum gignitur. sed ultima omnium Tyle, in qua solstitiali tempore continuus dies brumalique nox perennis exigitur, ultra quam navigatione unius diei mare concretum est.*** Es gab aber auch genau das Gegenteil vom ***mare concretum***, dass nämlich Dinge, die hineingeworfen werden, nicht schwimmend getragen werden, selbst wenn es ein Blatt ist (Pomp. Mela *chor.* III 88): ***adeo est liquidus et ad sustinenda quae incidunt aut immittuntur infirmus, ut folia etiam proximis decisa frondibus non innatantia ferat sed pessum et penitus accipiat.***

470 Hofmann, Conrad: *Über das Lebermeer*, Vorlesung, gehalten am 10. Juni 1865 vor der Bayerischen Akademie der Wissenschaften, in den Abhandlungen der Akademie 1865, 1. Zur Motivik „Magnetstein" vgl. auch Siebert, Johannes: *Virgils Fahrt zum Agetstein*, in: PBB 74 (1952), S. 193–225. Brunner, Horst: *Geschichte der deutschen Literatur des Mittelalters im Überblick*, Stuttgart 1997, zählt zu den neueren Untersuchungen.

Die lateinische Brandan-Sage kennt zwar nicht den Magnetberg, wohl aber das ***mare coagulatum***.[471] In der lateinischen *Navigatio s. Brandani* V. 11 kommt eine Insel mit Quelle vor. Auf dieser Insel befindet sich ein Baum, der von vielen weißen Vögeln, den neutralen Engeln, geradezu bedeckt ist. In der lateinischen Urfassung fehlen auch Angaben über Greifen. Anders geschieht es aber in der um 1150 erschienenen deutschen „Reisefassung" von der Fahrt ***terra repromissionis***. Ähnlich wie im HE muss auch der Heilige Brandan hier den Gefahren des Magnetberges trotzen, der sich unfern des Lebermeeres erhebt (V. 291–296):[472]

Ein sturm groz sich gegen in truc,
dannen er den kiel sluc
rehte gegen dem lebermer,
do daz lutzel gotes her
was vil nach versigelt in not,
da sie weren bliben tot.

---

471 In der biblischen Tradition (*Jes.* 14,13) befand sich im Nordosten unter den Sternen Gottes der Berg der Götterversammlung, vgl. hierzu Claudian. *in ruf.* II, 240. Wie in der Brandanlegende lokalisieren die mediävistischen Autoren das ***mare coagulatum*** zwar in den äußersten Nordwesten, doch dieses dient nunmehr dem Teufel als Wohnung, vgl. *Navigatio Sancti Brendani Abbatis from Early Latin Manuscripts* (ed. Carl Selmer), Publications in Mediaeval Studies 16, Notre Dame, Ind. 1959„ hier cap. 14 (l.c. p. 39 f.), sonst ders. *ebd.* S. XXXI. Aufgeführt ist das *mare coagulatum* auch im Brief des Priesters Johannes: [...] ***primo nascetur nobis, cum universa Italia et tota Germania et utraque Gallia, cum Anglia, Britannia et Scotia; dabimus ei Hispaniam et totam terram usque ad mare coagulatum***, vgl. Friedrich Zarncke: *Der Priester Johannes*, in: Abh. Leipzig 17, S. 827–1030, hier S. 911. Zum mediävistischen Umgang mit der Tradition vgl. Simek, Rudolf: *Erde und Kosmos im Mittelalter. Das Weltbild vor Kolumbus*, München 1992, S. 68 ff. Im direkten Zusammenhang zum Herzog Ernst vgl. Blamires, David: *Herzog Ernst and the otherworld voyage. A comparative study*, Manchester 1979, p. 41–46.

472 Vollständiger Text, nach der Ausgabe von Carl Schröder, *Sanct Brandan. Ein lateinischer und drei deutsche Texte*, Erlangen 1871, S. 51–93. Vgl. auch ders.: *Zum Brandan*, in: Germania 16, 1871, S. 60–74. Nach dem Besuch der Hölleninsel der Geizigen wird Brandans Schiff in das verderbenbringende Lebermeer getrieben. Dort erstarren die Blicke der Passagiere vor Entsetzen, weil sie viele festsitzende Schiffe entdecken. Vgl. Lecouteux, Claude: *Das Reich der Nachtdämonen. Angst und Aberglaube im Mittelalter*, Düsseldorf / Zürich 2001. Analoge Textpassagen finden sich in den Comburgschen Hss. 425–448; den Hultemerer Hss. 408–430 und in der Bayerische Prosaredaktion 167, 10 ff. Auch die visionäre Reise des irischen Ritters Tundalus, die er aus seinen enypnionischen Erscheinungen ableitet, lassen ihn durch Hölle und Himmel schweifen.

Auch Rudolf von Ems greift in seinem um 1230 entstandenen ‚Barlaam und Josaphat' auf den beliebten Lebermeer-Stoff zurück.[473] In dieser, auf einem Roman des 6. Jahrhunderts beruhenden christlichen Version der Buddha-Geschichte, versucht er, eine Lokalisation zu liefern (V. 5202–5206):

„Baktrîân und Sogdîân
von Indîâ vil grôziu her
und bî dem Rôten Lebermer
vil manec wildez einlant,
des name ist uns vil unbekant.“

Er berichtet von den Teilnehmern einer ***hervart*** (V. 10430) und erwähnt ausdrücklich ein ***rotes Lebermer*** (V. 10435 f.):

die alle sturben âne wer
in dem rôten Lebermer.[474]

In diesem Werk ist immer wieder von einem ***„rôten Lebermer“*** die Rede, so auch in den Versen 11690–11693:

die von dem Rôten Lebermer
vuorten stolze helde fier
die under sîner banier
aldâ solden strîten.

Das Lebermeer[475] fungiert bei ihm immer wieder als gefährliches Bindeglied zwischen heidnisch-unbekanntem Orient und christlich-bekanntem Okzident, so auch, als er von dem persisch-mazedonischen Hader berichtet (V. 12398–12404):

dô kam in niuwe helfe sâ
die der vürst Orsines
brâht und Phrâdâtes
von Kaspîâ mit grôzer wer.
die von dem Rôten Lebermer
wârn, der phlâgen sie dâ
und der her von Indîâ.

Die im HE benutzten Toponyme befinden sich stets in den heidnischen Regionen, sind feste Bestandteile einer mystifizierten Geographie und dienen allesamt als bi-

---

473 Barlaam und Josaphat von Rudolf von Ems, hg. von Franz Pfeiffer. Leipzig 1843.
474 *Rud. Bar.* V. 10430.
475 Zum Stichwort „lĕber-mer“ vgl. Lexer, Matthias: *Denkmäler deutscher Poesie und Prosa aus dem VII.-XII. Jahrhundert*, in: Anzeiger für Kunde der deutschen Vorzeit, Bd. 11, hg. v. Karl Müllenhoff u. Wilhelm Scherer, Berlin 1864, Sp. 1848 f.

zarre Bühne zur Glorifizierung des pilgernden, kämpfenden oder umherirrenden Helden. So spricht Jean-Paul Allard von *„La Geographie Mythique et Sacree"*.[476] Diese Tradition hat ihren Ursprung in der vorderasiatisch-mediterranen Antike. Anderthalb Jahrtausende nach Alexander dem Großen[477] ist diese Tradition während der Kreuzzüge für Europäer im levantinisch-palästinensichen Raum noch einmal erlebbar geworden, sodass sie schriftlich fixiert werden konnte. Durchmischt ist sie jedoch mit den heute übertrieben klingenden, aber für die damalige Zeit real[478] geglaubten Exotismen und Kuriosita.

In der 1453 verfassten „Mörin" des Hermann von Sachsenheim stellt sich ein auf einer paradiesischen Insel gestrandeter alter Ritter einem mehrtägigen Gerichtsverfahren, das die Königin Venus-Minne inszeniert. Der Verfasser lässt seinen ***mayster*** zur Königin sprechen (V. 3800–3803):

das würt üch hert.
groß krieg sind uff dem Lebermer.
ir müssend hon ain grosses Herr,
welnd ir gewerlich kommen hin.[479]

In der „Mörin", die I. Glier *„die geistreichste ‚show' des 15. Jahrhunderts"*[480] nennt, beobachten wir, dass der Verfasser im äußeren Handlungsrahmen die gebotene

476 Allard, Jean-Paul: *La géographie mythique et sacrée dans la seconde partie du ‚Herzog Ernst B'*, in: Wodan – Études Mediavales de Greifswald, vol. 62, eds. Danielle Buschinger et Wolfgang Spiewok, La géographie dans les textes narratifs medievaux, Greifswald 1996, S. 1–14.

477 Monographische Literatur über den mazedonischen Feldherren liefern Droysen, Johann Gustav: *Geschichte Alexanders des Großen*, Gotha 1877; Berve, Helmut: *Das Alexanderreich auf prosopographischer Grundlage*, 2 Bde., München 1926; Tarn, William Woodthorpe: *Alexander the Great*, 2 vols., Cambridge 1948; Badian, Ernst: *Alexander the Great and the Unity of Mankind*, in: Historia 7, No. 4, 1958, S. 425–444; Pagliaro, Antonino: *Alessandro Magno*, Torino 1960; Bosworth, Albert Brian: *Conquest and Empire. The Reign of Alexander the Great*, Cambridge 1988; Gehrke, Hans-Joachim: *Alexander der Große*, München 1996; Manfredi, Valerio Massimo: *Aléxandros: Il figlio del sogno*, Milano 1998; Cartledge, Paul: *Alexander the Great: The Hunt for a new Past*, New York 2004; Stoneman, Richard: *Alexander the Great: A Life in Legend*, London 2008; Aubert, Jean-Claude: *Alexandre le Grand, le roi malade*, Besançon 2011 u.a.

478 Zur Frage der Fiktionalität vgl. Ramey, Lynn: *Voyage en Orient: Réalité et imagination dans la géographie du roman médiéval*, in: *ebd.*, S. 129–138.

479 Schlosser, Hans Dieter (Hg.): *Hermann von Sachsenheim: Die Mörin*, DKM, NF 3, Wiesbaden 1974, vgl. *ebd.* V. 4269.

480 Glier, Ingeborg: *Artes Amandi. Untersuchungen zu Geschichte, Überlieferungen und Typologie der deutschen Minnereden*, Münchner Texte und Untersuchungen zur deutschen Literatur des Mittelalters 34, München 1971, S. 321.

Gelegenheit ausnutzt, um eine reiche literarische Tradition zu nutzen, historische Ereignisse anzuzitieren und enzyklopädisches Wissen vorzuführen.

Das westlich geprägte, mit seltsamen Exotismen angereicherte Oronym ***magnetberg*** und das Hydronym ***lebermer*** fanden im Einklang mit den odysseischen Sirenen (*Od.* XII, 34) auch im arabischen Orient ihre Anhänger. Diese Form der Sage ist in der 1. Hälfte des 13. Jahrhunderts im Orient bekannt.[481] Davon zeugt der arabische Mineraloge Ahmad Ibn Yusuf Al Tifaschi (1184–1253/4),[482] der seine Kenntnisse durch das Studium der Werke von Aristoteles, Theophrastus und Plinius dem Älteren sowie durch ausgedehnte Reisen vertiefte. Im 10. Kapitel seines Werkes geht er auch auf die Entstehung der Berge ein. Wie der muslimische Gelehrte Muhammad al-Edrisi (1099–1166) spricht auch er von mehreren Magnetbergen, die sich im Roten Meer[483] und im Indischen Ozean befinden. Zitierend aus dem Buch *mirabilia* erwähnt al-Edrisi, dass kein durch eiserne Nägel zusam-

481 Djarrahbachi Razawi, Diana: *Interkulturelles Denken und Sprechen im Vergleich zwischen Okzident und Orient*, Münster 2012, S. 414, weist auf die bildende und erziehende Funktion der „*Schrift und Poesie*“ im mittelalterlichen Orient hin.

482 Gegen Ende seines Lebens verfasste er mit dem Titel „Kitab azhar al-afkar fi juwahir al-ahjar“ eine oryktologische Monographie, in der er in 25 Kapiteln 25 Steine mit ihren kristallographischen Formen und ihren physikalischen Eigenschaften beschreibt. Vgl. die Bearbeitung unter dem Namen: *Ahmed Teifascite sulle pietre preziose, colla traduzione di A. Rainieri*, Firenze 1818, i S. 42, cap. XIV, vgl. H. Emmanuel 1. c. S. 257, Libri, Eist. H, 61. Sonst gibt es eine türkische Übersetzung von Muhammed bin Mahmud al-Schirwani (um 1427). Die Übersetzung liegt handschriftlich in der Leipziger Ratsbibliothek vor, Fleischer's Catal. P. 207, No. 264. Für das Verfassen dieser Passage wurde teilweise die Dissertation von Herrn Mustafa Ergunşah (Hg.) genutzt; vgl. ders.: *Muhammed bin Mahmud Sirvani. Tuhfe-i Muradi*, Istanbul 1989.

483 Lat.: ***mare rubrum; sinus arabicus; mare erythreum, mare purpureum, mare azanium***, Altgr.: ***erythra thalatta (Ερυθρὰ Θάλαττα)***. Herod. *hist.* II 158; Strab. *geogr.* XVI 759; Plin. *nat. hist.* V 12 u. VI 32; Pomp. Mela *chor.* III 72–74. Doch die Hydronyme ***mare rubrum*** und *Ἐρυθρὰ Θάλαττα* sind umfassender und bezeichnen ursprünglich das ganze zwischen Ägypten und Indien befindliche Meer mit zwei Busen, vgl. Herod. *hist.* II, 11 u. IV 37; Strab. *geogr.* XVI 765; Plin. *nat. hist.* VI 28. Bei Herodot verschmelzen alle Meere im Süden zu einem einzigen südlichen Meer. Er kennt keinen Meerbusen, der Persischer Golf genannt wird. Auch Euphrat und Tigris fließen bei Herodot direkt ins Süd- bzw. Erythräische Meer (Herod. *hist.* I 180, 1; I 189, 1 u. VI 20). Vgl. auch Oros. *hist.* I 2, 32: ***sed hic in regione gentium, quae Libyoaegyptiae uocantur, haud procul ab illo fluuio, quem a litore maris Rubri prorumpere diximus, inmenso lacu acceptus absumitur***.

mengehaltenes Schiff bei diesem Berg sorglos vorbeisegeln könne.[484] Außerdem identifiziert er den Magnetberg mit dem Berg *murukin*[485], der sich auf der Insel *mandeb*[486] vor dem Yemen befindet.

Ibn Said al-Maghribi (1214–1286) spricht von der Besonderheit eines *alkherany* genannten Berges, von dem er vermutet, er enthalte eine Erzmine, die alles Eisenhaltige aus dem Meer zieht. Al-Maghribi lokalisiert diesen „*ins Meer ragenden Berg östlich von Melendez*" in einer geraden Linie in südlicher Richtung in einer Entfernung von ca. 50 Meilen und meint, dieser Berg sei „*sehr berühmt unter den Reisenden*".[487]

Eine ähnliche Konstruktion findet sich auch beim arabischen Geographen und Chronisten Abu l-Fida Ismail ibn Ali al-Ayyubi ad-Dimashqi al-Hamawi (1273–1331), der einige Feldzüge der Muslime gegen die Kreuzfahrer dokumentierte. Er berichtete: „*Im Osten von Melinde liegt der Alkherany, ein Berg, der den Reisenden wohl bekannt ist. Er tritt in das Meer hinaus in einer Entfernung von 100 Meilen und erstreckt sich [landwärts] gegen Süden auf 50 Meilen. Unter andern Merkwürdigkeiten findet sich auf dem Rücken am Lande ein Eisenbergwerk und auf dem Vorgebirge im Meer eine Magnetgrube*".[488]

Die Fabel vom Magnetberg ist aber älter als die Berichte der arabischen Geographen. Die erste Erwähnung von einem Berg, der Eisen anzieht, liefert Plin *nat. hist.* II, 98: ***Duo sunt montes iuxta flumen Indum: alteri natura est, ut ferrum***

484 Abu Abd Allah Muhammad b. Muhammad al-Sharif al-Edrisi: „Nuzhat al-mushtaq fi iktiraq al-afaq" (1154), in: Corpus of Early Arabic Sources for West African History, eds. Nehemia Levtzion and J. F. P. Hopkins, *Corpus of Early Arabic Sources for West African History*, Cambridge 1981, S. 130 f.

485 Vgl. Miller, Konrad (Hg.): *Mappae Arabicae. Arabische Welt- und Länderkarten des 9.–13. Jahrhunderts in arabischer Urschrift*, Bd. 3., Stuttgart 1927, S. 168.

486 Vgl. K. Miller, *ebd.*, Bd. III, S. 23.

487 Al-Maghribi: *Kitab Bast al-ard fi'l-tul wa'l-ard*, eds. Nehemia Levtzion and J. F. P. Hopkins, Cambridge 1981, pp. 190, vgl auch Ibn Schahriyar, Bozorg: *Die Wunder Indiens. Arabische Seemannsgeschichten*. Ausgewählt und verdeutscht von W. M. Treichlinger, Zürich 1949, sowie Bürgel, Johannes (Hg.): *Tausendundeine Welt. Klassische arabische Literatur vom Koran bis zu Ibn Chaldûn*, München 2007.

488 Rommel, Christoph: *Abulfedae Arabiae descriptio commentario perpetuo illustrata*, Göttingen 1802 (mit einem lateinischen Kommentar versehene Ausgabe der *Beschreibung Arabiens*). Der arabische Gelehrte ist nicht mit dem türkischen Yaqut al-Hamawi ar-Rumi zu verwechseln, der zwischen 1179–1229 lebte. In Antalya, in der Madrasa des Scheichs Hamawi, wohnte der berühmte Reisende Ibn Battuta, vgl. ders.: *Die Wunder des Morgenlandes. Reisen durch Afrika und Asien*, hg. v. Ralf Elger, München 2010, S. 57.

omne teneat, alteri ut respuat. Itaque si sint clavi in calciamento, vestigia avelli in altero non posse, in altero sisti. Man neigt dazu zu glauben, damit stünde die Lokalisierung des Berges fest. Doch der Bericht ist nicht die Quelle der mittelalterlichen Dichter, und zwar aus folgenden Gründen: Erstens spricht der Autor nicht von Magneten, sondern es handelt sich um zwei Berge. Der eine zieht an, der andere stößt ab,[489] sodass man, wenn man eiserne Nägel in den Schuhen habe, den einen nicht verlassen, den anderen aber nicht betreten könne.[490] Außerdem erheben sich die beiden Berge weder im noch am Meer, vielmehr befinden sie sich in der Nähe von Indus. Plinius meint also nicht den längsten Strom auf dem indischen Subkontinent, sondern den karischen Indus (Dalaman Çayı) im Südwesten von Kleinasien.[491] In seiner um etwa 950 n. Chr. Entstandenen, 134 Geschichten umfassenden Abenteuersammlung „Ağā'ib al-Hind" (Die Wunder Indiens) berichtet der persische Autor Bozorg ibn Schahriyar ebenfalls von magnetischen Bergen, die sich jedoch an einem Fluss befinden.[492] Die von Plinius vorher genannte Stadt Harpasa (***iuxta Harpasa oppidum Asiæ***) liegt nicht in Kontinentalasien, sondern in der kleinasiatischen Landschaft Karien.[493]

Plinius kennt mehrere *termini mineralici*, die der Magnet führt (Plin. *nat. hist.* XXXVI, 15.): ***Trahitur namque [ferrum] a magnete lapide ... sideritim ob id alio nomine vocant, quidam Heraclion.*** Von den drei Bezeichnungen *magnes*, *sideritis* und *heraclion* rührt die letztere von der lydischen Stadt Herakleia am Latmos her. Diese Namen stammen ursprünglich allesamt aus dem Griechischen: *μάγνητες,*▪ *μάγνετηις,*▪ *λίθοςλίθος, μάγνης, σιδηριτις, Ἡρακλεία λίθος*. Als Plinius aber den besten Magneten nennen will, taucht noch eine Bezeichnung auf: ***hæmatites magnes*** bzw. ***hæmatites***.[494] Dieser blau schimmernde, kraftvolle Magnet zieht sogar

---

489 Die Abstoßungskraft des Magneten ist schon bei Lukr. *rer. nat.* VI 1041 ff. belegt: ***Fit quoque, ut a lapide hoc ferri natura recedat / Interdum: fugere, atque sequi, consueta vicissim. / Exsultare etiam Samothracia ferrea vidi; / Ac ramenta simul ferri furere intu ahenis / In scaphiis, lapis hic Magnes quom subditus esset: / Usque adeo fugere a saxo gestire videtur / Aere interposito; discordia tanta creatur: / Propterea, quia nimirum prius aestus ubi aeris / Praecepit, ferrique vias possedit apertas; / Posterior lapidis venit aestus, et omnia plena.***

490 Plin. *nat. hist.* XXXVII, 2, 98.

491 Lecouteux, Claude: *Die Sage vom Magnetberg*, in: Fabula. Zeitschrift für Erzählforschung vol. 25, 1984, 35–65, hier S. 36.

492 Bürgel, Johannes (Hg.): *Tausendundeine Welt. Klassische arabische Literatur vom Koran bis zu Ibn Chaldûn*, München 2007, S. 184.

493 Plin. *nat. hist.* V, 29.

494 Plin. *nat. hist.* XXXVI, 15.

einen anderen Magnet an und kommt nur im äthiopischen Zmiris vor.[495] Dort gibt es einen blutfarbigen (***sanguinei coloris sanguinemque reddens***) Magneten, der in geglühter oder gepulverter Form Brandschäden heilt.[496] Die sandige Gegend könnte ein Indiz für den afrikanischen Magnetberg-Standort liefern und nicht für einen indischen. Doch damit nicht genug: In Äthiopien, unweit von Zmiris, liefert ein anderer Berg noch ein magnetisches Metall, den *theamedes*: ***Alius rurfus in eadem Aethiopia non procul mons gignit lapidem theameden, qui ferrum omne abigit refquitque.***[497] Dieser ziehe aber Metall nicht an, sondern stieße es von sich. Laut Plinius werden alle diese Magnetarten mit Silber aufgewogen. Plinius, der im 1. Jh. n. Chr. lebte, kannte zwar Magneten mit unterschiedlicher Benennungen, aber nicht den Magnetberg selbst.

Ptolemäus (*geogr.* VII, 2) verlegte den Magnetberg an das östliche Ende der Welt, in die Nähe der unbekannten Satyrinseln.[498] Hier, *ad fines terrae*, befindet

---

495 Plin. *nat. hist.* XXXVI, 16: ***invenitur hic in Aethiopiae Zmiri.***

496 Plin. *nat. hist.* XXXVI, 15.

497 Plin. *nat. hist.* XXXVI, 16. Eine Auflistung der historischen Belegstellen liefert Palm, Gustav Albert: *Der Magnet im Alterthum*, in: Programm des Königlich-Württembergischen, Evangelisch-Theologischen Seminars Maulbronn zum Schluss des vierjährigen Kurses von 1863–1867, Stuttgart 1867. Eine ausführliche historische Darstellung über den Magneten liefert Fritsche, Robert Arnold: *Der Magnet und die Athmung in antiken Theorien*. Rh. Mus. 57, 1902, S. 363–391.

498 Nach der Vorstellung mittelaterlicher Autoren sahen die Grenzen Asiens so aus: Das Paradies liegt im östlichen Teil des Erdkreises; Vener. *in princ. Gen.* I 2,8: ***In antiqua translatione positum est ad Orientem; ex quo nonnulli volunt quod in orientali parte orbis terrarum sit locus paradisi, quamvis longissimo interiacente spatio, vel Oceani, vel terrarum, a cunctis regionibus quas nunc humanum genus incolit secretum***. Petr. Ven. *tract. adv. Iud.* 5, stellt sich das Paradies als einen Bestandteil der Erde im Osten vor: ***Igitur paradysuset terra et in terra est***. Dass das Paradies irdisch sei, ist die Auslegung der Passage *Gn* 2,8–14, vgl. dazu Goetz, Hans-Werner: *Gott und die Welt: Religiöse Vorstellungen des frühen und hohen Mittelalters. Tl. 1, Bd. 2: II. Die materielle Schöpfung: Kosmos und Welt. III. Die Welt als Heilsgeschehen*, Orbis mediaevalis. Vorstellungswelten des Mittelalters, Berlin 2012, S. 89 ff.; Krauss, Heinrich: *Das Paradies. Eine kleine Kulturgeschichte*, München 2004, S. 87 f. Im Osten von Asien befindet sich auch ein Cipangu genanntes Land (Japan), vgl. *Il Milione. Con le postille di Cristofero Colombo*, introd. vers. e note di Luigi Giovannini, Rom 1985, S. 237 ff. Zu Marco Polos Beschreibung von Cipangu und seine historischen Hintergründe vgl. Reichert, Folker E.: *Zipangu – Japans Entdeckung im Mittelalter*, in: Japan und Europa 1543–1929, hg. von Doris Croissant u. Lothar Ledderose, Berlin 1993, S. 25–36. Außer Marco Polo (ab 1298) liefern andere Ostasienreisende wie Johannes de Plano Carpini (ab 1245), Wilhem von Rubruk (ab 1253), Odorico de

Pordenone (ab 1314), Johann von Marignola (ab 1338) und John Mandeville (ab 1357) wertvolle Informationen über asiatische Regionen. Die im Südosten vorgelagerten Inseln Taprobane und Agyrien oder der Magnetberg bildeten die Grenzen von Asien, vgl. Faller, Stefan: *Taprobane im Wandel der Zeit: Das Sri-Lanka-Bild in griechischen und lateinischen Quellen zwischen Alexanderzug und Spätantike,* Geographica historica 14. Stuttgart 2000; Lecouteux, Claude: *Die Sage vom Magnetberg*, in: Fabula 25 (1984), S. 35–65. Im Südwesten liegen das Rote Meer und der Nil. Weitere Grenzen stellten im Westen die Dardanellen, das Schwarze Meer und der Don dar. Diese westlichen Grenzen erstreckten sich bis zu den Ripheischen Bergen im Norden. Östlich davon befanden sich das Kaspische Meer und die hyrkanischen Wälder. Im Norden hingegen stellte man sich sagenhafte Inseln vor, die mit Fabelmenschen besiedelt waren, sowie die in einem Tal eingemauerten kannibalischen Völker Gog und Magog. Im Norden selbst schlossen sich die Gelehrten des Mittelalters der alttestamentarischen oder antiken Tradition der Völkerkunde an. Wir finden die biblische Genesis in Form einer kurzen Völkerkunde in einer aus dem 17. Jh. stammenden Hs. AM 193, 8vo, f. 17v – 18r, wieder. Darin wird eine Art kompakte Darstellung des noachidischen Menschengeschlechts geliefert, in der auch die Türken als magogische Sprösslinge zu den nächsten Blutsverwandten der Skandinavier gezählt werden. Magog ist der an der sechsten Stelle erwähnte Sohn von Japhet, der für die Besiedelung Europas zuständig war: **Di*us* maur*us* h*ans* synir :1: Gom*ar* af h*onum* ko*m* Ialia folk. :2: Jonau af h*onum* grickt og latinst folk :3: tubal af h*onum* ko*mit* spania folk :4: Meseck, af h*onum* ko*m* russia m*enn*: :5: Tijros af h*onum* ko*m* tarsia folk :6: Magog, af h*onum* kom Nordm*a*nna folk, Suija & Tirkia folk, :7: Madias af h*onum* kom Media folk, tungumali*n* skiftrust fra folkenn*u* 99 ár**, vgl. Simek, Rudolf: *Altnordische Kosmographie: Studien und Quellen zu Weltbild und Weltbeschreibung in Norwegen und Island vom 12. bis zum 14. Jahrhundert* (RGA-E, Bd. 4), Berlin / New York 1990, S. 463. Hier finden wir die Türken zu den europäischen ***gentiles*** gezählt und nicht zu den asiatischen (Paulus verwendet den Terminus Technicus ***gentiles*** synonymisch mit ***paienie***, so *Gal.* 3,28; *Kol.* 3,11. Für Hieronymus hingegen sind die Bezeichnungen ***gentes/gentiles*** (*Joh* 12,20) mit ***nationes*** (Joel 2,17) austauschbar). Was die Überlieferung der Antike betrifft, so lebten in Hyrkanien nach der Kosmographie der Stjórn, 476 f. (Hs.: AM 227, fol. 1154), in der Isidor (*etym.*) und Vinzenz (*spec. hist.*) kompiliert werden, „*die schrecklichen und furchterregenden Völker, die sich von menschlichen Körpern nährten und deren Blut tranken*“: **Sumar af Þ*eim* vorðnar *sua* skyrselegar & reðilig*ar* & feðaz uiður m*a*nna likami & drekka Þ*eir*ra bloð sem macropophagi heita**, vgl. R. Simek, *ebd.*, S. 532. Der Kompilator der Stjórn übernahm von Isid. *etym.* XI 3,19 auch die Lokalisierung der Panathios im hyrkanischen Gebiet (Stjórn, 476–480): **Þar er & su Þioð er panothios heit*ir*. Hafanði sua stor & uið eyru at h*on* hylr driugu*m* allan si*nn* lika*m* m*eðr* einu*m* saman eyrunu*m* huadan af er Þeir heita panothi Þ*uia*t pan upp á girzku er at segia sua sem allt. e*nn* othi er allt eitt & eyra**. (Übers. nach R. Simek, *ebd.*, S. 567: *Dort ist auch das Volk, das Panathios heißt und so große und lange Ohren*

sich Kattigara, der östlichste Ort der Erde.[499] Schon Ptolemäus behauptet, die Indienfahrer seiner Zeit verzichteten auf Eisen an ihren Schiffen, da sie vor dem Magnetberg große Furcht hätten. Der ptolemäische Bericht bildet die Quelle, aus der die meisten Erzählungen direkt oder indirekt schöpfen.

Auf diesen Bericht geht eine Passage des Commonitorium Palladii zurück. Der aus der bithynischen Küstenstadt Helenopolis stammende Schriftsteller Palladios (364–431) berichtet in seinem ‚De gentibus Indiae et Bragmanibus' von der Vita der indischen Brahmanen und liefert die Vorlage für Pseudo-Kallisthenes. Palladios, der nach seiner ägyptischen Verbannung das Bistum Aspuna in Galatien übernahm, erwähnt den Magnetberg, welcher ihn auf die „tausend Inseln" des Indischen Ozeans versetzt habe. Dieser Berg befinde sich inmitten des Maniolai-Archipels in der Nähe von Taprobane (d.i. Ceylon).[500] Auf den „tausend Inseln" sei der Magnetstein zu Hause, der das Eisen anzieht. Um diesem Übel zu entgehen, seien die Schiffe der Maniolai-Bewohner eisenfrei gebaut:

> ***Sunt autem mille aliae insulae in rubro mari, quae sunt subditae ad istam praedictam insulam** [= Taprobane]**, in quibus sunt illi lapides, quos magnetes nominamus, qui trahunt ad se ferrum. Etiam si qualiscumque navis advenerit, quae habuerit de ferro clavum, statim apprehendent eam et non dimittunt eam. Habitatores autem de illis***

---

hat, dass sie ihren ganzen Körper mit den eigenen Ohren einwickeln können, wovon sie Panathios heißen, weil „pan" auf Griechisch das selbe wie „alles" heißt, aber „othi" das selbe wie „Ohren"). Zu den weiteren isidorischen Tradierungen der Stjórn zählen die Menschen mit extrem kleinen Mündern, welche ihre Nahrung durch einen Federkiel saugen (Z. 491–493, Isid. *etym.* XI 3,18), und die Nasenlosen mit ganz flachen Gesichtern (Z. 487–489, Isid. *etym.* XI 3,18). Dass die nichtchristlichen Völker an die Peripherie der bewohnten Erde gedrängt und mit irgendwelchen Pervertierungen oder abnormem Fehlverhalten belegt werden, sehen wir in einem skandinavischen Wundervölkerverzeichnis (Hs.: AM 194 8vo.). Neben den o.g. Ethnonymen werden darin folgende aufgezählt: Riesen, Albani, Cyclopes, Lamnies, Cynocephali, Ardabadites, Satyri, Skiapodes, Antipedes, Hippopodes, Acrobi, Pygmäen, Hermaphroditen, Pagasi, Troglodyten, Antiophagi (sic. Ichthyophagi), Antropophagi, Magog, Hornfinnen, Handingjar usw.; vgl. R. Simek, *ebd.*, S. 470–473.

499 Hennig, Richard: *Der Hafen Kattigara und der Magnetberg des Ptolemäus*, in: Klio 28 (1930), S. 256–276. Vgl. auch von den Brincken, Anna-Dorothee: *Fines Terrae. Die Enden der Erde und der vierte Kontinent auf mittelalterlichen Weltkarten*, in: MGH Schriften XXXVI. Hannover 1992.

500 Onesikr. *ap. Strab. geogr.* XV 1,15, FGrHist 134 (Onesikritos) F 12, macht Angaben über die Größe der Insel Taprobane: Sie habe eine Größe von 5.000 Stadien und sei vom Festland in zwanzig Tagen zu erreichen. Vgl. analog dazu Nearch. *ap. Strab. geogr.* XV 1,16, FGrHist 133 (Nearchos) F 17, sowie Aristob. *ap. Strab. geogr.* XV 1,17, FGrHist 139 (Aristobulos) F 35.

insulis quando faciunt naves, non ibi mittunt clavos ferreos, sed tantum clavos ligneos, et semper cum illis vadunt ad illam insulam, ubi habitat ille rex magnus.[501]

Da das Commonitorium Palladii, aus dem die obige Passage entnommen ist, der Alexandersage angehört, konnte sich das Magnetberg-Motiv weit verbreiten. Hier beobachten wir, wie die Sage langsam Gestalt annimmt: Die Schiffe müssen ***sive clavos ferreos***[502] zurechtkommen, da sie andernfalls durch die gewaltige Kraft des Magneten angezogen oder zumindest festgehalten werden würden.

Aber auch Lucius Ampelius schrieb in seinem *Liber memoralis*, c. *miracula quae in terris sunt*: ***Magnesiae apud Sipylum***[503] ***columnae sunt quatuor; inter has columnas est victoria ferrea pendens sine aliquo vinculo in aere ludens; sed quotiens ventus aut pluvia fuerit, non movetur*** (Ampel. *mem*. VIII 17). Weitere weitere Station des Überlieferungsweges sind Isid. *etym*. XVI 4, 1: ***Magnes lapis Indicus ab inventore vocatus. Fuit autem in India ita primum repertus: clavis crepidarum, baculique cuspidi haerens, cum armenta idem magnes pasceret, postea et passim inventus,*** und Const. Afric. *de gradibus (ed. Petrus)*: ***Aristoteles dixit esse lapidem in ripa maris Indiae inventum [...]. dixit etiam in libro de lapidibus quod nautae non audent transire cum navi ferreos clavos habente aut aliquod artificium ferri in ea ducere. nave etiam illis montanis approinquante, omnes clavi et quidquid ex ferro editum a montanis attrahitur cum proprietate quam habent.***[504]

Weitere Parallelen zu dieser Angabe finden sich wieder bei Isid. *etym*. XVI 4, 2: ***Unde factum est, ut in templo quodam simulacrum ex ferro pendere in aere videretur***, und Honor. *imag mun*. I 13 (*De bestiis*), wobei der letztere sich mit der Bemerkung begnügt, dass ***India quoque magnetem lapidem gignit, qui ferrum rapit***, d.h. der Magnetstein kommt lediglich in Indien vor. Albertus Magnus *De mineralibus* II *lapidibus nominatis et eorum virtutibus* I (Köln 1569) hielt dazu folgendes fest: ***non trahit autem ferrum, eo quod sit proprius locus generationis eius, ut quidam mendose dixerunt. maior autem quantitas istius lapidis adhuc***

---

501 Pallad. *de Bragman*. 220a, 18–25, hg. v. Bernhard Kübler, RF 6, (1891), S. 211.

502 D.i. „*ohne eiserne Nägel*", vgl. Daude, Hadrian: *Historia Universalis et Pragmatica Romani Imperii*, VI, 200, Nürnberg 1754, vgl. Kudrun, V. 1109.

503 Diese fehlerhafte Lesart muss nach dem Übersetzer Johann Heinrich Voß (zu Vell. *hist*. I 4) mit ***Marmesiae apud Sipilu*** ersetzt werden. Vgl. sonst zum hier genannten Berg *Μαγνησία πρὸς Σιπύλῳ* Ptol. *geogr*. V 2.

504 Zit. n. Rose, Valentin: *Aristoteles 'De lapidibus' und Arnoldus Saxo*, ZfdA 18 (1875) S. 322–455, S. 380. Sonst vgl. auch Steinschneider, Moritz: *Constantin's lib. de gradibus und ibn al-Gezzar's Adminiculum*, in: Deutsches Archiv für Geschichte der Medizin und medizinischen Geographie, Bd. 2, 1879, S. 1–22.

inuenta est magnitudo auellanæ. Magnus meint (*De mineralibus* II *de incipientibus* II), Magnetismus gebe es am intensivsten im Indischen Ozean: ***Magnes sine magnetes lapis est, ferrugineicoloris qui secundum plurimum in Mari Indico***. Thomas von Cantimpré hingegen notierte in seinem *Liber de nat. rer.* XIV 45, 1–3 über Magnete: ***Magne vel magnetes lapis est coloris ferruginei. Ferrum vicinum attrahit absente adamante, quod nullo modo tamen potest, si adamas presens sit***, danach hat der Magnet nicht nur eine tolle Rostfarbe, sondern er fasziniert auch durch seine Anziehungskraft, sodass man ihn in der Kunst der Magie hochschätzt (ebd.: ***dicunt eum in prestigiis et in magica arte velere***). Der Enzyklopädist Petrus Berchorius († 1362) notierte ebenfalls, in seinem *Reductorium morale* XI 94: ***In aliquibus partis maris sunt montes et scopuli de lapidibus magnetis, et ideo tanto impetu naves attrahunt propter ferrum quod ibi est, quod contra eos franguntur, et penitus dissolvuntur***, dass die Berge und Felsen aus Magnetsteinen die vorbeisegelnden Schiffe anziehen. Und auf einem anderen Fragment (XXXIV *De magnete* fol. 136 f.) lesen wir:

> ***Magnes vel magnetes lapis gignitur atque inuenitur circa litus oceani apud ragodiatas et in india. Ab inuentoribus autem sic vocatus est. Est autem colore*** [fol. 137] ***ferrugineus. Magnas habens in se virtutes. Veluti spiritum in attrahendo sibi ferrum et retinendo. Inuinientes autem eum colchis.***[505]

Aus dem islamischen Kulturkreis stammende Wissenschaftler, die sowohl die griechischen als auch die orientalischen Traditionen pflegten, wussten ebenfalls von dem Magnetberg zu berichten: Ibn Serabi schrieb in seinem „*Liber de medicamentis simplicimus*“: ***minera huius lapidis est in maritimis partibus prope terras Indorum. et quando aves appropinquant monti minere ipsius. non remanet aliquod ferrum quod non egrediatur a nave et volet sicut avis usque ad montem et si est aliquis clavus taliter infixus quod non possit evelli, salit et evellitur donec adhaeret illi monti, et ideo naves illarum partium non clavantur cum clavis ferreis sed cum clavis ligneis. nam si essent naves clavate cum clavis ferreis, quando appropinquarentur illi monti, dilacererentur omnes.***[506] Ibn al-Jazzar referierte

505 Laut Evans, Joan: *Magical Jewels of the Middle Ages and the Renaissance, Particulary in England*, Oxford 1922, S. 207.

506 Ibn Sarabi: *Liber de medicamentis simplicimus*, übers. v. Stephan von Saragosse, ed. Otto Brunfels, Straßburg 1531, zit n. Rose, Valentin: *Aristoteles 'De lapidibus' und Arnoldus Saxo*, ZfdA 18 (1875), S. 322–455, hier S. 411. Eine neuere Übersetzung aus der Hs. München Cod. lat. 253 nach Stephan von Saragossa bietet Lothar Volger unter dem Titel *Liber fiduciae de simplicibus medicinis,* Texte und Untersuchungen zur Geschichte der Naturwissenschaften, 6, Würzburg-Aumühle 1941. Dazu vgl. auch Ehlen, Thomas: *Hystoria ducis Bauarie Ernesti*, Tübingen 1996, S. 52 m. Anm. 180.

in seinem „*Kitab i'timad fi-l-adviga mufrada*" Aristoteles und schrieb über die gewaltige Anziehungskraft des magnetischen Berges: ***minera huius lapidis in littore maris propre lodiam. Ar[istoteles] dixit in libro de lapidibus quod quando naves applicant se huic monti. egrediuntur ferra a navibus, et ideo naves illius maris fiunt preter clavos ferreos.***[507]

In den Illustrationen des „Defensorium virginitatis Mariae" (Ausg. I, Taf. II, 6v 11F ur.), welches eine Sammlung von wundersamen Ereignissen aus biblischen, legendarischen, patristischen, mythologischen und naturkundlichen Quellen darstellt, wird ein Segelschiff mit drei Männern und einer Frau auf dem Wasser schwimmend zur Schau gestellt. Währenddessen wird das auf der Illustration befindliche Schiff gegen einen Magnetfelsen getrieben (***Si magnes carnem hominis ad se trahere valet***).[508]

3.6.3. Arimaspi-Episode (B 4499–5434)

Nachdem die Überlebenden entsprechend der rettenden Idee Graf Wetzels (B 4169–4199) von greifenartigen Riesenvögeln[509] ins Land der *monoculi* fortgetragen werden, genießen sie dort die Gastfreundlichkeit der skythischen Arimaspi.[510] Die orientalisch-okzidentalischen Analogien sind oft verblüffend. Schon in der hellenisch-maritimen Odysseussage wurde Polyphem, der einäugige anthropophage Riese, von Homer (*Od.* IX 116 ff.) schriftlich fixiert. Ihrer edlen höfischen Gesinnung wegen bleibt Herzog Ernst bei ihnen und kämpft an ihrer Seite gegen monströse Völker. Dabei machen ihre skurrile Sprache und Einäugigkeit keine Akklimatisierung im fernen Gefilde nötig. Sie fühlten sich im Reich der

---

507 Zit. n. Rose, Valentin: *Aristoteles ‚De lapidibus' und Arnoldus Saxo*, ZfdA 18 (1875), S. 322–455, hier S. 410.

508 Das Werk „*Defensorium inviolatae virginitatis beatae Mariae*" ist in neun Handschriften überliefert. Der Bilderzyklus umfaßt insg. 59 Darstellungen auf 16 Tafeln: *Defensorium immaculatae virginitatis*, nach dem Exemplar der Bayerischen Staatsbibl. Xylogr. 34, München 1925. Vgl. Donati, Lamberto: *Uno sconosciuto Defensorium virginitatis Mariae stampato da Federico Creussner intorno al 1470*, in: Studie e ricerche sulla storia della stampa del quattrocento, Milano 1942, S. 71–130.

509 Vgl. Isid. *etym.* XII 2, 17. In höchster Not erweist sich Wetzel mit zündenden Ideen als Retter, als würde er fungieren wie die schützende Hand Gottes auf Erden (B 4169–4199; B 4342–4347; 4402–4415 etc.), ganz im Sinne von ***manu Dei*** (Jes 25,10; 51,16; 59,1).

510 Blamires, David Malcolm: *Herzog Ernst and the otherworld voyage. A comparative study*, Manchester 1979, p. 99, rechnet mit dieser Gastfreundlichkeit am wenigsten, denn: „*perhaps the most surprising thing of all ist the fact that they [sic Arimaspians] are extremely hospitable and benevolent towards their German visitors.*"

Arimaspen so gut, dass sie binnen eines Jahres (B 4630: ***mê danne ein ganzez jâr***) ihre Sprache erlernten. Im Land der Arimaspi verweilt Herzog Ernst am längsten. Hier genießt er die Vorzüge der orientalischen Gastfreundlichkeit.[511] Sechs Jahre vergehen (B 1191, 5334), ehe Ernst und seine Getreuen das Land der Arimaspen verlassen können. Hier bekommt der Exilant Gelegenheit, sich als ordentlicher Herrscher zu beweisen.

Viele sehen die Arimaspi-Episode in Analogie zu Ernsts Lage im ***rîche***,[512] zumal hier der Reichskonflikt „*metaphorisch*" aufgearbeitet wird.[513] Diese Episode hat so gesehen eine doppelte Funktion: Im Land der Arimaspi erlangt der Herzog nicht nur seine Resozialisation und die Restitution seiner Würden, sondern es wird auch die Immunität und Omnipotenz der kaiserlichen Krone zum Ausdruck gebracht. Für Barbara Haupt bilden die Arimaspi in „*gewisser Weise auch das Gegenstück*" zu Grippia.[514]

Dafür, dass der Held in den Dienst des heidnischen Königs von Arimaspen tritt und ihm bei der Bekämpfung seiner christlichen Feinde erfolgreich zur Seite steht, bekommt er ein Herzogtum zum Dank, und zwar ***„mit liuten und mit lande"*** (B 4773). Er ist einem einheimischen Fürsten gleichgestellt. Er schont seine Untertanen und profiliert sich als gerechter Landesvater (B 4791–4805). Es gelingt ihm, seine Untertanen so zu gewinnen, dass sie ihm treu ergeben sind und bereitwillig für ihn arbeiten und kämpfen. Er führt die Politik des „leben und leben lassens" ein und lässt sein Volk an Recht und materiellen Reichtümern teilnehmen. Er teilt selbst Freude und Gram mit ihnen. All diese Tugenden[515] beobachten wir auch bei Graf Wetzel (B 4806 f.).

Im fernen Orient reüssiert Ernst bei den Arimaspi, sodass ihm die gesellschaftliche Stellung zuteil wird, die ihm im deutschen Reich zukommen würde.

---

511 Zu den Parallelen zu den sieben Jahren, die Odysseus als Liebhaber der Kalypso und als Gast der verführerischen Kirke verbracht hat, vgl. Hom. *Od.* VII, 259 f.

512 Beispielsweise Neudeck, Otto: *Ehre und Demut. Konkurrierende Verhaltenskonzepte im ‚Herzog Ernst B'*, ZfdA 121, (1992,) S. 177–209, hier S. 201; Markus Stock: *Kombinationssinn. Narrative Strukturexperimente im ‚Straßburger Alexander', im ‚Herzog Ernst B' und im ‚König Rother'*, S. 215, und Haupt, Barbara: *Ein Herzog in Fernost. Zu Herzog Ernst A/B*, in: Akten des XI. Internationalen Germanistenkongresses, Paris 2005, Bd. 7, Bern 2008, S. 157–168, hier S. 167.

513 Markus Stock: *Kombinationssinn. Narrative Strukturexperimente im ‚Straßburger Alexander', im ‚Herzog Ernst B' und im ‚König Rother'*, S. 190 m. Anm. 11.

514 B. Haupt, *ebd.*, S. 167.

515 Die Terminologie „ritterliches Tugendsystem" prägte Ehrismann, Gustav: *Die Grundlagen des ritterlichen Tugendsystems*, ZfdA 56 (1919), S. 137–216.

Somit schreitet der Herzog im Orient nicht nur den Weg vom Gast zum Wirt,[516] sondern von dem fast trostlosen Exilanten zum arrivierten Staatsmann. All diese Bürden und gefahrvollen *âventiuren* tragen natürlich auch dazu bei, dass Herzog Ernst mit deren erfolgreichem Bestehen sein empirisch-geistliches Umfeld erweitert. Ferner etabliert sich der Held dadurch als Büßer, was er zuvor verkündete, denn zuletzt will er ja *„ins Reich heimkehren und dort den Kaiser um Verzeihung bitten.“*[517] Die Begriffe ***wirt*** und ***gast***, wie sie im Vers (B 4970) ***„von dem wirte und von dem gaste“*** stehen, sind im Rahmen der mittelalterlichen Hierarchie der gesellschaftlichen Strukturen charakteristisch.[518]

---

516 Vgl. Nushdina, Natalia: *Die Darstellung des ‚Fremden' und des ‚Eigenen' in der Reiseliteratur des Mittelalters*, S. 66.

517 Neudeck, Otto: *Ehre und Demut. Konkurrierende Verhaltenskonzepte im ‚Herzog Ernst B'*, ZfdA 121 (1992), S. 177–209, hier S. 191.

518 Die mittelalterlichen Autoren waren von ihren Mäzenen abhängig, weshalb sie oft auf die ***milte*** als Lohn für ihre ***kunst*** zu sprechen kommen. Sie thematisieren mit Vorliebe das Verhältnis von ***wirt*** und ***gast***. So sieht sich Walther von der Vogelweide in seinem ‚Ersten Philippston' genötigt, dem römisch-deutschen König Philipp von Schwaben (reg. 1198–1208) den ***edlen heiden*** Saladin als Vorbild der Freigebigkeit und Güte zu zeigen (L 19,17, 7–9): ***Denke an den milten Salatîn: / der jach, daz küniges hende dürkel solten sîn / sô wurden sî erforht und ouch geminnet***. Auf der anderen Seite war er der personifizierte Antichrist. Hierzu vgl. Jäckel, Dirk: *Saladin und Antichrist. Das andere Bild vom Ayyubidensultan im 12. Jahrhundert*, in: Antichrist. Konstruktionen von Feindbildern, hg. v. Wolfram Brandes und Felicitas Schmieder, Berlin 2010, S. 117–134. Zur ‚Philippschelte' mit dem Titel ***Philippes künig die nâhe spehenden zîhent dich***, die er dem Magdeburger Hoftag von 1199 widmete, vgl. Walther von der Vogelweide: *Leich, Lieder, Sangsprüche*, hg. von Christoph Cormeau, Berlin/New York 1996, S. 37. Zur Topik des „edlen Heiden“ vgl. Wolfram von Eschenbach *Parz.* 20, 4–9; 22, 6–9 etc. Sonst vgl. Möhring, Hannes: *Saladin. Der Sultan und seine Zeit 1138–1193*, München 2005, S. 109 ff. Nachdem Walther von dem Stauferkönig Friedrich II. ein Lehen erhält, findet er in seinem „König-Friedrichston“ lobende Worte für seine Mildtätigkeit (L 28,34 f.): ***Der edel künec, der milte künec hât mich berâten / daz ich den sumer luft und in dem winter hitze hân***, vgl. Walther von der Vogeleide: *Leich, Lieder, Sangsprüche*, hg. von Christoph Cormeau, Berlin/New York 1996, S. 54. Daraus erkennen wir, dass der fast sechzigjährige Dichter anstelle von ***gast*** nunmehr als ***wirt*** auftreten kann, vgl. Lexer, Matthias: *Über Walther von der Vogelweide. Ein Vortrag (1873)*, in: Matthias von Lexer: Beiträge zu seinem Leben und Schaffen, hg. v. Horst Brunner (ZDL, Beih. 80), Stuttgart 1993, S. 197–228, hier S. 217 f. Als weitere Literatur zum Thema empfiehlt sich Bumke, Joachim: *Mäzene im Mittelalter. Die Gönner und Auftraggeber der höfischen Literatur in Deutschland 1150–1300*, München 1979.

Ernst ist im Orient weiterhin Hüter seines Landes und Volkes, und zwar diesmal in ruhmreichen Kämpfen gegen die heidnischen Feinde.[519] Dass er sich gegen ***roup*** und ***brant*** wehrt, findet sich sowohl im Reichsteil (B 599) als auch im Orientteil (B 4698): Er und seine Gefolgsleute müssen sich weit entfernt von der Heimat gegen eine Reihe von exotischen Wesen bewähren: Kraniche (ab B 2822), ***Plathüeve*** (B 4689),[520] ***Ôren*** (B 4853), kanaanäische Riesen (***Cânâan***, B 5014; ***Risen***, B 5017; ***Gîgant***, B 5039) .[521] Bei seiner orientalischen Bewährungsprobe agiert Ernst jedoch nicht nur für sich allein, sondern für alle, selbst für den Kaiser. Markus Stock spricht von der „*metaphorischen Aufarbeitung des Reichskonflikts*".[522] Alexandra Stein behauptet sogar, dass Ernst „*nicht nur seinem eigenen, sondern auch dem Fehlverhalten*" des Kaisers begegne.[523] Man könnte aber genau so behaupten, der Arimaspenkönig hätte aus dem furchtlosen, aber naiven Streiter einen dienstbaren Vasallen kreiert, den er dann an die Spitze der von ihm selbst angeordneten Pufferzone gegen die Langohren verpflanzte, welche das Arimaspenland ständig mit ihren Beutezügen heimsuchten. Schließlich werden

---

519 Zu den synonymen Substantiva wie ***aversier***, ***ellende***, ***fremde***, ***geste***, ***inimici***, ***vînde*** etc. vgl. Ines: *Ritter und Sarrazin. Zur Beziehung von Fremd und Eigen in der hochmittelalterlichen Tradition der „Chanson de geste"*, in: BAKG 62, hg. v. Helmut Neuhaus, Köln u.a. 2006, S. 62.

520 Als der Dichter von den Nachbarn des Arimaspenkönigs berichtet, erwähnt er die Sciopoden mit ihren übergroßen Füßen, die ihnen Schatten spenden, diese heißen jedoch im HE ***Plathüeve*** (B. 4671), ***den wârn die füeze vil breit*** (B. 4674), vgl. die berühmte Wiener Genesis V. 652 ff. (Wien, Österreichische Nationalbibliothek, cod. theol. gr. 31) aus dem 12. Jahrhundert. In Fass. D ***Blatevüeze*** 3828 mit Dubletten ***Blatefüeze*** (D. 3885, 3926) und ***Blatfüeze*** (D. 5249), ***ein volc mit strite vermezzen, / ungestalt und unsüeze*** (D. 3826–27).

521 ***Die grôzen risen von Kanach*** (D. 4609, Dubletten sind ***Kânanêa*** D. 4101 und ***Kânanê*** D. 4159, 4255, 4664, 5102) sind ***unmâzen groz / den langen boumen genôz*** (D. 4038 f.). Zu den Gigantes vgl. *Lexikon der antiken Gestalten in den deutschen Texten des Mittelalters*, hg. v. Manfred Kern, Alfred Ebenbauer u. Silvia Krämer-Seifert, Berlin 2003, S. 263 f. ***Cânâan***, ***Risen*** und ***Gîgant*** sind terminologische Dubletten, die miteinander konnotativ und semantisch korrespondieren. Hierzu vgl. Steinicke, Marion Michaela: *Apokalyptische Heerscharen und Gottesknechte,* Berlin 2005, S. 53 m. Anm. 140; Augustin, Anja Ulrike: *Länder und Bewohner der Heidenwelt in deutschen Romanen und Epen des 12. bis 14. Jahrhunderts*, Bd. 1, Würzburg 2014, S. 440 f., sowie Salama, Dina: *Das Orientbild im 'Herzog Ernst' zwischen Wirklichkeit und Phantastik*, Diss., Kairo 2003, S. 166 ff.

522 Markus Stock: *Kombinationssinn. Narrative Strukturexperimente im ‚Straßburger Alexander', im ‚Herzog Ernst B' und im ‚König Rother'*, S. 190 m. Anm. 11.

523 Stein, Alexandra: *Die Wundervölker des Herzog Ernst (B)*, S. 46.

sie vom Herzog gründlich gebändigt, sodass sie den Arimaspen Abgaben zahlen und im Kriegsfall Heeresfolge leisten müssen (B 4813–4890).[524]

Die heidnischen Arimaspen und die christlichen Deutschen weisen zwar völlig unterschiedliche Körper- und Glaubensmerkmale auf, ihre Gesellschaftsstrukturen sind aber überraschend ähnlich. So ist die arimaspische Gesellschaft genauso feudal organisiert wie die deutsche. Darum fühlt sich Ernst in diesem Gefüge, in dem er sich bewähren muss, wohl. Seine ritterliche Reitkunst imponiert dem König, und er erhält von ihm für sich und seine Männer eine gründliche Versorgung (B 4611–16). Ernst wird vom Regenten der Arimaspen für seine Hilfbereitschaft fürstlich entlohnt. Wie im Reichsteil anfangs beim deutschen Kaiser, genießt er auch beim Arimaspenkönig ein so gutes Ansehen, dass dieser ihm „***mit triuwen herzeclîchen holt***"[525] ist (B 4663) und „***gap im silber unde golt / und allez daz er wolde hân***" (B 4664–65).

Wie die feudalen Sitten es verlangen, unterstellt sich der junge Adlige nach einem Sieg über die Platthufe dem König, indem er von ihm ein Lehen empfängt. Da sehen wir, dass er durchaus imstande ist, seine Fähigkeiten als Lehnsträger unter Beweis zu stellen. Der Arimaspenkönig lobt den Helden mit folgendem Wortlaut (B 4762–71):

jungelinc gemeit,
du hâst mir manlîche
und alsô frumlîche
êre unde lîp behalden.
du solt immer mêr gewalden
mîns landes swaz dus haben wil.
des sol ich dir lîhen alsô vil

---

524 Föderati hatten diese Aufgabe im späten Römischen Reich.

525 Zu dem mittelhochdeutschen Begriff ***triuwe***, der im Mittelalter zu den wichtigsten Tugenden zählte, vgl. Vollmer, Vera: *Die Begriffe der Triuwe und der Staete in der höfischen Minnedichtung*, Diss., Tübingen 1914, S. 25. Diejenigen, die mit der tugendhaften ***triuwe*** ausgestattet sind, geniessen gesellschaftliche Vorzüge. Die ***triuwe*** ist jedoch kein abgeschottetes Verhalten, sodass sie in einem bestimmten Verhaltensmuster, d.h. in Verbindung von weiteren ritterlichen Eigenschaften wie ***zuht***, ***küene*** und ***diemüete***, zur Geltung kommt (vgl. ebd.). Als weitere Literatur zum Begriff ***triuwe*** sind noch folgende Arbeiten zu erwähnen: Schulz, Monika: *Âne rede und âne reht. Zur Bedeutung der triuwe im 'Herzog Ernst' (B)*, in: PBB 120 (1998), S. 395–434; Wagner-Emden, Christine: *Die triuwe im „Rother" und der Vergleich zum „Herzog Ernst" (B)*, Studienarbeit, München 2012; Ehrismann, Otfrid: *„Ehre und Mut, Aventiure und Minne". Höfische Wortgeschichten aus dem Mittelalter*, München 1995.

durch liebe die ich zuo dir hân
daz du selbe maht wol hân
beide êre unde ruom.[526]

Im Pygmäenland Prechami bemüht der junge Ritter sich immer mehr um Eintracht. Er unterstützt die Prechami im Kampf gegen die sie bedrohenden Kraniche. Im ersten Abschnitt versucht der kluge Herzog, möglichst ohne Gewalt zurechtzukommen.[527] Er und seine Männer verschonen das Leben junger Greifen (B 4342–44):

daz sie die jungen niht ersluogen,
der herzoge und sîne man,
daz wart durch durch den list getân

Im dritten Abschnitt verzichtet er sogar auf die angebotene Hegemonie im Prechami-Land und konzentriert sich bei der Gewaltausübung auf ein Minimum. In seltenen Kampfbeschreibungen wird Ernsts Überlegenheit, auch im Sinne „des klugen Strategen", dargestellt. Wie beim Kampf der Christen gegen die Kraniche (B 4965–81) beweist sich Ernst als trickreicher Führer.

---

526 Es gibt sehr viele Parallelen zum „Reinfried von Braunschweig". So lautet die Versen ab 20666 wie folgt: „[...] *lip und ouch daz leben min muoz iuwer eigenlichen wesen. ich, lut und lant, wir sin genesen von iuch', sprach er, ‚iuwer tröst hat uns ritterlich erlost von iemer wernder swære'. swaz ich uf al der erden ieze hân ald ie gewan und iemer nie gewinnen kan, sol iuwer eigentlichen sin.'*"

527 Die Ausführung ***menschlîchiu wîsheit*** (Rudolf von Ems, Barlaam und Josaphat V. 12829) suggeriert uns, dass eine übermenschliche Weisheit existieren muss. Weisheit ist also eigentlich eine göttliche Gabe, über die nicht nur Herzog Ernst, sondern auch Graf Wetzel (B 4169–4199; B 4342–4347; 4402–4415 etc.) verfügt. Denn auch der Graf hat scharfsinnige Lösungen für lebensbedrohliche Situationen. Indem der junge Herzog den Grafen als klugen Ratgeber bei sich hält, imitiert er Alexander den Großen, der dem Rat ***neheinen tumben man*** (*Str.A.* 185) Folge leistet. Ernst ist genauso urteilsfähig wie Alexander (*Str.A.* 7 ***listich***; 193, 206, 215 ***wîsheit***; 4798, 6315 ***wîs***; 6212 f. ***grôzer sinne und grôzer wîsheit***). Stellenbelege nach Haupt, Barbara: *Alexanders Orientfahrt (Straßburger Alexander)*, München 1991, S. 285–295, hier S. 288 m. Anm. 11. So verlangt auch im Tugendkatalog aus Hartmanns 'Gregorius' V. 255 f. der Abt von seinem Zögling: ***wis den wîsen gerne bî / vliuch den tumben swâ er sî***. Für sein ethisches System vgl. *ebd.* V. 248–258. Die Fähigkeit, weise zu sein, war eine der Voraussetzungen, die die Herrscher laut Fürstenspiegeln erfüllen sollten, vgl. Ehlert, Trude: *Deutschsprachige Alexanderdichtung des Mittelalters. Zum Verhältnis von Literatur und Geschichte*, Frankfurt a.M. u.a. 1989, S. 66 m. Anm. 165.

In diesem Abschnitt bringt der Autor die Ganzohren (Otoliknoi) ins Spiel (B 4813 ff.). In den volkssprachigen Fassungen B und D von HE werden die langohrigen Geschöpfe nicht *Panotii* genannt, sondern man spricht von „***ôren***“ (B 4813–28) oder „***ôrehten man***“ (D. 3973–79; 4018). Die Langohren heißen nur in den Fassungen E und Erf ***Panotii***. Außerdem fehlt in diesen beiden Fassungen die Nähe zu den Skythen. Sowohl die ***ôren*** der Fass. B (4852) als auch die ***panotii*** der Fass. C (331) sind von den Dichtern kämpferisch dargestellt. Auch in den Fassungen E (VII 89–100) und Erf. (30, 36 f.) finden wir sie in militärische Interventionen verwickelt.

Ernst muss nicht nur Buße tun, weil er und seine Mannen „***wider gôte getân***“ haben (B 1818), sondern sich auch in der frommen Mission bewähren, möglichst viele Geschöpfe zum Christentum zu bekehren. Dieses Vorhaben mit Erfolg zu krönen, würde gleichzeitig bedeuten, die Gegner des christlichen Glaubens zu eliminieren. Seine Taktik geht so gut auf, dass der Prechami-König ihm seinen Thron anvertrauen und ihm anstandslos Untertan werden will. Diese Offerte weist Ernst jedoch mit folgendem Wortlaut zurück (B 4990–97):

Herre, ich mac sîn niht gephlegen.
got lâze iu iwer lant sælic sîn:
ez ist niht an den muozen mîn.
ich muoz ze lande kêren.
nu sult ir mich dâ mit êren
daz ir mir der liute ein teil geben.
und wizzet, herre, die wîle ich leben,
sô bin ich iuwerm dienst verselt.

Die seltsame Figuration des Orients registriert der Held nicht immer mit christlicher Hingabe. Seine Meinung gegenüber den fremdländischen Wesen ist teilweise von *superbia* geprägt. Ernst erscheint die Einäugigkeit, Langohrigkeit oder Tierköpfigkeit der Fremden auffallend.[528] Während seines Aufenthaltes bei den

---

528 Das „*aggressive, kriegerische und unzugängliche Volk*“, das an der „*Grenze zwischen Zivilisierten und Nicht-Zivilisierten*“ lebt, gilt als der „*wahre Gegner der Kolonisation*“, Kiening, Christian: *Das wilde Subjekt. Kleine Poetik der neuen Welt*, Göttingen 2006, S. 114. Verachtet werden sie eigentlich nicht aufgrund ihrer „*körperlichen Deformation*“; vielmehr verdienen sie Schmach und Missachtung im Bezug auf ihre „*soziale Deformation*“, vgl. Ch. Kiening, *ebd.* Andererseits sieht Haupt, Barbara: *Ein Herzog in Fernost. Zu Herzog Ernst A/B*, in: Akten des XI. Internationalen Germanistenkongresses, Bd. 7, Bern 2008, S. 157–168, hier S. 165, die fremden Wesen in der Betrachtung des anonymen Verfassers als „*Teilhaber an der eigenen Kultur*“, deren Agieren „*einer Verringerung der Distanz*“ dient und „*nicht der Aufhebung von Distanz*“.

Arimaspi ist sein Verhalten gegenüber der Mirabilia despektierlich. Er achtet sie nicht mit gebührender Demut als Gottes Geschöpfe. Seine Verachtung geht so weit, dass er einige der Fremdlinge als Kuriosität bei sich auf seinem arimaspischen Hof behält, als wären sie seine Trophäen.

Die Monstra verkörpern nach Alexandra Stein die Tauglichkeit des jungen Ritters als Herzog: „*Sie sind lebendige Zeichen seiner sukzessiven Restitution. Die Plathüeve repräsentieren den Erhalt des Herzogtums, die Langohren dessen angemessene Verwaltung und der Riese sowie die Arimaspi und die Pygmäen die adäquate Erfüllung seiner Rolle als Herzog und königlicher Berater.*“[529] Man stellt fest, dass einige dieser Geschöpfe sich trotz ihrer Rolle als lebende Trophäen bei Ernst wohl fühlen. Ja, man kann sogar von gegenseitiger Sympathie reden (B 5423–5429).

3.6.4. Ernsts Rückkehr. Aussöhnung mit dem Stiefvater (B 5435–6020)

Die seltsamen Exponate seiner privaten Kuriositätensammlung, die er sich bei seinen verschiedenen Kampfhandlungen als Beutegut zulegte, vertreiben ihm oftmals die Langeweile (B 5322–5332). Ganz im Sinne von Augustinus[530]

---

529 Stein, Alexandra: *Die Wundervölker des Herzog Ernst (B)*, S. 41. Vgl. auch Carey, Stephen Mark: *„Undr unkunder diet“: Monstrous Counsel in Herzog Ernst B*, Daphnis 33 (2004), S. 53–77.

530 Nach August. *civ. Dei* XVI, 8, sind auch die Ungeheuer Kinder Gottes, denn alle Menschen und Völker, wenn auch noch so ungeschlacht und missgestaltet, stammen von Adam ab: ***An ex propagatione Adam vel filiorum Noe quaedam genera hominum monstrosa prodierint***. Er hält fest, dass kein Christ darüber Zweifel hegen möge, dass, „*wer immer als Mensch, d.i. als vernünftiges und sterbliches Wesen, geboren wird, unter welchem Himmelsstrich es auch sei, seinen Ursprung nimmt von jenem Ersterschaffenen, mag er im übrigen auch eine unserer Erfahrung noch so ungewohnte Körpergestalt oder Farbe oder Bewegung oder Stimme haben, gleichgültig auch, mit welcher Fähigkeit, nach welcher Seite hin, mit welchen Eigenschaften seine Natur besonders ausgestattet ist.*“ Dasselbe gelte übrigens auch für mißgestaltete Völker, *ebd*.: ***Qualis autem ratio redditur de monstrosis apud nos hominum partubus, talis de monstrosis quibusdam gentibus reddi potest***. Zum Väterbeweis vgl. August. *gen. ad lit.* XI 42 (CSEL 28/1: 376,22–378,26); ders.: *nupt. et conc.* I 21,23 (CSEL 42: 236,17–22): ***respondebit etiam conubii sacramentum: de me ante peccatum dictum est in paradiso: ‚reliquet homo patrem et matrem et adhaerebit uxori suae, et erunt duo in carne una, quod magnum sacramentum‘ dicit apostolus ‚in Christus et in ecclesia‘*** (Gn 2, 24); hier. *Eph* III 5 (PL 26: 535D): ***Primus enim homo, et primus vates Adam, hoc de Christo et Ecclesia prophetavit:***

stolpern wir nach seiner Heimkehr über keine Anmaßungen des Herzogs gegenüber den wunderlichen Geschöpfen mehr. Nach der Auffassung der Kirchenväter und Gelehrten waren auch die *homini monstrosi* Gottes Geschöpfe, die zu missionieren waren.[531] Als Herzog Ernst auf einem christlichen Schiff zum Mohrenland unterwegs ist, begleiten ihn die Seinen (B 5418–25). Und als der König von Jerusalem ihm Audienz gibt, hat er seine exotischen Exponate bei sich (B 5458 f.):

> ***der herzoge nam al sîn wunder***
> ***und kam vür den künic hêren.***

Als er von seinen Bewährungsproben im Orient über einen Zwischenaufenthalt in Jerusalem nach Bayern zurückkehrt, begleiten ihn einige Vertreter dieser exotischen Ethnien.[532] Nach diesen unzumutbaren Strapazen, denen die Bewährung folgt, schlichtet seine Mutter Adelheit das Zerwürfnis zwischen Stiefvater und Sohn. Der Kaiser schenkt wegen ***got den rîchen*** und ***sîne marter hêre***[533] sowie ***des heiligen tages êre*** den Frevlern ***sîn hulde*** (B 5928–5931). Weil der Kaiser auf das „***wunderlîch gesinde***" (B 5971) so neugierig ist, schickt er Boten nach Bayern, damit diese nach Bamberg gebracht werden. Auf die kaiserliche Bitte hin überlässt der Held dem Kaiser schweren Herzens einen Einäugigen (B 5986), einen Ohren-Mann, „***der selbe vil wol sanc***" (B 5987 f.), und „***einz der kleinen liutelîn***" (B 5989), die restlichen Geschöpfe samt dem „***grôzen Gîgant***" (B 5991) behält er jedoch bei sich und bringt sie wieder nach Bayern. Zugleich

---

quod reliquerit Dominus noster atque Salvator Patrem suum Deum, et matrem suam coelestem Ierusalem, et venerit ad terras propter suum corpus Ecclesiam, et de suo eam latere fabricatus sit, et propter illam Verbum caro factum sit, vgl. Hier. *Eph* V 32 (PL 26: 569B): ***de una carne sunt, et Christus verus est homo, per se verum corpus hominis, et Ecclesia similiter. Haec autem primo vates Adam de Christo et Ecclesia prophetavit.***

531 Becker, Judith: *Die Christianisierung fremder Völker – ein Zeichen für die nahende Endzeit?* In: VIEG Beiheft 88, hg. v. dies. / Bettina Braun, Göttingen 2012, S. 183–204. Vgl. auch Franck, Tinland: *L'homme savage*, Paris 1968, und Mingana, Alphonse: *The Early Spread of Christianity in India and the Far East: A New Document*, BJRL 9, no. 2 (July 1925), S. 297–371. Sonst vgl. Richard, Barthélémy Jean: *La papauté et les missions d'Orient au Moyen Âge*, (XIIIe-XVe siècles), Rome 1977.

532 Im Zusammenhang der Vorliebe des jungen Herzogs, Kuriosita mit sich zu führen, vgl. die Bemerkung des Prutz, Hans: *Kulturgeschichte der Kreuzzüge*, Berlin 1883, S. 449.

533 Vgl. ***die martir dine*** (Brandan 269), ed. R. Hahn u. Chr. Fasbender, Heidelberg 2002, sowie ***marter hêre*** (KC 14702).

dienen die *„lebendigen Mirabilien aus der exotischen Ferne [...] als Beweisstücke des Wundersamen“*[534] oder *„als Mehrwert seiner Arbeit im Orient“*.[535]

Nach dem gleichen Muster wie bei Sindbad, dessen kuriose Erlebnisse Kalif Harun al Rashid durch seinen Chronisten schriftlich festhalten ließ,[536] ordnet der Kaiser an, die ***„manicvalden wunder“*** (B 5997) des Herzogs aufzuzeichnen (B 5994–6007).[537] Zum Schluss der Geschichte (B 6004–07) wird ein Beleg für eine Kooperation zwischen dem Erzählenden und Schreibenden geliefert.[538] Nachdem das Vater-Sohn-Zerwürfnis behoben ist, erhält der junge Herzog ***„allez sîn lant“*** (B 6010) zurück. So nimmt die leid- und wundervolle Geschichte des jungen Herzogs doch noch ein glückliches harmonisches Ende.

---

534 Bichler, Reinhold: *Von der Beglaubigung phantastischer Reiseabenteuer. Althistorische Assoziationen zum Herzog Ernst*, in: Historiographie – Ethnographie – Utopie. Gesammelte Schriften, Teil 2, Studien zur Utopie und der Imagination fremder Welten, hg. v. Robert Rollinger, Wiesbaden 2008, S. 163–172, hier S. 164. Desweiteren Stein, Alexandra: *Die Wundervölker des Herzog Ernst (B). Zum Problem körpergebundener Authentizität im Medium der Schrift*, in: Fremdes wahrnehmen – fremdes Wahrnehmen. Studien zur Geschichte der Wahrnehmung und zur Begegnung von Kulturen in Mittelalter und früher Neuzeit, hg. v. Wolfgang Harms u. C. Stephen Jaeger, Stuttgart 1997, S. 21–48.

535 Scheuer, Hans Jürgen: *Vatermord in der Kemenate. Freuds “Verneinung” und die Arbeit an den inneren Bildern im Spiegel vormodernen Erzählens* (‘Herzog Ernst’), in: Erinnern und Entdecken. Zur Aktualität Siegmund Freuds, hg. v. Wolfgang Hegener u.a, S. 93–121, hier S. 113. Um die Handlung des Herzogs zu beschreiben, verwendet Scheuer das Verbum *„importieren“*, so als würde er mit *„aus einer Galerie erbeuteten“* Exponaten umgehen, ders.: *ebd.*, S. 113.

536 *Die Erzählungen aus den Tausendundein Nächten*. Zum ersten Mal nach dem arabischen Urtext der Calcuttaer Ausgabe vom Jahre 1839 übertragen von Enno Littmann, 6 Bde., Leipzig 1921–28. Bd. IV, 97–215, hier 186.

537 Diese Motivparallele unterstrich bereits Szklenar, Hans: *Studien zum Bild des Orients in vorhöfischen deutschen Epen*, Palaestra 243, Göttingen 1966, S. 165. Übrigens die ***„manicvalden wunder“*** wurden schon im „Straßburger Alexander“ (V 6570) erwähnt und beschrieben. Zu den motivischen Analogien zwischen den Tuasenundeine-Nacht-Geschichten und dem HE-Epos vgl. auch Salama, Dina: *Das Orientbild im ‘Herzog Ernst’ zwischen Wirklichkeit und Phantastik*, Diss., Kairo 2003, S. 194 ff.

538 So wie das in GR *Hb* 17–22 auch der Fall ist. Ähnliche Belege finden sich z.B. im Wigalois 11686 ff. oder in Heinrich und Kunigunde 4523 ff.

4. Zwischenbilanz: 'Graf Rudolf' und 'Herzog Ernst' – eine besondere Form der Chanson de geste?

Gegen Ende des 12. Jahrhunderts treten als besondere Form der mittelhochdeutschen Lyrik die Kreuzzugslieder in den Vordergrund. Doch die Anfänge der Orientthematik sind bereits seit der Jahrhundertmitte in epischen Werken festzustellen: ‚Kaiserchronik', ‚Rolandslied', 'Graf Rudolf', ‚Herzog Ernst' und ‚König Rother'. Für die Abenteuer des 'Graf Rudolf' konnte sich ein religiöser, aber auch ein laizistischer Rezipientenkreis gegen Ende des Jahrhunderts interessieren. Auch 'Herzog Ernst' und 'König Rother'[539] zählen zu den deutschsprachigen Werken, die zum ausgehenden 12. Jahrhundert entstehen konnten.[540] Zusammenfassend halten wir fest, dass HE im Rahmen einer fiktionalen Legendendichtung und einer weltlichen Epik des späten 12. Jahrhunderts in den mittelfränkisch-hessischen Sprachraum einzuordnen ist, wobei das Werk darauf gerichtet ist, den intensiven geographisch-ethnographischen Wissensdurst der Leser zu stillen. Mehr noch: Wie z. B. im Alexanderroman oder im ‚Reinfried von Braunschweig' werden auch in diesem Erzähltext Informationen zum besseren Weltverständnis aus historischen, politischen, religiösen, ethischen, rechtlichen und höfischen Bereichen geliefert. Der Verfasser ist bemüht, die Rezipienten auch genealogisch aufzuklären. Dominica Legge verweist auf die historisierenden anglo-normannischen

539 Wie es oft der Fall ist, gibt es auch über die Entstehungsgeschichte von „König Rother" verschiedene Auffassungen. Theodor Frings und Joachim Kuhn (Hg.), *König Rother*, Rheinische Beiträge und Hülfsbücher zur germanischen Philologie und Volkskunde 3, Bonn / Leipzig 1922, stellen einen Ursprung aus dem *„Rheinland nördlich der Mosel"* fest. Beckers, Hartmut: *Die mittelfränkischen Rheinlande als literarische Landschaft von 1150 bis 1450*, in: *ZfdPh* 108 (1989), Sonderheft, *Literatur und Sprache im rheinischmaasländischen Raum zwischen 1150 und 1450*, S. 19–49, hier S. 25, sieht in dem Verfasser einen *„mittelfränkischen Abschreiber"*. Nach Kramer, Günter: *Zum König Rother. Das Verhältnis des Schreibers der Heidelberger HS. (H) zu seiner Vorlage*, in: PBB 82, Halle 1960, S. 1–82, hier S. 5, hingegen stammt der Verfasser aus dem südlichen Rheinland. Szklenar, Hans: *König Rother*, in: ^{2}VL 5 (1985), Sp. 82–94, hier Sp. 84, sieht das vorsichtiger, siedelt den Text in den *„mittel- bis niederrheinischen"* Sprachraum an und empfiehlt als Entstehungszeit den Zeitraum 1152–1180, *ebd.*, Sp. 89.

540 Siehe oben, Fußnote 18.

Heldenromane des 12. bis 14. Jahrhunderts („*ancestral Romance*"),[541] in denen der Bezug zu bestimmten *nobilitates* besonders verdeutlicht wird. Ursula Peters bezeichnet diesen Usus als „*Versuche, ganze Adelsfamilien in die Entstehungsgeschichte bestimmter Texte einzubinden*",[542] und nennt ‚König Rother' und ‚Herzog Ernst' als deutsche Pendants der aglonormannischen Heldenepen,[543] wie ‚Boeve de Hautone' (12. Jh.), ‚Guillaume d'Angleterre' (12./13. Jh.), ‚Estoire de Waldef' (12. Jh.), ‚Gui de Warewic' (13. Jh.), oder ‚Fergus' (13. Jh.).[544]

Auf dem „Bußweg" nach Jerusalem gerät Herzog Ernst in einen dämonischen Orient.[545] Die Bewohner des Orients werden deshalb als ***wunderlich*** betrachtet,

---

541 Legge, Dominica: *Anglo-Norman Literature and its Background*, Oxford 1963, S. 139 ff.

542 Peters, Ursula: *Dynastengeschichte und Verwandtschaftsbilder: Die Adelsfamilie in der volkssprachigen Literatur des Mittelalters*, in: Hermaea N.F., 85, Tübingen 1999, S. 253.

543 Ebd., S. 253. Zur historischen Wahrnehmung der Normannen und deren territorialer Ausdehnung vgl. Zettel, Horst: *Das Bild der Normannen und der Normanneneinfälle in westfränkischen, ostfränkischen und angelsächsischen Quellen des 8. bis 11. Jahrhunderts*, München 1977.

544 White-Le Goff, Myriam: *Entre Histoire et mythe. Quand il faut être un héros pour être hors-la-loi*, CRMH 18 (2009), S. 293–305; Crane, Susan: *Insular Romance: Politics, Faith, and Culture in Anglo-Norman and Middle English Literature*, Berkeley, Los Angeles, London, 1986, S. 67 ff.

545 Auch viele der antiken Schriftsteller fixierten in ihren Schilderungen geheimnisvolle Geschöpfe. Je weiter die einzelnen Völker von der hellenischen Zivilisation und somit vom Mittelpunkt der Welt entfernt in ihrer jeweiligen *Terra incognita* lebten, desto wilder und barbarischer wurden sie. Homers Odysseus muss sich gegen den bestialischen einäugigen Kyklopen bewähren. Seine Sirenen „*betören durch die Süße ihres Gesangs und durch ihr Versprechen*", vgl. Greiner, Bernhard: *Mythische Rede als Echo-Rede: die Lorelei (Ovid-Brentano-Heine)*, in: Spectrum Literaturwissenschaft, Bd. 3.: Mythenkorrekturen, hg. v. Martin Vöhler / Bernd Seidensticker, Berlin 2005, S. 243–262, hier S. 258. Selbst ein nüchterner Strab. *geogr.* XV, 44 berichtet von einem „*Bergvolke der östlichen Inder, den Derden, in dessen Gebiet es Goldgruben gebe, die von fuchsgrossen Ameisen bearbeitet würden*", zit. v. Glaser, Eduard: *Skizze der Geschichte und Geographie Arabiens*, II, Berlin 1890, S. 352. Doch bereits bei Herodot waren die Skythen die „*goldhütenden Greifen*". Er berichtet von einbeinigen, anthropophagen, total deformierten, sogar kopflosen Kreaturen, deren Augen, Nase und Mund sich in Magennähe auf dem Oberkörper befanden. Noch im Weltbild der Hanseaten besiedelten Fabelmenschen die sagenhaften Inseln im Norden von Asien. Die in einem Tal eingemauerten anthropophagen Völker Gog und Magog waren in der Vorstellung der hanseatischen Seefahrer noch real, und neben vielen anderen Ethnien beheimateten die einäugigen Völkerscharen das tiefste Afrika. Zu

weil sie sich in vielerlei Hinsicht von gewöhnlichen Menschen unterscheiden.[546] Es handelt sich um Gestalten wie Platthufe, Ganzohren, Pygmäen und Giganten.[547]

---

den letzteren vgl. Klemp, Egon (Hg.): *Afrika auf Karten des 12. bis 18. Jahrhundert, 77 Lichtdrucke aus Europäischen Kartensammlungen*, Leipzig 1968. Vgl. auch Simek, Rudolf: Art. *Weltbild*, in: LMA, Bd. VIII, München 1997, Sp. 2159–2165, hier Sp. 2163.

546 Die Fremdenwahrnehmung blickt auf eine lange Tradition zurück, die in der ganzen Welt zerstreut ist. Jeder hat etwas von anderen übernommen. So zählen Homer und Hesiod zu den wichtigsten griechischen Konsumenten der altorientalischen Mythen, die der topographisch-geographisch-genealogischen Linie folgten. Beide Dichter erwähnen in ihren Werken beispielsweise mehrere Riesengestalten: **Atlas**, der Titan, der das Himmelsgewölbe auf seinen Schultern trägt (*Od.* I 53; *Th.* 744–757); **Briareos**, der hundertarmige *Ἑκατόνχειρες*, den Thetis auf den Olymp ruft, damit er Zeus bei der gewaltigen Titanomachie zur Seite steht (*Il.* I 399–403; *Th.* 147 ff.; 732–735), oder mit seinem anderen Namen **Aegaeon**, der aus Euböa stammt (Eumelos, Scholion zu Apoll. Rhod. *Argon.* I, 1165; Hes. *Th.* 793 ff.; bei Verg. *Aen.* X, 565 und Ov. *fasti* III ist Aegaeon definitiv mit Briareos identifiziert); **Gyges**, der zweite riesige Hunderthänder, auf dessen Namen das griechische Wort „*Γίγαντες*" von der Konsonatenstruktur her zurückzuführen ist (*Th.* 147 ff.; 732–735), der dritte und letzte der Hunderthänder **Kottos**, der wegen seiner zornigen Energie gefüchtet war; der von Zeus übel zugerichtete und unter die Erde katapultierte kilikische Riese **Typhon** (*Il.* II 783; *Th.* 820–880 und Apollodor 1,39–44); die binnen kürzester Zeit zu ungeheuren Riesen herangewachsenen Aloaden **Othos** und **Ephialtes**, welche nach griechischem Mythos Söhne des olympischen Rebellen Poseidon und der Heroine Iphimedeia waren (*Od.* XI 508 f., *Il.* V 385 sowie Apollodor I 53–55; Hygin. *fab.* 28), und die von den Göttern ausgemerzten **Giganten** (Od. VII, 60.206; X, 120); das Volk der anthropophagischen **Laistrygonen** (*Od.* X 113 ff.) und **Polyphemen** (*Od.* IX, 191), sowie die monophtalmischen **Kyklopen** (*Od.* X 120; *Th.* 139 ff.).

547 Im *Gn* 6, 4 steht geschrieben, dass die Giganten kurz vor der Sintflut und auch danach noch als andere Erdbewohner die Menschen begleiteten: ***gigantes autem erant super terram in diebus illis postquam enim ingressi sunt filii Dei ad filias hominum illaeque genuerunt isti sunt potentes a saeculo viri famosi,*** zu Deutsch: *In jenen Tagen gab es auf der Erde die Riesen, und auch später noch, nachdem sich die Gottessöhne mit den Menschentöchtern eingelassen und diese ihnen Kinder geboren hatten. Das sind die Helden der Vorzeit, die berühmten Männer*. Pomp. Mela *chor.* III 63 tradiert von den Riesen, dass sie mit Leichtigkeit Elefanten reiten so wie Menschen mit normaler Körpergröße Pferde (***ut elephantis etiam et ibi maximis sicut nos equis facile atque habiliter utantur***). Auch die Pygmäen (III 81: ***minitum genus et quod pro satis frugibus contra grues dimicando defecit***), die im Konflikt mit den Kranichen um ausgesäte Feldfrüchte untergingen, sind ihm bekannt. Zu Elefanten, die bei kriegerischen und landwirtschaftlichen Unternehmungen eingesetzt werden, siehe Ktesias bei Ael. *nat an.* XVII 29 (= FGH 688 F 45b).

Die Gliedmaßen dieser ungewöhnlichen Einwohner weisen besondere körperliche Merkmale auf: Sie sind um ein Vielfaches größer als die normaler Menschen oder gleichen denen von Tieren.[548]

Herzog Ernst bewegt sich im mediterranen Raum, also eigentlich in einem historisch-geographischen Raum, der aber durch den Verfasser in die 'mirabilia mundi', d.h. in einen fiktiven Raum verwandelt wird. Der Held ist auf jeden Fall in der Lage, große Distanzen in kürzester Zeit hinter sich zu bringen. Mal besteht er den Überlebenskampf gegen das ungeheure Meer und die Hungersnot, mal gelingt es ihm durch odysseische Listigkeit sich von den Greifen davontragen zu lassen. Wo immer sich der Held befindet ist der Ort, an dem er sich bewähren muss. Dem HE-Verfasser ging es um die Betonung der Andersartigkeit, ja um die *„Darstellung geographischer und ethnologischer Alterität"*.[549]

Graf Rudolf unternimmt eine Reise, wenn man so will, eine bewaffnete Wallfahrt nach Palästina. Die bizarren Fahrten von Herzog Ernst hingegen sind als eine Weltreise zu verstehen. In verschiedenen Reiseetappen, in denen hauptsächlich ethnogeographisches Wissen gesammelt wird, entsteht ein Thesaurus von Rassen-, Kultur- und Fremdheitstheorien, welche zu einem Konglomerat der Faszination umformuliert werden. Die Handelnden im GR bewegen sich in einem fassbaren Raum, während im HE das Erdichtete in einer realen Welt verankert ist.

---

548 Die Tradition, den Barbaren animalische Wesenszüge beizumessen, ist auch eine althergebrachte Handhabung in der klassischen Philosophie der Griechen. So verglich Arist. *eth. Nic.* VII, 1, 1145a die Barbaren mit Tieren. Zum Thema s. Allen, John L.: *Lands of Myth, Waters of Wonder: The Place of the Imagination in the History of Geographical Exploration*, in: Geographies of the Mind. Essays in Historical Geosophy, New York 1975. Zu diesem Passus sei auch auf die Analogie zwischen dem besonders wilden Polyphem und dem oghusischen Kyklopen „Tepegöz" verwiesen. Von Diez, Heinrich Friedrich: *Der neuentdeckte oghuzische Cyklop verglichen mit dem Homerischen Depé Ghöz oder der oghuzishce Cyklop*, II, Halle 1815, S. 399 ff., spürte diese figürliche Korrespondenz vor fast 200 Jahren auf. Vgl. auch Bayram, Bülent: *Oğuz Epik Anlatmaları ve Çuvaş Alp hikâyeleri'nde Kutsal Kurt ve Tepegöz*, The Holy Wolf and Cyclop in Oghuz Epic Tales and Chuvash Alp Tales, in: Türk Dünyası İncelemeleri Dergisi (Journal of Turkish World Studies), Bd. VI, Beiheft I, İzmir 2006, S. 19–27, hier 23 ff.; Halling, Karl: *Geschichte der Skythen und Deutschen bis zur Gegenwart*, Berlin 1835, S. 129–131, bes. S. 130 m. Anm. 560a.

549 Hassauer, Friederike: *Volkssprachliche Reiseliteratur. Faszination des Reisens und räumlicher ordo*, in: La Litterature historiographique des origines à 1500, hg. v. Hans Ulrich Gumbrecht / Ursula Link-Heer / Peter-Michael Spangenberg, in: GRLMA XI, 2 Bde., Heidelberg 1986, hier Bd. I, S. 259–283, daraus S. 265.

Die Ambition des Dichers, dem Leser das schier Unfassbare vor Augen zu führen, bringt auch gewisse Paradoxe mit sich. So kann beispielsweise auf der einen Seite zwischen den Kranichschnäblern und den europäischen Rittern lediglich eine nonverbale Kommunikation zustande kommen, da das gefiederte Volk nur schreit und kreischt, anstatt zu sprechen (B 3151–3157). Auf der anderen Seite kann die indische Prinzessin dem Herzog Ernst und den Seinen gegenüber problemlos jedes Wort artikulieren (B 3462–3573). Die mühelose Verständigung mutet seltsam an, da der junge Adlige zwar ***beide welhisch und latîn*** (B 71) und höchstwahrscheinlich sogar Griechisch beherrscht (B 73), aber von der Prinzessin aus geographischen Gründen nicht zu erwarten ist, dass sie eine dieser Sprachen spricht. Arabisch, Persisch oder Urdu als Fremdsprache zu beherrschen, wäre für sie praktischer und sinnvoller, zumal wir nicht genau wissen, ob sie auch wirklich aus Indien stammt oder das Toponym ***India*** für den Inbegriff des Fremden, Abstrusen steht.[550]

Die Verschriftlichung der HE-Fassungen B und F erfolgt nach der Schablone der Chanson de geste. Die Verfasser verwenden die für diese Gattung typischen Handlungsmuster und Präsentationstechniken. Wenn man diese beiden Fassungen mit den Reisebeschreibungen von Marco Polo[551] und Mandeville[552]

550 Zur Lektüre bietet sich Dharampal-Frick, Gita: *Zwischen Utopie und Empirie: Indien im Spiegel deutscher Reisebeschreibungen der frühen Neuzeit*, in: Zeitschr. f. Kulturaustausch 37/3 (1987), S. 399–410, an. Vgl. auch Rocher, Daniel: *Das Problem der sprachlichen Verständigung bei Auslandsreisen in der deutschen Literatur des Mittelalters*, in: Reisen und Welterfahrung in der deutschen Literatur des Mittelalters. Anglo-German Colloquium in Liverpool 1989, Würzburger Beiträge zur deutschen Philologie, Bd. 7, Würzburg 1991, S. 24–34.

551 von Tscharner, Horst (Hg.): *Der mitteldeutsche Marco Polo*. Nach der Admonter Handschrift, Deutsche Texte des Mittelalters, XL, Berlin 1935.

552 Sir John Mandeville oder Johannes von Montevilla verfasste seine Reisebeschreibungen ab 1356, vgl. Sir John Mandevilles Reisebeschreibung, in: DTM 66, Berlin 1974. Nach späteren Auffassungen ist Lüttich der Ort der Entstehung. John Mandeville, dessen wahre Identität bis heute unbekannt geblieben ist, behauptet, er hätte alles Beschriebene mit eigenen Augen gesehen (***das alles selb gesenhen***, MV 3, 154). Doch nach den neusten Forschungen wissen wir, dass er höchstens bis nach Jerusalem gekommen sein kann, und aus verschiedenen Werken geschöpft hat, so aus den Enzyklopädien von Petrus Comestors, *Hist. Scholastica Evangelica,* Vinzenz von Beauvais, *Speculum Historiale* und *Speculum Naturale*, Brunetto Latini, *Li Livres dou Tresor,* Jacobus de Voragine, *Legenda Aurea*; aus Dichtungen z.B. *Artussage* und *Alexanderroman* sowie nonfiktionalen Werken Flavius Josephus, *Bellum Judaicum,* Rhabanus Maurus, *De Universo,* Albert von Aachen, *Historia Hieros. Expeditionis*, Albertus Magnus, *De animalibus,* Jacques de Vitry, *Hist. orientalis sive hieros.*, Wilhelm von Tripolis, *De statu sarracenorum*, Odorico da Pordenone, *Itinerarium,*

vergleicht, stellt man fest, dass der grundlegende Unterschied zwischen diesen und den Werken der Chanson-de-geste-Tradition im Auftreten des Verfassers besteht, nämlich dass die beiden HE-Verfasser mit ihren Persönlichkeiten stärker in den Vordergrund treten.[553]

Ernst durchlebt im Orient einen Lern- und Reifungsprozess. Im Arimaspenland kann er sich schon einmal als ordentlicher Herrscher erproben und gegen alle möglichen Monster kämpfen.[554] Auf der Rückreise kämpft Ernst, natürlich unterstützt von Wetzel, gegen den ägyptischen Heidenkönig und bewährt sich auch im Heiligen Land. Nur hier, in der sog. Mohrenland-Episode, findet eine Konfrontation zwischen Christen und Heiden statt.

Dietrich Huschenbett stellt einen interessanten Vergleich zwischen HE und GR her: „*Der ‚Herzog Ernst' ist geradezu ein klassisches Beispiel einer Kreuz- und*

Wilhelm von Boldensele, *Liber de quibusdam ultramarinis partibus* usw. Zum Thema Wundervölker vgl. Stein, Alexandra: *Die Wundervölker des Herzog Ernst (B). Zum Problem körpergebundener Authentizität im Medium der Schrift*, in: Fremdes wahrnehmen – fremdes Wahrnehmen. Studien zur Geschichte der Wahrnehmung und zur Begegnung von Kulturen in Mittelalter und früher Neuzeit, hg.v. Wolfgang Harms / C. Stephen Jaeger, Stuttgart 1997, S. 21–48; Wittkower, Rudolf: *Die Wunder des Ostens: Ein Beitrag zur Geschichte der Ungeheuer*, in: „des klugen Strategen" ders. (Hg.): Allegorie und der Wandel der Symbole in Antike und Renaissance, Köln 2002, S. 87–150, sowie Wunderlich, Werner: *Dämonen, Monster, Fabelwesen. Eine kleine Einführung inMythen und Typen phantastischer Geschöpfe*, in: Damonen, Monster, Fabelwesen, hg. v. Ulrich Müller u. Werner Wunderlich, St. Gallen 1999, S. 11–38.

553 Während das Bild der Sarazenen in Marco-Polo-Bearbeitungen aus dem 14. und 15. Jahrhundert sich durch negative Züge auszeichnet und der Schwerpunkt der Darstellungen auf dem Feindschaftsverhältnis zwischen Christen und Sarazenen liegt, sind bei Mandevilles Reisebeschreibung der Heidenkampf und die Orientdarstellung die wichtigsten Berührungspunkte.

554 Zu den Orientdarstellungen im HE vgl. Szklenar, Hans: *Studien zum Bild des Orients in vorhöfischen deutschen Epen*, in: Palaestra 243, Göttingen 1966; Blamires, David Malcolm: *Herzog Ernst and the otherworld voyage*. A comparative study, Manchester 1979; Allard, Jean-Paul: *La géographie mythique et sacrée dans la seconde partie du ‚Herzog Ernst B'*, in: Wodan – Études Mediavales de Greifswald, vol. 62, eds. Danielle Buschinger et Wolfgang Spiewok, La géographie dans les textes narratifs medievaux, Greifswald 1996, pp. 1–14; Spuler, Richard: *The Orientreise of Herzog Ernst*, in: Neophilologus 67 (1983), pp. 410–418; Salama, Dina: *Das Orientbild im 'Herzog Ernst' zwischen Wirklichkeit und Phantastik*, Diss., Kairo 2003; Hamdan, Nadia: *Die Orientdarstellung im Herzog Ernst B*, Mag., Düsseldorf 2004; Haupt, Barbara: *Ein Herzog in Fernost. Zu Herzog Ernst A/B*, in: Akten des XI. Internationalen Germanistenkongresses Paris 2005, Bd. 7, Bern 2008. Darüber hinaus Brummack, Jürgen: *Die Darstellung des Orients in den deutschen Alexandergeschichten des Mittelalters*, PhStQ 29, Berlin 1966.

Pilgerfahrt (den ‚mirabilia-mundi'-Teil ausgenommen), während der ‚Graf Rudolf' das Schema offensichtlich durch Anleihen beim Minneroman ergänzt hat.“[555] Die Bedrängnisse des Herzogs sind konzipiert wie eine Irrfahrt durch wilde Gefilde und erinnern in vielen Motiven an die Abenteuer des listigen Odysseus. Das stereotype Erzählmuster entdecken wir später erneut in dem um 1300 entstandenen Versroman „Reinfried von Braunschweig“, wo die Geschichte des Sachsenherzogs Reinfried überliefert wird.[556] Nach seiner Heirat mit der dänischen Königstochter Yrkane bereist der Herzog im Zuge eines Kreuzzugs den fernen Osten. Wie schon Bartsch in der Einleitung zu HE hervorhob, dient hier der HE dem Reinfrieddichter als Vorbild.[557] Bartsch führt den Beweis, dass der Reinfrieddichter sowohl das strukturelle Gerüst des HE nachahmt, als auch die motivischen Komplexe übernimmt. So bedient sich der Dichter für die Schöpfung seines einfüßig-einäugigen Mischwesens der HE-Schablone. In den Versen 19322–19329 lesen wir bei Reinfried von Braunschweig:

> ***„noch ein wunderlicher schar***
> ***die wären äne houbet.***
> ***swer des niht geloubet,***
> ***des mag ich niht; ez ist ie war.***
> ***an den absein offenbar***
> ***siht man sunder lougen***
> ***stän des volkes ougen:***
> ***vorn an der brüste stät ir munt.***“

„Beziehungen ergeben sich vor allem im Stoffbereich der friedlichen und aggressiven Auseinandersetzung mit der fremden und wunderbaren orientalischen Welt“,[558]

---

555 Huschenbett, Dietrich: *Reisen und Welterfahrung in der deutschen Literatur des Mittelalters,* Vorträge des XI. Anglo-Deutschen Colloquiums, 11.-15. September 1989, Universität Liverpool, hg. v. Dietrich Huschenbett, John Margetts, in: Würzburger Beiträge zur deutschen Philologie 7, Würzburg 1991, S. 1–13, hier S. 8.

556 Ridder, Klaus: *Erzählstruktur und Schemazitate im Reinfried von Braunschweig*, in: Erzählstrukturen der Artusliteratur. Forschungsgeschichte und neue Ansätze, hg. v. Friedrich Wolfzettel / Peter Ihring, Tübingen 1999, S. 331–345. vgl. auch Bartsch, Karl (Hg.): *„Reinfried von Braunschweig“*, Bibliothek der Litterarischen Vereins in Stuttgart, 109, Tübingen 1871.

557 Zur Motivparallele zwischen Reinfried von Braunschweig und Herzog Ernst vgl, Ridder, Klaus: *Mittelhochdeutsche Minne- und Aventiureromane*, Berlin / New York 1998, S. 68 f., und Augustin, Anja Ulrike: *Länder und Bewohner der Heidenwelt in deutschen Romanen und Epen des 12. bis 14. Jahrhunderts*, Bd. 1, Diss., Würzburg 2014, S. 233 ff.

558 K. Ridder, *ebd.*, S. 71, m. Anm. 112; sonst Classen, Albrecht: *The crusader as lover and tourist: Utopian elements in late medieval German literature; From ‚Herzog Ernst'*

unterstreicht Klaus Ridder. Parallelen sieht Ridder beispielsweise in dem *„Zweikampf Reinfrieds mit dem Perserkönig* [und] *dem Kampf Herzog Ernsts mit dem König von Babylon*“[559].

Das Herzog-Ernst-Epos ist mit eigenen Beobachtungen des Verfassers und mit tradierten Mustern begreifbar gemacht. Der Verfasser des Textes ist nicht bekannt, und in Bezug auf die genaue Entstehung der Dichtung verfügen wir über keine ausreichenden Kenntnisse. Der Dichter ist jedoch durchaus in der Lage, mit literarischen Mustern griechisch-orientalischer Mischung bestens umzugehen. Er kompiliert sein Werk aus der Kreuzfahrerthematik, aus orientalischer Exotik und aus Mirakelerzählungen. Während *„die handlungsorientierte Art des Erzählens sowie das Nebeneinander formelhaft-heldenepischer und individualisierend-höfische Elemente [...] den GR mit Eilharts Tristant und Lamprechts Alexander vergleichbar machen*“[560], ist HE mit seinem didaktischen Erzählmuster[561] inhaltlich mit dem Alexanderroman oder dem ‚Reinfried von Braunschweig‘ zu vergleichen. Die ältere Forschung ordnete HE in die Gattung der Spielmannsdichtung ein. Das Werk könnte man eigentlich auch als einen abenteuerlichen Reisebericht bewerten, aber nicht als phantastisch.[562]

---

to ‚Reinfried von Braunschweig‘ and ‚Fortunatus‘, p. 83–102, und Röcke, Werner: *Lektüren des Wunderbaren. Die Verschriftlichung fremder Welten und abenthewer im Reinfried von Braunschweig*, in: Erzählungen in Erzählungen. Phänomene der Narration in Mittelalter und Früher Neuzeit (1996), S. 285–301. Zur Wahrnehmung des Fremden im Mittelalter schreibt Fisher, Rodney W.: *Das Fremde im frühhöfischen Roman: einige Beobachtungen zu Veldeke und Hartmann*, in: Akten des VIII. Internationalen Germanisten-Kongresses Tokyo 1990, Tl. 7, hg. v. Eijirō Iwasaki, S. 256–262, hier S. 258, folgendes: *„Bei der Beurteilung dessen, was aus der heutigen Sicht dem mittelalterlichen Publikum als ‚fremd‘ oder ‚exotisch‘ erschienen sein mag, ist man häufig auf das subjektive Gefühl angewiesen.*“

559 K. Ridder, *ebd.*, S. 71.

560 Kiening, Christian: *Graf Rudolf*, in: Killy Literaturlexikon, hg. v. Walther Killy, 12 Bde., Bd. 4, Berlin und New York 2009, S. 361–363, hier S. 362.

561 Nach Thomas Ehlen enthält die Erzählstruktur des HE C Elemente aus der Verrätergeschichte, dem Ächtermäre und der Darstellung des schwachen Königs, vgl. ders.: *Hystoria ducis Bauarie Ernesti*, Tübingen 1996, S. 76, sodass diese Feststellung auch für HE B gilt.

562 Die im Orientteil von HE aufgeführten Allegorien entsprechen der mittelalterlichen Orientauffassung in Europa, sodass sie eigentlich weder „phantastisch“ noch „fabulös“ sind. Bezüglich der Fiktivitätsfrage hat Dina Salama in ihrer Dissertation folgendes ermittelt: *„Das Nebeneinander von ‚fabulösen‘ und ‚realen‘ orientalischen Ländern stellt keine bewusst* ***fiktiv*** *erzeugte Welt dar, sondern entspricht den zeitgenössischen Vorstellungen vom Orient, nach denen er sich, als realer Teil der Welt,*

Das bedarf einer Erklärung: Wie schon erwähnt, besteht der HE aus zwei Teilen, dem Reichs- und dem Orientteil. Die Zweiteilung des Textes ist strukturell bedingt und dient der dramatischen Heroisierung des verschmähten Herzogs. Dies geschieht in einem potenziell historischen Reichsteil und einem fremdartig makabren Orientteil.[563] Die Reichs- und Orientteile reflektieren keinesfalls räumliche Extreme, in denen höfische und abstinente Gegensätze polarisiert werden. Auch das hierarchisch-feudale Gesellschaftssystem wird durch Zeit-, Raum oder Sprachverschiebung nicht in Frage gestellt. Vielmehr zeichnet sich hier eine Parallelität der Seinsbereiche ab, die nur scheinbar getrennt voneinander liegen. Nur der reichsgeschichtliche Teil ist reversibel; der orientalische Teil ist irreversibel.

Allein die Existenz des „phantastisch" klingenden Orientteils reicht nicht aus, um den Text für fiktiv zu halten. Viele Verfasser solcher Orientberichte waren bemüht, die fremden heidnischen Bewohner den Europäern gegenüber als hässlich und minderwertig darzustellen.[564] Im HE (Fassung B und F) ist solch eine Tendenz durchweg spürbar. Bei der Darstellung der Religionen in beiden Fassungen des

---

sowohl aus wirklichen, wie auch aus phantastischen Komponenten zusammensetzt." Dies.: *Das Orientbild im 'Herzog Ernst' zwischen Wirklichkeit und Phantastik*, Diss., Kairo 2003, S. 242. Weiterhin heißt es da: „Für den Verfasser des 'Herzog Ernst' entsprach dieser Orient den damaligen Kenntnissen über den Orient und der Wahrheit." Dies., *ebd.*, S. 242. Vgl. auch Gerhardt, Christoph: *Die Skiapoden in den „Herzog Ernst-Dichtungen*, in: Literaturwissenschaftliches Jahrbuch NF 18 (1977), S. 13–87, hier S. 14. Zum Orientbild vgl. Craciun-Fischer, Ioana: *Das Bild des Orients im Spielmannsepos „Herzog Ernst"*, in: Identität und Alterität. Imagologische Materialien für den Landeskundeunterricht, hg. v. Georghe Gutu u.a., Bucuresti 2004, S. 233–262. Wenn hier vom „Orientbild" gesprochen wird, so geschieht es aus der Sicht Europas, des *„bestbekannten Kontinents*", vgl. Simek, Rudolf: Art. *Weltbild. I. Astronomisch-kosmologisch*, in LdM, Bd. VIII, München 1997, Sp. 2163–2165, hier Sp. 2164.

563 Vgl. hierzu die Strukturskizze bei Scheuer, Hans Jürgen: *Vatermord in der Kemenate. Freuds "Verneinung"und die Arbeit an den inneren Bildern im Spiegel vormodernen Erzählens* ('Herzog Ernst'), S. 93–121, hier S. 103.

564 Über das Empfinden des Fremden im Bezug auf christlich-islamische Gegenüberstellung vgl. Schwinges, Rainer Christoph: *Die Wahrnehmung des Anderen durch Geschichtsschreibung. Muslime und Christen im Spiegel der Werke Wilhelms von Tyrus (†1186) und Rodrigo Ximénez' de Rada (†1247),* in: Toleranz im Mittelalter, hg. von Alexander Patschovsky und Harald Zimmermann, Vorträge und Forschungen 45, Sigmaringen 1998, S. 101–127, sowie Wisbey, Roy Albert: *Die Darstellung des Häßlichen im Hoch- und Spätmittelalter*, in: Deutsche Literatur des späten Mittelalters, Berlin 1975, S. 9–34.

HE legen die Autoren wert auf die Konfession betreffende Kontraste wie „***gelouben***“ und „***ungelouben***“; „***liecht***“ und „***vinsternus***“ oder „***warhait***“ und „***valschhait***“. Im Gegensatz zu diesen Werken, die an die Tradition der Chanson de geste anknüpfen, bemüht sich Mandeville zu argumentieren, warum das Christentum eine größere Legitimität als andere Religionen hat.[565]

565 In seinem Reisebericht bemüht sich der Ritter Mandeville um ein christlich geprägtes geographisches Weltbild. Seine Schilderungen entsprechen Verhaltensanalysen der fremden Kulturen. Zugleich versucht er, Brauchtümer der heidnischen Religionen zu schildern. Dabei werden die exotischen Rituale in einen Vergleich mit dem Christentum gesetzt und von Mirabilien, Mysterien und Legenden erzählt, die sich an den bereisten Orten ereignet haben sollen, vgl. Kästner, Hannes: *Das Gespräch des Orientreisenden mit dem heidnischen Herrscher. Zur Typik und zu den Funktionen einer interkulturellen Dialogszene in der Reiseliteratur des Spätmittelalters und der frühen Neuzeit*, in: Gespräche – Boten – Briefe. Körpergedächtnis und Schriftgedächtnis im Mittelalter, hg. v. Horst Wenzel (PhStQ 143), Berlin 1997, S. 280–295.

5. Die Versepen 'Graf Rudolf' und 'Herzog Ernst' im Kontext europäischer und orientalischer Literatur. Das Beispiel der legendären Völker und Fabeltiermotive

Abenteuerliche Reisebeschreibungen über die entlegensten Länder, deren Zahl nach den Alexanderzügen zunimmt, beinhalten bizarre Angaben über Monstra,[566] Flora und Fauna, und liefern einen Völkerkatalog, der den Orient im Okzident befremdlicher und unliebsamer machte als je zuvor. Gut ein Dutzend mittelalterliche Alexanderdichtungen zählen zu den Errungenschaften der Zeit, wobei meist die Dichtungen aus dem Umkreis von Lamprechts Alexanderlied im Fokus der Forscher standen.[567] Der Völkerkatalog reicht von den armseligen kriechenden oder hüpfenden, fast dahin vegetierenden Wesen bis zu den „*wunderlichen Monstern*"[568]

566 Grundlegende Literatur zu den Bestiarien Asiens: Taruffi, Cesare: *Storia della teratologia*, 8 vols., Bologna 1881–1894; Belloni, Luigi: *Il mito degli Acefali.* Estratto dalla "Rivista Cuba", anno IV, no. 23 (1950), pp. 761–764; Friedman, John Block: *The monstrous races in Medieval art and thought*, London 1981; Wittkower, Rudolf: *Die Wunder des Ostens: Ein Beitrag zur Geschichte der Ungeheuer*, Köln 1984, S. 87–150; Flint, Valerie I. J.: *Monsters and the antipodes in the early Middle Ages and Enlightment*, in: Viator, XV (1984), pp. 65–80; Centini, Massimo: *Animali uomini leggende. Il bestiario del mito*, Milano 1990; Tardiola, Giuseppe: *Le meraviglie dell'India*, in: Archivio Guido Izzi, vol. 6, Roma 1991; Ciavolella, Massimo (ed. trad. comm.): Ambroise Paré: Mostri e Prodigi Roma, Salerno 1996; Bovey, Alixe: *Monsters and grotesques in medieval manuscripts*, London 2002; Simek, Rudolf: *Monster im Mittelalter: Die phantastische Welt der Wundervölker und Fabelwesen*, Wien / Köln / Weimar 2015.

567 Während der „Vorauer Alexander" vor dem Marsch nach Indien abbricht, fand die spätere Bearbeitung im „Basler Alexander" wegen ihres zeitlichen Abstandes eher weniger Interesse.

568 Schon im Buch Daniel bzw. in der neutestamentlichen Offenbarung begegnen uns monströse Mischtiere. In *Dn* 7, 17 wurde das Mischwesen als vier Könige gedeutet, die sich auf der Erde erheben werden: ***hae bestiae magnae quattuor, quattuor regna consurgent de terra***. Aber auch in der prophetischen *Offenbarung des Johannes*, dem letzten Buch des NT, finden sich Parallelen zum universalhistorischen Entwurf des Alten Testaments. In *Offb* 13, 1–2 werden die vier Weltreiche ebenso durch ein gewaltiges Mischtier dargestellt: „*Und ich sah ein Tier aus dem Meer steigen, das hatte zehn Hörner und sieben Häupter und auf seinen Hörnern zehn Kronen und auf seinen Häuptern lästerliche Namen. Und das Tier, das ich sah, war gleich einem Panther und seine Füße wie Bärenfüße und sein Rachen wie ein Löwenrachen. Und der Drache*

wie Kynokephalen oder kopflosen Missgeburten.[569] Ktesias erteilt detaillierte Auskünfte über die Kynokephalen. Demnach sind sie der *lingua humana* nicht mächtig, können aber mit den Indern Amberhandel treiben. Dass der Kynokephalenherr-

---

gab ihm seine Kraft und seinen Thron und große Macht." Auch die Vorstellung von den vier Weltreichen ist Stoff einer alttestamentlichen Geschichtsauffassung. Die Vorstellung der vier Weltreiche hatte sich in *Dn* 7, 2–8 in Form einer Vision von vier monströsen Kreaturen niedergeschlagen: das zentral gelegene Babylonische Weltreich (geflügelter Löwe) mit Nebukadnezar, das persische Weltreich (Bär) mit Darius, das griechische Weltreich (vierköpfiger, geflügelter Panther) mit Alexander dem Großen und das römische Weltreich (zehnfach gehörnter Löwe) mit Augustus. Für die Vier-Weltreiche-Lehre vgl. die synchronen Visionen in *Dn* 2, 31–49, bes. 32–33: ***huius statuae caput ex auro optimo erat, pectus autem et brachia de argento, porro venter et femora ex aere, tibiae autem ferreae, pedum quaedam pars erat ferrea, quaedam autem fictilis***. Für den Symbolgehalt der Tiere vgl. *Hab* 1,6 ***quia ecce ego suscitabo Chaldeos gentem amaram et velocem ambulantem super latitudinem terrae ut possideat tabernacula non sua***. Die Adlerflügel stellen die blitzschnellen Eroberungen Babylons dar, der Löwe symbolisiert also das Neubabylonische Reich, während der Bär die medo-persischen Eigenschaften wie Kraft und Macht sowie Expansionspolitik darstellt (*Is* 13,15–18: ***omnis qui inventus fuerit occidetur et omnis qui supervenerit cadet in gladio infantes eorum adlident in oculis eorum diripientur domus eorum et uxores eorum violabuntur ecce ego suscitabo super eos Medos qui argentum non quaerant nec aurum velint sed sagittis parvulos interficiant et lactantibus uteri non misereantur et super filios non parcat oculus eorum***). Das nächste Tier, das aus dem Völkermeer emporstieg, glich einem vierköpfigen (*τετρᾰκέφᾰλος*), befiederten (*πτερυγόω*) Leoparden oder Panther und versinnbildete das griechisch-mazedonische Weltreich (*Dn* 8,21: ***porro hircus caprarum rex Graecorum est et cornu grande quod erat inter oculos eius ipse est rex primus***). Das vierte und letzte Tier symbolisierte das römische Reich, das die zerfallende griechische Weltmacht ablösen sollte (*Dn* 2,33 ***tibiae autem ferreae pedum quaedam pars erat ferrea quaedam fictilis*** und *Dn* 7,7–8 ***bestia quarta terribilis atque mirabilis et fortis nimis dentes ferreos habebat magnos comedens atque comminuens et reliqua pedibus suis conculcans dissimilis autem erat ceteris bestiis quas videram ante eam et habebat cornua decem considerabam cornua et ecce cornu aliud parvulum ortum est de medio eorum et tria de cornibus primis evulsa sunt a facie eius et ecce oculi quasi oculi hominis erant in cornu isto et os loquens ingentia***). Für die georeligiöse Bedeutung Mesopotamiens vgl. Bezold, Carl: *Ninive und Babylon*, Bielefeld / Leipzig 1903; King, Leonard William: *Babylonian Religion and Mythology*, London [2]1903, und im jüdisch-babylonischen Konnex vgl. Jastrow, Morris: *Hebrew and Babylonian Traditions*, London / Leipzig 1914.

569 Wittkower, Rudolf: *Die Wunder des Ostens: Ein Beitrag zur Geschichte der Ungeheuer*, Köln 1984, S. 87–150, hier S. 89; Pastoureau, Michel: *Bestiari del Medioevo*, trad. Camilla Testi, Torino 2012.

scher sein Land in Gerechtigkeit regiert, geht aus der Tatsache hervor, dass das Kynokephalenvolk einen ausgeprägten Sinn für Gerechtigkeit besitzt, übrigens so, wie die Bibel vorschreibt.[570] Die Kynokephalen sind geschickte Jäger, aber nicht gerade saubere Geschöpfe. Denn während die weiblichen Hundsköpfler sich nur einmal im Monat waschen, reicht den männlichen Artgenossen eine Art „Katzenwäsche" aus.[571] John B. Friedman weist darauf hin, dass die monströsen Geschöpfe nicht nur Angst und Feindseligkeit im Mittelalter erzeugt haben, sondern es tatsächlich auch Belege gab, die von den "edlen Wilden" (Monstrous men as noble savages) berichtet haben.[572]

5.1. Orientalische Völker und Kryptiden aus der Sicht okzidentaler Quellen

Eines der legendären Völker Indiens sind die Riesenohren. In der Pariser Hs. der *„Epistola Premonis regis ad Traianum imperatorem"*[573] (10./11. Jh.) werden die großohrigen Menschen in den Orient lokalisiert. Nach der Beschreibung darin handelt es sich um riesenhafte Gestalten, die überdimensionale Köpfe, weiße Hautfarbe und - der Benennung *ὠτόλικνοι* entsprechend - fächerförmige Ohren haben. Wenn sie schlafen, dann liegen sie auf einem dieser riesigen Ohren und

---

570 Laut *Sap* 9,3 hat der Mensch die Welt in Heiligkeit und Gerechtigkeit zu regieren: *διέπῃ τὸν κόσμον ἐν ὁσιότητι καὶ δικαιοςύνῃ*, denn in der Stärke liegt der Ursprung der Gerechtigkeit, *Sap* 12,16: *ἡ γὰρ ἰσχύς σου δικαιοςύνης ἀρχή*.

571 Photios: *La Biblioteca del patriarca constantinopolitano. Fozio censurato nella Francia di Mazzarino*, ed. Luciano Canfora, Roma 1998, S. 142 ff.

572 Friedman, John Block: *The monstrous races in Medieval art and thought*, London 1981, p. 163 ff.

573 Photios, dem wir die Überlieferung des Ktesias verdanken, verbreitete im 9. Jahrhundert Berichte über Hundsköpfige, Pygmäen, Schattenfüßler, Einhorn, Greife, langschwänzige Menschen und Mantichora. Der Katalog der antiken Fabelwesen wurde aber im Laufe des Mittelalters exzessiv erweitert, und zwar durch eine Anzahl von artgleichen Texten, die auf einer griechischen Quelle des 4.-5. Jahrhunders fußen. Die „Epistula Premonis Regis ad Trajanum Imperatorem" gilt dabei als ältester dieser Texte (10.-11. Jh.). „Marvels of the East" (11–13. Jh.), der „Liber monstrorum" (14.-16. Jh.) sowie „De monstris et belluis" stehen mit diesem Werk im Zusammenhang. Ansonsten wurden diverse Fabelwesen den orientalischen Quellen und der griechischen Mythologie entlehnt. Vgl. auch Schreiner, Peter: *Die byzantinische Geisteswelt vom 9. bis zum 11. Jahrhundert*, in: Kaiserin Theophanu: Begegnung des Ostens und Westens um die Wende des ersten Jahrtausends; Gedenkschrift des Kölner Schnütgen-Museums zum 1000. Todesjahr der Kaiserin, 2. Bde., hg. v. Anton von Euw, Bd. II, Köln 1991, S. 9–24.

bedecken sich mit dem anderen. Und wenn sie ihren Feinden aus dem Weg gehen wollen, richten sie beide Ohren auf, als würden sie fliegen. In dem 14. Kapitel der „Prosaübersetzung der Pariser Handschrift" wird eine beachtliche Nomenklatur der Fauna und des Kuriosums Indiens geliefert, wo das Tierische und Menschliche ineinander übergehen.[574] Zunächst nennt der Verfasser mit Ausnahme der Krokodile (***gozodrillen***) auf den Europäer befremdlich wirkende, auf dem Land lebende Tiere wie Elefanten (***helffant***), Kamele (***kemmeldier***), Löwen (***lewen***) sowie ein pferdeähnliches wildes Tier (***wilde roß***), mit dem er wahrscheinlich das einhörnige Nashorn[575] oder das schwerfällige Nilpferd[576] meint, das außer in

574 Wagner, Bettina: Die "Epistola presbiteri Johannis" lateinisch und deutsch. Überlieferung, Textgeschichte, Rezeption und Übertragungen im Mittelalter. Mit bisher unedierten Texten, MTU 115, Tübingen 2000, S. 603–629, hier S. 612. Parallel dazu Friedrich Zarncke: Der Priester Johannes, in: Abh. Leipzig 17, S. 827–1030, hier S. 910–912. Vgl. auch Hallberg, Ivar: *L'extrême Orient dans la littérature et la cartographie de l'Occident des XIIIe, XIVe et XVe siècles. Étude sur l'Histoire de la géographie*, Göteborg 1907, pp. 281–285; Gumilev, Lev Nikolaevich: *Searches for an imaginary Kingdom: The Legend of the Kingdom of Prester John*, transl. R. E. F. Smith, Cambridge 1987; Knefelkamp, Ulrich: *Die Suche nach dem Reich des Priesterkönigs Johannes*, Gelsenkirchen 1986.

575 Während Marco Polo in seinem „Divisament dou monde" [Md. Marco Polo (ed. H. v. Tscharner), 55, 11], das Nashorn schlicht für ein hässliches Einhorn hält (*Do sint ouch elephant, do sint auch vil eynhorn, dy luzzil cleyner sint wen di elephant, sundir sy han horn sam die buffil odir daz wisint unde vuze als eyn elephant, das houbt sam eyn swyn krum czu der erdin; sy wonen gerne in deme wassir und in den pfuelin und han eyn horn mittin an der stirnen unde das ist grob unde swarcz, ir czunge scharf sam dorn von langin stichlin, mit dem tun si we beyde lutin [Leuten] und tyern, und di sint schylich obil an czu seen sam die merwundir*), wird das Tier in der 2. Reise des Sindbad in einer dermaßen monsterisierten und glorifizierten Form illustriert, dass es sogar in der Lage ist, mit seinem zehn Ellen langen Horn mühelos einem Elefanten den Leib durchzubohren und, bis er tot ist, ihn auf seinem Kopf umherzutragen, ohne dabei eine Last zu spüren, vgl. Weil, Gustav: *Tausend und eine Nacht*, Die vorliegende Fassung der Märchen folgt der von Gustav Weil aus dem Urtext übersetzten Ausgabe von 1865, S. 394 ff. Der Originaltitel des Buches lautet: *Tausend und eine Nacht. Arabische Erzählungen*.

576 In der Tradition des Alexander-Romans gehören die Nilpferde zu den ‚Wundern des Orients'. Bereits bei Pseudo-Kallisthenes (300 n. Chr.) wird erzählt, wie eine Nilpferdhorde Alexanders Soldaten beim Überqueren eines Flusses angreift. Ein ähnlicher Fall ereignete sich, als ein mächtiges dreihörniges amphibisches Untier „Odontotyrannus" (Aryne) die Mazedonier angriff und 26 von ihnen tötete, ehe es von Alexander eigenhändig erlegt wurde, vgl. die Miniaturansicht: *Alexander-Roman. Wie Alexander gegen das dreigehörnte Monster namens Aryne (Odontoty-*

den afrikanischen Savannen auch auf dem Indischen Subkontinent beheimatet ist. Bevor der Verfasser im 15. Kap. die kannibalischen Menschen (***lude [...], der ißet eynes das ander, eyner ißet sinen vater, der ander sine muter***) behandelt, schreibt er im Kap. 14 über die indischen Wundervölker (***wilde lude***):

> ***„wilde lude mit hornen vnde lude, die hant augen hinden vnde vornen. Vnde sint dan lude by vns [in Indien], die heissent satyri, den stet daz antlicze an dem rücke, vnde lude an heubet, den der munt an dem buche stet, vnde lude mit snebeln vnde lude, die heissent platfuß, die hant nyt dan eynen fuß, der ist wol eyner wannen wyt oder breit da myde beschirment sy sich vor der sonnen vnde vor dem wynde. Vnde sint dan lude, die heissent pygmei, die sint nyt dan eynen elen lang. Vnde sind dan lude, die sint zwolff clafftern lang, vnde dan lud, di sint swarcz alz ein kole.“***

Der Verfasser des Briefs schließt seinen zoologischen und anthropologisch-ethnographischen Exkurs mit einigen ornithologischen Angaben, wo er sich durch den Einsatz pseudowissenschaftlicher Onomastika (***ein fenix, vnde gryffen vnde strüßen***) von der Wahrheit erheblich entfernt, anstatt sich ihr zu nähern. Bei Plinius heißen die Riesenohren „Panotier“.[577] Außerdem erzählt

---

rannus) kämpft, Flandern 1300–1325, Inv.Nr.: 78C 1, fol. 47 recto, Kupferstichkabinett: http://www.deutsche-digitale-bibliothek.de/item/4MSXIZXUB6342GFN2AQQRJRVXDR3JNKI

577 Auf Grund der Zeugnisse bei Plin. *nat. hist.* IV 95 und Solin. *coll. rer. mem.* XIX 8 wird die Ganzohrigkeit auf die lateinische Tradition zurückgeführt. Über die kunsthistorische Bedeutung der ***panotii*** vgl. Strickland, Debra Higgs: *Saracens, demons and Jews: making monsters in Medieval art*, Princeton 2003, S. 52–57. Die ***panotii*** genannten Ohrenmenschen, die auch von Isid. *etym.* XI 3,19 erwähnt werden (***Panotios apud Scythiam esse ferunt, tam diffusa magnitudine aurium ut omne corpus ex eis contegant***), traten seit der Antike in den Beschreibungen abenteuerlicher, aber nicht selbst erlebter bzw. fiktiver Reisen auf. Übrigens: Das hier zitierte Isidor-Zeugnis wird etwa 200 Jahre später von Hrab. *rer. nat.* (*de univ* XVI 2; *de portentis* XIII) fast wortgetreu wiedergegeben. Der Ursprung der Bezeichnung ist im Sanskrit zu suchen. Darüber gibt es in der griechischen Tradition (Skylax, Ktesias und Megasthenes) Belege. So verfasste Skylax von Karyanda, der zwischen 520–510 v. Chr. im Auftrag König Dareios' an einer Indien-Expedition teilnahm, eine umfassende Beschreibug seiner Reiseroute, vgl. Tzetzes, Chiliades VII, 629–636; FGrHist 709 F 1–7, Jacoby, Herod. *hist.* IV 44; *Periplus Scylacis*, GGM I, Paris 1855, S. 15–96. Darin gab er Auskünfte über Völker und deren Wohngebiete. Die Ohrenmenschen tragen bei Skylax die Bezeichnung *Ὠτόλικνοι*. In Bezug auf die indischen Skiapodes und Otoliknoi (Panoti) bei Skylax vgl. Tzetz. *chil.* 7, 642 : *ὅτι δ' εἰσὶ τῶν ἀληθῶν, ἄλλοι φασὶ μυρίοι / τοιαῦτα καὶ καινότερα θεάσασθαι*, bzw. ders. 7, 144: ...*καὶ ἐκτραπέλων ἔλλων δε μυρίων θεαμάτων*. Für die Aufzählung der indischen Fabelvölker vgl. ders. 7, 629–639. Es entstand eine Reihe von *Periploi* (Küstenbeschreibungen von Seefahrten). Für die Forstsetzung

Plinius von Bestien, denen irgendwelche Organe gänzlich fehlen, oder die extrem auffallend sind. Weiterhin erzählt der römische Geograph von Menschen mit riesigen Unterlippen, sechs- oder achtfingrigen Händen.[578] Ihm zufolge existieren auch das Volk der „Himantopoden" (etym.: Riemenfüßler) oder die skythischen „Hippopoden" mit Pferdehufen.[579] Diese „*wunderlichen Monster*"

---

der *navigatio*-Tradition im Spätmittelalter vgl. Baufeld, Christa: *Spätmittelalterliche Artesliteratur zu Seefahrt, Erdkunde und Handel*, in: Wodan – Recherches en littérature médiévale, vol. 4, eds. Danielle Buschinger et Wolfgnag Spiewok, Tagungsbände und Sammelschriften, ser. 3, vol. 3, Greifswald 1991, S. 5–27. Darüber hinaus finden wir auch von denjenigen Hinterländern Berichte, die er zwar persönlich nicht betrat, über die er sich aber anscheinend ausführlich informierte. So spüren wir auch Wunderberichte auf, in denen Kynokephalen oder Ohrenmenschen auftreten, die bei ihm Enotokoiten heißen. In der Tradition dieser *Periplus*-Literatur ist auch Hekataios von Milet zu nennen. Er unternahm gegen Ende des 6. Jhs. v. Chr. eine globale Küstenfahrt und hinterließ eine Fülle regionaler und lokaler Sagen, die den Griechen bis dahin nicht bekannt waren. Sein Werk blieb bis zur Spätantike eine unermessliche Fundgrube geographischer Informationen. Ungefähr ein Jahrhundert später lieferte der Knidier Ktesias detaillierte Reise- und Völkerbeschreibungen. Einige der indischen Ethnien hat Megasthenes offensichtlich den Schilderungen dortiger Epen entnommen, zu denen Ohrenmenschen gehören, die in dem Heldenepos *Mahabharata* als „Karnapravarana" („Leute, die sich mit ihren eigenen Ohren zudecken") erwähnt werden. Vgl. bildliche Darstellungen bei Homo Fanesius Auritus, aus Monstrorum historia des Jean-Baptiste Coriolan (1642), und in der Weltchronik des Hartmann Schedel: *Libri chronicarum*, Erstdruck: Nürnberg 1493.

578 Ktesias berichtet von dem Volk der Achtfingrigen: Diese leben auf den Bergen und haben sehr große Ohren, welche den Rücken bedecken. Außerdem kommen sie mit schneeweißem Haar zur Welt und ergrauen ab dem dreißigsten Lebensjahr, sodass sie mit sechzig Jahren vollkommen schwarze Haare bekommen, vgl. Photios: *La Biblioteca del patriarca constantinopolitano. Fozio censurato nella Francia di Mazzarino*, ed. Luciano Canfora, Roma 1998, S. 148. Sechs-, sieben- und achtfingrige Hände finden sich auf babylonischen Siegelzylindern, vgl. Eisler, Robert: *Weltenmantel und Himmelszelt; religionsgeschichtliche Untersuchungen zur Urgeschichte des antiken Weltbildes*, München 1910, Bd. I, S. 303. In der schamanischen Tradition gibt es die Vorstellung von der Polydaktylie (*πολυδάκτυλο*). Für die Hexadaktylie (*ἑξάδάκτυλο*) bzw. Hexadaktylie der Hände (*ἑξάχειροδάκτυλο*) und Hexadaktylie der Füße (*ἑξάποδοδάκτυλο*) bei den Mansen und Chanten vgl. Karjalainen, Kustaa Fredrik: *Religion der Jugra-Völker*, vol. II, FFC 44, Helsinki 1922, S. 379. Darüber hinaus Nioradze, Georg: *Der Schamanismus bei den Sibirischen Völkern*, Stuttgart 1925, S. 66 ff.

579 Über Himantopoden vgl. Plin. *nat. hist.* V 46: ***Himantopodes loripedes quidam, quibus serpendo ingredi natura est***, und über Hippopoden vgl. idem *nat. hist.* IV

(***monstra miraculosa***) agieren in der ‚Hystoria ducis Bauarie Ernesti' (Herzog Ernst C), einer der drei mittellateinischen Versionen, welche auf einem gemeinsamen lateinischen Hyparchetyp fußen.

Die Stelle HE C. 386,6, wo von den skythischen ***panotii*** berichtet wird (***Deinde in[ ]mensum gigantem ad se vocauit. Postmodum Pannothij***[580] ***indigene Scithici venere, qui pro aurium tam diffusa magnitudine, ut omne corpus suum ex eis contegant, omnibus astantibus stuporem cum a[m^d]miracione incussere***), entspricht fast wörtlich Isidor *Etym.* XI 3,19.[581]

Während Martianus Capella VI 674 und Solin. *de mir. mun.* XXXI 6 die Himantopoden nach Libyen versetzen, leben diese bei Pomponius Mela *Chor.* III 103 in den Atlanten, also dort, wo nach Orosius alle Ungeheuer des Nils[582] durch gefährliche Überschwemmungen[583] erzeugt werden. Die Katoblepen (*καταβλέποι*) und Satyren (*Σάτυροι*) leben in Nachbarschaft mit den Himantopoden. Nach Plinius *nat. hist.* VIII 77 ist der Katoblepas ein mittelgroßes Geschöpf, jedoch träge. Er hat einen schweren Kopf und das Gesicht ist immer zur Erde gerichtet. Da er todbringende Blicke hat, sei das Gewicht seines Kopfes ein glücklicher Umstand. Der Pausaniasschüler Claudius Aelianus liefert eine genauere Beschreibung. Demnach soll die Kreatur eine Herbivore (Pflanzenfresser) mit flammen-

---

95: ***equinis pedibus homines nascantur, Hippopodes appellati***. Bei Pomp. Mela *chor.* III 103 heißen sie auch Scimantopodes (Schlappfüßler): ***Himantopodes (Scimantopodes) inflexi lentis cruribus, quos serpere potius quam ingredi referunt***, d.h. Himantopoden mit biegsamen Beinen, von denen berichtet wird, sie kröchen eher als dass sie gingen, vgl. *ebd.* III 56.

580 Moriz Haupt liefert die Version ***Panotii***, vgl. *Herzog Ernst* C, hg. v. Moriz Haupt, ZfdA (1849), 193–303, hier S. 250. Eine von einer christlichen Hand abgefasste Schrift eines Anonymus „De monstris et belluis", welche in einer Pariser Handschrift des 10. Jahrhunderts erhalten ist, handelt von ungeheuerlichen Tieren. Ibid. II 7 beschreibt beispielsweise den Panther so: ***Quos poeta Lucanus ad lyram Orphei cum ceteris animantibus et bestiis a deserto Thraciae per carmen misarabile provocatas ceciit***, vgl. de Xivrey, Jules Berger: *Traditions Teratologiques*, Paris 1836, S. 20, 238, und weiterhin Haupt, Moriz: *Opuscula* Bd. 2 (1876), S. 221 ff.

581 Isidor zählt im teratologischen Kapitel *De portentis* XI, 3 seiner Etymologiae Giganten, Kyklopen, Hermaphroditen, Blemmier, Kynokephalen, Artabatitae, Faunes, Satyri, Pygmäen, Hippopoden, Sciopoden, Antipoden auf, nachdem er zuvor am Ende des vorangegangenen Kapitels unter den ägypto-äthiopischen Völkern Pamphagi, Ichthyophagi, Anthropophagi, Troglodyten und Titanes nennt.

582 Oros. *hist.* I 2,31 ***omnia Nili monstra gignat***. Der Nil wird von den Barbaren „Dara" und von den übrigen Einwohnern Nuhul genannt (Oros. *hist.* I 2, 31: ***utique prope fontem barbari Dara nominant, ceteri vero accolae Nuchul vocant***.

583 Theophyl. *hist.* VII 17, 12–45, über periodisch auftretende Nilschwellen.

den Augen sein, die ungefähr von der Größe eines Hausrindes ist. Hinter dem schweren Kopf befände sich eine ungestüme Mähne und der Rücken sei extrem stoppelig. Bei Aelian sind die Blicke des Katoblepas nicht verderblich, er hat aber dafür unreinen Atem, da er sich ausschließlich von giftigen Pflanzen ernährt.

Mit der Bezeichnung *Ἀμύκτηρες*, die Nasenlosen (Skt. *sarva-bhaksha*), könnte Megasthenes[584] die omophagischen kurznasigen Mongolen gemeint haben. Auf die *ἀντίποδες* genannten Gegenfüßler treffen wir bei einer Reihe von Schriftstellern.[585] Bei Megasthenes und Ktesias heißen sie *Ὀπισθοδάκτυλοι* (Skt. Pashadangulaja). In Nieder-Ägypten lebte ein „Blemmier" genannter Stamm, dessen Angehörige unter Kaiser Probus von den Römern besiegt und unterworfen wurden und sich der Legende nach zu kopflosen Missgeburten verwandelten. Den nomadischen Akephalen fehlen zwar die Köpfe, aber sie haben dennoch Augen, Nasen und Münder; diese befinden sich auf der Brust.[586] Die Satyrn weisen nach Pomp. Mela chor. I 48 (Satyris praeter effigiem nihil humani) nur äußerlich Ähnlichkeiten mit Menschen auf, sonst sind sie in ihrem Wesen völlig anders. In seiner Naturenzyklopädie ‚De proprietatibus rerum' rechnete der franziskanische Scholastiker Bartholomaeus Anglicus die Satyrn (incubi), deren Körperform vom Menschlichen ausgehend in animalisch-bestialischen Gliedmaßen mündet, zu den Ethnien Äthiopiens und Indiens.[587]

---

584 Stein, Otto: Art. ‚*Megasthenes*', RE XV,1, (1931) Sp. 230–326. Über Reflexionen hinsichtlich der Heimat des Megasthenes vgl. Reuss, Friedrich: *Megasthenes*. Rh. Mus. 61 (1906), S. 304 f. Reuss' Fazit ist, dass Megasthenes aus dem ionischen Kleinasien stammt, ders. *ebd.*, S. 305. Zu *ὠμοφάγος* vgl. Orph. *hym*. 30, 5; Sext. Emp. *adv. math.* II 70; Porphyr. *de abst.* (*Περὶ ἀποχῆς ἐμψύχων*), ed. Nauck, II 55; und Hor. *ad. Pis.* 392. Zu Megasthenes vgl. die Ausführungen von Wittkower, Rudolf: *Die Wunder des Ostens: Ein Beitrag zur Geschichte der Ungeheuer*, in: ders. (Hg.): Allegorie und der Wandel der Symbole in Antike und Renaissance. Köln 2002, S. 87–150, hier S. 91 ff. Zur europäischen Wahrnehmung der Mongolen bzw. zu den westlich-mongolischen Beziehungen im 13. und 14. Jahrhundert vgl. Jackson, Peter: *The Mongols and the West*, 1221–1410. Harlow 2005.

585 z.B. Cic. *ac.* IV, 39.), Plin. *nat. hist.* II 65, und Plut. *de fac. lun.* 28, 943 ff.

586 Pomp. Mela *chor.* I 48: ***Blemyis capita absunt, vultus in pectore est***. Zu den Ακέφαλοι vgl. Salama, Dina: *Das Orientbild im 'Herzog Ernst' zwischen Wirklichkeit und Phantastik*, Diss., Kairo 2003, S. 234.

587 Barthol. Anglic. *de prop. rer.* XVIII, 46: ***forma a humana effigie incipit, sed bestiali extremitate terminatur***. Aus der zeitgenössischen Perspektive betrachtet, gelten die Monstra Indiens und Äthiopiens als *res factae*, vgl. Haupt, Barbara: *Ein Herzog in Fernost. Zu Herzog Ernst A/B*, in: Akten des XI. Internationalen Germanistenkongresses. Bd. 7, Bern 2008, S. 157–168, hier S. 163 f.

Alle diese exotischen Völker unterscheiden sich in ihren Ritualen sowie kulinarischen und sexuellen Praktiken.[588] Vor allem weisen ihre Essgewohnheiten unterschiedlichste Abnormitäten auf. Wir haben es mit den veganen Atlanten (Pomp. Mela *chor.* I 43: ***non vescuntur animalibus***), kannibalischen Anthropophagi (Isigonos von Nikaia *ap.* Plin. *nat. hist.* VII 12: ***priores Anthropophagos, quos ad septemtrionem esse diximus, decem dierum itinere supra Borysthenen amnem ossibus humanorum capitum bibere cutibusque cum capillo pro mantelibus ante pectora uti Isigonus Nicaeensis***), Patrophagi, Gog und Magog oder allesfressenden Panphagi sowie den Astomi, die sich vom Geruch der sich unter dem Paradies befindlichen Äpfel ernähren, zu tun.[589] Die Art, wie sie Speisen zu sich nehmen,[590] oder die Lage ihrer Wohnorte – etwa die der Maritimi, die im oder am Meer wohnen, oder der „schatzlosen" Trogodyten, die in Höhlen leben und sich von Schlangen ernähren –[591] unterscheiden sie von gewöhnlichen Menschen.

Der Aufschwung des indischen Handels hat die halb verschollenen, märchenhaften Länderbeschreibungen den Zeitgenossen des Augustus in Erinnerung gebracht: Erwähnt werden Amometos, der unter dem ersten Ptolemäer schrieb (Plin. *nat. hist.* VI 55), und Isigonos von Nikaea (Plin. *nat. hist.* VII 27). Auf diese Gewährsmänner gehen die Fabel von der Langlebigkeit der Serer,[592] die

588 So ist es beispielsweise für augilische Frauen wichtig, in der Brautnacht mit möglichst vielen Männern zu schlafen (Pomp. Mela *chor.* I 46: ***cum plurimis concuibisse maximum decus***). Zum Thema „Promiskuität" vgl. Simek, Rudolf: *Erde und Kosmos im Mittelalter: Das Weltbild vor Kolumbus,* München 1992, S. 121. Was Essgewohnheiten betrifft, so weiß z. B. Arrian. *Ind.* XXIX, 32 von dem Volk der „Fischesser" zu berichten.

589 R. Simek, *ebd.*, S. 118 ff. Die Antropophagi sowie die Gog und Magog sind bei Pseudomethodi unter unreinen Völker aufgeführt, vgl. Sackur, Ernst: *Pseudomethodius*, in: Sibyllinische Texte und Forschungen, Halle a. S. 1898, S. 37. Im mittelaterlichen Ethnienkonzept spielt der Topos der 72 Völker und Sprachen (Wh. 73,7–14; KR 2256; 2588 etc.) eine zentrale Rolle, vgl. dazu Michel, Reinhart: *Zweiundsiebenzig Völker*, in: PBB 15 (1891), S. 377–379; Borst, Arno: *Der Turmbau zu Babel. Geschichte der Meinungen über Ursprung und Vielfalt der Sprachen und Völker*, 4 Bde., Stuttgart 1957–1963.

590 R. Simek, *ebd.*, S. 119.

591 Pomp. Mela *chor.* I 44: „***Trogodytae nullarum opumdomini strident magis quam loquuntur, specus subeunt alunturque serpentibus***". Vgl. R. Simek, *ebd.*, S. 121.

592 Strab. *geogr.* XV 1,34: *λέγει δὲ καὶ περὶ τῆς Μουσικανοῦ χώρας ἐπὶ πλέον ἐγκωμιάζων αὐτήν, ὧν τινα κοινὰ καὶ ἄλλοις Ἰνδοῖς ἱστόρηται, ὡς τὸ μακρόβιον ὥστε καὶ τριάκοντα ἐπὶ τοῖς ἑκατὸν προσλαμβάνειν (καὶ γὰρ τοὺς Σῆρας ἔτι τούτων μακροβιωτέρους τινές φασι) καὶ τὸ λιτόβιον καὶ τὸ ὑγιεινόν, καίπερ τῆς χώρας ἀφθονίαν ἁπάντων ἐχούσης,* sowie *ebd.* 1,37: *οἷα τὰ τῶν χρυσωρύχων μυρμήκων καὶ ἄλλων θηρίων τε καὶ ἀνθρώπων ἰδιομόρφων καὶ δυνάμεσί τισιν ἐξηλλαγμένων, ὡς τοὺς Σῆρας μακροβίους φασὶ πέρα καὶ διακοσίων ἐτῶν παρατείνοντας* ; sowie Eustath *ap. Dion. per. oik.* 752, und Plin. *nat. hist.* VI, 17.

Beschreibung von dem schweigsamen Handelsverkehr in der Wüste[593] und ähnliches zurück. Wenn die Literaturschaffenden und Chronisten von serischen Gesandtschaften oder von Kriegszügen gegen die Serer sprechen, ist das schlicht als rhetorischer Überschwang zu interpretieren.[594]

Artemidor von Ephesos schrieb im 1. Jh. v. Chr., dass auf Ceylon besonders langlebige Stämme anzutreffen seien – „***in Taprobane insula longissimam vitam sine ullo corporis languore traduci***.[595] Onesikritos, der Steuermann Alexanders des Großen, der ihm bei den indischen Brahmanen als Dolmetscher gedient haben soll, berichtet von 130-jährigen Indern: ***locis Indiae umbrae non sint, corpora hominum cubitorum quinum et binorum palmorum existere, et vivere annos CXXX nec senescere, sed ut medio aevo mori***.[596] Doch die 130-jährigen

---

593 Pomp. Mela *chor.* III 60: ***vasta deinde iterum loca beluae infestant, usque ad montem mari imminentem nomine Tabim. longe ab eo Taurus attollitur. Seres intersunt, genus plenum iustitiae, et commercio quod rebus in solitudine relictis absens peragit notissimum***. Plin. *nat. hist.* VI, 54.

594 Über die Serer und das berühmte serische Tuch der Antike vgl. Hor. *od.* 1 12, 56, 11129,27, IV 15, 23; Honor. *imag. mund.* X, 211: ***Pars infecta croco velamina lutea Serum***; Prop. *eleg.* IV 3.8, wo ***Sericus*** zu lesen sein wird (***te modo munito Sericus hostis equo***); vgl. auch Juv. *sat.* VI 403 f. (***quid Seres, quid Thraces agant, secreta nouercae / et pueri, quis amet, quis diripiatur adulter***); Flor. *epit.* II 34 (***Seres etiam habitantesque sub ipso sole Indi***); Flav. Vop. *vita Aurel.* 41, 10; Claudian. *IV cons. Hon.* 597 f. (***divitis algae germina***) u. *ebd.* 601 (***Seres subtegmina***). Zum Thema 'serisches Tuch' spricht Claudianus auch vom «Auslesen roter Knospen» (XL *ep. ad Ser.* 14: ***legunt rubri germina cara maris***, S. 309) oder vom «roten parthischen Fell» (Claudian. *de rap. Pros.* II, 94: ***Parthica cingula***, S. 295). Hierzu vgl. Voss, Johann Heinrich: *Spuren der Wege zum Gedankenverkehr und der Priesterverbindungen. Entdeckt durch Forschungen über die alterthümlichen Handelsgegenstände*, in: Mythologische Briefe, Bd. III, Stuttgart 1828, S. 262–351, bes. S. 340–350.

595 Artemid. *ap. Plin. nat. hist.* VII 30. Vgl. Stiehle, Robert: *Der Geograph Artemidoros von Ephesos*, in: Philologus,11 (1856), S. 193–244, hier Fragm. 107. Als Begleitliteratur zu Artemidoros empfiehlt sich Artemidorus Ephesius: *P. Artemid. sive Artemidorus personatus*, ed. Luciano Canfora, Bari 2009, sowie ders.: *Il viaggio di Artemidoro: vita e avventure di un grande esploratore dell'antichità*, ed. Luciano Canfora, Milano 2010. Plin. *nat. hist.* VI 22 (***vitam hominum centum annis modicam***) und Diod. Sic. *hist.* II 57 machen analoge Angaben.

596 Onesikr. *ap. Plin. nat. hist.* VII 28 (= FGrHist 134 (Onesikritos) F 11) sowie *ap. Strab. geogr.* IV 1,34 (= FGrHist 134 (Onesikritos) F 24). Zur Fabel der Langlebigkeit der Serer vgl. Eustath *ap. Dion. per. oik.* 752; Strab. *geogr.* XV 701.2; Ktesias in C. Müller: GGM, II 152, Paris 1855. Einige der bemerkenswerten Studien zu Onesikritos: Berve, Helmut: *Das Alexanderreich auf prosopographischer Grundlage*, 2. Bde., München 1926; Strasburger, Hermann: Art. ‚*Onesikritos*' RE XVIII 1 (1939) Sp. 460–467;

können mit der indischen Tradition nicht wetteifern. Sie kennt den Stamm der Uttaru Kuru, der nördlich des Berges Meru beheimatet ist.[597] Dort, wo sie frei von jeglicher Krankheit lebensfroh und gottesfürchtig bis zu 14 500 Jahren alt werden konnten,[598] herrscht ein mäßiges Klima mit keimfreier Luft. Das Volk der Uttaru Kuru machte ein gewisser Amometos, der zur Zeit Alexanders des Großen schrieb, unter dem Namen Attacori im Westen bekannt.

Die Geschichte der exotischen Völker des Orients, die der Ernst-Sage einen wesentlichen Reiz verleihen,[599] reicht bis weit in die Antike zurück: *„Es erscheinen Homers Cyclopen und Pygmäen, Herodots Arimaspen, die Plattfüße und Langohren des Megasthenes und Duris [von Samos].*"[600] Etwa 400 v. Chr. berichtete der Grieche Ktesias von Knidos, der als königlicher Leibarzt in persischer Gefangenschaft lebte, in seiner Abhandlung über Indien unter anderem von Pygmäen, die gegen Kraniche kämpfen, Kynokephalen mit Menschenkörpern und Hundeköpfen und einfüßigen Skiapoden, die *„die Kniekehle nicht beugen und dabei von merkwürdiger Behendigkeit sind*",[601] so-

---

Brown, Truesdell Sparhawk: *A Study in Hellenistic Historiography*, Berkeley 1949; Pearson, Lionel: *The lost Histories of Alexander the Great*, New York 1960; Badian: Ernst: *Review of Pearson: The Lost Histories of Alexander the Great*, Gnomon 33 (1961), pp. 660–667; Pédech, Paul: *Historiens compagnons d'Alexandre*, Paris 1984.

597 Winiarczyk, Marek: *Die hellenistischen Utopien*, in: Beiträge zur Altertumskunde, Bd. 293, Berlin 2011, S. 69. Zum Berg Meru, der nach jainistischen, hinduistischen und buddhistischen Kosmogonien den zentralen Weltenberg des Universums darstellen soll, vgl. Reynolds, Frank E. (transl.): *Three Worlds According to King Ruang: A Thai Buddhist Cosmology*. in: Berkeley Buddhist Studies Series, Berkeley 1982, pp. 172–188.

598 Winiarczyk, Marek, *ebd.*, S. 69, m. Anm. 116; vgl. Konrad von Megenberg, *Das Buch der Natur*, 491, 29 ff.

599 Gervinius, Georg Gottfried: *Handbuch der Geschichte der poetischen Nationalliteratur der Deutschen*. Leipzig 1842, S. 29.

600 G. G. Gervinius, *ebd.*, S. 29.

601 Vgl. Plin. *nat. hist.* VIII 76. Unter der Nomenklatura der indischen Kuriosa erwähnt Ktesias in seiner „Indika" (*FGrHist* 688 F 45b-46a) auch eine ***marticora*** (bzw. ***manticora/mantichora***) genannte, menschenverzehrende Bestie in der Größe eines Löwen mit zinnoberfarbigem Fell (*ha la taglia di un leone e la pelle color rosso cinabro*, vgl. Nogara, Antonio (ed.): *Note sulla composizione e la struttura della Biblioteca di Fozio patriarca di Constantinopoli*, Photios 72, 45d, und menschlichem Antlitz, wie es schon bei Carolus F. Cerasoli heißt: ***[cum] humana facie, triplici dentium ordine, leonino corpore, cauda natiui teli missilis prodiga, humanas carnes maxime affectantem***, vgl. ders.: *Tritonis Buccina. Idest elogia, orationes, epistolae, et carmina Caroli*, Milano 1682, p. 199. Vgl. dazu noch Rowland, Beryl: *Animals with Human Faces: A Guide to Animal Symbolism*, London 1974; Wittkower, Rudolf: *Die Wunder des Ostens: Ein Beitrag zur Geschichte der Ungeheuer*, in:

wie von zahlreichen Geschöpfen.[602] Erstmalig lieferte er einen umfassenden Bericht über die Geographie, Demographie, Geschichte und Mythologie Indiens. In diesem Zusammenhang trug er zur Gestaltung der Auflistung der legendären Völker und Geschöpfe Indiens beträchtlich bei.

---

ders. (Hg.): Allegorie und der Wandel der Symbole in Antike und Renaissance, Köln 2002, S. 87–150. Dieses „*angriffsfreudige indische Untier*" (Steinicke, Marion Michaela: *Apokalyptische Heerscharen und Gottesknechte. Wundervölker des Ostens vom Untergang der Antike bis zur Entdeckung Amerikas,* Diss., Berlin 2005, S. 14) hat Ktesias in die griechische Literatur eingeführt. Das Wort ***marticora*** stammt offensichtlich aus der persischen Sprache. Wie schon Photios, der zwischen 858 und 867 sowie in den Jahren 877 bis 886 als Patriarch von Konstantinopel amtierte, ermittelte er die Bedeutung des griechischen ***antropofago.*** Zum Bestiarienkatalog vgl. Arist. *de hist. an.* II 1, 501, 24-b1: *ἄγριον καὶ ἀνθρωποφάγον*; Paus. *Hell.* IX *21,* 4–5; Plin. *nat. hist.* VIII *30,* 75; Ael. *nat. an.* IV 21*;* Solin. *de. mir. mun.* LXII, 37: ***triplici dentium versu coeunte ordinibus alternis, facie hominis, glaucis oculis, sanguineo colore, corpore leonino, cauda veluti scorpionis aculeo spiculata etc.*** Albertus Magnus *de animal.* XXII 2, 1 (74) interpretiert dieses Untier als Kompositwesen: ***Manticora animal est ex multis compositum***. Der frz. Gelehrte Vinzenz von Beauvais *Spec. nat.* XVI–XX Sp. 1432, und der Brabanter Thomas von Cantimpré *Lib. de nat. rer.* IV 72 (ed. Boese) rezipieren Plinius und Solinus. Ansonsten finden sich Parallelen auch bei August. *civ. Dei* XVI, 8: ***Item ferunt esse gentem, ubi singula crura in pedibus habent nec poplitem flectunt, et sunt mirabilis celeritatis; qu os Sciopodas vocant***. Weiterhin heißt es dort, dass die Sciopoden sich bei Hitze rücklings auf der Erde liegend mit dem Schatten ihrer Füße schützen ~ ***quod per aestum in terra iacentes resupini umbra se pedum protegant***. Die bestialischen Fabelwesen führt Vinzenz von Beauvais explizit auf seinem *Spec. nat.* XXXI 118–128 Sp. 2387–94, und Honorius schreibt in seiner Kosmographie *De imagine mundi* I, 13: ***Ibi quoque Mantichora bestia, facie homo, triplex in dentibus ordo, corpore leo, cauda scorpio, oculis glauca, colore sanguinea, vox sibilus serpentum, fugiens discrimina volat, velocior cursu quam avis volatu, humanas carnes habeas in usu***, wobei die zuletzt angeführte Passage, wie Simek unterstreicht, in der altnordischen Kosmographie fast wortgetreu rezipiert wird, ders.: *Altnordische Kosmographie: Studien und Quellen zu Weltbild und Weltbeschreibung in Norwegen und Island vom 12. bis zum 14. Jahrhundert* (RGA-E, Bd. 4), Berlin / New York 1990, S. 176 m. Anm. 439. Gerhardt, Christoph: *Die Skiapoden in den „Herzog Ernst"-Dichtungen*, in: Literaturwissenschaftliches Jahrbuch NF 18 (1977), S. 13–87.

602 Bei Ktesias, von dem Luk. *ver. hist.* I 3 schrieb, er würde nur Wahrheit sprechen, heißen diese Wesen *τρισπάθιμοι*. Fabeltiere finden sich selbst in zoologischen Werken aus dem Beginn der Neuzeit, so bei Wotton, Edward: *De differentiis animalium libri X*, Erstausgabe: Paris 1552; Gesner, Conrad: *Historia animalium*, Zürich 1551–87; Aldrovandi, Ulysses: *Ornithologiae hoc est de avibus historiae libri XII*, Bologna 1599–1602; ders.: *Serpentium et draconum historiae libri II*, Bologna 1640.

Zu Beginn des 4. Jh. v. Chr. schrieb Megasthenes in seinem vierbändigen *'Ινδικα'* (Indika) nicht nur über Flora, Fauna, Geographie, Sitten, Religion und Beamtenwesen Indiens, sondern lieferte auch einen Völkerkatalog von 118 Ethnonymen (*Έθνικαὶ ὀνομασίαι*). Megasthenes diente dem Seleukos Nikator [Σέλευκος Νικάτωρ] als Botschafter am Hofe des indischen Königs Chandragupta Maurya. Seine Informationen beruhten auf eigenen Beobachtungen und Erkundungen. Dennoch tradierte er traditionell in der griechischen Indien-Schilderung verwendete Klischees wie die von den „Einäugigen" und erweiterte sie sogar um die sog. „Astomi", mit denen er wahrscheinlich die rauchtrinkenden Fakire meinte, welche in der höchsten Stufe der Enthaltsamkeit verweilten.[603] Seine ethnographischen Angaben sind mit Vorsicht zu genießen. So assoziiert beispielsweise David Blamires die ***ôren*** mit Elefanten.[604]

Die einäugigen Arimaspen[605] nehmen in HE eine wichtige Stellung ein. Der Ethnonym „Arima" taucht schon bei Homer auf: *Il.* II 783: *εἰν Ἀρίμοις, ὅθι φασὶ Τυφωέος ἔμμεναι εὐνάς*. In der Theogonie Hesiods leben die Arimaspi subterran, fern von sterblichen Menschen, *Theog.* 302 ff.:

---

603 Übrigens ganz im Sinne von Philon, *De fuga et inventione* 58 f., denn zum unsterblichen Leben (*ἀθανάτου βίου*) kann nur derjenige gelangen, der aus unfleischlicher und unkörperlicher Liebe (*ἀσάρκῳ καὶ ἀσωμάτῳ ἔρωτι*) zehrt und gegenüber Gott von Freundschaft erfüllt ist (*καὶ φιλίᾳ θεου*).

604 Blamires, David: *Herzog Ernst and the otherworld voyage. A comparative study*, Manchester 1979, p. 258. Wir registrieren folgende Varianten: ***elephant***, ***elephas***, ***elefande***, ***elfande***, ***ëlfent***, ***helfant***, ***helphint***: ***„daz Porus elefande brâhte"*** Lamprecht Alexander 4040, ***„die elfande"*** 4071, ***„si brâchten manich ëlfent"*** (3977), sowie ***„manegen grôzen helfant"***; Ulrich von Zatzikhoven *Lanzelet* 3997; ***„ein helfant wilde"*** Haugdietrich und Wolfdietrich (517, 2). Dieses Tier sehen wir oft als Orient-Signum (Albrecht, *Jüngerer Titurel*, Strr. 4816 f., Str. 6189; Ulrich von Etzenbach, *Alexander* 4543; Stricker, *Daniel* 585–625).

605 Konrad von Megenberg berichtet in seinem Buch der Natur 490, 15–17 von den ***„ainäug läut"***, welche ***„ain aug ze mittelst an der stirn [habent]"*** und ***„arismaspi und cyclopedes [haizent]."*** Nach ihm gibt es aber auch die sizilianischen „cyclopedes", welche sich dadurch von den arimaspischen unterscheiden, ***„daz si über hôch päum aufgênt, die ezzent bluot"*** (*ebd.* 492, 20 ff.). Nicht nur Blut verzehren sie, sondern auch Menschenfleisch, denn: ***„man hât gesehen, daz ir ainer in seim hol gestrackt lag und het in ainer hant zwên man, die vraz er alsô rôch"*** (*ebd.*), vgl. auch Waag, Albert u. Schröder, Werner: *Die Beschreibung des himmlischen Jerusalem*, in: Kleinere Gedichte des 11. und 12. Jahrhunderts, Tübingen 1972 (ATB 71/72), Bd. I., S. 96–111: ***so sint einu liute da bi,/ haizent Arimaspi,/ di wizzen ire tougen./ niwan eines ougen/*** (V. 231–234).

τηλοῦ ἀπ' ἀθανάτων τε θεῶν θνητῶν τ' ἀνθρώπων,
ἔνθ' ἄρα οἱ δάσσαντο θεοὶ κλυτὰ δώματα ναίειν.
ἡ δ' ἔρυτ' εἰν Ἀρίμοισιν ὑπὸ χθόνα λυγρὴ Ἔχιδνα

Wie die Grippianer unterscheiden sich auch die Angehörigen dieses Volkes phrenologisch von den Europäern. Da sie auf der Stirn (B 4519: ***vorne an dem hirne***) nur ein Auge haben, nennt man sie … ***einsterne, / ze latîne hiezens Cyclôpes*** (B 4520 f.).[606] Obwohl Herodot an einer Stelle meint, von der Existenz der einäugigen Wesen mit menschlicher Gestalt halte er nicht viel,[607] revidiert er seine Meinung später und findet sich mit dieser Kunde ab IV 27: *ὀνομάζομεν αὐτοὺς σκυθιστὶ Ἀριμασπούς.*[608] Solin. *de mir. mun.* XXX notiert über die Agriophagen,[609]

---

606 Nushdina, Natalia: *Die Darstellung des ‚Fremden' und des ‚Eigenen' in der Reiseliteratur des Mittelalters*, S. 16 f. In Fass. D (3673) heißen die einäugigen Wesen Cycropides, ***welche glich gestirnet allensamt / ez sî man oder wîp / sie habent alle starken lîp*** (D 3674–76). Zu den monophthalmischen Menschen Afrikas vgl. Klemp, Egon (Hg.): *Afrika auf Karten des 12. bis 18. Jahrhundert*, Leipzig 1968.

607 Herod. *hist.* III 116,1: *πρὸς δὲ ἄρκτου τῆς Εὐρώπης πολλῷ τι πλεῖστος χρυσὸς φαίνεται ἐών· ὅκως μὲν γινόμενος, οὐκ ἔχω οὐδὲ τοῦτο ἀτρεκέως εἶπαι, λέγεται δὲ ὑπὲκ τῶν γρυπῶν ἁρπάζειν Ἀριμασποὺς ἄνδρας μουνοφθάλμους.* Zum herodotischen Ethnoverständnis vgl. Nippel, Willfried: *Ethnographie und Anthropologie bei Herodot*, in: Ders.: Griechen, Barbaren und Wilde. Alte Geschichte und Sozialanthropologie, Frankfurt a.M. 1990.

608 Die Stelle ist jedoch zu vergleichen mit Herod. *hist.* IV 32.

609 Zu den Darstellungen der Fabelwesen bei Solinus vgl. MS, 13. Century, Milan Ambrosiana cod. C. 246 inf., f. 57r. (p. 171), bei Hrabanus, Cod. Casin. 132, a. 1023 (pp. 166–196) sowie 1425, Rom, Bibl. Vat., Pal. lat. 291, f. 75v (p. 174). Vgl. auch Reuter, Marianne (ed.): *Metodi illustrativi nel medioevo. Testo e immagine nel codice 132 di Montecassino „Liber Rabani de originibus rerum"*, Napoli 1993, und Cavallo, Guglielmo (ed.): *Rabano Mauro, De rerum naturis. Cod. Casin. 132/ Archivio dell'Abbazia di Montecassino*, Pavone Canavese 1994. Barbarische Ethnien Äthiopiens wie Agriophagen, Sambern, Artabatiten kommen auch im satirischen Roman von Christoph Martin Wieland vor: *Die Abderiten. Eine sehr wahrscheinliche Geschichte von Herrn Hofrath Wieland.* (Erschienen in der Zeitschrift 'Der Teutsche Merkur', Jg. 1.1773–8.1774; 1775–1789, je 4 Bde). Die Stämme werden oft nach ihrer Ernährungsart oder einer Besonderheit benannt, wie Agriophagoi, Akridophagoi, Anthropophagoi, Chelenophagoi, Elephantophagoi, Hylophagoi, Ichthyophagoi, Koloboi, Kreophagoi, Kynamolgoi, Makrobioi, Moschophagoi, Rhizophagoi, Spermatophagoi, Struthophagoi etc. In Bezug auf geographisch-ethnographische Belege vgl. Herod. *hist.* II 104. III 20 ff. Diod. Sic. *hist.* III 2 ff. 8. 15–21. 24–32. Agatharchides (Phot. 441 c. 250 = Geogr. Gr. min. I 111 ff. und Diod. Sic. *hist.* III 12–48). Strab. *geogr.* XVII 770. 776. 786 ff. 820 ff. Ptol. *geogr.* IV 7–8. Prokop. *bell. Pers.* I 19 f. Pomp. Mela *chor.* III 9. Plin. *nat. hist.* VI 168 ff.

sie seien ein Panther- und Löwenfleisch verzehrendes Volk der Äthiopier, sie hätten einen König, auf dessen Stirn sich nur ein Auge befindet (***occidentem versus Agriophagi tenent, qui solas pantherarum et leonum carnes edunt, rege praediti cuius in fronte oculus unus est***), während die andersgläubigen maritimen Äthiopier vier davon haben sollen (*ebd.*): ***maritimos Aethiopas quaternos oculos dicunt habere: sed fides alia est, illa denique quod et vident plurimum et manifestissime destinant iactus sagittarum***.

Dionysios von Alexandria, der von der tiefen Flut des „Skythia's Rand" berichtet,[610] erwähnt bei der Schilderung des nördlichen Oceanus das periphere Volk Arimaspi: „*aber darüber / Gegen den Nord, wo der Stamm (ἀρειμανέων Ἀριμασπῶν) kriegslustiger Arimaspen [wohnen], / Nennen sie ihn* [*sic* den Ozean] *geronnenes Meer,*[611] *auch kronischen Pontos. / Andere gaben den Namen des Todten ihm, wegen des matten / Lichts, das mit trägerem Strahl hier Helios wirst* [...] " (ders. *ebd.*, 30–34).

Obwohl der Grundname *Ari* im Indischen, Germanischen und Medischen als Volksname auftaucht, das persische Präfix ***ari*** (mundartlich Erman, Ariema, Irman), das häufige Nominalsuffix im Persischen ***-asp***[612] sowie die indo-persische Silbe ***ar*** in *nominibus propriis* in vielen Ethnonymen vorkommen und die Maspier von Herod. *hist.* IV 125 als einer der vornehmsten persischen Stämme aufgezählt werden, werden diese Hinweise bei der Etymologie der Ethnonyme nicht beachtet. Die Volksbezeichnung „Arimaspi" kommt bei Herod. *hist.* IV, 27 (*ἄριμα γὰρ ἕν καλέουσι Σκύθαι, σποῦ δὲ ὀφθαλμόν*) aus der skythischen Sprache und besteht aus zwei Lexemen: *ἄριμα* (die Zahl Eins) und *σποῦ* (Auge). Andere

610 Dion. *per. oik.* 587: *ἀλλ' ὁπόταν Σκυθικοῖο βαθὺν πόρον Ὠκεανοῖο νηῒ τάμῃς, ἑτέρην δὲ πρὸς ἠῴην ἅλα κάμψῃς, Χρυσείην τοι νῆσον ἄγει πόρος, ἔνθα καὶ αὐτοῦ ἀντολίη καθαροῖο φαείνεται ἠελίοιο.*

611 Manche Übersetzer bevorzugen die Bezeichnug „Erstarrtes Meer".

612 Vgl. die Transkription ***huvaspa*** = ‚tüchtige Rosse besitzend' bei Rüdiger Schmitt: *Medisches und persisches Sprachgut bei Herodot*, in: ZDMG 117 (1967), S. 119–145. bzw. ***xvaspa*** bei Walther Hinz, *Neue Wege im Altpersischen*, in: Göttinger Orientforschungen, Reihe 3, Iranica 1, Wiesbaden 1973, S. 29. Sonst ist hier die Ähnlichkeit mit dem Volksnamen Ariaspen (von *aspa* „Arias Pferde" bzw. Reitervolk in Aria) und den Zariaspen (den Bewohnern des Zareh-See-Gebietes) zu erwähnen. Vgl. Curtius Rufus, *hist. Alex.* IX 10, 19; Plin. *nat. hist.* VI 17, 53. Und während Strab. *geogr.* X 434. 439 ***Zariaspa*** für Baktra, die Hauptstadt der persischen Landschaft Baktrien, hält, verwendet Polybius X 49 die Bezeichnung ohne eine Verbindung zu Baktrien oder Baktra. Ptolemäus kennt eine Stadt namens ***Charispa*** (VI 11) und einen Fluss mit dem Namen ***Zariaspis*** (VI 11). Die persische Stadt heißt bei Amm. *rer. gest.* XXIII 57 ***Zariaspes***. Arrian. *Ind.* IV 17, 1 dagegen verwendet beide Bezeichnungen, meint aber zwei unterschiedliche Städte, die nicht weit voneinander liegen.

Lesarten in Form von Kompositionen sind Arim-aspi (Krieger von Arima) und Agri-aspae, wobei die Letztere, die bei Arrianus und Curtius vorkommt, zu ignorieren ist. Arimaspi bilden das ethnisch-geographische Bindeglied zwischen Issedonen und Skythen (Herod. *hist.* IV 27: *Ἰσσηδόνες εἰσὶ οἱ λέγοντες μουνοφθάλμους ἀνθρώπους καὶ χρυσοφύλακας γρῦπας εἶναι· παρὰ δὲ τούτων Σκύθαι παραλαβόντες λέγουσι, παρὰ δὲ Σκυθέων ἡμεῖς οἱ ἄλλοι νενομίκαμεν καὶ ὀνομάζομεν αὐτοὺς σκυθιστὶ Ἀριμασπούς*).

Erman liegt nach dem Heldenepos Schahname[613], dem berühmten Königsbuch des persischen Dichters Firdausi, jenseits des Orus. Der Kampf findet im Heldengedicht zwischen den Persern und Türken,[614] d.h. zwischen dem eigentlichen Persien (***Ērān***) im Süden von Orus und dem Nicht-Iran (***Anērān***), den im Nordosten als Turan bezeichneten Ebenen von Orus, statt. Erman (auch: Ariema, Irman, Kerman oder Dschermania), dieses im turanischen Hochland befindliche Gebiet, war ein riesiges Schlachtfeld beider Länder.[615] Der Dichter lässt die aus dem turanischen Erman gekommenen Krieger dem Schah folgendes berichten: „*Die Grenzmark Turans ist in unserer Stadt, und der Turanier alte Feindschaft uns auf der Ferse*".[616] Folglich können wir festhalten, dass die Ermanen, Arier, Arimasper, Kermanen oder Dschermanen ein und dasselbe Volk sind.[617]

Die mythischen Arimaspi sind zyklopenähnliche Bewohner der nördlichen Gefilde. Pomp. Mela *chor.* II 2 betrachtet sie als menschliche Wesen und ordnet sie unter das skythische Volk, welches in der Antike für seine barbarische Wildheit

---

613 Textausgaben: Friedrich Rückert: *Firdosi's Königsbuch (Schahname) Sage XV–XIX*, aus dem Nachlass hg. v. Edmund Alfred Bayer, Berlin 1894; Firdausi: *Schahname. Heldenbuch von Iran*, übers. v. Joseph von Görres, Berlin 1820, vgl. auch Horn, Paul: *Die neupersische Literatur*, in: Die orientalischen Literaturen, Die Kultur der Gegenwart. Ihre Entwicklung und ihre Ziele, Teil I, Abt. VII, hg. v. Paul Hinneberg, Leipzig / Berlin 1906, S. 242–268, hier S. 248 f.

614 Kowalski, Tadeusz: *Les Turcs dans le Sah-Name*, in: Rocznik Orientalistyczny 15 (1939/40), pp. 84–99.

615 İnalcık, Halil: *Kutadgu Bilig'de Türk ve İran Siyaset Nazariye ve Gelenekleri. Reşid Rahmeti Arat için*, Ankara 1966, S. 259–271. An eine ausführliche Bibliographie türkischsprachiger Werke über „Kutadgu Bilig" gelangt man über die URL http://www.turklukbilgisi.com/kutadgu-bilig-bibliyografyasi.

616 Firdausi: *Schahname*, hg. u. übers. v. Görres, I, 161 ff. Dass diese Region schon lange der Ort des Kampfgeschehens war, belegen Diod. Sic. *hist.* II, 6; Theon *progym.* 9; Iust. *hist. Phil.* I, 1, sowie Arnob. *adv. gent.* I, 5.

617 Ausführliche Überlegungen zu den verwandten Ethnonymen wie Aria, Arimaspi, Irman, Ariema, Erman, etc. finden sich bei Halling, Karl: *Geschichte der Skythen und Deutschen bis zur Gegenwart*, Berlin 1835, S. 112–143 und S. 352–359.

berüchtigt war.[618] Aufgrund der lexikalischen Erklärung ***„ze latîne hiezens Cyclôpes"*** (B 4521) könnte man die Passage B 4512–4521 als monastische Komplementierung auffassen, da diese auf den Kompilator Solinus zurückzuführen ist.[619]

Bereits im 7. Jh. v. Chr. berichtete Aristeas von Prokonnesos in seinem fragmentarisch erhaltenen Epos „Arimaspeia" von den mythischen Arimaspen, von denen jeder nur ein Auge auf der wohlgebildeten Stirn hat – *ὀφθαλμὸν δ'ἕν' ἕκαστος ἔχει χαρίεντι μετώπῳ.*[620] Die Arimaspen lebten nördlich des zentralasiatischen Issedonenlandes in beständiger Fehde mit den „gryps", den Greifen.[621] Zur Verortung der Völker schreibt Herodot weiter, die goldhütenden Greifen lebten jenseits der Arimaspen (Herod. *hist.* IV 13, 1: *Ἰσσηδόνων δὲ ὑπεροικέειν Ἀριμασποὺς ἄνδρας μουνοφθάλμους ὕπερ δὲ τούτων τοὺς χρυσοφύλακας γρῦπας*), und nach ihnen kamen hinter dem Meer [d.h. dem Kaspischen Meer] die Hy-

---

618 Zu den skythischen Völkern ohne jede Sittlichkeit vgl. Lucan. *bell. civ.* VIII 353; X 455; Cic. *Verr.* VI 150; Theophyl. *hist.* VII 7, 6–9, 12; Ambros. *de off. min.* II 15,71; 28,136; III 13,84. Die Galaktophagen, ein anderer skythischer Stamm, ist durch seinen extrem kriegerischen Charakter bekannt, vgl. Nikol v. Damask. FGH 90 F 104. Es gab aber auch Autoren, die den Skythen Verweichlichung vorwarfen, wie sie bei keinem anderen Volk zu finden sei (Hipp. *aer.* XIX 7), oder jegliche Art von körperlichen und seelischen Abhärtung abstritten (Klearchos, *fragm.* 46 W). Zu den galaktophagischen Türken vgl. Theophyl. *hist.* VII 7, 7 f.: *θέρους ἐνεστῶτος κατὰ τοῦτον δὴ τὸν ἐνιαυτὸν ὁ πρὸς τῇ ἕῳ ὑπὸ τῶν Τούρκων Χαγάνος ὑμνούμενος πρέσβεις ἐξέπεμψε Μαυρικίῳ τῷ αὐτοκράτορι, ἐπιστολήν τε συντεταχὼς ἐπινίκια ἐνεχάραττεν ἐν αὐτῇ.*

619 Laude, Corinna: *Sye kann ir sprache nyt verstan. ‚Grenzsprachen' und ‚Sprachgrenzen' im Mittelalter*, in: Grenze und Grenzüberschreitung im Mittelalter, hg. v. Ulrich Knefelkamp und Kristian Bosselmann-Cyran, 11. Symposium des Mediävistenverbandes vom 14. bis 17. März 2005 in Frankfurt an der Oder, Frankfurt a. M. 2007, S. 331–344, hier S. 343.

620 Aristeas, „*Arimaspeia*" nach Tzetzes' Chiliades VII 691. Für die Originalverse aus dem Gedicht Aristeas vgl. *ebd.* VII 687–692. Bei ihm haben die Arimaspen zottige Haare und sind von allen Menschen die stärksten. Vgl. auch *Epicorum Graecorum Fragmenta*, ed. Malcolm Davies, Göttingen 1988, darin Fragmente und Zeugnisse zur Arimaspeia auf S. 81–88.

621 Vgl. Mannert, Konrad: *Geographie der Griechen und Römer aus ihren Schriften dargestellt.* Bd. IV, *Der Norden der Erde von der Weichsel bis nach China nach den Begriffen der Griechen und Römer*, Leipzig ^{2}1820, S. 140. Vgl. auch Hennig, Richard: *Herodots Handelsweg zu den sibirischen Issedonen*, in: Klio 28 (1935), 242–254. Zum Wohnsitz der Issedonen nach Herodot vgl. Westberg, Friedrich: *Zur Topographie des Herodot*, in Klio 4 (1904), S. 182–192, hier S. 183. Zu den lateinischen Quellen vgl. Aalto, Penti u. Pekkanen, Tuomo: *Latin Sources on North-Eastern Eurasia*, 2 vols., Wiesbaden 1975–1980.

perboreer (ebd.: *τούτων δὲ τοὺς Ὑπερβορέους κατήκοντας ἐπὶ θάλασσαν*).[622] Mit Damastes lokalisiert Stephanus von Byzanz den Wohnort der Arimaspen über die Issedonen hinaus vor den Rhipäischen Bergen, von denen der Nordwind herunterweht.[623] Aischylos berichtet dazu:

Aisch. *Prom.* 805–808 nach Droysen:

Sei wohl vor Zeus' scharfzähn'gen, stummen Hunden dann,
Den Greifen achtsam und dem rossgewandten Volk
Einäug'ger Arimaspen, welche weit hinaus
Am stillen Goldstrom hausen bei Plutons Gestad'.[624]

sowie

Aisch. *Prom.* 785–789 nach Schoemann:

Zeus' scharfgezahnter, stimmenloser Hunde Schaar,
Die Greifen, meide und der Arimaspen Volk,
Der riesigen, einäugigen, die Pluton's Strom
Umwohnen, an des goldigen Gewässers Rand.
Nicht nahe dich denselben. (...)[625]

Pomponius Mela *Chor.* III 62 behauptet in seiner Aufzählung der „unterschiedlichen Arten von Menschen und Lebewesen" Indiens (***vario genere hominum***

---

622 Herod. *hist.* IV 13 1. Als aufschlussreiche Sekundärliteratur bietet sich an: Hennig, Richard: *„Goldhütende Greifen" und „Goldgrabende Ameisen"*, RhM 79 (1930), S. 326–332.

623 Damastes von Sigeion bei Steph. Byz. *ethn.* v. *Ὑπερβορειοι*, ferner Jacoby FGrH 5 F 3; Müller, FHG 2,64–67. Darüberhinaus Herod. *hist.* III 116; IV 27 u. 36. Strab. *geogr.* I 21 rezipiert Homer und Aristeas von Prokonnessos. Auch Plin. *nat. hist.* VII 2 rezipiert Stephanus und Damastes. Für Plin. *nat. hist.* IV 78 sind jedoch die Rhipäischen Berge *„ein von der Natur verworfener, in dichte Finsternis gehüllter Teil der Welt, der zu nichts dient als zur Eisbildung und zum kalten Aufenthalt des Nordostwindes"*. Vgl. Ukert, Friedrich August: *Untersuchungen über die Geographie des Hekatäus und Damastes*, Weimar 1814, bes. S. 51 ff. Zur Vorstellung des Nordens bei Adam von Bremen vgl. Schlüter, Wolfgang: *Adams von Bremen geographische Vorstellung vom Norden*, in: Hansische Geschichtsblätter 16 (1910), S. 555–570.

624 Aisch. *Prom.* 805–808. Text der deutschen Übersetzung entnommen aus: *Aischylos, Sämtliche Tragödien*, übers. v. Johann Gustav Droysen (Berlin 1832), neu bearbeitet von Wolf Hartmut Friedrich, Klaus Ries und Frieder Schönagel, München 1977.

625 Aisch. *Prom.* 785–789. Zit. wird aus dem Buch: *Des Aeschylos gefesselter Prometheus.* Griechisch und deutsch, m. Einleitung, Anmerkungen u. dem gelösten Prometheus, hg. u. übers. v. Georg Friedrich Schoemann, Greifswald 1844.

aliorumque animalium), es gebe dort Ameisen so groß wie die größten Hunde (ebd.: ***alit formicas non minores maximis canibus***). Diese pflegen nach Greifenart *„das aus der Tiefe hervorgebrachte Gold sehr zum Verderben derer [zu] bewachen, die sich an ihm vergreifen wollen“* (ebd.: ***quas more gryporum aurum penitus egestum cum summa pernicie attingentium custodire commemorant***). Mit dieser Aussage nimmt er an der Tradierung der Erzählungen von *„goldhütenden Greifen“* teil. Während bei Ktes. *Ind.* 12 die Greife als furchterregende Wächter des Goldes in den Goldgebirgen auftreten, lässt Philost. *Apoll.* III 48 sie das seltsam illustrierte Gold selbst schürfen.[626] Aristeas lässt die Greife gar am Skythischen Ozean wohnen. Aus klimatechnischen Gründen zweifelt Herod. *hist.* IV 31,2 jedoch an ihrer Existenz: *ἤδη ὧν ὅστις ἀγχόθεν χιόνα ἁδρὴν πίπτουσαν εἶ δε οἶ δε τὸ λέγω· ἔοικε γὰρ ἡ χιὼν πτεροῖσι καὶ διὰ τὸν χειμῶνα τοῦτον ἐόντα τοιοῦτον ἀνοίκητα τὰ πρὸς βορέην ἐστὶ τῆς ἠπείρου ταύτης. τὰ ὦν πτερὰ εἰκάζοντας τὴν χιόνα τοὺς Σκύθας τε καὶ τοὺς περιοίκους δοκέω λέγειν. ταῦτα μέν νυν τὰ λέγεται μακρότατα εἴρηται.* Zudem kennt er keinen einzigen Augenzeugen, der die Existenz des Nordmeeres bzw. des Eridanos (der große Strom, der am Ende der Welt fließt) bestätigen kann (Herod. *hist.* III 115, 2): *τοῦτο μὲν γὰρ ὁ Ἠριδανὸς αὐτὸ κατηγορέει τὸ οὔνομα ὡς ἔστι Ἑλληνικὸν καὶ οὐ βάρβαρον, ὑπὸ ποιητέω δὲ τινὸς ποιηθέν· τοῦτο δὲ οὐδενὸς αὐτόπτεω γενομένου δύναμαι ἀκοῦσαι, τοῦτο μελετῶν, ὅκως θάλασσα ἐστὶ τὰ ἐπέκεινα Εὐρώπης.* Diese Aussage könnte mit der Schildbeschreibung des Ilias-Dichters im Zusammenhang stehen. Er betont, dass die Bärin, die der Himmelswagen genannt wird und sich dort umdreht, sich sonst weigert, im Okeanos zu baden (*Il.* XVIII 487–489):[627]

Ἄρκτόν θ', ἣν καὶ Ἄμαξαν ἐπίκλησιν καλέουσιν,
ἥ τ' αὐτοῦ στρέφεται καί τ' Ὠρίωνα δοκεύει,
οἴη δ' ἄμμορός ἐστι λοετρῶν Ὠκεανοῖ ο.

---

626 Vgl. Isid. *etym.* XIV, 3; Ael. *nat. an.* IV 26 f. Ktesias (bei Aelian) meint, der Greif sei das stärkste Tier.

627 Da denkt man an den Typhon, der seine Arme zwischen dem Sonnenaufgang und -untergang spannen und mit dem Kopf an die Sterne anstoßen kann. Zu vergleichen wäre die Stelle mit Apollodors *Peri theon* I 6,3,5: *τοιοῦτος ὢν ὁ Τυφὼν καὶ τηλικοῦτος ἠμμένας βάλλων πέτρας ἐπ' αὐτὸν τὸν οὐρανὸν.* Auch Nannos' *Dionysiaka*, wo innerhalb der Gigantomachie Typhons Kampf gegen den Himmel (I, 164–257) und gegen das Land und das Meer (I, 258–293) beschrieben wird, behandelt das Thema ausführlich. Im Islam dagegen ist „Allah“ derjenige, der über die Zeit gebietet. Zum islamischen Zeitverständnis vgl. Tamer, Georges: *Zeit und Gott. Hellenistische Zeitvorstellungen in der altarabischen Dichtung und im Koran*, in: StGKiO, N.F. 20, Berlin 2008, S. 205 ff.

Prokonnesos berichtet an anderer Stelle, dass manche erzählen, die Arimaspen würden das Gold der Greife beiseite schaffen. Herodot *Hist.* IV, 32 schreibt, die Arimaspen hätten die Issedonen vertrieben, wodurch ein Dominoeffekt (Völkerwanderung) ausgelöst wurde: Die Issedonen jagten die Skythen davon, diese wiederum die Kimmerer.[628] Das Ganze entfesselte dann den kimmerischen Einfall in Kleinasien und Ägypten. Bei Lucan. *bell. civ.* III 280 f. wohnen die Sidonier/Sithonen (d.h. Issedonen) und Arimaspen (***hinc Essedoniae gentes, auroque ligatas / substringens Arimaspe comas***) dicht beieinander, wobei die erstgenannten laut Plinius *nat. hist.* IV 11 die „*Väter des Orpheus*" (***Orphei vatis genitores***) seien. Die beiden mythischen Völker werden mit den in unmittelbarer Nachbarschaft lebenden Edonen (Edones, Edoni *Ἠδωνες*) und Makedonen in Verbindung gebracht.[629] Das thrako-makedonische Gebiet galt schon in der Antike als goldreich.

Weil es an interkontinentalen und -kulturellen Schnittstellen zwischen den Völkern Asiens, Afrikas und Europas mangelte, blieb Megesthenes' Abhandlung bis in das 13. Jahrhundert hinein nahezu unangezweifelt. Dadurch war eine Erweiterung der geographischen und ethnographischen Kenntnisse fast unmöglich geworden. So stützten sich die Informationen, die man vom frühmittelalterlichen Indien hatte, hauptsächlich auf die beiden Werke von Ktesias und Megasthenes.

Strab. *geogr.* II 1, 9 verspottet Daimachos[630] und Megesthenes[631] wegen ihrer Angaben über die indischen Wundervölker, beide gehören für ihn vorrangig zu einer

---

628 Vgl. auch Herod. *hist.* III, 116; IV, 27 u. 32. Er zitiert in *hist.* IV, 13–15 mehrmals den Aristeas, dessen Werk bis auf wenige Fragmente verschollen ist. Doch die Kimmerier betreten zum ersten Mal in der homerischen *Odyssee* die Bühne der Geschichte. Sie werden am Eingang der Unterwelt, an der Grenze „des tiefströmenden Okeanos" platziert, *Od.* XI, 13–22.

629 Als die Perser unter Führung von Xerxes I. 480 v. Chr. gegen Athen ins Feld zogen, gewannen sie die Herrschaft über die Stadt Ennea Hodoi, welche die Edonen besassen (Thuk. *Pel.* I, 100: *τῶν μὲν Ἐννέα ὁδῶν αὐτοὶ ἐκράτησαν, ἅς εἶχον Ἠδωνοί*), nachdem sie laut Herod. *hist.* VII, 114 hier auf Brücken den Fluss überquerten: *τούτοισι ἐν Ἐννέα ὁδοῖσι τῇσι Ἠδωνῶν ἐπορεύοντο κατὰ τὰς γεφύρας*. Es ist wieder Herod. *hist.* IX, 75, der von den Goldminen der Edonen in Daton berichtet: *ὑπὸ Ἠδωνῶν ἐν Δάτῳ περὶ τῶν μετάλλων τῶν χρυσέων μαχόμενον*. Außerdem soll hier darauf hingewiesen werden, dass in den ersten Stücken der Trilogie des Aischylos „Lykurgos" die Edonen und die Bassarai behandelt werden, vgl. Stoessl, Franz: *Die Trilogie des Aischylos: Formgesetze und Wege der Rekonstruktion*, Baden bei Wien 1937, und Wecklein, Nicolaus: *Über eine Trilogie des Aeschylos und über die Trilogie überhaupt*, München 1891. Quellenmäßig dazu Strab. *geogr.* X, 189; Plin. *nat. hist.* IV, 11.

630 Müller, Carl: FHG II 440.

631 Müller, Carl: FHG II 397.

„Lügnerbande“ (*Ἅπαντες μὲν τοίνυν οἱ περὶ τῆς Ἰνδικῆς γράψαντες ὡς ἐπὶ τὸ πολὺ ψευδολόγοι γεγόνασι, καθ᾽ ὑπερβολὴν δὲ Δηίμαχος, τὰ δὲ δεύτερα λέγει Μεγασθένης*), während einige Verfasser wie Onesikritos und Nearchos seiner Ansicht nach noch in der Lage sind, wenigstens teilweise die Wahrheit zu übermitteln (*Ὀνησίκριτος δὲ καὶ Νέαρχος καὶ ἄλλοι τοιοῦτοι παραψελλίζοντες ἤδη. καὶ ἡμῖ ν δ᾽ ὑπῆρξεν ἐπὶ πλέον κατιδεῖ ν ταῦτα ὑπομνηματιζομένοις τὰς Ἀλεξάνδρου πράξεις: διαφερόντως δ᾽ ἀπιστεῖ ν ἄξιον Δηιμάχῳ τε καὶ Μεγασθένει* [Strab. *ebd.*:].) Onesikritos und Nearchos sind es, die von den furchterregenden In-den-Ohren-Schläfern, von Mund- und Nasenlosen, Einäugigen, Langbeinigen und Schattenfüßler referieren, Strab. *ebd.*: *οὗτοι γάρ εἰσιν οἱ τοὺς ἐνωτοκοίτας καὶ τοὺς ἀστόμους καὶ ἄρρινας ἱστοροῦντες μονοφθάλμους τε καὶ μακροσκελεῖς καὶ ὀπισθοδακτύλους.* Obendrein gestalteten sie den Homerischen Kranichkampf der Pygmäen so um, dass sie drei Spannen groß wurden (Strab. *ebd.*: *ἀνεκαίνισαν δὲ καὶ τὴν Ὁμηρικὴν τῶν Πυγμαίων γερανομαχίαν, τρισπιθάμους εἰπόντες*). Damit nicht genug, fabulierten sie auch von goldgrabenden Ameisen[632] (Strab. *ebd.*: *οὗτοι δὲ καὶ τοὺς χρυσωρύχους μύρμηκας*), von keilköpfigen Panen (Strab. *ebd.*: *καὶ Πᾶνας σφηνοκεφάλους*) und von Schlangen, die Rinder und Hirsche samt Geweihen verschlingen (Strab. *ebd.*: *ὄφεις τε καὶ βοῦς καὶ ἐλάφους σὺν κέρασι καταπίνοντας: περὶ ὧν ἕτερος τὸν ἕτερον ἐλέγχει, ὅπερ καὶ Ἐρατοσθένης φησίν. ἐπέμφθησαν μὲν γὰρ εἰς τὰ Παλίμβοθρα, ὁ μὲν Μεγασθένης πρὸς Σανδρόκοττον ὁ δὲ Δηίμαχος πρὸς Ἀλλιτροχάδην τὸν ἐκείνου υἱὸν κατὰ πρεσβείαν: ὑπομνήματα δὲ τῆς ἀποδημίας κατέλιπον τοιαῦτα, ὑφ᾽ ἧς δή ποτε αἰτίας προαχθέντες*). Strabon bestätigt, dass weder Patrokles[633] noch Eratosthenes zu denjenigen gehören, die Lügengeschichten über indische Wundervölker verbreiteten, Strab. *ebd.*:: *Πατροκλῆς δὲ ἥκιστα τοιοῦτος· καὶ οἱ ἄλλοι δὲ μάρτυρες οὐκ ἀπίθανοι, οἷ ς κέχρηται ὁ Ἐρατοσθένης* [...].[634]

---

632 Einige Autoren wie Herod. *hist.* III 102, Plin. *nat. hist.* XI 30 und Pomp. Mela *chor.* III 7 berichten von Gold aushebenden Ameisen Indiens, welche so groß wie Wölfe oder Füchse sind und diejenigen, die sie angreifen, auch töten. Zu den Goldgrabenden Ameisen vgl. Roller, Duane W.: *Eratosthenes „Geography“*, Princeton 2010, S. 138.

633 Patrokles, der sich am seleukidischen Hof im höchsten Ansehen behauptete (vgl. Plut. *Demetr.* 47 Π.), erhielt von Seleukos den Befehl zu erkunden, ob das Kaspische Meer ein Binnensee (so die Vermutung von Herod. *hist*, I 202 bzw. von Ptol. *geogr.* V 9,7) oder eine Bucht des großen Nordmeeres (Arrian. *anab.* VII 16,2) sei. Zum Periplus des Kaspischen Meeres duch Patrokles s. Neumann, Karl: *Die Griechen im Skythenland*, Berlin 1855, S. 183 f., sowie Rolle, Renate: *Skythen in Griechenland – Griechen im Skythenland*, in: Gold der Steppe. Archäologie der Ukraine, Schleswig 1991, S 203–205. Zur Strabonischen Darstellung s. *geogr.* II 71 u. XI 509. Zur Quellenübersicht s. Grakow, Boris N.: *Die Skythen*. Berlin 1978, S. 3 ff.

634 Strab. *geogr.* II 1, 9. Wie Strabon hat auch Arrian von Nikomedien Nearchos' und Onesikritos' Schilderungen sowie Megasthenes' *Indiká* und Eratosthenes' *Geographika* als

Für viele christliche Autoren des Mittelalters waren die geographischen Beschreibungen von Pomponius Mela und Plinius dem Älteren wichtig. Plinius der Ältere trug in seiner *Historia naturalis* alles zusammen, was an exotischen Völkern der damaligen Welt bekannt war. Oft kannten sie jedoch die leichter zugänglichen Kompilationen des Gaius Julius Solinus, der in seinem Werk *De mirabilibus mundi* („Die Wunder der Welt") die menschenähnlichen, doch semianimalischen Monstra des fernen Indiens detailliert beschrieb. Er exzerpierte weitgehend Pomponius Melas *De chorographia libri tres* (Erdbeschreibung) und Plinius' *Naturalis historia* und trug somit erheblich zur späteren Begeisterung und Neugierde der Europäer für Kuriositäten des Orients bei. Alles, „*was die Welt an*

Informationsquelle herangezogen, nur mit dem Unterschied, dass er den beiden Letztgenannten mehr Glauben schenkte als Strabon. In einer besonderen Schrift, der Indike, hat Arrian die Fahrt des Nearchos von Kreta und des Onesikritos vom Indusdelta zum Persischen Golf geschildert. Darin überliefert Arrian. *anab.* VII 20,9 nach Nearchos, dem Admiral Alexanders des Großen, folgendes: *ἀλλὰ Νέαρχος λέγει ὅτι αὐτὸς διεκώλυσεν, ὡς ἐκπεριπλύσας τὸν κόλπον τὸν Περσικὸν ἔχοι ἀπαγγεῖλαι Ἀλεξάνδρῳ ἐρ' οἷς τισὶ πρὸς αὐτοῦ ἐστάλη*, zu Deutsch: „*Nearchos sagt, dass er selber dies verhindert hätte, damit er nach Absegelung des Persischen Golfes Alexander über die Dinge berichten könnte, zu deren Erkundung er von ihm ausgesandt wäre.*" Übers. nach Gerhard Wirth u. Oskar von Hinüber, vgl. Arrian: *Der Alexanderzug. Indische Geschichte*, hg. u. übers. v. Gerhard Wirth u. Oskar von Hinüber, München / Zürich 1985. Die Begründung des Nearchos liefert Arrian an derselben Stelle (Arrian. *anab.* VII 20,10): *οὐ γὰρ ἐπὶ τῷ πλεῦσαι τὴν μεγάλην θάλασσαν ἐστάλθαι, αλλ' ἐπὶ τῷ καταμαθεῖν τὴν χώραν τὴν προσεχῆ τῇ θάλασσῃ καὶ τοὺς κατοικοῦντας αὐτὴν ἀνθρώπους, ὅρμους τε ἐν αὐτῇ καὶ ὕδατα καὶ τὰ νόμαια τῶν ἀνδρῶν καὶ εἴ τις ἀγαθὴ καρποὺς ἐκφέρειν ἢ εἴ τις κακή*, zu Deutsch: „*Denn er sei nicht dazu ausgesandt, das Weltmeer zu durchfahren, sondern zu dem Zweck, das Land zu erkunden, das dem Meer nahe läge, und die Menschen, die es bewohnten, wie auch die Häfen an der Küste und die Trinkwasserverhältnisse und die Sitten und Bräuche der Menschen, und ob ein Land geeignet sei, Früchte zu bringen, oder ob eins dafür untauglich wäre.*" Übers. nach Gerhard Wirth u. Oskar von Hinüber, vgl. *Arrian: Der Alexanderzug. Indische Geschichte*, hg. u. übers. v. Gerhard Wirth u. Oskar von Hinüber, München / Zürich 1985. Über Strabons Verhältnis zu Eratosthenes' *Geographika* vgl. Engels, Johannes: *Die Rezeption des Eratosthenes und Poseidonios durch Strabon in den Geographika*, in: Vermessung der Oikumene, Berlin u.a. 2013, S. 87–100, hier S. 91 ff. Zu den ***monstra Indiæ*** vgl. Wunderlich, Werner: *Dämonen, Monster, Fabelwesen. Eine kleine Einführung in Mythen und Typen phantastischer Geschöpfe*, in: Damonen, Monster, Fabelwesen, hg. v. Ulrich Müller u. ders., St. Gallen 1999, S. 11–38; Wittkower, Rudolf: *Die Wunder des Ostens: Ein Beitrag zur Geschichte der Ungeheuer*, in: Allegorie und der Wandel der Symbole in Antike und Renaissance, hg. v. ders., Köln 2002; Wisniewski, Aline: *Herzog Ernst und die monstra des Orients*, Studienarb. TU Berlin, München 2013.

Sensationen zu bieten hat",[635] hat er in seinem Werk gesammelt. Solinus berief sich 200 Jahre später bei der Erstellung seiner *Collectanea rerum memorabilium* in weiten Teilen auf Plinius. Die bei Plinius aufgeführten Wunderwesen kamen über Solinus in die mittelalterlichen Handbücher wie „Elucidarium" und „*De Imagine mundi*" (I, 11–13 Sp. 123 f.) des Honorius von Augustodunensis (ca. 1120 entstanden) oder in die „Lucidarius" (ca. 1190 entstanden). Die Verfasser dieser einfachen didaktischen Werke mit christlichem Glaubensinhalt waren um die Vermittlung eines symbolischen Weltbildes bemüht. Auch in *De Civitate Dei* von Augustinus, in dem Codex Ambrosianus c. 99. inf., in *Etymologiae* (XI, 3 *de portensis*) von Isidor von Sevilla (7. Jh.), in *De rerum naturalis* (VII, 7 *de portensis*) von Hrabanus Maurus (um 850), im *Liber de natura rerum* unter „***monstruosis hominibus***" von Thomas von Cantimpré (um 1250) sowie bei dem römischen Enzyklopädisten Martianus Capella (5./6. Jh.) und vielen anderen Autoren stoßen wir auf eine Fülle von Exotenvölkern.

Die indischen Völker, egal ob menschlicher oder tierischer Art, treffen wir auch in der 1410 verfassten *Ymago Mundi* (c. 16, *de mirabilibus Indiae*, und c. 37, *De Aethiopia et eius partibus*) des Theologen Petrus de Alliaco. Den o.g. Verfassern gegenüber berücksichtigen etwa Alexander Neckams *De naturis rerum* (um 1210), der sein Werk nach den Elementen aufgliedert, und Hugo von Folieto,

635 Olshausen, Eckart: *Einführung in die historische Geographie der Alten Welt*, Darmstadt 1991, S. 47. Das Buch war im Mittelalter das Medium, durch das die Natur mit all ihren Wirklichkeiten und Indizien wahrgenommen wurde. Nach dem Physiologus-Vorbild entstanden später auch illustrierte Bücher, die man Bestiarien nannte. In diesen Büchern wurden Tiere und Fabelwesen unterscheidungslos aufgelistet. Zwischen imaginären und existenten Geschöpfen wird kaum ein deutlicher Unterschied gemacht. Insofern war das Naturverständnis des frühchristlichen *Φυσιολόγος* (*Physiologus, der Naturkundige*) viel vertrauenswürdiger und gewichtiger als die Fakten der Natur. Im Prinzip waren sowohl imaginäre als auch existente Geschöpfe glaubwürdig und greifbar, sodass die Differenzierung zwischen fingierter Dichtung und Erlebnisberichten bis in die Frühe Neuzeit noch kein Dilemma bedeutete. So auch in den Beispielen der Nachrichtensammlung des Pfarrers Johann Jakob Wick aus den Jahren 1560 bis 1587. Zur Erzähltradition von den Beschreibungen von Landstrichen sowie deren Bewohnern und deren Sagenwelt trug auch Eberhard Werner Happel in seinem *Groesste Denkwürdigkeiten der Welt oder sogenannte Relationes Curiosae*, hg. v. J. Westphal / U. Hübner, Hamburg 1684–1686 (Ndr. Berlin 1990), bei. In seiner populären Sammlung von Merkwürdigkeiten lieferte er nicht nur Kommentare zum Tagesgeschehen, sondern berichtete auch über exotische Länder und jüngste Erfindungen. Zudem vgl. auch Mandeville, MV 14, 8–13: ***Wann man vil lút findet die es gern sa[e]hent und ouch ho[e]rent und niement in fr [e]d und lust da von, wann sie wunderlich ding sehent und ho[e]rend sagen***.

dem fälschlicherweise *De bestiis et aliis rebus* I–III (um 1150) zugeschrieben wird, explizit animalische Kryptiden und nicht Chimären.

Die absonderlichen Völker waren in fast allen großen Enzyklopädien, geographischen Handbüchern und Erdbeschreibungen des 12. und 13. Jahrhunderts ein beliebtes Thema. So treffen wir sie in der von Gervasius von Tilbury[636] um 1211 für Kaiser Otto geschriebenen *Otia imperialia* (kaiserliche Mußestunden); in Gossouin de Metz' *Image du Monde*[637] (1246); in der zwischen 1220 und 1240 verfassten Enzyklopädie (*De rerum proprietatibus* XV, *De proprietate provinciarum* XVIII und *De proprietate animalium*) von Bartholomaeus Anglicus, im *Liber floridus* (nach 1100) von Lambert de St-Omer, sowie in dem *Trésor* (*Li livres dou trésor* I, 22) des Florentiners Brunetto Latini aus dem Jahr 1260. Während Pietro d'Abano, *Tractatus de venenis* XXX, S. 121, beispielsweise fest an die heilende Kraft des Einhorns glaubte, meinte Albertus Magnus, dass diese Fähigkeit erst noch untersucht werden müsse (*De anim. hist.* XX 2, 1). Im ausgehenden 15. Jahrhundert sowie im 16. Jahrhundert führen viele Autoren in ihren Werken mysteriöse Geschöpfe an.[638] Das Rätsel um die Existenz einzelner Fabelwesen löste im 16. und 17. Jahrhundert große Dispute aus.[639] Die allegorisch-literarische Tradition rätselhafter Wesen[640] dauerte bis in die

---

636 Gerv. *otia Imp.*, ed. Georg Wilhelm Leibniz, SS. rer. Brunsv. I–III, Hannover 1707–10. Zur Weltauffassung des Gervasius von Tilbury vgl. von den Brincken, Anna-Dorothee: *Die bewohnte Welt in neuen Sichtweisen zu Anfang des 13. Jahrhunderts bei Gervasius von Tilbury und Jakob von Vitry*, in: Geistesleben im 13. Jahrhundert (Miscellanea mediaevalia 27), hg. v. Jan A. Aertsen und Andreas Speer, Berlin / New York 2000. S. 604–624.

637 Textausgabe: Gossouin de Metz: *L'Image du monde de Maître Gossouin*, rédaction en prose. Texte du manuscrit de la Bibliothéque Nationale de France, fonds francais No 574, ed. Oliver Herbert Prior, Thèse de doctorat, Lausanne / Paris 1913.

638 Wir finden Ausführungen über unterschiedlichste Exponate in *Mirour of the World* (London 1480) von William Caxton, in den Kapiteln 6, 16 u. 26 des vom Löwener Arzt und Kartographen Gemma Frisius verfassten *De principiis astronomiae et cosmographiae* (1547), in dem es um *„Erklärung und Gebrauch des Himmelsglobus, oder der Sphäre der Fixsterne"* geht. In diesem Kontext sei hier auch die vom Kosmographen und Hebraisten Sebastian Münster verfasste „Cosmographia" (1544) genannt. Zu Gossouin de Metz vgl. Hilka, Alfons (Hg.): *Drei Erzählungen aus dem didaktischen Epos „L'Image du monde" (Brandanus – Natura – Secundus)*, Halle a.d. Saale 1928.

639 Z. B. für das Einhorn vgl. RDK IV 1516 u. 1519 f. Zur Übersicht der Monstra s. Barber, Richard W. / Riches, Anne: *A Dictionary of Fabulous Beasts*, London 1971.

640 Wittkower, Rudolf: *Die Wunder des Ostens: Ein Beitrag zur Geschichte der Ungeheuer*, in: ders. (Hg.): Allegorie und der Wandel der Symbole in Antike und Renaissance, Köln 2002, S. 87–150; Stein, Alexandra: *Die Wundervölker des Herzog Ernst (B).*

Mitte des 19. Jahrhunderts, um sich ab der Mitte des 20. Jahrhunderts mit all ihren postapokalyptisch anmutenden invasiven Mutationen, intergalaktischen monströsen Unwesen und skurrilen Marsmenschen u. ä. in die Science-Fiction-Tradition zu verwandeln.

Auch auf den Weltkarten der damaligen Zeit spielten diese Ethnien und Monstra eine große Rolle. Auf den großen Weltkarten wie der Ebstorfkarte,[641] der Herefordkarte[642] sowie auf dem Fragment einer dritten großen Weltkarte aus Cornwall gibt es reichhaltige Darstellungen von diesen *homini monstrosi*. So zeigt etwa der 1375 von Abraham Cresques entworfene „Atlas Catalan" unter anderem die apokalyptischen Völker Gog und Magog und den berüchtigten Kampf der Pygmäen gegen die Kraniche. Die Anthropophagen und Akephalen sind beispielsweise auf der Karte von Giovanni Leardo zu sehen.[643]

Dass den Griechen bzw. einem Volk des Mittelmeerraums die Wale in der ersten Hälfte des 4. Jh. v. Chr., obwohl Aristoteles in seinen zoologischen Schriften über sie als „Lebendgebärende"[644] und „Lungenatmer"[645] bereits berichtet hatte, jedoch ihre gewaltige Grösse unerwähnt ließ, als furchterregende majestätische

---

Zum Problem körpergebundener Authentizität im Medium der Schrift, in: Fremdes wahrnehmen – fremdes Wahrnehmen. Studien zur Geschichte der Wahrnehmung und zur Begegnung von Kulturen in Mittelalter und früher Neuzeit, hg. v. Wolfgang Harms u. C. Stephen Jaeger, Stuttgart 1997, S. 21–48.

641 Zur „Ebstorfer Weltkarte" von 1235 vgl. Kugler, Hartmut: *Die Gräber der Ebstorfer Weltkarte*, in: 800 Jahre Kloster Ebstorf, Uelzen 1997, S. 53–65, sowie *Die Ebstorfer Weltkarte*, hg. v. Hartmut Kugler, 2 Bde., Berlin 2007. Die Ebstorfkarte ist im typischen T-Modell dargestellt. Auf ihr sind an den Welträndern Bestiarien und Fabelwesen angesiedelt, wobei Motive der Wunderliteratur mit antiken Mythen und dem Alexanderstoff (wie z. B. Gog und Magog) vereinigt werden, vgl. auch Reichert, Folker E.: *Grenzen in der Kartographie des Mittelalters*, in: Migration und Grenze (Stuttgarter Beiträge zur Migrationsforschung 4), hg. v. Andreas Gestrich u. Marita Krauss, Stuttgart 1998, S. 15–39.

642 Die „Hereford Map" des Richard of Haldingham (etwa 1280) zeigt ebenfalls an die Oikumene gedrängte Fabelwesen und -menschen. Zudem vgl. Westrem, Scott D.: *The Hereford Map. A Transcription and Translation of the Legends with Commentary*, Terrarum Orbis, vol. 1, Nr. 389, Turnhout 2001.

643 Vgl. Leardo, Giovanni: *The Leardo map of the world, 1452 or 1453*, hg. v. John Kirtland Wright and Albert Berthold Hoen, in: The Collections of the American Geographical Society, no. 4, New York 1928, zu Menschenfressern s. S. 37, und zu Kopflosen s. S. 49.

644 Arist. *de an.* III 20 [521b,21 ff.]; über ihre Zeugung I 9 [718b,28 ff.].

645 Arist. *de an.* IV 10 [537a,31–537b,3]; über ihre Teile IV 13 [697a,15 ff.].

Seetiere (κήτεα) galten,[646] ist durchaus verständlich. Noch im ausgehenden Mittelalter tummeln sich auf dem *Globus* des Nürnberger Tuchhändlers und Seefahrers Martin Behaim (Behaimscher Erdapfel aus dem Jahr 1492) in den Ozeanen riesige Seeschlangen und in Afrika verschiedenartige Monstra.

Der aus Venedig stammende Kamaldulenser Mauro, der meist Fra Mauro genannt wird, erwähnte viele der äthiopischen Ethnien, hielt aber nicht viel von Berichten über bestialische Sitten, die in der Mitte des 15. Jahrhunderts in den historiographischen Vorstellungen noch fest verwurzelt waren: „*Sono alguni istoriographi i qual dice delfonte dej garama(n)ti el qual de note etanto caldo ehe [...]. Dicono ancora de questi ethyopi molte nouitade maxime de i pa(n) phagi, agriophagi, antropophagi e cinomolgi e de li lor bestial costumi. Ite(m) de a(n)i(m)ali moinistruosi, zoe s(er)pe(n)ti, dragoni, basilischi (et) altre nouita le q(u)al dir no(n) posso*" – „*Es gibt einige Historiographen, die von der Quelle der Garamanten erzählen, die in der Nacht so heiß ist, dass [...]. Sie berichten über diese Äthiopier auch viele Neuigkeiten, meistens über Panphagen (Allesfresser), Agriophagen (Vegetarier), Anthropophagen (Menschenfresser) und Kynamolgen (Hundsköpfige) sowie ihre bestialischen Bräuche. Ebenso berichten sie über monströse Tiere wie Schlangen und Drachen, über Basilisken und andere Neuigkeiten, über die ich nichts sagen kann.*"[647]

In den historiographischen Werken „Historia Hierosolomytana" des Fulcher von Chartres (III, 49: ***de diversis generibus bestiarum et serpentium in terra Saracenorum***), „Gesta Hammaburgensis Ecclesiae Pontificum" des Adam von Bremen und „Orientalis sive Hierosolomytana historia" des Jakob von Vitry[648] gibt es Exkurse über märchenhafte Völker. Viele der ***peregrinatii*** berichten von

646 Arrian. *Ind.* XXX 1–7.

647 Vgl. dazu Tullia Gasparrini Leporace, 11 mappamondo di Fra Mauro [Anm. 1], S. 31, T. XVII 16. Zitat und Übers. bei Baumgärtner, Ingrid: *Kartographie, Reisebericht und Humanismus. Die Erfahrung in der Weltkarte des venezianischen Kamaldulensermönchs Fra Mauro (†1459*, in: Das Mittelalter. Perspektiven mediävistischer Forschung 3 (1998) He. 2: Fernreisen im Mittelalter (hg. v. Folker Reichert), Berlin 1998, S. 161–197, hier S. 183, Anm. 84. Darüber hinaus vgl. Zurla, Placido: *Il Mappamondo di Fra Mauro camaldolese descritto e illustrato da d. Placido Zurla dello stess'Ordine*, Venezia, s.e., 1806.

648 Zum geistigen Beitrag des Hagiographen Jakob von Vitry vgl. von den Brincken, Anna-Dorothee: *Die bewohnte Welt in neuen Sichtweisen zu Anfang des 13. Jahrhunderts bei Gervasius von Tilbury und Jakob von Vitry*, in: Geistesleben im 13. Jahrhundert (Miscellanea mediaevalia 27), hg. v. Jan A. Aertsen und Andreas Speer, Berlin / New York 2000. S. 604–624.

seltsamen Ethnien[649]. Der Dominikaner Felix Fabri aus Ulm räumt in seinem „Evagatorium" Indien mit seinen sagenhaften Reichtümern und mannigfachen Ethnien eine besondere Stellung ein. In seinem Pilgerbuch zählt der Mönch Udalrich verschiedene Bestiarien auf, ohne sie näher zu beschreiben: ***in hoc etiam palatio sunt viridaria plena diversis generibus bestiarium, quas potest dominus venari quando sibi placet non exeundo domum suam.***[650] Auch Weltchroniken berichten von diversen formidablen Erdbewohnern.

Im 11. bis 13. Jahrhundert beobachten wir eine Neigung zur verstärkten Fiktionalisierung der Literatur. Insbesondere entfernen sich die Texte von einer historisch belegbaren Lebenswelt. Die Fülle und Unterschiedlichkeit der Darstellungen von ungewöhnlichen Ethnien beweisen, dass diese als real existierend, als Teil der Geographie angesehen wurden. Für den Übergang zur Fiktion lässt sich keine eindeutige Zäsur ausmachen. Fiktionalität und Faktizität existieren gemeinsam in den Texten und bilden die erdichtete Konstruktion.

---

649 So will Mandeville nicht nur „*von mengerlay wunderlichen lütten*" berichten, sondern auch von „*wunderlichen tieren und landen*" und „*von menger wunderlichen ynsel*", vgl. Sir John Mandevilles Reisebeschreibung, in: DTM 66, Berlin 1974, S. 93. Somit stellt er in seinem Werk die Ansprüche eines interdisziplinären Berichterstatters.

650 Saint Omer, Library (No. 737). MS., paper, fol., xvth cent. – ***Incipit Itinerarium fratris Oderici, ordinis fratrum Minorum, de Mirabilibus orientalium Tartarorum. «Licet multa et varia de ritibus et conditionibus» etc. Finit: Innumerabilia et mihi difficilia ad scribendum***. Weitere Anhaltspunke bietet: Peregrinatio Fratris Udalrici Trans Mare Magnum: Visio sancti Brandonis, *Catalogue de livres anciens et modernes sur la Terre Sainte et les Indes orientales formant la riche collection de M. F. de Saulcy* (No 308), membre de l'Institut, dont la vente se fera le mercredi 27 novembre 1872 et les trois jours suivants[...], 8 tomes, Paris 1872. Frater Udalricus war ein Angehöriger des Kemptener Benediktinerklosters und daher nicht zu verwechseln mit dem tschechischen Franziskaner Odorich von Pordenone, der in seinem *Itinerarium de mirabilibus orientalium Tartarorum* von 1330 ausführlich aus Ostasien berichtet: *The journal of Friar Odoric (1318–1330) Odorico da Pordenone: Itinerarium [...] de mirabilibus orientalium Tartarorum*, in: The Travels of Sir John Mandeville with three narratives in illustration of it: The Voyage of Johannes de Plano Carpini, The Journal of Friar William de Rubruquis, The Journal of Friar Odoric (ed. Manuel Komroff), London 1900 (Ndr. New York / Dover, 1964 ff.), S. 326–362. Dennoch gehören die Fabelwesen in den göttlichen Heilsplan, vgl. Cramer, Thomas: *Der Umgang mit dem Wunderbaren in der Natur: Portenta, Monstra und Prodigia in der Zoologie des Mittelalters und der frühen Neuzeit – Die Gleichzeitigkeit des Ungleichzeitigen*, in: Knowledge, Science and Literature in Early modern Germany, London 1996, S. 151–192, hier S. 155 f.

Der Kirchenvater Augustinus tradiert nicht einfach heidnisches Wissen der Antike, sondern setzt sich unter theologischen Gesichtspunkten mit diesem Phänomen auseinander. Während Augustinus sogar versucht, sich mit der Koexistenz der fiktiven und faktischen Elemente auseinanderzusetzen und diese mit der christlichen Lehre zu harmonisieren,[651] bemerkt sein Zeitgenosse Macrobius, dass es einige antike Texte gibt, in denen die Wahrhaftigkeit nur ingeniös ausgedrückt wird, sodass es gilt, die frommen Schleier der Bilder (***sub pio figmentorum uelamine***) und natürlich auch der Namen (***nomina***) zu enthüllen.[652] Nach der macrobianischen Kriteriologie ist das Fabulöse nur dann der Philosophie dienlich, wenn es zur Tugend führt.[653] Solche fabulösen Texte interpretierte später beispielsweise die Schule von Chartres als „integumentum" („Schleier", „Hülle"), hinter dem die göttliche Wahrheit verborgen bleibt.[654]

---

651 Vgl. August. *doct. Chr.* II 39,58–61; ders. *civ. Dei* V. Zum Thema vgl. Wittkower, Rudolf: *Die Wunder des Ostens: Ein Beitrag zur Geschichte der Ungeheuer*, in: ders. (Hg.): Allegorie und der Wandel der Symbole in Antike und Renaissance, Köln 2002, S. 87–150, hier S. 96.

652 Macrobius verfasste im 5.Jh. eine Auslegung zu Ciceros Traum des Scipio, worin der Träumer einen intersphärischen Abstecher unternimmt, bei dem er das ganze Universum beobachtet, Macr. *somn. Scip.* I 2, 11: ***ut enim contextio narrationis per turpia et indigna numinibus ac monstro similia componitur ut di adulteri, Saturnus pudenda Caeli patris abscindens et ipse rursus a filio regno potito in uincla coniectus, quod genus totum philosophi nescire malunt—aut sacrarum rerum notio sub pio figmentorum uelamine honestis et tecta rebus et uestita nominibus enuntiatur et hoc est solum figmenti genus quod cautio de diuinis rebus philosophantis admittit.*** Der Kommentar des Macrobius zu Ciceros *Somnium Scipionis* war eine der beliebten Schriften des Mittelalters.

653 Macr. *somn. Scip.* I 2,11–18. Zur begriffsgeschichtlichen Erklärung August. *civ. Dei* VI 5: ***Latine si usus admitteret, genus, quod primum posuit, fabulare apellaremus; sed fabulosum dicamus, a fabulis enim mythicon dictum est, quoniam*** *μῦθος* ***Graece fabula dicitur.*** Cic. *de leg.* I, 5 möchte auch bei Herodot ***innumerabiles fabulae*** anstelle von ***veritas*** (*ebd.*) festgestellt haben. Zur semantischen Definition des Wortes vgl. Werner Wunderlich, der schreibt: „*Der Begriff ‚fabula' bezeichnet in Antike und Mittelalter eine erfundene Geschichte, erzählt im epischen Präteritum, und meint damit auch abwertend die unwahre Erzählung. Für das Mittelalter sind die entwicklungsgeschichtliche Wirklichkeit sowie die naturwissenschaftliche Richtigkeit der fabula bedeutungslos, weil sich Wahrheit allein durch eine Entsprechung zum Heilsgeschehen erweist*", vgl. ders.: *Dämonen, Monster, Fabelwesen. Eine kleine Einführung in Mythen und Typen phantastischer Geschöpfe*, in: Damonen, Monster, Fabelwesen, hg. v. Ulrich Müller u. Werner Wunderlich, St. Gallen 1999, S. 11–38, hier S. 29.

654 Vgl. Brinkmann, Hennig: *Verhüllung (‚integumentum') als literarische Darstellungsform im Mittelalter*, in: Der Begriff der Repraesentatio im Mittelalter. Stellvertre-

Wie im Orient brauchten auch die Völker in Europa ihre abstrusen Geschöpfe und Geschichten. In der europäischen Tradition ist beispielsweise das Einhorn[655] ein magisches humanophiles Fabeltier.[656] Es ähnelt einem Pferd, trägt jedoch ein prächtiges gedrehtes Horn auf der Stirn. In seinem Itinerarium (Cambridger Handschrift, Bl. 1r-119v) berichtet Mandeville, wie ein Einhorn im Land des

---

tung, Symbol, Zeichen, Bild, hg. v. Albert Zimmermann, Miscellanea mediaevalia 8, Berlin / New York 1971, S. 314–339.

655 Lat. ***unicornus / unicornis*** (im Physica-Text) und bei Summarium Heinrici A 147,450/451; B 59,67/68 ***rinoceron***. Für den Begriff „Einhorn" gibt es im Mittel- und Althochdeutschen verschiedene Schreibvarianten, z. B. ***einhorn***, ***einhurn***, ***einhurno***, ***einhurne*** oder ***einhürne***. Vgl. Einhorn, Jürgen Werinhard: *Spiritualis Unicornis. Das Einhorn als Bedeutungsträger in Literatur und Kunst des Mittelalters*, Münstersche Mittelalter-Schriften, 13, München 1976. Das heilkundige Einhorn leistet den Menschen gute Dienste. Mit seinem wunderlichen Horn kann es giftige Quellen und Gewässer neutralisieren, hilft bei Frauen- und Geburtsleiden, es ist in der Lage, Versteinerungen rückgängig zu machen oder Tote auferstehen zu lassen, und das Trinken seines Blutes verleiht einem Unsterblichkeit.

656 Hierzu vermerkt Werner Wunderlich: „*Es ist unwichtig, ob das Einhorn real existiert, wenn es dank methodischer Bibelhermeneutik vom Physiologus als typologische Verkörperung Christi verstanden wird. Zum biblischen Typus „Herabkunft des Erlösers und Menschwerdung im Schoß der Jungfrau" wird gleichsam als Antitypus in einer quasi-naturkundlichen Geschichte das Einhorn als typologische Inkarnation von Passion und Auferstehung Jesu ersonnen. Die fabula stellt das Einhorn so dar, als ob es eine in der Natur vorgegebene Eigenschaft durch sein Dasein nur auslege. So werden res naturales durch die bibelexegetische Methode der Typologie fiktiv erschaffen und mit Artmerkmalen ausgestattet, die den tatsächlichen res naturales gleichen und von diesen faktisch nicht mehr unterschieden werden.*" Ders.: *Dämonen, Monster, Fabelwesen. Eine kleine Einführung in Mythen und Typen phantastischer Geschöpfe*, in: Damonen, Monster, Fabelwesen, hg. v. Ulrich Müller u. Werner Wunderlich, St. Gallen 1999, S. 11–38, hier S. 29 f. Bei den Tieren, die wir heute als ‚Fabeltiere' bezeichnen, handelte es sich in der Antike und im Mittelalter um wissenschaftlich gesichertes Wissen. Wunderlich erinnert daher mit recht an das Fehlen des Terminus „creatura fabulae" im Mittelalter. Das gleiche tut er auch im Bezug auf die Verbannung der irrealen Fauna und Flora mittels der Linnéschen Systema Naturae (1758/1766) und fügt folgendes darüber hinzu: „*Im aufgeklärten Verständnis sind deshalb Fabelwesen real nicht existierende, aber in Antike und Mittelalter für real gehaltene mythische Geschöpfe, die von den erdichteten und unwahren fabula ausgedacht worden waren und die in Literatur und Kunst sowie in der Volksüberlieferung ein Eigenleben zu führen begonnen hatten.*" Ders., *ebd*. S. 30.

Priesterkönigs[657] gegen einen Löwen, seinen ärgsten Feind, kämpft. Im Alexanderlied des Pfaffen Lamprecht (V. 5427 ff.) ist unter den Gaben, die die Königin Kandake[658] Alexander schickt, auch ein ***monosceros*** (V. 5583) genanntes Tier. Im Alexanderlied (V. 5578–5583) heißt es:

„Di kuninginne rîche
sante mir ouh ein tier,
daz was edele unde hêr,
daz den carbunkel treget
und daz sih vor di magit leget.
Monosceros ist iz genant."

Ähnlich wie im Vers 5581 (***daz den carbunkel treget***)[659] war im mittelalterlichen Europa der Glaube, dass das Einhorn an der Wurzel seines Horns einen kost-

657 In den Illustrationen zu Diemeringens Übersetzung der ‚Reisen' (Wiener Handschrift 2838), welche zweihundert rahmenlose, teilweise kolorierte Federzeichnungen enthalten, gibt es folgende Szenen mit Priester Johannes: 133va: Inseln im Reich des Priesters Johannes / 135ra: Priester Johannes, Subregenten / 135v: Kriegszug des Priesters Johannes / 136r: Palast des Priesters Johannes; Flüsse mit Edelsteinen, vgl. Ridder, Klaus: *Jean de Mandeville. Reisebeschreibung. Der Antichrist und die fünfzehn Zeichen vor dem Jüngsten Gericht.* Farbmikrofiche-Edition der Handschrift Wien, Österreichische Nationalbibliothek, Codex 2838, in: Codices illuminati medii aevi 24, München 1992, S. 25. Der um 1070 entstandene, der Übersetzung einer lateinischen Dicta-Version entsprechende „Ältere Physiologus" (auch: Althochdeutscher Physiologus) weist darauf hin, dass das Fabeltier die göttliche Monoität symbolisiert und auf die Person des Heilands gerichtet ist, der im Leibe der wahrhaftig reinen Jungfrau Maria Wohnung nahm (*ebd.*): ***Daz bezeichenet unserin trotin Christin, der dir lucil uuas durih di deumuti der menischun geburte. Daz eina horin daz bezeichenet einen got. Also demo einhurnin niman geuolgen nemag, so nemag ouh nehein man uernemin daz gerune unsiris trotinis, noh nemahta uone nehenigemo menislichemo ougin geseuin uuerdin, er er uon der magede libe mennesgen lihhamin finc, dar er unsih mite losta.*** Selbst darüber, wie man ein Einhorn zu jagen hat, wird im „Älteren Physiologus" III, *De unicorni* eine Instruktion geliefert: ***So sezzet min ein magitin dar tes tiris uard ist. So ez si gesihit, so lofet ez ziro. Ist siu denne uuarhafto magit, so sprinet ez in iro parm unde spilit mit iro. So chumit der iagere unde uait ez,*** vgl. Maurer, Friedrich (Hg.): *Der althochdeutsche Physiologus*, Die Millstätter Reimfassung und die Wiener Prosa, nebst dem lateinischen Text und dem althochdeutschen Physiologus, ATB 67, Tübingen 1967.

658 Nach Strab. *geogr.* XVII 54 war Kandake eine Königin der „Äthiopier" zur Zeit des Augustus. Er beschreibt sie als *„mannhaftes Weib"*. Vgl. auch Cass. Dio *hist. Rom.* LIV, 5.

659 Dublette: ***carbuncel*** (V. 5981). Übrigens kommt der Edelstein auch in Fass G (20, 6; 41, 5; 74, 5) öfter vor. Zur Karfunkel-Passage bei Sindbad vgl. F. H. v. d. Hagen, A. Pri-

baren, heilsamen Stein trüge, ziemlich weit verbreitet. Im Parzival des Wolfram von Eschenbach wird versucht, mit dem Karfunkelstein, den das Einhorn unter seinem Horn trägt, die Wunden des Amfortas zu heilen (482, 27 ff.).[660] Eine etwas abweichende Vorstellung findet sich bei Hildegard von Bingen *Physica* VII 5, 4 (*De unicorni*): ***Sub cornu autem suo aes* [os?] *habet quod velut vitrum perspicuum est, ita quod homo in illo faciem suam velut in speculo considerare potest, sed tamen non valde pretiosum est.***[661] Zum Karfunkel bemerkt Albertus Magnus *De mineralibus et rebus metallicus* III 1, 2, dass dieser Stein als der Vornehmste gilt, weil er von allen die Kraft in sich birgt: ***plus omnium aliorum lapidem virtutes habere dicitur.***[662] Die Herkunft des Karfunkels (lat. carbunculus) wird im Fernen Osten, meistens in Indien vermutet.

Ob historische Traditionen, literarische Motive oder xylographisch-illustratorische Phrasen, in vielen Werken des Mittelaters schmücken die kuriosen Fabel-, Misch- oder Wunderwesen stereotypisch das Bild des Fremden. Aus der Sicht des christlichen Europas sind diese Kreaturen allesamt bizarr, da sie „*aus dem vertrauten Maßstab menschlichen Aussehens und menschlicher Schönheit, menschlichen*

---

misser und J. G. Büsching (Hg.): *Herzog Ernst des Heinrich von Beldeck*, in: Deutsche Gedichte des Mittelalters, Band I, Berlin 1808, S. III–XX, besonders S. VI; vgl. Voss, Georg: *Die Sage vom Herzog Ernst unter dem Einflusse Wolframs von Eschenbach*, in: Beilage zum Programm des Gymnasiums in Buchsweiler, Colmar 1886.

660 *Parzival* IX 482,27–30 lautet: „***wir gewunn des tieres herzen / über des küneges smerzen. / wir nâmen den karfunkelstein ûf des selben tieres hirnbein***". Orgeluse sagt von ihrem Geliebten Cidegast: „***der triuwe ein monîzirus, / sît ich die wârheit sprechen kan, / sus was mîn erwünschet man***", vgl. *ebd.* XII 613, 22–24, sowie 482, 24. Doch dem Einhorn werden nicht immer heilende Kräfte zugesprochen. Einige Kirchenlehrer deuten das Wundertier negativ: Das Einhorn bezogen viele Autoren auf die Hochmut (***superbia***) der Juden, darunter Augustinus (Migne PG 36, col. 213); Beda Venerabilis (Migne PL 91, col. 596); Eucherius (Migne PL 50, col. 750); Ps.-Hieronymus (Migne PG 26, col. 935); Remigius Monachus (Migne PL 131, cols. 256 u. 283) und Rufinus (Migne PG 21, col. 746), auf das Symbol für den Teufel (***satellites Satanae***), beispielsweise Ps.-Hieronymus (Migne PG 26, col. 935) oder auf das Symbol für feindliche Mächte (***potentes hujus saeculi***), darunter Augustinus (Migne PG 34, col. 881); Gregor (Migne PG 76 col. 571 ff.); Ps.-Hieronymus (Migne PG 26, col. 955).

661 Hildegard von Bingen: *Physica. Liber subtilitatum diversarum naturarum creaturarum* – Textkritische Ausgabe, hg. v. Hildebrandt, Reiner / Gloning, Thomas, Berlin / New York 2010.

662 Vgl. die Textausgabe *De mineralibus et rebus metallicus* in *Beati Alberti Magni*, tom. 2, Lugduni 1651, p. 228.

Verhaltens und menschlicher Ordnung herausfallen.“[663] Die „*fabelreich, legendär und sagenhaft*“ [664] geschmückten Verse bedeuteten „*für die Zeitgenossen [...] doch Geschichte, dargestellt, wie man sie auf Adels- und Bauernhöfen zu hören liebte.*“[665] Die Erzählungen, die den Orient behandeln, sind zwar „*manchmal verwoben in ein Konglomerat von disparaten Vorstellungen und christlich-europäisch übermalt*“,[666] doch, wie oben erörtert, ist diese artifizielle Verzerrung der Fremdenwahrnehmung ein Relikt aus der Antike. Der aus dem südiberischen Tingintera stammende Kosmograph Pomponius Mela beschreibt Landschaften, Siedlungen, Völker, Mythen, Rituale und *mirabilia*, wobei er auf die Benennung von Potentaten, kaufmännische Auskünfte oder Entfernungsangaben fast völlig verzichtet.[667] Seine *Chorographia* beginnt mit den Worten „***orbis situm dicere aggredior***“ (Pomp. Mela *chor.* I, 1), er unternehme es also, die Lage des Erdkreises zu beschreiben.[668] Insofern handelte er nicht aus populistisch-kommerziellen Gründen, sondern war vielmehr darum bemüht, das Bild des Erdkreises zu vervollständigen.

5.2. Orientalische Völker und Kryptiden aus der Sicht orientalischer Quellen

Die orientalischen Quellen haben mit Sicherheit auch dazu beigetragen, dass die antiken Erzählstoffe im mittelalterlichen Europa Jahrhunderte lang gepflegt und tradiert wurden. So handelt es sich bei der Sammlung der *Sieben weisen Meister*,[669]

---

663 Röcke, Werner: *Die narrative Aneignung des Fremden. Zur Literarisierung exotischer Welten im Roman des späten Mittelalters*, in: Furcht und Faszination. Facetten der Fremdheit, hg. v. H. Münkler u. B. Ladwig, Berlin 1997, S 347–378, hier S. 353.

664 Grundmann, Herbert: *Geschichtsschreibung im Mittelalter: Gattungen, Epochen, Eigenart*, Göttingen ^{3}1978, S. 10.

665 H. Grundmann, *ebd.*, S. 10.

666 Vgl. Nyholm, Kurt: *Der Orient als moralisches Vorbild im ‚Jüngeren Titurel'*, in: Begegnung mit dem ‚Fremden', Grenzen – Traditionen – Vergleiche, München 1991, S. 275–284, hier S. 275.

667 Abgesehen von den beiden Karthagern Hannibal (II 116) und Hanno (III 90, 93) sowie Cornelius Nepos (III 45, 90), Eudoxus (III 90), Quintus Metellus Celer (*indirekt* III 45) finden sich bei ihm keine Anthroponymen aus dem Kreis der Machthabenden.

668 Brodersen, Kai (Hg.): *Pomponius Mela – Kreuzfahrt durch die Alte Welt*, lat.-dt., Darmstadt 1994, S. 32.

669 Die Forschung über den Literaturzweig der *Sieben weisen Meister* ist geprägt worden durch Loiseleur-Deslongchamps, Auguste-Louis-Armand: *Essai sur les fables indiennes et leur introduction en Europe; suivi du Roman des sept sages de Rome en prose etc.*, Paris 1838, hier bes. S. 152–161; Comparetti, Domenico: *Ricerche intorno al libro*

die in eine Rahmenhandlung eingebettet ist, um fünfzehn novellenartige Erzählungen, deren Verfasser nach der Meinung des Göttinger Indologen Theodor Benfey sich wohl aus buddhistischen Quellen inspirieren ließ.[670] Obwohl Alfons Hilka untersteicht, dass für das indische Original bis heute keine stichhaltigen Beweise existieren, meint er, es spräche „*vieles für diesen Ursprung*".[671] Dennoch müssen beide Ansichten vage bleiben. Nach Sylvestre de Sacy gehen die Abkömmlinge der Pahlewi-Übersetzung und Hitopadesha auf eine kollektive indische Quelle zurück. Ob der indische Ursprung des „*merkwürdigen*" Buches „*aus äußeren oder inneren Gründen gefolgert werden kann*",[672] sei dahingestellt. Die Zeit des Übergangs des *Pantschatantras*, der indischen Weisheitslehren, nach Persien ist nach Th. Benfey vor dem 6. Jahrhundert zu datieren.[673] Chr. Daniel Beck behauptet, das

di Sindibad, in: Memorie del R. Istituto lombardo di scienze e lettere, Bd. II, Ser. 3.2, Milano 1869; Mussafia, Adolfo: Beiträge zur Litteratur der Sieben weisen Meister, SAWW.PH 57, Wien 1868, S. 37–118, und *Deux redactions du roman des Sept Sages de Rome*, ed. Bruno Paulin Gaston Paris, Paris 1876. In der Urversion der indischen Erzählung (*Pantschatantra*), welche in fünf Büchern abgefasst ist, geht es um die Erziehung der drei ‚unbedachten' Königssöhne. Vgl. auch Huth, Georg: *Die Reisen der drei Söhne des Königs von Serendippo*, hg. v. Richard Fick / Alfons Hilkka, Berlin 1891, S. 309. Eine ausführliche Arbeit zu den ältesten Fassungen bietet Schmitz, Jakob: *Die ältesten Fassungen des deutschen Romans von den sieben weisen Meistern*, Diss., Greifswald 1904.

670 Benfey, Theodor: *Orient und Occident, insbesondere in ihren gegenseitigen Beziehungen*, 3 Bde., Wien 1864, hier III, S. 177.

671 Hilka, Alfons (Hg.): *Historia septem sapientum. I. Eine bisher unbekannte lateinische Übersetzung einer orientalischen Fassung der Sieben weisen Meister (Mischle Sendabar)*, Heidelberg 1912, S. VII.Hilka stützt sich dabei auf Benfey, Theodor: *Pantschatantra. Fünf Bücher indischer Fabeln, Märchen und Erzählungen, aus dem Sanskrit übersetzt mit Einleitung und Anmerkungen*, 2 Bde., Leipzig 1859 (Ndr. Hildesheim 1966), und ders.: *Orient und Occident, insbesondere in ihren gegenseitigen Beziehungen*, 3 Bde., Wien 1864, hier III, S. 177.

672 de Sacy, Baron Sylvestre: *Kalila va Dimna ou Fables de Bidpai*, Paris 1816.

673 Benfey, Theodor: *Pantschatantra. Fünf Bücher indischer Fabeln, Märchen und Erzählungen, aus dem Sanskrit übersetzt mit Einleitung und Anmerkungen*, 2 Bde., Leipzig 1859 (Ndr. Hildesheim 1966), Bd. I, S. XVI. Die neuere Forschung neigt dazu, den Übergang von Indien nach Persien auf etwa 900 zu datieren, beispielsweise Mielke, Christine: *Zyklisch-serielle Narration: erzähltes Erzählen von 1001 Nacht bis zur TV-Serie*, Berlin / New York 2006, S. 179, Anm. 184. In dieser Version muss sich ein edler Prinz nach den verführerischen Intrigen einer Königin ihrem Gemahl gegenüber verteidigen, wobei er von sieben weisen Meistern anwaltlich begleitet wird, da er durch ein Schweigegelübde gebunden ist. Zur Rekonstruktion des Übersetzungsweges vgl. Pischel, Richard: *Die indische Literatur*, in: Die orientalischen Literaturen,

Original der Fabeln im Sanskrit sei „*im 6. christl. Jahrh. zuerst vom Arzt Barsujeh aus Indien nach Persien gebracht*“[674] worden. Die Sammlung in der tradierten Konstellation stammt vermutlich ursprünglich aus Persien, ging aber dort in der Spätantike verloren.[675] Die Übersetzung aus dem Mittelpersischen (Pahlewi) ins Arabische wurde Mitte des 8. Jahrhunderts unter dem Titel *Kalila und Dimna*[676] bewerkstelligt. Auf die verlorene arabische Fassung machten schon der arabische Historiker al-Yaqubi (880) und der arabische Geograph al-Masudi (943) aufmerksam.[677] Und ein anderer Araber aus dem 10. Jahrhundert, der Lexikograf Ishaq

---

Die Kultur der Gegenwart. Ihre Entwicklung und ihre Ziele, Teil I, Abt. VII., hg. v. Paul Hinneberg, Leipzig / Berlin 1906, S. 160–213, hier S. 190.

674 Beck, Christian Daniel: *Allgemeines Repertorium der neusten in- und ausländischen Literatur,* hg. v. einer Gesell. Gelehrter, 3. Bd., Leipzig / Wien 1819, S. 125.

675 Hilka, Alfons *(Hg): Historia septem sapientum. I. Eine bisher unbekannte lateinische Übersetzung einer orientalischen Fassung der Sieben weisen Meister (Mischle Sendabar)*, Heidelberg 1912, S. VII.

676 Die Erzählung beinhaltet 18 Geschichten, welche schon im 19. Jh. von Wilkins: The Heetopades of Veeshnoo Sarina in a Series of connected Fables etc. 1787 ins Englische übersetzt wurden. Vgl. auch die engl. Übersetzung, die von Knatchbull, Rev. Wyndham (ed./transl.): *Kalila and Dimna: Or, The Fables of Bidpai*, London 1819, nach dem 1816 von Baron Sylvestre de Sacy gelieferten, mit kritischen Anmerkungen und einer historischen Abhandlungen versehenen Text („*text of Silvestre de Sacy's edition of Ibn al-Mukaffa's version, with the Introduction by Bahnūd ibn Sahwan*“) herausgegegen wurden. Beck, Christian Daniel: *Allgemeines Repertorium der neusten in- und ausländischen Literatur,* hg. v. einer Gesell. Gelehrter, 3. Bd., Leipzig / Wien 1819, S. 125, unterstreicht jedoch, dass die „*gegenwärtigen* [per anno 1819] *englische Übersetzungen des Arabischen* [...] *nicht wörtlich, sondern frey*“ seien. De Sacy, Baron Sylvestre, *Kalila va Dimna ou Fables de Bidpai*, Paris 1816, wird seinerseits auf die von Dawud Sa'id *Les fables de Pilpay: Philosophie indien ou la conduite des rois*, Paris 1698, gelieferte Übersetzung – wenn auch nur teilweise – zurückgegriffen haben. Sonst gab die erste Edition in deutscher Sprache Bickell, Gustav (hg. u. übers.): *Kalilag und Damnag: Alte syrische Übersetzung des indischen Fürstenspiegels*, eingeleitet v. Theodor Benfey, Leipzig 1876, heraus. Für den syrischen Text mit dt. Übers. vgl. *Kalila und Dimna*, Friedrich Schulthess, Berlin 1911. Die indische Fabelsammlung Pantschatantra eines anonymen Verfassers wurde ins Persische und von dort von Abdallah Ibn-al-Muqaffa unter dem Titel Kalila wa-dimna ins Arabisch übersetzt. Für den im 8. Jahrhundert von Abdallah Ibn al-Muqaffa gelieferten arabischen Text s. *La version arabe de Kalila et Dimna d'après le plus ancien manuscrit arabe daté,* ed. Louis Cheikho, Beyrouth 1905.

677 Al-Yaqubi: *Tarikh al-Yaqubi*, Najaf 1939. In seinem Buch „*Goldene Wiese und Fundgrube kostbarer Steine*“ verfasste Masudi die Geschichte der berühmtesten Reiche, vgl. Masudi: *Les Prairies d'Or*, eds. Barbier de Meynard et Pavet de Courteille. 9 vols.

an-Nadim, spricht in seiner 938 veröffentlichten arabischen Literaturgeschichte „*Kitāb al-Fihrist*" von einem größeren und einem kleineren Sindbadbuch.[678] Aus den arabischen Ländern drang die Erzählung zu den Hebräern und den Syrern.

Die Erzählungen von den *Sieben weisen Meistern* erfreuten sich im syrischen Raum zwischen der Mitte des 8. und dem Ende des 12. Jahrhunderts unter dem Titel „Sindban" eines gewissen Bekanntheitsgrades.[679] Theodor Benfey vertrat die These, dass die Urfassung aus Indien stammte. Demnach ist das indische Original, das verloren ist, in Persien ins Pehlevi übersetzt worden. Sodann ist die Pehlevi-Version ins Arabische, aus dem Arabischen ins Syrische, Altspanische und Hebräische übertragen worden. B. E. Perry hat jedoch belegt, dass das Werk nicht indischen, sondern Pehlevi-Ursprungs ist.[680] Jedenfalls in der zweiten Hälfte des

---

Paris 1861–1877. In der langen Reihe der arabischen Schriftsteller, die über die fernsten Länder berichteten, können hier beispielhaft erwähnt werden: al-Balkhi: *Takowim al Belad*; Abulfeda: *Takowim al Buldan*; Ibn Essaker: *Eshraf al marafat al aalthraf*; Yaqut al-Hamawi ar-Rumi: *Mudjam al-buldan*; ibn an-Nadim: *Kitab al-fihrist*; al-Qazwini: *Athar al-bilad wa-akhbar al-ibad*; al-Hamdani: *Sifat jazirat al-arab*; al-Himyari: *Kitab ar-Rawd*; Ibn Khaldun: *Al-Muqaddima*; al-Andalusi: *Kitab tabakât al-umam*; al-Biruni: *Al-Athar al-baqiya* etc.

678 An-Nadim: *The Fihrist*. ed./transl. by. B. Dodge, 2. Bde. New York 1970. Vgl. auch Flügel, Gustav: *Über Muhammad ibn Ishak's Fihrist al-ulum*, in: ZDMG 13 (1859); Fück, Johann: *Eine arabische Literaturgeschichte aus dem 10. Jahrhundert n. Chr. (Der Fihrist des Ibn an-Nadim)*, in: ZDMG 84 (1930), vgl. auch Perry, Ben Edwin: *The origin of the Book of Sindbad*, Fabula 3 (1960), pp. 1–94. Da Masudi sein geographisches Werk, in dem er das Sindbadbuch erwähnt, etwa in der Mitte der 40er Jahre des 10. Jahrhunderts verfasste und da es etwa 10 Jahre später überarbeitet wurde, ist als Entstehungszeit von einem Zeitraum vor 950 auszugehen, vgl. *Les voyages de Sind-bâd le marin, et la ruse des femmes*, tr. par Louis Mathieu Langlès, Paris 1814, préf., p. 9 f.

679 Baethgen, Friedrich: *Sindban oder die sieben weisen Meister: syrisch und deutsch*, (Diss.) Leipzig 1878. Die literarischen Traditionen der Muslime, Juden sowie der sonst lateinisch schreibenden Christen der Ostkirche verschmolzen bereits im 8. Jahrhundert in Arabisch verfassten Texten, allen voran in den polemischen Schriften des Orients, vgl. Sidney, H. Griffith: *Jews and Muslims in Christian Syriac and arabic texts of the ninth century*, in: Jewish History, vol. 3/1 (1988), pp. 65–94. Hier wird beispielsweise S. 65 eine Epistel des nestorianischen Katholikos Mar Timotheus I. (780–820/23) aus dem Jahr 781 zitiert. Vgl. auch Steinschneider, Moritz: *Polemische und apologetische Literatur in arabischer Sprache zwischen Muslimen, Christen und Juden*, Leipzig 1877. Darüber hinaus vgl. Baumstark, Anton: *Geschichte der syrischen Literatur mit Ausschluß der christlich-palästinensischen Texte*, Bonn 1922 und Wright, William: *A short history of Syriac literature*, London 1894.

680 Perry, Ben Edwin: *The origin of the Book of Sindbad*. Fabula 3 (1959), 1–94. Über die Ausbreitung des Stoffes vgl. Belcher, Stephen: *The Diffusion of the Book of Sindbad*,

11. Jahrhunderts wurde der Stoff in Melitene (heute Malatya), im südöstlichsten Amtsbereich Kappadokiens, welche im Osten an die Sophene und im Süden an die Kommagene grenzte,[681] im Auftrag des dux Gabriel πόλεως Μελωνύμου durch Michael Andreopulos um 1100 ins Griechische übersetzt und erhielt den Titel ‚Syntipas',[682] was *„in der Tat eine griechische Entstellung des Namens Sindbad"*[683] ist. Das Werk wurde später im Byzantinischen Reich als „Buch von Syntipas dem Philosophen" (*βίβλος Συντίπα τοῦ φιλοσόφου*) bekannt. 1184/85 übersetzte es der Mönch Joannes von Alta Silva (Haute-Seille bei Nancy) ins Lateinische unter dem Titel „Historia de rege et septem sapientibus" oder „Dolopathos".[684]

Die abendländische Übersetzungslinie des kulturhistorisch sehr bedeutenden Werkes beginnt nach Benfey mit der spanischen Übersetzung, fließt von dort in die italienische (Versio Italica), auf der wiederum französische und englische Übertragungen fußen.[685] Die einzelne Bestandteile betreffende Erwähnung von

---

ibid. 28 (1987), 34–58. Dazu vgl. auch Griffith, Sidney H.: *Jews and Muslims in Christian Syriac and arabic texts of the ninth century*, in: Jewish History, vol. 3/1 (1988), pp. 65–94.

681 Beim *„Überwechseln orientalischer Erzählstoffe"* funktioniert die *„Euphratgrenze als kultureller Umschlagplatz"*, so Beck, Hans Georg: *Geschichte der byzantinischen Volksliteratur*, München 1971, S. 46, Beck erinnert, dass hier auch eine Sammlung von äsopischen Fabeln entsteht S. 96.

682 Boissonade de Fontarabie, Jean François: *De Syntipa et Cyri filio Andreopuli narratio*, Paris 1828, und später Eberhard, Alfred: *Fabulae Romanenses Graece conscriptae ex recensione et cum adnotationibus*, in: Bibliotheca Scriptorum Graecorum et Romanorum Teubneriana, vol. 1, Leipzig 1872, 225–305. Zur zusammengefassten Rahmenerzählung vgl. Beck, Hans Georg: *Geschichte der byzantinischen Volksliteratur*, München 1971, S. 45–48. Onomastische Beweisführung bei Comparetti, Domenico: *Ricerche intorno al libro di Sindibad*, in: Memorie del R. Istituto lombardo di scienze e lettere, Bd. II, Ser. 3.2. Milano 1869.

683 Rosenqvist, Jan Olof: *Die byzantinische Literatur. Vom 6. Jahrhundert bis zum Fall Konstantinopels 1453*, Berlin / New York 2007, S. 111.

684 Textausgabe: *Iohannis de Alta Silva Dolopathos sive de Rege et septem sapientibus*, hg. von Hermann Österley, Straßburg 1873, sowie *Mischle Sindbad, Secundus – Syntipas*, hg. v. D. Paulus Cassel, Berlin 1888. Zur Hs. der Staatsbibliothek zu Berlin lat. qu. 618 vgl. Hilka, Alfons (Hg.): *Historia septem sapientum. I. Eine bisher unbekannte lateinische Übersetzung einer orientalischen Fassung der Sieben weisen Meister (Mischle Sendabar)*, Heidelberg 1912.

685 Benfey, Theodor: *Pantschatantra. Fünf Bücher indischer Fabeln, Märchen und Erzählungen, aus dem Sanskrit übersetzt mit Einleitung und Anmerkungen*, 2 Bde., Leipzig 1859 (Ndr. Hildesheim 1966), Bd. I, S. VIIf. Die frz. Bearbeitung datiert Bourgain, Pascale: *Latin Culture and Oriental Wisdom*, in: Latinitas Perennis. Volume II: Ap-

Letterio di Francia, dass Boccacio in seinem *Decameron* aus den frz. Werken *Dolopathos* (*Opusculum de rege et septem sapientibus*) oder *Roman des sept sages* geschöpft haben könnte, widerspricht jedoch aus chronologischer Hinsicht der Ausführung von Benfey.[686] Aus Frankreich sind literarische Bearbeitungen seit dem 13. Jahrhundert nachgewiesen.[687] Die Erzählung rechnet Detlef Roth zu den „*europaweit* (...) *am weitesten verbreiteten Texten der Frühen Neuzeit*", wobei er unter vielen Versionen die Version H, die *Historia septem sapientum*, als „*erfolgreich*" bezeichnet.[688] Die von Bidpai[689] verfasste Geschichte der Kalila

propriation and Latin Literature, Leiden / Boston 2009, S. 163–178, in die Mitte des 12. Jahrhunderts, denn sie spricht von „*the French adaptations date from circa 1150*", vgl. *ebd*., S. 171, m. Anm. 25. Für die mittelenglische Version vgl. Jaunzems, John: *Structure and Meaning in the Seven Sages of Rome*, in: Studies on the Seven Sages of Rome and Other Essays in Medieval Literature, Honolulu, Hawaii 1978; Campbell, Killis, *The* Seven Sages *of Rome*, Boston 1907.

686 di Francia, Letterio: *Novellistica*, vol. 1: Dalla origini al Bandello, in: Storia dei generi letterari italiani, Milano 1924, S. 24. Textausgabe zu Bocc. *decam*.: Giovanni Boccaccio: *Decameron*, ed. Vittore Branca, 2 Bde., Turin ^{3}1992.

687 Die sog. Redaktion A der frz. Bearbeitung der *Sieben weisen Meister* aus dem 12. Jahrhundert diente am Anfang des 13. Jahrhunderts beispielsweise dem Autor der lateinischen Version H als Vorlage, vgl. Steinmetz, Ralf-Henning: *Exempel und Auslegung. Studien zu den „Sieben weisen Meistern"*, in: Scrinium Friburgense 14, Freiburg i. Üe. 2000, S. 15–18, sodass zwischen beiden Versionen „*die Differenz [...] geringfügig*" ist. Gerdes, Udo: Art. *Sieben weise Meister*, in: ^{2}VL 8 (1992), Sp. 1174–1189, hier Sp. 1183 und ^{2}VL 11 (2004).

688 Roth, Detlef: *Sieben weise Meister. Eine bairische und elsässische Fassung der „Historia septem sapientum"*, in: TspMA 44, Berlin 2008, S. 228. Roth konstatiert, dass der in vier verschiedenen Fassungen überlieferte lateinische Text „*seit dem 15. Jahrhundert zuerst ins Deutsche und später auch in zahlreiche weitere europäische Landessprachen übersetzt*" wurde. Vgl. Hilka, Alfons (Hg.): *Historia septem sapientum. I. Eine bisher unbekannte lateinische Übersetzung einer orientalischen Fassung der Sieben weisen Meister (Mischle Sendabar)*, Heidelberg 1912; Sengelmann, Heinrich: *Das Buch von den sieben weisen Meistern aus dem Hebräischen und Griechischen zum ersten Male übersetzt und mit literarhistorischen Vorbemerkungen versehen*, Halle 1842; Cassel, D. Paulus (Hg.): *Mischle Sindbad, Secundus Syntipas. Einleitung und Deutung des Buches der sieben weisen Meister*, Berlin 1888.

689 Für die Varianten des Namens ‚Bidpai' vgl. den Katalog der Deutschen Nationalbibliothek (http://d-nb.info/gnd/100794211). Unter den im Katalog geführten Varianten befindet sich auch die türkische Version ‚Beydebâ'. Der Träger dieses Namens ist ein Brahmane, der sich genötigt sieht, ein Buch mit dem Titel ‚Kelile und Dimne' zu verfassen, weil ein indischer Regent namens Debşelim in der postalexandrinischen Ära an die Macht kommt und sein Land und seine Untertanen durch seine

und Dimna wurden von dem Dichter Kul Mesud erstmals im 14. Jahrhundert aus dem Persischen ins Türkische übertragen.[690]

ungeziemende Art und Weise ins Verderben zu stürzen droht. Das sanskritische Original soll unter der Bezeichnung ‚Karataka und Damanaka' bekannt geworden sein. Zentralasiatische Völker kannten auch die äsopischen Fabeln, vgl. Zieme, Peter: *Äsop in Zentralasien*, in: Das Altertum XVII (1971), 40–42; Rásonyi Nagy, Laszlo: *Das uigurische Aesop-Josipas-Fragment*, in: Byzant.-Neugriech. Jahrb. 7 (1928–29), S. 429–443.

690 Die Übersetzung durch Kul Mesud wird etwa in die Mitte des 14. Jahrhunderts datiert. Die Edition lieferte Toska, Zehra: *Türk Edebiyatında Kelile ve Dimne Çevirileri ve Kul Mesud Çevirisi* (Diss.), 2. Bde: Bd. I (Textuntersuchung), Bd. II (kritische Edition). İstanbul 1989. Ausführliche Informationen zum Werk bietet Bülbül, Tuncay: *Ramazan-zâde Abdünnafi İffet Efendi ve Kitab-ı Nâfi'u'l-âsâr Nevbâve-i Simâru'l-esmâr adlı eseri*, in: Turkish Studies – International Periodical for the Languages, Literature and History of Turkish or Turkic, vol. 7/1 (Winter 2012), p. 447–609, hier 447 f.: "*Kelile and Dimne stories are among the most famous works of Oriental Literature. Originating from Pancatantra fables which are Indian origin, Kelile and Dimne stories have been translated into many different languages. They were translated into Turkish in 14th century by Kul Mesut for the first time and their second translation arousing interest through long ages was done by Filibeli Alaaddin Ali Çelebi from the work of Hüseyin Vaiz-i Kâşifî named Persian Envâr-ı Süheylî in 16th century. This work achieved remaining on the agenda for many yearsand there was no need for translation of Kelile and Dimne stories once more. In the circumstances that Hümâyûn-nâme couldn't meet the requirements of the period, the work was simplified. The work that was simplified by Sir Osman-zâde Taib and Ahmed Midhat was translatedinto western languages many times. Sir Adanalı Ramazan-zâde Abdünnâfi İffet wrote his work named Nâfi'u'l-âsâr Nevbâve-i Simâru'l-esmâr that he said it was the poetic form of Hümâyûn-nâme in the 19th century. In this paper, the first part's translation of Kitab-ı Nâfi'u'l-âsâr Nevbâve-i Simâru'l-esmâr which published in 1852 and the analysing of this part's comparison with Hümâyûn-nâme and Osman-zâde's work at a certain frame was mentioned.*"

6. Historisch-theologische Hintergründe für das ambivalente Verhältnis zwischen Christen und Moslems. Dessen Niederschlag im 'Grafen Rudolf' und im 'Herzog Ernst'

Nicht das Fortbestehen des islamischen Arabertums als Pendant zum Christentum hat die Christen im Okzident dazu getrieben, Kreuzzüge - die größte Mobilmachung aller Zeiten - auf die Beine zu stellen, sondern das Eindringen der aufstrebenden, flexiblen Türken[691] im seit fast einem halben Jahrtausend arabisch

691 Für Gerhard Doerfer, *Proto-Turkic: Reconstruction Problems*, in: TDAY Belleten, Ankara 1975–76, S. 1–59, stand das Ethnonym *türk* oder *türük* ursprünglich für die Adjektive „stark, mächtig". Aus der Sicht seines schärfsten Kontrahenten Clauson, Gerard: *The concept of ‚strength' in Turkish*, in: Nemeth Armağanı, Ankara 1962, pp. 93–101, übernahmen erst die Angehörigen des zweiten Khanats (das Göktürkenreich), nachdem das erste (Altai-Türken) 50 Jahre zuvor von den Chinesen vernichtet wurde, im Jahr 680 das Ethnonym *türk*, welches im Sinne von Mahmud al-Kaschgari für *„die erlangte Reife"* stehen soll und in den chinesischen Urkunden mit der Bezeichnung *t'u-chüeh* wiedergegeben wird. Zur Frage der ethnonymischen Bestimmung (Türkü, Tou-kiue, T'u-chüeh o.a) vgl. Sinor, Denis: *The Historical Role of the Türk Empire*, in: CHM, vol. l, 1953/54, pp. 427–434; ders.: *The Establishment and Dissolution of the Türk Empire* (The Cambridge History of Early Inner Asia, vol. 1), Cambridge 1990, S. 285–316, sowie Chavannes, Édouard: *Documents sur les Tou-kiue (Turcs) Occidentaux.* St. Petersburg 1900 et Paris 1903. Es gibt eine Reihe von etymologischen Erklärungsversuchen: Laut Arminius Vambéry steht die Bezeichnung *türk* in Verbindung mit dem türkischen Verbum *türe[mek]*, was im Deutschen „entstehen" bedeutet, und er füllt sie mit dem Signatum „Geschöpf"; vgl. ders.: *Die primitive Cultur des turko-tatarischen Volkes*, Leipzig 1879, S. 51, sowie ders.: *Noten zu den alttürkischen Inschriften der Mongolei und Sibiriens*, Mémoires de la Société Finno-Ougrienne XII, Helsingfors 1899. Gegen die *Causa-genese*-Methode von Vambérys stellt sich Gyula Németh: *A türk népnév* MNy 23 (1927), p. 271–274 (= *Der Volksname türk*, in: Körösi Csoma Archiv - KcSA II, 1926–32, p. 275–281), sowie ders.: *Zur Kenntnis der Petschenegen*, in: KcSA = Körösi Csoma Archiv I, S. 219–225, und appelliert für die Appellativa „Stärke, Macht". Später fügte Németh hinzu, dass der Name eines einzigen Turkstammes mit der Zeit die Bezeichnung für die ganzen Turkvölker wurde, vgl. ders.: *A honfoglaló Magyarság kialakulása*, Budapest 1930, S. 49. Dahingehend war bereits die etymologische These von Albert von Le Coq: *Ein manichäisches Buch-Fragment aus Chotscho*, in: FS Wilhelm Thomsen, Leipzig 1912, S. 145–154, formuliert worden. Wilhelm Thomsen hält die Bezeichnung für ein

exklusives Autonym der herrschenden Dynasten, vgl. ders.: *Moğolistan'daki Türkçe Kitabeler*, ins Türkisch übers. v. Ragıp Hulûsi, in: Türkiyat Mecmuası III (İstanbul 1935), S. 81–118, hier S. 82. Zur Bestimmung der Urheimat der Türken vgl. Ritter, Carl: *Die Erdkunde von Asien*, Berlin 1837, Bd. V, S. 695, dem die Ethnonyme ***Tochari*** und ***Turcae*** identisch zu sein scheinen. Plin. *hist. nat.* VI 7 versetzt die ***Turcae*** in das sarmatische Tanais (Don) und nicht ins turanische Transoxanien. Vgl. auch Pomp. Mela. *chor.* I 116. Als zusätzliche Literatur dazu eignen sich von der Gabelentz, Hans Conon: *Über den Namen: Türken*, in: Ewald's Zeitschrift für die Kunde des Morgenlandes II, Göttingen 1837, S. 70–73, sowie Hammer-Purgstall, Joseph Freiherr von: *Geschichte des osmanischen Reiches*, 10 Bde, Pest 1827–1835, Bd. I, S. 1, der von einem „*Stammvater Türk*" spricht. Zur türkischen Sprache und ihrer geographischen Verbreitung vgl. Mahmud al-Kašghari, *Diwan Lugat at-Turk*, ed. R. Dankoff, vol. I, Cambridge Mass. 1982, pp. 83, und Brockelmann, Carl: *Mahmud al-Kašghari über die Sprachen und die Stämme der Türken im 11. Jahrhundert*, in: KcSA = Körösi Csoma Archiv 1 (1921), S. 26–40, hier S. 37 ff. Zum persischen Historiker und Geograph Abu Said Gardizi († ca. 1061), dem wir das Werk *Zain al-achbar* verdanken, vgl. Barthold, Wilhelm: *Auszüge aus Gardizis Werk Zain al-achbar*, in: Arbeiten zur Historiographie, Moskau 1973, S. 23–62; ders.: *Zwölf Vorlesungen über die Geschichte der Türken*, Darmstadt 1962, und Martinez, Arsenio P.: *Gardizi's Two Chapter on the Turks*, in: AEMA = Archivum Eurasiae Medii Aevi II (1982), S. 109–217. Gardizi erklärt in seinem Werk den Volksnamen mit Argumenten der *causa diluvia*: Denen zufolge hätte Japhet, einer der drei Söhne Noahs, das nördlich von Israel gelegene Land, einschließlich der skythischen Regionen, von seinem Vater zugewiesen bekommen. Die Türken bekommen von den Nachkommen Japhets die ödesten Gegenden, sodass sie den Namen *türk* erhalten haben sollen. Die Legende ist mit der Aussage des persischen Historikers Raschid ad-din (1248–1318) zu vergleichen, nach der das Demonym ***türk*** mit dem arabischen Verbstamm [تَرَكَ *terk* = verlassen] in Verbindung steht, vgl. ders.: *Die Geschichte der Oguzen*, hg. u. übers. v. Karl Jahn, in: Forschungen zur islamischen Philologie und Kulturgeschichte, Bd. 4, Wien 1969, S. 17. Vgl. auch *Die Frankengeschichte des Rašīd ad-Dīn*: Einleitung, vollständige Übersetzung, Kommentar und 58 Texttafeln, in: Denkschriften. Akademie der Wissenschaften in Wien, Philosophisch-Historische Klasse / 129, Veröffentlichungen der iranischen Kommission / 4, hg. v. Karl Jahn, Wien 1977, sowie dasselbe Werk in persischer Version aus der Bibliothek des Topkapi Sarayi, Hazine, Nr. 1654, Nr. 1653, Topkapi Sarayi, Sultan Ahmed III., Nr. 2935, İstanbul, o. J. Vgl. auch Eraslan, Kemal: *Manzum Oğuzname*, in: Türkiyat Mecmuası 18, İstanbul 1976, pp. 169–236; Orkun, Hüseyin Namık: *Bir Oğuz Efsanesi*, in: Ülkü 6/34, Ankara 1935, S. 267–275; Sümer, Faruk: *Oğuzlara Ait Destanî Mahiyette Eserler*, DTCF Dergisi 17, Ankara 1961, S. 359–455, hier S. 386 f., und Togan, Zeki Velidi: *Oğuz Destanı*, İstanbul 1972, S. 13 f. Victor Spinei notiert darüber: „*According to the folk tradition of the Turkicpeoples, their ancestor – Japheth (Ulğay-Khan), Noah's son – was anomad who had his summer and winter camps in Turkestan.*" Ders.: *The Romanians and the Turkic Nomads North of the*

geprägten historischen Raum. Dieser Vormarsch der Türken kippte die byzantinisch-arabische Machtbalance in Vorderasien zuungunsten beider Parteien und erforderte aus Sicht der Christen ein Eingreifen. Jede Art von byzantinisch-turkomanischer Konfrontation war der vatikanischen Politik sehr willkommen. Für den katholischen Westen war dagegen jede Annäherung zwischen den islamisierten Türken,[692] den Turkomanen und häretisch-schismatischen Orthodoxen suspekt. Die sesshaft gewordenen arabischen Stämme waren militärisch lange nicht so erfolgreich wie die expandierend-nomadisierenden Türken,[693] über die sie vor ihrer Ankunft ziemlich gut Bescheid wussten.[694] Die extrem geschmeidigen Truppen

---

Danube Delta from the Tenth to the Mid-Thirteenth Century, Leiden / Boston 2009, p. 207, vgl auch Schönig, Claus: *Fiktive Völkergenealogien im Diwan Lughat at-Turk des Mahmud al-Kaschgari*, in: IBAES, Vol. V (2005), S. 197–201. Ein kundiges Fazit der etymologisch-semantischen Diskussion hinsichtlich des Demonyms ***türk*** bietet Golden, Peter Benjamin: *An Introduction to the History of the Turkic Peoples. Ethnogenesis and State-Formation in Medieval and Early Modern Eurasia and the Middle East*, in: Turcologica IX, Wiesbaden 1992, S. 155 ff.

692 Über die Hinwendungsgründe der türkischen Einwanderer zum Islam vgl. Michael der Syrer *chron.* C 566–571 (III 149–157), zit. bei Weltecke, Dorothea: *Die „Beschreibung der Zeiten“ von Mor Michael dem Großen (1126–1199). Eine Studie zu ihrem historischen und historiographiegeschichtlichen Kontext*, in: CSCO 594, Louvain 2003, S. 58; Turan, Osman: *L'Islamisation dans la Turquie du Moyen Age*, in: Studia Islamica, 10 (1959), pp. 137–152.

693 Stark, Sören: *Nomaden und Seßhafte in Mittel- und Zentralasien: Nomadische Adaptionsstrategien am Fallbeispiel der Alttürken*, Stuttgart 2002, S. 363–399.

694 Die muslimischen Autoren behandeln das Wort *türk* unter dem biblischen Aspekt des Gog-Magog-Passus und leiten aus der etymologischen Willkür die Ethnogenese der Türken ab. Der persische Historiker und Geograph ibn al-Faqih al-Hamadani († ca. 930) versuchte in seinem Werk *Kitab al-buldān*, Leiden 1885, das Wort aus dem phonetisch fast gleich lautenden arabischen Verbstamm [تَرَكَ *terk*] herzuleiten, was „verlassen“ bedeutet. Seine etymologische Überlegung leitet er aus der Alexanderlegende ab, wonach die barbarischen Turkvölker von dem Zweigehörnten (Dhu l-Qarnain) hinter den Grenzen der Zivilisation gelassen worden. Da aber das urtürkische Wort *[türk]* und das arabische Verbum *[terk]* zwei semantisch voneinander divergierende Lexeme sind und im Arabischen die Aussprache der Vokale von den umgebenden Konsonanten stark beeinflusst wird, kommt al-Faqih hier durcheinander. Außerdem wäre genau so zu überlegen gewesen, die phonetische Annäherung mittels des einsilbigen [ترک *tark, targ*] (Kopf- od. Zeltkappe aus Eisen) oder doppelsilbigen *[terki] / [tergi] / [tergûn]* (hintere Pferdeflanke) aus dem Persischen herzustellen. Auf die erste Version wies schon Hess hin (Hess, Johann J.: *Die Bedeutung des Namens der Türken*, in: Der Islam, Bd. IX, München 1918, S. 99–106) und meinte, ein neupersisches Wort *[tark, targ]* sei ursprünglich ein türkisches Wort

der türkischen Fürsten hingegen waren umso schlagkräftiger, je mehr sie in den Westen vordrangen.

Schon im 6. Jahrhundert waren die Türken verlässliche Bündnispartner des byzantinischen Kaiserhauses.[695] Selbst den arabischen Reitervölkern imponierten

---

gewesen, was mir jedoch nicht bekannt ist. Ich kenne aber *[tolga]* als Eisenhelm. Vgl. in diesem Kontext Franke, Alwin Wilhelm Otto: *Beiträge aus chinesischen Quellen zur Kenntnis der Türkvölker und Skythen Zentralasiens*, in: APAW, Berlin 1904, S. 13 m. Anm. 1. Zur Etymologie des Ethnonyms vgl. Todorov, Todor A.: *Zur Etymologie zweier balkanischer Entlehnungen in der bulgarischen Sprache: текя̀свам, терк*, in: Philologica Jassyensia, VIII/1 (15) / 2012, S. 223–228. In seiner Arbeit lässt Todorov das im Balkangebiet weit gebräuchliche Wort **терк** "*als eine Entlehnung aus dem Türkischen*" gelten, *ebd.*, S. 225. Todorov weist auf der supralingualen Ebene (Persisch – Arabisch – Bulgarisch – Türkisch) auf konsonantische und vokale Substitutionen im Hinblick auf Lexeme und Phoneme hin (z.B. pers. ***ä***, türk. ***e***, arab. ***a*** / türk. ***h***, ***k*** und bulg. ***x***, ***к***, wie in pers. ***чарх***, türk. ***çark***, bulg. ***чарк*** der Fall ist), ohne dass dabei eine phonetische Entsprechung stattfindet. Solch einen etymologischen Wandel stellt er auch von türk. ***derk*** (aus arab. ***dark***), bulg ***терк***, skr. ***тѐрак***, ***тѐрек*** und rum. ***terc*** fest, *ebd.*, S. 225 f.

695 Schon Sizabulas war seit 567 ein zuverlässiger Verbündeter der Römer. Aber wahrscheinlich waren die Byzantiner den Türken gegenüber nicht immer positiv eingestellt. Aus den Regesten der Kaiserurkunden des oströmischen Reiches erfahren wir, dass die Gesandtschaft des Valentinos von Kaiser Tiberios den Auftrag erhielt, die Türken wieder einmal für Byzanz zu gewinnen und sie gegen die Perser zu mobilisieren. Der Kaghan Turxanthos, der Sohn des Sizabulos Istämi, warf aber den Byzantinern vor, mit den Warchoniten (sic Awaren), den entlaufenen Sklaven der Türken, paktiert zu haben. Er beschimpfte die Rhomäer, sie würden allein die Lüge kennen. Der Kaghan, der gerade die Herrschaft der Göktürken übernommen hatte, geriet dermaßen in Raserei, dass er die Gesandtschaft mit dem Tod bedrohte. Doch die Sache ging glimpflich aus. Valentinos und seine Angehörigen mussten sich lediglich nach einem althergebrachtem Brauch zusammen mit einer türkischen Trauergemeinde die Wangen und Ohren zerschneiden, vgl. Men. Prot. *frgm.* 19, 1, S. 172 f. m. Anm. 220 f. (ed. Blockley). Um aber seiner Gefasstheit Ausdruck zu verleihen, schickte er ein Heer auf die Krim, das gemeinsam mit Utiguren die byzantinische Stadt Pantikapaion (Kertsch) auf der Halbinsel Krim eroberte, vgl. Prokop *bell. Goth.* IV, 5,1–3; 5,15; 18, 12–25, sowie Reg. N. 41, Regesten der Kaiserurkunden des oströmischen Reiches von 565–1453, hg. V. Franz Dölger, Peter Wirth, Andreas E. Müller, München 2009, S. 18. Vgl. auch Men. Prot. *frgm.* 19, 2, S. 178 f. m. Anm. 233 (ed. Blockley). Haussig, Hans Wilhelm: *Die Geschichte Zentralasiens und der Seidenstrasse in islamischer Zeit*, Darmstadt ^{2}1994, S. 169 f., datiert die Gesandtschaft auf 578/579. Turxanthos war einer der Teilherrscher des Türkenreiches, und sein Name ist eher als Adelstitel zu verstehen, vgl. Men. Prot. *frgm.* 19, 1, S. 170–197 m. Anm. 215 ff. (ed. Blockley), sowie Golden, Peter Benjamin: *An Introduction to the History of the*

die türkischen Krieger mit ihren Reit- und Kampfkünsten, wobei die arabischen Nomaden die europäischen Reisenden an diabolische Wesen erinnerten.[696] Pfeil und Bogen, die Wunderwaffen der Antike, verleihen demjenigen, der mit ihnen umgehen kann, Macht und Überlegenheit.[697] So fanden Pfeil, Bogen oder beide zusammen im 3. nachchristlichen Jahrhundert im vorderasiatischen Orient als Symbol des göttlichen Herrschertums auf Münzdarstellungen öfters Verwendung.[698] Al-Jahiz rühmt den Umgang der türkischen Krieger mit der Lanze und dem Bogen und bewundert die Kampftechnik, wie sie ihre Feinde mit einem Pfeilhagel überschütten.[699] Auf der einen Seite bewunderten die Araber ihre ge-

---

Turkic Peoples. Ethnogenesis and State-Formation in Medieval and Early Modern Eurasia and the Middle East, in: Turcologica IX, Wiesbaden 1992, S. 130 f.

696 Für Fabri, *evag.* II 23b (p. 394), haben die Beduinen mit Menschen keine Gemeinsamkeiten: ***et Arabes hodie ibi habitant, ducentes vitam bestialem, et non humanum. Sed quia dicitur, quod nec bestiae ibi possunt habitare; [...] sique sunt corporei diaboli et ducunt vitam non humanum.***

697 Schon die antiken Quellen wussten von dem todbringenden Umgang der Nomaden mit Pfeil und Bogen zu berichten: Hipp. *aer.* XVIII 4; 20,1; Herod. *hist.* IV 46,2; Prom. 709 ff.; Aischyl. suppl. 284 f.; Him. *or.* XVII, 4; Paus. *Hell.* I 21,5 u.a.

698 Zur Symbolik des Pfeil und Bogens als Königsinsignien vgl. Gesche, Helga: *Kaiser Gordian mit dem Pfeil in Edessa*, in: Jahrbuch für Numismatik und Geldgeschichte, Bd. 19 (1969), S. 47–77.

699 „*Der Haridschit verläßt sich im Kampfgedränge vor allem auf den Lanzenstoß, die Türken aber stoßen mit der Lanze ebenso gut wie die Haridschiten. Und wenn tausend ihrer Reiter zum Angriff übergehen, schießen sie ihre Pfeile in einem Fluge ab und werfen tausend Reiter zu Boden; keine Truppe vermag einer solchen Angriffsart standzuhalten. Weder die Haridschiten noch die Beduinen sind dafür bekannt, mit dem Bogen vom Rücken der Pferde zu schießen. [...] Die Türken haben vier Augen, ein Augenpaar im Gesicht und ein anderes Augenpaar im Hinterkopf.*“ Vgl. Amr Ibn Bahr al-Jahiz: *Manaqib at-Turk*, S. 150 f. Was ihre Fernkampftechnik betrifft, so liefert Allely, Steve: *Die Bibel des traditionellen Bogenbaus*, Bd. 1, Ludwigshafen ^{2}2005, S. 216, sehr interessantes Fachwissen: „*Die Türken verwendeten (...) Kompositbögen aus Horn und Sehne*“ und „*bevorzugten eine Art Kiefer*“. Dann heißt es auf S. 324: „*Die türkische Bogenwaffe entwickelte sich aus den Bögen, die von den reitenden Bogenschützen der zentralasiatischen Steppe benutzt wurden. Diese antiken Bogenreiter verwendeten kurze, kraftvolle reflexe Kompositbögen – hergestellt aus Horn, Holz, Sehne, Knochen und Leim – die Pfeile über große Entfernungen werfen konnten.*“ So waren die türkischen Reiterscharen in der Lage, ihre Pfeile über eine Entfernung von „*800 Yards (ca. 730 m)*“ zu schießen, *ebd.*, S. 324. Dadurch bildeten diese Reiterschützen „*die leichte Artillerie der damaligen Zeit*“, welche in der Lage war, auf große Distanz Krieg zu führen. Für Details über die Bögen dieser Bauart bzw. ihre Geschwindigkeit vgl. *ebd.*, S. 58 ff.

schmeidigen und effektiven Kampftechniken, auf der anderen Seite betrachteten sie die Türken als ein barbarisches Volk[700] und rügten ihre Bildungs- und Handelsferne.[701]

700 Yāqūt al-Hamawī ar-Rūmī (1179–1229), ein kleinasiatischer Araber griechischen Ursprungs, identifizierte die Turkstämme in seinem geographisch-lexikalischen Werk *Mu'djam al-buldān* als Gog und Magog, die gewaltigen Horden aus Skythien, vgl. Koran, Sure 18, Verse 83–98.

701 al-Jahiz: *Manaqib at-Turk*, S. 70 f., schrieb diese Passage im 9. Jahrhundert. Er hielt fest, dass die Türken bereits im 8. Jahrhundert, also in der vorislamischen Periode, mit ihren chinesischen Nachbarn einen regen Handel trieben, und sich zahlreiche türkische Händler in der Hauptstadt des Reiches niederließen. Darüber schrieb auch Stark, Sören: *Nomaden und Seßhafte in Mittel- und Zentralasien: Nomadische Adaptionsstrategien am Fallbeispiel der Alttürken*, Stuttgart 2002, S. 363–399, hier S. 379, und referierte dabei Schafer, Edward H.: *A Study of Tang Exotics. The Golden Peaches of Samarkand*, Berkeley / London 1963, p. 25: „[…] *many foreigners of the eighth century who had lived in Ch'ang-an more than forty years, all of them with wife and children*", sowie Thilo, Thomas: Chang'an. Chinas Tor zur Seidenstraße, in: Die Seidenstraße, hg. v. Ulrich Hübner, Jens Kamlah, Lucian Reinfandt, Bd. 3: Asien und Afrika, Hamburg 2001, S. 131–152, hier S. 149 ff. Kaiser Xuanzong (712–756) beschwert sich in einem an den Kagan der Osttürken adressierten Brief über das Überangebot von Pferden und Schafen. „*Wie früher sollte die Zahl der Pferde nicht einige tausend überschreiten*", so sein kaiserlicher Wunsch. Weiterhin legt er Wert darauf, „*innerhalb eines Jahres den Handel*" nicht zu wiederholen, und man möge ihm doch nicht erneut Leute mit neuen Pferden schicken, vgl. Mau-ts'ai, Liu: *Die chinesischen Nachrichten zur Geschichte der Ost-Türken (T'u-küe)*, 2 Bde., hier Bd. I, Wiesbaden 1958. (I: Texte; II: Anmerkungen, Anhänge, Index), in: Göttinger Asiatische Forschungen (Bd. 10), S. 378 (zit. n. Stark, Sören: *Nomaden und Seßhafte in Mittel- und Zentralasien: Nomadische Adaptionsstrategien am Fallbeispiel der Alttürken*, Stuttgart 2002, S. 363–399, hier S. 379). Über die strengen Regeln, chinesische Einfuhr aus den ‚barbarischen' Ländern zu überwachen, erfahren wir aus einem Erlass der Tang-Dynastie, vgl. Mau-ts'ai, Liu: *Die chinesischen Nachrichten*, S. 455 (zit. n. Stark, Sören: *Nomaden und Seßhafte in Mittel- und Zentralasien: Nomadische Adaptionsstrategien am Fallbeispiel der Alttürken*, Stuttgart 2002, S. 363–399, hier S. 378). Entfernen wir uns aber von den Osttürken des 8.-9. Jahrhunderts und kommen zu den Kumanen und Oghusen des 9.-10. Jahrhunderts: Chersones war für Kumanen und Byzantiner ein Umschlagplatz für den Tauschhandel, vgl. Anna Komn. *Alex.* X 2,3, ed. Leib (1937), p. 191. Aus der Stadt Sudaq, die sich auf der Halbinsel Krim befindet, kauften die Kumanen Tuch und verkauften weibliche und männliche Sklaven sowie Fuchs-, Biber- und Eichhörnchenpelze, vgl. al-Athir, *al-Kamil fi't-tarih*, p. 80. Das wichtigste Handelszentrum der Oghusen während des 10. Jahrhunderts war die Stadt Urganch (Arab.: Djurdjaniya), welche sich unter der Kontrolle der Khorezmen befand, vgl. Ibn Hawqal, II, p. 460. Um mit den Händlern aus Khorasan Handel zu treiben,

Im Zusammenhang der Wanderung oghusischer Stammesverbände sprach Michael der Syrer vom „*türkischen Exodus*".[702] Zugleich berichtete er aber von „*grausamer Vernichtung und Plünderung*", die sie nicht daran gehindert haben sollen, sich mit den Arabern zu vermischen, „*als wären sie ein einziges Volk*".[703] Die Erfolgsgründe für die türkische Invasion und Kolonialisierung liegen nicht nur in der militärischen Stärke, am strategischen Konzept der nomadischen Ver-

---

verwendeten die Oghusen die feine Wolle ihrer Schafe, die von ihren Nachbarn sehr geschätzt war, so weiterhin Ibn Hawqal, II, p. 437. Überhaupt war die Oghus der Wolgaregion von vielen Händlern eine gern besuchte Gegend, vgl. Anonymus, *Hudud al-Alam*, p. 100. Wiederum von Ibn Hawqal erfahren wir, dass die späteren Generationen der verschiedenen Türkenstämme fast mit den gleichen Waren handelten wie die Chasaren vor ihnen, vgl. *ebd.*, S. 382 ff. Die Araber pflegten auch mit nördlicheren Völkern, u.a. Turkstämmen, Handelsbeziehungen. Der Historiker Mir Hwand (1433–1495) nennt ausdrücklich die Bulgaren und Burtas, die mit Pelzen handelten. Sie jagten wohl vor allem Fuchs, Zobel, Hermelin und Eichhörnchen, aus denen sie herrliche Kleider anfertigten. Mir Hwand zählt die Burtas, die am Fluss Itil (Wolga) wohnten, zu den Enkeln Japhets, vgl. Hammer-Purgstall, *Sur les Origines Russes*, St. Petersburg 1827, S. 116 u. 119. Der Name dieses Volkes soll übrigens vom Arabischen herrühren und „schwarze Füchse" bedeuten, weswegen „*die mohemmadanischen Schriftsteller dem Lande und Volke diesen Namen… beilegten*", vgl. Strahl, Philipp Carl / Herrmann, Ernst: *Geschichte der europäischen Staaten*, 6 Bde., hier Bd. I (*Geschichte des russischen Staates*), Hamburg 1832, S. 31 f. Wegen der semantischen Erklärung des Eponym Burtes vgl. al-Athir, XII S. 253, sowie Qazwini II S. 390, vgl. Frähn: *Die ältesten arabischen Nachrichten über die Wolgabulgaren*, in: Mém, de l'acad. de St. Pétersburg Sér. VI Sciences polit etc., Tom. I (1832). Jaqût III S. 76 (*ebd.*) schreibt, dass das Land der Sersen am äußersten Gebiet der Turk ein großer Markt für Biber, Burtasifüchse, Zobel und dergleichen gewesen sei. Die Quellen behaupten, dass die Petschenegen der Rus Rinder, Pferde, Schafe, Pelze bzw. Pelzprodukte und Wachs verkauften und mit dem verdienten Geld sich feine Textilien, Pfeffer, Pelze und andere Waren aus dem Osten leisteten, vgl. Konst. Porp. *de admin.* I 244 (ed. Moravcsik). Über Handelsbeziehungen der Araber mit den nördlicheren Ländern vgl. Jacob, Georg: *Welche Handelsartikel bezogen die Araber des Mittelalters aus den nordisch-baltischen Ländern*, Berlin 1891(sic? oder Titel mit Fragezeichen? Und: nicht im Lit-verzeichnis). Zu den Petschenegen vgl. Németh, Gyula: *Zur Kenntnis der Petschenegen*, in: KcSA = Körösi Csoma Archiv I, S. 219–225, sowie mit einer ausführlichen Bibliographie Moravcsik, Gyula: *Byzantinoturcica I. Die Byzantinischen Quellen der Geschichte der Turkvolker*, Berlin 1958, S. 86–90.

702 Michael der Syrer, *chron.*, Tom. III (1901), p. 176. Zu den Oghusen vgl. Hüseyin Namık Orkun, *Oğuzlara Dair*, Ankara 1935.

703 Michael der Syrer, *chron.*, Tom. III (1901), p. 176.

bände und an der Rezeption der arabischen Ghazi-Dschihad-Tradition,[704] sondern auch an der kulturellen Bereitschaft der einheimischen Urbevölkerung. Die demographischen Elemente waren aus der Sicht der byzantinischen Herrschaft sehr prekär. Zuerst einmal halten wir mit A. J. Dierl fest, dass *„ein großer Teil der anatolischen Bevölkerung nicht zur byzantinisch-griechischen Staatskirche* (bis 1054 Reichskirche), *sondern zu häretischen Christengemeinden gehörte.*"[705] Über die Migration der frisch islamisierten turkofanen Gruppen in Anatolien in der zweiten Hälfte des 11. Jahrhunderts schreibt Ş. Küçükhüseyin folgendes: *„Die Anfänge der Einwanderung islamisch geprägter turkofoner Gruppen, die in erster Linie aus kriegerischen Turkmenen bestanden, liegen in der Mitte des 11. Jahrhunderts, doch erst die byzantinische Niederlage von Mantzikert 1071 gegen seldschukische Truppen sollte die Unumkehrbarkeit der Migrationsbewegung besiegeln. Sehr schnell drangen die Einwanderer, die zuerst nur aus nomadischen bzw. halbsesshaften lockeren und kleineren Stammesverbänden bestanden, bis weit in den Westen der Halbinsel vor.*"[706] Doch als die Seldchuken den Iran und Aserbaidschan hinter sich liessen und das anatolische Plateau betraten, fanden sie ein heterogenes Völkergemisch vor, das ohnehin schon christlich-türkisch geprägt war.[707]

---

704 Vryonis, Spyros: *Nomadization and Islamization in Asia Minor*, Dumbarton Oaks Papers, 29 (1975), pp. 43–71, hier p. 49. Zur Ghazi-These vgl. Wittek, Paul: *The Rise of the Ottoman Empire. Studies in the History of Turkey, 13th–15th Centuries*, London 1938. Wittek, *ebd.*, pp. 5–15 hält fest, dass die Osmanen sich zu Beginn des 13. Jahrhunderts in der Ghazi-Tradition sahen. Seine Idee begründet er mit der Einführung Ahmedîs zu seinem Masnawi ‚Iskendernâme', wo er stolz sein Vorhaben verkündet, ein Ghazawatnâme, d.h. über den Heiligen Krieg der Ghazis, schreiben zu wollen, vgl. ders. *ebd.* p. 14. Weitere Zeugnisse zur Rezeption der Ghazi-Tradition durch Türken im heroischen Zeitalter finden sich in den mittelhochtürkischen Epen wie Düsturnâme, Battalnâme und Danişmendnâme.

705 Dierl, Anton Josef: *Geschichte und Lehre des anatolischen Alevismus-Bektaşismus*, Frankfurt a.M. 1985, S. 32.

706 Küçükhüseyin, Şevket: *Namen in Anatolien. Gewalt in Sprache*, in: Mittelalter im Labor: Die Mediävistik testet Wege zu einer transkulturellen Europawissenschaft, in: Europa im Mittelalter, Bd. 10, hg. v. Michael Borgolte u.a., Berlin 2008, S. 391–398, hier S. 391.

707 Dierl, Anton Josef: *Geschichte nd. Lehre des anatolischen Alevismus-Bektaşismus*, Frankfurt a.M. 1985, S. 32 f., sowie Şeker, Mehmet: *Anadolu'nun Türkleşmesi ve Kültürel Hayatı*, İstanbul 2006, S. 78–83. Dazu Ş. Küçükhüseyin, *ebd.*, S. 391: *„Eine Besonderheit des spätmittelalterlichen Anatolien ist sein mehrsprachiger, bireligiöser bzw. multikonfessioneller und multikultureller Charakter. Bis ins 14. Jahrhundert hinein lag das demografische Schwergewicht eindeutig aufseiten der autochthonen Bevölkerung. Diese bestand überwiegend aus Griechen und Angehörigen hellenisierter Völker.*" Zu

Die türkischen Bevölkerungselemente holten sich die Latifundienbesitzer aus dem Hinterland der Chasaren,[708] wobei sie gemeinsam mit den Warägern ständig für frischen Nachschub sorgten. Es handelt sich also um zwei relativ große Bevölkerungsgruppen, die christlichen Häretiker und die türkischen Agrarsklaven, die noch heidnisch waren. Die letztgenannten waren für die Staatskirche unbedeutend, da auf deren Missionierung kein Wert gelegt wurde. Diese Gruppen empfanden das Auftreten der seldschukischen Reiterhaufen gewissermaßen als Erlösung und interpretierten ihre Überlegenheit als Strafe Gottes für Byzanz. Die jakobitischen, armenischen und orthodoxen Kirchen lieferten sich schon seit langem einen heftigen Streit. Die beiden ersteren, die von der byzantinisch-griechischen Staatskirche massiv verfolgt, unterdrückt und als Häretiker diskriminiert wurden, waren über den byzantinischen Niedergang erfreut und begrüßten die türkische Herrschaft. Das Glück war ihnen so hold, dass sie nicht einmal dafür kämpfen mussten. Doch als wären sie nicht genügend vom Glück erfasst, kündigte der seldschukische Heerführer radikale Reformen an: Erstens sollte eine Art allgemeine Bauernfreiheit in Kraft treten, wonach der Boden demjenigen gehören sollte, der ihn auch bestellte. Zweitens sollte allgemeine Religionsfreiheit Wirksamkeit erlangen. Mit diesen revolutionären Reformen waren sowohl die türkisch-heidnischen Agrarsklaven als auch die christlichen Häretiker Anatoliens endgültig für den Islam gewonnen. Eine marginale Gruppe unter ihnen konnte sogar allmählich für das islamische Türkentum geworben werden. Die seldschukischen Reformen waren deshalb so bahnbrechend, weil noch um 1100 in Europa

---

den Beziehungen der Seldschuken zu ihren nicht-muslimischen Untertanen vgl. Turan, Osman: *Les souverains seldjoukides et leurs sujets non-musulmans*, in: Studia Islamica, 1 (1953), pp. 65–100.

708 Der arabische Reisende Ibn Fadlan spricht in seiner "ar-Risala" von zwei Dutzend chasarischen Vasallenstaaten. Das Reich der türkischen Chasaren fällt 965 einem Angriff des Kiewer Fürsten Svjatoslav I. zum Opfer und wird dabei so sehr geschwächt, dass es ein halbes Jahrhundert später in Folge eines russisch-byzantinischen Einmarsches endgültig untergeht. Weil in den arabischen Texten von "ar-Rūs" gesprochen wird, lässt sich nicht zweifelsohne ableiten, ob es sich dabei um Waräger oder Ostslawen handelt, vgl. Togan, Zeki Velidi: *Ibn Fadlāns Reisebericht* (Abhandlungen für die Kunde des Morgenlandes, Band 24/3), Leipzig 1939; ders.: *Ibn-Fadlan's Reiseberichte. Seine Berichte über Erlebnisse der arabischen Gesandtschaft im Lande der Oguzen, Pečenegen, Baschkiren und Bulgaren*, Diss., Wien 1935, und Czeglédy, Károly: *Zur mescheder Handschrift von Ibn Fadlān's Reisebericht*, in: Acta Orientalia Academiae Scientiarum Hungaricae, vol. 1. Budapest 1950–51, S. 217–260. Ausführliche Literaturangaben über die Chasaren bietet Moravcsik, Gyula: *Byzantinoturcica I. Die Byzantinischen Quellen der Geschichte der Turkvölker*, Berlin 1958, S. 81–86.

die Bauern, welche die Masse der Bevölkerung ausmachten, materiell und geistig der katholischen oder orthodoxen Kirche bzw. weltlichen Feudalherren zu eigen oder hörig waren. Jedes Zuwiderhandeln gegen die feudale Gesetzgebung oder Andersdenken wurde mit den fürchterlichsten Sanktionen geahndet.[709]

Auf dem Balkan war es auch nicht viel anders. Schon seit dem 13. Jahrhundert, nach dem Erscheinen der muslimischen Türken, fand im Südosten von Europa südlich der Donau ein religiöser Austausch statt. Ab Mitte des 15. Jahrhunderts, nach der Konsolidierung der türkischen Macht, entwickelte sich im gesamten Südosteuropa eine recht friedliche Koexistenz verschiedener Konfessionen. Im Rahmen der *pax ottomana* war jede Religion für jeden potenziellen Konvertiten zugänglich. Die Christen sahen es gern, wenn die weltoffeneren Bektaschiten[710] sich für ihren Glauben interessierten. Die Identifikation bzw. Adoption von Bektaschi-Heiligen durch die christliche Tradition war auch eine gern gesehene Entwicklung.[711] Dass die *krstjani* die Bektaschi-Klöster besuchten, muss mit Zustimmung, sogar mit Ermutigung durch die Bektaschis geschehen sein. Darüber hinaus ließen sich viele Menschen bogumilischen, patarenischen, manichäischen Glaubens von den Bektaschiten bekehren.[712]

Insbesondere seit dem 12./13. Jahrhundert, in dem sich die Kluft zwischen Christen und Muslimen vertiefte, beobachten wir große interkulturelle und -kon-

---

709 A. J. Dierl, *ebd.*, S. 33.

710 Birge, John Kingsley: *The Bektashi Order of Dervishes*, London 1937; Jakob, Georg: *Beiträge zur Kenntnis des Derwischordens der Bektaschis*, in: Türkische Bibliothek, No. 9, Berlin 1908.

711 Die wohl bekannteste christlich-bektaschitische Adoption beruht auf der Legende um den hl. Theodor, den Stratelen. Die Legende taucht zwar vor dem 9. Jahrhundert auf, bezieht sich aber auf eine fiktive Märtyrerfigur des 4. Jahrhunderts, so Puchner, Walter: *Studien zur Volkskunde Südosteuropas und des mediterranen Raums*, Wien u.a. 2009, S. 56, m. Anm. 55. Beide Figuren seien zu einer Einheit verschmolzen und *„nichts weiter als eine Weiterbildung des hl. Theodor Teron“* (ebd.). Zur Verwechslung / Verschmelzung vgl. Oikonomides, Nikos: *Le dedoublement de S. Théodore et les villes d'Euchaita et d'Euchaneia*, in: Analecta Bollandiana 104, Bruxelles 1986, S. 327–335. Euchaita ist eine pontische Kleinstadt, die von dem um 1000 in Paphlagonien geborenen Hymnographen und Bischof von Euchaita Ioannes Mauropus recht negativ geschildert wird. Die Gegend von Euchaita ist zwar laut Mauropous unbewohnt, vernachlässigt, vegetationsarm, unwegsam, karg und wild, bietet aber Getreide im Überfluß und Linderung für Kranke, vgl. Maur. *ep.* LXIV, 55–60.

712 Beispiele aus dem bosnischen Raum über die Entwicklung und Gründe der Bekehrung vgl. Balić, Smail: *Das unbekannte Bosnien*. Europas Brücke zur islamischen Welt, in: Kölner Veröffentlichungen zur Religionsgeschichte, Bd. 23, hg. v. Michael Klöcker / Udo Tworuschka, Köln 1992, S. 80–120.

fessionelle Bewegungen und Einflussnahmen. Ebenso stellen wir eine Reihe von erzählmotivischen Aneignungen in jedweder Art, Form und Richtung fest. Dies geschah, bevor die oghustürkisch-anatolischen und bektaschitisch-balkanischen Literaturen sich entfalten konnten. Bereits seit dem Frühmittelalter bemühten sich die christlichen Mönche, die slawo-ungarischen und turko-tatarischen Völker zu missionieren. Diese Missionierungsbestrebungen brachten auch kulturelle und sprachliche Annäherungen mit sich. Ein Blick in den Codex Cumanicus[713] macht uns klar, dass die italienischen und deutschen Mönche die Sprache der Ungarn und Kumanen erwarben, um sie erfolgreich zu missionieren.

Im Codex Hypatianus[714] wird zum Jahr 1201 in einer gepflegten literarischen Form von einer poetischen Erzählung über den kumanischen Häuptling Otrok referiert: Er führte im frühen 12. Jahrhundert mit der Kiewer Rus' Kriege, floh aber infolge seiner Niederlagen (1111 u. 1116) gegen den Großfürsten Vladímir Monomách II. mit seiner Gefolgschaft nach Georgien, wo er die Taufe empfing. Im Kaukasus diente er dem König Dawit IV. von Georgien, kämpfte mit seinen 40.000 Kriegern an der Seite des Königs gegen die Seldschuken und spielte bei der siegreichen Entscheidungsschlacht von Didgori (1121) gegen die seldschukischen Türken eine entscheidende Rolle. Nachdem Otrok in *„einem fremden Land“* glänzenden Ruhm erwarb, kehrte er in die Steppe zurück und wurde einer der berühmtesten Gegner der Fürsten von Kiew.[715] Diese Erzählung beinhaltet

---

713 Kuun, Géza (ed.): *Codex Cumanicus bibliothecae ad templum divi Marci Venetiarum*, Budapest 1880; Grønbech, Kaare (ed.): *Codex Cumanicus* (in Faksimile), in: Monumenta Linguarum Asiæ Maioris I, Kopenhagen 1936.

714 Der Codex Hypatianus enthält annalistische Eintragungen aus der Zeit zwischen 1200 und 1250. Darin geht es hauptsächlich um die *vita et gesta* des Königs Daniíl, dem galizisch-wolhynischen Herrscher, Полное собрание русских летописей (общепринятое сокращение ПСРЛ) Том 2. за Іпатийвським списком (Gesamtausgabe der Russischen Chroniken, Bd. 2. Hypatiuschronik), Sankt-Petersburg 1843, bzw. Полное собрание русских летописей. общепринятое сокращение ПСРЛ 1, т. 2, Москва 1962.

715 Otrok war im fernen Kaukasus dermaßen in kriegerische Taten verwickelt, dass er dabei seine alte Heimat vergaß. Eines Tages kam aber ein von seinem Bruder geschickter Bote herbei geritten und ließ ihn am mitgebrachten Steppengras riechen. Daraufhin wurde in ihm die Sehnsucht nach der Heimat wach, sodass er sofort dorthin zurückritt. Vgl. Галицко-Волынскій сводъ, Въ лҌто 6709 [1201] — въ лҌто 6725 [1217]: „...*шдолѣвша всимъ поганьскымъ ѩзыко оума моудростью ходѧща по заповѣдемъ Бж҃имъ який оустремил бо сѧ бѧше на поганыѩ ѥко и левъ . сердитъ же быс҃ ѥко и рысь . и гоубѧше ѥко и коркодилъ . и прехожаше землю ихъ ѧко и шрелъ . хороборъ бо бѣ ѥко и тоуръ . ревноваше бо дѣдоу своемоу Мономахоу .*

Motivähnlichkeiten mit GR und vor allem mit HE, in denen die Helden fern von ihrer Heimat erprobt, etabliert und schließlich rehabilitiert werden. So findet das mittelhochdeutsche Motiv des fluktuierenden, unter Heimweh leidenden, sich in der Fremde bewährenden und sich dadurch wandelnden Helden eine Parallele in der türkischen Heldenepik bereits Anfang 12. Jahrhunderts. Eine Erzählung aus dem kumanisch-kiptschakischen Sprachraum wird in der Galizisch-Wolhynischen Chronik wiedergegeben.

Das mittlerweile ausgestorbene Kumanische, das zu den mitteltürkischen Sprachen gehörte, wurde nicht nur in Osteuropa, sondern auch im Nahen Osten gesprochen und geschrieben, und zwar von der „*türkischen Elite im Mamelucken-staat Syriens und Ägyptens*".[716] Die Kumanen verwendeten noch im 12./13. Jahrhundert ein Alphabet, das vom Runentürkischen abstammte.[717] Dass die Türkisch

---

погоубившемоу поганꙑꙗ Измалтѧнꙑ . рекомꙑꙗ Половци . изгнавшю Ѿтрока во Ѿбезꙑ . за Желѣзнаꙗ врата. Сърчанови же wставшю оу Доноу . рꙑбою wживъшю . тогда ssВолодимерь и Мономахъ. пилъ золотом̑ шоломомъ Донъ . и приемшю землю ихъ всю . и загнавшю wканьнꙑѧ Агарѧнꙑ . по смрти же Володимерѣ wставъшю . оу Сърьчана единомоу гоудьцю же Ѿреви посла и во Ѿбезꙑ река." ПСРЛ, Том 2, стб. 715–716, за Іпатіївським списком, Sankt-Petersburg 1843. Sonst vgl. http://www.uni-leipzig.de/gwzo/wissensdatenbank/artikel.php?ArtikelID=197.0000 mit weiteren Literaturangaben.

716 Haarmann, Harald: Art. *Kumanisch*, in: *Lexikon der untergegangenen Sprachen*, hg. v. Miloš Okuka, Klagenfurt u.a. 2002, Bd. 10, S. 805–807, hier S. 805. Dass im syro-ägyptischen Nahen Osten Kumanisch gesprochen wurde, erklärt sich daraus, dass viele Kumanen nach der mongolischen Invasion 1223 als Sklaven (Mamluk) dorthin verschleppt wurden.

717 von Gabain, Annemarie: *Komanische Literatur*, in: Philologiae Turcicae Fundamenta, II, Wiesbaden 1964, S. 243–251, sowie Tietze, Andreas: *The Koman Riddles and Turkic Folklore*, Berkeley 1966. Als ein Beispiel der Gattung sei hier das folgende Rätsel aufgeführt: *uzun agač basïnda / ulu bitiv bitidim / biti biti bitidim / bäš agačga bitidim* (An die Spitze eines langen Holzes / habe ich eine große Schrift geschrieben. / Einen Brief, einen Brief habe ich geschrieben. / Auf fünf Hölzer habe ich ihn geschrieben), vgl. Németh, Julius: *Die Rätsel des Codex Cumanicus*, in: ZDMG, 67 (1913), S. 577–608, hier S. 579 f.; Váry, Hermann: *Alttürkische Felszeichnungen in Nordost-Anatolien*, in: Ural-Altaische Jahrbucher, XL, 1–2, Wiesbaden 1968, S. 50–78 (http://www.kroraina.com/runic/vary.html#46). In seinem Artikel über die Sachdenkmäler der Friedhöfe aus den XI.-XIII. Jahrhunderten berichtet Szabó, Kálmán: *Az alföldi Magyar nép művelődéstörténeti emlékei*, Budapest 1938, S. 28–39, hier S. 32, von einem „*silbernen Fingerring mit rundem Querschnitt*", dessen gravierte, „*der altungarischen Kerbschrift ähnelnde*", Inschrift, der Turkologe Gyula Mészáros „*für [das] älteste Denkmal der kumanischen Sprache*" hält, vgl. ders.: *Rovásírásos kún nyelvemlékek*, in: Különlenyomat a Népünk és Nyelvünk 8, Szeged 1936, S. 161–178.

sprechenden Kumanen Osteuropas ab dem beginnenden 14. Jahrhundert (1303) mit lateinischer Schrift geschrieben haben, geht aus dem Codex Cumanicus[718] hervor. Auch die Beeinflussung der gesprochenen Turksprachen in Dialekten, Regiolekten und Untergruppen durch die stark weiterentwickelten Alphabete anderer Sprachen war unvermeidlich. So haben sich die Türken nicht davor gescheut, sich je nach geographischen und kulturellen Gebieten unterschiedliche Alphabete anzueignen. Der Codex Cumanicus enthält Rätsel,[719] Wörterverzeichnisse, Gebetstexte und Tedeums, die von italienischen und deutschen Franziskanern aus dem 13. Jahrhundert abgefasst wurden.[720] Die missionierenden Mönche, die die Kumanen bekehren wollten, erlernten das Kumanische und übersetzten

---

718 Kuun, Géza (Hg.): *Codex Cumanicus bibliothecae ad templum divi Marci Venetiarum*, Budapest 1880; Grønbech, Kaare (Hg.): *Codex Cumanicus* (in Faksimile), in: Monumenta Linguarum Asiæ Maioris I., Kopenhagen 1936. Sonst vgl. von Gabain, Annemarie: *Die Sprache des Codex Cumanicus*, in: Philologiae Turcicae Fundamenta, Bd. 1, Wiesbaden 1959, S. 46–73. Eine anregende Lektüre zum multilingualen Codex findet sich bei Baldauf, Ingeborg: *Missionshilfe oder Kuriositätensammlung? Das komanisch-deutsche Glossar im Codex Cumanicus (14. Jh.)*, in: Germano-Turcica. Zur Geschichte des Türkisch-Lernens in den deutschsprachigen Ländern, hg. v. Klaus Kreiser, Bamberg 1987. Zu den kumanischen Sprachdenkmälern in Kerbschrift vgl. Mészáros, Gyula: *Rovásírásos kún nyelvemlékek*, in: Különlenyomat a Népünk és Nyelvünk 8, Szeged 1936, S. 161–178.

719 Vgl. Németh, Julius: *Die* Rätsel *des* Codex Cumanicus, in: ZDMG 67 (1913), S. 577–608.

720 Tekin, Talat: *Avrupalılar ve Türkçenin Latin harfleriyle Yazımı*, in: Türk Dili, Kasım 1978, S. 326, 590–594, hier S. 590. Vgl. auch von Gabain, Annemarie: *Die Sprache des Codex Cumanicus*, in: Philologiae Turcicae Fundamenta, Bd. 1, Wiesbaden 1959, S. 46–73, und dies.: *Komanische Literatur*, in: Philologiae Turcicae Fundamenta, II, Wiesbaden 1964, S. 243–251. Nach Haarmann, Harald: Art. *Kumanisch*, in: *Lexikon der untergegangenen Sprachen*, hg. v. Miloš Okuka, Klagenfurt u.a. 2002, Bd. 10, S. 806, ist das Werk *„von franziskanischen Missionaren auf der Krim und in der Wolgaregion aufgezeichnet worden"*. Fouquet, Gerhard: „Kaufleute auf Reisen". Sprachliche Verständigung im Europa des 14. und 15. Jahrhunderts, in: Europa im späten Mittelalter. Politik - Gesellschaft - Kultur, Histor. Zeitschr., 40 , hg. v. Rainer C. Schwinges, Christian Hesse u. Peter Moraw, München 2006, S. 465–488, hier S. 472, bezeichnet den Codex als ein *„lateinisch-persisch-kumanisches Glossar"* und vermutet, dieses sei von den *„genuesischen Kaufleuten, die in Kaffa mit dem il-chanischen Reich und der Goldenen Horde Handel trieben, am Ende des 13. Jahrhunderts"* in Auftrag gegeben worden. Zur Datierung vgl. Drüll, Dagmar: *Der Codex Cumanicus*, in: Geschichte und Gesellschaft, 23, Stuttgart 1980. Zum Inhalt vgl. Çağatay, Saadet: *Codex Cumanicus Sözlüğünün Basılışı Dolayısiyle*, in: Ankara Üniversitesi Dil ve Tarih-Coğrafya Fakültesi Dergisi, II, 5, Ankara 1944, S. 759–772.

mit Hilfe der lateinischen Schrift christliche Hymnen der lateinischen Liturgie in diese Sprache.[721] Neben Völkerwanderungen und Kriegen schufen auch Missionierungsbestrebungen an den Kulturgrenzen Europas die Grundlagen für den gegenseitigen kulturellen und sprachlichen Austausch in Schrift und Wort. Einige kumanische Verbände lebten unweit des deutschen Kulturraums, im Donaugebiet.[722] Die geographische Nähe beider Völker verursachte nicht nur kriegerische Reibungen, sondern begünstigte auch den kulturellen Austausch.

Auf der anderen Seite blühte in ländlichen Gegenden Anatoliens eine biedere volkstümliche Poesie und Erzählkunst in einfacher türkischer Sprache auf.[723] Es entstand eine Reihe von oghusisch-türkischen Handschriften, die sogenannten *menāḳıb-nāme*, in denen im parataktischen Stil aus göttlicher Perspektive erzählt wird: Salṭuḳnāme,[724] Baṭṭalnāme,[725] Dede Korkut,[726] Danişmendnāme,[727] Cemşid ü

---

721 Tekin, Talat: *ebd.*, S. 590.

722 Rásonyi Nagy, Laszlo: *Tuna havzasında Kumanlar*, TTK, Belleten 3 (1939), 401–422.

723 Bombaci, Alessio: *Histoire de la littérature turque*, Paris 1968. Zum Oghusischen mit mongolischen Elementen vgl. Schönig, Claus: *Mongolische Lehnwörter im Westoghusischen*, Turcologica 47, Wiesbaden 2000.

724 Ebū'l-ḫayr Rumī: *The Legend of Sarı Saltuk. Collected from Oral Tradition by Ebu'l Hayr Rumi*, eds. Fahir İz / Şinasi Tekin / Gönül Alpay-Tekin, Sources of Oriental Languages and Literatures 4, Cambridge Mass. 1974; Akalın, Şükrü Halûk (ed.): *Saltuknâme / Ebü'l-Hayr-ı Rumî*, 3 vols., Ankara 1987–90; Ebü'l Hayr-ı Rûmî: *Saltıknâme*, ed. Abdülkadir Gölpınarlı, 3 Bde., Edirne 1473–1480 (Ndr.: *Saltık-nāme*, eds. Necati Demir / Mehmet Dursun Erdem, Ankara 2007). Als Sekundärliteratur zum *Saltuknâme* bieten sich beispielsweise Ocak, Ahmet Yaşar: *Sarı Saltık. Popüler İslâm'ın Balkanlar'daki Destanî Öncüsü (XIII. Yüzyıl)*, Ankara 2002; ders.: Ocak, Ahmet Yaşar: *Sarı Saltık ve Saltuknâme*, in: Türk Kültürü 197 (1979), S. 266–275; sowie Yüce, Kemal: *Saltuk-nâme'de Tarihî, Dinî ve Efsanevî Unsurlar*, Ankara 1987.

725 Behçet Kemal Çağlar (ed.): *Battal Gazi Destanı. Anadolu boyunca, Malazgirt zaferinden önceki Türk akınlarının destanlaşmış tarihi*, Istanbul 1968; Dedes, Yorgos: *Battâlnâme*, Introduction, English transl., commentary and Turkish transcription (facsimile), 2 vols, Cambridge Mass. 1996.

726 Textausgaben zu dem aus zwölf Geschichten bestehenden Erzählzyklus Dede Korkut: *Kitâb-ı Dede Korkut*, ed. Kilisli Rifat, Istanbul 1916; *Dede Korkut Kitâbı*, ed. Muharrem Ergin, Ankara 1964; *The Book of Dede Korkut*, transl. Geoffrey Lewis, Harmondsworth 1974; *Dede Korkuts Buch: Das Nationalepos der Oghusen*, übers. aus dem Oghus-Türkischen v. Hanspeter Achmed Schmiede, Hückelhoven 1995.

727 Mélikoff-Sayar, Irène (ed.): *La geste de Melik Dānişmend. Étude critique du Dānişmendnāme*, Librairie Adrien-Maisonneuve, 2 vols., Paris 1960; Demir, Necati (ed.): *Dânişmend-nâme*, Tenkidli Metin, Faksimile, Sources of Oriental Languages and Literatures 54, Cambridge Mass. 2002.

Hurşid[728] und Düstūrnāme[729]. Das Battalname-Epos stammt aus dem beginnenden 12. Jahrhundert und weist mit dem arabischen Dhat al-Himma und dem byzantinischen Digenis Akritas[730] bemerkenswerte Entsprechungen auf. Wie wir in verschiedenen Varianten von Digenis Akritas (Διγενὴς Ἀκρίτας) und Akritika Tragoudia (Ἀκριτικὰ τραγούδια) sehen, ist die Brautentführung als Belohnung des tapferen Helden eine zentrale Handlung.[731] Auf dieses Handlungsmuster stoßen wir in den westlichen Nationalepen 'Chanson de Roland', 'Nibelungenlied' und 'El Cid' sowie im arabischen 'Dhat al-Himma' und im türkischen 'Battalname'. Die idealisierten

728 Textausgaben: Banarlı, Nihat Sami (ed.): *XIV. Asır Anadolu Şairlerinden Ahmedî'nin Osmanlı Tarihi: Dâsitân ı Tevârîh i Mülûk-i Al-i Osmân ve Cemşîd ü Hurşîd Mesnevîsi*, Türkiyat Mecmuası VI, Istanbul 1939, pp. 49–176; Akalın, Mehmed: *Ahmedî Cemşîd ü Hurşîd*, Faksimile, Atatürk Üniversitesi Yay. 182, Ankara 1975; Dânişmendnâme, Vol. I–IV, Critical Edition, ed. Necati Demir, Harvard 2001–02. Mit der Edition von Banarlı setzt sich Adnan Sadık Erzi kritisch auseinander, vgl. ders.: *XIV. Asır Anadolu Şairlerinden Ahmedî'nin Osmanlı Tarihi: Dâsitân-ı Tevârih-i Mülûk-i Âl-i Osmân ve Cemşid ü Hurşîd Mesnevîsi" (tenkit)*, Belleten IV (1940), pp. 267–283. Für die Lesung betreffende Emendationen in der Akalın-Edition vgl. Ünver, İsmail: *Ahmedî'nin Cemşîd ü Hurşîd Mesnevisi Üzerine*, Türkoloji Dergisi VII,1, Ankara 1977, S. 171–180.

729 Mélikoff-Sayar, Irène (ed.): *Le Destan d'Umur Pacha (Dusturname-i Enveri)*, Paris 1954; Öztürk, Necdet (ed.): *Fatih Devri Kaynaklarından Düsturname-i Enveri: Osmanlı Tarihi Kısmı (1299–1465)*, İstanbul 2003.

730 Konst. Porph. *de caer.* benutzte den Begriff "Akritas" (ακρίτας, Lat.: milites limitanei), was "Grenzwächter" bedeutet, zum erstenmal, vgl. Konstantin Porphyrogenitus, *De caerimoniis aulae byzantinae*, Lib. II, ed. J. J. Reiske, vol. I, Bonn 1829, S. 489. Digenis Akritas ist ein mittelgriechisches in Volkssprache verfasstes episches Gedicht. Nach der Auffassung von Rosenqvist, Jan Olof: *Die byzantinische Literatur. Vom 6. Jahrhundert bis zum Fall Konstantinopels 1453*, Berlin / New York 2007, S. 113, ist es "*das einzige epische Gedicht größeren Formats, das wir aus Byzanz haben und das wir in Byzanz überhaupt kennen.*" Vgl. auch Oikonomidès, Nikos: *L'épopée de Digènes et la frontière orientale de Byzance aux Xe et XIe siècles, TM* 7 (1979). Textausgaben: Mavrogordato, John: Digenes Akrites, Griechisch-Englisch, Oxford 1956; Trapp, Erich: *Digenes Akrites. Synoptische Ausgabe der älteren Versionen*, [nur Griechisch], in: Wiener Byzantinistische Studien, Band VIII, Wien 1971; S. 375–397; Paolo Odorico (ed.): *Digenis Akritas.* Poema anonimo bizantino a cura di Paolo Odorico, Griechisch-Italienisch, Firenze 1995. Zu dem als byzantinisches Nationalepos geltenden Werk vgl. auch Ricks, David: *Byzantine Heroic Poetry*, Bristol / New Rochelle 1990, und Oikonomides, Nikos: *L'épopée de Digènes et la frontière orientale de Byzance aux Xe et XIe siècles, TM* 7 (1979), pp. 375–397.

731 Mackridge, Peter: *Bride-snatching in Digenes Akrites and Cyrpiot heroic poetry*, in: Centre for Scientific Studies, XIX (1992), pp. 617–622.

Helden werden manchmal von sekundären Helden begleitet,[732] manchmal erhalten sie nach ihren abenteuerlichen Erlebnissen völlig neue positive Charakterzüge,[733] und mitunter nimmt auch das Liebesthema durch sie Gestalt an[734]. Im Gegensatz zum Diwan beruhte die volkstümliche Poesie lange Zeit auf mündlicher Überlieferung. Stark von der islamischen Mystik[735] geprägt, gedieh sie auf volkstümlicher Ebene, wobei sie sich auf althergebrachte Traditionen der Heldenepik stützen konnte. Die neue Situation nach der Einwanderung in die Hochebenen Kleinasiens (2. Hälfte des 11. Jahrhunderts) bedingte den Wandel des schamanistisch-nomadisierenden, als Alp[736] bezeichneten Recken der Oghusen in einen dschihadierenden, missionierenden Glaubenskrieger der Turkmenen, der sich nunmehr Ghazi nannte.[737] Auf diese Weise formierte sich im 12. und 13. Jahrhundert die nunmehr türkisch-islamische Epik neu. Dazu gehören ‚Battalname', ‚Danişmendname' und ‚Saltukname'. Zwischen diesen Epen bestehen jedoch Unterschiede: Im ersten wird die byzantinisch-arabische Auseinandersetzung behandelt,[738] bei den beiden letzt-

---

732 Analogien bestehen zwischen Battalname, Danischmendname, GR und HE insofern, dass Graf Rudolf von Bonifait oder Herzog Ernst vom Graf Wetzel begleitet wird.

733 So bildet auch die Umerziehung bzw. Bußfahrt des Protagonisten eine Parallele zwischen dem Dede Korkut, HE und GR.

734 Entsprechungen in Bezug auf die Minne finden sich beispielsweise in Cemschid-ü Hurschid und GR.

735 Schimmel, Annemarie: *Mystische Dimensionen des Islam. Die Geschichte des Sufismus*, Köln 1985.

736 Zu dem Würdennamen Alp vgl. Thomsen, Wilhelm: *Inscriptions de l'Orkhon déchiffrées*, Helsingfors 1896, p. 35.

737 Später in der frühosmanischen Periode entwickelte sich der Ausdruck „Alperen", mit dem man die kriegerischen Derwische bezeichnete. Dabei verlor die Bezeichnung Alp im Sinne von „Frontkämpfer" nicht an Bedeutung, sodass diese von den Gefährten des Dynastiegründer Osman I. als Titel getragen wurde, vgl. Kemaloğlu, Muhammet: *Hacı Bektâş Velî und Türkisierung und Islamisierung Anatoliens während der seldschukischen Periode*, in: Forschungszeitschrift über Alevitentum und Bektaschitentum 5, Hausen 2012, S. 111–140, hier S. 116 f.

738 Demir, Necati: *Trabzon Yöresinde Destan Kültürü Ve Tarihî Alt Yapısı*, in: Turkish Studies International Periodical For the Languages, Literature and History of Turkish or Turkic, vol. I.1, Ankara 2006, S. 29–44, hier S. 29–31. Zu den arabischen Heldenepen wie Dhat al-Himma, Antar, Bani Hilal etc. vgl. Lyons, Malcolm Cameron: *The Arabian epic: Heroic and oral story-telling*, 3 vols., Cambridge 1995, vol. 3, p. 301–504. Textausgaben zu Antar: *Sīrat 'Antar ibn Shaddād ibn Mu'awīya ibn Qarrād al-Ab'sī [etc.]*, 8 vols., Beirut o.J.; *Sīrat 'Antar ibn Shaddād al-'Absī. Riwāyat abī Sa'īd 'Abd al-Malik ibn Qarīb al-Asmā 'ī*, 12 vols, 58 parts, Cairo 1961/62; Hamilton, Terrick (trans.): *Antar, A Bedoueen Romance*, 4 vols, London 1819/20; Norris, Harry Thirl-

genannten Epen sind die Kriege zwischen den oghusischen Türken und bereits christianisierten Türken das Thema.[739]

Für das im 12. Jahrhundert entstandene prosaische Epos ‚Battalname', dessen Verfasser unbekannt ist, lieferte die auf das 8. Jahrhundert zurückreichende arabische Heldenerzählung ‚Dhat al-Himma' die Vorlage.[740] Die Aschiks, die reisenden

---

wall (select./transl.): *The Adventures of 'Antar*, Warminster 1980. Weiterführende Literatur dazu: Heller, Bernhard: *Der arabische Antarroman. Ein Beitrag zur vergleichenden Literaturgeschichte*, Hannover 1927; ders.: Art. *Sīrat Antar*, EI2, vol. I (1960), p. 533–537. Al-Bustany, Fu'ad: *Antarat al-tārīkh, wa-'Antarat al-usṭurah*', in: Al-Mashriq XXVIII (1930), pp. 534–540 und 631–647; Abel, Armand: F*ormation et constitution du Roman d'Antar*, in: La poesia epica e la sua formazione, Roma 1970, pp. 717–733. Textausgaben zu Bani Hilal: Taghribat Banī Hilāl al-Kubrā al-shāmīya al-aslīya, Cairo o. J.; Ibn 'Aqil al-Zahiri, 'Abd al-Rahman (ed.): *Banū Hilāl: aṣḥāb al-taghrība fī l-turāth wa-l-adab*, Riyad 1981; Abd al-Haqim, Shawqi (ed.): *Sīrat Banī Hilāl*, Beirut 1983. Als ausführliche Literatur dazu wäre zu erwähnen: Ibn Khaldun: *The Muqaddimah*, 3 vols., transl. Franz Rosenthal, London 1967; Schleifer, J.: Art. *La geste des Banû Hilâl*, EI2, vol. III (1971), p. 399–400; Berque, Jacques; *De nouveau sur les Benī Hilāl?* Studia Islamica 36 (1972), pp. 99–111; Canova, Giovanni: *Gli studi sull-epica popolare araba*. Oriente Moderno 57, 5–6 (1977), pp. 211–26; Al-Abnoudy, Abderrahman: *La geste hilalienne*, Cairo 1978; Galley, Micheline / Ayoub, Abderrahman: *Histoire des Benī Hilāl et de ce qui leur Advint dans leur Marche vers l'Ouest*, Classiques Africains, 22, Paris 1983; Lerrick, Alison: *Taghribat Bani Hilal al-Diyaghim: Variation in the Oral Epic Poetry of Najd*, Diss., Princeton 1984.

739 Demir, Necati: *Trabzon Yöresinde Destan Kültürü Ve Tarihî Alt Yapısı*, in: Turkish Studies International Periodical For the Languages, Literature and History of Turkish or Turkic, vol. I.1, Ankara 2006, S. 43.

740 Wie der Islamwissenschaftler Martin Hartmann in einem 1899 an seinem Kollegen Ignaz Goldziher adressierten Brief [Nr. 88 v. 6.4.1899] bemerkte, entspricht die Abenteuergeschichte des Helden Seyyit Battal Gazi "*der arabischen Delheme-Geschichte*", vgl. Hanisch, Ludmila (ed.): *"Machen Sie doch unseren Islam nicht gar zu schlecht". Der Briefwechsel der Islamwissenschaftler Ignaz Goldziher und Martin Hartmann 1894–1914*, in: Akademie der Wissenschaften und Literatur – Mainz, Veröffentlichungen der orientalischen Kommission, Bd. 45, Wiesbaden 2000, S. 123. Eine analoge Herkunftsbestätigung findet sich auch bei Grégoire, Henri / Goossens, Roger: *Byzantinisches Epos und arabischer Ritterroman*, in: ZDGM 88 (1934), S. 213–232, hier S. 221. Vgl. dazu Canard, Marius: Art. *Al-Battal*, EI2, vol. I (1960), p. 1102 f.; Mélikoff-Sayar, Irène: Art. *Al-Battal*, EI2, vol. I (1960), p. 1103–104; Hartmann, Martin: *Der "alttürkische Volks- und Sittenroman" von Seyyid Baṭṭāl*, in: Orientalische Literaturzeitung, Bd. 2, H. 1–6 (1899), Sp. 103–104, 172. Textausgaben zu 'Dhat al-Himma': *Sīrat al-amīra Dhāt al-Himma [wa-waladihā 'Abd al-Wahhab wa-l-amīr Abū Muhammad al-Battāl wa-'Uqba shaykh al-dallāl wa-Shūmdaris al-muhtāl]*, 7 vols, 70

Barden, übernahmen für ihre epische Kunst entgegen ihrer Tradition anstelle eines türkischen Kriegers einen arabischen Helden,[741] den Seyit Battal Gazi, als Hauptprotagonisten. Aus dem Alp wurde Ghazi (türk.: *gazi*). Mit anderen Worten: Der klassische Held der schamanistisch-nomadischen Türken verwandelte sich in den missionierenden kolonisierenden Glaubenskrieger der muslimischen Türken. Und nicht nur die Ghazi-Eigenschaft ist neu. Nach der Annahme der islamischen Identität im 10. Jahrhundert[742] haben die vermeintlich barbarischen Türken auch die beschützende und lenkende Rolle eines arabischen Walis (türk.: *veli* = Weise, Mentor) mit importiert. Was bei dieser Metamorphose auf jeden Fall unverändert blieb, war die Expansions- und Kampflust der Helden.

Die Türken brachten infolge ihrer Wanderung alles, was sie besaßen, nach Anatolien, *„ihre Zelte, ihre Pferde, die mittelgroß und für lange Reisen geeignet und schnell waren, ihre Schafe […], ihre Kamele, ihre Ochsenkarren, als Waffen, allen voran ihre Pfeile als Nationalwaffen, ihre Trachten, ihre Legenden, ihre literarischen Werte, ihre Traditionen; kurzum alles an materiellen und geistigen kulturellen Werten, die zum Nomaden- und sesshaften Leben gehörten.*"[743] Das Battalgazi-Epos, das die umayyadisch-byzantinische bzw. abbasidisch-byzantinische Konfrontationen zum Gegenstand hatte, lieferte wiederum als Übergangsmodell die Vorlage für ‚Danişmendname' und ‚Saltukname'.[744] Das im 12. Jahrhundert oral entstandene

---

parts, Cairo 1909; Ibrahim, Nabila: *Sīrat al-amīra Dhāt al-Himma, dirāsa muqārina*, Cairo o.J. Zur arabischen Erzählung 'Dhat al-Himma' vgl. Canard, Marius: Art. *Dhû l'Himma, ou Dhât al-Himma*, EI2, vol. II (1965), pp. 240–246; Steinbach, Udo: *D̲āt al-Himma. Kulturgeschichtliche Untersuchungen zu einem arabischen Volksroman*, Wiesbaden 1972; Kyriakides, Stilpon Paraskeua: *Eléments historiques byzantins dans le roman turc de Sayyid Baṭṭāl*, Byzantion XI (1936), pp. 563–570.

741 Canard, Marius: *Les principaux personnages du roman de chevalerie arabe D̲āt al-Himma wa-al Baṭṭāl*, in: Arabica VIII, 2 (1961), p. 158–173.

742 Zur Islamisierung der Türken im Jahr 960 vgl. den arabischen Chronisten Ibn al-Athir: *Al-Kâmil fit-Tarikh*, ed. C. J. Tornberg (*Ibn al-Athiri Chronicon quod perfectissium inscribitur*),vols I–XIV, Leiden 1851–76 (hier Beirut ed.), VII 296. IX 520, und den persischen Historiker Ibn-Miskawaih: *Tajārub al-Umam*, ed. H. L. Amedroz, 3 vols. (Oxford 1920), II 181, sowie Neshri, *Kitâb-i Cihân-nüma*, eds. F.R. Unat, M. A. Köymen, 2 vols., Ankara 1949–57, hier vol. I, S. 16 f. Zur präislamischen Kulturgeschichte der Türken vgl. Ögel, Bahaeddin: *İslamiyetten önce Türk Kültür Tarihi* (Türk Tarih Kurumu Bd. VII/42), Ankara 1962.

743 M. Kemaloğlu, *ebd.* S. 123.

744 Balivet, Michel: *Romanie byzantine et pays de Rûm turc: Histoire d'un espace d'imbrication gréco-turque*, Istanbul 1994; Bombaci, Alessio: *Histoire de la littérature turque*, Paris 1968; Grégoire, Henri / Goossens, Roger: *Byzantinisches Epos und arabischer Ritterroman*, in: ZDGM 88 (1934), S. 213–232.

und im 13. Jahrhundert schriftlich fixierte Danişmendname ist der epische Beleg dafür, dass die Danischmenden sich in der Kriegsführung gegen die Byzantiner auf kleinasiatischem Boden als die legitimen Nachfolger der Araber verstanden.[745] Auch die im Westen des Halys lebenden Seldschuken sahen sich in der Rolle der Byzantinerbedränger und pflegten die Ghazi-Literatur. Diese Tradition wird auch in dem im 14. Jahrhundert entstandenen Saltukname-Epos deutlich, das nach Battalname und Danişmendname chronologisch den dritten Platz belegt. Ghazis standen im 12. und 13. Jahrhundert paradoxerweise sowohl für konfessionsübergreifende Toleranz als auch für den intoleranten Dschihadismus und die unbeirrte Verwirklichung der Islamisierung,[746] wobei im neu eroberten Gebiet die Türkisierung keine Rolle spielte.

Die östlich des Halys, jedoch von der Küste entfernt, im pontischen Gebiet angesiedelten oghusischen Danischmenden, die sowohl gegen die Kreuzfahrer als auch gegen das Byzantinische Reich Kriege führten, sahen sich als Nachfolger der zu versinken drohenden arabischen Kultur- und Militärmacht. Die Verfasser der Ghazi-Epen behandelten die byzantinisch-türkischen Kriege nach dem Muster der byzantinisch-arabischen zuvor. Die Expansions- und Beutekriege der arabischen Reiterscharen im 7. bis 9. Jahrhundert,[747] welche in vielen arabischen Epen glänzten, verliehen nun, thematisch mit der türkischen Identität vermischt, den neuen Machthabern ein verstärktes Identitätsbewusstsein. Auf diese Weise wurde nicht nur eine literarische Legitimation errungen, sondern den althergebrachten epischen Schablonen entsprochen, sodass ein reger Kulturaustausch stattfand.[748] Da aber aus Zentralasien mitgebrachte Motive und Figuren in die neu verfassten Epen implementiert wurden, ist der kulturelle Transfer beiderseits zu beobachten.

In Battalname geht es um die kuriosen Abenteuer des hingebungsvollen Recken Seyit Battal Gazi, der nicht nur gegen die Byzantiner und sonstigen Ungläubigen kämpft, sondern auch gegen chthonische Gestalten wie Dschinnen, Giganten, Hexen und Dämonen. Hier lassen sich – wenn auch entfernt – gewisse Motivähnlichkeiten zu GR und HE erkennen: Die übernatürlichen Wesen von

745 Vgl. Grégoire, Henri: *L'épopée byzantine et ses rapports avec l'épopée turque et l'épopée romane*, in: Bulletin de la classe des lettres de l'Académie Royale de Belgique, 5th series, vol. XVII (1931), pp. 463–481; ders.: *Comment Seyyid Baṭṭāl, Martyr Musulman du VIIIe siècle, est-il devenue dans la légende le contemporain d'Amer (m. 863)?*, in: Byzantion XI (1936), pp. 571–575.

746 M. Kemaloğlu, *ebd.*, S. 114.

747 Canard, Marius: *Les expéditions des Arabes contre Constantinople dans l'histoire et la légende*, in: JA 208 (1926), pp. 61–121, und ders.: *Delhemma épopée arabo-byzantines*, in: Byzantion X (1935), pp. 283–300.

748 Köksal, Hasan: *Battalnâmelerde Tip ve Motif Yapısı*, Ankara 1984.

Battalname ähneln den z.T. finsteren Fabelwesen des HE. Die Beziehung des mitkämpfenden Pferdes Aschkarzade zu Battal Gazi spielt eine ähnliche Rolle wie der Ross-Reiter-Bezug zwischen Faris und Graf Rudolf.

Diese Traditionen wurden von den auf Türkisch schreibenden Dichtern des 13.-15. Jahrhunderts gepflegt. Sie bewahrten damit die eigenständige türkische Literatur gegen eine arabisch und persisch schreibende Übermacht und trugen dazu bei, dass sich das Türkische als Kultursprache durchsetzte.[749] Diese Epoche ging erst im ausgehenden 15. Jahrhundert zu Ende, als die osmanischen Herrscher das Arabische und Persische als Kanzlei- und Literatursprachen bevorzugten.[750] Zu den mittelhochtürkischen Autoren gehören Sultan Weled (gest. 1312), Kul Mesud (14. Jh.), Yunus Emre[751] (1240–1321), Aschik Pascha von Kirschehir (1272–1333), Ahmedî[752] von Germiyan (1334–1413) und Hadschi Bayram Veli von Ankyra (1352–1430). Sultân Weled schuf sein "Rebâbnâme" im Jahr 1301 in seldschukischer Sprache.[753] Sultân Weled war der älteste Sohn des großen persischen Mystikers Dschelâleddîn Rûmî, der in Konia wirkte.[754] Der Sufi-Dichter

---

749 Einen literaturhistorischen Umriss der türkischen Literatur ab dem beginnenden 14. Jahrhundert liefert Horn, Paul: *Die türkische Literatur*, in: Die orientalischen Literaturen, Die Kultur der Gegenwart. Ihre Entwicklung und ihre Ziele, Teil I, Abt. VII, hg. v. Paul Hinneberg, Leipzig / Berlin 1906, S. 269–281. Darüber hinaus vgl. Toderini, Giambattista: *Litteratur der Türken*, aus dem Ital. übers. v. Philipp Wilhelm Gottlieb Hausleutner, 1. Teil, Königsberg 1790.

750 Vgl. Taeschner, Franz: *Die osmanische Literatur*, in: Handbuch der Orientalistik, 1. Abt., V. Bd. (Altaistik), 1. Abschn. (Turkologie), hg. v. Bertold Spuler, Leiden u.a. 1982, S. S. 250–335, hier S. 300–309; Tornow, Siegfried: *Abendland und Morgenland im Spiegel ihrer Sprachen. Ein kulturhistorischer Vergleich*, Wiesbaden 2009, S. 155–159, und Matuz, Josef: *Die Emanzipation der türkischen Sprache in der osmanischen Staatsverwaltung*, in: Ethnogenese und Staatsbildung in Südosteuropa, hg. v. Klaus-Detlev Grothusen, Göttingen 1974, S. 62–71.

751 Halman, Talat Said (ed.): *Yunus Emre and His Mystical Poetry*, Bloomington 1981; Smith, Grace Martin: *The Poetry of Yunus Emre, a Turkish Sufi Poet*, Berkeley / Los Angeles 1993; Schimmel, Annemarie: *Wanderungen mit Yunus Emre*, Köln 1989.

752 Über den Dichter und sein Opus vgl. Kortantamer, Tunca: *Leben und Weltbild des altosmanischen Dichters Ahmedî unter besonderer Berücksichtigung seines Diwans*, Islamkundliche Untersuchungen, 22, Freiburg i. Br. 1973. Für sein Geschichtswerk vgl. Sılay, Kemal: *Aḥmedī's History of the Ottoman Dynasty*, JTS 16 (1992), pp. 129–200.

753 Zum Werk des Dichters vgl. Behrnauer, Walter F. A.: *Über die 156 seldschukischen Distichen aus Sultân Weled's Rebâbnâme*, in: ZDMG 23 (1869), S. 201–211.

754 Horn, Paul: *Die türkische Literatur*, in: Die orientalischen Literaturen, Die Kultur der Gegenwart. Ihre Entwicklung und ihre Ziele, Teil I, Abt. VII, hg. v. Paul Hinneberg, Leipzig / Berlin 1906, S. 269–281, hier S. 271.

Jûnus Emre schrieb in der Sprache des Volkes, im Alttürkischen.[755] Das aus 10.613 Doppelversen (Masnawi) bestehende „Gharîbnâme" ist literarisch gesehen mit Abstand das wichtigste Werk von Aschik Pascha. Das Masnawi von Aschik Pascha sowie ‚Diwan' und ‚İskendernâme'[756] von Ahmedî sind einige der bemerkenswerten mittelhochtürkischen Sprachdenkmäler, die dazu beigetragen haben, dass die türkische Sprache sich überhaupt zu einer Literatursprache erhoben hat. In seinem im Versmaß *Remel* geschriebenen Masnawi ‚İskendernâme' dichtete Ahmedî nach asiatischer Manier der *res Alexandri Magni*. Zu seinen bedeutenden literarischen Werken werden auch ‚Cemschid-ü Hurschid', ‚Bedayi-us-sihr fi Sanayi-isch-schi'r' und ‚Esrarnâme' gezählt. Außerdem besitzen wir von ihm einige linguistische Werke wie das persische Wörterbuch ‚Mirkat-ûl-Edeb' sowie die in der Gedichtform Kasside verfassten arabischen und persischen Grammatiken ‚Mizan-ûl-Edeb' und ‚Mikyas-ûl-Edeb'. Für Franz Taeschner ist Ahmedî *„der eigentliche Nationaldichter (...) des frühen Osmanentums"*.[757] Von Hadschi Bayram Veli sind lediglich vier religiöse Gedichte überliefert.

755 P. Horn, *ebd.*, S. 271.

756 Eine editionskritische Untersuchung mit einem Faksimile liefert Ünver, İsmail: *Ahmedi İskender-name* (İnceleme-Tıpkıbasım), in: TDK, No. 504, Ankara 1983; Aslanov, Vagif Imamali: *Achmedi i ego ‚Iskender-name'*, in: Narody Azii i Afriki 4 (1966), 161–175; Sawyer, C.: *Sword of conquest, dove of the soul. Political and spiritual values in Ahmadi's Iskandarnama*, in: Schweizer Asiatische Studien 22, hg. v. Margaret Bridges u. Johann Christoph Bürgel, Bern u.a. 1996, S. 135–147. Eine sorgfältige Arbeit über das Türkische als Dichtersprache schrieb Flemming, Barbara: *Die Sprache der türkischen Dichter*, Leiden 1977.

757 Taeschner, Franz: *Die osmanische Literatur*, in: Handbuch der Orientalistik. 1. Abtl., 5. Bd. (Altaistik), 1. Abschn. (Turkologie), hg. v. Bertold Spuler, Leiden/Köln 1982 (Erstausgabe 1963), S. 250–335, hier 276.

7. Gesamtzusammenfassung und Ausblick

Mittelalterliche Werke wie 'Graf Rudolf' und 'Herzog Ernst' waren ein Teil der gegenseitigen Interaktion und Beeinflussung von Kulturen (Hybridisierung), die sich selbstredend über größere Zeiträume erstrecken konnten, und dienten nicht nur zur Unterhaltung des Publikums, sondern schlossen auch Wissenslücken, und zwar nicht nur auf der literarischen, sondern auch auf der geographischen, historischen, ethnologischen und anthropologischen Ebene.[758] So trugen sie mit dazu bei, dass in den westeuropäischen Ländern ein Fundament zur Schaffung einer wissenschaftlichen und technischen Basiskompetenz gelegt wurde, die den Weg für die Renaissance ebnete. Fabeln, Legenden, Wundergeschichten verhalfen zur Erlangung solcher Basiskompetenzen, die vielfältige nützliche Techniken wie die Erfindung von Messgeräten und die Weiterentwicklung von Wissenschaften wie Geographie, Astronomie und Medizin vorbereiteten.

Unter Berücksichtigung der hier ermittelten und angeführten Aspekte und Beobachtungen sind wir nunmehr in der Lage, die in dieser Arbeit exemplarisch behandelten Werke GR und HE präziser zu kategorisieren: Bei GR handelt es sich um ein dramatisch-innovatives Kreuzzugs-, Adels- und Minneepos, dessen zentrale Gestalt extrovertiert, vorurteilsfrei, welt- und religionsoffen zu agieren imstande ist. Die im letzten Viertel des 12. Jahrhunderts entstandene, fragmentarisch erhaltene Reimdichtung steht in der *Chanson de geste*-Tradition. Beim HE hingegen geht es um die heldenhaften Taten und kuriosen Erlebnisse eines vorerst auf Rache sinnenden, später jedoch weit von der Heimat sich in einen Büßer verwandelnden, ja beinahe geistig reinkarnierenden jungen und resoluten Adligen. Die ebenfalls auf das letzte Quartal des 12. Jahrhunderts zu datierende, komplett erhaltene historisch-genealogisch disponierte, aber ethnogeographisch orientierte didaktische Reimdichtung steht in der *Odysseus-Sindbad*-Tradition, bei der die *Gesta Alexandri Magni* teilweise eine motivische Kulisse liefern. Zu den gemeinsamen motivischen Komponenten beider in Mitteldeutschland entstandenen, jedoch transnational und interreligiös geprägten Epen können Orient, Heimkehr, Kreuzzug, Sultanstochter bzw. Prinzessin aufgezählt werden. Alle diese

758 Zum Thema hybride Kulturformen vgl. Borgolte, Michael / Schneidmüller, Bernd (Hg.): *Hybride Kulturen im mittelalterlichen Europa / Hybrid Cultures in Medieval Europa*, in: Europa im Mittelalter, Bd. 16, Berlin 2010, sowie Borgolte, Michael u.a. (Hg.): *Integration und Desintegration der Kulturen im europäischen Mittelalter*, Europa im Mittelalter, Bd. 18, Berlin 2011.

Berührungspunkte sind beispielsweise auch durch die thüringische Sage vom Grafen von Gleichen[759] (GG) prägnant vertreten, nur dass der GG mit dem Motiv der Bigamie noch etwas Zusätzliches behandelt.

Letztlich kann konstatiert werden, dass ein direkter Einfluss nichtdeutscher Werke auf die beiden Versepen nachzuweisen ist. Wie die hier angeführten Belege zeigen, sind die immer wiederkehrenden Motivverwandtschaften zwischen deutschen und skandinavischen Werken einerseits sowie antiken und orientalischen – indischen, persischen, arabischen und türkischen – Literaturdenkmälern andererseits augenfällig. Als Zeugnis für diese Analogie sind beispielsweise Homers Odyssee und die zahlreichen Trojaromane oder die orientalische Geschichtensammlung „Tausendundeine Nacht" zu nennen.[760]

An der eingangs erwähnten, bis heute teils heftig geführten Debatte über die Zugehörigkeit des Islams zu Europa sind nicht nur Politiker, Soziologen, Historiker oder Bestsellerautoren beteiligt, sondern auch fast alle Schichten der Bevölkerung. Die vorliegende Analyse der dafür besonders geeignet erscheinenden mitteldeutschen Versepen verfolgte das Ziel, Wurzeln für diese Fragestellung aufzuzeigen. In zukünftigen Untersuchungen ebenfalls unter Einbeziehung turkologischer und orientalischer Entsprechungen sollte sie weiterhin verfolgt werden. Hier konnte jedenfalls die Erkenntnis gewonnen werden, dass Motivähnlichkeiten teils bis in die Antike zurückreichen und teils sowohl in westlichen als auch in orientalischen Traditionen zu suchen sind.

---

759 Textausgabe: Döring, Heinrich (Hg.): *Der Graf von Gleichen. Romantische Volkssage*, Gotha / Erfurt 1836. Der Graf (Ernst III) von Gleichen gerät im Orient in die Gefangenschaft. Melechsala, die Sultanstochter, verliebt sich in den Grafen. Unter der Bedingung, dass er sie zur Frau nehme, verhilft sie ihm zur Flucht. Nachdem der Graf einwilligt, machen sie sich zusammen auf den beschwerlichen und gefährlichen Weg nach Hause. Dort angekommen, wird Melechsala von der Gräfin herzlich aufgenommen. Es findet eine dreitägige Hochzeit mit der Sultanstochter statt. Der Grabstein des Grafen im Erfurter Dom zeigt ihn zwischen zwei Frauengestalten.

760 Homer ist zwar im Mittelalter nicht direkt rezipiert worden, dennoch ist er als Beispiel für zahlreiche Motivverwandtschaft aufzuführen. Was die Tausendundeine-Nacht-Geschichten betrifft, so hat Dina Salama, zwischen dem Abenteuer- und Erkundungsroman HE und drei Geschichten aus dieser Sammlung auf motivische Parallelen hingewiesen. Diese sind insbesondere in den Erzählungen von Sindbad und dem Bettelmönch sowie in der „Geschichte des Prinzen von Karizme und der Prinzessin von Georgien" ausfindig zu machen, vgl. dies.: *Das Orientbild im 'Herzog Ernst' zwischen Wirklichkeit und Phantastik*, Diss., Kairo 2003, S. 243. Zu deren Entstehungsgeschichte vgl. Horovitz, Josef: *Die Entstehung von Tausendundeine Nacht*, in: The Review of Nations 4 (1927), pp. 85–111.

8. Literatur- und Abkürzungsverzeichnis

8.1. Siglen und Abkürzungen

8.1.1. Verzeichnis abgekürzt zitierter Periodika, Corpora, Editionen, Textreihen und Nachschlagewerke

A / Fass. A	***Herzog Ernst, Fassung A:*** Hg. v. Cornelia Weber: *Untersuchung und überlieferungskritische Edition des Herzog Ernst B.* Mit einem Abdruck der Fragmente von Fassung A (Göppinger Arbeiten zur Germanistik 611), Göppingen 1994.
AASF	Annales Academiae Scientarium Fennicae, Helsinki 1941 ff.
AA.SS	*Acta Sanctorum [Bollandiana], quotquot toto orbe coluntur*, ed. Joannes Bollandus (et al.), 67 vols., Antwerpen 1643 ff.; Paris 1863–1925.
ABäG	Amsterdamer Beiträge zur älteren Germanistik, Amsterdam 1972 ff.
Abh. Leipzig	Abhandlungen der philologisch-historischen Classe der Königlich Sächsischen Gesellschaft der Wissenschaften, Leipzig 1850 ff. bzw. [Abhandlungen der] Sächsischen Akademie der Wissenschaften zu Leipzig, Leipzig 1919 ff.
Abh. München	Königlich Bayerische Akademie der Wissenschaften, Philosophisch-Philologische Klasse, München 1835–1909; Bayerische Akademie der Wissenschaften, Historische Klasse and Philosophisch-Philologische Klasse, München 1911–1928; Bayerische Akademie der Wissenschaften, Philosophisch-Historische Abteilung, München 1929–1945; Bayerische Akademie der Wissenschaften, Philosophisch-Historische Klasse, München 1947 ff.
AEMA	Archivum Eurasiae Medii Aevi, Lisse 1975 ff.
AfdA	Anzeiger für das deutsche Altertum [und deutsche Literatur], Wiesbaden (vormals Leipzig) 1876 ff.
AHR	American Historical Review. Bloomington, IN, 1884 ff.
AÖAW	Anzeiger der Österreichischen Akademie der Wissenschaften, Wien 1864 ff.
AQdGMa	Ausgewählte Quellen zur deutschen Geschichte des Mittelalters. Freiherr-vom-Stein-Gedächtnisausgabe, Darmstadt 1955 ff.
ASB	Altnordische Saga-Bibliothek, hg. v. Gustave Cederschiöld [u.a.], Halle a.S. 1892–1929.
ATB	Altdeutsche Textbibliothek. Begr. v. Hermann Paul; fortgef. v. Georg Baesecke, Hugo Kuhn, Burghart Wachinger, Halle/Saale 1882–1955 (Bd. 1–43), m. Unterbrechung zw. 1939–1952; ab 1955 in Tübingen.

B / Fass. B	***Herzog Ernst, Fassung B.*** Ein mittelalterliches Abenteuerbuch. In der mittelhochdeutschen Fassung B nach der Ausgabe von Karl Bartsch mit den Bruchstücken der Fassung A, hg., übers., mit Anm. und einem Nachw. vers. von Bernhard Sowinski, Stuttgart 1970 u.ö., hier die Ausgabe 2006.
BA	Bibliothèque Augustinienne, Oeuvres de saint Augustin, Paris 1933 ff.
BAKG	Beihefte zum Archiv für Kulturgeschichte, Marburg 1951, Münster 1952–1955, Köln 1956 ff.
BBKL	Biographisch-Bibliographisches Kirchenlexikon, 14 Bde (+ Ergänzungsbände, Herzberg u. Nordhausen 1999 ff.): Bd. 1 (1975) - Bd. 2 (1990) Hamm, hg. v. Friedrich Wilhelm Bautz; Bd. 3 (1992) - Bd. 14 (1998) Herzberg, hg. v. Traugott Bautz.
BiMiLi	Bibliothek mittelniederländischer Literatur, hg. von Bart Besamusca u. Carla Dauven-van Knippenberg, Münster 2005 ff.
BJRL	Bulletin of the John Rylands Library / Bulletin of the John Rylands University Library of Manchester, Manchester 1903 ff.
BKV	Bibliothek der Kirchenväter, 80 Bde., Kempten und München 1869–1886. Bibliothek der Kirchenväter (Neuausg.), 63 Bde., Kempten und München 1911–1931. Zweite Reihe, 20 Bde., Kempten/München 1932–1938.
BSGRT	Bibliotheca scriptorum Graecorum et Romanorum Teubneriana, Leipzig 1849 ff.
CCM	Cahiers de Civilisation Médiévale, X^{e}-XIIe siècles, Poitiers 1958 ff.
CCSL	Corpus Christianorum, Series Latina, Turnhout 1953 ff.
CFHB	Corpus Fontium Historiae Byzantinae. Das Corpus erscheint seit 1967 in Berlin unter der Gesamtleitung der „Association Internationale des Études Byzantines“ (AIEB).
CFMA	Les Classiques Français du Moyen Age, Paris, ed. H. Champion 1910 ff.
CHM	Cahiers d'histoire mondiale. Vols. 1–14, Neuchâtel 1953/54–1972.
CISC	Corpus Islamo-Christianum (CISC), begründet von Ludwig Hagemann und Adel Theodor Khoury, hg. v. Reinhold F. Glei, Altenberge 1985 ff. (ab 2008 in Wiesbaden).
CJ	The Classical Journal, Chicago, IL. 1905 ff.
CRMH	Cahiers de Recherches Médiévales et Humanistes (früher: Cahiers de Recherches Médiévales). Les Cahiers de recherches médiévales et humanistes se veulent une revue interdisciplinaire et couvrent la période XIIe-XVe siècle, Paris, ed. H. Champion 1996 ff.
CSCO	Corpus Scriptorum Christianorum Orientalium, Paris 1903 ff.
CSEL	Corpus Scriptorum Ecclesiasticorum Latinorum (Academiae Vindobonensis), Wien 1866 ff.
CSHB	Corpus Scriptorum Historiae Byzantinae, Bonn 1827–1897.
D / Fass. D	*Herzog Ernst, Fassung D.* Hg. v. Karl Bartsch, Wien 1869. Ndr. 1969.

DC	*Düringische Chronik des Johann Rothe,* hg. v. R. v. Liliencron, Bd. III, Thüringische Geschichtsquellen, Jena 1859.
Jb. DFO	Jahrbuch Deutscher Falkenorden (Bibl. Falconaria), Dresden 1924 ff.
DKM	Deutsche Klassiker des Mittelalters, Leipzig 1880 ff.
DOC	*Die Deutschordenschronik des Nicolaus von Jeroschin,* Stuttgart 1854 (Ndr. Hildesheim 1966).
DTM	Deutsche Texte des Mittelalters, hg. von der (Kgl.) Preußischen Akademie der Wissenschaften, hg. von der Deutschen Akademie der Wissenschaften, hg. von der Berlin-Brandenburgischen Akademie der Wissenschaften, Berlin 1904 ff.
DVjs.	Deutsche Vierteljahrsschrift für Literaturwissenschaft und Geistesgeschichte, Halle/Saale, Stuttgart, Weimar 1923 ff.
EGF	Epicorum Graecorum Fragmenta, hg. v. Gottfried Kinkel, Leipzig 1841–1891. Zweite Ausgabe dieser Reihe hg. v. Malcolm Davies, Göttingen 1988–2002. Die Reihe wird seit 2003 durch die zweisprachigen (griechisch-englischen) Ausgaben „Greek epic fragments: from the seventh to the fifth centuries BC" ersetzt, hg. v. Martin Litchfield West in der Loeb Classical Library (LCL 497).
EI2	*Encyclopædia of Islam,* 2nd Edition, ed. by P. J. Bearman, Th. Bianquis, C. E. Bosworth, E. van Donzel (et al.), 12 vols. with indexes etc., Leiden 1960–2005.
EMC	Echos du Monde Classique, Toronto 1956–1981.
Eulog.	Eulogium (historiarum sive temporis): Chronicon ab orbe condito usque ad Annum Domini M.CCC.LXVI, 3 volumes, ed. Frank Scott Haydon (A monacho quodam Malmesburiensi exaratum, Volume: 3), London, 1858–1863.
F / Fass. F	*Herzog Ernst, Fassung F.* Hg. v. Karl Bartsch, Wien 1869 (Ndr. 1969).
FC	Fontes Christiani, Freiburg / Turnhout 1990 ff.
FDG	Forschungen zur deutschen Geschichte, Göttingen 1862–1886.
FFC	Finnish Academy of Sciences (Suomalainen Tiedeakatemia). Folklore Fellows' Communications, Helsinki 1910 ff.
FGrHist	Die Fragmente der griechischen Historiker, ed. Felix Jacob,. Berlin 1923 ff.
FHG	Fragmenta Historicorum Graecorum, eds. Carl Müller, Theodor Müller u. Victor Langlois, 5 Bde., Paris 1841–1870.
FKG	Forschungen zur Kirchen- und Geistesgeschichte, hg. v. E. Seeberg, W. Weber, R. Holtzmann, 21 Bde. Stuttgart 1932–1941, N.F. 1, 1956 ff.
FS Rüsen	Historie und Historik: 200 Jahre Johann Gustav Droysen, hg. v. Horst Walter Blanke, Köln 2009.
FS Düwel	Runica – Germanica – Mediaevalia, hg. v. Wilhelm Heizmann u. Astrid van Nahl, in: RGA-E 37, Berlin / New York 2003.

FS Spiewok	Sammlung – Deutung – Wertung. Ergebnisse, Probleme, Tendenzen und Perspektiven philologischer Arbeit, (FS Wolfgang Spiewok), hg. v. Danielle Buschinger, Stuttgart o.J. [1989].
FS Suolahti	Germanisch-romanische Studien, Professor Hugo Suolahti zum. 60. Geburtstag am 7. Oktober 1934 von Fachgenossen, Freunden und Schülern dargebracht (= Annales Academiae scientiarum Fennicae. Ser. B. 30), Helsinki 1934.
FS Thomsen	Festschrift Wilhelm Thomsen zur Vollendung des siebzigsten Lebensjahres am 25. Januar 1912 dargebracht von Freunden und Schülern, Leipzig 1912.
G / Fass. G	*Herzog Ernst, Fassung G.* Hg. v. Karl Bartsch, Wien 1869 (Ndr. 1969).
GAG	Göppinger Arbeiten zur Germanistik, Göppingen 1968 ff.
GAS	Geschichte des arabischen Schrifttums, 13. Bde., Leiden 1967–2007.
GCS	Die Griechischen Christlichen Schriftsteller der ersten drei Jahrhunderte, hg. v. Berlin-Brandenburgische Akademie der Wissenschaften, Berlin 1897 ff.
GG	'Graf von Gleichen' (s. Weitere Ausgaben unter 8.2.1.2.).
GGM	Geographi Graeci Minores, ed. Wilhelm Dindorf / Karl Müller, Paris 1855 ff.
GLMF	Germania Litteraria Mediaevalis Francigena. Handbuch der deutschen und niederländischen mittelalterlichen literarischen Sprache, Formen, Motive, Stoffe und Werke französischer Herkunft (1100–1300), hg. v. Geert Henricus Marie Claassens, Fritz Peter Knapp, René Pérennec, 8 Bde., Berlin / München / Boston 2010–2014.
GR	'Graf Rudolf' (s. Primärtexte unter 8.2.1.1.).
GRLMA	Grundriß der romanischen Literaturen des Mittelalters, 11 Bde., hg. v. Hans Robert Jauß /Erich Köhler u.a., Heidelberg 1972 ff.
HDA	Handwörterbuch des deutschen Aberglaubens, hg. v. H. Bächtold-Stäubli / E. Hoffmann-Krayer, Berlin / New York 1987 (Ndr. d. Ausg. 1927–1942).
HE	'Herzog Ernst' (s. Primärtexte unter 8.2.1.1.).
HE.SkG	Herzog Ernst, Strophenlied-Fassung G, kurze Version. Friedrich Heinrich von der Hagen / Alois Primisser: *Der Helden Buch in der Ursprache*, hg. v. Kaspar von der Rhön, in: Deutsche Gedichte des Mittelalters Bd. II, Tl. 2, Berlin 1825, S. 227–233.
HE.SlG	*Das Lied vom Herzog Ernst [G]*, hg. v. Kenneth Charles King, in: TspMA 11, hg. v. Wolfgang Stammler / Ernst A. Philippson, Berlin 1959.
HE.StG	Herzog Ernst. Strophische Bearbeitung (Strophenlied-Fassung G, lange Version), in: Herzog Ernst, hg.v. Karl Bartsch, Wien 1869, S. 187–225.
HJb	Historisches Jahrbuch, im Auftrag der Görres-Gesellschaft hg. v. Thomas Brechenmacher u.a. (Köln 1880 ff.), München / Freiburg 1950 ff.
HZ	Historische Zeitschrift, München 1859 ff.

IBAES	Internet-Beiträge zur Ägyptologie und Sudanarchäologie – Studies from the Internet on Egyptology and Sudanarchaeology, in Zusammenarbeit mit Humboldt-Universität zu Berlin: Seminar für Archäologie und Kulturgeschichte Nordostafrikas, hg. v. Martin Fitzenreiter, Steffen Kirchner und Olaf Kriseleit, 16 Bde., Berlin 1998–2014.
JA	Journal Asiatique, Paris 1822 ff.
JDG	Jahrbücher der Deutschen Geschichte, hg. von der Historischen Kommission bei der Bayerischen Akademie der Wissenschaften, München 1862 ff.
JIG	Jahrbuch für Internationale Germanistik. In Verbindung mit der Internationalen Vereinigung für Germanistik, Bern u.a. 1969 ff.
JEW	*Jens Enikels Werke*, hg. v. Philipp Strauch, MGH DC III, Hannover u. Leipzig 1900.
JTS	Journal of Turkish Studies. Harvard University. Center for Middle Eastern Studies, Harvard University: Department of Near Eastern Languages & Civilizations, Cambridge Mass. 1977 ff.
KC	Kaiserchronik (s. Weitere Ausgaben unter 8.2.1.2.).
KlT	Kleine Texte für theologische und philologische Vorlesungen und Übungen, Berlin 1902 ff.
KR	'König Rother' (s. Weitere Ausgaben unter 8.2.1.2.).
KTRMA	Klassische Texte des romanischen Mittelalters in zweisprachigen Ausgaben, München 1962 ff.
LCL	Loeb Classical Library, London 1912 ff.
LdaG	Lexikon der antiken Gestalten in den deutschen Texten des Mittelalters, hg. v. Manfred Kern / Alfred Ebenbauer, unter Mitw. v. Silvia Krämer-Seifert, Berlin / New York 2003.
LMA	*Lexikon des Mittelalters*, 9 vols. u. 1 Registerband, hg. v. Robert-Henri Bautier u.a., München / Zürich / Stuttgart 1980–1999.
LThK	Lexikon für Theologie und Kirche, hg. v. Josef Höfer / Karl Rahner, Freiburg ^{2}1957 ff.
MAK	Karl Müllenhoff: *Deutsche Altertumskunde*, Berlin 1890–1920.
Mansi	Sacrorum consiliorum nova et amplissima collectio, ed. Giovanni Domenico Mansi, cont. I. B. Martin, L. Petit, 53 vols., Florence / Venice 1759–98; Paris 1901–27 (repr. Graz, 1960 f.).
MGH	Monumenta Germaniae Historica inde ab anno Christi quingentesimo usque ad annum millesimum et quingentesimum, ed. Georg Pertz et al. Hildesheim 1823 ff. (Ndr. Stuttgart 1963 ff.).
MGH AA	MGH Auctores antiquissimi, ed. Karl Halm et al., 15 Bde., Berlin 1877–1919.
MGH DC	MGH Scriptores. Deutsche Chroniken und andere Geschichtsbücher des MA (Scriptores qui vernacula lingua usi sunt), 6 Bde., Hannover / Leipzig 1877–1909.

MGH Epp	Monumenta Germaniae Historica, Epistolae Selectae, 5 Bde., Berlin 1916–1952.
MGH SS	MGH Scriptores, hg.v. Georg Heinrich Pertz / Georg Waitz, 38 Bde., Hannover u.a. 1826–1999.
MGH SSrG	MGH Scriptores rerum Germanicarum in usum scholarum separatim editi, hg. v. Georg Heinrich Pertz u.a., 77 Bde., Hannover u.a. 1841–2005.
MGH SSrG n.s.	MGH Scriptores rerum Germanicarum, nova series, 21 Bde., Berlin / Weimar 1922–2005.
MGH SSrL	MGH in usum scholarum separatim editi, Scriptores rerum Langobardicarum et Italicarum saec. VI–IX, ed. Georg Waitz et. al., Hannover 1878 (Ndr. 1964).
MGH SSrM	MGH in usum scholarum separatim editi, Scriptores rerum Merovingicarum, I–VII, Hannover 1885–1920.
MGH Sts.	MGH Staatsschriften des späteren Mittelalters, 7 Bde., Stuttgart 1941–2005.
MGWJ	*Monatsschrift für Geschichte und Wissenschaft des Judentums*, gegr. V. Zacharias Frankel, Breslau u.a. 1851–1939.
Migne PG	Patrologia Graeca, ed. J. P. Migne. Patrologiae cursus completus, Series Graeca, 166 Bde., Paris 1857–1866.
Migne PL	Patrologia Latina, ed. J. P. Migne. Patrologiae cursus completus, Series Latina, 217 Bde., Paris 1844–1855, und 4 Bde., Indices, Paris 1962–1964.
MSD	Karl Müllenhoff / Wilhelm Scherer: *Denkmäler deutscher Poesie und Prosa aus dem VIII.— XII. Jahrhundert*, Berlin 1864.
MSNH	Mémoires de la Société Néophilologique de Helsinki, 1893 ff.
MTU	Münchener Texte und Untersuchungen zur deutschen Literatur des Mittelalters, hg. v. d. Kommission für deutsche Literatur des Mittelalters der Bayerischen Akademie der Wissenschaften, München 1960 ff.
MV	Mandeville, nach der Übers. v. Michel Velser, in: Deutsche Texte des Mittelalters, Bd. 66., Berlin 1974.
MVG	Mitteilungen der Vorderasiatischen Gesellschaft (ehemals MVÄG = Mitteilungen der Vorderasiatisch-Ägyptischen Gesellschaft), Berlin / Leipzig 1896–1921.
NHL	Neues Handbuch der Literaturwissenschaft, hg. v. Klaus von See, Wiesbaden 1972–2002.
Nl.	*Van Sente Brandane, naar het Comburgsche en het Hulthemsche Handschrift*, ed. Ernst Bonebakker, Niederländische Reisefassungen, Amsterdam 1894.
op. om.	Aeneae Sylvii Piccolominei Senensis, qui post adeptum Pontificatum Pius eius nominis Secundus appellatus est, opera quae extant omnia..., Basileae 1551 (Ndr. Frankfurt am Main 1967).
OL	Orbis Latinus, 3 Bde, Braunschweig u. Budapest 1972.

ÖR	*Ottokars Österreichische Reimchronik*, hg. v. Joseph Seemüller, MGH DC, V. 2 vols. Hannover 1890/93.
Parz.	Parzival, in: Wolfram von Eschenbach, hg. von Karl Lachmann, Berlin 1833, ²1854 (Ndr. Berlin 1964).
Pertz, Scr.	Heinricus Pertz-Scriptorum XVII, Hannoverae 1861.
Pez, Cod.	Codex diplomatico-historico epistolaris Quo Diplomata, Chartae, Epistolae, Fragmenta Opuscolorum, Epitaphia, et alia id genus vetera monumenta […], eds. Bernhard Pez / Philibert Hueber (= Thesaurus anecdotorum novissimus seu veterum monumentorum, praecipue ecclesiasticorum […], vol. 6), ed. Bernhard Pez, Augsburg / Graz 1729.
PBB	Beiträge zur Geschichte der deutschen Sprache und Literatur. Begr. v. Hermann Paul u. Wilhelm Braune (= Paul-Braune-Beiträge), Halle/Saale 1874 ff., seit 1955 unter gleichem Titel in Halle und Tübingen fortgeführt.
PhStQ	Philologische Studien und Quellen, hg. v. Wolfgang Binder, Hugo Moser, Karl Stackmann, Wolfgang Stammler, Berlin 1956 ff.
ПСРЛ (PSRL)	Поlное собрание русских летописей / Polnoe sobranie russkikh letopisei (Gesamtausgabe der Russischen Chroniken), hg. v. Kaiserliche Archeographische Kommision, 10 Bde., Sankt Petersburg 1841–1863.
RDK	Reallexikon zur Deutschen Kunstgeschichte, begonnen v. Otto Schmitt, hg. v. Zentralinst. f. Kunstgesch. München, Stuttgart / München 1937 ff.
RdL	Reallexikon der deutschen Literaturgeschichte, hg. v. Paul Merker, Werner Kohlschmidt, Wolfgang Stammler, Klaus Kanzog, Wolfgang Mohr, Achim Masser, 2. Aufl., 5 Bde., Berlin / New York 1958–1988.
RE	Paulys Realenzyklopädie der classischen Altertumswissenschaft, neue Bearb. begr. v. Georg Wissowa (1890–1906), fortgef. Wilhelm Kroll (1906–1939), Karl Mittelhaus (1939–1946), Konrat Ziegler (1946–1974) und Hans Gärtner (1974–1980), Stuttgart 1894 ff.; 1. Reihe: A(al) – Q(uosenus), 49 Halbbd. (I 1 - XXIV), 1894–1963; 2. Reihe: R(a) -Z(ythos), 19 Halbbd. (I A 1 - X A), 1914–1972; 15 Supplementbände 1903–1978; Register der Nachträge und Supplemente, v. H. Gärtner u. A. Wünsch, München 1980; Gesamtregister. I. Alphabetischer Teil, Stuttgart / Weimar 1997.
RF	Romanische Forschungen. Vierteljahresschrift für Romanische Sprachen und Literaturen, gegr. Karl Vollmöller, Erlangen 1883 ff.
RGA	Reallexikon der Germanischen Altertumskunde, hg. v. Johannes Hoops, Bd. I–IV (1. Aufl.). Straßburg 1911–1919; hg. v. Herbert Jankuhn, Heinrich Beck u.a., 35 Bde. (2. Aufl.), Berlin / New York 1968/73–2007. sowie 2 Suppl.-Bde., Berlin / New York 2008.
RGA-E	Reallexikon der Germanischen Altertumskunde – Ergänzungsbände, hg. v. Heinrich Beck, Sebastian Brather, Dieter Geuenich, Wilhelm Heizmann, Steffen Patzold, Heiko Steuer, Berlin / New York 1986 ff.
RHC	Recueil des historiens des croisades. Historiens orientaux. Paris 1872 ff.

RHGF	Recueil des historiens des Gaules et de la France [= Rerum Gallicarum et Francicarum scriptores. Nouv. Édition], eds. Léopold Victor Delisle, Martin Bouquet et al., 24 vols, Paris 1738–1904.
RHR	Revue de l'Histoire des Religions, Paris 1880 ff.
RIS	Rerum Italicarum scriptores. Raccolta degli storici italiani dal cinquecento al millecinquecento ordinata da L.A. Muratori. Nuova ed. riv. ampliata e corr. con la direzione di Giosue Carducci (1900).
RL	'Rolandslied' (s. Weitere Ausgaben unter 8.2.1.2.).
RLW	Reallexikon der deutschen Literaturwissenschaft, hg. v. Klaus Weimar u.a., 3. Aufl., 3. Bde., Neubearbeitung des Reallexikons der deutschen Literaturgeschichte, hg. v. Jan-Dirk Müller, Berlin / New York 1997/2000/2003.
RhM	Rheinisches Museum für Philologie, hg. v. Friedrich Ritschl / Friedrich Gottlieb Welcker, Bonn 1827–1944; 1944 ff.; N.F. 1833 ff.
RQS	Revue des Questions Scientifiques, publ. par la Société de Bruxelles; Union catholique des *scientifiques* français, Bruxelles 1877–1922.
RWAkW	Rheinisch-Westfälische Akademie der Wissenschaften. Geisteswiss. Reihe, Köln u. Opladen (ab 1970 Opladen) 1952 ff.
Sb Berlin	Sitzungsberichte der (königlich-)preußischen Akademie der Wissenschaften. Philosophisch-historische Klasse, Berlin 1882–1918.
SBAW	Sitzungsberichte der Bayerischen Akademie der Wissenschaften, Phil.-Hist. Abteilung, München 1871 ff.
Sb Wien	Sitzungsberichte der k.k. Akademie der Wissenschaften Wien. Phil.-Hist. Kl., Wien 1854 ff.
SCBO	Scriptorum Classicorum Bibliotheca Oxoniensis, Oxford 1900 ff.
StGKiO	Studien zur Geschichte und Kultur des islamischen Orients, 9 vols. Straßburg / Berlin / Leipzig 1912–36. Teilw. (bis Band 14) unter dem Namen "Studien zur Sprache, Geschichte und Kultur des islamischen Orients" erschienen, 1965–96 Berlin / New York. Fortsetzung der Reihe bis Band 27 = N.F. / Beihefte zur Zeitschr. "Der Islam", hg. v. Benjamin Jokisch. Berlin / New York 2004–13. Fortsetzung der Reihe unter dem Namen "Studies in the History and Culture of the Middle East (SME)" mit Band 28. Berlin / Boston, Mass. seit 2015.
SC	Sources Chrétiennes, Paris 1941 ff.
SMLT	Sammlung mittellateinischer Texte, 10 Bde., Heidelberg 1911–1929.
SS. rer. Brunsv.	Scriptores rerum Brunsvicensium illustrationi inservientes antiqui omnes et religionis reformatione priores [etc.], ed. Georg Wilhelm Leibniz, Hannover 1707–10.
StWe	T. Stark / J.C. Wells: Althochdeutsches Glossenwörterbuch einschließlich des von T. Stark begonnenen Glossenindexes. Zusammengetr., bearb. u. hg. v. J. C. Wells, Heidelberg 1990.

SW	*Sächsische Weltchronik*, hg. v. Ludwig Weiland, MGH DC II, Hannover 1877.
T	*Vévoda Arnošt*, tschechische Bearbeitung des HE-Stoffes (s. Primärtexte unter 8.2.1.1.).
TAD	Tarih Araştırmaları Dergisi, Ankara Üniversitesi Dil ve Tarih-Coğrafya Fakültesi Tarih Bölümü Tarih Araştırmaları Dergisi, hg. v. Abdülkadir Gürer [u.a.], Ankara 1957 ff.
TDAY	Türk Dili Araştırmaları Yıllığı, Belleten. Türk Dil Kurumu Yayınları, Ankara 1953 ff.
TDK	Türk Dil Kurumu Yayınları (= Veröffentlichungen der türkischen Sprachvereinigung), Ankara 1951 ff.
TM	Travaux et memoires. Centre de Recherche d'Histoire et Civilisation Byzantines, Paris 1965 ff.
TRE	Theologische Realenzyklopädie, hg. v. Gerhard Krause / Gerhard Müller, 36 Bde. (2 Registerbände), Berlin 1974–2007.
TspMA	Texte des späten Mittelalters und der frühen Neuzeit, hg. v. Jens Haustein, Berlin u.a. 1956 ff.
TTKY	Türk Tarih Kurumu Yayınları (= Veröffentlichungen der türkischen Geschichtsvereinigung), Ankara 1937 ff.
TTEMA	*Trade, Travel and Exploration in the Middle Ages. An Encyclopedia*, eds. John Block Friedman, Kristen Mossler Figg, New York 2000.
UAJb	Ural-Altaische Jahrbücher. Intern. Zeitschr. für uralische und altaische Forschung, Berlin 1952–1992.
UC	*Ursperger Chronik der Äbte Burchard und Konrad* (Burchardi et Cuonradi Urspergensium Chronicon), in: MG-SS, XXIII,, hg. v. G. Gronau, Diss., Berlin 1890, S. 364–383.
VIEG	Veröffentlichungen des Instituts für Europäische Geschichte, Mainz u.a. 1952 ff.
[2]VL	Die Deutsche Literatur des Mittelalters. Verfasserlexikon. Begr. v. Wolfgang Stammler, fortgef. v. Karl Langosch. Zweite, völlig neu bearb. Ausg. Bd. 1–8 hg. v. Kurt Ruh, zus. m. Gundolf Keil, Werner Schröder, Burghart Wachinger, Franz Josef Worstbrock; Bd. 9–12 hg. v. Burghart Wachinger zus. m. Gundolf Keil, Kurt Ruh, Werner Schröder, Franz Josef Worstbrock, 14 Bde., Berlin / New York 1978–2008, [[1]VL = 1933–1955].
WA	Weimarer Ausgabe der *D. Martin Luthers Werke*. Die kritische Gesamtausgabe der Werke Martin Luthers, 120 Bde., Weimar 1883–2009.
WdF	Wege der Forschung, Darmstadt 1956 ff.
WiG	Wiener Genesis, hg. v. Wilhelm Ritter von Hartel / Franz Wickhoff, Wien / Prag / Leipzig 1895 (Ndr. Graz 1970).
WSt	Wolfram-Studien, Berlin 1970 ff.

W.Tit.	Wolframs Titurel, in: Wolfram von Eschenbach, hg. v. Karl Lachmann, Berlin [5]1891, S. 389-420 (Ndr. Berlin 1964).
ZDL	Zeitschr. f. Dialektologie und Linguistik. Stuttgart 1969–2011. Vormals: Zeitschr. f. hochdeutsche Mundarten (1900–1905); Zeitschrift für Deutsche Mundarten (1906–1924); Teuthonista: Zeitschrift für deutsche Dialektforschung und Sprachgeschichte (1924–1934); Zeitschr. f. Mundartforschung (1935–1968).
ZDMG	Zeitschr. der Deutschen Morgenländischen Gesellschaft, vols. 1–157, Wiesbaden 1847–2007.
ZDW	Zeitschr. für deutsche Wortforschung, Strassburg 1901 ff.
ZfdA	Zeitschr. für deutsches Alterthum und deutsche Literatur, Leipzig 1841 ff. (später Berlin, ab 1948/50 Wiesbaden).
ZfdPh	Zeitschr. f. deutsche Philologie, Halle/Saale 1869 ff. (später Stuttgart, ab 1945 Berlin).
ZGOR	Zeitschr. f. die Geschichte des Oberrheins, a.d.R.: Repertorium fontium historiae medii aevi, 12 Bde., hg. v. Istituto Storico Italiano per il Medio Evo, Romae 1962–2007.
ZPE	Zeitschr. f. Papyrologie und Epigraphik, Bonn 1967–2009.

8.1.2. Abkürzungen biblischer Bücher nach der Vulgata

Apg	Apostelgeschichte (Acta Apostolorum Apocrypha)
Dn	Daniel
Ex	Exodus
Ez	Ezechiel
Gal	Galater
Gn	Genesis
Hab	Habakuk
Hld	Hohelied Salomos
Iac	Jakobusbrief
Idc	Richter
Ier	Jeremias
Is	Isaias
Ioel	Joel
Joh	Johannes-Evangelium
Lk	Lukas-Evangelium
Lv	Leviticus
Matth	Matthäus-Evangelium
Nm	Numeri
Offb	Offenbarung des Johannes (apokalypsis)

Ps	Psalm(en)
Sap	Weisheit
I Sm	1. Samuel (1. Könige)
II Sm	2. Samuel (2. Könige)

8.1.3. Sonstige Abkürzungen

abgedr.	abgedruckt
Abh.	Abhandlung
Abs.	Abschnitt
Abt.	Abteilung
afrz.	altfranzösisch
ahd.	althochdeutsch
Anm.	Anmerkung(en)
anord.	altnordisch
arab.	arabisch
Art.	Artikel
AT	Altes Testament
Aufl.	Auflage
Ausg.	Ausgabe(n)
bair.	bairisch
Bd.	Band
Bde.	Bände
bearb.	bearbeitet
begr.	begründet
Beitr.	Beitrag, Beiträge
bes.	besorgt
Bibl.	Bibliothek (-bibliothek)
Bl.	Blatt (Blätter)
bulg.	bulgarisch
c.	caput/capitulum
cod.	codex (codices)
ders.	derselbe
dies.	dieselbe
Diss.	Dissertation
dt.	deutsch
ebd.	ebenda
ed.	editor, editore, editeur
eds.	editors, editori, editeurs

ehem.	ehemalig
engl.	englisch
ep.	epistulae (Briefe)
etym.	etymologisch
f.	(und) folgend; für
fasc.	fasciculus (Heft/Heftchen)
Fass.	Fassung
ff.	(und) folgende
finn.	finnisch
fol.	folio
fortgef.	fortgeführt
fotomech.	fotomechanisch
frnhd.	frühneuhochdeutsch
frz.	französisch
FS	Festschrift
gedr.	gedruckt
gegr.	gegründet
gest.	gestorben / lat. *gestarum*
griech.	griechisch
Habil.-Schr.	Habilitationsschrift
H.	Heft
Hg./Hrsg.	Herausgeber
hg. v.	herausgegeben von
Hl., hl.	Heilige(r), heilig
Hs(s).	Handschrift(en)
Jb.	Jahrbuch
Jg.	Jahrgang
Jh.	Jahrhundert
Kap.	Kapitel
krit.	kritisch
Kte.	Karte
lat.	lateinisch
Lit.	Literatur
m.	mit
MA	Mittelalter
masch.	maschinenschriftlich
md.	mitteldeutsch
mfrk.	mittelfränkisch

mhd.	mittelhochdeutsch
Ms.	manuscriptus / Manuskript
nd.	niederdeutsch
Ndr.	Nachdruck/Neudruck
N.F.	neue Folge
No.	numero
Nr.	Nummer
n.s.	nova series
NT	Neues Testament
o.J.	ohne Jahr[esangabe]
o.O.	ohne Ort[sangabe]
p./pp.	pagina/paginae
pers.	persisch
préf.	préface
rec.	recensuit, recensuerunt
reg.	regierte
repr.	Reprint (Neudruck)
rev.	revidiert
Rez.	Rezension
s.a.	siehe auch
Scr. Ar.	*Scriptores arabici*
s. E.	seines Erachtens
ser.	Serie, series
SnE	Snorri Sturluson, Edda.
Sonderabdr.	Sonderabdruck
sqq.	sequentia, et sequentes, et sequentia
SS	*Scriptores (in folio)*
Str.	Strophe
Str.A.	Straßburger Alexander
supl.	suplemento
Suppl.	Supplement (um)
tom.	tomus
transl.	translated by
türk.	türkisch
überarb.	überarbeitet
Übers./übers.	Übersetzung, übersetzt
Univ.	Universität
u.ö.	und öfter

V.	Vers
verb.	verbessert
vgl.	vergleiche
vol.	volumen, volume
Z.	Zeile
Zeitschr.	Zeitschrift
zit.	zitiert (bei Ausgaben: nach dieser Ausgabe wird zitiert)

8.2. Literaturverzeichnis

8.2.1. Textausgaben

8.2.1.1. Primärtexte

GR = Grave Rudolf: Hg. v. Wilhelm Grimm, Göttingen 1828 u. 1844.

GR = Graf Rudolf: Hg. v. Peter Felix Ganz, PhStQ 19, Berlin 1964.

HE = Herzog Ernst A: Hg. v. Hans-Friedrich Rosenfeld: *Der Saganer Herzog Ernst*, in: Annales Academiae Scientiarum Fennicae B 30 (1934 = FS. H. Suolahti), S. 577–585.

HE = Herzog Ernst B: Ein mittelalterliches Abenteuerbuch. In der mittelhochdeutschen Fassung B nach der Ausgabe von Karl Bartsch mit den Bruchstücken der Fassung A, herausgegeben, übersetzt, mit Anmerkungen und einem Nachwort versehen von Bernhard Sowinski. Stuttgart 1970 u.ö., hier die Ausgabe 2006.

HE = Herzog Ernst (A, B, F, G): Hg. v. Karl Bartsch. Wien 1869 [Ndr. Hildesheim 1969].

HE = Herzog Ernst (A, B): Hg. v. Cornelia Weber: *Untersuchung und überlieferungskritische Edition des Herzog Ernst B.* Mit einem Abdruck der Fragmente von Fassung A (Göppinger Arbeiten zur Germanistik 611), Göppingen 1994.

HE = Herzog Ernst (B, B, Kl): Ein mittelalterliches Abenteuerbuch. In der mittelhochdeutschen Fassung B nach der Ausgabe von Karl Bartsch mit den Bruchstücken der Fassung A, herausgegeben, übersetzt, mit Anmerkungen und einem Nachwort versehen von Bernhard Sowinski. Stuttgart 1970 u.ö., hier die Ausgabe 2006.

HE = Herzog Ernst C: Hg. v. Moriz Haupt, ZfdA 7 (1849), S. 193–303.

HE = Hystoria ducis Bauarie Ernesti (C): Hg. v. Thomas Ehlen. Krit. Ed. des Herzog Ernst C u. Untersuchungen zu Struktur u. Darstellung des Stoffes in den volkssprachl. u. lat. Fassungen. Tübingen 1996.

HE = Herzog Ernst D und Ulrich von Eschenbach: Hg. v. Hans-Friedrich Rosenfeld (Habil.-Schr., Berlin 1928). Palaestra 164. Leipzig 1929.

HE = Herzog Ernst D: Hg. F. H. von der Hagen, in: Deutsche Gedichte des Mittelalters I, Berlin 1808.

HE = Herzog Ernst D: Hg. v. Hans-Friedrich Rosenfeld. Tübingen 1991.

HE = Carmen de Ernesto duce (E) [Odo von Magdeburg]: Hg. v. Thomas A.-P. Klein. Spolia Berolinensia 18. Hildesheim 2000.

HE = Carmen de Ernesto duce (E) [Odo von Magdeburg]: Hg. v. Birgit Gansweidt: Der 'Ernestus' des Odo von Magdeburg, München 1989. Münchener Beiträge zur Mediävistik und Renaissance-Forschung 39.

HE = Herzog Ernst E: Ernestus seu Carmen de varia Ernesti Bavariae ducis fortuna auctore Odone ex Ms. Cl. viri Jacobi Du Poirier Doctoris Medici [apud Turones], edd. Edmond Martène et Ursinus Durand, in: Thesaurus novus anecdotorum III, Paris 1717, S. 307–376.

HE = Gesta Ernesti ducis (Erf): Hg. v. Peter Christian Jacobsen u. Peter Orth. Die Erfurter Prosa-Fassung der Sage von den Kämpfen und Abenteuern des Herzogs Ernst. (= Erlanger Forschungen A 82) Erlangen 1997.

HE = Gesta Ernesti ducis (Erf): H. v. Paul Lehmann, Abh. München 32,5. München 1927.

HE = Das Lied vom Herzog Ernst [G]: hg. v. Kenneth Charles King. TspMA 11, hg. v. Wolfgang Stammler / Ernst A. Philippson, Berlin 1959.

HE = Herzog Ernst, Strophenlied-Fassung G: Kurze Version. Friedrich Heinrich von der Hagen / Alois Primisser: *Der Helden Buch in der Ursprache*, hg. v. Kaspar von der Rhön, in: Deutsche Gedichte des Mittelalters Bd. II, Tl. 2, Berlin 1825, S. 227–233.

HE = Nikolaus Henkel: Ein Fragment des Liedes vom Herzog Ernst (G): in: Aspekte der Germanistik. Festschrift für Hans-Friedrich Rosenfeld zum 90. Geburtstag, hg. von Walter Tauber (Göppinger Arbeiten zur Germanistik 521), Göppingen 1989, S. 247–260.

HE = Die Historie von Herzog Ernst: Die Frankfurter Prosafassung des 16. Jahrhunderts. Aus dem Nachlass von K.C. King (G). Texte des späten Mittelalters und der frühen Neuzeit, Bd. 26, hg. v. John Lewis Flood, Berlin 1992.

HE = Herzog Ernst Kl.: Hg. v. H. Menhardt, Ein neuer mitteldeutscher Herzog Ernst aus Klagenfurt [Kl.], ZfdA 65 (1928), S. 201–212.

HE = Herzog Ernst T: Vévoda Arnošt (tschechische Bearbeitung des HE), in: Rytířské srdce majíce: Česká rytířská epika 14. století / [skladbu Vévoda Arnošt k vydání připravil Eduard Petrů; skladby O Jetřichovi Berúnském a Tandariáš a Floribella Dagmar Marečková a Eduard Petrů], Praha 1984.

HE = Herzog Ernst T: Vévoda Arnošt. The Czech Chivalric Romances Vévoda Arnošt and Lavryn in their Literary Kontext, Göppingen 1989.

8.2.1.2. Weitere Ausgaben

Alexanderlied [Lamprecht (Pfaffe)], hg. v. Karl Kinzel. Halle 1884.

Das Annolied [Anno]: Hg. v. Max Roediger, in: MGH Dt. Chron. I, 2, Hannover 1895, S. 63–132 u. 139–145.

ʿAntar [ʿAntarah ibn Shaddād al-ʿAbsī]: *Sīrat ʿAntar ibn Shaddād ibn Muʾawīya ibn Qarrād al-Abʾsī [etc.]*, 8 vols. Beirut o. J.

ʿAntar [ʿAntarah ibn Shaddād al-ʿAbsī]: Hamilton, Terrick (trans.): *Antar, A Bedoueen Romance*. 4 vols, London 1819/20.

ʿAntar [ʿAntarah ibn Shaddād al-ʿAbsī]: *Sīrat ʿAntar ibn Shaddād al-ʿAbsī. Riwāyat abī Saʿīd ʿAbd al-Malik ibn Qarīb al-Asmā ʿī*, 12 vols, 58 parts, Cairo 1961/62.

ʿAntar [ʿAntarah ibn Shaddād al-ʿAbsī]: Norris, Harry Thirlwall (select./transl.): *The Adventures of ʿAntar*, Warminster 1980.

Bani Hilal [Anonymus]: Taghribat Banī Hilāl al-Kubrā al-shāmīya al-aslīya, Cairo o. J.

Bani Hilal [Anonymus]: Ibn ʿAqil al-Zahiri, ʿAbd al-Rahman (ed.): *Banū Hilāl: aṣḥāb al-taghrība fī l-turāth wa-l-adab*, Riyad 1981.

Bani Hilal [Anonymus]: Abd al-Haqim, Shawqi (ed.): *Sīrat Banī Hilāl*, Beirut 1983.

Barlaam und Josaphat [Rudolf von Ems]: Hg. von Franz Pfeiffer. Dichtungen des deutschen Mittelalters, Bd. 3, Leipzig 1843 (Ndr. Berlin 1965).

Battalname: *Battal Gazi Destanı. Anadolu boyunca, Malazgirt zaferinden önceki Türk akınlarının destanlaşmış tarihi*, ed. Behçet Kemal Çağlar, Istanbul 1968.

Battalname: *Battâlnâme*. Introduction, English trans. by Yorgos Dedes, commentary and Turkish transcription (facsimile). 2 vols, Cambridge Mass. 1996.

Die Beschreibung des himmlischen Jerusalem: Hg. v. Albert Waag / Werner Schröder, in: Kleinere Gedichte des 11. und 12. Jahrhunderts, Tübingen 1972 (ATB 71/72), Bd. I., S. 96–111.

Sanct Brandan: *Brandan: Die mitteldeutsche „Reise"-Fassung*, hg. v. Reinhard Hahn / Christoph Fasbender, Heidelberg 2002.

Sanct Brandan: *Ein lateinischer und drei deutsche Texte*, hg. v. Karl Gustav Theodor Schröder, Erlangen 1871.

Sanct Brandan: *Van Sente Brandane, naar het Comburgsche en het Hulthemsche Handschrift opnieuw uitgegeven*, hg. v. Ernst Bonebakker, Amsterdam 1894 (Niederländische Reisefassungen).

Sanct Brandan: *Sankt Brandans Reise*, hg. v. Elisabeth Schmid, Clara Strijbosch, BiMiLi 4, Münster 2009.

Sanct Brandan: *Peregrinatio Fratris Udalrici Trans Mare Magnum: Visio sancti Brandonis*. Catalogue de livres anciens et modernes sur la Terre Sainte et les Indes orientales formant la riche collection de M. F. de Saulcy (No 308), membre de l'Institut, dont la vente se fera le mercredi 27 novembre 1872 et les trois jours suivants [...], Paris 1872.

Cemşîd ü Hurşîd [Ahmedi]: *XIV. Asır Anadolu Şairlerinden Ahmedî'nin Osmanlı Tarihi: Dâsitân-ı Tevârîh-i Mülûk-i Al-i Osmân ve Cemşîd ü Hurşîd Mesnevîsi*, ed. Nihat Sami Banarlı, in: Türkiyat Mecmuası VI, Istanbul 1939, pp. 49–176.

Cemşîd ü Hurşîd [Ahmedi]: *Ahmedî Cemşîd ü Hurşîd* (Faksimile), ed. Mehmed Akalın. Atatürk Üniversitesi Yay., Bd. 182, Ankara 1975.

Codex Cumanicus: *Codex Cumanicus bibliothecae ad templum divi Marci Venetiarum Prolegomenis notis et compluribus glossariis instruxit*, hg. v. Géza Kuun, Budapest 1880 (Ndr. Budapest 1981, hg. v. Lajos Ligeti).

Codex Cumanicus: *Codex Cumanicus* (in Faksimile), ed. Kaare Grønbech. Monumenta Linguarum Asiæ Maioris I., Kopenhagen 1936.

Codex Hypatianus: Полное собрание русских летописей (общепринятое сокращение ПСРЛ) т. 2, за Строевским списком (Gesamtausgabe der Russischen Chroniken, Bd. 2. Hypatiuschronik), Sankt-Petersburg 1843.

Codex Hypatianus: Полное собрание русских летописей. (общепринятое сокращение ПСРЛ), т. 2, Москва 1962.

Crane [Berthold von Holle]: hg. v. Karl Bartsch, Nürnberg 1858 (Ndr. Osnabrück 1967).

Danişmendname: *La geste de Melik Dāniṣmend. Étude critique du Dāniṣmendnāme*, ed. Irène Mélikoff-Sayar. Librairie Adrien-Maisonneuve, 2 vols., Paris 1960.

Danişmendname: *Dânişmend-nâme*. Tenkidli Metin, Faksimile, ed. Necati Demir. Sources of Oriental Languages and Literatures 54., Cambridge Mass. 2002.

Dede Korkut (od. Korkut Ata): *Kitāb-ı Dede Korkut*, ed. Kilisli Rifat, Istanbul 1916.

Dede Korkut (od. Korkut Ata): *Dede Korkut Kitâbı*, ed. Muharrem Ergin, Ankara 1964.

Dede Korkut (od. Korkut Ata): *Dede Korkuts Buch: Das Nationalepos der Oghusen*. Übers. aus dem Oghus-Türkischen v. Hanspeter Achmed Schmiede, Hückelhoven 1995.

Dede Korkut (od. Korkut Ata): *The Book of Dede Korkut*, English trans. by Geoffrey Lewis. Harmondsworth 1974.

Demir Baba Vilâyetnâmesi: *Demir Baba Vilâyetnâmesi*, eds. Filiz Kılıç u. Tuncay Bülbül, Ankara 2011.

Dhat al himma [Anonymus]: *Sīrat al-amīra Dhāt al-Himma, dirāsa muqārina*, ed. Nabila Ibrahim, Cairo o.J.

Dhat al himma [Anonymus]: *Sīrat al-amīra Dhāt al-Himma [wa-waladihā 'Abd al-Wahhab wa-l-amīr Abū Muhammad al-Battāl wa-'Uqba shaykh al-dallāl wa-Shūmdaris al-muhtāl]*, 7 vols, 70 parts, Cairo 1909.

Dhat al himma [Anonymus]: *Battal Gazi Destanı. Anadolu boyunca, Malazgirt zaferinden önceki Türk akınlarının destanlaşmış tarihi*, ed. Behçet Kemal Çağlar, Istanbul 1968.

Dhat al himma [Anonymus]: *Battâlnâme*, ed. Yorgos Dedes. Introduction, English trans., commentary and Turkish transcription (facsimile), 2 vols, Cambridge. Mass. 1996.

Digenes Akritas [Anonymus]: *Digenes Akritas*, ed. John Mavrogordato, (biling. Ausg. / Griechisch-Englisch), Oxford 1956.

Digenes Akritas [Anonymus]: *Digenis Akritas.* Poema anonimo bizantino a cura di Paolo Odorico, (bilinguale Ausgabe / Griechisch-Italienisch), Firenze 1995.

Digenes Akritas [Anonymus]: *Digenes Akrites. Synoptische Ausgabe der älteren Versionen*, [nur Griechisch], ed. Erich Trapp, in: Wiener Byzantinistische Studien, Band VIII (Österreichische Akademie der Wissenschaften, Kommission für Byzantinistik, Institut für Byzantinistik der Universität Wien), Wien 1971, S. 375–397.

Düringische Chronik [Johannes Rothe]: Hg. v. Rochus von Liliencron, Thüringische Geschichtsquellen, Jena 1859 (Ndr. Bad Langensalza 2007).

Düsturname [Enverî]: Hg. v. Necdet Öztürk, *Fatih Devri Kaynaklarından Düsturname-i Enveri: Osmanlı Tarihi Kısmı (1299–1465)*, İstanbul 2003.

Düsturname [Enverî]: *Le Destan d'Umur Pacha (Dusturname-i Enveri)*, translation et notes, ed. Irene Melikoff-Sayar, Paris 1954.

Egils saga einhenda ok Ásmundar berserkjabana: Ed. Åke Lagerholm, in: ASB 17, Halle a.S. 1927, S. 84–120.

Eneide [Heinrich von Veldeke]: Hg. v. Ludwig Ettmüller. Dichtungen des deutschen Mittelalters, Bd. 8, Leipzig 1852.

Eneide [Heinrich von Veldeke]: Hg. v. Otto Behaghel,. Mit Einleitung und Anmerkungen. Heilbronn 1882 [Ndr. Hildesheim / New York 1970].

Erec [Hartmann von Aue]: Hg. v. Thomas Cramer, Frankfurt a.M. 1972.

Graf von Gleichen: Döring, Heinrich (Hg.): *Der Graf von Gleichen. Romantische Volkssage.* Gotha / Erfurt 1836.

Gregorius [Hartmann von Aue]: Hg. von Hermann Paul, neu bearb. v. Burghart Wachinger, 15., durchges. U. erw. Aufl., ATB 2, Tübingen 2004.

Historia Apollonii regis Tyri: *Heinrichs von Neustadt ‚Apollonius von Tyrland' nach der Gothaer Handschrift, ‚Gottes Zukunft' und ‚Visio Philiberti' nach der Heidelberger Handschrift*, in: Deutsche Texte des Mittelalters, Bd. 7, hg. v. Samuel Singer, Berlin 1906, S. 331–452 (Ndr. Dublin / Zürich 1967).

Historia septem sapientum: *Historia septem sapientum. Eine bisher unbekannte lateinische Übersetzung einer orientalischen Fassung der Sieben weisen Meister (Mischle Sendabar)*, hg. v. Alfons Hilka, SMLT 4, Heidelberg 1912.

İskender-name [Ahmedi]: Ed. İsmail Ünver, (inceleme-tıpkıbasım). TDK, Bd. 504, Ankara 1983.

Kaiserchronik [Die Kaiserchronik eines Regensburger Geistlichen], in: MGH Deutsche Chroniken I, 1, hg. v. Edward Schröder, Hannover 1892 (Nachdr. Dublin/Zürich 1964, 1969, München 1984).

Kalila and Dimna: *Kalila and Dimna: Or, The Fables of Bidpai*: Ed./transl.: Rev. Wyndham Knatchbull, London 1819.

Kalila et Dimna: *La version arabe de Kalila et Dimna d'après le plus ancien manuscrit arabe daté*, eds. Abdallah Ibn al-Muqaffa / Louis Cheikho, Beyrouth 1905.

Kalila et Dimna: *Kalila va Dimna ou Fables de Bidpai:* Ed. Antoine Isaac Baron Sylvestre de Sacy, Paris 1816.

Kalila und Dimna: Hg. v. Friedrich Schulthess, Berlin 1911.

Kalilag und Damnag: *Kalilag und Damnag: Alte syrische Übersetzung des indischen Fürstenspiegels*, hg. u. übers. v. Gustav Bickell, eingeleitet v. Theodor Benfey, Leipzig 1876.

Kelile ve Dimne: *Türk Edebiyatında Kelile ve Dimne Çevirileri ve Kul Mesud Çevirisi*, hg. v. Zehra Toska, 2. Bde.: Bd. I (Textuntersuchung), Bd. (kritische Edition), Diss., İstanbul 1989.

Kitab-ı Nâfi'u'l-âsâr Nevbâve-i Simâru'l-esmâr: *Ramazan-zâde Abdünnafi İffet Efendi ve Kitab-ı Nâfi'u'l-âsâr Nevbâve-i Simâru'l-esmâr adlı eseri*, hg.v. Tuncay Bülbül, in: Turkish Studies – International Periodical for the Languages, Literature and History of Turkish or Turkic, vol. 7/1 (Winter 2012), pp. 447–609.

König Rother: Mittelhochdeutscher Text und neuhochdeutsche Übersetzung von Peter K. Stein, hg. v. Ingrid Bennewitz unter Mitarbeit v. Beatrix Koll u. Ruth Weichselbaumer. Stuttgart 2000.

König Rother: *Kuninc Ruother*, hg. v. H. F. Massmann, in: Bibl. d. gesammten deutschen National-Literatur von der ältesten bis auf die neuere Zeit, Bd. III/2: Deutsche Gedichte des zwölften Jahrhunderts und der nächstverwandten Zeit. Quedlinburg / Leipzig 1837.

Kudrun: Hg. v. Karl Bartsch (Deutsche Classiker des Mittelalters 2), Leipzig 1867.

Leich, Lieder, Sangsprüche [Walther von der Vogelweide]: 14., völlig neubearb. Aufl. der Ausgabe Karl Lachmanns, mit Beiträgen von Thomas Bein und Horst Brunner, hg. von Christoph Cormeau, Berlin / New York 1996.

Livländische Reimchronik: Hg. v. Franz Pfeiffer. Litterarischer Verein, Stuttgart 1844.

Lucidarius: *Der deutsche 'Lucidarius'.* Bd. 1: Kritischer Text nach den Handschriften, hg. v. Dagmar Gottschall u. Georg Steer, (Texte und Textgeschichte 35), Tübingen 1994.

Mischle Sendabar**:** *Historia septem sapientum. I. Eine bisher unbekannte lateinische Übersetzung einer orientalischen Fassung der Sieben weisen Meister (Mischle Sendabar)*, hg. v. Alfons Hilka, Heidelberg 1912.

Newe Zeittung: *Von dem grossen Heer der roten Juden so aus dem Gebirge Caspij genant in Asia herfürkommen [...], Newlich geschribenn aus Constantinopel*, Köln 1524.

[Odoric, Friar]: *The journal of Friar Odoric (1318–1330) Odorico da Pordenone: Itinerarium [...] de mirabilibus orientalium Tartarorum*, in: The Travels of Sir John Mandeville with three narratives in illustration of it: The Voyage of Johannes de Plano Carpini, The Journal of Friar William de Rubruquis, The Journal of Friar Odoric (ed. Manuel Komroff), London 1900, S. 326–362 (Ndr. New York / Dover, 1964 ff.).

Physiologus, in: Der althochdeutsche Physiologus. Die Millstätter Reimfassung und die Wiener Prosa, nebst dem lateinischen Text und dem althochdeutschen Physiologus, hg. v. Friedrich Maurer (Altdeutsche Textbibliothek 67), Tübingen 1967.

Pilpay: *Dawud Sa'id Les fables de Pilpay: Philosophie indien ou la conduite des rois*, Paris 1698.

Reinfried von Braunschweig: Hg. v. Karl Bartsch (Bibliothek der Litterarischen Vereins in Stuttgart, Bd. CIX), Tübingen 1871.

Reinmar von Zweter: Die Gedichte Reinmars von Zweter, hg. v. Gustav Roethe, Leipzig 1887 (Ndr. Amsterdam 1967).

La Chanson de Roland: Hg. v. Hans Wilhelm Klein (Klassische Texte des romanischen Mittelalters 3). München 1963.

Rolandslied [Konrad (der Pfaffe)]: Hg. v. Karl Bartsch. Leipzig 1874.

Ruolandes Liet [Konrad (der Pfaffe)]: Hg. v. Wilhelm Grimm. Mit einem Facsimile und den Bildern der pfälzischen Handschrift, Göttingen 1838.

Rolandslied: *Das Rolandslied des Pfaffen Konrad.* Hg. v. Dieter Kartschoke, Stuttgart 1993.

Rolandslied [*La Chanson de Roland*]: Hg. v. Hans Wilhelm Klein (Klassische Texte des romanischen Mittelalters 3), München 1963.

***Roman des sept sages de Rome*:** Deux redactions du roman des Sept Sages de Rome, ed. Bruno Paulin Gaston Paris. Publications de la Société des anciens textes français, vol. 4. Paris 1876 (= Cod. 3332 der Österreichischen Nationalbibliothek).

Der Ritterspiegel [Johannes Rothe]: Hg. übers. u. komm. v. Christoph Huber / Pamela Kalning. Berlin 2009.

Sachsenspiegel-Landrecht [Eike von Repgow]: Hg. v. Karl August Eckhardt. Göttingen 1955, MGH Font. Iur. Germ. Ant. N. S. I,1. 3 Bde., Göttingen 1955.

Sachsenspiegel-Landrecht [Eike von Repgow]: Hg. v. Cl. Freiherr Schwerin, eingeleitet v. Hans Thieme, Stuttgart 1953.

Sächsische Weltchronik: Hg. v. Ludwig Weiland, in: MGH DC II. Hannover 1877, S. 1–384.

Saga Óláfs konungs hins Helga. Den storesaga om Olav den Hellige: Eds. O. A. Johnsen / J. Helgason, Oslo 1941, p. 633. = *Olafs saga hins helga.* Die „Legendarische Saga" über Olaf den Heiligen (Leg. S.), ed./tr. Anne Heinrichs u.a. Heidelberg 1982.

Saltuknâme [Ebu'l Hayr Rumi]: *The Legend of Sarı Saltuk. Collected from Oral Tradition by Ebu'l Hayr Rumi,* eds. Fahir İz / Şinasi Tekin / Gönül Alpay-Tekin. Sources of Oriental Languages and Literatures 4. Cambridge Mass. 1974.

Saltuknâme [Ebu'l Hayr Rumi]: *Saltuknâme,* ed. Şükrü Halûk Akalın, 3 vols. Ankara 1987–1990.

Saltuknâme [Ebu'l Hayr Rumi]: *Saltık-nâme,* ed. Abdülkadir Gölpınarlı, 3 vols. Edirne 1473–1480.

Saltuknâme [Ebu'l Hayr Rumi]: *Saltık-nāme,* eds. Necati Demir / Mehmet Dursun Erdem, 3 vols. Ankara 2007.

Schahname: [Friedrich Rückert]: *Firdosi's Königsbuch (Schahname) Sage XV–XIX.* Aus dem Nachlass hg. v. Edmund Alfred Bayer. Berlin 1894 (Ndr. Berlin 2010).

Sindbadbuch: *Iohannis de Alta Silva Dolopathos sive de Rege et septem sapientibus,* hg. von Hermann Österley, Straßburg 1873 (Ndr. Genf 1978).

Sindbadbuch: *Mischle Sindbad, Secundus - Syntipas.* Edirt, emendirt und erklärt v. D. Paulus Cassel. Einleitung und Deutung des Buches der Sieben weisen Meister, Berlin 1888.

Sindbadbuch: *Les voyages de Sind-bâd le marin, et la ruse des femmes*, tr., accompagnée du texte et de notes, par Louis Mathieu Langlès, Paris 1814.

Tausendundeine Nacht [Anonymus]: *Les mille et une nuits: contes arabes*, traduit de l'arabe par Antoine Galland, 12 tomes. Paris 1704 et 1717.

Tausendundeine Nacht [Anonymus]: *Die tausend und eine Nacht arabische Erzählungen*. Von Johann Heinrich Voß ins Deutsch übertr. a. d. franz. Übers. v. Antoine Galland, 6 Bde., Bremen 1781–85.

Tausendundeine Nacht [Anonymus]: *Tausend und eine Nacht. Arabische Erzählungen etc.*, aus dem Arabischen übers. v. Max Habicht, Friedrich Heinrich von der Hagen und Karl Schall, Breslau 1825.

Tausendundeine Nacht [Anonymus]: *Tausend und eine nacht.* Arabische Erzählungen. Zum Erstenmale aus dem arabischen Urtext treu übersetzt von Gustav Weil, hg. v. August Lewald, 4 Bde. Stuttgart 1838–1841.

Tausendundeine Nacht [Anonymus]: *Tausend und eine nacht.* Arabische Erzählungen, hg. u. übers. v. Gustav Weil, 4 Bde. in 2 Büchern, Berlin 1865 [Ndr. Erlangen 1994].

Tausendundeine Nacht [Anonymus]: *Die Erzählungen aus den Tausendundein Nächten* (Originaltitel: Alf laila wa-laila), übers. v. Enno Littmann. Vollständige deutsche Ausgabe in sechs Bänden. Nach dem arabischen Urtext der Calcuttaer Ausgabe aus dem Jahr 1839, Wiesbaden 1953.

Tausendundeine Nacht [Anonymus]: *Binbir Gece Masalları*, 16 Bde. (Tausendundeine Nacht, eine Sammlung morgenländischer Erzählungen), aus der von Joseph Charles Mardrus ins Französisch übersetzten Ausg. hg. u. ins Türkisch übers. v. Alim Şerif Onaran, Istanbul 1992.

Thüringisch-Erfurtische Chronik [Konrad Stolles]: Bibl. d. Lit. Vereins in Stutt. XXXII, Stuttgart 1854 (Ndr. Amsterdam 1968).

Tristan und Isold [Gottfried von Strassburg]: Hg. v. Friedrich Ranke, Berlin 1930, (Ndr. Berlin ^{11}1967).

Tuti-nameh: *Tuti-nameh oder Das Papageienbuch*, nach der türkischen Fassung, hg. u. übers. v. Georg Rosen, in: Bibliothek der Romane , Bd. 17. Leipzig 1912.

Parzival, Willehalm u.a. [Wolfram von Eschenbach]: Hg. v. Karl Lachmann, Berlin / Leipzig ^{6}1926 (Ndr. Berlin 1965).

Parzival [Wolfram von Eschenbach]: Übers. v. Wolfgang Mohr, GAG 200, hg. v. U. Müller, F. Hundnurscher u. Cn. Sommer, Göppingen 1974.

Vilâyet-nâme [Hacı Bektâş-ı Velî]: *Vilâyet-nâme, Manâkib-i Hünkâr Hacı Bektâş-ı Velî*, ed. Abdülbaki Gölpınarlı, İstanbul 1958.

Vilâyet-nâme [Hacı Bektâş-ı Velî]: *Das Vilajet-name des Haggi Bektasch. Ein Türkisches Derwischevangelium*, hg. v. Erich Groß, Türkische Bibliothek, Bd. 25, Leipzig 1927.

Vilâyet-nâme [Hacı Bektâş-ı Velî]: *Haci Bektas Veli Manzûm Vilayetnâmesi*, ed. Bedri Noyan, İstanbul ²1996.

Vilâyet-nâme [Hacı Bektâş-ı Velî]: *Velâyetnâme* / Hacı Bektâş-ı Veli, ed. Hamiye Duran, Ankara 2007.

Vrowen dienst [Ulrich von Liechtenstein]: Hg. v. Karl Lachmann / Theodor von Karajan, Berlin 1841 (Ndr. Amsterdam 1974).

Wiener Genesis: Hg. v. Wilhelm von Hartel / Franz Wickhoff. Jahrbuch der kunsthistorischen Sammlungen des Allerhöchsten Kaiserhauses, Bd. 15/16., Wien / Prag / Leipzig 1895 (Ndr. Graz 1970).

Willehalm [Wolfram von Eschenbach]: Nach der Handschrift 857 der Stiftsbibliothek St. Gallen. Hg. v. Joachim Heinzle. Tübingen 1994.

8.2.2. Ausgaben römischer Autoren

Amm. *rer. gest.* [Ammiani Marcellini]: *Rerum gestarum libri qui supersunt*, 2 vols, ed. Wolfgang Seyfarth, Leipzig 1978.

Ampel. *mem.* [Lucius Ampelius]: *Lucii Ampelii Liber memorialis*, hg. v. Eduard Wölfflin, Leipzig 1863.

Ampel. *mem.* [Lucius Ampelius]: *Lucius Ampelius: Liber memorialis - was ein junger Römer wissen soll.* Texte zur Forschung, 94, hg. v. Ingemar König, Darmstadt 2001.

Avien. *ora mar.* [Avien, Rufius Festus Avienus]: *Ora maritima*, hg. v. Dietrich Stichtenoth, Darmstadt 1968.

Cass. Dio *hist. Rom.* [Lucius Cassius Dio Cocceianus]: *Cassii Dionis Cocceiani historiarum Romanorum quae supersunt*, Vol. I–III, ed. Ursul Philip Boissevain, Berlin 1895–1931.

Cic. *ac.* [Marcus Tullius Cicero]: *Hortensius. Lucullus. Academici libri*, hg. u. übers. v. Laila Straume-Zimmermann, Ferdinand Broemser und Olof Gigon, (Sammlung Tusculum), München / Zürich 1990.

Cic. *de leg.* [Marcus Tullius Cicero]: *A commentary on Cicero, De legibus*, ed. Andrew R. Dyck. Ann Arbor, Mich. 2004.

Cic. *Verr.* [Marcus Tullius Cicero]: *Orationes in Verrem. Erläuterungen*, hg. v. Rudolf Greve, Paderborn 1967.

Claudian. *in Ruf.* [Claudian Claudianus]: *In Rufinum*, ed. transl. and. comm. Maurice Platnauer, 2 vols. [vol. 1], Cambridge 1913–23.

Claudian. *de IV cons. Hon.* [Claudian Claudianus]: *Panegyricus de quarto consulato Honorii; De IV Consulato Honorii Augusti*, ed. transl. and. comm. Maurice Platnauer, 2 vols. [vol. 2], Cambridge 1913–23.

Claudian. *de rap. Pros.* [Claudian Claudianus]: *Claudii Claudiani, Opus. De Raptu Proserpinae perpetuis commentariis*, ed. Nicolao Biffio (secunda editio), Luca 1751.

Flav. Vop. *vita Aurel.* [Flavius Vopiscus]: *Historiae Augustae Scriptores VI. Aelius Spartianus. Vulc. Gallicanus. Julius Capitolinus. Trebell. Pollio. Aelius Lampridius. Flavius Vopiscus.* Cum notis selectis Isaaci Casauboni, Cl. Salmasii & Jani Gruteri. Cum indice locupletißimo rerum ac Verborum. Accurante Cornelio Schrevelio, Leiden 1661.

Flor. *epit.* [Lucius Annaeus Florus]: *Epitome rerum romanarum / Abrégeé de l´histoire romaine.* Traduit par F. Ragon. Avec une notice par M. Villemain (= Bibl. Latine-Francaise. Collection des Classiques Latins avec la Traduction en Regard. 5. Livraison), Paris 1826.

Hor. *ad. Pis.* [Horaz, Quintus Horatius Flaccus]: *Q. Horatii Flacci Epistola ad Pisones*, edidit et annotatione illustravit P. Hofman Peerlkamp, Leiden 1845.

Hor. *od.* [Horaz, Quintus Horatius Flaccus]: *Opera*, ed. István Borzsák. Leipzig 1984.

Hygin. *fab.* [Hyginus Mythographus]: *C. Iulii Hygini Fabulae*, ed. Peter Kenneth Marshall, 2 vols., Stuttgart / Leipzig 1993.

Iord. *Get.* [Jordanes]: *Iordanis Romana et Getica*, recensuit Theodor Mommsen, MGH AA. 5,1., Berlin 1882 (Ndr. München 1982).

Iust. *hist. Phil.* [Marcus Iunianus Iustinus]: *M. Iuniani Iustini Epitoma Historiarum Philippicarum Pompei Trogi*, ed. Franz Ruehl. Accedunt Prologi in Pompeium Trogum ab Alfredo de Gutschmid recensiti, Leipzig 1907.

Juv. *sat.* [Juvenal, Decimus Iunius Iuvenalis]: *Satiren*, hg. v. Joachim Adamietz, München / Zürich 1993.

Lucan. *bell. civ.* [Marcus Annaeus Lucanus]: *Bellum Civile Liber primus*, édition, introduction et commentaire de P. Wuilleumier et H. Le Bonniec, Paris 1962.

Lukr. *rer. nat.* [Lukrez, Titus Lucretius Carus]: *T. Lucretii Cari, De rerum natura libri sex*, hg. v. Gilbert Wakefield. London 1821.

Macr. *somn. Scip.* [Ambrosius Theodosius Macrobius]: *Ambrosii Theodosii Macrobii Commentarii in Somnium Scipionis.* Edidit Iacobus Willis. Accedunt quatuor tabulae. (Macrobius. Vol. II.), Leipzig 1970.

Mart. Cap. *de nupt.* [Martianus Minneius Felix Capella]: *De nuptiis Philologiae et Mercurii*: Die Hochzeit der Philologia mit Merkur. De nuptiis Philologiae et Mercurii, hg. v. Hans Günter Zekl, Würzburg 2005.

Ov. *ep.* [Publius Ovidius Naso]: *Tristia. Epistulae ex Ponto* (*Tristien. Briefe vom Schwarzem Meer*), hg. Niklas Holzberg, übers. Wilhlelm Willige, München 1990.

Ov. *fasti* [Publius Ovidius Naso]: *Fasti*, hg. v. Franz Bömer, 2 vols, Heidelberg 1957–1958.

Ov. *met.* [Publius Ovidius Naso]: *P. Ovidii Nasonis Metamorphoses*, ed. hg. v. Ingemar König. William S. Anderson, Stuttgart / Leipzig [5]1991.

Pind. *Ol.* [Pindar, Pindaros]: *Olympian Odes; Pythian Odes, ed.* and transl. by William H. Race. (LCL 56), Cambridge Mass./ London 1997.

Pind. *pyth.* [Pindar, Pindaros]: *Olympian Odes; Pythian Odes, ed.* and transl. by William H. Race. (LCL 56), Cambridge Mass. / London 1997.

Plin. *nat. hist.* [Plinius der Ältere]: *C. Plini Secundi Naturalis historiae libri XXXVII*, ed. Carl Mayhoff: post Ludovici Iani obitum recognovit et scripturae discrepantia adiecta iterum edidit Carolus Mayhoff, Lipsiae 1875–1906.

Plin. *nat. hist.* [Plinius der Ältere]: *Naturalis historia*, (= Caii Plinii Secundi historiae naturalis libri 37. Editio stereotypa). Leipzig 1830.

Pomp. Mela *Chor.* [Pomponius Mela]: *Pomponius Mela – Kreuzfahrt durch die Alte Welt*, hg. v. Kai Brodersen, Lat.-Dt., Darmstadt 1994.

Prop. *eleg.* [Properz, Sextus Aurelius Propertius]: *Sexti Properti Elegos critico apparatu instructos*, ed. St. Heyworth, Oxford 2007.

Ps. Ov. *cons. Liv.* [Pseudoovidiana]: *Consolatio ad Liviam prolegomenis, commentario exegetico, indice instructa*, ed. Arnoldus Witlox, Utrecht, 1934.

Solin. *de mir. mun.* [Gaius Julius Solinus]: *Caii Julii Solini de Mirabilibus Mundi Charles Louis Fleury Panckoucke*, Paris 1847.

Solin. *coll. rer. mem.* [Gaius Julius Solinus]: *Colectanea rerum memorabilium*, ed. Theodor Mommsen, Berlin 1895.

Tac. *ann.* [Publius Cornelius Tacitus]: *Ab excessu Divi Augusti (Annales)*, tom. I, hg. v. Erich Koestermann, Leipzig 1960/61.

Tac. *Germ.* [Publius Cormelius Tacitus]: *P. Cornelii Taciti de Germania*, hg. v. Alfred Gudemann, Berlin 1916.

Tac. *hist.* [Publius Cornelius Tacitus]: *Historiarum libri*, tom. II, ed. Erich Koestermann, Leipzig 1960/61.

Varro *de re rust.* [Marcus Terentius Varro]: *De re rustica. Index nominum, quae apud Varronem reperiuntur*, 4 Bde. (Bd. 4), hg. v. Francesco Semi, Venezia 1965.

Varro *ant. Div.* [Marcus Terentius Varro]: *Antiquitates rerum humanarum et divinarum*, ed. Burkhart Cardauns: M. Terentius Varro: Antiquitates Rerum Divinarum. 2 Bände (Band 1: Die Fragmente; Band 2: Kommentar), Wiesbaden 1976.

Vell. *hist.* [Velleius Paterculus]: *Vellei Paterculi Historiarum ad M. Vinicium consulem libri duo*, ed. William S. Watt, Leipzig 1988 (Ndr. Stuttgart 1998).

Verg. *Aen.* [Publius Vergilius Maro]: *Aeneis*. P. Vergilius Maro, rec. atque apparatu critico instruxit Gian Biagio Conte de Gruyter, Berlin / New York 2009.

Verg. *carm.* [Publius Vergilius Maro]: *Servii grammatici qui feruntur in Vergilii carmina commentarii*, ed Georgius Thilo. Bde. I, II, III 1 (rec. Hermannus Hagen), Leipzig 1881–1887; Bd. III 2 (rec. Hagen): Appendix Serviana ceteros praeter Servium et Scholia Bernensia Vergilii commentatores continens, Leipzig 1902 (Ndr. Hildesheim 1961).

Verg. *georg.* [Publius Vergilius Maro]: *Bucolica*. Edidit et apparatu critico instruxit Silvia Ottaviano. *Georgica*. Edidit et apparatu critico instruxit Gian Biagio Conte / Bucolica et Georgica, Leipzig 2011.

8.2.3. Ausgaben griechischer Autoren

Ael. *nat. an.* [Ailianos von Praeneste, Claudius Aelianus]: *De natura animalium, Varia historia, Epistolae, Fragmenta*, hg. v. Rudolf Hercher, Leipzig 1864–1866 (Ndr. Graz 1971).

Aisch. *Prom.* [Aischylos]: *Des Aeschylos gefesselter Prometheus*. Griechisch und deutsch, m. Einleitung, Anmerkungen u. dem gelösten Prometheus, hg. u. übers. v. Georg Friedrich Schoemann, Greifswald 1844.

Aisch. *Prom.* [Aischylos]: *Aischylos, Sämtliche Tragödien*. Übers. v. Johann Gustav Droysen (Berlin 1832), neu bearb. v. Wolf Hartmut Friedrich, Klaus Ries und Frieder Schönagel, München 1977.

Aeth. *cosm.* [Aithikos]: Aethicus Istricus. *Cosmographiam ab Hieronymo ex Graeco in Latinum breviarium redactam etc.* Ed. Heinrich Wuttke, Leipzig 1854 (Ndr. Hildesheim 1991).

Apoll. Rhod. *Argon.* [Apollonios Rhodos]: *Scholia in Apollonii Rhodii Argonautica (scholia vetera)*, hg. v. Carl Wendel, Berlin 1935 (Ndr. Berlin 1974).

Aristob. [Aristobulos von Kassandreia]: FGrHist 139, ed. Felix Jacoby, Berlin 1926–1930.

Arist. *de an.* [Aristoteles]: *Aristotelis de anima*. Recognovit brevique adnotatione instruxit, ed. William David Ross, Oxford 1956.

Arist. *de hist. an.* [Aristoteles]: *Historia animalium*. Tierkunde, hg. u. übers. v. Paul Gohlke, Paderborn 1949.

Arist. *eth. Nic.* [Aristoteles]: *Aristotelis ethica Nicomachea*. Recognovit brevique adnotatione critica instruxit, ed. Ingram Bywater (SCBO), Oxford 1894 (repr. Oxford 1988).

Arist. *meteor.* [Aristoteles]: *Ein Kompendium der aristotelischen Meteorologie in der Fassung des Hunain ibn Ishâq*, ed. Hans Daiber (= Aristoteles Semitico-Latinus. Prolegomena et Parerga I. Verhandelingen der Koninklijke Akademie van Wetenschappen, Afd. Letterkunde), Amsterdam 1975.

Arist. *pol.* [Aristoteles]: *Aristotelis politica*. Post Fr. Susemihlium, rec. Otto Immisch, BSGRT 1095, Leipzig ²1929.

Arrian. *anab.* [Lucius Flavius Arrianus]: *Flavii Arriani quae exstant omina*, ed. A. G. Roos. Vol. 1: Alexandri Anabasis cum excerptis Photii Tabulaque Phototypica. Ed. stereotypa correctior addenda et corrigenda adiecit G. Wirth. Vol. 2: Scripta min. et Frag. Adiectae sunt tres tabulae geographicae et Frag. Papyri 1284 societatis Italianae. Ed. stereotypa correctioe addenda et corrigenda adiecit G. Wirth, Leipzig 1967–1968 (BSGRT).

Arrian. *anab.* [Lucius Flavius Arrianus]: *Φλάβιος Αρριανός, Αλεξάνδρου Ανάβασις* (Arrianou Alexandrou Anabasis), ed. Karl Wilhlem Krüger, Appendix Serviana ceteros praeter Servium et Scholia Bernensia Appendix Serviana ceteros praeter Servium et Scholia Bernensia Berlin 1851.

Arrian. *anab.* [Lucius Flavius Arrianus]: *Arrian: Der Alexanderzug. Indische Geschichte*, hg. u. übers. v. Gerhard Wirth / Oskar von Hinüber, München / Zürich 1985.

Arrian. *Der Alexanderzug. Indische Geschichte*, hg. u. übers. v. Gerhard Wirth und Oskar von Hinüber, München u.a. 1985.

Arrian. *Ind.* [Lucius Flavius Arrianus]: *Indica*. Texte établi et traduit par Pierre Chantraine, Les Belles Lettres, Association Guillaume Budé, Paris 1927.

Daimachos: FGrHist 65, ed. Felix Jacoby, Berlin 1926.

Daimachos: FHG II 440, ed. Carl Müller, Paris 1848.

Diod. Sic. *hist.* [Diodor von Sizilien]: *Διοδώρου Βιβλιοθήκη ἱστορική. Diodori bibliotheca historica* (Buch 1–10); editionem primam curavit Imm. Bekker, alteram Ludovicus Dindorf. Recognovit Fridericus Vogel, in: BSGRT, 3. Edition, 5 vols., Leipzig vol. 1 (1888); vol 2 (1890); vol. 3 (1893); vols. 4–5 (1906) (Ndr. Stuttgart 1964).

Diod. Sic. *hist.* [Diodor von Sizilien]: *Διοδώρου Βιβλιοθήκη ἱστορική. Diodori bibliotheca historica* (Buch 11–44); editionem Julius Friedrich Wurm, 4 vols., Stuttgart 1839–1840.

Dion. *per. oik.* [Dionysios Perigetes]: *Περιήγεσις τῆς οἰκουμένης*. Geographi Graeci Minores ex recensione et cum annotatione Godofredi Bernhardy. Vol. 1. Dionysius Periegetes graece et latine cum vetustis commentariis et interpretationibus ex recensione et cum annotatione G. B. Pars prior et posterior, Lipsiae 1828 (Ndr. Hildesheim 1974).

Dion. *per. oik.* [Dionysios Perigetes]: *Περιήγεσις τῆς οἰκουμένης*, hg. u. übers. v. Gottfried Gabriel Bredow, in: G. G. Bredow's Nachgelassene Schriften, hg. v. J. G. Kunisch, Breslau 1816.

Eratosthenes [Eratosthenes von Kyrene]: *Die geographischen Fragmente des Eratosthenes*, ed. Ernst Hugo Berger, Leipzig 1880.

Herakl. *frgm.* [Heraklit von Ephesos]: *Die Fragmente der Vorsokratiker*, eds. Hermann Alexander Diels u. Walter Kranz, 3 Bde., Berlin / Zürich [6]1951/52.

Herod. *hist.* [Herodot von Halikarnassos]: Herodotus, *Historiae*, ed. Haiim B. Rosén, 2 Bde., Leipzig 1987–1997.

Herod. *hist.* [Herodot von Halikarnassos]: Herodotos, *Tarih*, Hasan Ali Yücel Klasikleri Dizisi XXVIII, ed./trans. by Müntekim Ökmen, İstanbul [10]2014 (1. Aufl. 1973).

Hes. *Th.* [Hesiod]: *Hesiodi Theogonia*, Opera et Dies, Scutum, ed. Friedrich Solmsen, Reinhold Merkelbach u. Martin L. West, Oxford 1970.

Hipp. *aer.* [Hippokrates von Kos]: *De aeribus aquis locis*, ed. Hermann Grensemann. Interlineare Ausgabe der spätlateinischen Übersetzung und des Fragments einer hochmittelalterlichen Übersetzung, Bonn 1996.

Hom. *Il.* [Homer, Homeros]: Homeri opera t. I–II recognovit D. B. Monro et Th. W. Allen, Iliadis libros I–XXIV continentes. Editio tertia (SCBO), Oxford 1920.

Hom. *Od.* [Homer, Homeros]: Homeri Odyssea recognovit P. von der Mühll (Edit. Helveticae. Series Graeca IV), Basel 1945.

Iul. *ep.* [Flavius Claudius Iulianus]: Julian, Imp. Caesaris Flavii Claudii Iuliani epistulae leges poematia fragmenta varia, collegerunt recensuerunt Joseph Bidez / Franz Valery Marie Cumont, Paris / Oxford 1922.

Iust. *apol.* [Iustin der Märtyrer]: *Ἀπολογία ὑπὲρ Χριστιανῶν πρὸς τὴν Ῥωμαίων Σύγκλητον*, éd. Louis Pautigny. Textes et Documents pour l'étude historique du Christianisme, edd. Hippolyte Hemmer et Paul Lejay, Paris 1904.

Klearch. *Fragm.* [Klearchos von Soloi]: *Beiträge zu den Fragmenten des Klearchos von Soloi*, hg. v. Stavros Tsitsiridis, Berlin / New York 2013.

Ktes. *Ind.* [Ktesias von Knidos]: *Indica*. FGrH 688, ed. Felix Jacoby, (ders.: Art. *Ktesias 1.*, in: RE XI, 2 Stuttgart 1922, Sp. 2032–2073).

Ktes. *Ind.* [Ktesias von Knidos]: Ktesias, in: GGM II, 152, ed. Karl Müller, Paris 1855.

Luk. *Nigr.* [Lukian von Samosata]: *Luciani opera* (*Νιγρίνου Φιλοσοφία*), recognovit brevique adnotatione Critica Instruxit Matthew D. MacLeod, 4 vols., in: Scriptorum Classicorum Bibliotheca Oxoniensis, Oxford 1972–80.

Luk. *Nigr.* [Lukian von Samosata]: *Luciani Samosatensis opera* ex recensione Guilielmi Dindorfii Ambrosio Firmin Didot, 8 vols. Paris 1840.

Luk. *Nigr.* [Lukian von Samosata]: *Sämtliche Werke*, 6 Theile, ed./übers. Christoph Martin Wieland, Leipzig 1788/89.

Luk. *ver. hist.* [Lukian von Samosata]: *Luciani Vera historia*, ed. Charles Stanger Jerram, Oxford 1879 (repr. 1990).

Megasthenes: *Megasthenis Indica*, hg. v. Eugen A. Schwanbeck, Bonn 1846.

Megasthenes: *Megasthenis Indica*, FHG II 397, hg. v. Carl Müller, Paris 1848.

Nearch. [Nearchos von Kreta]: FGrHist 133, ed. Felix Jacoby, Berlin 1926–1930.

Onesikr. [Onesikritos von Astypalaia]: FGrHist 134, ed. Felix Jacoby, Berlin 1926–1930.

Orph. *hym.* [Orpheus]: *Die Hymnen des Orpheus, griechisch und deutsch.* In dem Versmasse des Urtextes zum erstenmale ganz übersetzt von David Karl Philipp Dietsch, Erlangen 1822.

Paus. *Hell.* [Pausanias]: *Το βιβλίον αποτελεί αντίγραφο της περιήγησης του Παυσανία στην Ελλάδα. Pausaniae Graeciae descriptio*, ed. Friedrich Spiro, 3 vols., Leipzig 1903 (Ndr. Stuttgart 1967).

Philost. *Apoll.* [Philostratos]: Flavius Philostratos, vita Apollonii, Philostratos. *Das Leben des Apollonios von Tyana*, ed. Vroni Mumprecht, München / Zürich 1983.

Philost. *Apoll.* [Philostrates]: (Φιλόστρατος: *Βίος Ἀπολλώνιου Τυανέως*). *Flavii Philostrati opera*; accedunt Apollonii epistolae, Eusebius adversus hieroclem, Philostrati, ed. Carl Ludwig Kayser, 2 vols., Leipzig 1870–1871 (Ndr. Hildesheim 1964).

Plat. *pol.* [Platon]: Politeia, griech./deutsch, hg. v. Karlheinz Hülser (Sämtliche Werke, Bd. 5), Frankfurt a.M. 1991.

Plat. *Tim.* [Platon]: *Timaeus a Calcidio translatus commentarioque instructus.* Edidit Raymundus Klibansky. Societatem operis conjuncto P. J. Jensen edidit J. H. Waszink. Plato Latinus, Bd. 4, ed. Jan Hendrik Waszink, London 1962.

Plat. *Tim.* [Platon]: *Platons Timaios 17a-92c.* Spätantike Übersetzung ins Lateinische (Timaeus) durch Chalcidius (17a-52c); Übersetzung ins Deutsche (Zimmermann) 27d – 34b, vollständige Übersetzung ins Deutsche: Hieronymus Müller, mit Einleitungen, begleitet. von Karl Steinhart, Bd. 6. Leipzig 1857 (17a-92c).

Plut. *de fac. lun.* [Plutarch]: *De facie quae in orbe lunae apparet*, ed. and trans. by H. Cherniss / W.C. Helmbold.Moralia, 15 vols., Cambridge Mass. / London, 1927–76.

Plut. *Demetr.* [Plutarch]: *Plutarchi vitae parallelae*, 4 Bde, hier Bd. 3, fasc. 1 (Demetrios, Antonius, Pyrrhos, Marius, Aratos, Artaxerxes, Agis und Kleomenes, Ti. und C. Gracchus), hg. v. Konrat Ziegler und Hans Gärtner, Stuttgart / Leipzig ³1996.

Plut. *Romul.* [Plutarch]: *Plutarchi vitae parallelae*, 4 Bde, hier Bd. 1, fasc. 1 (Theseus, Romulus, Solon, Publicola, Themistokles, Camillus, Aristides, Cato der Ältere, Kimon, Lucullus), hg. v. Konrat Ziegler, Stutgart / Leipzig ³1960.

Porphyr. *de abst.* [Porphyrios]: *De abstinentia* („*Περὶ ἀποχῆς ἐμψύχων* “), in: ders.: Porphyrii philosophici Platonici opuscula selecta, *hg. v.* August Nauck, Hildesheim 1977, 83–270.

Procop. *bell. Goth.* [Prokop, Prokop von Caesarea]: Flavius Procopios Προκόπιος: Haury, J. (ed.), *Procopii Caesariensis Opera Omnia*, ed. corr. cur G.Wirth, Leipzig 1963 f.

Procop. *bell. Goth.* [Prokop, Prokopius von Caesarea]: *Procopius, De bello Gothico*, in: Prokop, Werke. 5 Bde., hg. u. übers. v. Otto Veh, München 1966–1977.

Procop. *bell. Pers.* [Prokop, Prokopius von Caesarea]: *Procopius, De bello Persico*, in: Prokop, Werke. 5 Bde., hg. u. übers. v. Otto Veh, München 1966–1977.

Procop. *op. om.* [Prokop, Prokopius von Caesarea]: *Procopii Caesariensis opera omnia I–IV*, ed. J. Haury / G. Wirth, Leipzig 1962–1964.

Pseudo-Kallisthenes: *Historia Alexandri Magni. Textausgabe von Pseudo-Kallisthenes*, hg. v. Wilhelm Kroll, Berlin 1926.

Ptol. *geogr.* [Claudius Ptolemäus]: Geographike Hyphegesis, *Γεωγραφική Ὑφήγήσις*, *Claudii Ptolemaei Geographia*, hg. v. Karl Friedrich August Nobbe, eingel. v. Aubrey Diller, 2 Bde., Leipzig 1843–45.

Pyth. [Pytheas von Massalia]: Bianchetti, Serena (ed.): *Pitea di Massalia: L'Oceano*. Biblioteca die Studi Antichi, vol. 82, Pisa / Rom 1998.

Schol. Hom.: *Scholia Graeca in Homeri Iliadem (Scholia vetera)*, recensuit Hartmut Erbse, vols. I–V, Berlin 1969–1977.

Sext. Emp. *adv. math.* [Sextus Empiricus]: *Adversus mathematicos libros I – VI continens*, ed. J. Mau, Indices ad vol. I – III adiecit K. Janáček, Lipsiae 1954.

Sext. Emp. *adv. math.* [Sextus Empiricus]: *Gegen die Dogmatiker. Adversus mathematicos libri 7–11*, hg. v. Hansueli Flückiger, St. Augustin 1998.

Skyl. *peripl.* [Skylax von Karyanda]: *Scylacis Caryandensis Periplus maris ad litora habita Europae et Asiae et Libyae*, GGM I, ed. Karl Müller, Paris 1882.

Soph. *Oed. tyr.* [Sophokles von Kolonos]: *Kritische und paläographische Beiträge zu den alten Sophokles-Scholien*, hg. v. Peter N. Papageorg, Leipzig 1881.

Steph. Byz. *ethn.* [Stephanos von Byzanz]: *Ethnika.* Stephani Byzantii ethnicorum quae supersunt ex recensione Augusti Meinekii, Berlin 1849 (Ndr. Graz 1958).

Strab. *geogr.* [Strabo]: *Strabonis geographica*, ed. August Meineke, altgriech, Text, 3 vols., Leipzig 1877.

Theon *progym.* [Ailios Theon von Alexandrien]: (*Θέωνος σοφιστοῦ προγυμνασματα*), *Theonos Sophistu progymnasmata*, ed. Daniel Heinsius, Leiden 1626.

Theophr. *hist. plant.* [Theophrastus Eresius]: *Naturgeschichte der Gewächse – Historia Plantarum*, hg. v. Kurt Polycarp Joachim Sprengel, 2 Bde., Altona 1822 (Ndr. Darmstadt 1971).

Thuk. *Pel.* [Thukydides]: *Thucydidis historiae*, recognovit brevique adnotatione critica instruxit Henricus Stuart Jones. Apparatum criticum correxit et auxit Johannes Enoch Powell, 2 vols., Scriptorum Classicorum Bibliotheca Oxoniensis, Oxford 1942.

Tzetz. *chil.* [Johannes Tzetzes]: *Ioannis Tzetzae Historiarum variarum Chiliades.* Graece. Textum ... instruxit Th. Kiesslingius, Leipzig 1826 (Ndr. Hildesheim 1963).

8.2.4. Ausgaben frühchristlicher Autoren

Ambros. *de off. min.* [Ambrosius von Mailand]: *De officiis ministrorum*, in: J.-P. Migne (PL 16), 23–184, ed. Johann Georg Krabinger, Tübingen 1857.

Ambros. *exam.* [Ambrosius von Mailand]: *Exameron.* BKV – Eine Auswahl Patristischer Werke in Deutscher Übersetzung, Reihe I 17, 3 Bde. (1914/1915/1917), Des Heiligen Kirchenleheres Ambrosius Von Mailand. Ausgewählte Schriften, 1. Band: Exameron, hg. v. Otto Bardenhewer / Theodor Schermann / Karl Weymann, Kempten 1914.

Ambros. *exam.* [Ambrosius von Mailand]: Sancti Ambrosii opera. Pars I: *Exameron, De paradiso, De Cain et Abel, De Noe, De Abraham, De Isaac, De bono mortis*, rec. C. Schenkl, CSEL 32,1, (1896).

Ambros. *in Luc.* [Ambrosius von Mailand]: Sancti Ambrosii Mediolanensis opera. Pars IV: *Expositio Evangelii secundum Lucam, Fragmenta in Esaiam*, CCSL 14, ed. M. Adriaen, Turnholt 1957.

Arnob. *adv. gent.* [Arnobius der Ältere von Sicca, auch Arnobius Afrus]: *Arnobii Afri Disputationum Adversus Gentes Libri VII.* Recognovit notis priorum interpretum selectis aliorumque et suis illustravit Io. J. Conradus Orellius, 2 vols. Lipsiae 1816–1817.

August. *civ. Dei* [Augustinus von Hippo]: *Dei Sancti Aurelii Augustini episcopi de civitate Dei*, 2 vols, CCSL 47–48, edd. Bernhard Dombart, Alfons Kalb (editio quarta), Turnhout 1955.

August. *civ. Dei* [Augustinus von Hippo]: *De civitate Dei*, ed. J.-P. Migne (PL 41), Paris 1861, 13–804.

August. *doct. Chr.* [Augustinus von Hippo]: *De doctrina christiana*, ed. J.-P. Migne (PL 34), Paris 1887, 15–122; CCSL 32, ed. J. Martin, Turnhout 1962, S. 1–167; CSEL 80, ed. W. M. Green, Wien 1963, 3–169.

August. *gen. ad lit.* [Augustinus von Hippo]: *De genesi ad litteram imperfectus liber*, hg. v. Josef Zycha, CSEL 28/1 (1894).

August. ***nupt. et conc.*** [Augustinus von Hippo]: *De nuptiis et concupiscentia*, edd. Carl F. Urba / Josef Zycha, CSEL 42, S. 211–319, Wien 1902 (= Migne PL 44, 413–474).

August. ***nupt. et conc.*** [Augustinus von Hippo]: *De nuptiis et concupiscentia, contra duas epistulas pelaginorum*, edd. F.-J. Thonnard / E. Bleuzen / A.C. de Veer, in: BA 23, Paris 1974, 52–289.

Paul. Diac. ***hist. Lang.*** [Paulus Diaconus]: *Historia Langobardorum*, in: MGH SSrL XLVIII, edd. Ludwig Bethmann / Georg Waitz, Hannover 1878, 12–187.

Hier. ***adv. Iov.*** [Sophronius Eusebius Hieronymus]: *Dialogus contra Luciferianos; Liber de perpetua virginitate B. Mariae; Adversus Iovinianum libri duo; Liber contra Vigilantium; Liber contra Ion. Hierosolymitanum; Apologia adversus libros Rufini; Dialogus adversus Pelagianos; Liber de viris illustribus u.a.*, ed. J.-P. Migne (PL 23), Turnhout 1883.

Hier. ***Eph.*** [Sophronius Eusebius Hieronymus]: *S. Eusebii Hieronymi, Stirdonensis Presbyteri, Commentariorum in Epsitolam ad Ephesios libri tres.* Sancti Eusebii Hieronymi Stirdonensis Presbyteri Opera omnia VII, accurante et ad ultimum recognoscente J.-P. Migne (PL 26), Paris 1845, 439–554.

Hier. ***chron.*** [Sophronius Eusebius Hieronymus]: *Chronicon – Die Chronik des Hieronymus.* Eusebius Werke, Bd. VII (GCS 47), hg. v. Rudolf Helm, Berlin 1984.

Him. ***or***. [Himerios, Himer]: *Himerii Declamationes et orationes. Cum deperditarum fragmentis*, A. Colonna recensuit (Scriptores Graeci et Latini), Rom 1951.

Hrab. ***rer. nat.*** [Hrabanus Maurus]: *De rerum naturis*, ed. J.-P. Migne PL 111, Paris 1852, 9–614 (Ndr. Turnhout 1969).

Kosmas ***Top. Chr.*** *Kosmas Indikopleustes* [der Indienfahrer, Konstantin von Antiochia]: *Topographie Chrètienne.* Introduction, texte cretique, traduction et notes, ed. and trans. Wanda Wolska-Conus, 3 vols., Paris 1968, 1970, 1973.

Maur. ***ep.*** [Johannes Mauropous]: *The Letters of Ioannes Mauropous, Metropolitan of Euchaita*, CFHB 34 – Ser. Thessalonicensis, ed. Apostolos Karpozilos, Thessalonike 1990.

Michael der Syrer, ***chron.*** [Michael der Syrer, Mor Michael (der Große)]: *Les évêques jacobites du VIIIe âu XIIIe siècle d'apres la Chroniqu de Michel le Syrien*, in: Revue de l'Orient chrétien 4 (1899), pp. 444–451, 495–511; 5 (1900), pp. 605–636; 6 (1901), pp. 189–220, ed. Jean-Baptiste Chabot, Paris 1901.

Oros. ***hist.*** [Paulus Orosius]: *Historiarum adversum paganos* libri VII, hg. v. Carl Zangmeister. CSEL 5, Wien 1882.

Oros. ***hist.*** [Paulus Orosius]: *Pauli Orosii Presbyteri Hispani Adversus paganos. Historiarum libri septem, ut et apologeticus contra pelagium de arbitrii libertate*, ed. Gerard Potuliet, Leiden 1738.

Pallad. *de Bragman.* [Palladios von Helenopolis]: *Palladius de Gentibus Indiae et Bragmanibus*, ed. Wilhelm Berghoff. Beitr. z. Klass. Philol. 4, Maisenheim am Glan 1967.

Pallad. *de Bragman.* [Palladios von Helenopolis]: *Palladios Palladii de vita Bragmanorum narratio*, ed. John Duncan Martin Derrett. Classica et Mediaevalia 21 (1960), 108–135.

Pallad. *de Bragman.* [Palladios von Helenopolis]: *Commonitorium Palladii. / Briefwechsel zwischen Alexander dem Grossen und Dindimus, dem König der Bramanen. / Brief Alexanders des Grossen an Aristoteles über die Wunder Indiens*, hg. v. Bernhard Kübler, in: Romanische Forschungen 6 (1891), S. 203–237.

Pasch. Rad. *exp. math.* [Paschasius Radbertus]: *Pascasii Radberti Expositio in Matheo libri XII*, ed. Beda Paulus, 3 vols., CCCM 56–56B, Turnhout 1984.

Photios: *La Biblioteca del patriarca constantinopolitano. Fozio censurato nella Francia di Mazzarino*, ed. Luciano Canfora, Roma 1998.

Theophyl. *hist.* [Theophylaktos Simokattes]: *Theophylacti Simocattae historiae*, ed. Carolus de Boor, BSGRT XIV, Lipsiae 1887.

Vener. *in Luc. evang.* [Beda Venerabilis]: *Bede, In Lucae Evangelium Expositio*, ed. David Hurst, Bedae Venerabilis Opera: Opera Exegetica, CCSL 120, Turnhout 1960.

Vener. *in princ. Gen.* [Beda Venerabilis]: *Opera exegetica 1. Libri quatuor in principium Genesis usque ad nativitatem Isaac et eiectionem Ismahelis adnotationum*, ed. Charles W. Jones. CCSL 118A, Turnhout 1967.

8.2.5. Ausgaben mittelalterlich-christlicher Autoren

d'Abano, Pietro: *Tractatus de venenis*, Erstdruck: Mantua 1472/73.

Adam von Bremen: *Gesta Hammaburgensis Ecclesiae Pontificum*, ed. Bernhard Schmeidler, MGH SSrG II, Hannover / Leipzig ^{3}1917 (Ndr. 1993).

Albertus Magnus: *De mineralibus et rebus metallicus* in *Beati Alberti Magni, Ratisbonensis Episcopi Ordinis Praedicatorum opera quae hactenus haberi potuerunt.* Tomus secundus, ed. Petrum Jammy, Lugduni [Lyon] 1651.

Albertus Magnus: *B. Alberti Magni, Ratisbonensis episcopi, Ordinis Praedicatorum, opera omnia [...] cura ac labore Streph. Caes. Aug. Borgnet.* Bd, 34: [Hugo Ripelin von Straßburg] Compendium theologicae veritatis in septem libros digestum. Ad editionem Venetam 1492 Emendatam, Paris 1895.

***Ann. Admunt. cont.*:** *Continuatio Annales Admuntenses*, ed. Wilhelm Wattenbach, MGH SS IX, Hannover 1851, 579–593.

Ann. Aquen.: *Annales Aquenses*, ed. Georg Waitz, MGH SS XXIV, Hannover 1879, 33–39.

Ann. Marbac.: *Annales Marbacenses*, ed. Hermann Bloch, MGH SSrG IX, Hannover / Leipzig 1907.

Ann. Palid.: *Annales Palidenses auctore Theodoro monacho ab O. c. -1182 et 1390*, ed. Georg Heinrich Pertz, MGH SS XVI, Hannover 1859 48–98.

Ann. Pegav.: *Annales Pegavienses et Bosovienses*, ed. Georg Heinrich Pertz, MGH SS XVI, Hannover 1859. 232–270.

Ann. Reich.: *Annales Reicherspergenses*, ed. Wilhelm Wattenbach, MGH SS XVII, Hannover 1861. 439–523.

Ann. Ratis.: *Annales Ratisponenses*, ed. Wilhelm Wattenbach, MGH SS XVII, Hannover 1861, 570–590.

Ann. Stad.: *Annales Stadenses auctore Alberto*, ed. Johann M. Lappenberg, MGH SS XVI, Hannover 1859, 271–378.

Ann. Sti. Georg.: *Annales Sancti Georgii in Nigra silva a. 613–1308*, ed. Georg Heinrich Pertz, MGH SS XVII. 1861, 295–298 = Annalen von St. Georgen, ed. Adolf Hofmeister, ZGOR 33 (1918), 39–57.

Ann. Welfici Weingart.: *Annales Welfici Weingartenses = Historia Welforum*, ed. Erich König, in: Schwäbische Chroniken der Stauferzeit 1, Sigmaringen 1978, 86–94.

Anna Komn. *Alex.* [Anna Komnene]: *Alexiade*, Regne de l'empereur Alexis I Comnene (1081–1118), ed./tr. Bernhard Leib, 2 Bde., Paris 1937/43.

Anon. *Bar. chron.* *(Anonymi Barensis Chronicon)*: *Anonymus Barensis*, ed. Ludovico Antonio Muratori, RIS 5, Milano 1724, 147–156.

Anon. *de monstr.* *De monstris et belluis liber*, in: Traditions Tératologiques ou Récits de l'Antiquité et du moyen age en occident sur quelques points de la fable du merveilleux et de l'histoire naturelle, eds. Jules Berger de Xivrey / Gotthold Ephraim Lessing, Paris 1836.

Ansb. *hist. Frid.* [Ansbertus Austrienses]: *Historia de expeditione Friderici imperatoris*, ed. Anton Chroust, Quellen zur Geschichte des Kreuzzuges Kaiser Friedrichs I., MGH SSrG n.s. V., Berlin 1928 (Ndr. 1964), 1–115.

Arn. *chron. Slav.* [Arnold von Lübeck] *Arnoldi chronica Slavorum*, ed. Johann Martin Lappenberg, MGH SSrG XIV, Hannover 1868.

Arnold von Harff: *Die Pilgerfahrt des Ritters Arnold von Harff von Cöln durch Italien, Syrien, Aegypten, Arabien, Aethiopien, Nubien, Palästina, die Türkei, Frankreich und Spanien – wie er sie 1496 bis 1499 vollendet, beschrieben und durch Zeichnungen erläutert hat.* Hg. v. Eberhard von Groote, Cöln 1860.

Arnold von Harff: *Rom – Jerusalem – Santiago. Das Pilgertagebuch des Ritters Arnold von Harff (1496–1498).* Mit den Abbildungen der Handschrift 268 der Benediktinerabtei Maria Laach. Hg. v. Helmut Brall-Tuchel und Folker Reichert, Köln / Wien 2007.

Barthol. Anglic. *de prop. rer.* [Bartholomaeus Anglicus]: *De proprietatibus rerum* = Bartholomaei Anglici De genuinis rerum coelestium, terrestrium et inferarum proprietatibus libri XVIII : Opus incomparabile, theologis, iureconsultis, medicis, omniumque disciplinarum et artium alumnis, utilissimum futurum / Cui accessit liber XIX. De variarum rerum accidentibus. Iam nunc nova specie, novaque plane forma tenatum, et ab immundis mendis ad amussim repurgatum, adiuncto indice rerum et verborum locupletissimo. Procurante Georgio Bartholdo Pontano à Braitenberg, Frankfurt 1601 (unveränd. Ndr. Frankfurt 1964).

Bocc. *decam.* [Giovanni Boccaccio]: *Decameron*, ed. Vittore Branca, 2 Bde., Turin [3]1992.

Burch. Ursb. *chron.* [Burchard von Ursberg]: *Burchardi paepositi Urspergensis Chronicon*, eds. Oswald Holder-Egger / Bernhard Eduard von Simson, MGH SSrG XVI, Hannover 1916.

***Chron. Mon. Ser.*:** *Chronicon Montis Sereni*, ed. von Ernst Ehrenfeuchter, MGH SS XXIII, Hannover 1874, 130–226.

***Chron. reg. Col.*:** *Chronica regia Coloniensis (Annales maximi Colonienses)*, ed. Georg Waitz, MGH SSrG XVIII, Hannover 1880, pp. 1–42, 43–69,197–299 pp. 1–42 von der Schöpfung bis 1106, unvollständig, pp. 43–69, 197–299 zu den Jahren 1106–1249 als Fassung B und C.

Const. Afric. *de gradibus* [Konstantin von Afrika, Constantinus Africanus]: *Constantini Africani opera*, ed. Heinricus Petrus, Basilea 1536, 342–387.

Cresques, Abraham: *Atlas Catalan*, Mallorca 1375 (Ndr. Barcelona 1975).

***Cron. Petri*:** *Cronica s. Petri Erfurdiensis moderna*, ed. Oswald Holder-Egger. Monumenta Erphesfurtensia, MGH SSrG XLII, Hannover / Leipzig 1899, 117–364.

***Cron. Reinh.*:** *Cronica Reinhardsbrunnensis*, ed. Oswald Holder-Egger, in: Supplementa tomorum XVI–XXV, MGH SS XXX, Hannover 1896, 490–656.

Dante Alighieri: *Die göttliche Komödie.* Commedia / Divina Commedia. Übers. v. Wilhelm G. Hertz, Ottobrunn b. München 1982.

Ekkeh. *chron.*: *Chronici Ekkehardi continuatio brevis a. 1125–1169*, ed. Oswald Holder-Egger, Monumenta Erphesfurtensia saec. XII. XIII. XIV, MGH SSrG XLII, Hannover / Leipzig 1899, 68–71.

Fabri, Felix: *Eigentlich beschreibung der hin vnnd wider farth zu dem Heyligen Landt gen Jerusalem, vnd furter durch die grosse Wüsten zu dem Heiligen Berge Horeb vnd Sinay etc.*. Frankfurt am Main 1557.

Fabri *evag.* [Felix Fabri]: *Fratris Felicis Fabri, Evagatorium in Terrae Sanctae, Arabae et Egypti peregrinationem*, edidit Cunradus Dietericus Hassler, vols I–III, Stuttgardiae 1843.

Fred. chron. cont. [Fredegar]: Chronicarum quae dicuntur Fredagarii Scholastici libri IV cum continuationibus, ed. Bruno Krusch, MGH SSrM II, Hannover 1888, 1–194 (Ndr. München 1984).

Gemma Frisius, Rainer: *De principiis astronomiae et cosmographiae*, Antwerpen 1547.

Gerv. *otia Imp.* [Gervasius von Tilbury]: *Gervasii Tilleberiensis Otia Imperialia ad Ottonem IV Imperatorem ex MSStis*, ed. Georg Wilhelm Leibniz, SS. rer. Brunsv. I–III., Hannover 1707–10.

Gesner, Conrad: *Historia animalium*, Zürich 1551–87.

Gesta Fred. *Gesta Frederici I. Imperatoris*, Appendix, Ottonis et Rahewini, ed. Georg Waitz, MGH SSrG XLVI, Hannover / Leipzig 1912.

Gossouin (od. Gautier) de Metz: *L'Image du monde de Maître Gossouin*, rédaction en prose. Texte du manuscrit de la Bibliothéque Nationale de France, fonds francais No 574, ed. Oliver Herbert Prior (Thèse de doctorat), Lausanne / Paris 1913.

Gunther von Pairis: Guntherus Parisiensis, *Ligurinus*, ed. Erwin Assmann, MGH SSrG LXIII, Hannover 1987.

Gunther von Pairis: Guntherus Parisiensis, *Historia captae a Turcis Constantinopolis, per Leonhardum Chiensem Militensem Archiepiscopum, qui ab hoste una obsessus et captus fuit, neque alia scribit, quam quae coram vidit et cognovit.* Excus. Noribergae in officina Joannis Montani et Ulrici Neuberi, anno 1544, in 4°.

Hildegard von Bingen: *Physica. Liber subtilitatum diversarum naturarum creaturarum* – Textkritische Ausgabe, hg. v. Hildebrandt, Reiner / Gloning, Thomas, Berlin / New York 2010.

Honor. *imag. mund.* [Honorius Augustodunensis]: *Imago mundi*, ed. Valerie I. J. Flint. Archives d'Histoire Doctrinale et Littéraire du Moyen Age 27 (1982), 7–153.

Honor. *imag. mund.* [Honorius Augustodunensis]: *De imagine mundi libri tres*, ed. J.-P. Migne (PL 172) Paris 1854, 115–188.

Ioan. Saresb. *Ep.* [Johannes von Salisbury]: *Ioannis Saresberiensis Epistolae. Joannis cognomine Saresberiensis Carnotensis episcopi opera omnia*: accedunt Petri S. R. E. cardinalis tituli S. Chrysogoni, Guichardi Lugdunensis archiepiscopi, Gualteri prioris S. Victoris Parisiensis, Rogeri abbatis S. Evurtii Aurelianensis, Joannis Cornubiensis, opuscula, diplomata, epistolae / accurante J.-P. Migne (PL 199), Paris 1900, 379–822; 1115–1180.

Isid. ***etym.*** [Isidor von Sevilla]: *Isidori hispalensis episcopi etymologiarum sive originum libri XX*, recognovit brevique adnotatione critica instruxit Wallace Martin Lindsay, 2 vols., Oxford 1911.

Jacobus Balduinus: *Die Romfahrt Kaiser Heinrich's VII. Im Bildercyclus des Codex Balduini Trevirensis*, hg. von der Direktion der K. Preußischen Staatsarchive, erl. u. Text bearb. (unter Benutzung des literarischen Nachlasses von L. v. Eltester) v. Georg Irmer, Berlin 1881.

Jakob von Vitry: *Orientalis sive Hierosolomytana Historia*: Ausg. Douai 1597 (Meisenheim am Glan 1971).

Johannes de Alta Silva: *Dolopathos*. Iohannis de Alta Silva Dolopathos sive de rege et septem sapientibus, ed. Hermann Oesterley, Strassburg 1873.

Der Priester Johannes, *Erste Abh., enthaltend Capitel I, II u. III*, ed. Friedrich Zarncke, in: Abh. Leipzig, vol. 7 (Abh. der Königl. Sächs. Ges. der Wiss. 17), Leipzig (1873–1879), 827–1030.

Der Priester Johannes, *Zweite Abh., enthaltend Capitel IV, V u. VI*, ed. Friedrich Zarncke, in: Abh. Leipzig, vol. 8, (Abh. der Königl. Sächs. Ges. der Wiss. 19), Leipzig 1876–1883, 1–186.

Konrad von Megenberg: *Das Buch der Natur* [Fass. I]. Die erste Naturgeschichte in deutscher Sprache, hg. v. Franz Pfeiffer, Stuttgart 1861 (Ndr. Hildesheim 1962, 1994).

Konst. Porp. ***de caer.*** [Constantinus Porphyrogenitus, Κωνσταντῖνος Ζ' Πορφυρογέννητος]: Constantini Porphyrogeniti Imperatoris De Caerimoniis Aulae Byzantinae Libri II, ed. J. J. Reiske, vol. I, Bonn 1829.

Konst. Porp. ***de admin.*** [Constantinus Porphyrogenitus, Κωνσταντῖνος Ζ' Πορφυρογέννητος]: *De administrando imperio*, hg.v. Gyula Moravcsik, übers. v. R. J. H. Jenkins, in: CFHB I, 1967; De administrando imperio II, Commentary by Francis Dvornik et al., ed. R. J. H. Jenkins, London 1963.

Mandeville: *Sir John Mandevilles Reisebeschreibung*, ins Deutsche übers. v. Michel Velser, hg. v. Eric John Morrall nach der Stuttgarter Papierhandschrift Cod. HB V 86, in: Deutsche Texte des Mittelalters, Bd. 66, Berlin 1974.

Marco Polo: *Der mitteldeutsche Marco Polo*. Nach der Admonter Handschrift, hrsg. von Horst von Tscharner (Deutsche Texte des Mittelalters, XL), Berlin 1935.

Petr. ***Mont. Vent.*** [Petrarca, Francesco]: *Besteigung des Mont Ventoux*, in: Die Fähre. Lesebuch für höhere Lehranstalten. Bd. 7, hg. v. Walter Ubanek, Bamberg ^{2}1958, S. 227–229.

Petr. ***fam.*** [Petrarca, Francesco]: *Familiaria. Bücher der Vertraulichkeiten*, hg. u. übers. v. Berthe Widmer, 2 Bde., Berlin / New York 2005/2009.

Petr. ***fam.*** [Petrarca, Francesco]: Le Familiari, edizione critica a cura di Vittorio Rossi, vol. I, introduzione e libri I–V con un ritratto e sei tavole fuori testo, Firenze 1968.

Petr. Ven. ***tract. adv. Iud.*** [Petrus Venerabilis, Peter der Ehrwürdige]: *Petri Venerabilis, Tractatus adversus Judaeorum invetertam duritiem*, J.-P. Migne (PL 189), Paris 1854, 507–650 (Ndr. Turnhout 1980).

Piccolomini: Aeneae Sylvii Piccolominei: *Opera quae extant omnia, nunc demum post corruptissimas editiones summa diligentia castigata & in unum corpus redacta*, ed. M. Hopper. 2 Bde., Basel 1551/1571 (Ndr. Frankfurt am Main 1967).

Piccolomini: Eneas Silvio Piccolomini, *Pentalogus de rebus ecclesiae et imperii*, ed. Christoph Schingnitz, Diss. München 2006, MGH Sts. VIII, Hannover 2009, 46–308.

Piccolomini: *Aeneae Silvii Piccolomini Senensis qui postea fuit Pius II. Pont. Max. Opera inedita*, ed. Josephus Cugnoni, Reale Accademia dei Lincei. Memorie della Classe di scienze morali, storiche e filologiche, vol. 8, Roma 1883 (Ndr. 1968).

***Pseudomethodius*:** in: Sibyllinische Texte und Forschungen, hg. v. Ernst Sackur, Halle a. S. 1898, 1–96 (fotomech. Ndr. Torino 1964).

Richard der Pilger [Richard le Pèlerin]: *La Chanson d'Antioche*, Composée au commencement du XIIe siècle par le Pélérin Richard, ed. Paulin Alexis Paris, 2 vols., Paris 1832/1848.

Robertus de Monte [Robert de Torigni]: *Chronique de Robert de Torigni, abbé du Mont-Saint Michel, suivi de divers opuscules historiques*, ed. Léopold Delisle, 2 tomes, Sociéte de l'Histoire de Normandie, Rouen 1872/73.

Rob. de Monte ***Cron.*** [Robert de Torigni]: *Roberti de Monte auctarium (a. 385–1100 cronica a. 1100–1186)*, ed. Ludwig Conrad Bethmann, MGH SS VI, Hannover 1844, 475–535.

Salomon von Basra: *Kitab al-kanz at-tamin fi sinaat sir as-surjan wa-taragim suaraihim al-mashurin* (*Liber Thesauri de Arte Poetica Syrorum nec non de Eorum Poetarum Vitis et Carminibus)*, ed. Gabriel Cardahi, Rom 1875.

Saxo Gram. ***gesta Dan.*****:** *Saxonis Gesta Danorum*, eds. Jørgen Olrik, Hans Ræder, Tomus I: Textus, Kopenhagen 1931 (zugängl. unter www.kb.dk/elib/lit/dan/saxo/lat/or.dsr).

Saxo Gram. ***gesta Dan.*****:** *Saxo Grammaticus, Gesta Danorum*, eds. Karsten Friis-Jensen, Peter Zeeberg, in: Danmarkshistorien, 2 Bde., Kopenhagen 2005.

Schedel, Hartmann: *Libri chronicarum*. Erstdruck: Nürnberg 1493 (Faks.-Ausg. Leipzig. 1933).

Sicardi ep. Crem. *Cron.*: *Sicardi episcopi Cremonensis Cronica*, MGH SS XXXI, ed. Oswald Holder-Egger, Hannover 1904, 22–183.

Thomas von Cantimpré: *Thomas Cantimpratensis. Liber de natura rerum*. Editio Princeps Secundum Codices Manuscriptos, ed. Helmut Boese, Berlin / New York 1973.

von Troppau, Martin: *Chronicon pontific um et imperatoruni*, ed. Ludwig Weiland, MGH SS 22, Hannover 1872, 377–475.

Vinc. Bellov. *spec. hist.* [Vinzenz von Beauvais]: *Latijne werk Speculum Historiale van Vincent van Beauvais (in Synopse mit der lat. Fassung)*, ed. J.J. Mak, Zwolse Drukken 13, Zwolle 1954.

Vinc. Bellov. *spec. hist.* [Vinzenz von Beauvais]: Vincentius Bellovacensis, *Speculum historiale*, in: Vincentius Bellovecensis, Speculum quadruplex sive Speculum maius, Tomus IV, Douai 1624 (Ndr. Graz 1965).

Vinc. Bellov. *spec. nat.* [Vinzenz von Beauvais]: *Speculum naturale*, in: Vincentius Bellovacensis, Speculum quadruplex sive Speculum maius, vol. I. Douai 1624 (Ndr. Graz 1964).

Wilhelm von Rubruk: *Relation des voyages en Tartarie de Fr. Guillaume de Rubruqvis [Fr. Iean Du Plan Carpin, Fr. Ascelin & autres religieux de S. François & S. Dominique, qui y furent envoyez par le Pape Innocent IV. & le Roy S. Louys]*, par Pierre Bergeron, Paris 1634.

Wilhelm von Tripolis [Guilelmus Tripolitanus]: *Notitia de Machometo / De statu Sarracenorum* (De Statu Sarracenorum: et de Machometo pseudopropheta eorum et de ipsa gente et eorum lege, 1273), Text, Kommentar u. Untersuchungen v. Peter Engels, CISC, ser. Latina 4, Würzburg 1992.

Wotton, Edward: *De differentiis animalium libri X*, Erstausgabe: Paris 1552.

8.2.6. Ausgaben jüdischer Autoren

Benjamin von Tudela [Benjamín bar Jonás de Tudela]: *Sefär ha-Massa'ot*, hg. v. Johann Maier, Judentum und Umwelt, Bd. 22, Frankfurt am Main 1988.

Benjamin von Tudela [Benjamín bar Jonás de Tudela]: *The Itinerary of Rabbi Benjamin of Tudela*, ed./transl. Adolf Asher, vol. I, London / Berlin 1840.

Jos. *ant. Jud.* [Flavius Josephus, Joseph ben Mathitjahu ha Kohen]: *Flavius Josephus: Antiquitatum Iudaicarum libri*, hg. v. Benedictus Niese, Berlin 1887 (Ndr. Berlin 1955).

Philon Alexandrinus: *Les œuvres de Philon d'Aléxandrie*, introduction, traduction et notes, vols. 1–34B Paris 1961–1984, hier vol 17: *De fuga et inventione*

[par] Philon d'Alexandrie. Introd., texte, traduction et commentaire par Esther Starokinski-Safran (1970).

8.2.7. Ausgaben islamischer Autoren

Al-Andalusi [Sa'id al-Andalusi]: *Kitab tabakât al-umam* (Livre des catégories des nationes). Traduction avec notes et indices, précédée d'une introd., par *Régis Blachère*, Paris 1935.

Anonymus: *Hudud al-Alam. "The Regions of the World". A Persian Geography 372 a.H.–982 a.D.*, ed./transl. V. Minorsky, London 1937.

Al-Athîr: *Al-Kâmil fî'l-Ta'rîkh*, Chronicon quod perfectissimum inscribitur, ed. Carl Johan Tornberg, 14 vols., Leiden 1851–76.

Al-Athir: *al-Kamil fi't-tarih*, Extrait d'Ibn-Alathir, in: Charles Defrémery, Fragments de géographes et d'historiens arabes et persans inédits relatifs aux anciens peuples du Caucase et de la Russie Méridionale, Paris 1849.

Ibn Battuta [Abu Abdullah Muhammad ibn Battuta]: *Tuhfet-ün-Nüzzar fi Garaib-il-Emsal*, hg. u. übers. ins Türkische v. Mehmed Şerif Paşa: *Seyahatname-i İbn Battuta*, İstanbul 1907.

Ibn Batuta: *The travels of Ibn Battuta. A.D. 1325–1345*, ed. / transl. Hamilton Alexander Rosskeen Gibb, 4 vols. Cambridge 1971–1995.

Al-Biruni [Abu ar-Raihan Muhammad ibn Ahmad al-Biruni]: *Al-Athar al-baqiya*, ed. / trans. Eduard C. Sachau, Leipzig 1878.

Al-Edrisi: Abu Abd Allah Muhammad b. Muhammad al-Sharif al-Edrisi, „*Nuzhat al-mushtaq fi iktiraq al-afaq*" (1154), in: Corpus of Early Arabic Sources for West African History, eds. Nehemia Levtzion / J. F. P. Hopkins, Cambridge 1981.

Firdausi: *Schahname. Heldenbuch von Iran*, übers. v. Joseph von Görres. Berlin 1820.

Firdausi: *The Shahnama of Firdausi*, ed. / transl. Arthur and Edmond Warner, 9 vols., London 1905–1925.

Firdausi: *Le livre des rois Shâhnâmè*, traduit et commente' par Jules Mohl, 7 vols., Paris 1838–55.

Gardizi [Abu Said Gardizi]: Barthold, Wilhelm: *Auszüge aus Gardizis Werk Zain al-achbar*, in: Arbeiten zur Historiographie, Moskau 1973, S. 23–62.

Ibn Hawqal [Mohammed Abu'l-Qasim Ibn Hauqal]: *Configuration de la terre* (*Kitab surat al-ard*), eds. Johannes Hendrik Kramers / Gustav Wiet, Collection Unesco d'œuvres représentatives. Ser. Arabe, 2 Tomes, Beirut 1964.

Al-Hamdani [Abu Muhammad al-Hasan b. Ahmad al-Hamdani]: *Sifat jazirat al-arab*, ed. David Heinrich Müller, Leiden 1884.

Al-Himyari [Ibn Abd al-Munim al-Himyari] *La Péninsule Ibérique au moyen age d'aprés le Kitab Ar-Rawd Al-Mi'tar fi Abar Al-Aktar*; texte arabe publié avec introduction glossaire et une carte par *Evariste Levi-Provencal*, Leiden 1938.

Al-Jahiz [Amr Ibn Bahr al-Jahiz]: *Risala fi Manaqib at-Turk*, in: Rasa il al-Jahiz, hg. v. Abd al-Salām Harun, Kairo o.J., Übersetzung aus dem Arabischen ins Französisch v. Charles Pellat, *Traités sur les Turcs*, unter Zugrundelegung der arabischen Originaltexte aus dem Französischen übertragen von Walter W. Müller, in: Arabische Geisteswelt: Ausgewählte und übersetzte Texte von Al-Gahiz (777–869), Zürich / Stuttgart 1967.

Al-Kašghari [Mahmud al-Kašgari]: *Diwan Lugat at-Turk*. Compendium of the Turkic Dialects, ed. Robert Dankoff, in collab. with James Kelley, 3 vols., Cambridge Mass., 1982–1985.

Al-Kašghari [Mahmud al-Kašgari]: *Divanu lugat-it Türk*, ed. Besim Atalay, 6 vols., Ankara, 1939–1957.

Al-Kašghari [Mahmud al-Kašgari]: Kaşgarlı Mahmud, Dîvânü lûgati't-türk. Kültür Bakanlığı Yayınları, No. 1205, Klasik Eserler Dizisi vol. 11, Ankara 1990.

Ibn Khaldûn [Abd-ar-Rahman bin Muhammad ibn Khaldun]: Ibn Haldun, *Mukaddime,* Bd. II, aus der Reihe: Milli Eğitim Bakanlığı Yayınları, Şark İslâm Klasikleri Nr. 481–83, ins Türkisch übers. v. Zakir Kadirî Ugan, Ankara 1989/90.

Ibn Khaldûn [Abd-ar-Rahman bin Muhammad ibn Khaldun]: *The Muqaddimah*: an introduction to history, Bollingen Series, XLIII., 3 vols., trans. Franz Rosenthal, New York 1958.

Ibn Khaldûn [Abd-ar-Rahman bin Muhammad ibn Khaldun]: *Al-Muqaddima*. Les prolégomènes d'Ibn Khaldoun, traduits en français et commentés par m. *William de Slane*, 3 tomes, Paris 1862–1868.

Ibn Khaldûn [Abd-ar-Rahman bin Muhammad ibn Khaldun]: *Ibn Khaldûn, An Introduction to History: The Muqaddimah*, transl. Franz Rosenthal, ed. / abridged by N. J. Dawood, 3 vols., London 1967.

Al-Maghribi [Ali b. Musa ibn Said al-Maghribi]: *Kitab Bast al-ard fi'l-tul wa'l-ard*. Corpus of Early Arabic Sources for West African History, eds. Nehemia Levtzion / John F. P. Hopkins, Cambridge 1981.

Al-Masudi [Abu al-Hasan Ali ibn al-Husayn al-Mas'udi]: *Les Prairies d'Or*, ed. Barbier de Meynard / Pavet de Courteille, 9 vols., Paris 1861–1877.

Al-Masudi [Abu al-Hasan Ali ibn al-Husayn al-Mas'udi]: *Bis zu den Grenzen der Erde*, ausgewählt u. aus dem Arabischen übertr. u. bearb. v. Gernot Rotter, Tübingen / Basel 1978.

Al-Maqrizi [Taqi al-Din Abu al-Abbas Ahmad ibn ‚Ali ibn ‚Abd al-Qadir ibn Muhammad al-Maqrizi]. Kaiser Friedrich II. in Briefen und Berichten seiner Zeit, hg. u. übers v. Klaus J. Heinisch, Darmstadt 1968.

Al-Maqrizi [Taqi al-Din Abu al-Abbas Ahmad ibn ‚Ali ibn ‚Abd al-Qadir ibn Muhammad al-Maqrizi]: *Kitab as-Suluk*, ed. / trans. Ronald J. C. Broadhurst, in: A history of the Ayyubid Sultans of Egypt, Boston 1980.

Ibn Miskawaih [Ahmad ibn Muhammad ibn Miskawaih]: *Tajarub al-Umam*, ed. / trans. Henry Frederick Amedroz, 4 vols in 3 vols., Oxford 1920/21.

An-Nadim [Abu'l-Faradsch Muhammad ibn Abi Yaqub ibn Ishaq an-Nadim al-Warraq]: *Kitab al-Fihrist*, mit Anmerkungen hg. v. Gustav Flügel, postum bes. v. Johannes. Roedinger u. August Müller, Leipzig 1871/72.

An-Nadim [Abu'l-Faradsch Muhammad ibn Abi Yaqub ibn Ishaq an-Nadim al-Warraq]: *The Fihrist. A 10th Century A.D. Survey of Muslim Culture*, ed. / transl. by B. Dodge, 2. vols., New York 1970.

Neşri: *Kitâb-i Cihân-nüma, Neşri Tarihi*, eds. Faik Reşit Unat / Mehmet Altay Köymen, 2 vols., Ankara 1949–57.

Raschid ad-din: *Die Geschichte der Oguzen*, hg. u. übers. v. Karl Jahn, Kommissionsverlag der Österreichischen Akademie der Wissenschaften, Bd. 4, Wien 1969.

Raschid ad-din [Raschid ad-din abu al-Khayr Fadl Allah a-Hamadani]: *Die Frankengeschichte des Rašīd ad-Dīn*, Einleitung, vollständige Übersetzung, Kommentar und 58 Textafeln, hg. v. Karl Jahn. Denkschriften. Akademie der Wissenschaften in Wien, Philosophisch-Historische Klasse / 129; Veröffentlichungen der iranischen Kommission, Bd. 4, Wien 1977.

Raschid ad-din [Raschid ad-din abu al-Khayr Fadl Allah a-Hamadani]: *Die Frankengeschichte des Rašid ad-Din*, Persische Version aus der Bibliothek des Topkapı Sarayı. Haz. No. 1654, 1653, Topkapı Sarayı, Sultan Ahmed III. No. 2935, İstanbul o. J.

Ibn Sarabi [Serapion der Jüngere]: *Liber de medicamentis simplicimus,* übers. v. Stephan von Saragosse, In hoc volumine continentur insignium medicorum Ioan. Serapionis Arabis De Simplicibus Medicinis opus praeclarum & ingens. Averrois Arabis, De eisdem liber eximius […], Straßburg 1531, Vened. 1552.

Ibn Sarabi [Serapion der Jüngere]: *Der Liber fiduciae de simplicibus medicinis des Ibn al-Jazzār in der Übersetzung von Stephanus de Saragossa*. Übertragung aus der Handschrift München Cod. lat. 253, Texte und Untersuchungen zur Geschichte der Naturwissenschaften, 6, hg. u. übers. v. Lothar Vogler, Würzburg-Aumühle 1941.

Al-Qazwini [Zakariya b. Muhammad al-Qazwini]: *Athar al-bilad wa-akhbar al-ibad*, ed. Beirut o. J..

Al-Tabari [Muhammad Ibn-Jarir Al-Tabari]: *Tafsir Al Tabari*, vol. 28, 43, Beirut 1980.

Al-Tabari [Muhammad Ibn-Jarir Al-Tabari]: *Geschichte der Perser und Araber zur Zeit der Sasaniden*, aus der arabischen Chronik des Tabari übersetzt u. mit ausführlichen Erläuterungen versehen v. Theodor Nöldeke, Leiden 1879.

Al-Tabari [Muhammad Ibn-Jarir Al-Tabari]: *The History of al-Tabari*, vol. 5: The Sasanids, the Byzantines, the Lakmids, and Yemen, ed. Clifford Edmund Bosworth, New York 1999.

Al-Yaqubi [Ahmad ibn Abi Yaqub ibn Wadih al-Yaqubi]: *Tarikh al-Yaqubi*, Najaf 1939.

Yaqut [Yaqut al-Hamawi ar-Rumi]: *Kitāb Iršād al-arīb ilā ma'rifat al-adīb al-ma'rūf bi-mu'gam al-udabā wa-tabaqāt al-udabā* (= *Mudjam al-buldan*), ed. David Samuel Margoliouth, 7 vols, Leyden u.a. 1907–1926.

8.2.8. Forschungsliteratur

Aalto, Penti / Pekkanen, Tuomo: *Latin Sources on North-Eastern Eurasia*, 2 vols., Wiesbaden 1975–1980.

Abel, Armand: *Formation et constitution du Roman d'Antar*, La poesia epica e la sua formazione, Roma 1970, 717–733.

Al-Abnoudy, Abderrahman Ayoub: *La geste hilalienne*, trans. Tahar Guiga, Cairo 1978.

Abou-El-Ela, Nadia: *ôwê nu des mordes, der dâ geschach zu bêder sît. Die Feindbildkonzeption in Wolframs 'Willehalm' und Usamas 'Kitab al-itibar'*, Bibliotheca Academica, Bd. 7, Würzburg 2001.

Adam, Bernd: *Saids Orientalismus und die Historiographie der Moderne. Der "ewige Orient" als Konstrukt westlicher Geschichtsschreibung*, Hamburg 2013.

Aertsen, Jan A. / Pickavé, Martin (Hg.): *Ende und Vollendung. Eschatologische Perspektiven im Mittelalter*, Miscellanea mediaevalia 29, Berlin / New York 2002.

Ahlgrimm, Friedrich Franz Albert: *Untersuchung über die Gothaer Handschrift des „Herzog Ernst"*, Diss., Kiel 1890.

Aldrovandi, Ulysses: *Monstrorum historia cum Paralipomenis historiae omnium animalium*, Bologna 1642.

Aldrovandi, Ulysses: *Ornithologiae hoc est de avibus historiae libri XII*, Bologna 1599–1602.

Allard, Jean-Paul: *La géographie mythique et sacrée dans la seconde partie du ‚Herzog Ernst B'*, in: Wodan – Études Mediavales de Greifswald, vol. 62, eds.

Danielle Buschinger et Wolfgang Spiewok, La géographie dans les textes narratifs medievaux, Greifswald 1996, S. 1–14.

Allen, John L.: *Lands of Myth, Waters of Wonder: The Place of the Imagination in the History of Geographical Exploration*, in: Geographies of the Mind. Essays in Historical Geosophy in honor of John Kirkland Wright, eds. David Lowenthal / Martyn J. Bowden, New York 1975, S. 41–61.

Allely, Steve: *Die Bibel des traditionellen Bogenbaus*, Originaltitel: The Traditional Bowyers Bible, Bd. 1, übers. v. Stefan Bartels u.a., Ludwigshafen ²2005.

D'Alverny, Marie Thérèse: *La connaissance de L'Islam en Occident du IXe au milieu du XIIe siècle*, in: L'occidente e l'Islam nell'alto medioevo (Settimane di studio del Centro italiano sull'altomedioevo 12), vol. 2, Spoleto 1965, 577–602.

Anderson, Andrew Runni: *Alexander's Gate, Gog and Magog and the Inclosed Nations*, Cambridge. Mass. 1932.

Anetshofer, Helga: *Legends of Sarı Saltık in the Seyahatnâme and the Bektashi Oral Tradition*, in: Evliyâ Çelebi: Studies and Essays Commemorating the 400th Anniversary of his Birth, ed. Nuran Tezcan, et al., Istanbul 2012, S. 296–304.

Angenendt, Arnold: *Das Frühmittelalter. Die abendländische Christenheit von 400 bis 900*, Stuttgart ³2001.

Animi, Karim: *Fremdverstehen und Toleranz. Interdisziplinäre und interkulturelle Perspektiven*, Diss., Bayreuth 2013.

Annas, Gabriele: *Hoftag – Gemeiner Tag – Reichstag. Studien zur strukturellen Entwicklung deutscher Reichsversammlungen des späten Mittelalters (1349–1471)*. Schriftenreihe der Historischen Kommission bei der Bayerischen Akademie der Wissenschaften Bd. 68/I–II, Göttingen 2004.

Aubert, Jean-Claude: *Alexandre le Grand, le roi malade*, Besançon 2011.

Augustin, Anja Ulrike: *Länder und Bewohner der Heidenwelt in deutschen Romanen und Epen des 12. bis 14. Jahrhunderts*, 2 Bde., Diss., Würzburg 2014.

Aune, David E.: *Romans as Logos Protreptikos*, in: The Romans Debate, ed. Karl P. Donfried, Peabody, Mass. 1991, 278–296.

Aurell, Martin: *Des Chrétiens contre les croisades (XIIe-XIIIe siècle)*, Paris 2013.

Badian, Ernst: *Alexander the Great and the Unity of Mankind*, Historia 7, No. 4 (1958), 425–444.

Badian, Ernst: *Review of Pearson: The Lost Histories of Alexander the Great*, Gnomon 33 (1961), S. 660–667 (= Studies in Greek and Roman History, 1968, S. 259–270).

Baethgen, Friedrich: *Sindban oder die sieben weisen Meister: syrisch und deutsch*, Diss., Leipzig 1878.

Bahr, Joachim: *Der „Spielmann" in der Literaturwissenschaft des 19. Jahrhunderts*, in: Spielmannsepik, WdF, Bd. 385, hg. v. Walter Johannes Schröder, Darmstadt 1977, 289–322.

Baisch, Martin: *Vorausdeutungen. Neugier und Spannung im höfischen Roman*, in: Historische Narratologie. Mediävistische Perspektiven, hg. v. Harald Haferland u. Matthias Meyer, Berlin / New York, S. 205–230.

Balivet, Michel: *Romanie byzantine et pays de Rûm turc: Histoire d'un espace d'imbrication gréco-turque*, Istanbul 1994.

Bancourt, Paul: *Les Musulmans dans les chansons de geste du cycle du Roi*, 2 vols., Aix en Provence 1982.

Barthold, Wilhelm: *Auszüge aus Gardizis Werk Zain al-achbar*, in: Arbeiten zur Historiographie, Moskau 1973, S. 23–62.

Barthold, Wilhelm: 12 *Vorlesungen über die Geschichte der Türken Mittelasiens*, Berlin 1935 (Ndr. Darmstadt 1962).

Bartholin, Thomas: *Historiarum anatomicarum rariorum centuria I et II*, Amsterdam 1641.

Bauer, Gottlob Samuel (ed.): *Virgilium a Zacharia Papa et Bonifacio ob assertos antipodas haereseos inique postulatum sistit simulque viris clarissimis [...]*, Lipsiae 1752.

Baufeld, Christa: *Spätmittelalterliche Artesliteratur zu Seefahrt, Erdkunde und Handel*, in: Wodan – Recherches en littérature médiévale, vol. 4, eds. Danielle Buschinger / Wolfgang Spiewok (= Tagungsbände und Sammelschriften, ser. 3, vol. 3), Greifswald 1991, pp. 5–27.

Bauhin, Caspar: *De hermaphroditorum monstrosorumque partuum natura ... libri duo hactenus non editi plane philologici, infinitis exemplis illustrati [...]*, ed. by Johann Theodor de Bry, Oppenheim 1614.

Baumgärtner, Ingrid: *Die Wahrnehmung Jerusalems auf mittelalterlichen Weltkarten*, in: Jerusalem im Hoch- und Spätmittelalter, hg. v. Dieter Bauer, Klaus Herbers, Nikolas Jaspert, Frankfurt a.M. 2001, S. 271–334.

Baumgärtner, Ingrid: *Kartographie, Reisebericht und Humanismus. Die Erfahrung in der Weltkarte des venezianischen Kamaldulensermönchs Fra Mauro (†1459)*, in: Das Mittelalter. Perspektiven mediävistischer Forschung 3 (1998), He. 2: Fernreisen im Mittelalter (hg. v. Folker Reichert), Berlin 1998.

Baumstark, Anton: *Geschichte der syrischen Literatur mit Ausschluß der christlich-palästinensischen Texte*, Bonn 1922.

Bayram, Bülent: *Oğuz Epik Anlatmaları ve Çuvaş Alp hikâyeleri'nde Kutsal Kurt ve Tepegöz* (The Holy Wolf and Cyclop in Oghuz Epic Tales and Chuvash Alp Tales), in: Türk Dünyası İncelemeleri Dergisi (Journal of Turkish World Studies), Bd. VI,1, İzmir 2006, S. 19–27.

Becht, Lukas / Hirschfeld, Alexander / Neubauer, Sebastian (Hg.): *Mythos Mitte. Wirkmächtigkeit, Potenzial und Grenzen der Unterscheidung, Zentrum/ Peripherie'*, Wiesbaden 2011.

Beck, Hans Georg: *Geschichte der byzantinischen Volksliteratur*, München 1971.

Beck, Heinrich: Art. *Rache*, in: RGA 24. Berlin / New York, 2003, S. 45–47.

Beck, Wolfgang: *Grenzen und Möglichkeiten einer Corpuserstellung deutscher Literatur des Mittelalters in Thüringen*, in: Ostmitteldeutsche Schreibsprachen im Spätmittelalter, hg. v. Luise Czajkowski, Corinna Hoffmann u. Hans Ulrich Schmid, Berlin 2007, S. 157–167.

Beck, Wolfgang: *In Dürengen lant – Die Überlieferung deutscher Literatur des Mittelalters in Thüringen*, (Habilitationsschrift), Jena 2010, S. 226.

Becker, Judith: *Die Christianisierung fremder Völker – ein Zeichen für die nahende Endzeit?* In: Die Begegnung mit Fremden und das Geschichtsbewusstsein (VIEG Beiheft 88), hg. v. Dies. / Bettina Braun, Göttingen 2012, S. 183–204.

Becker, Philipp August: *Grundriss der altfranzösischen Literatur*, Sammlung romanischer Elementar- und Handbücher, Bd. 1, Heidelberg 1907.

Becker, Philipp August: *Zur Jagd im Odenwalde*, in: Beiträge zur Geschichte der deutschen Sprache und Literatur, Bd. 70 (1948), S. 420–431.

Beckers, Hartmut: *Brandan und Herzog Ernst. Eine Untersuchung ihres Verhältnisses anhand der Motivparallelen*, Leuvense Bijdragen 58 (1969), 41–55.

Beckers, Hartmut: *Die mittelfränkischen Rheinlande als literarische Landschaft von 1150 bis 1450*, in: *ZfdPh* 108 (1989) Sonderheft, S. 19–49.

Beckers, Hartmut: *Sprachliche Beobachtungen zu einigen ,Parzival'-Bruchstücken niederdeutscher Schreiber*, WSt XII (Berlin 1992), S. 67–92.

Beckers, Hartmut: *Wandel vor sine missetat. Schuldverstrickung und Schulderkenntnis im „Graf Rudolf"-Roman*, in: Von wyßheit würt der mensch geert [...], hg. v. Ingrid Kühn u. Gotthard Lerchner, *Hoftag – Gemeiner Tag – Reichstag* Fs.-Manfred Lemmer zum 65. Geb., Frankfurt a.M. u.a. 1993, S. 17–37.

Becket, Barbara: *Die gotischen Wandmalereien im Ostflügel der Forchheimer Burg. Bestand und Restaurierungsgeschichte*, Diss., Bamberg 2013.

Behr, Hans-Joachim: *Herzog Ernst. Eine Übersicht über die verschiedenen Textfassungen und deren Überlieferung*, Litterae Bd. 62, Göppingen 1979.

Behr, Hans-Joachim: *Der Herzog Ernst E, Odos von Magdeburg und der Staufer-Welfen-Konflikt im Nordosten des Reiches*, Stauferzeit, cur. R. Krohn, in Karlsruher kulturwissenschaftliche Arbeiten, Bd. 1, Stuttgart 1978, 105–114.

Behr, Hans-Joachim: *Herzog Ernst*, in: Interpretationen, Mittelhochdeutsche Romane und Heldenepen, hg. v. Horst Brunner. Stuttgart 2004, S. 59–74.

Behr, Hans-Joachim: *Politische Realität und literarische Selbstdarstellung*, Europäische Hochschulschriften, Bd. 234, Bern / Frankfurt a.M. / Las Vegas 1978.

Behr, Hans-Joachim: Art. *Spielmannsepik*, in: RLW III, S. 474–476.

Belcher, Stephen: *The Diffusion of the Book of Sindbad*, in: Fabula 28 (1987), S. 34–58.

Belloni, Luigi: *Il mito degli Acefali*. Estratto dalla "Rivista Cuba", anno IV, no. 23 (1950), pp. 761–764.

Belon, Pierre: *Les Observations de plusieurs singularitez et choses memorables, trouvées en Grece, Asie, Indée, Egypte, Arabie, & autres pays estranges*, [première publication en Paris 1553], Paris 1578.

Benfey, Theodor: *Orient und Occident, insbesondere in ihren gegenseitigen Beziehungen*, 3 Bde., Wien 1860–66.

Benfey, Theodor (Hg.): *Pantschatantra. Fünf Bücher indischer Fabeln, Märchen und Erzählungen, aus dem Sanskrit übersetzt mit Einleitung und Anmerkungen*, 2 Bde., Leipzig 1859 (Ndr. Hildesheim 1966).

Bentzinger, Rudolf: *‚Frühformen der Universitätsgermanistik'. Erste Folge. Einführung in das Rahmenthema*, in: Jahrbuch für Internationale Germanistik XLIV (2012) H. 1, S. 9–24.

Berard, Victor: *Les Phéniciens et l'Odyssée*, 2 tomes, Paris 1902.

Berman, Nina: *German Literature on the Middle East: Discourses and Practices, 1000–1989, Social History, Popular Culture, & Politics in Germany*, Ann Arbor 2011.

Berman, Nina: *Orientalismus, Kolonialismus und Moderne. Zum Bild des Orients in der deutschsprachigen Kultur um 1900*, Stuttgart u.a. 1996.

Berque, Jacques: *De nouveau sur les Banī Hilāl*, in: Studia Islamica 36 (1972), pp. 99–111.

Berve, Helmut: *Das Alexanderreich auf prosopographischer Grundlage*, 2. Bde., München 1926.

Bertau, Karl: *Schrift - Macht - Heiligkeit in den Literaturen des jüdisch-christlich-muslimischen Mittelalters*, hg. v. Sonja Glauch, Berlin 2005.

Bethmann, Johannes: *Untersuchungen über die mittelhochdeutsche Dichtung vom Grafen Rudolf*, Palaestra 30, hg. v. Alois Brandt, Gustav Roetlie u. Erich Schmidt, Berlin 1904.

Beumann, Helmut: *Kreuzzugsgedanke und Ostpolitik im hohen Mittelalter*, in: Heidenmission und Kreuzzugsgedanke in der Ostpolitik des Mittelaters, hg. ders., Wege der Forschung 7, Darmstadt ^{2}1973, S. 177–274; zuerst in: HJb 72 (1953), S. 112–132.

Bezold, Carl: *Ninive und Babylon*, Bielefeld / Leipzig 1903. 4. Aufl. bearb. v. Carl Frank (Monographien zur Weltgeschichte, Bd. 18), Bielefeld / Leipzig 1926.

Bichler, Reinhold: *Von der Beglaubigung phantastischer Reiseabenteuer. Althistorische Assoziationen zum Herzog Ernst*, in: Historiographie – Ethnographie – Utopie. Gesammelte Schriften, Teil 2, Studien zur Utopie und der Imagination fremder Welten, hg. v. Robert Rollinger, Philippika. Marburger altertumskundliche Abhandlungen 18,2, Wiesbaden 2008, S. 163–172; zuerst erschienen als: Von der Beglaubigung phantastischer Reiseabenteuer. Althistorische Assoziationen zum Herzog Ernst, in: Tirol – Österreich – Italien, FS f. Josef Riedmann zum 65. Geburtstag, hg. v. K. Brandstätter u. J. Hörmann, Innsbruck 2005, S. 89–98.

Birge, John Kingsley: *The Bektashi Order of Dervishes*, London 1937.

Blamires, David Malcolm: *Herzog Ernst and the otherworld voyage*. A comparative study, Manchester 1979.

Bleichsteiner, Robert: *Zeremonielle Trinksitten und Raumordnung bei den turkomongolischen Nomaden*, in: Archiv für Völkerkunde 6/7, (1952), S. 181–208.

Blumenberg, Hans: *Schiffbruch mit Zuschauer. Paradigma einer Daseinsmetapher*, Frankfurt a.M. 1997.

Blusch, Jürgen: *Enea Silvio Piccolomini und Giannantonio Campano. Die unterschiedlichen Darstellungsprinzipien in ihren Türkenreden*, in: Humanistica Lovaniensia, XXVIII (1979), S. 78–138.

Boaistuau, Pierre: *Histoires prodigieuses. Les plus mémorables qui ayent observées, depuis la Nativité de Jesus Christ, jusques à nostre siecle etc.*, Paris 1560.

Bockhoff, Albrecht / Singer, Samuel: *Heinrichs von Neustadt Apollonius von Tyrland und seine Quellen. Ein Beitrag zur mittelhochdeutschen und byzantinischen Literaturgeschichte*. Sprache und Dichtung. Forschungen zur Linguistik und Literaturwissenschaft, Bd. 6., hg. v. Harry Maync u. Samuel Singer, Tübingen 1911.

Bodensohn, Heinz: *Die Festschilderungen in der mittelhochdeutschen Dichtung*. Forschungen zur deutschen Sprache und Dichtung, 9 (12. u. 13. Jh.), Münster 1936.

Boensel, Gertrud: *Studien zur Vorgeschichte der Dichtung von Herzog Ernst*, Diss. (masch.), Tübingen 1944.

Boffitto, Giuseppe: *La leggenda degli antipodi*, in: Miscellanea di studi critici in onore di Arturo Graf, Bergamo 1903, pp. 583–601.

Boissonade de Fontarabie, Jean François: *De Syntipa et Cyri filio Andreopuli narratio*, Paris 1828.

Bolte, Johannes: *Die Sultanstochter im Blumengarten*, ZfdA 36 (1892), S. 95 f. [Nachtrag zu: ZfdA 34 (1890), 18–31].

Bombaci, Alessio: *Histoire de la littérature turque*, Paris 1968.

de Boor, Helmut: *Frühmittelhochdeutscher Sprachstil*, in: Kleine Schriften, hg. v. Roswitha Wisniewski u. Herbert Kolb. Bd. 1, Berlin 1964, S. 21–96.

Borgolte, Michael / Schneidmüller, Bernd (Hg.): *Hybride Kulturen im mittelalterlichen Europa / Hybrid Cultures in Medieval Europa* (Europa im Mittelalter, Bd. 16), Berlin 2010.

Borgolte, Michael / Dücker, Julia u.a. (Hg.): *Integration und Desintegration der Kulturen im europäischen Mittelalter* (Europa im Mittelalter, Bd. 18), Berlin 2011.

Borgolte, Michael: *Weshalb der Islam seit dem Mittelalter zu Europa gehört*, in: Viator – Medieval and Renaissance Studies, vol. 43. Turnholt 2012, S. 363–377 (zit. wird aus der Kurzversion des Aufsatzes „*Der Islam gehört schon lange zu Europa*", in: Berliner Zeitung Nr. 92 v. 19./20./21. April 2014).

Borgolte, Michael / Schiel, Juliane u.a. (Hg.): *Mittelalter im Labor: Die Mediävistik testet Wege zu einer transkulturellen Europawissenschaft*, Europa im Mittelalter, Bd. 10, Berlin 2008.

Borst, Arno: *Der Turmbau zu Babel. Geschichte der Meinungen über Ursprung und Vielfalt der Sprachen und Völker*, 4 Bde., Stuttgart 1957–1963 (Ndr. München 1995).

Bosworth, Albert Brian: *Conquest and Empire. The Reign of Alexander the Great*, Cambridge 1988.

Bottéro, Jean / Kramer, Samuel Noah: *Lorsque les dieux faisaient l'homme. Mythologie Mesopotamienne*, Paris 1989.

Bourgain, Pascale: *Latin Culture and Oriental Wisdom*, Latinitas Perennis. Volume II: Appropriation and Latin Literature, ed. Yanick Maes, Jan Papy and Wim Verbaal, Brill's Studies in Intellectual History, Bd. 178, Leiden / Boston 2009, pp. 163–178.

Bousset, Wilhelm: *Der Antichrist in der Überlieferung des Judentums, des neuen Testaments und der alten Kirche*, Göttingen 1895.

Bovey, Alixe: *Monsters and grotesques in medieval manuscripts*, London 2002.

Brackert, Hellmut: *Besprechung über ‚Graf Rudolf'*, hg. v. Peter Ganz, in: Euphorion 60 (1966), S. 139–154.

Brall-Tucher, Helmut J. F.: *Die Heerscharen des Antichrist. Gog und Magog in der Literatur des Mittelalters*, Endzeitvorstellungen, Studia humanoria, Bd. 33, hg. v. Barbara Haupt, Düsseldorf 2000.

Braudel, Fernand: *Das Mittelmeer und die mediterrane Welt in der Epoche Philipps II.*, übers. v. Grete Osterwald, 3 Bde., Frankfurt a.M. 2001.

Brenner, Peter J.: *Der Reisebericht in der deutschen Literatur. Ein Forschungsüberblick als Vorstudie zu einer Gattungsgeschichte,* Internationales Archiv der deutschen Literatur, Sonderheft 2, Tübingen 1990.

von den Brincken, Anna-Dorothee: *Die bewohnte Welt in neuen Sichtweisen zu Anfang des 13. Jahrhunderts bei Gervasius von Tilbury und Jakob von Vitry*, Geistesleben im 13. Jahrhundert, Miscellanea mediaevalia, Bd. 27, hg. v. Jan A. Aertsen und Andreas Speer, Berlin / New York 2000, S. 604–624.

von den Brincken, Anna-Dorothee: *Die Ebstorfer Weltkarte im Verhältnis zur spanischen und angelsächsischen Weltkartentradition*, in: Ein Weltbild vor Columbus: Die Ebstorfer Weltkarte, Symposion im Kloster Ebstorf 1988, hg. v. Hartmut Kugler, in Zusammenarbeit

mit Eckhard Michael Acta humanoria, Weinheim 1991, S. 129–145.

von den Brincken, Anna-Dorothee: *Fines Terrae. Die Enden der Erde und der vierte Kontinent auf mittelalterlichen Weltkarten*, MGH Schriften XXXVI, Hannover 1992.

Brinkmann, Hennig: *Verhüllung (‚integumentum') als literarische Darstellungsform im Mittelalter*, in: Der Begriff der Repraesentatio im Mittelalter. Stellvertretung, Symbol, Zeichen, Bild, Miscellanea mediaevalia, Bd. 8, hg. v. Albert Zimmermann, Berlin / New York 1971, S. 314–339.

Brockelmann, Carl: *Mahmud al-Kašghari über die Sprachen und die Stämme der Türken im 11. Jahrhundert*, in: Körösi Csoma Archiv 1 (1921–25), S. 26–40.

Brown, Truesdell Sparhawk: *A Study in Hellenistic Historiography*, Berkeley 1949 (Ndr. Millwood/N.Y. 1974).

Brüll, Heinz: *Bemerkenswerte Beobachtungen auf der Beizjagd mit dem Habicht*, in: Deutscher Falkenorden, Jb., Dresden 1957/58, S. 13–14.

Brummack, Jürgen: *Die Darstellung des Orients in den deutschen Alexandergeschichten des Mittelalters*, PhStQ, Bd. 29, Diss., Berlin 1966.

Brunner, Horst: *Annäherungen: Studien zur deutschen Literatur desMittelalters und der Frühen Neuzeit*, PhStQ, Bd. 210, Berlin 2008.

Brunner, Horst: *Geschichte der deutschen Literatur des Mittelalters im Überblick*, Stuttgart 1997.

Brunner, Horst: *Der König der Kranichschnäbler. Literarische Quellen und Parallelen*, in: Die Wandmalereien in der Kaiserpfalz Forchheim, hg. v. Förderkreis Kaiserpfalz e. V., Forchheim 2007, S. 94–112.

Bumke, Joachim: *Mäzene im Mittelalter. Die Gönner und Auftraggeber der höfischen Literatur in Deutschland 1150–1300*, München 1979.

Bürgel, Johannes (Hg.): *Tausendundeine Welt. Klassische arabische Literatur vom Koran bis zu Ibn Chaldûn*, München 2007.

Burkert, Walter: *Homerstudien und Orient*, in: Zweihundert Jahre Homerforschung, hg. v. Joachim Latacz, Stuttgart/Leipzig 1991, S. 155–181.

Burkert, Walter: *Near Eastern Influence on Greek Culture in the Early Archaic Age*. Cambridge, Mass. 1992.

Burkert, Walter: *Oriental Myth and Literature in the Iliad*, in: The Greek Renaissance of the Eighth Century B.C.: Tradition and Innovation. Proceedings of the Second International Symposium at the Swedish Institute in Athens (1.-5.6.1981), ed. Robin Hägg, Stockholm 1983, pp. 51–56.

Burr, David: *Antichrist and Islam in Medieval Franciscan Exegesis*, in: Medieval Christian Perceptions of Islam. A Book of Essays, ed. John V. Tolan, New York 1996, pp. 131–152.

Buschinger, Danielle: *L'Image du Musulman dans le ‚Rolandslied'*, in: Das „Rolandslied" des Konrad. Gesammelte Aufsätze von Danielle Buschinger und Wolfgang Spiewok, Greifswald 1996, S. 88–102.

Buschinger, Danielle: *Das ‚Rolandslied' des Pfaffen Konrad*, in: Historische und religiöse Erzählungen (= GLMF IV), hg. v. Geert Henricus Marie Claassens, Fritz Peter Knapp, René Pérennec, Berlin / Boston 2014, S. 189–220.

Al-Bustany, Fu'ad: *Antarat al-tārīkh, wa-'Antarat al-usṭurah'*, in: Al-Mashriq, vol. 28 (1930), pp. 534–540 et 631–647.

Butkus, Marcel: *Herzog Ernst - Die Entwicklung des Herzog Ernst während seiner Orientreise*, München 2011.

Çağatay, Saadet: *Codex Cumanicus Sözlüğünün Basılışı Dolayısiyle*, in: Ankara Üniversitesi Dil ve Tarih-Coğrafya Fakültesi Dergisi, II, 5, Ankara 1944, S. 759–772.

Cahen, Claude: *La Syrie du Nord a l'epoque des croisades et la principaute franque d'Antioche*, Paris 1940.

Campbell, Killis: *The Seven Sages of Rome*: edited from the manuscripts with introduction, notes and glossary, Boston / New York 1907.

Campbell, Mary B.: *The Witness and the Other World: Exotic European Travel Writing 400–1600*, New York 1988.

Canard, Marius: Art. *Al-Battal*, EI2, vol. I (1960), 1102–1103.

Canard, Marius: *Delhemma épopée arabo-byzantines*, in: Byzantion X (1935), 283–300.

Canard, Marius: Art. *Dhû l'Himma, ou Dhât al-Himma*, EI2, vol. II (1965), 240–246.

Canard, Marius: *Les expéditions des Arabes contre Constantinople dans l'histoire et la légende*, in: JA 208 (1926), 61–121.

Canard, Marius: *Les principaux personnages du roman de chevalerie arabe Ḏāt al-Himma wa-al Baṭṭāl*, in: Arabica VIII, 2 (1961), 158–173.

Canfora, Luciano (ed.): *Artemidorus Ephesius. P. Artemid. sive Artemidorus personatus*. Ekdosis, vol. 7, Bari 2009.

Canfora, Luciano: *Il viaggio di Artemidoro: vita e avventure di un grande esploratore dell'antichità*, Milano 2010.

Canova, Giovanni: *Gli studi sull-epica popolare araba*, in: Oriente Moderno 57/5–6 (1977), pp. 211–226.

Cardini, Franco: *Friedrich I. Barbarossa. Kaiser des Abendlandes*, Graz u.a. 1990.

Carey, Stephen Mark: „Undr unkunder diet": Monstrous Counsel in *Herzog Ernst B*, in: Daphnis, vol. 33 (2004), S. 53–77.

Cartledge, Paul: *Alexander the Great: The Hunt for a new Past*, New York 2004.

Cassel, D. Paulus (Hg.): *Mischle Sindbad, Secundus Syntipas. Einleitung und Deutung des Buches der sieben weisen Meister*, Berlin 1888.

Cassidy, Vincent H. de P.: *The Voyage of an Island*, in: Speculum, vol. 38 (1963), S. 595–602.

Casson, Lionel: *The Periplus Maris Erythraei. Text with introduction, translation, and commentary*, Princeton 1989.

Cavallo, Guglielmo (ed.): *Rabano Mauro, De rerum naturis. Cod. Casin. 132/ Archivio dell'Abbazia di Montecassino*, Pavone Canavese 1994.

Caxton, William: *Mirrour of the World*, ed. Oliver H. Prior, London 1481 (repr. London / New York 1913).

Centini, Massimo: *Animali uomini leggende. Il bestiario del mito*, Milano 1990.

Cerasoli, Carolus Franciscus: *Tritonis Buccina: Idest elogia, orationes, epistolae, et carmina Caroli*, Milano 1682.

Chabot, Jean Baptiste: *Litterature syriaque, litteratures chrétiennes de l'Orient, Bibliothèque catholique des sciences religieuses*, Paris 1934.

Chavannes, Édouard: *Documents sur les Tou-kiue (Turcs) Occidentaux*, St. Petersburg 1900 et Paris 1903.

Ciavolella, Massimo (ed. trad. comm.): Ambroise Paré: Mostri e Prodigi, Roma, Salerno 1996.

Classen, Albrecht: *Herzog Ernst im Licht der hochhöfischen Dichtung des 13. Jahrhunderts*, in: Euphorion 85 (1991), S. 292–314.

Classen, Albrecht: *The crusader as lover and tourist: Utopian elements in late medieval German literature; From ‚Herzog Ernst' to ‚Reinfried von Braunschweig' and ‚Fortunatus'*, in: Current topics in medieval German literature. Texts and analyses (Kalamazoo Papers 2000–2006), Göppinger Arbeiten zur Germanistik, Bd. 748, hg. v. Anna Sibylla, Jefferis Bierhals Göppingen 2008, S. 83–102.

Clauson, Gerard: *The concept of 'strength' in Turkish*, in: Nimeth Armağanı, Ankara 1962, S. 93–101.

Clavadetscher-Thürlemann, Silvia: *Polemos dikaios und bellum iustum. Versuch einer Ideengeschichte*, Diss., Zürich 1985.

Clifford, James: Rez. *Orientalism* von Edward Said, in: History and Theory, 19/2 (1980), pp. 204–223.

Cobb, Paul M.: *Der Kampf ums Paradies. Eine islamische Geschichte der Kreuzzüge*, übers. v. Michael Sailer, Darmstadt 2015.

Cole, Susan Guettel: *The Social Function of Rituals of Maturation: The **koureion** and the **arkteia***, ZPE 55 (1984), pp. 233–244.

Comparetti, Domenico: *Ricerche intorno al libro di Sindibad*, in: Memorie del R. Istituto lombardo di scienze e lettere, Bd. II, Ser. 3.2., Milano 1869.

Craciun-Fischer, Ioana: *Das Bild des Orients im Spielmannsepos „Herzog Ernst"*, in: Identität und Alterität. Imagologische Materialien für den Landeskundeunterricht, hg. v. Georghe Gutu u.a., Bucuresti 2004, S. 233–262.

Cramer, Thomas: *Der Umgang mit dem Wunderbaren in der Natur: Portenta, Monstra und Prodigia in der. Zoologie des Mittelalters und der frühen Neuzeit – Die Gleichzeitigkeit des Ungleichzeitigen*, in: Knowledge, Science and Literature in Early modern Germany, ed. Gerlinde Scholz Williams and Stephan K. Schindler, Chapel Hill, London 1996, S. 151–192.

Crane, Susan: *Insular Romance: Politics, Faith, and Culture in Anglo-Norman and Middle English Literature*, Berkeley / Los Angeles / London 1986.

Czeglédy, Károly: *Zur mescheder Handschrift von Ibn Fadlān's Reisebericht*, in: Acta Orientalia Academiae Scientiarum Hungaricae, vol. 1, Budapest 1950–51, S. 217–260.

Dahlberg, Torsten: *Brandaniana. Kritische Bemerkungen zu den Untersuchungen über die deutschen und niederländischen Brandan-Versionen der sog. Reise-Klasse*, Göteborgs Universitets Årsskrift 64, H. 5, Göteborg 1958, S. 38–61.

Dahlheim, Karl Werner: *Odysseus in Filzpantoffeln? Das Bild des antiken Helden wandelte sich im Lauf der Jahrhundert*, Interview von Patricia Pätzold mit Werner Dahlheim zur Höllerer-Vorlesung 2015, in: TU intern (extra) v. 10. Dezember 2015, S. 1–4

Dahms, Friedrich: *Die Grundlagen für den Stil Wolframs von Eschenbach*, Diss., Greifswald 1911.

Daniel, Norman: *Islam and the West. The Making of an Image*, Edinburgh 1962.

Daude, Hadrian: *Historia Universalis et Pragmatica Romani Imperii, Regnorum, Provinciarum* [etc.], 2 Tomes, Nürnberg 1748 / 1754.

Debrowsky, Josef (ed.): *Historia de Expeditione Friderici Imperatoris,* Prag 1827.

Delumeau, Jean: *Une Histoire du Paradis: Le Jardin des Délices*, Paris 2000.

Demandt, Alexander: *Alexander der Große: Leben und Legende*, München 2009.

Dementiev, Georg P.: *Über die Beizjagd bei den Turkmenen*, in: Deutscher Falkenorden, Jb., Dresden 1955, S. 16–18.

Demir, Necati: *Trabzon Yöresinde Destan Kültürü Ve Tarihî Alt Yapısı*, in: Turkish Studies International Periodical For the Languages, Literature and History of Turkish or Turkic, vol. I.1, Ankara 2006, S. 29–44.

Deutschbein, Max: *Studien zur Sagengeschichte Englands*, Cöthen 1906 (Ndr. Paderborn 2011).

Dharampal-Frick, Gita: *Zwischen Utopie und Empirie: Indien im Spiegel deutscher Reisebeschreibungen der frühen Neuzeit*, in: Zeitschr. f. Kulturaustausch 37/3 (1987), S. 399–410.

Djarrahbachi Razawi, Diana: *Interkulturelles Denken und Sprechen im Vergleich zwischen Okzident und Orient*, Diss., Münster / Berlin 2012.

Doerfer, Gerhard: *Proto-Turkic: Reconstruction Problems*, in: TDAY Belleten, Ankara 1975–76, S. 1–59.

Ritter von Dombrowski, Ernst: *Geschichte der Beizjagd; auf Grund der Originalquellen geschildert*, Wien 1886.

Donati, Lamberto: *Uno sconosciuto Defensorium virginitatis Mariae stampato da Federico Creussner intorno al 1470*, in: Studie e ricerche sulla storia della stampa del quattrocento, Milano 1942, S. 71–130.

Döring, Karoline: *Rhetorik und Politik im 15. Jahrhundert. Die "Türkenreden" und ihre Verbreitung im Druck*, in: Rhetorik in Mittelalter und Renaissance: Konzepte – Praxis – Diversität, hg. v. Georg Strack / Julia Knödler, Münchner Beiträge zur Geschichtswissenschaft, Bd. 6, hg. v. Hans-Michael Körner / Claudia Märtl, München 2011, S. 429–454.

Dornseiff, Franz: *Hesiods Werke und Tage und das alte Morgenland*, in: Philologus 89 (1934), S. 397–415.

Droysen, Johann Gustav: *Geschichte Alexanders des Großen*, Gotha 1877.

Drüll, Dagmar: *Der Codex Cumanicus*, in: Geschichte und Gesellschaft, Bd. 23, Stuttgart 1980.

Dümmler, Ernst: *Herzog Ernst*, in: ZfdA 14 (1869), 265–271 sowie 559 f.

Eberhard, Alfred: *Fabulae Romanenses Graece conscriptae ex recensione et cum adnotationibus*, in: Bibliotheca Scriptorum Graecorum et Romanorum Teubneriana, vol. 1, Leipzig 1872, S. 225–305.

Ehlen, Thomas: *Hystoria ducis Bauarie Ernesti.* Kritische Edition des Herzog Ernst C und Untersuchungen zu Struktur und Darstellung des Stoffes in den volkssprachlichen und lateinischen Fassungen, Script-Oralia 96, Reihe A; 23, Diss., Tübingen 1996.

Ehlers, Joachim: *Heinrich der Löwe. Eine Biographie*, München 2008.

Ehlert, Trude: *Deutschsprachige Alexanderdichtung des Mittelalters. Zum Verhältnis von Literatur und Geschichte*, Frankfurt a.M. u.a. 1989.

Ehrismann, Gustav: *Die Grundlagen des ritterlichen Tugendsystems*, in: ZfdA 56 (1919), S. 137–216.

Ehrismann, Gustav: *Duzen und Ihrzen im Mittelalter*, in: ZDW 5 (1904), S. 127–220.

Ehrismann, Gustav: *Geschichte der deutschen Literatur des Mittelalters*, Teil 2: Die mittelhochdeutsche Literatur, Abschn. 1: Frühmittelhochdeutsche Zeit, München 1922 (Ndr. 1959).

Ehrismann, Otfrid: *Ehre und Mut, Âventiure und Minne. Höfische Wortgeschichten aus dem Mittelalter*, München 1995.

Eichenberger, Nicole: *Geistliches Erzählen. Zur deutschsprachigen religiösen Kleinepik des Mittelalters*, in: Hermaea, N.F. 136, Berlin u.a. 2015, S. 370 ff.

Einhorn, Jürgen Werinhard: *Spiritualis Unicornis. Das Einhorn als Bedeutungsträger in Literatur und Kunst des Mittelalters.* Münstersche Mittelalter-Schriften, Bd. 13, München 1976.

Eis, Gerhard: *Zum Merigarto*, in: PBB 82 (1960), S. 70–76; wieder abgedr. u. ergänzt in: ders: *Kleine Schriften zur althochdeutschen weltlichen Dichtung*, in: Amsterdamer Publikationen zur Sprache und Literatur, Bd. 38, Amsterdam 1979, S. 71–78.

Eisler, Robert: *Weltenmantel und Himmelszelt; religionsgeschichtliche Untersuchungen zur Urgeschichte des antiken Weltbildes*, 2 Bde., München 1910.

Emmerson, Richard Kenneth: *Antichrist in the Middle Ages. A Study of Medieval Apocalypticism, Art and Literature*, Manchester 1981.

Endermann, Heinz: *Merigarto – die erste geographische Darstellung in deutscher Sprache,* in: Wissenschaftliche Zeitschrift der Wilhelm-Pieck Universität Rostock, Gesellschafts- und Sprachwissenschaftliche Reihe, Bd. 27. Jg., Rostock 1978, S. 99–104.

Engelhardt, Otto: *Huon de Bordeaux und Herzog Ernst*, Diss., Tübingen 1903.

Engels, Johannes: *Die Rezeption des Eratosthenes und Poseidonios durch Strabon in den Geographika*, in: Vermessung der Oikumene, hg. v. Klaus Geus, Michael Rathmann, Berlin u.a. 2013, S. 87–100.

Eraslan, Kemal: *Manzum Oğuzname*, in: Türkiyat Mecmuası 18, İstanbul 1976, S. 169–236.

Erbse, Hartmut: *Orientalisches und Griechisches in Hesiods Theogonie*, in: Philologus 108 (1964), S. 2–28.

Erdmann, Carl: *Die Entstehung des Kreuzzugsgedankens.* Forschungen zur Kirchen- und Geistesgeschichte 6, (Habilitationsschrift, masch., Berlin 1932) Stuttgart 1935 (Ndr. Darmstadt 1980).

Erlei, Stefan: *„Höfisch" im Mittelhochdeutchen: die Verwendung eines Programmworts der höfischen Kultur in den deutschsprachigen Texten bis 1300,* Kultur, Wissenschaft, Literatur. Beiträge zur Mittelalterforschung Bd. 22, Frankfurt a.M. 2010.

Erzi, Adnan Sadık: *XIV. Asır Anadolu Şairlerinden Ahmedî'nin Osmanlı Tarihi: Dâsitân-ı Tevârih-i Mülûk-i Âl-i Osmân ve Cemşid ü Hurşîd Mesnevîsi" (tenkit),* Belleten IV (1940), S. 267–283.

Eßer, Josef: *Die Schöpfungsgeschichte in der „Altdeutschen Genesis" (Wiener Genesis V. 1–231). Kommentar und Interpretation.* GAG 455, hg. v. Ulrich Müller, Franz Hundsnurscher, Cornelius Sommer, Göppingen 1987.

Ewinkel, Irene: *De monstris. Deutung und Funktion von Wundergeburten auf Flugblättern Deutschlands des 16. Jahrhunderts*, in: Frühe Neuzeit, Bd. 23, Tübingen 1995.

Faber, Roland: *Der Transreligiöse Dialog. Zu einer Theologie Transformativer Prozesse*, Wien 2003.

Faller, Stefan: *Taprobane im Wandel der Zeit: Das Sri-Lanka-Bild in griechischen und lateinischen Quellen zwischen Alexanderzug und Spätantike.* Geographica historica, Bd. 14, Stuttgart 2000.

von Fallersleben, [August Heinrich] Hoffmann: *Fundgruben für Geschichte deutscher Sprache und Literatur,* Iter Austriacum. Altdeutsche Gedichte. Grösstentheils aus österr. Bibliotheken, hg. v. Hofmann von Fallersleben, 2 Bde., Breslau 1830–37.

Fisher, Rodney W.: *Das Fremde im frühhöfischen Roman: einige Beobachtungen zu Veldeke und Hartmann*, in: Akten des VIII. Internationalen Germanisten-Kongresses Tokyo 1990, Tl. 7, hg. v. Eijirō Iwasaki, Begegnung mit dem „Fremden". Grenzen – Traditionen – Vergleiche Vol. 1, München 1991, S. 256–262.

Flechtner, Hermann: *Die Sprache des Alexander-Fragments des Alberich von Besançon*, Diss., Breslau 1882.

Flemming, Barbara: *Die Sprache der türkischen Dichter*, Leiden 1977.

Flint, Valerie I. J.: *Monsters and the Antipodes in the Early Middle Ages and Enlightenment*, in: Viator 15, Turnhout 1984, pp. 65–80.

Fludernik, Monika / Gehrke, Hans-Joachim (Hg.): *Grenzgänger zwischen Kulturen* (= Identitäten und Alteritäten, Bd. 1), Würzburg 1999.

Flügel, Gustav: *Über Muhammad ibn Ishak's Fihrist al-ulum*, in: ZDMG 13 (1859), 559–650.

Förstemann, Ernst (Hg.): *Die seidene Schnur*, in: Hallisches patriotisches Wochenblatt auf das Jahr 1837, Bd. 2, 37. Stück, 2. Beilage, Donnerstag, den 14. September 1837, Halle 1837.

Fouquet, Gerhard: *„Kaufleute auf Reisen". Sprachliche Verständigung im Europa des 14. und 15. Jahrhunderts*, in: Europa im späten Mittelalter. Politik – Gesellschaft – Kultur, Histor. Zeitschr., Bd. 40, hg. v. Rainer C. Schwinges, Christian Hesse u. Peter Moraw, München 2006, S. 465–488.

Franck, Tinland: *L'homme savage*, Paris 1968.

Fränkel, Hermann: *Dichtung und Philosophiedes frühen Griechentums: Eine Geschichte der griechischen Epik, Lyrik und Prosa bis zur Mitte des fünften Jahrhunderts, Ndr d. 3. durchges. Aufl.*, München 1976.

di Francia, Letterio: *Novellistica. Dal XVI al XVII secolo*, 2 vols., Milano 1924–1925.

Friedman, John Block: *The monstrous races in Medieval art and thought*, London 1981.

Friedrich, Hugo: *Odysseus in der Hölle (Inferno XXVI)*, in: Romanische Literaturen II, Frankfurt a.M. 1972, S. 71–118.

Friedrich, Udo: *Menschentier und Tiermensch: Diskurse der Grenzziehung und Grenzüberschreitung im Mittelalter*, Göttingen 2009.

Fritsche, Robert Arnold: *Der Magnet und die Athmung in antiken Theorien*, RhM 57, 1902.

Fromm, Hans: *Der Graf Rudolf*, in: PBB 119 (1997), S. 214–234.

Fromm, Hans: *Der ‚Jüngere Titurel'. Das Werk und sein Dichter*, in: Wolfram-Studien 8 (1984), S. 11–33.

Fück, Johann: *Eine arabische Literaturgeschichte aus dem 10. Jahrhundert n. Chr. (Der Fihrist des Ibn an-Nadim)*, in: ZDMG 84 (1930), S. 111–124.

Fuckel, Arthur: *Der Ernestus des Otto von Magdeburg und sein Verhältnis zu den übrigen älteren Bearbeitungen der Sage vom Herzog Ernst*, Diss., Marburg 1895.

von Gabain, Annemarie: *Komanische Literatur*, in: Philologiae Turcicae Fundamenta, Bd. 2, Wiesbaden 1964, S. 243–251.

von Gabain, Annemarie: *Die Sprache des Codex Cumanicus*, in: Philologiae Turcicae Fundamenta, Bd. 1, Wiesbaden 1959, S. 46–73.

Gabelentz, Hans Conon: *Über den Namen: Türken*, in: Ewald's Zeitschrift für die Kunde des Morgenlandes II, Göttingen 1837, S. 70–73.

Gabrieli, Francesco: *Storici arabi delle crociate*, III. edizione, Torino1963.

Galley, Micheline / Ayoub, Abderrahman: *Histoire des Benī Hilāl et de ce qui leur Advint dans leur Marche vers l'Ouest,* Classiques Africains, Bd. 22, Paris 1983.

Gansweidt, Birgit (Hg.): *Der „Ernestus" des Odo von Magdeburg. Kritische Edition eines lateinischen Epos aus dem 13. Jahrhundert*, in: Münchener Beiträge zur Mediävistik und Renaissance-Forschung, Bd. 39, München 1989, S. 27–183.

Ganz, Peter Felix: Art. '*Graf Rudolf*', ^{2}VL 3 (1981), hg. v. Kurt Ruh, Berlin / New York, Sp. 212–216; ^{2}VL 11 (2004), Sp. 553.

Ganz, Peter Felix: *curialis/hövesch*, in: Höfische Literatur, Hofgesellschaft, Höfische Lebensformen um 1200. Kolloquium am Zentrum für Interdisziplinäre Forschung der Universität Bielefeld 3.-5. November 1983, Studia humaniora, Bd. 6, hg. v. Gert Kaiser u.a., Düsseldorf 1986, S. 39–56.

Gärtner, Thomas: *Neue Vorschläge zum Text des „Ernestus" Odos von Magdeburg*, in: ZfdA 126, (1996), S. 279–300.

Gehrke, Hans-Joachim: *Alexander der Große*, München ^{5}2008.

Gerdes, Udo: § ‚*Sieben weise Meister*', in: 2VL 8 (1992), Sp. 1174–1189 + 2VL 11 (2004).

Gerhard, Michael: *Orient und Okzident. Plädoyer für eine Komparative Philosophie*, in: Dimensionen Praktischer Philosophie. Texte zur philosophischen Ethik und Anthropologie, hg. v. Joachim Heil, London 2004, S. 317–355.

Gephart, Irmgard: *Der Zorn der Nibelungen: Rivalität und Rache im „Nibelungenlied"*, Köln u.a. 2005.

Gerhardt, Christoph: *Die Skiapoden in den ‚Herzog Ernst'-Dichtungen*, in: Literaturwissenschaftliches Jahrbuch N.F. vol. 18, Jb. Görres-Ges., hg. v. Hermann Kunisch, Berlin 1977, S. 13–87.

Gesche, Helga: *Kaiser Gordian mit dem Pfeil in Edessa*, in: Jahrbuch für Numismatik und Geldgeschichte, Bd. 19 (1969), S. 47–77.

Gibb, Hamilton Alexander Rosskeen: *The Arabic Sources for the Life of Saladin*, Speculum XXV (1950), S. 58–72.

Gibb, Paul Allen: *Wonders of the East: A Critical Edition*. Ph.D. diss., Durham, NC 1977.

Gilbert, Philippe: *Le pape Zacharie et les Antipodes*, in: RQS XII (1882), S. 478–503.

Gilissen, John: *Le statut des étrangers.* L'Étranger (Recueils de la Société Jean Bodin pour l'Histoire Comparative des Institutions), tom. IX, Bruxelles 1958, pp. 1–57.

Glaser, Eduard: *Skizze der Geschichte und Geographie Arabiens,* 2 Bde., Berlin 1890 (Ndr. Hildesheim 1976).

Glier, Ingeborg: *Artes Amandi. Untersuchungen zu Geschichte, Überlieferungen und Typologie der deutschen Minnereden,* (Münchner Texte und Untersuchungen zur deutschen Literatur des Mittelalters, Bd. 34), München 1971.

de Goeje, Michael Jan: *Die arabische Literatur,* in: Die orientalischen Literaturen, Die Kultur der Gegenwart. Ihre Entwicklung und ihre Ziele, Teil I, Abt. VII., hg. v. Paul Hinneberg, Leipzig / Berlin 1906, S. 132–159.

Goergens, Ernst Peter: *Arabische Quellenbeiträge zur Geschichte der Kreuzzüge,* Bd. I.: Zur Geschichte Salah ad-din's, Berlin 1879.

Goetz, Hans-Werner: *Gott und die Welt: Religiöse Vorstellungen des frühen und hohen Mittelalters, Tl. 1, Bd. 2: II. Die materielle Schöpfung: Kosmos und Welt. III. Die Welt als Heilsgeschehen,* Orbis mediaevalis. Vorstellungswelten des Mittelalters, Berlin 2012.

Goetz, Hans-Werner: *Sarazenen als „Fremde"? Anmerkungen zum Islambild in der abendländischen Geschichtsschreibung des frühen Mittelalters,* in: Fremde, Feinde und Kurioses: Innen- und Außenansichten unseres muslimischen Nachbarn, Studien zur Geschichte und Kultur des islamischen Orients / N.F. vol. 24, hg. v. Benjamin Jokisch, Berlin / New York 2009, S. 39–66.

Golden, Peter Benjamin: *An Introduction to the History of the Turkic Peoples. Ethnogenesis and State-Formation in Medieval and Early Modern Eurasia and the Middle East,* Turcologica IX, Wiesbaden 1992.

Görich, Knut: *Friedrich Barbarossa: Eine Biographie,* München 2011.

Grakow, Boris N.: *Die Skythen,* übers. aus d. Russ. u. wissenschaftl. Red.: Alexander Häusler, Berlin 1978.

Grégoire, Henri: *Comment Seyyid Baṭṭāl, Martyr Musulman du VIIIe siĕcle, est-il devenue dans la légende le contemporain d'Amer († 863)?,* in: Byzantion XI (1936), 571–575.

Grégoire, Henri: *L'épopée byzantine et ses rapports avec l'épopée turque et l'épopée romane,* in: Bulletin de la classe des lettres de l'Académie Royale de Belgique, 5th series, vol. XVII (1931), 463–481.

Grégoire, Henri / Goossens, Roger: *Byzantinisches Epos und arabischer Ritterroman,* in: ZDGM 88 (1934), 213–232.

Greiner, Bernhard: *Mythische Rede als Echo-Rede: die Lorelei (Ovid-Brentano-Heine),* in: Spectrum Literaturwissenschaft, Bd. 3.: Mythenkorrekturen. Zu einer paradoxalen Form der Mythenrezeption, hg. v. Martin Vöhler / Bernd Seidensticker, Berlin /New York 2005, S. 243–262.

Gresseth, Gerald K.: *The Gilgamesh Epic and Homer*, CJ 70/4 (1975), 1–18.

Griffith, Sidney H.: *Jews and Muslims in Christian Syriac and arabic texts of the ninth century*, in: Jewish History, vol. 3/1 (1988), 65–94.

Grimm, Jacob: *Sâgara*, in: Zeitschrift für vergleichende Sprachforschung auf dem Gebiete des Deutschen, Griechischen und Lateinischen, Jg. 1 (1852), 206–209.

Groche, Bernhard: *Beiträge zur Geschichte einer Renaissancebewegung bei deutschen Schriftstellern im XII. Jahrhundert,* Diss., Halle a. S. 1909.

Grundmann, Herbert: *Geschichtsschreibung im Mittelalter: Gattungen, Epochen, Eigenart*, Göttingen ³1978.

Gruneweg, Martin: *Die Aufzeichnungen des Dominikaners Martin Gruneweg (1562 – ca. 1618) über seine Familie in Danzig, seine Handelsreisen in Osteuropa und sein Klosterleben in Polen*, hg. v. Almut Bues , 4 Bde., Quellen und Studien des Deutschen Historischen Instituts Warschau, 19, Bde. 1–4, Wiesbaden 2008.

Gruppe, Otto: *Die griechischen Kulte und Mythen in ihren Beziehungen zu den orientalischen Religionen*, Leipzig 1887.

Gumilev, Lev Nikolaevich: *Searches for an imaginary Kingdom: The Legend of the Kingdom of Prester John*, transl. R. E. F. Smith, Cambridge u.a. 1987.

Haacke, Diether: *Weltfeindliche Strömungen und die Heidenfrage in der deutschen Literatur von 1170–1230*, Diss. masch., Berlin 1951.

Haarmann, Harald: Art. *Kumanisch*, in: Wieser Enzyklopädie des Europäischen Ostens (WEEO), 20 Bde., Bd. 10: *Lexikon der untergegangenen Sprachen*, hg. v. Miloš Okuka, Bd. 10, Klagenfurt u.a. 2002, S. 805–807.

Haas, Alois Maria: *Geistliches Mittelalter*. Freiburg i. Üe. 1984.

Hackländer, Friedrich Wilhelm: *Reise in den Orient*, 2 Bde., Stuttgart 1846 (Ndr. Hildesheim u.a. 2004).

Hagen, Friedrich Heinrich: *VI. Beitrag zur Geschichte und Literatur der Deutschen Volksbücher*, in: Museum für altdeutsche Literatur und Kunst, Bd. 1, Teil 1, hg. v. F.H. v. d. Hagen, B.J. Docen und J.G. Büsching, sowie B. Hundeshagen, 2. Bd., Berlin 1809–1811.

Hahn, Alois: *Die soziale Konstruktion des Fremden*, in: Die Objektivität der Ordnungen und ihre kommunikative Konstruktion, FS f. Thomas Luckmann, hg. v. Walter Sprondel, Frankfurt a.M. 1994, S. 140–163.

Hahn, Reinhard: *Geschichte der mittelalterlichen deutschen Literatur Thüringens*, in: Veröffentlichungen der Historischen Kommission für Thüringen, Kleine Reihe 34, Köln u.a. 2012.

Hainer, Carl: *Das epische Element bei den Geschichtsschreibern des frühen Mittelalters*, Diss., Gießen 1914.

Halman, Talat Said (ed.): *Yunus Emre and His Mystical Poetry*, Bloomington 1981.

Hallberg, Ivar: *L'Extrême Orient dans la littérature et la cartographie de l'Occident des XIIIe, XIVe et XVe siècles: étude sur l'histoire de la géographie*, Goeteborg 1907.

Halling, Karl: Geschichte der Skythen und Deutschen bis zur Gegenwart, Berlin 1835.

Hamdan, Nadia: *Die Orientdarstellung im Herzog Ernst B*, Magisterarb., Düsseldorf 2004.

van Hamelsveld, Ijsbrand: *Biblische Geographie*, aus dem Holländischen übers. u. m. einigen Anmerkungen versehen von Rudolph Jänisch, 3. Teil, Hamburg 1796.

Hanisch, Ludmila (ed.): *"Machen Sie doch unseren Islam nicht gar zu schlecht". Der Briefwechsel der Islamwissenschaftler Ignaz Goldziher und Martin Hartmann 1894–1914*. Akademie der Wissenschaften und Literatur – Mainz. Veröffentlichungen der orientalischen Kommission, Bd. 45, Wiesbaden 2000.

Hannick, Christian: Art. *Orient*, in: LThK, Bd. VII (1998), Sp. 1123–1125.

Hantzsch, Viktor: Art. *Hese, Johann*, in: Allgemeine Deutsche Biographie 50 (1905), S. 271–272.

Happel, Eberhard Werner: *Groesste Denkwürdigkeiten der Welt oder sogenannte Relationes Curiosae*, hg. v. Jürgen Westphal u. Uwe Hübner, 3 Bde., Hamburg 1684–86 (Ndr. Berlin 1990).

Hartmann, Martin: *Der "alttürkische Volks- und Sittenroman" von Seyyid Baṭṭāl*, in: Orientalische Literaturzeitung, Bd. 2, H. 1–6 (1899), Sp. 103–104, 172.

Haß, Jonathan: *Entwicklung durch Grenzüberschreitung im „Parzival" Wolframs von Eschenbach. Eine Textanalyse auf Basis der Lotmanschen Raumtheorie*, Hamburg 2013.

Hassauer, Friederike: *Volkssprachliche Reiseliteratur. Faszination des Reisens und räumlicher ordo*, in: La Litterature historiographique des origines à 1500, hg. v. Hans Ulrich Gumbrecht / Ursula Link-Heer / Peter-Michael Spangenberg, in: GRLMA XI, 2 Bde., Heidelberg 1986, S. 259–283.

Haug, Walter: Art. *Brandans Meerfahrt*, in: VL² I (1978), Sp. 985–991.

Haug, Walter: *Brautwerbung im Zerrspiegel*, in: Sammlung – Deutung – Wertung. Ergebnisse, Probleme, Tendenzen und Perspektiven philologischer Arbeit, FS Wolfgang Spiewok, hg. v. Danielle Buschinger, Stuttgart o.J., S. 179–188.

Haupt, Barbara: *Alexanders Orientfahrt (Straßburger Alexander). Das Fremde als Spielraum für ein neues Kulturmuster*, in: Begegnung mit dem ‚Fremden', Grenzen – Traditionen – Vergleiche, hg. v. Eijiro Iwasaki, Akten des VIII. Internationalen Germanisten-Kongresses, Tokyo 1990, München 1991, S. 285–295.

Haupt, Barbara: *Ein Herzog in Fernost. Zu Herzog Ernst A/B*, in: Akten des XI. Internationalen Germanistenkongresses, Paris 2005, Bd. 7: Bild, Rede, Schrift – Kleriker, Adel, Stadt und außerchristliche Kulturen in der Vormoderne – Wissenschaften und Literatur seit der Renaissance, hg. v. Jean Marie Valentin, Jahrbuch für Internationale Germanistik Reihe A – Bd. 83, Bern 2008, S. 157–168.

Haupt, Moriz: *„Herzog Ernst" [= Herzog Ernst C]. Hystoria Hernestis ducis*, in: ZfdA 7 (1849), S. 193–303.

Haupt, Moriz: *Opuscula* / Mauricii Hauptii *opuscula*, hg. v. Ulrich von Wilamowitz-Moellendorff, 3 vols., Leipzig 1875–76 (Ndr. Hildesheim 1967).

Haussig, Hans Wilhelm: *Die Geschichte Zentralasiens und der Seidenstrasse in islamischer Zeit*, Darmstadt ²1994.

Haustein, Jens: *‚Herzog Ernst' zwischen Synchronie und Diachronie*, in: ZfdPh 116 (1997), S. 115–130.

Haustein, Jens: *Literaturgeschichte der Region. Das Beispiel Thüringen*, in: Überlieferungsgeschichte – Textgeschichte – Literaturgeschichte (JIG, 34/2), hg. v. Thomas Bein, Bern u.a. 2002, S. 167–180

Hefele, Carl Joseph: *Conciliengeschichte. Nach den Quellen bearbeitet*, 9 Bde., Freiburg i. Br. 1873–1890.

Heller, Bernhard: *Der arabische 'Antarroman'. Ein Beitrag zur vergleichenden Literaturgeschichte*, Hannover 1927.

Heller, Bernhard: Art. *Sīrat Antar*, in: EI2, vol. I (1960), S. 533–537.

Hellgardt, Ernst: *Die deutschsprachigen Handschriften im 11. und 12. Jahrhundert. Bestand und Charakteristik im chronologischen Aufriß*, in: Deutsche Handschriften 1100–1400. Oxforder Kolloquium 1985, hg. von Volker Honemann / Nigel F. Palmer, Tübingen 1988, S. 35–81.

Hengevoss-Dürkop, Kerstin: *Jerusalem – Das Zentrum der Ebstorf-Karte*, in: Ein Weltbild vor Columbus: Die Ebstorfer Weltkarte, Symposion im Kloster Ebstorf 1988, hg. v. Hartmut Kugler, in Zusammenarbeit mit Eckhard Michael, Acta humanoria, Weinheim 1991, S. 205–222.

Henkel, Nikolaus: *„Fortschrit" in der Poetik des höfischen Romans. Das Verfahren der Descriptio im „Roman d'Eneas" und in Heinrichs von Veldeke „Eneasroman"*, in: Retextualisierung in der mittelalterlichen Literatur, hg. v. Joachim Bumke / Ursula Peters, ZfdPh 124 (2005), Sonderheft, S. 96–116.

Hennig, Richard: *„Goldhütende Greifen" und „Goldgrabende Ameisen"*, in: RhM 79 (1930), S. 326–332.

Hennig, Richard: *Der kulturhistorische Hintergrund der Geschichte vom Kampf zwischen Pygmäen und Kranichen*, in: RhM 81 (1932), S. 20–29.

Hennig, Richard: *Der Hafen Kattigara und der Magnetberg des Ptolemäus*, in: Klio 23 (1930), S. 256–276.

Hennig, Richard: *Herodots Handelsweg zu den sibirischen Issedonen*, in: Klio 28 (1935), S. 242–254.

Hennig, Richard: *Liegen der Erzählung vom ‚Geronnenen Meer' geografische Tatsachen zugrunde?*, in: *Geographische Zeitschrift* 32/2 (1926), S. 62–73.

Hennings, Thordis: *Französische Heldenepik im deutschen Sprachraum. Die Rezeption der Chansons de Geste im 12. und 13. Jahrhundert. Überblick und Fallstudien*, Habil.-Schr., in: Beiträge zur älteren Literaturgeschichte, Heidelberg 2008.

Hensler, Ines: *Ritter und Sarrazin. Zur Beziehung von Fremd und Eigen in der hochmittelalterlichen Tradition der „Chanson de geste"* (Diss. Konstanz, BAKG, Bd. 62), hg. v. Helmut Neuhaus, Köln / Weimar / Wien 2006.

Hergt, Gustav: *Die Nordlandfahrt des Pytheas*, Diss., Halle a.S. 1893.

Heselhaus, Clemens: *Die Herzog-Ernst-Dichtung. Zur Begriffsbestimmung von Märe und History*, in: Deutsche Vierteljahrsschrift für Literaturwissenschaft und Geistesgeschichte, Bd. 20 (1942), S. 170–199.

Heubeck, Alfred: *Mythologische Vorstellungen des Alten Orients im archaischen Griechentum*, in: Gymnasium 62 (1955), 508–525.

Hildebrand, Erich: *Über die Stellung des Liedes vom Herzog Ernst in der mittelalterlichen Literaturgeschichte und Volkskunde*, Halle/Saale 1937.

Hildebrandt, Reiner: *Summarium Heinrici*, in: ²VL 9 (1995), Berlin / New York, Sp. 510–519, und ²VL 11 (2004), Sp. 1470.

Hilka, Alfons (Hg.): *Drei Erzählungen aus dem didaktischen Epos „L'Image du monde" (Brandanus - Natura - Secundus)*, Halle a.d. Saale 1928.

Hinz, Walther: *Neue Wege im Altpersischen*, in: Göttinger Orientforschungen, Reihe 3, Iranica 1, Wiesbaden 1973.

Hlaváček, Ivan: *Geistlich und weltlich am Hofe der letzten Premysliden und der Luxemburger*, in: Erziehung und Bildung bei Hofe. 7. Symposion der Residenzen-Kommision der Akademie der Wissenschaften in Göttingen. Veranstaltet in Zusammenarbeit mit dem Stadtarchiv Celle und dem Deutschen Historischen Institut Paris (Celle, 23.-26.9.2000), hg. v. Werner Paravicini / Jörg Wettlaufer, Stuttgart 2002, S. 157–166.

Hofmann, Conrad: *Über das Lebermeer.* Vorlesung, gehalten am 10. Juni 1865 vor der Bayerischen Akademie der Wissenschaften, in den Abhandlungen der Akademie, München 1865.

Hoffmann, Georg: *Auszüge aus syrischen Akten persischer Märtyrer*, in: Abhandlungen für die Kunde des Morgenlandes, Bd. VII/3, Leipzig 1880.

Hofmann, Dietrich: *Vers und Prosa in der mündlich gepflegten mittelalterlichen Erzählkunst der germanischen Länder*, in: Frühmittelalterliche Studien 5 (1971), S. 135–175.

Holz, Georg: *Zum Grafen Rudolf*, in: PBB 18 (1893), S. 562--569.

Holzhauer, Antje: *Rache und Fehde in der mittelhochdeutschen Literatur des 12. und 13. Jahrhunderts*, GAG 639, Göppingen 1997.

Horn, Paul: *Die neupersische Literatur*, in: Die orientalischen Literaturen, Die Kultur der Gegenwart. Ihre Entwicklung und ihre Ziele, Teil I, Abt. VII., hg. v. Paul Hinneberg, Leipzig / Berlin 1906, S. 242–268.

Horn, Paul: *Die türkische Literatur*, in: Die orientalischen Literaturen, Die Kultur der Gegenwart. Ihre Entwicklung und ihre Ziele, Teil I, Abt. VII. hg. v. Paul Hinneberg, Leipzig / Berlin 1906, S. 269–281.

Horovitz, Josef: *Die Entstehung von Tausendundeine Nacht*, in: The Review of Nations, 4 (1927), pp. 85–111.

Huet, Gédéon: *La légende de la Montagne d'Aimant dans le roman de «Berinus»*, in: Romania 44, Paris 1915–17, pp. 427–453.

Hunke, Sigrid: *Kamele auf dem Kaisermantel. Deutsch-arabische Begegnungen seit Karl dem Grossen*, Stuttgart 1976.

Huschenbett, Dietrich: *Hermann von Sachsenheim – Namen und Begriff: Kommentar zum Verzeichnis aller Namen und ausgewählter Begriffe im Gesamtwerk*, in: Würzburger Beiträge zur deutschen Philologie, Bd. 34, Würzburg 2007.

Huschenbett, Dietrich: *Reisen und Welterfahrung in der deutschen Literatur des Mittelalters*, Vorträge des XI. Anglo-Deutschen Colloquiums, 11.-15. September 1989, Universität Liverpool, hg. v. Dietrich Huschenbett / John Margetts (Würzburger Beiträge zur deutschen Philologie 7), Würzburg 1991.

Huth, Georg: *Die Reisen der drei Söhne des Königs von Serendippo: Ein Beitrag Zur Vergleichenden Märchenkunde*, Berlin 1891.

İnalcık, Halil: *Kutadgu Bilig'de Türk ve İran Siyaset Nazariye ve Gelenekleri. Reşid Rahmeti Arat için*, Ankara 1966, S. 259–271.

Jäckel, Dirk: *Saladin und Antichrist. Das andere Bild vom Ayyubidensultan im 12. Jahrhundert*, in: Antichrist. Konstruktionen von Feindbildern, hg. v. Wolfram Brandes / Felicitas Schmieder, Berlin 2010, S. 117–134.

Jackson, Peter: *The Mongols and the West*, 1221–1410, Harlow 2005.

Jaeger, C. Stephan: *Die Entstehung höfischer Kultur. Vom höfischen Bischof zum höfischen Ritter*, übers. v. Sabine Hellwig-Wagnitz (PhStQ 167), Berlin 2001 (amerik. Originalausg, Philadelphia 1985).

Jäger, Siegfried: *Studien zur Komposition der Crescentia der Kaiserchronik, des Vorauer und Straßburger Alexander und Herzog Ernst B*, Diss., Bonn 1967.

Jaehrling, Jürgen: *Die Vorlage von Peter Hacks: 'Das Volksbuch vom Herzog Ernst'*, in: *Röllwagenbüchlein, FS f. Walter Röll zum 65. Geburtstag*, hg. v. ders. / Uwe Mewes / Erika Timm, Tübingen 2002, S. 277–290.

Jahn, M. Johann Christian (Hg.): *Grave Ruodolf herausgegeben von W. Grimm*, in: *Jahrbücher für Philologie u. Pädagogik*, Bd. 2/4, Leipzig 1830, S. 447–449.

Jakob, Georg: *Beiträge zur Kenntnis des Derwischordens der Bektaschis*, in: Türkische Bibliothek, No. 9, Berlin 1908.

Jänicke, Oskar: *Über die Abfassungszeit der beiden deutschen Gedichte von Herzog Ernst*, in: ZfdA 15 (1872), S. 151–165.

Jastrow, Morris: *Hebrew and Babylonian Traditions*, London / Leipzig 1914.

Jaunzems, John: *Structure and Meaning in the Seven Sages of Rome*, in: Studies on the Seven Sages of Rome and Other Essays in Medieval Literature, Honolulu, Hawaii 1978.

Jensen, Peter: *Das Gilgamesch-Epos und Homer*, in: Zeitschrift für Assyriologie und verwandte Gesellschaft Bd. 16, Berlin 1902.

Jisl, Lumir: *Wie sahen die alten Türken aus?* In: UAJb 40 (1968), S. 181–199.

Jordan, Leo: *Quellen und Komposition vom Herzog Ernst*, in: Archiv für das Studium der neueren Sprachen und Literaturen, Bd. 112 (1904), S. 328–343.

Jüthner, Julius: *Hellenen und Barbaren. Aus der Geschichte des Nationalbewußtseins*, Das Erbe der Alten. Schriften über Wesen und Wirkung der Antike. Neue Folge, gesammelt und hg. v. Otto Immisch, H. 8, Leipzig 1923.

Kablitz, Andreas: *Dantes Odysseus, in: Mythenkorrekturen. Zu einer paradoxalen Form der Mythenrezeption*, hg. v. Martin Vöhler / Bernd Seidensticker, in: Spectrum Literaturwissenschaft, Bd. 3, Berlin / New York 2005, S. 93–122.

Kaplowitt, Stephen J.: "*The Non-literary Sources of Graf Rudolf: A Re-evaluation*", in: Studies in Philology, Bd. 66 (1969), pp. 584–608.

Karjalainen, Kustaa Fredrik: *Religion der Jugra-Völker*, übers. v. Oskar Hackmann, 3 vols., FFC 41, 44, 63, Helsinki 1921, 1922, 1927.

Kästner, Hannes: *Das Gespräch des Orientreisenden mit dem heidnischen Herrscher. Zur Typik und zu den Funktionen einer interkulturellen Dialogszene in der Reiseliteratur des Spätmittelalters und der frühen Neuzeit*, in: Gespräche – Boten – Briefe. Körpergedächtnis und Schriftgedächtnis im Mittelalter, PhStQ 143, hg. v. Horst Wenzel, Berlin 1997, S. 280–295.

Kästner, Hannes J. / Schirok, Bernd: *Die Textsorten des Mittelhochdeutschen*, in: Sprachgeschichte. Ein Handbuch zur Geschichte der deutschen Sprache und ihrer Erforschung, 3 vols. In Reihe: Handbücher zur Sprach- und Kommunikationswissenschaft / 2,1. Hg. v. Werner Besch u.a., Berlin 1998, S. 1365–1384.

Katara, Pekka: *Das französische Lehngut in den mittelniederdeutschen Denkmälern des 13. Jahrhunderts*, in: AASF, Ser B. 50, 8, Helsinki 1942, S. 528–591.

Kedar, Benjamin Z.: *Crusade and Mission. European Approaches toward the Muslims*, Princeton 1984.

Kemaloğlu, Muhammet: *Hacı Bektâş Velî und Türkisierung und Islamisierung Anatoliens während der seldschukischen Periode*, in: Forschungszeitschrift über Alevitentum und Bektaschitentum 5, Hausen 2012, S. 111–140.

Kiening, Christian: *Das wilde Subjekt. Kleine Poetik der neuen Welt*, Göttingen 2006.

Kiening, Christian: Art. ‚*Graf Rudolf*', in: Killy Literaturlexikon, hg. v. Walther Killy, 12 Bde., Bd. 4, Berlin / New York 2009, S. 361–363.

King, Leonard William: *Babylonian Religion and Mythology*, London ²1903.

Klein, Thomas: *Ermittlung, Darstellung und Deutung von Verbreitungstypen in der Handschriftenüberlieferung mittelhochdeutscher Epik*, in: Deutsche Handschriften 1100–1400, Oxforder Kolloquium 1985, hg. v. Volker Honemann / Nigel F. Palmer, Tübingen 1988, S. 110–167.

Klein, Thomas: *Untersuchungen zu den mitteldeutschen Literatursprachen des 12. und 13. Jahrhunderts*, Habil.-Schr. masch., Bonn 1982.

Klein, Thomas: *Vers und Syntax in frühmittelhochdeutscher Dichtung. Wege zur Datengewinnung und -auswertung*, in: Deutsche Sprache in Raum und Zeit, FS Peter Wiesinger, hg. v. Peter Ernst / Franz Patocka, Wien 1998, S. 537–568.

Kleineberg, Andreas / Marx, Christian / Knobloch, Eberhard / Lelgemann, Dieter: *Germania und die Insel Thule. Die Entschlüsselung von Ptolemaios. „Atlas der Oikumene"*, Darmstadt 2010.

Klemp, Egon (Hg.): *Afrika auf Karten des 12. bis 18. Jahrhundert, 77 Lichtdrucke aus Europäischen Kartensammlungen*, Leipzig 1968.

Kliege, Herma: *Weltbild und Darstellungspraxis hochmittelalterlicher Weltkarten*, Münster 1996.

Klinger, Judith: *Bibliographie – Einführung in Literatur und Sprache des Mittelalters*, abrufbar unter: http://www.uni-potsdam.de/u/germanistik/mediaevistik/Bibliographie-HerzogErnst_2013.pdf, Potsdam 2013.

Knapp, Fritz Peter: Bemerkungen zu Herzog Ernsts Schild bei Odo von Magdeburg, in: Beiträge zur Geschichte der deutschen Sprache und Literatur, Bd. 94, Halle 1972, S. 335–347.

Knefelkamp, Ulrich: *Die Suche nach dem Reich des Priesterkönigs Johannes. Dargestellt anhand von Reiseberichten und anderen ethnographischen Quellen des 12. bis 17. Jahrhunderts*, Diss., Gelsenkirchen 1986.

Köhler, Michael A.: *Allianzen und Verträge zwischen fränkischen und islamischen Herrschern im Vorderen Orient. Eine Studie über das zwischenstaatliche Zusammenleben vom 12. bis ins 13. Jahrhundert* (StGKiO, N.F. vol. 12), Berlin / New York 1991.

Köksal, Hasan: *Battalnâmelerde Tip ve Motif Yapısı*, Ankara 1984.

Kölzer, Theo: *Der Hof Kaiser Barbarossas und die Reichsfürsten*, in: Deutscher Königshof, Hoftag und Reichstag im späteren Mittelalter (Vorträge und Forschungen, Bd. 48), hg. v. Peter Moraw, Stuttgart 2002, S. 3–47.

Köprülü, Mehmed Fuad: *Islam in Anatolia After the Turkish Invasion (Prolegomena)*, transl. Gary Leiser, Salt Lake City 1993.

Kortantamer, Tunca: *Leben und Weltbild des altosmanischen Dichters Ahmedî unter besonderer Berücksichtigung seines Diwans*, Islamkundliche Untersuchungen, Bd. 22, Freiburg i. Br. 1973.

Kowalski, Tadeusz: *Les Turcs dans le Sah-Name*, in: Rocznik Orientalistyczny 15 (1939/40), pp. 84–99.

Krah, Hans: *Räume, Grenzen, Grenzüberschreitungen. Einführende Überlegungen*, in: Ders. (Hg.), Räume, Grenzen, Grenzüberschreitungen. Bedeutungs-Welten in Literatur, Film und Fernsehen, Tübingen 1999, S. 3–12.

von Kralik, Richard: *Homeros. Ein Beitrag zur Geschichte und Theorie des Epos*, Ravensburg 1910.

Kramer, Günter: *Zum König Rother. Das Verhältnis des Schreibers der Heidelberger HS. (H) zu seiner Vorlage*, in: PBB 82, Halle 1960, S. 1–82.

Kray, Anne-Marie: *Der Glaubenskrieg und seine Darstellung in den Kreuzzugsepen des Mittelalters*, Diss., Freiburg i. Br. 1950.

Kreutzer, Hans Joachim: *Der Mythos vom Volksbuch*, Stuttgart 1977.

Krusche, Dietrich: *Die Macht der Projektion. Aus Anlaß von Edward W. Said 'Orientalismus'*, in: Literatur und Fremde, hg. v. ders., München 1978, S. 209–213.

Kübler, Bernhard (Hg.): *Commonitorium Palladii. Briefwechsel zwischen Alexander dem Grossen u. Dindimus, dem König der Bramanen. Brief Alexanders* *des Grossen an Aristoteles über die Wunder Indiens nach der Bamberger Hs. E. III 14 zum erstenmal herausgegeben*, in: Romanische Forschungen, Bd. 6 (1891), S. 203–237.

Küçükhüseyin, Şevket: *Namen in Anatolien. Gewalt in Sprache*, in: Mittelalter im Labor: Die Mediävistik testet Wege zu einer transkulturellen Europawissenschaft, in: Europa im Mittelalter, Bd. 10, hg. v. Michael Borgolte u.a., Berlin 2008, S. 391–398.

Kugler, Hartmut: *Die Gräber der Ebstorfer Weltkarte*, in: 800 Jahre Kloster Ebstorf. hg. v. M. Elster u. H. Hoffmann, Uelzen 1997, S. 53–65.

Kugler, Hartmut: *Zur literarischen Geographie des fernen Ostens im ‚Parzival' und im ‚Jüngeren Titurel'*, in: Ja muoz ich sunder riuwe sin. FS Karl Stackmann, hg. v. Wolfgang Dinkelacker, Göttingen 1990, S. 107–147.

Kugler, Hartmut (Hg.): *Ein Weltbild vor Columbus: Die Ebstorfer Weltkarte, Symposion im Kloster Ebstorf 1988* in Zusammenarbeit mit Eckhard Michael, Acta Humanoria, Weinheim 1991.

Kugler, Hartmut, u.a (Hg.): *Die Ebstorfer Weltkarte*, kommentierte Neuausgabe in zwei Bänden, Bd. 1: Atlas, Bd. 2: Untersuchungen u. Kommentar, Berlin 2007.

Kühnel, Jürgen: *Zur Struktur des Herzog Ernst*, in: Euphorion 73 (1979), S. 248–271.

Kumerloeve, Hans: *Bibliographie der Falknereiliteratur*, in: Deutscher Falkenorden, Jb., Dresden 1967, S. 70–72.

Kumerloeve, Hans: *Über Beizvogelgeschenke des Deutschen Ritterordens an weltliche und geistliche Fürsten im Dienste der Ordenspolitik (14./16. Jahrhundert)*, in: Deutscher Falkenorden, Jb., Dresden 1959, S. 27–32.

Kunitzsch, Paul: *Der Orient bei Wolfram von Eschenbach – Phantasie und Wirklichkeit*, in: Orientalische Kultur und europäisches Mittelalter (Miscellanea mediaevalia, Bd. 17), hg. v. Albert Zimmermann u. Ingrid Cremer-Ruegenberg, Berlin / New York 1985, S. 112–122.

Kyriakides, Stilpon Paraskeua: *Eléments historiques byzantins dans le roman turc de Sayyid Baṭṭāl*, Byzantion XI (1936), pp. 563–570.

Langlois, Ernest (ed.): *Le Couronnement de Louis. Chanson de geste du XIIe siècle* (CFMA, vol. 22), Paris 1920.

Laudage, Johannes: *Friedrich Barbarossa (1152–1190). Eine Biografie*, hg. v. Lars Hageneier / Matthias Schrör, Regensburg 2009.

Laude, Corinna: *Sye kann ir sprache nyt verstan ‚Grenzsprachen' und ‚Sprachgrenzen' im Mittelalter*, in: Grenze und Grenzüberschreitung im Mittelalter, hg. v. Ulrich Knefelkamp / Kristian Bosselmann-Cyran, 11. Symposium des

Mediävistenverbandes vom 14. bis 17. März 2005 in Frankfurt an der Oder, Frankfurt a.M. 2007, S. 331–344.

Lazda-Cazers, Rasma: *Hybridity and Liminality in Herzog Ernst B*, in: Daphnis 33 (2004), S. 79–96.

Leardo, Giovanni: *The Leardo map of the world, 1452 or 1453*, hg. v. John Kirtland Wright and Albert Berthold Hoen (The Collections of the American Geographical Society, no. 4), New York 1928.

von Le Coq, Albert: *Ein manichäisches Buch-Fragment aus Chotscho*, in: Festschrift Wilhelm Thomsen, Leipzig 1912, S. 145–154.

Lecouteux, Claude: *A propos d'un épisode de Herzog Ernst*, in: Etudes germaniques 33 (1978), pp. 1–15.

Lecouteux, Claude: *Das Reich der Nachtdämonen. Angst und Aberglaube im Mittelalter*, Düsseldorf / Zürich 2001.

Lecouteux, Claude: *Kleine Beiträge zum ‚Herzog Ernst'*, in: ZfdA 110 (1981), S. 210–221.

Lecouteux, Claude: *Die Kranichschnäbler der Herzog Ernst-Dichtung*, in: Euphorion 75 (1981), S. 100–102.

Lecouteux, Claude: *Die Sage vom Magnetberg*, in: Fabula. Zeitschrift für Erzählforschung vol. 25 (1984), S. 35–65.

Lecouteux, Claude: *„Herzog Ernst" v. 2164 ff. Das böhmische Volksbuch von Stillfried und Brunewig und die morgenländischen Alexandersagen*, in: ZfdA 108 (1979), S. 306–322.

Lecouteux, Claude: *Les Cynocéphales: Étude d'une tradition tératologique de l'Antiquité au XII siècle*, in: CCM 24/2 (1981), S. 117–128.

Lecouteux, Claude: *Les monstres dans la littérature allemande du Moyen Âge*, 3 Bde., GAG 330, Göppingen 1982.

Legge, Dominica: *Anglo-Norman Literature and its Background*, Oxford 1963.

da Legnano, Giovanni: *Tractatus de Bello, de Represaliis et de Duello* (The Classics of International Law, vol. 8), transl. by James Leslie Brierly, ed. by Thomas Erskine Holland, Oxford 1917.

Leitao, David D.: *Adolescent hair-growing and hair-cutting rituals in Ancient Greece: a sociological approach*, in: Initiation in Ancient Greek Rituals and Narratives. New Critical Perspectives (eds. David B. Dodd / Christopher A. Faraone). London 2003, pp. 109–129.

Leithäuser, Joachim G.: *Mappae mundi. Die geistige Eroberung der Welt*, Berlin 1958.

Lelewel, Joachim: *Géographie du Moyen Âge*, 4 vols. Brussel 1854–1857.

Lenz-Kemper, Barbara (Hg.): *Die Hessischen Reimpredigten*, Bd. 1: Untersuchungen zu Überlieferung, Sprache und Herkunft, Bd. 2: Text (DTM 89/1.2), Berlin 2009.

Lerrick, Alison: *Taghribat Bani Hilal al-Diyaghim: Variation in the Oral Epic Poetry of Najd*, Diss., Princeton 1984.

Lesky, Albin: *Griechischer Mythos und Vorderer Orient*, in: Saeculum 6 (1955), S. 35–52.

Lesky, Albin: *Hethitische Texte und griechischer Mythos*, in: AÖAW (1950), S. 137–160.

Lesky, Albin: *Zum hethitischen und griechischen Mythos*, in: Eranos 52 (1954), S. 8–17.

Licetus, Fortunius: *De monstrorum causis, natura et differentiis*", Padua 1616, reprinted Padua 1634, Amsterdam 1665, Padua 1668 etc.

Lieberich, Eva: *Neugier und Staunen im Herzog Ernst und Reinfried von Braunschweig*, Berlin 2007.

Lilie, Ralph-Johannes: *Straßen und Verkehrswesen in Byzanz*, in: Die Welt der europäischen Strassen: von der Antike bis in die Frühe Neuzeit, hg. v. Thomas Szabó, Köln 2009, S. 19–32.

Loiseleur-Deslongchamps, Auguste-Louis-Armand: *Essai sur les fables indiennes et leur introduction en Europe; suivi du Roman des sept sages de Rome en prose*, Paris 1838.

Löhmann, Otto: *Die Rahmenerzählung des Decameron. Ihre Quellen und Nachwirkungen; ein Beitrag zur Geschichte der Rahmenerzählung*, Halle a.d.S. 1935.

Luff, Robert: *Nu vernemet alle besunder: ich sage iu michel wunder*. Dichter, Publikum und Konturen der Vortragssituation im Herzog Ernst B, in: Euphorion 95 (2001), S. 305–340.

Luff, Robert: *Wissen als Macht im ‚Herzog Ernst B'*, in: Höfische Wissensordnungen, Encomia Deutsch 2, hg. v. Hans-Joachim Schiewer / Stefan Seeber, Göttingen 2012, S. 85–102.

Lycosthenes, Conrad: *Prodigiorum ac ostentorum chronicon*, deutsche Ausg.: *Wunderwerck oder Gottes unergründtliches vorbilden*, Basel 1557.

Lyons, Malcolm Cameron: *The Arabian epic: Heroic and oral story-telling*. 3 Vols., Cambridge 1995.

Mackert, Christoph: *Die Alexandergeschichte in der Version des ‚Pfaffen' Lambrecht. Die frühmittelhochdeutsche Bearbeitung der Alexanderdichtung des Alberich von Bisinzo und die Anfänge weltlicher Schriftepik in deutscher Sprache*, München 1999.

Mackridge, Peter: *Bride-snatching in Digenes Akrites and Cyrpiot heroic poetry*, in: Centre for Scientific Studies, XIX (1992), pp. 617–622.

Manfredi, Valerio Massimo: *Aléxandros: Il figlio del sogno*, Milano 1998.

Mannert, Konrad: *Geographie der Griechen und Römer aus ihren Schriften dargestellt*, 10 Tomi, 15 Volumina, Leipzig 1788–1825.

Marinelli, Giovanni: *Die Erdkunde bei den Kirchenvätern*, Vortrag, gehalten in der „Italienischen Geographischen Gesellschaft zu Rom" am 12. März 1882, übers. v. Ludwig Neumann, Leipzig 1884.

Martinez, Arsenio P.: *Gardizi's Two Chapter on the Turks*, in: AEMA II (1982), S. 109–217.

Mathesius, Johannes: *Sarepta, Darinn von allerley Bergwerck unnd Metallen / Was ir eygenschafft und natur / und wie sie zu nutz und gut gemacht / guter bericht gegeben*, Nürnberg 1571.

Martorana, Michelina: *Ulisse nella letteratura latina*, Palermo / Roma 1926.

Matuz, Josef: *Die Emanzipation der türkischen Sprache in der osmanischen Staatsverwaltung*, in: Ethnogenese und Staatsbildung in Südosteuropa: Beiträge des Südosteuropa-Arbeitskreises der Deutschen Forschungsgemeinschaft zum 3. Intern. Südosteuropa -Kongreß der Association Intern. d'Études du Sud-Est Européen Bukarest, 4. -10. 9. 1974, hg. v. Klaus-Detlev Grothusen, Göttingen 1974, S. 62–71.

Matz, Elsa Lina: *Formelhafte Ausdrücke in Wolframs Parzival*, Diss., Kiel 1907

Mauro = Fra Mauro: *Il Mappamondo di Fra Mauro*. A cura di Tullia Gasparrini Leporace; presentazione di Roberto Almagià, Roma 1956.

Meier, Christian: *Die Entstehung einer autonomen Intelligenz bei den Griechen, in: Kulturen der Achsenzeit*, hg. v. Shmuel N. Eisenstadt, Frankfurt a.M. 1987, S. 89–127.

Mélikoff, Irène: Art. *Al-Battal*, in: EI2, vol. I (1960), S. 1103–1104.

Mertens, Volker: *Der deutsche Artusroman*, Stuttgart 1998.

Mészáros, Gyula: *Rovásírásos kún nyelvemlékek*, in: Különlenyomat a Népünk és Nyelvünk 8, Szeged 1936, S. 161–178.

Meuthen, Erich: *Der Fall von Konstantinopel und der lateinische Westen*, in: HZ 237 (1983), S. 1–35.

Meves, Uwe: *Studien zu König Rother, Herzog Ernst und Grauer Rock (Orendel)*, Europäische Hochschulschriften: Reihe 1, Deutsche Sprache und Literatur, Bd. 181, Frankfurt am Main / Bern 1976.

Mezger, Georg Kaspar: *Augsburgs älteste Druckdenkmale und Formschneiderarbeiten, welche in der vereinigten königl. Kreis- und Stadtbibliothek daselbst auf-*

bewahrt werden, nebst einer kurzen Geschichte des Bücherdruckes und Buchhandels in Augsburg, Augsburg 1840.

Michel, Reinhart: *Zweiundsiebenzig Völker*, in: PBB 15 (1891), S. 377–379.

Mielke, Christine: *Zyklisch-serielle Narration. Erzähltes Erzählen von 1001 Nacht bis zur TV-Serie*, Berlin / New York 2006.

Miller, Konrad: *Mappae mundi: Die ältesten Weltkarten*, 6 Bde., Stuttgart 1895–1898.

Mingana, Alphonse: *The Early Spread of Christianity in India and the Far East: A New Document*, in: BJRL 9, no. 2 (July 1925), S. 297–371.

Minis, Cola: *Zur Vergegenwärtigung vergangener philologischer Nächte*, Amsterdamer Publikationen zur Sprache und Literatur, Bd. 46, Amsterdam 1981.

Mitchell, Timothy: *Orientalism and the Exhibitionary Order*, in: Colonialism and Culture, ed. Nicholas B. Dirks, Ann Arbor [8]2000, pp. 289–318.

Möbius, Thomas: *Studien zum Rachegedanken in der deutschen Literatur des Mittelalters*, Diss., in: Europäische Hochschulschriften: Reihe 1, Deutsche Sprache und Literatur. Bd. 1395, Frankfurt a.M. u.a. 1993.

Mohr, Wolfgang: *Mittelalterliche Feste und ihre Dichtung*, in: FS Klaus Ziegler, Tübingen 1968, S. 37–60.

Mohr, Wolfgang: *Zum frühhöfischen Menschenbild in Graf Rudolf*, in: ZfdA 96 (1967), S. 97–109.

Momigliano, Arnaldo D.: *Su una bataglia tra Assiri e Greci*, in: Athenaeum 12 (1934), S. 412–416.

Moravcsik, Gyula: *Byzantinoturcica I. Die Byzantinischen Quellen der Geschichte der Turkvolker*, Berlin 1958.

Moraw, Peter: *Versuch über die Entstehung des Reichstags*, in: Politische Ordnungen und soziale Kräfte im Alten Reich, hg. v. Hermann Weber, Veröffentlichungen des Instituts für europäische Geschichte Mainz, Abteilung Universalgeschichte, Beiheft 8, Beiträge zur Sozial- und Verfassungsgeschichte des Alten Reiches, Wiesbaden 1980, S. 1–36.

Müller, Werner: *Die heilige Stadt. Roma quadrata, himmlisches Jerusalem und die Mythe vom Weltnabel*, Stuttgart 1961.

Munro, Dana Carleton: *The Speech of Urban II. at Clermont, 1095*, in: AHR, XI (1906), pp. 231–242.

Mussafia, Adolfo: *Beiträge zur Litteratur der Sieben weisen Meister*, SAWW.PH 57 (1867), Wien 1868, S. 37–118.

Mutafciev, Peter / Duda, Herbert (Hg.): *Die Angebliche Einwanderung von Seldschuk-Türken in die Dobrudscha im XIII. Jahrhundert. Zeitgenössische Islamische Quellen und das Oguzname des Jazygyoglu Ali zur angeblichen türkischen*

Besiedlung der Dobrudscha im 13. Jhd. n. Chr. (Spisanie. Balgarska Akademija na Naukite, 66,1,2), Sofia 1943.

Naumann, Hans: *Der wilde und der edle Heide. Versuch über die höfische Toleranz,* hg. v. Paul Merker / Wolfgang Stammler, in: Vom Werden des deutschen Geistes. Festgabe für Gustav Ehrismann, Berlin/Leipzig 1925, S. 80–101.

Negoiescu, Ion: *Monografia oraşului Babadag,* Braila 1904.

Nellmann, Eberhard: Art. *Annolied,* ²VL Bd. 1 (1978), Berlin / New York, Sp. 366–371, sowie ²VL Bd. 11 (2004), Sp. 108.

Nellmann, Eberhard: *Wolframs Erzähltechnik. Untersuchungen zur Funktion des Erzählers,* Wiebaden 1973.

Nellmann, Eberhard: Stellenkommentar, in: *Wolfram von Eschenbach: Parzival,* nach d. Ausg. Karl Lachmanns rev. u. komm. v. Eberhard Nellmann, übertr. Dieter Kühn, 2 Bde., Bibl. d. Mittelalters 8, Bd. 2, Frankfurt a.M. 1994, S. 443–803.

Németh, Gyula: *A honfoglaló magyarság kialakulása.* Budapest 1930.

Németh, Gyula: *A türk népnév, in:* MNy 23 (1927), pp. 271–274; auch ersch. als: *Der Volksname türk,* in: Körösi Csoma Archiv – KcSA II (1926–32), pp. 275–281).

Németh, Gyula: *Zur Kenntnis der Petschenegen,* in: Körösi Csoma Archiv I (1921–25), S. 219–225.

Németh, Julius: *Die Rätsel des Codex Cumanicus,* in: ZDMG 67 (1913), S. 577–608.

Neudeck, Otto: *Ehre und Demut. Konkurrierende Verhaltenskonzepte im ‚Herzog Ernst B',* in: ZfdA 121 (1992), S. 177–209.

Neumann, Friedrich: *Connelant in Hartmanns ‚Erec',* in: ZfdA 83 (1951/52), S. 271–287.

Neumann, Hans: *Die deutsche Kernfabel des Herzog-Ernst-Epos,* in: Euphorion 45 (1950), S. 140–164.

Neumann, Karl Johann Heinrich: *Die Griechen im Skythenland,* Berlin 1855.

Niehoff, Franz: *Umbilicus mundi – Der Nabel der Welt. Jerusalem und das Heilige Grab im Spiegel von Pilgerberichten und -karten, Kreuzzügen und Reliquiaren* (Ornamenta Ecclesiae. Kunst und Künstler der Romanik, Katalog zur Ausstellung des Schnütgen-Museums in der Josef-Haubrich-Kunsthalle), hg. v. Anton Legner, 3 Bde. (hier Bd. 3), Köln 1985, S. 53–72.

Nikodem, Claudia: *Kopfzerbrechen um das Kopftuch oder die Frage, wie mit Differenz umgegangen wird,* in: Migration in der metropolitanen Gesellschaft. Zwischen Ethnisierung und globaler Neuorientierung, FS z. 60. Geburtstag f.

Wolf-Dietrich Bukow, hg. v. Markus Ottersbach / Erol Yıldız, Münster 2004, S 141–152.

Nioradze, Georg: *Der Schamanismus bei den Sibirischen Völkern*, Stuttgart 1925.

Nippel, Willfried: *Ethnographie und Anthropologie bei Herodot*, in: Ders.: Griechen, Barbaren und Wilde. Alte Geschichte und Sozialanthropologie, Frankfurt a.M. 1990.

Nogara, Antonio: *Note sulla composizione e* la *struttura della Biblioteca di Fozio, patriarca di Costantinopoli*, in: Aevum XLIX/2 (1975), pp. 213–242.

Norwich, John Julius: *Byzanz. Verfall und Untergang.* 1071–1453, München 1993.

Nushdina [verh. Velez], Natalia: *Die Darstellung des ‚Fremden' und des ‚Eigenen' in der Reiseliteratur des Mittelalters*, Diss., Würzburg 2005.

Nyholm, Kurt: *Der Orient als moralisches Vorbild im ‚Jüngeren Titurel'*, in: Begegnung mit dem ‚Fremden', Grenzen – Traditionen – Vergleiche, Akten des VIII. Internationalen Germanisten-Kongresses, Tokyo 1990, hg. v. Eijiro Iwasaki, München 1991, S. 275–284.

Ocak, Ahmet Yaşar: *Sarı Saltık. Popüler İslâm'ın Balkanlar'daki Destanî Öncüsü (XIII. Yüzyıl)*, Ankara 2002.

Ocak, Ahmet Yaşar: *Sarı Saltık ve Saltuknâme*, in: Türk Kültürü 197 (1979), S. 266–275.

Ochsenbein, Peter: Art. *Heinrich von Neustadt*, in: ²VL 3 (1981), Sp. 838–845, sowie ²VL 11 (2004), Sp. 633 f.

Ögel, Bahaeddin: *İslamiyetten önce Türk Kültür Tarihi* (Türk Tarih Kurumu vol. VII/42), Ankara 1962.

Oikonomides, Nikos: *Le dedoublement de S. Théodore et les villes d'Euchaita et d'Euchaneia*, in: Analecta Bollandiana 104. Bruxelles 1986, S. 327–335.

Oikonomides, Nikos: *L'épopée de Digènes et la frontière orientale de Byzance aux Xᵉ et XIᵉ siècles*, in: *TM* 7 (1979), pp. 375–397.

Okken, Lambertus: *Kommentar zum Tristan-Roman Gottfrieds von Straßburg* (2 Bde), hier Bd. 2, in: Amsterdamer Publikationen zur Sprache und Literatur 57, Amsterdam ²1996.

Olshausen, Eckart: *Einführung in die historische Geographie der Alten Welt*, Darmstadt 1991.

Opll, Ferdinand: *Friedrich Barbarossa*, Darmstadt ⁴1990.

Opll, Ferdinand: Das Itinerar Friedrich Barbarossas (1152–1190), Wien u.a. 1978.

Orkun, Hüseyin Namık: *Bir Oğuz Efsanesi*, in: Ülkü 6/34, Ankara 1935, S. 267–275.

Orkun, Hüseyin Namık: *Oğuzlara Dair*, Ankara 1935.

Padoan, Giorgio: *Ulisse fandi fictor e le vie della sapienza*, in: Il pio Enea l'empio Ulisse. Tradizione classica e intendimento medievale in Dante, Ravenna 1977 (rist. ivi, 1987).

Pagliaro, Antonino: *Alessandro Magno*, Torino 1960.

Palgen, Rudolf: *Willehalm, Rolandslied und Eneide*, in: PBB 44 (1920), S. 191–241.

Palm, Gustav Albert: *Der Magnet im Alterthum*. Programm des Königlich-Württembergischen, Evangelisch-Theologischen Seminars Maulbronn zum Schluss des vierjährigen Kurses von 1863–1867, Stuttgart 1867.

Palm, Rolf: *Die Sarazenen. Weltreich aus Glaube und Schwert,* Düsseldorf / Wien 1980.

Palmer, Nigel F.: Art. ‚*Die Sultanstochter im Blumengarten*', in: [2]VL 9 (1995), Sp. 497–502, sowie [2]VL 11 (2004), Sp. 1468.

Panzer, Friedrich: *Hilde-Gudrun: Eine sagen- und literargeschichtliche Untersuchung*, Halle a.d. Saale 1901.

Paré, Ambroise: *Deux livres de chirurgie*, Paris 1573.

Parke, Herbert William / Wormell, Donald Ernest Wilson: *The Delphic Oracle*, 2 vols., Oxford 1956.

Pastoureau, Michel: *Bestiari del Medioevo*, trad. Camilla Testi, Torino 2012.

Pastyříková, Martina: *Herzog Ernst im Kontext der mittelalterlichen Dichtung*, Magisterarbeit, Brünn 2011.

Pearson, Lionel Ignacius Cusack: The lost Histories of Alexander the Great, New York 1960 (Ndr. Chico, Calif. 1983).

Pédech, Paul: *Historiens compagnons d'Alexandre*, Paris 1984.

Pelliot, Paul: *Chrétiens d'Asie Centrale et d'Extrême-Orient*, in: T'oung Pao, vol. XV (1914), pp. 623–644.

Perry, Ben Edwin: *The origin of the Book of Sindbad*, in: Fabula 3 (1959), pp. 1–94.

Perutelli, Alessandro: *Ulisse nella cultura romana*, Firenze 2006.

Peters, Ursula: *Dynastengeschichte und Verwandtschaftsbilder: Die Adelsfamilie in der volkssprachigen Literatur des Mittelalters*. Hermaea N.F. 85, Tübingen 1999.

Pfeiffer, Franz (Hg.): *Deutsche Mystiker des vierzehnten Jahrhunderts*, 2 Bde., Leipzig 1845 / 1857 (Ndr. Aalen 1962).

Pfeiffer, Franz: *Sanct Oswalds Leben*, in: ZfdA 2 (1842), S. 92–130.

Pischel, Richard: *Die indische Literatur*, in: Die orientalischen Literaturen, Die Kultur der Gegenwart. Ihre Entwicklung und ihre Ziele, Teil I, Abt. VII, hg. v. Paul Hinneberg, Leipzig / Berlin 1906, S. 160–213.

Pochat, Götz: *Das Fremde im Mittelalter. Darstellung in Kunst und Literatur*, Würzburg 1997.

Polaschegg, Andrea: *Der andere Orientalismus. Regeln deutsch-morgenländischer Imagination im 19. Jahrhundert*, Berlin 2005.

Prutz, Hans: *Kulturgeschichte der Kreuzzüge*, Berlin 1883.

Przybilski, Martin: *Kulturtransfer zwischen Juden und Christen in der deutschen Literatur des Mittelalters.* Quellen und Forschungen zur Literatur- und Kulturgeschichte Bd. 61, Berlin / New York 2010.

Puchner, Walter: *Studien zur Volkskunde Südosteuropas und des mediterranen Raums*, Wien u.a. 2009.

Putmans, Jean L. C.: *Verskonkordanz zum Herzog Ernst (B, A und Kl)*, 2 Bde, GAG 277. Göppingen 1980.

Rahner, Hugo: *Heiliger Homer, II. Odysseus am Mastbaum*, in: Ders., Grichische Mythen in christlicher Deutung, Zürich 1957.

Ramey, Lynn: *Voyage en Orient: Réalité et imagination dans la géographie du roman médiéval*, in: Wodan – Études Mediavales de Greifswald, Bd. 62, hg. v. Danielle Buschinger / Wolfgang Spiewok, La géographie dans les textes narratifs medievaux, Greifswald 1996, pp. 129–138.

Rásonyi Nagy, László: *Das uigurische Aesop-Josipas-Fragment*, in: Byzant.-Neugriech. Jahrb. 7 (1928–29), S. 429–443.

Rásonyi Nagy, László: *Tuna havzasında Kumanlar*, in: TTK, Belleten 3, Ankara 1939, S. 401–422.

Rauh, Horst Dieter: *Das Bild des Antichrist im Mittelalter. Von Tyconius zum deutschen Symbolismus.* Beiträge zur Geschichte der Philosophie und Theologie des Mittelalters, N.F. 9., Diss., Münster 1973.

Reichert, Folker E.: *Grenzen in der Kartographie des Mittelalters*, in: Migration und Grenze (Stuttgarter Beiträge zur Migrationsforschung, Bd. 4), hg. v. Andreas Gestrich / Marita Krauss, Stuttgart 1998, S. 15–39.

Reichert, Folker E.: *Zipangu – Japans Entdeckung im Mittelaler*, in: Japan und Europa 1543–1929, hg. von Doris Croissant u. Lothar Ledderose, Berlin 1993, S. 25–36.

Reitzenstein, Richard: *Studien zu den Fassungen A und B des Herzog Ernst*, Diss., Göttingen 1922.

Reuss, Friedrich: *Megasthenes*, in: RhM 61 (1906), S. 304–305

Reuter, Marianne (ed.): *Metodi illustrativi nel medioevo. Testo e immagine nel codice 132 di Montecassino „Liber Rabani de originibus rerum"*, Napoli 1993.

Rey, Alain: *Le voyage des mots: de l'Orient arabe et persan vers la langue française*, Paris 2013.

Reynolds, Frank E. (transl.): *Three Worlds According to King Ruang: A Thai Buddhist Cosmology*, in: Berkeley Buddhist Studies Series, Berkeley 1982, pp. 172–188.

Richard, Jean Barthélémy: *L'Extrême-Orient légendaire au Moyen Âge: Roi David et Prêtre Jean*, in: Annales d'Ethiopie, vol. 2, Paris 1957, pp. 225–244.

Richard, Jean Barthélémy: *La papauté et les missions d'Orient au Moyen Âge*, XIIIe-XVe siècles, Rome 1977.

Richard, Jean Barthélémy: *Les Récits de voyages et de pèlerinages. Typologie des sources du Moyen Age occidental*, fasc. 38, A-I, 7, Turnhout 1981.

Ricks, David: *Byzantine Heroic Poetry*, Bristol / New Rochelle 1990.

Ridder, Klaus: *Erzählstruktur und Schemazitate im Reinfried von Braunschweig*, in: Erzählstrukturen der Artusliteratur. Forschungsgeschichte und neue Ansätze, hg. v. Friedrich Wolfzettel / Peter Ihring, Tübingen 1999, S. 331–345.

Ridder, Klaus: *Mittelhochdeutsche Minne- und Aventiureromane. Fiktion, Geschichte und literarische Tradition im späthöfischen Roman: ‚Reinfried von Braunschweig', ‚Wilhelm von Österreich', ‚Friedrich von Schwaben'* (Quellen und Forschungen zur Literatur- und Kulturgeschichte 12), Berlin / New York 1998.

Ringhandt, Esther: *Das Herzog-Ernst-Epos. Vergleich der deutschen Fassungen A, B, D, F*, Diss. masch., Berlin 1955.

Ritter, Richard: *Die Einleitungen der altdeutschen Epen*, Bonn 1908.

Rocher, Daniel: *Das Problem der sprachlichen Verständigung bei Auslandsreisen in der deutschen Literatur des Mittelalters*, in: Reisen und Welterfahrung in der deutschen Literatur des Mittelalters. Anglo-German Colloquium in Liverpool 1989 (Würzburger Beiträge zur deutschen Philologie, Bd. 7), hg. v. Dietrich Huschenbett / John Margetts, Würzburg 1991, S. 24–34.

Röcke, Werner: *Die narrative Aneignung des Fremden. Zur Literarisierung exotischer Welten im Roman des späten Mittelalters*, in: Furcht und Faszination. Facetten der Fremdheit, hg. v. Herfried Münkler / Bernd Ladwig, Berlin 1997, S 347–378.

Röcke, Werner: *Höfische und unhöfische Minne- und Abenteuerromane*, in: Epische Stoffe des Mittelalters, hg. v. Volker Mertens / Ulrich Müller, Stuttgart 1984, S. 395–423.

Röcke, Werner: *Lektüren des Wunderbaren. Die Verschriftlichung fremder Welten und abenthewer im Reinfried von Braunschweig*, in: Erzählungen in Erzählungen. Phänomene der Narration in Mittelalter und Früher Neuzeit, hg. v. Harald Haferland / Michael Mecklenburg, München 1996, S. 285–301.

Roscher, Helmut: *Papst Innocenz III und die Kreuzzüge*, Göttingen 1969.

Roscher, Wilhelm Heinrich: *Der Omphalosgedanke bei verschiedenen Völkern, besonders den semitischen. Ein Beitrag zur vergleichenden Religionswissenschaft, Volkskunde und Archäologie*, in: Abh. Leipzig, Bd. 70/2, Leipzig 1918; S. 25–48.

Rose, Valentin: *Aristoteles 'De lapidibus' und Arnoldus Saxo*, in: ZfdA 18 (1875), S. 322–455.

Rosenfeld, Hans-Friedrich: Art. ‚*Herzog Ernst*', in: VL 5, Sp. 386–406.

Rosenfeld, Hans-Friedrich (Hg.): Herzog Ernst D (wahrscheinlich von Ulrich von Etzenbach), Altdeutsche Textbibliothek 104, Tübingen 1991.

Rosenfeld, Hans Friedrich: *Der Kreuzfahrerdichter und Ulrichs von Eschenbach Anhang zum „Alexander"*, in: ZfdPh 56 (1931), S. 395–410.

Rosenfeld, Hans-Friedrich: *Der Saganer Herzog Ernst*, in: FS Suolahti, Helsinki 1934, S. 577–585.

Rosenqvist, Arvid: *Der französische Einfluss auf die mittelhochdeutsche Sprache in der ersten Hälfte des XIV. Jahrhunderts*, in: MSNH, IX, Helsingfors 1932, S. 1–277.

Rosenqvist, Jan Olof: *Die byzantinische Literatur. Vom 6. Jahrhundert bis zum Fall Konstantinopels 1453*, übers. v. ders. / Diether R. Reinsch, Berlin / New York 2007.

Roth, Detlef: *Sieben weise Meister. Eine bairische und elsässische Fassung der „Historia septem sapientum"* (TspMA 44), Berlin 2008.

Rotter, Ekkehart: *Abendland und Sarazenen. Das okzidentale Araberbild und seine Entstehung im Frühmittelalter*. StGKiO, N.F. 11, Berlin / New York 1986.

Rowland, Beryl: *Animals with Human Faces: A Guide to Animal Symbolism*, London 1974.

Ruf, Jacob: *Ein schön lustig Trostbüchle von den empfengknussen und geburten der menschen, und iren vilfaltigen zufälen und verhindernussen etc.*, Zürich 1543.

Rühl, Jasmin Schahram: „*Welfisch? Staufisch? Babenbergisch? Zur Datierung, Lokalisierung und Interpretation der mittelalterlichen Herzog Ernst Fassungen seit Konrad III auf der Grundlage der Wortgeschichte von ‚Burg' und ‚Stadt*', Wien 2002.

Runciman, Steven: *A History of the Crusades*, 3 vols (Cambridge 1951–1954), vol. 1: *The First Crusade and the Foundation of the Kingdom of Jerusalem*. Cambridge 1951.

Sabel, Barbara: *Toleranzdenken in mittelhochdeutscher Literatur* (Imagines Medii Aevi. Interdisziplinäre Beiträge zur Mittelalterforschung 14), Wiesbaden 2003.

Said, Edward W.: *Cultur und Imperialism*, New York 1993.

Said, Edward W.: *Orientalism*, New York 1978.

Salama, Dina Aboul Fotouh: *Das Orientbild im 'Herzog Ernst' zwischen Wirklichkeit und Phantastik*, Diss., Kairo 2003.

Sanders, Willy: *Glück. Zur Herkunft und Bedeutungsentwicklung eines mittelalterlichen Schicksalsbegriffs*. Niederdeutsche Studien, Bd. 13), hg. v. William Foerste, Köln/Graz 1965.

Sanders, Willy: "*Zur Heimatbestimmung des Graf Rudolfs*", in: ZfdA 95 (1966), S. 122–149.

Sawyer, Caroline: *Sword of conquest, dove of the soul. Political and spiritual values in Ahmadi's Iskandarnama*, in: The Problematics of Power. Eastern and Western Representations of Alexander the Great (Schweizer Asiatische Studien, vol. 22), eds. Margaret Bridges / Johann Christoph Bürgel, Bern u.a. 1996, S. 135–147.

Schafer, Edward H.: *A Study of Tang Exotics. The Golden Peaches of Samarkand*, Berkeley / London 1963.

Schenck von Grafenberg, Johann Georg: *Monstrorum historia memorabilis, monstrosa humanorum partuum miracula vivis exemplis, observationibus, & picturis, referens. Accessit analogicum argumentum De monstris brutis etc.*, Frankfurt 1609.

Scheuer, Hans Jürgen: *Vatermord in der Kemenate. Freuds "Verneinung"und die Arbeit an den inneren Bildern im Spiegel vormodernen Erzählens* ('Herzog Ernst'), in: Erinnern und Entdecken. Zur Aktualität Siegmund Freuds, hg. v. Wolfgang Hegener, Eike Hinze, Halina Katz-Eringa, Regine Lockot u. Ulrich Motz, Gießen 2007, S. 93–121.

Schimmel, Annemarie: *Mystische Dimensionen des Islam. Die Geschichte des Sufismus*, Köln 1985.

Schimmel, Annemarie: *Orientalische Einflüsse auf die deutsche Literatur*, in: NHL 5, hg. v. Wolfhart Heinrichs, Wiesbaden 1990, S. 546–562.

Schimmel, Annemarie: *Wanderungen mit Yunus Emre*, Köln 1989.

Schleifer, J.: Art. *La geste des Banû Hilâl*, in: EI2, vol. III (1971), p. 399–400.

Schlosser, Hans Dieter (Hg.): *Hermann von Sachsenheim: Die Mörin*, DKM, N.F. 3, Wiesbaden 1974.

Schlüter, Wolfgang: *Adams von Bremen geographische Vorstellung vom Norden*, in: Hansische Geschichtsblätter 16 (1910), S. 555–570.

Schmale, Franz-Joseph: Art. *Adam von Bremen*, in: LMA 1 (1980), Sp. 107.

Schmidt, Paul Gerhard: *Germanismen im ‚Herzog Ernst C'*, in: Latein und Volkssprache im deutschen Mittelalter, Regensburger Colloquium, hg. v. Nikolaus Henkel, Tübingen 1988, S. 158–163.

Schmidt, Ulrich: *Königswahl und Thronfolge im 12. Jahrhundert*, Köln/Wien 1987.

Schmid-Cadalbert, Christian: *Der Ortnit AW als Brautwerbungsdichtung. Ein Beitrag zum Verständnis mittelhochdeutscher Schemaliteratur*, Bern 1985.

Schmitt, Rüdiger: *Medisches und persisches Sprachgut bei Herodot*, in: ZDMG 117 (1967), S. 119–145.

Schmitz, Jakob: *Die ältesten Fassungen des deutschen Romans von den sieben weisen Meistern*, Diss., Greifswald 1904.

Schneider, Karin: *Gotische Schriften in deutscher Sprache*, Bd. I: Vom späten 12. Jahrhundert bis um 1300 (Text- und Tafelband), Wiesbaden 1987

Schneider, Manfred: *Odysseus im Feuer. Die List im Urteil der Literatur und Philosophie*, in: Athäneum 15, Paderborn 2005, S. 9–30.

Schnell, Rüdiger: *Causa Amoris. Liebeskonzeption und Liebesdarstellung in der mittelalterlichen Literatur*, Bern 1985.

Scholte, Jan Hendrik: *Die Sage von Herzog Ernst*, in: Neophilologus, Bd. 27, Groningen 1942, S. 133–134.

Schönig, Claus: *Fiktive Völkergenealogien im Diwan Lughat at-Turk des Mahmud al-Kaschgari*, in: IBAES, Vol. V, Genealogie – Realität und Fiktion von Identität, hg. v. Martin Fitzenreiter, Workshop am 04. und 05. Juni 2004, Berlin 2005, S. 197–2001; abrufbar unter: http://www2.hu-berlin.de/nilus/net-publications/ibaes5/publikation/ibaes5_genealogie.pdf.

Schönig, Claus: *Mongolische Lehnwörter im Westoghusischen* (Turcologica, Bd. 47), Wiesbaden 2000.

Schreiner, Peter: *Die byzantinische Geisteswelt vom 9. bis zum 11. Jahrhundert*, in: Kaiserin Theophanu: Begegnung des Ostens und Westens um die Wende des ersten Jahrtausends; Gedenkschrift des Kölner Schnütgen-Museums zum 1000. Todesjahr der Kaiserin, 2. Bde, Bd. II, hg. v. Anton von Euw, Köln 1991, S. 9–24.

Schröder, Edward: *Der Anteil Thüringens an der Literatur des deutschen Mittelalters*, in: Zs. d. Vereins f. thüring. Gesch. u. Altertumskunde 31 (1935), S. 1–19.

Schröder, Edward: "*Zur Quellenfrage des 'Grafen Rudolf'*", in: ZfdA 67 (1930), S. 79–80.

Schröder, Walter Johann: *Spielmannsepik*, Stuttgart 1962.

Schul, Susanne: *Das Eigene in der Fremde (er)finden: Ein fantastisches Wieder- und Weitererzählen im mittelhochdeutschen Herzog Ernst und in Lutz Dammbecks Animationsfilm*, in: Übergänge und Entgrenzungen in der Fantastik, hg. v. Christine Lötscher u.a., Berlin / Wien 2014, S. 499–512.

Schulten, Adolf: *Atlantis*, in: RhM 88 (1939), S. 326–346.

Schulz, Monika: *Âne rede und âne reht. Zur Bedeutung der triuwe im 'Herzog Ernst' (B)*, in: PBB 120 (1998), S. 395–434.

Schupp, Volker: "*Zur Dateriung des Grafen Rudolf*", in: ZfdA 97 (1968), S. 37–56.

Schweier, Thomas: *Feudalismus in den Artusepopöen Hartmanns von Aue? Kritik der Schriften Otto Brunners im Rahmen sozialgeschichtlicher Interpretationen*, Diss., Würzburg 2004.

Schwenn, Walter: *Stilistische Untersuchungen zum Volksbuch vom Herzog Ernst*, Diss. masch., Greifswald 1924

Schwinges, Rainer Christoph: *Die Wahrnehmung des Anderen durch Geschichtsschreibung. Muslime und Christen im Spiegel der Werke Wilhelms von Tyrus († 1186) und Rodrigo Ximénez' de Rada (†1247)*, in: Toleranz im Mittelalter, hg. von Alexander Patschovsky / Harald Zimmermann (Vorträge und Forschungen, Bd. 45), Sigmaringen 1998, S. 101–127.

Seel, Martin: *Neugier als Laster und als Tugend*, in: Merkur 62 (2008), S. 824–832.

Seitz, Barbara: *Die Darstellung häßlicher Menschen in mittelhochdeutscher erzählender Liateratur von der Wiener Genesis bis zum Ausgang des 13. Jahrhunderts*, Diss., Tübingen 1967.

Şeker, Mehmet: *Anadolu'nun Türkleşmesi ve Kültürel Hayatı*, İstanbul 2006.

Selden, John: *Joannis Seldeni jurisconsulti Opera omnia, tam edita quam inedita.* In tribus voluminibus, Londini 1726.

Sénac, Philippe: *L'Occident médiéval face à l'Islam. L'image de l'autre*, Paris 1983.

Sengelmann, Heinrich: *Das Buch von den sieben weisen Meistern aus dem Hebräischen und Griechischen zum ersten Male übersetzt und mit literarhistorischen Vorbemerkungen versehen*, Halle 1842.

Siebert, Johannes: *Virgils Fahrt zum Agetstein*, in: PBB 74 (1952), S. 193–225.

Sılay, Kemal: *Aḥmedī's History of the Ottoman Dynasty*, in: JTS 16 (1992), pp. 129–200.

Singer, Samuel: *Graf Rudolf*, in: ZfdA 30 (1886), S. 379–389.

Sinor, Denis: *The Establishment and Dissolution of the Türk Empire* (The Cambridge History of Early Inner Asia, vol. 1), Cambridge 1990, S. 285–316.

Sinor, Denis: *The Historical Role of the Türk Empire*, in: CHM, vol. l, Neuchâtel 1953/54, pp. 427–434.

Simek, Rudolf: *Altnordische Kosmographie: Studien und Quellen zu Weltbild und Weltbeschreibung in Norwegen und Island vom 12. bis zum 14. Jahrhundert* (RGA-E, Bd. 4), Berlin / New York 1990.

Simek, Rudolf: *Erde und Kosmos im Mittelalter: Das Weltbild vor Kolumbus*, München 1992.

Simek, Rudolf: Art. *Weltbild. I. Astronomisch-kosmologisch*, in: LdM, Bd. VIII, München 1997, Sp. 2163–2165.

Simek, Rudolf: *Monster im Mittelalter: Die phantastische Welt der Wundervölker und Fabelwesen*, Wien / Köln Weimar 2015.

Simon-Pelanda, Hans: *Schein, Realität und Utopie. Untersuchungen zur Einheit eines Staatsromans (Herzog Ernst B).* Regensburger Beiträge zur deutschen Sprach- und Literaturwissenschaft, Reihe B, Bd. 24, Frankfurt a.M. 1984.

Simonis, Annette: *Grenzüberschreitungen in der phantastischen Literatur. Einführung in die Theorie und Geschichte eines narrativen Genres*, Heidelberg 2005.

Sinnacher, Franz Anton: *Beyträge zur Geschichte der bischöflichen Kirche Säben und Brixen in Tyrol*, 9 Bde., Bd. 3, ^{3}Brixen 1824.

Sivan, Emmanuel: *L'Islam et la croisade. Idéologie et propagande dans les réactions musulmanes aux croisades*, Librairie d'Amerique et d'Orient, Paris 1968.

Sivri, Yücel: Rez. *Der Kampf ums Paradies. Eine islamische Geschichte der Kreuzzüge* von Paul M. Cobb., übers. v. Michael Sailer, in: ZfdA 144 (2015), S. 521–526.

Smith, Grace Martin: *The Poetry of Yunus Emre, a Turkish Sufi Poet*, Berkeley / Los Angeles 1993.

Soğuk, Nevzat: *Reflections on the 'Orientalised Orientals'*, in: Alternatives, 18 (1993), pp. 361–384.

Sonneborn, Karl: *Die Gestaltung der Sage vom Herzog Ernst in der altdeutschen Literatur*, Diss., Göttingen 1914.

Southern, Richard William: *Western Views of Islam in the Middle Age*, Cambridge Mass. 1962, sowie ders.: *Das Islambild des Mittelalters*, Stuttgart u.a. 1981.

Spagnol, Mario / Dossena, Giampaolo (a cura di): *Avventure e viaggi di mare*, Milano 1959 (rist. ivi, Firenze 1995).

Spiewok, Wolfgang: Karl und Roland – Funktionswandel bei Adaptation und Rezeption, in: Das „Rolandslied" des Konrad. Gesammelte Aufsätze von Danielle Buschinger und Wolfgang Spiewok, Greifswald 1996, S. 24–40.

Spinei, Victor: *The Romanians and the Turkic Nomads North of the Danube Delta from the Tenth to the Mid-Thirteenth Century* (East Central and Eastern Europe in the Middle Ages, 450–1450), ed. Florin Curta, vol. 6, Leiden / Boston 2009.

Sporschil, Johann Chrysostomus: *Geschichte der Kreuzzüge*, Leipzig 1843.

Spuler, Richard: *The Orientreise of Herzog Ernst*, in: Neophilologus 67 (1983), pp. 410–418.

Stamm, Ulrike: *Der Orient der Frauen. Reiseberichte deutschsprachiger Autorinnen im frühen 19. Jahrhundert*, Köln u.a. 2010.

Stark, Sören: *Nomaden und Seßhafte in Mittel- und Zentralasien: Nomadische Adaptionsstrategien am Fallbeispiel der Alttürken*, in: Grenzüberschreitungen: Formen des Kontakts zwischen Orient und Okzident im Altertum, Oriens et occidens, Bd. III, hg. v. Udo Hartmann / Andres Luther, Stuttgart 2002, S. 363–399.

Stein, Alexandra: *Die Wundervölker des Herzog Ernst (B). Zum Problem körpergebundener Authentizität im Medium der Schrift*, in: Fremdes wahrnehmen – fremdes Wahrnehmen. Studien zur Geschichte der Wahrnehmung und zur Begegnung von Kulturen in Mittelalter und früher Neuzeit, hg. v. Wolfgang Harms / C. Stephen Jaeger, Stuttgart 1997, S. 21–48.

Stein, Siegfried: *Die Ungläubigen in der mittelhochdeutschen Literatur von 1050–1250*, Diss., Heidelberg 1933 (Ndr. Darmstadt 1963).

Steinbach, Udo: *Ḏāt al-Himma. Kulturgeschichtliche Untersuchungen zu einem arabischen Volksroman*, Wiesbaden 1972.

Steinicke, Marion Michaela: *Apokalyptische Heerscharen und Gottesknechte. Wundervölker des Ostens vom Untergang der Antike bis zur Entdeckung Amerikas*, Diss., Berlin 2005.

Steinmetz, Ralf-Henning: *Exempel und Auslegung. Studien zu den „Sieben weisen Meistern"* (Scrinium Friburgense 14), Freiburg i. Üe. 2000.

Steinschneider, Moritz: *Constantin's lib. de gradibus und ibn al-Gezzar's Adminiculum*, in: Deutsches Archiv für Geschichte der Medizin und medizinischen Geographie, Bd. 2, Leipzig 1879, S. 1–22.

Steinschneider, Moritz: *Polemische und apologetische Literatur in arabischer Sprache zwischen Muslimen, Christen und Juden*, Leipzig 1877 (Ndr. Hildesheim 1966).

Stella, Luigia Achillea: *Tradizione Micenea e poesia dell'Iliade* (Filologia e Critica, vol. 29), Rome 1978.

Stickelberger, Heinrich: *Zum Lied und zum Volksbuch von Herzog Ernst*, in: ZfdA 46 (1902), S. 101–112.

Stiehle, Robert: *Der Geograph Artemidoros von Ephesos*, in: Philologus, Bd. 11 (1856), S. 193–244.

Stock, Markus: *Kombinationssinn. Narrative Strukturexperimente im ‚Straßburger Alexander', im ‚Herzog Ernst B' und im ‚König Rother'*, Diss., Göttingen 2002.

Stoessl, Franz: *Die Trilogie des Aischylos: Formgesetze und Wege der Rekonstruktion*, Baden bei Wien 1937.

Stoneman, Richard: *Alexander the Great: A Life in Legend*, London 2008.

Strasburger, Hermann: Art. ‚*Onesikritos*', in: RE XVIII 1 (1939) Sp. 460–467.

Streika, Joseph P.: *Dante und die Templergnosis*, Tübingen 2012.

Strickland, Debra Higgs: *Saracens, demons and Jews: making monsters in Medieval art*, Princeton 2003.

Sümer, Faruk: *Oğuzlara Ait Destanî Mahiyette Eserler*, in: DTCF Dergisi 17, Ankara 1961, S. 359–455.

Suolahti (Palander), Victor Hugo: *Der französische Einfluss auf die deutsche Sprache im 12. Jahrhundert*, in: MSNH, III. Helsingfors 1902, S. 77–204.

Suolahti (Palander), Victor Hugo: *Der französische Einfluss auf die deutsche Sprache im 13. Jahrhundert*, in: MSNH, VIII (2 Bde.), Helsingfors 1929, S. 3–310.

von Sybel, Heinrich: *Über die geschichtliche Grundlage des Grafen Rudolf*, in: ZfdA 2 (1842), S. 235–248.

Szabó, Kálmán: *Az alföldi Magyar nép művelődéstörténeti emlékei.* Bibliotheca Humanitatis Historica – A Magyar Nemzeti Muzeum művelődéstörténeti kiadványai, vol. 3, Budapest 1938.

Szklenar, Hans: Art. *König Rother*, in: [2]VL 5, hg. v. Kurt Ruh, Berlin / New York 1985, Sp. 82–94, sowie [2]VL 11 (2004), Sp. 869.

Szklenar, Hans: *Studien zum Bild des Orients in vorhöfischen deutschen Epen.* Palaestra, Bd. 243, Göttingen 1966.

Szklenar, Hans / Behr, Hans Joachim: Art. ‚*Herzog Ernst*', in: [2]VL 3, hg. v. Kurt Ruh, Berlin / New York 1981, Sp. 1170–1191, sowie [2]VL 11 (2004), Sp. 653.

Taeschner, Franz: *Die osmanische Literatur*, in: Handbuch der Orientalistik. 1. Abtl., 5. Bd. (Altaistik), 1. Abschn. (Turkologie), hg. v. Bertold Spuler, Erstausgabe 1963, Leiden / Köln 1982, S. 250–335.

Tamcke, Martin: Art. *Salomon von Basra*, in: BBKL (1994), Sp. 1246–1247.

Tamer, Georges: *Zeit und Gott. Hellenistische Zeitvorstellungen in der altarabischen Dichtung und im Koran* (StGKiO, N.F., Bd. 20), Berlin 2008.

Tardiola, Giuseppe: *Le meraviglie dell'India*. Archivio Guido Izzi, vol. 6, Roma 1991.

Tarn, William Woodthorpe: *Alexander the Great*, 2 vols., Cambridge 1948.

Taruffi, Cesare: *Storia della teratologia*, 8 vols., Bologna 1881–1894.

Tazi, Raja: *Arabismen im Deutschen: Lexikalische Transferenzen vom Arabischen ins Deutsche*, Diss., Berlin / New York 1998.

Tekin, Talat: *Avrupalılar ve Türkçenin Latin harfleriyle Yazımı*, in: Türk Dili, Kasım 1978, S. 326 / 590–594.

Telling, Rudolf: *Französisches im deutschen Wortschatz. Lehn- und Fremdwörter aus acht Jahrhunderten*, Berlin 1987.

Tennent, Sir James E.: *Ceylon. An account of the island physical, historical and topographical*, 2 Bde., London 1859.

Thevet, André: *Cosmographie de Levant*, Lyon 1556, c. 10 (*Des tremblemens de terre audit païs de Candie*), première publication en Lyon 1554.

Thomsen, Wilhelm: *Inscriptions de l'Orkhon déchiffrées*, Helsingfors 1896.

Thomsen, Wilhelm: *Moğolistan'daki Türkçe Kitabeler*, übers. v. Ragıp Hulûsi, in: Türkiyat Mecmuası III, İstanbul 1935, pp. 81–118.

Tietze, Andreas: *The Koman Riddles and Turkic Folklore*, Berkeley 1966.

Tilingius, Matthias: *De Tuba Uteri deque Foetu nuper in Gallia extra Uteri Cavitatem in Tuba concepto Exercitatio Anatomica. Cui duorum Monstrorum, unius Berolini alterius verò in Agro Marpurgensi nuper editorum, Relatio est innexa*, o.O. 1670.

Tischler, Matthias M.: *Transfer- Transformationsprozesse im abendländischen Islambild zwischen dem 11. und 13. Jahrhundert*, in: Kulturkontakte und Rezeptionsvorgänge in der Theologie des 12. und 13. Jahrhunderts, Archa Verbi, Beiheft 2, hg. v. Ulrich Köpf / Dieter R. Bauer, Münster 2011, S. 329–379.

Toderini, Giambattista: *Litteratur der Türken*, übers. v. Philipp Wilhelm Gottlieb Hausleutner, 1. Teil, Königsberg 1790.

Todorov, Todor A.: *Zur Etymologie zweier balkanischer Entlehnungen in der bulgarischen. Sprache: текѫсвам, терк*, in: Philologica Jassyensia, VIII/1(15)/2012, S. 223–228.

Toeche-Mittler, Theodor: *Kaiser Heinrich VI* (JDG, vol. 34), Leipzig 1867.

Togan, Zeki Velidi: *Ibn Fadlāns Reisebericht* (Abhandlungen für die Kunde des Morgenlandes, Bd. 24/3, Leipzig 1939 (Ndr. Saarbrücken 2008).

Togan, Zeki Velidi: *Ibn-Fadlan's Reiseberichte. Seine Berichte über Erlebnisse der arabischen Gesandtschaft im Lande der Oguzen, Pečenegen, Baschkiren und Bulgaren*, Diss., Wien 1935.

Togan, Zeki Velidi: *Oğuz Destanı*, İstanbul 1972.

Tolan, John Victor (ed.): *Medieval Christian Perceptions of Islam*, New York / London 1996.

Turan, Osman: *Les souverains seldjoukides et leurs sujets non-musulmans*, in: Studia Islamica, 1 (1953), pp. 65–100.

Turan, Osman: *L'Islamisation dans la Turquie du Moyen Age*, in: Studia Islamica, 10 (1959), pp. 137–152.

Turner, Victor W.: *Liminalität und Communitas,* in: Ritualtheorien. Ein einführendes Handbuch, hg. v. Andréa Belliger / David J. Krieger, Opladen u. a. 1998, S. 251–262.

Uhland, Ludwig: *Über die Sage von Herzog Ernst.* Inaguralrede, gehalten am 22. November 1822, in: Uhlands Schriften zur Geschichte der Dichtung und Sage, Bd. 5, hg. v. Adalbert von Keller, Stuttgart 1870, S. 323–343.

Ukert, Friedrich August: *Untersuchungen über die Geographie des Hekatäus und Damastes,* Weimar 1814.

Ünver, İsmail: *Ahmedî'nin Cemşîd ü Hurşîd Mesnevisi Üzerine*, in: Türkoloji Dergisi VII,1, Ankara 1977, S. 171–180.

von Vaerst, Friedrich Christian Eugen Baron: *Gastrosophie oder die Lehre von den Freuden der Tafel*, Leipzig 1851.

Vambéry, Arminius: *Die primitive Cultur des Turko-Tatarischen Volkes*, Leipzig 1879.

Vambéry, Arminius: *Noten zu den alttürkischen Inschriften der Mongolei und Sibiriens*, Mémoires de la Société Finno-Ougrienne XII, Helsingfors 1899.

Vogt, Friedrich: *Leben und Dichten der deutschen Spielleute im Mittelalter*, in: Spielmannsepik, in: Wege der Forschung, Bd. 385, hg. v. Walter Schröder. Darmstadt 1977, S. 18–48.

Vogt, Friedrich: *Literaturgeschichte. Mittelhochdeutsche Literatur*, in: Grundriss der germanischen Philologie, hg. v. Hermann Paul, 3 Bde., Bd. II, 1: Heldensage –Literaturgeschichte – Metrik (1893), Straßburg 1891 ff., S. 245–418.

Vollmann-Profe, Gisela: *Wiederbeginn volkssprachlicher Schriftlichkeit im hohen Mittelalter (1150/60 bis 1160/70)*. Geschichte der deutschen Literatur von den Anfängen bis zum Beginn der Neuzeit, Bd. I/2, hg. v. Joachim Heinzle, Tübingen ^{2}1994.

Vollmer, Vera: *Die Begriffe der Triuwe und der Staete in der höfischen Minnedichtung*, Diss., Tübingen 1914.

Voorwinden, Norbert: *Merigarto. Eine philologisch-historische Monographie.* Germanistisch-Anglistische Reihe der Universität Leiden, Bd. 11, Leiden 1973.

Voss, Georg: *Die Sage vom Herzog Ernst unter dem Einflusse Wolframs von Eschenbach.* Beilage zum Programm des Gymnasiums in Buchsweiler, Colmar 1886.

Voss, Johann Heinrich: *Spuren der Wege zum Gedankenverkehr und der Priesterverbindungen. Entdeckt durch Forschungen über die alterthümlichen Handelsgegenstände*, in: Mythologische Briefe, Bd. III, Stuttgart 1828, S. 262–351.

Vryonis, Spyros: *Nomadization and Islamization in Asia Minor*, in: Dumbarton Oaks Papers, 29 (1975), pp. 43–71.

Wagner-Emden, Christine: *Die triuwe im „Rother" und der Vergleich zum „Herzog Ernst" (B).* Studienarbeit, München 2012.

Wandhoff, Haiko: *Der epische Blick. Eine mediengeschichtliche Studie zur höfischen Literatur*, Diss., PhStQ 141, Berlin 1996.

Wareman, Piet: *Spielmannsdichtung. Versuch einer Begriffsbestimmung*, Diss., Amsterdam 1951.

Washburn, Sigrid Paul: *Die formulaische Komposition im Herzog-Ernst-Epos und -Lied (Fassungen B und G). Eine vergleichende Studie*, Diss., California LA, 1974.

Watt, William Montgomery: *The Influence of Islam on Medieval Europe.* Islamic Surveys, vol. 9, Edinburgh 1972.

Weber, Friedrich: *Platons Stellung zu den Barbaren*, München 1904.

Webster, Thomas Bertram Lonsdale: *Homer and Eastern Poetry*, in: Minos 4 (1956), S. 104–116.

Wecklein, Nicolaus: *Über eine Trilogie des Aeschylos und über die Trilogie überhaupt*, München 1891.

Wegner, Wolfgang: *Ein Mensch sein, ganz ohne Rüstung. Zu Komposition und Intention einer filmischen Rezeption des ‚Herzog Ernst'-Stoffes*, Karlsruhe 1999, vgl. http://www.rz.uni-karlsruhe.de/~rf16/Uber_mich/_Herzog_Ernst_/_herzog_ernst_.html

Wehrli, Max: *Geschichte der deutschen Literatur vom frühen Mittelalter bis zum Ende des 16. Jahrhunderts*, Stuttgart 1980.

Wehrli, Max: *Herzog Ernst*, in: Die Reichsidee in der deutsche Dichtung des Mittelalters, hg. v. Rüdiger Schnell, Darmstadt 1983, S. 239–246.

Wehrli, Max: *Herzog Ernst*, in: Formen mittelalterlicher Erzählung. Aufsätze, hg. v. ders., Zürich / Freiburg i. Br. 1969, S. 141–153.

Weiland, Ludwig: *Über die deutschen Königswahlen im 12. und 13. Jahrhundert*, in: FDG 20, Göttingen 1880, S. 303–338.

Weitzmann, Kurt / Galavaris, George: *The Monastery of Saint Catherine at Mount Sinai. The Illuminated Greek Manuscripts*, Vol 1: From the Ninth to the Twelfth Century, Princeton 1990.

Weltecke, Dorothea: *Die „Beschreibung der Zeiten" von Mor Michael dem Großen (1126–1199). Eine Studie zu ihrem historischen und historiographiegeschichtlichen Kontext.* CSCO 594, Louvain 2003.

Wentzlaff-Eggebert, Friedrich-Wilhelm: *Kreuzzugsdichtung des Mittelalters. Studien zu ihrer geschichtlichen und dichterischen Wirklichkeit*, Berlin 1960.

Westberg, Friedrich: *Zur Topographie des Herodot*, in: Klio 4 (1904), S. 182–192.

Westrem, Scott D.: *The Hereford Map. A Transcription and Translation of the Legends with Commentary*, Terrarum Orbis, vol. 1. Nr. 389, Turnhout 2001.

Wetter, Max: *Quellen und Werk des Ernstdichters. 1. Teil: Deutsche Geschichte und westfränkische Ächtermäre.* Bonner Beiträge zur Deutschen Philologie, Bd. 12, Bonn 1941.

White-Le Goff, Myriam: *Entre Histoire et mythe. Quand il faut être un héros pour être hors-la-loi*, in: CRMH 18 (2009), p. 293–305.

Wieland, Christoph Martin: *Die Abderiten. Eine sehr wahrscheinliche Geschichte von Herrn Hofrath Wieland* in:,Der Teutsche Merkur' (in Fortsetzungen)1774–1780.

Wielandt, Friedrich: *Der Falke auf deutschen Mittelaltermünzen*, in: Deutscher Falkenorden, Jb., 1952/53, S. 15–19.

Wiesinger, Peter: *„Joachim von Watts Wiener literaturwissenschaftliche Vorlesung im Wintersemester 1513/14"*, in: Jahrbuch für Internationale Germanistik XLIV (2012) H. 1, S. 25–49.

Wiessner, Edmund / Burger, Harald: *Die höfische Blütezeit*, in: Deutsche Wortgeschichte, hg. v. Friedrich Maurer u. Heinz Rupp. 3 Bde., Bd. I, 3., neu bearb. Auflage. Grundriß der german. Philologie, 17/1, Berlin / New York 1974, S. 188–253.

Wilkerson, William Byron: *Form and Function of the Prologue in Early Middle High German Religious Poetry*, Diss., Old Main (Pennsylvania) 1974.

Wilson, John R.: *The Gilgamesh Epic and the Iliad*, in: EMC 30, n.s., 5 (1986), S. 25–41.

Winter, Max: *Kleidung und Putz der Frau nach den altfranzösischen Chansons de geste* (Ausgaben und Abhandlungen aus dem Gebiete der romanischen Philologie, Bd. 45), Marburg 1886.

Wisbey, Roy Albert: *Die Darstellung des Häßlichen im Hoch- und Spätmittelalter*, in: Deutsche Literatur des späten Mittelalters, Hamburger Colloquium 1973, Berlin 1975, S. 9–34.

Wisniewski, Aline: *Herzog Ernst und die monstra des Orients*, Studienarb., München 2013.

Wisniewski, Roswitha: *Christliche Antworten auf den Islam in frühmittelalterlicher Deutscher Dichtung*, in: Orientalische Kultur und europäisches Mittelalter, Miscellanea mediaevalia, Bd. 17, hg. v. Albert Zimmermann u. Ingrid Cremer-Ruegenberg, Berlin / New York 1985, S. 103–111.

Wittek, Paul: *The Rise of the Ottoman Empire. Studies in the history of Turkey, 13th–15th centuries*, ed. Colin Heywood, London 1938.

Wittkower, Rudolf: *Die Wunder des Ostens: Ein Beitrag zur Geschichte der Ungeheuer* (engl. 1942), in: Ders. (Hg.): Allegorie und der Wandel der Symbole in Antike und Renaissance. Köln 1984, S. 87–150.

Wolf, Beat: *Jerusalem und Rom: Mitte, Nabel - Zentrum, Haupt*, Bern 2010.

Wolf, Jürgen: *Buch und Text. Literatur- und kulturhistorische Untersuchungen zur volkssprachigen Schriftlichkeit im 12. und 13. Jahrhundert.* Hermaea. Germanistische Forschungen N.F., hg. v. Joachim Heinzle / Klaus-Detlef Müller, Bd. 115, Tübingen 2008.

Wolf, Jürgen: *hövesch – Verwirrenden Beobachtungen zur Genese der deutschen Hofkultur*, in: Mittelhochdeutsch. Beiträge zur Überlieferung, Sprache und Literatur, FS Kurt Gärtner, hg. v. Ralf Plate / Martin Schubert, Berlin / New York 2011, S. 356–374.

Wolff, Ludwig / Schröder, Werner: *Heinrich von Veldeke*, in: [2]VL 3 (1981), Sp. 899–918, sowie [2]VL 11 (2004), Sp. 638.

Wright, William: *A short history of Syriac literature*, London 1894.

Wulff, Christian: *Vielfalt schätzen – Zusammenhalt fördern.* Rede beim Festakt zum 20. Jahrestag der Deutschen Einheit am 3. Oktober 2010 in Bremen, hg. v. Bundespräsidialamt. Berlin 2010.

Wunderlich, Werner: *Dämonen, Monster, Fabelwesen. Eine kleine Einführung in Mythen und Typen phantastischer Geschöpfe*, in: Dämonen, Monster, Fabelwesen, hg. v. Ulrich Müller / Werner Wunderlich, St. Gallen 1999, S. 11–38.

Yüce, Kemal: *Saltuk-nâme'de Tarihî, Dinî ve Efsanevî Unsurlar*, Ankara 1987.

Zarncke, Friedrich: *Zu den Gedichten vom Herzog Ernst*, in: Beiträge zur Geschichte der deutschen Sprache und Literatur, vol. 2, Halle 1875–76, S. 574–585.

Zettel, Horst: *Das Bild der Normannen und der Normanneneinfälle in westfränkischen, ostfränkischen und angelsächsischen Quellen des 8. bis 11. Jahrhunderts*, München 1977.

Zieme, Peter: *Äsop in Zentralasien*, in: Das Altertum XVII, S. 40–42.

Zöller, Sonja: *Kaiser, Kaufmann und die Macht des Geldes: Gerhard Unmaze von Köln als Finanzier der Reichspolitik und der ‚Gute Gerhard' des Rudolf von Ems*, München 1993.

Zurla, Placido: *Il Mappamondo di Fra Mauro camaldolese descritto e illustrato da d. Placido Zurla dello stess'Ordine*, Venezia, s.e., 1806.

8.2.9. Grundlagenliteratur, Nachschlagewerke

Anonymous: *Defensorium inviolatae virginitatis beatae Mariae*, auf 16 Tafeln: *Defensorium immaculatae virginitatis*, nach dem Exemplar der Bayerischen Staatsbibl. Xylogr. 34, München 1925.

Bächtold-Stäubli, Hanns (Hg.), unter bes. Mitwirkung v. Hoffmann-Krayer, Eduard: *Handwörterbuch des deutschen Aberglaubens*, 10 Bde., Berlin / Leipzig 1927–1942.

Barber, Richard W. / Riches, Anne: *A Dictionary of Fabulous Beasts*, London 1971 (Ndr. Woodbridge 2001).

Bartels, Adolf: *Geschichte der thüringischen Literatur*, 2. Bde., Bd. 1: Von den Anfängen bis zum Tode Goethes / 2. Bd. Vom Tode Goethes bis zur Gegenwart, Jena 1938 / 1942.

Beck, Christian Daniel: *Allgemeines Repertorium der neusten in- und ausländischen Literatur für 1820*, 8 Bde., Leipzig 1820.

de Boor, Helmut / Newald, Richard (Hg.): *Geschichte der deutschen Literatur von den Anfängen bis zur Gegenwart*, Bd. I: de Boor, Helmut: *Die deutsche Literatur von Karl dem Großen bis zum Beginn der höfischen Dichtung (770–1170)*. 9. Aufl., bearb. von Herbert Kolb, 1979 (zuerst 1949). Bd. II: de Boor, Helmut: *Die höfische Literatur. Vorbereitung, Blüte, Ausklang. (1170–1250)*, 11. Aufl., bearb. von Ursula Hennig, 1991, Bde. I–XII., München 1949 ff.

Bumke, Joachim: *Geschichte der deutschen Literatur im hohen Mittelalter*, München 1990.

Bumke, Joachim: *Geschichte der mittelalterlichen Literatur als Aufgabe*, in: Rheinisch-Westfälische Akademie der Wissenschaften, Geisteswissenschaften. Vorträge G309, Opladen 1991.

Bumke, Joachim: *Höfische Kultur. Literatur und Gesellschaft im hohen Mittelalter*. 2 Bde., München ^{11}2005.

Dölger, Franz / Wirth, Peter / Müller, Andreas E. (Hg): Regesten der Kaiserurkunden des oströmischen Reiches von 565–1453, München 2009.

von Erlach, Friedrich Karl Freiherr (Hg.): *„Die Volkslieder der Deutschen"*. Bd. 1, Mannheim 1834.

Ehrismann, Gustav: *Geschichte der deutschen Literatur bis zum Ausgang des Mittelalters*, 4 Bde., München 1918–1935.

Friedman, John Block / Mossler Figg, Kristen (eds.): *Trade, Travel and Exploration in the Middle Ages, An Encyclopedia*, New York 2000.

Höfer, Josef / Rahner, Karl (Hg.): *Lexikon für Theologie und Kirche*, 14 Bde., 2. vollständig überarb. Aufl., Freiburg i. Br. 1957–1968.

Gervinius, Georg Gottfried: *Handbuch der Geschichte der poetischen Nationalliteratur der Deutschen*, Leipzig 1842.

Götzinger, Ernst: *Reallexikon der Deutschen Altertümer. Ein Hand- und Nachschlagebuch für Studierende und Laien*, Leipzig ²1885.

Graff, Eberhard Gottlieb: *Althochdeutscher Sprachschatz, oder Wörterbuch der althochdeutschen Sprache*, 6 Bde., Berlin 1834–1846.

Grimm, Wilhelm: *Altdeutsche Wälder*, hg. v. Jacob u. Wilhelm Grimm, 3 Bde., Kassel 1813–16.

Haarmann, Harald: *Lexikon der untergegangenen Völker: Von Akkader bis Zimbern*, München ²2012.

Hildebrandt, Reiner / Ridder, Klaus: *Summarium Heinrici*, Register der deutschen Glossen und ihrer lateinischen Bezugswörter auf der Grundlage der Gesamtüberlieferung, Bd. 1–3, Berlin / New York 1974–1995.

Kern, Manfred u. Ebenbauer, Alfred (Hg.), unter Mitw. v. Silvia Krämer-Seifert: *Lexikon der antiken Gestalten in den deutschen Texten des Mittelalters*, Berlin / New York 2003.

von Kraus, Carl (Hg.): *Deutsche Gedichte des zwölften Jahrhunderts*, Halle 1894.

Littmann, Enno (Hg.): *Die Erzählungen aus den Tausendundein Nächten*, vollständige deutsche Ausgabe in sechs Bänden. Zum ersten Mal nach dem arabischen Urtext der Calcutter Ausgabe aus dem Jahre 1839 übertr. v. Enno Littmann, Frankfurt am Main / Wiesbaden 1968.

Mailáth, Johann: *Geschichte der Magyaren*, 5 Bde., Wien 1828.

Müllenhoff, Karl: *Deutsche Altertumskunde*, 5. Bde., Berlin 1890, 1892, 1906, 1908, 1920.

Müllenhoff, Karl / Scherer, Wilhelm (Hg.): *Denkmäler deutscher Poesie und Prosa aus dem VIII.—XII. Jahrhundert*, Berlin ³1892.

Paravicini, Werner (Hg.): *Das Uffenbachsche Wappenbuch. Codices figurati – Libri picturati 1.* Hamburg SUB, Cod. 90b. in scrinio. Farbmikrofiche-Edition, München 1990.

Philippa, M. / Debrabandere, F. / Quak, A. / Schoonheim, T. / van der Sijs, N. (eds.): *Etymologisch woordenboek van het Nederlands*, Amsterdam 2003–2009.

Ruh, Kurt: *Höfische Epik des deutschen Mittelalters.* 2 Bde. Bd. 1: Von den Anfängen bis zu Hartmann von Aue, Berlin 1977. Bd. 2: Reinhart Fuchs, Lanzelet, Wolfram von Eschenbach, Gottfried von Straßburg, Berlin 1980.

Scherer, Wilhelm: *Geschichte der Deutschen Literatur*, Berlin 1883.

Seeberg, Erich / Weber, Wilhelm / Holtzmann, Robert (Hg.): *Forschungen zur Kirchen- und Geistesgeschichte*, 21 Bde., Stuttgart 1932–1941 (NF 1956 ff.).

Sezgin, Fuat: *Geschichte des arabischen Schrifttums*, bisher 15 Bde., Leiden 1967 ff.

Strahl, Philipp Carl / Herrmann, Ernst: *Geschichte der europäischen Staaten*, hg v. A. H. L. Heeren u. F. A. Ufert, 6 Bde., Hamburg 1832–39.

Suchsland, Peter (Hg.): *Deutsche Volksbücher in drei Bänden.* Bibliothek deutscher Klassiker, hg. v. den Nationalen Forschungs- und Gedenkstätten der klassischen Deutschen Literatur in Weimar. Berlin / Weimar 1968.

Uhland, Ludwig: *Schriften zur Geschichte der Dichtung und Sage*, posthum zusammengest. u. hg. v. A. v. Keller u.a., 8 Bde., Stuttgart 1865–73.

Wachler, Ludwig: *Geschichte der deutschen Nationalliteratur*, 2 Bde., Frankfurt a.M. 1818.

Wackernagel, Wilhelm: *Geschichte der deutschen Litteratur.* Basel 1848.

Kultur, Wissenschaft, Literatur
Beiträge zur Mittelalterforschung

Herausgegeben von Thomas Bein

Band 1 Christa Baufeld (Hrsg.): Gesundheits- und Haushaltslehren des Mittelalters. Edition des 8° Ms 875 der Universitätsbibliothek Greifswald mit Einführung, Kommentar und Glossar. 2002.

Band 2 Cornelia Schu: Vom erzählten Abenteuer zum *Abenteuer des Erzählens*. Überlegungen zur Romanhaftigkeit von Wolframs *Parzival*. 2002.

Band 3 Christoph Leuchter: Dichten im Uneigentlichen. Zur Metaphorik und Poetik Heinrichs von Morungen. 2003.

Band 4 Harald Saller: Ein neues Editionskonzept für die Schriften Notkers des Deutschen anhand von *De interpretatione*. 2003.

Band 5 Margreth Egidi / Volker Mertens / Nine Miedema (Hrsg.): Sangspruchtradition. Aufführung – Geltungsstrategien – Spannungsfelder. 2004.

Band 6 Robert Scheuble: *mannes manheit, vrouwen meister*. Männliche Sozialisation und Formen der Gewalt gegen Frauen im *Nibelungenlied* und in Wolframs von Eschenbach *Parzival*. 2005.

Band 7 Detlef Goller: *wan bî mînen tagen und ê hât man sô rehte wol geseit*. Intertextuelle Verweise zu den Werken Hartmanns von Aue im *Tristan* Gottfrieds von Straßburg. 2005.

Band 8 Irmgard Gephart: Das Unbehagen des Helden. Schuld und Scham in Hartmanns von Aue *Erec*. 2005.

Band 9 Berenike Krause: Die *milte*-Thematik in der mittelhochdeutschen Sangspruchdichtung. Darstellungsweisen und Argumentationsstrategien. 2005.

Band 10 Ricarda Bauschke (Hrsg.): Die Burg im Minnesang und als Allegorie im deutschen Mittelalter. 2006.

Band 11 Alexandra Rink: Aristoteles in Sankt Gallen. Notkers des Deutschen Kategorien-Bearbeitung (Kapitel 1–17) auf Grundlage der Übersetzung und des Kommentars des Boethius. 2006.

Band 12 Barbara Nitsche: Die Signifikanz der Zeit im höfischen Roman. Kulturanthropologische Zugänge zur mittelalterlichen Literatur. 2006.

Band 13 Janina Drostel: *des gerte diu edele herzoginne*. Möglichkeiten und Voraussetzungen weiblicher Teilhabe am mittelalterlichen Literaturbetrieb unter besonderer Berücksichtigung von Mäzenatentum. 2006.

Band 14 Gabriele Klug: *Wol ûf, wir sullen slâfen gân!* Der Schlaf als Alltagserfahrung in der deutschsprachigen Dichtung des Hochmittelalters. 2007.

Band 15 Katja Rothstein: Der mittelhochdeutsche Prosa-*Lancelot*. Eine entstehungs- und überlieferungsgeschichtliche Untersuchung unter besonderer Berücksichtigung der Handschrift Ms. allem. 8017–8020. 2007.

Band 16 *mit clebeworten underweben*. Festschrift für Peter Kern zum 65. Geburtstag. Herausgegeben von Thomas Bein, Elke Brüggen, Lars Eschke, Susanne Flecken-Büttner, Tobias A. Kemper und Thomas Klein. 2007.

Band 17 Cord Meyer: Die deutsche Literatur im Umkreis König Heinrichs (VII.). Studien zur Lebenswelt spätstaufischer Dichter. 2007.

Band 18 Martin Schubert / Jürgen Wolf / Annegret Haase (Hrsg.): Mittelalterliche Sprache und Literatur in Eisenach und Erfurt. Tagung anlässlich des 70. Geburtstags von Rudolf Bentzinger am 22.8.2006. 2007.

Band 19 Marianne Derron: Des Strickers *ernsthafter König*. Ein poetischer Lachtraktat des Mittelalters. Eine motivgeschichtliche Studie zur ersten Barlaam-Parabel. 2008.

Band 20 Christian Leibinnes: Die Problematik von Schuld und Läuterung in der Epik Hartmanns von Aue. 2008.

Band 21 Trude Ehlert (Hrsg.): *Küchenmeisterei*. Edition, Übersetzung und Kommentar zweier Kochbuch-Handschriften des 15. Jahrhunderts. Solothurn S 490 und Köln, Historisches Archiv GB 4° 27. Mit einem reprographischen Nachdruck der Kölner Handschrift. 2010.

Band 22 Stefan Erlei: ‚Höfisch' im Mittelhochdeutschen. Die Verwendung eines Programmworts der höfischen Kultur in den deutschsprachigen Texten vor 1300. 2010.

Band 23 Robert Mohr: Präsenz und Macht. Eine Untersuchung zur *Martina* Hugos von Langenstein. 2010.

Band 24 Tobias Lüpges: Varianz. Studien zu einer kulturellen Verortung am Beispiel Walthers von der Vogelweide. 2011.

Band 25 Carola Susanne Fern: Seesturm im Mittelalter. Ein literarisches Motiv im Spannungsfeld zwischen Topik, Erfahrungswissen und Naturkunde. 2012.

Band 26 Nina Spangenberger: Liebe und Ehe in den erzählenden Werken Hartmanns von Aue. 2012.

Band 27 Judith Lange: Die Verslegende *Veronica II*. Hybridedition und Studien zur Überlieferung. 2014.

Band 28 Yücel Sivri: Mitteldeutsche Orientliteratur des 12. und 13. Jahrhunderts. 'Graf Rudolf' und 'Herzog Ernst'. Ein Beitrag zu interkulturellen Auseinandersetzungen im Hochmittelalter. 2016.

www.peterlang.com

www.ingramcontent.com/pod-product-compliance
Ingram Content Group UK Ltd.
Pitfield, Milton Keynes, MK11 3LW, UK
UKHW041826290926
8980IPUK00002B/90